# 甘肃省强降水预报技术研究

——纪念舟曲特大山洪泥石流地质灾害十周年

主　编：刘新伟

副主编：杨晓军　刘维成　李文莉　刘世祥

气象出版社
China Meteorological Press

## 内容简介

本书主要收集了兰州中心气象台业务技术人员近年来撰写的有关甘肃省降水预报的部分技术论文。全书分为三部分，内容涵盖甘肃省降水气候特征及气候变化特征、甘肃省强降水天气的预报技术和甘肃省降水天气的数值模拟分析等。本书可供气象、水利、航空、环境等部门从事天气预报和气候预测的科研、业务、教学和管理人员应用参考。

**图书在版编目(CIP)数据**

甘肃省强降水预报技术研究 ：纪念舟曲特大山洪泥石流地质灾害十周年 / 刘新伟主编. — 北京 ：气象出版社，2020.8

ISBN 978-7-5029-7269-1

Ⅰ.①甘…　Ⅱ.①刘…　Ⅲ.①强降水-研究-甘肃　Ⅳ.①P426.6

中国版本图书馆 CIP 数据核字(2020)第 163584 号

**甘肃省强降水预报技术研究**

Gansu Sheng Qiangjiangshui Yubao Jishu Yanjiu

**出版发行**：气象出版社

**地　　址**：北京市海淀区中关村南大街 46 号　　**邮政编码**：100081

**电　　话**：010-68407112(总编室)　010-68408042(发行部)

**网　　址**：http://www.qxcbs.com　　**E-mail**：qxcbs@cma.gov.cn

**责任编辑**：王　迪　陈　红　　**终　　审**：吴晓鹏

**责任校对**：张硕杰　　**责任技编**：赵相宁

**封面设计**：博雅思企划

**印　　刷**：北京建宏印刷有限公司

**开　　本**：787 mm×1092 mm　1/16　　**印　　张**：20.75

**字　　数**：528 千字

**版　　次**：2020 年 8 月第 1 版　　**印　　次**：2020 年 8 月第 1 次印刷

**定　　价**：85.00 元

# 前　言

甘肃省位于青藏高原、黄土高原和内蒙古高原的交汇地带，境内地貌复杂多样，高山、盆地、沙漠和戈壁等交错分布。由于甘肃省既处在黄河流域又处在长江流域的特点，省内气候变化格局复杂，水平和垂直分布明显，干旱、半干旱、半湿润、湿润四种气候区并存，是我国唯一有西风带气候区、东部季风区和青藏高原区三大气候区并存的省份，是气候变化敏感区和生态环境脆弱区。

近20年来，甘肃省气候暖湿化趋势明显，全省降水量自1997年后平均每10年增多22.6毫米，降水强度增强，极端降水事件频发。特殊的地形地貌和气候特征使降水的影响有利有弊。区域性降水是缓解农业干旱的主要途径，同时也是洪涝灾害的主要诱因，尤其是时间短、强度大、局地性强的短时强降水，极易引发山体滑坡、泥石流等地质灾害和山洪灾害。2010年8月8日，舟曲县突降局地短时强降水，引发特大山洪泥石流灾害；2012年5月10日，岷县出现冰雹和局地强降水，引发特大冰雹山洪泥石流灾害。由此，开展甘肃省强降水天气发生发展机理、强降水气候特征变化规律等研究工作，对于提高降水天气预报能力、降低降水及其衍生灾害造成的损失、发挥气象防灾减灾第一道防线的作用，有着非常重要的意义。

近年来，兰州中心气象台一直遵循针对性、前瞻性和客观性的研究思路，针对降水预报尤其是短时强降水预报的业务难题，联合兰州大学大气科学学院、中国气象局兰州干旱气象研究所等科研院所，组建多支业务技术攻关团队，在短时强降水监测预警、区域性暴雨预报等不同研究方向开展专题攻关，取得了较为显著的效果，气象预报业务能力明显提升。同时在技术研究和业务实践过程中形成了一系列的研究成果，部分成果在核心期刊发表。

本书共摘选26篇优秀技术总结或科技论文，较为系统地收编了甘肃省降水气候特征及气候变化特征（主要包括降水变化及其影响因子、降水极端事件变化特征、降水分布的非均匀性、强降水变化特征）、甘肃省强降水天气的预报技术（主要包括降水的不同尺度观测特征、新型观测资料在降水预报中的应用、数值预报的可用性分析、不同类型降水天气的预报指标特征等）和甘肃省降水天气的数值模拟分析（主要包括中尺度模式的可预报性、典型降水天气的数值模拟等）三部分研究内容。

本书旨在为气象预报业务提供技术支撑，为科研院所、高校和社会公众了解气象业务发展动态，探索气象业务发展规律，为气象服务经济社会发展提供参考。可供气象及相关行业、部门的管理者、研究者、工作者和其他社会各界人士参阅。

全书由刘新伟和杨晓军策划设计，刘维成、李文莉、刘世祥负责统稿，王基鑫和徐丽丽负责校对，于仕琪参与了部分文字处理工作。在此，我们对编入论文的专家作者表示衷心的感谢！对所有编写人员做出的努力和贡献表示诚挚的谢意！由于时间仓促，编者水平有限，不足之处在所难免，敬请读者批评指正。

刘新伟

2020 年 4 月 29 日

# 目　录

## 第三篇　降水模拟分析

# 第一篇

# 降水变化气候特征

# 甘肃省夏季暴雨日数特征及其与大气环流关系*

黄玉霞[1]，王宝鉴[1]，王研峰[2]，黄武斌[1]

(1. 兰州中心气象台，兰州 730020；2. 甘肃省人工影响天气办公室，兰州 730020)

**摘要**：利用 1974—2013 年甘肃省 80 个站逐日降水和 NCEP/NCAR 再分析资料，采用经验正交函数、系统聚类及合成分析方法，对甘肃省夏季暴雨日数分布特征及其与大气环流的关系进行了分析。结果表明，近 40 a 甘肃省夏季暴雨日数在 1989 年、2002 年和 2009 年经历了 3 次明显的年代际变化；甘肃省夏季暴雨日数可分为河东强河西弱型、甘岷山区型、陇南陇东型和全省型 4 种；暴雨日数分布类型与东亚夏季风有密切关系，形成暴雨的水汽多来自于南海地区，河东强河西弱型和陇南陇东型与冷空气活动有关。河东强河西弱型对应贝加尔湖冷涡加强，冷空气南下，季风位置更加偏西北，南海和东海地区的水汽输送偏东。甘岷山区型对应季风位置偏北，南海和孟加拉湾地区水汽输送偏西，在甘南地区汇合。陇南陇东型对应伊朗高压和蒙古低压减弱，冷空气活动减少，季风位置偏东南，南海地区水汽输送偏东南，冷空气回流致陇南陇东地区易形成降水。全省型对应季风位置偏向青藏高原地区，南海和渤海地区水汽输送主要西伸北进，影响甘肃大部分地区。

**关键词**：夏季暴雨日数；分布特征；环流场

## 1 引言

中国地处东亚季风区，夏季受东亚季风的影响，多出现暴雨天气过程(鲍媛媛 等，2014；孙燕 等，2015；杨霞 等，2014)。夏季暴雨是一种多发的灾害性天气，往往会造成严重的洪涝灾害和相当严重的次生灾害，对人民生命财产和国民经济产生重要影响，因此暴雨时空分布规律、预测及其发生机制等一直是研究重点。20 世纪 80 年代初，陶诗言等(1979)对中国暴雨的分布特征进行了系统性研究(Tao et al.，1981)。毛文书等(2006)分析得出中国江淮地区梅雨期暴雨量时空的分布存在显著的南北差异。张剑明等(2011)分析了湖南省 50 a 来区域暴雨极端事件的时空分布特征及变化趋势。丁永红等(2007)分析了宁夏暴雨发生次数的气候特征和年际、年代际变化规律及其突变和周期。不少学者研究了中国黄土高原以及青藏高原地区的暴雨分布特征(李智才 等，2005；谌芸 等，2005；杜继稳 等，2004)。近年来，对暴雨分型及其与大气环流关系的研究取得了许多较好的结果。魏凤英等(2012)研究了中国东部夏季不同雨带类型的海温和环流特征差异。周放等(2014)将中国东部夏季暴雨日数主要分为 6 种类型并分析了不同分布型的环流场特征。虽然上述对暴雨气候特征做了大量研究，但暴雨气候特征

* 本文已在《高原气象》2017 年第 36 卷第 1 期正式发表。

各地区存在较大差异(鲍名 等,2006;蔡新玲 等,2014;王伏村 等,2014)。目前,针对甘肃暴雨气候变化的研究开展较少,同时大多研究主要针对暴雨量进行(刘新伟,2013;李晓霞 等,2013),很少研究暴雨日数的特征变化,而暴雨日数也是衡量暴雨气候特征的重要指标之一(Barry et al.,1973)。

甘肃省地处黄河中上游黄土高原、内蒙古高原和青藏高原的交汇地区,境内地貌复杂多样,高山、盆地、平川、沙漠和戈壁等交错分布,是山地型高原地貌。气候自东南温暖多雨带向西北内陆少雨带逐渐变化,变化格局复杂,水平和垂直分布明显,从东南到西北包括了北亚热带湿润区、温带半湿润区、温带半干旱区、温带干旱区到高寒区的各种气候类型。由于甘肃省特殊的地形地貌和气候,使得甘肃暴雨具有发生频率高、落点分散、时间短、强度大、局地性强等天气特征(白肇烨 等,1988;西北暴雨编写组,1992;张弘 等,2005;王劲松 等,2002),既是诱发山体滑坡、泥石流等地质灾害的主要因素,同时区域性强降水过程往往是解除农业干旱的主要途径之一(丁永红 等,2007)。因此,研究甘肃暴雨气候特征变化规律,可为提高甘肃暴雨预报准确率、减少暴雨灾害带来的损失提供科学依据。

本文利用甘肃省气象观测资料,以暴雨日数为研究对象,分析了夏季暴雨日数的气候特征及其与大气环流的可能关系。

## 2 资料和方法

### 2.1 数据来源

降水资料采用甘肃省气象信息中心整编筛选的1974—2013年甘肃省80个气象站夏季(6—8月)实测逐日降水资料。暴雨日数定义为12 h降水量≥30 mm或者24 h降水量≥50 mm的日数。大气环流资料采用1974—2013年NCEP/NCAR月平均再分析资料,分辨率为2.5°×2.5°,分析的变量场包括高度场、风场和比湿场等。

### 2.2 方法

利用经验正交函数分析方法(EOF)对甘肃省夏季暴雨日数进行分解,探讨了暴雨日数的气候变化特征;根据经验正交函数分析,结合系统聚类分析方法,对甘肃省夏季暴雨日数进行分型;利用合成分析方法探讨了甘肃省夏季暴雨日数主要分布型的气候成因。

## 3 暴雨日数的时空分布特征

图1给出了甘肃省夏季累积暴雨日数的空间变化和平均暴雨日数(暴雨日数总和/站点总和,以下同)的年际变化、河东和河西暴雨日数的年际变化。从图1中可以看出,甘肃省夏季暴雨日数自东向西逐渐减少,暴雨日数的最大值主要集中在陇南东南部—天水—庆阳一带,河西暴雨日数均<20 d。全省平均暴雨日数呈现明显的年际变化特征。近40 a河东地区的平均暴雨日数主要集中在0.8～1 d,2013年最大,为2.5 d,河西地区的平均暴雨日数主要集中在0.15 d左右,2012年最大,为0.8 d,平均暴雨日数呈现出明显的年际震荡变化。近40年甘肃省平均暴雨日数主要集中在1.0～1.5 d。结合图1c和图1d,平均暴雨日数的主要贡献来自

于河东地区，个别年份河西平均暴雨日数对全省有较大贡献，如 2012 年河西贡献率达 40%(0.8/2.0)。

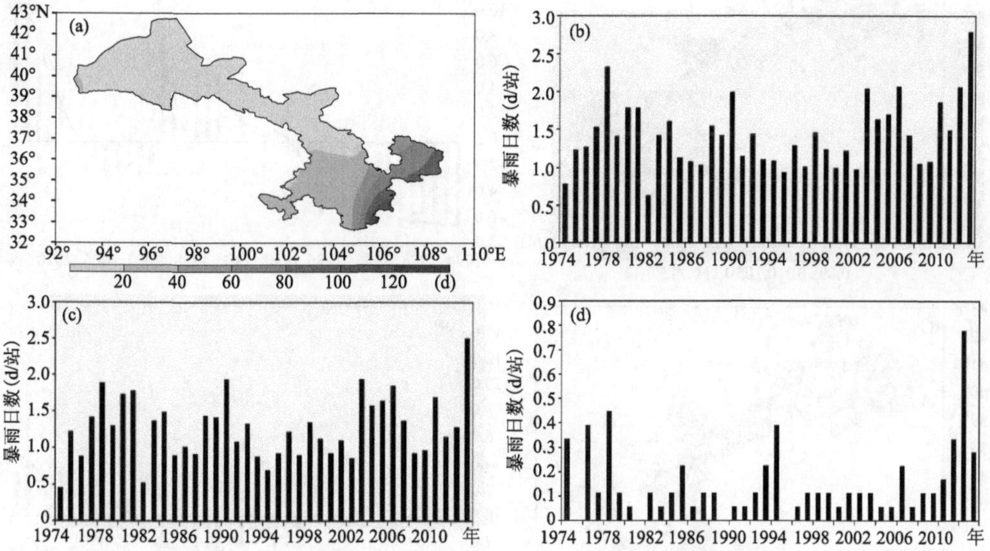


图 1　甘肃省夏季暴雨日数的时空分布。(a)暴雨日数的空间变化；(b)全省平均暴雨日数的年际变化；(c)河东平均暴雨日数的年际变化；(d)河西平均暴雨日数的年际变化

## 3.1　夏季暴雨日数分布的主要模态

为了客观分析甘肃省夏季暴雨日数的分布特征，对 1974—2013 年甘肃夏季暴雨日数进行经验正交函数分解，表 1 列出了前 10 个特征向量的方差和累积方差所占比例，其中第 1、2、3 特征向量的方差贡献分别为 31.59%、6.37%、4.56%，累积方差达到 42.52%(表 1)，以后特征向量的方差贡献呈下降趋势，因此本文重点分析前三个特征向量。图 2 为 EOF 分解的前三个模态分布。从图 2 可以看出，甘肃夏季暴雨日数主要有三种模态：全省一致型变化模态、河西河东三极振荡型变化模态、全省三极振荡型变化模态。

从图 2a 可以看出，第一特征向量场的空间分布表现为全“＋”型分布，即全省一致型变化分布，最大值中心呈现出三大带状分布特征，分别为陇东—陇南地区、甘南高原—临夏—武威地区、肃北—嘉峪关地区，其时间系数(图 2b)从 1974—1989 和 2001—2008 年对应着一致的负相位，结合图 2a，说明此时期全省夏季暴雨日数普遍减少，1990—2000 年和 2008—2013 年时间系数对应着一致的正相位，说明此时期全省夏季暴雨日数普遍增加。

从图 2c 看出，第二特征向量场的空间分布主要表现为河西从东至西为“－＋－”三极型分布，河东从南至北为“＋－＋”三极型分布，即河西河东三极振荡型变化分布，其时间系数(图 2d)从 1974—1986 年和 2003—2013 年对应着一致的正相位，结合图 2c，说明此时期河东中部暴雨日数减少，陇东、甘南南部地区暴雨日数增加，河西张掖、武威地区暴雨日数增加；1987—2002 年时间系数大致对应着一致的负相位，说明这个时期河东中部暴雨日数增加，陇东、甘南南部地区暴雨日数减少，河西张掖、武威地区暴雨日数减少。

从图 2e 看出，第三特征向量场的空间分布主要表现为从东至西为“＋－＋”三极型分布，即全省三极振荡型变化分布，其时间系数(图 2f)从 1988—1993 年和 2001—2013 年对应着正

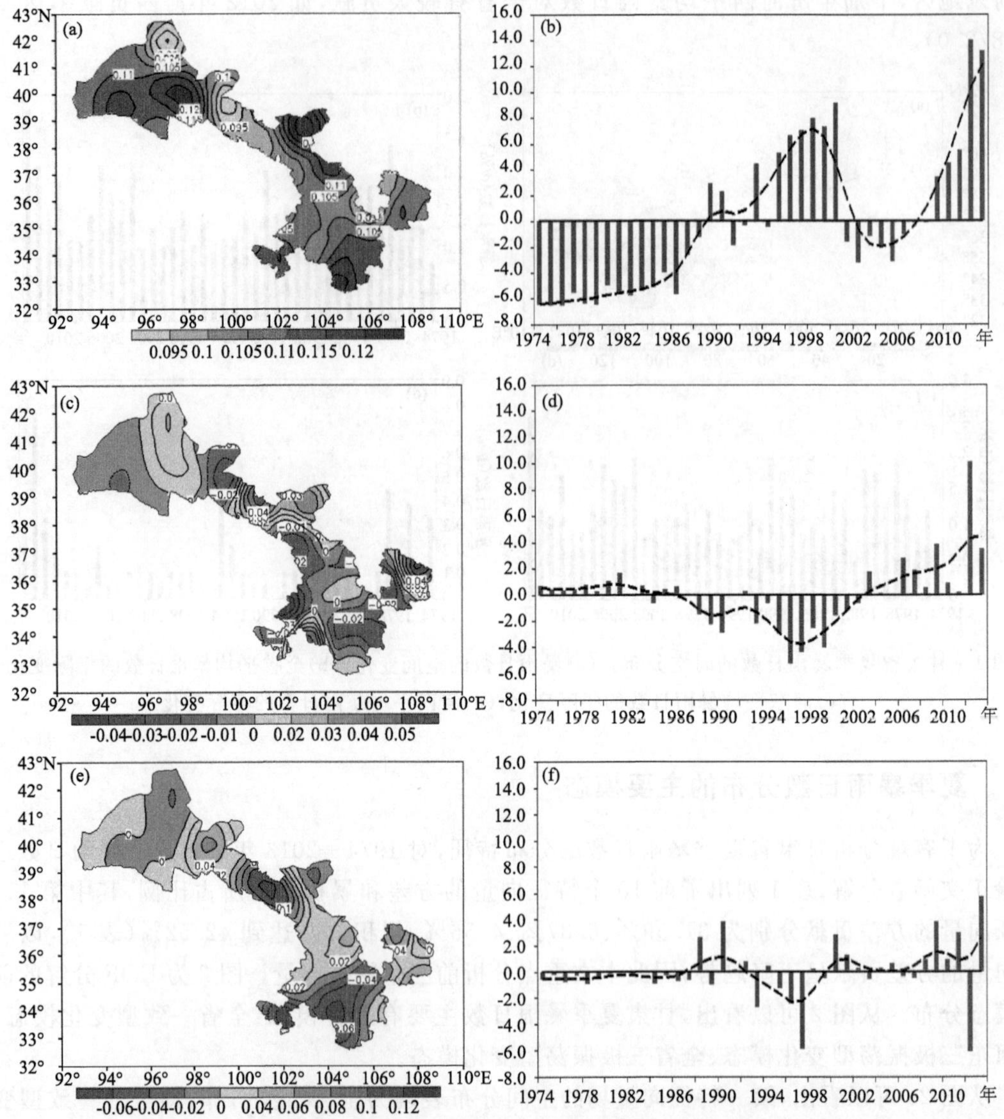

图 2　甘肃省夏季暴雨日数 EOF 分解的空间分布型(a,c,e)及其时间系数(b,d,f)
(a,b)第一模态;(c,d)第二模态;(e,f)第三模态

相位,结合图 2e,说明此时期陇东、河西大部地区(酒泉西部除外)暴雨日数增加,河东中南部地区暴雨日数减少,时间系数 1974—1987 年和 1994—2000 年对应着负相位,说明此时期陇东、河西大部地区(酒泉西部除外)暴雨日数减少,河东中南部地区暴雨日数增加。

**表 1　对暴雨日数进行 EOF 分解的各个模态的方差贡献**

| 模态 | 1 | 2 | 3 | 4 | 5 | 6 | 7 | 8 | 9 | 10 |
|---|---|---|---|---|---|---|---|---|---|---|
| 方差(%) | 31.59 | 6.37 | 4.56 | 3.55 | 3.28 | 2.95 | 2.76 | 2.36 | 2.21 | 2.08 |
| 累积方差(%) | 31.59 | 37.96 | 42.52 | 46.07 | 49.35 | 52.30 | 55.06 | 57.42 | 59.63 | 61.71 |

根据经验正交函数分解三个主模态的时间系数(图 2b、d、f)可知,甘肃省夏季暴雨日数主

模态的年代际变化主要发生在 1989 年、2002 年和 2009 年前后，为了更好地比较分析甘肃省夏季暴雨日数 3 次年代际变化的差异，研究分析了各个时期夏季暴雨日数的距平分布(图 3)，从图 3 可以看出，1974—1989 年，全省夏季暴雨日数大部分地区呈现出全“－”型分布，零星地区呈现出弱“＋”型分布，其中庆阳地区和甘南高原—乌鞘岭—民勤地区出现了较大的负距平。1990—2002 年，夏季暴雨日数河东庆阳环县和陇南文县地区出现较大的负距平，其余地区出现较大的正距平，河西地区出现弱的正距平，零星地区出现弱的负距平，这期间夏季暴雨日数河东地区从南至北呈现出“－＋－”三极型分布和河西地区呈现弱“－”型分布的叠加。2003—2009 年，夏季暴雨日数河东地区出现较大的正距平和负距平分布，河西地区出现弱的负距平，这期间夏季暴雨日数河东地区从南至北呈现出“－＋”偶极型分布和河西呈现出弱“－”型分布的叠加。2010—2013 年，夏季暴雨日数全省出现正距平，其中陇东和陇南地区出现了较大的正距平，这期间夏季暴雨日数全省呈现出全“＋”型分布。

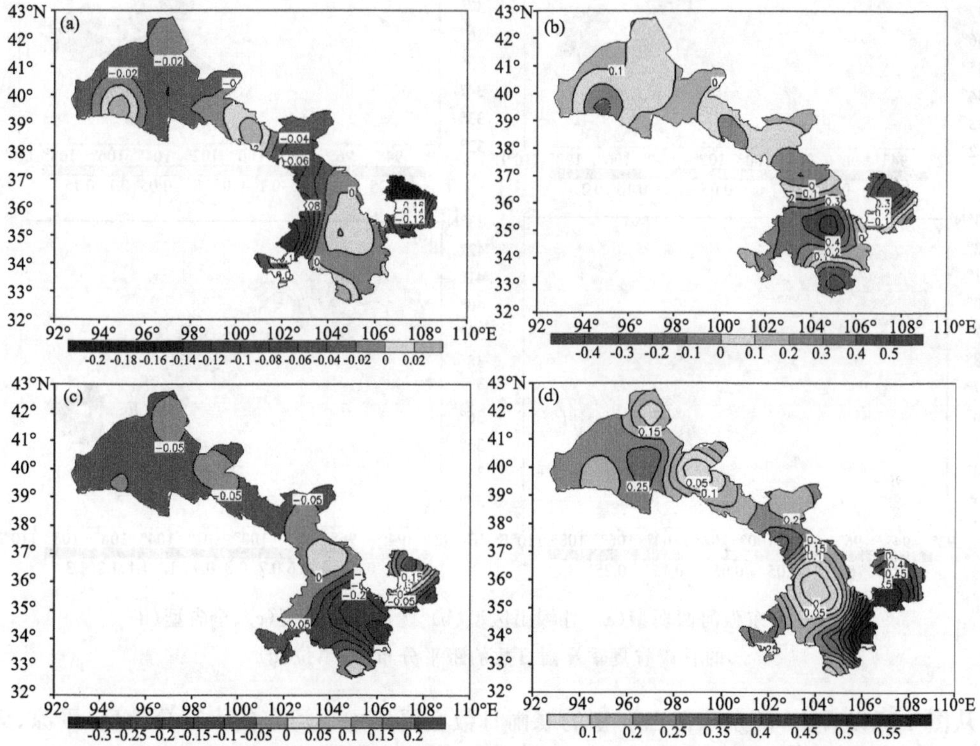

图 3 1974—1989 年(a)，1990—2002 年(b)，2003—2009 年(c)和 2010—2013 年(d)甘肃省夏季暴雨日数距平分布(单位:d)

(由于资料统计时间问题，甘肃省地图仍使用旧版，本书下同)

## 3.2 夏季暴雨日数的主要分型

虽然 EOF 能分辨出近 40 a 甘肃夏季暴雨日数的优势空间分布型，但是由于各个空间向量的方差贡献不同，因此利用 3 个空间模态所对应的时间系数作为分型的标准具有一定缺陷。例如，第二模态中 2012 年的时间系数最大(10.12)，但它对应的既不是河西河东三极振荡型变化分布，也不是全省一致型变化分布，同时，分型还需要符合和满足短期气候预测的特点和要求(胡娅敏 等,2010)。因此,针对甘肃省夏季暴雨日数的时空分布特征,在 EOF 分解主模态的空间分布基础上,结合系统聚类分析方法,对甘肃省夏季暴雨日数进行分型,当分型确定后,求出每类分型下每年夏季暴雨日数分布场与分布型的相关系数,选出一个最高相关系数的年份作为该分布型的最好代表。由于 1974 年、1994 年夏季暴雨日数分布场与每类分布型的相关系数均<0.3,放在哪一类中都不合适,因此剔除这两年,这样年份代表性达 95%(38/40)。据此,将甘肃省夏季暴雨日数分为 4 种类型:河东强河西弱型、甘岷山区型、陇南陇东型和全省型。图 4 为各类型暴雨日数距平分布,表 2 为各类型及其所代表年份和相关系数。

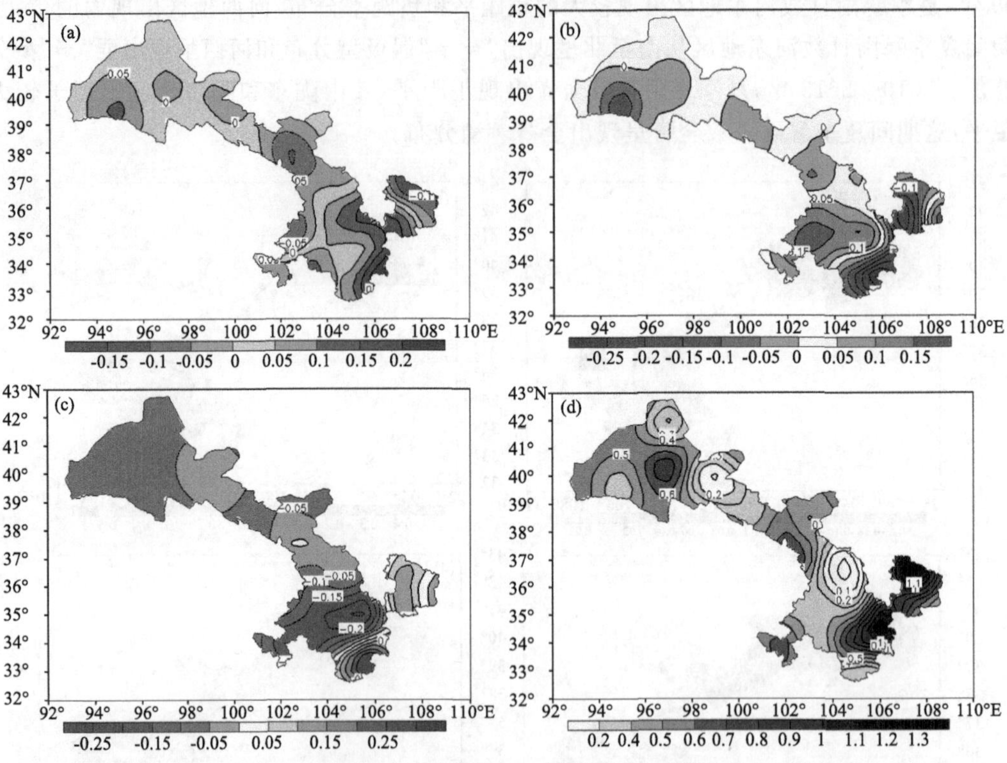


图 4 河东强河西弱型(a)、甘岷山区型(b)、陇南和陇东型(c)、全省型(d)
的甘肃省夏季暴雨日数的距平分布场(单位:d)

从图 4 可以看出,河东强河西弱型的暴雨日数主要集中在河东的大部分地区(平凉、天水、白银、定西、兰州和陇南)和河西酒泉肃北地区,呈现出河东强河西弱的分布特征,多暴雨中心位于河东的平凉、天水、陇南地区。甘岷山区型的暴雨日数主要集中在定西、天水西部、临夏、甘南地区,多暴雨中心位于甘南和定西岷县地区。陇南陇东型的暴雨日数主要集中在陇南和陇东地区,多暴雨中心位于陇南南部和陇东中部地区。全省型是近几年出现的一种新暴雨型,其特征是暴雨日数在全省一致发生,多暴雨中心位于陇南和陇东地区以及河西嘉峪关地区。从表 2 中可以看出,各暴雨日数分布型所占比重分别为河东强河西弱型 11 a,占总数的 27.5%;甘岷山区型 13 年,占总数的 32.5%;陇南陇东型 12 a,占总数的 30%;全省型 2 a,占总数的 5%。从暴雨日数分布型与其所代表年份的相关系数来看,95%(分型选取 38 a)年份与其所代表暴雨日数分布型的相关系数超过 0.4(通过 0.05 的显著性水平检验)。由于暴雨年际变化明显,因此将甘肃省夏季暴雨日数划分为以上 4 种分布型,分型较为客观全面,能较好地代表实际暴雨日数分布。从表2还可看出,河东强河西弱型代表性最好的年份是1981年(相关系数为0.83),甘岷山区型代表性最好的年份是1970年(相关系数为0.70),陇南和陇东型代表性最好的年份是1990年(相关系数为0.85),全省型代表性最好的年份是2013年(相关系数为0.93)。

**表2 甘肃省夏季暴雨日数4种类型及其所代表年份和相关系数**

| 河东强河西弱型 | | 甘岷山区型 | | 陇南和陇东型 | | 全省型 | |
|---|---|---|---|---|---|---|---|
| 年份 | 相关系数 | 年份 | 相关系数 | 年份 | 相关系数 | 年份 | 相关系数 |
| 1975 | 0.68 | 1985 | 0.58 | 1989 | 0.76 | 2012 | 0.63 |
| 1976 | 0.47 | 1987 | 0.63 | 1990 | 0.85 | 2013 | 0.93 |
| 1977 | 0.71 | 1988 | 0.68 | 1993 | 0.68 | | |
| 1978 | 0.77 | 1991 | 0.52 | 1995 | 0.69 | | |
| 1979 | 0.51 | 1992 | 0.61 | 1996 | 0.59 | | |
| 1980 | 0.79 | 2001 | 0.64 | 1997 | 0.61 | | |
| 1981 | 0.83 | 2002 | 0.56 | 1998 | 0.82 | | |
| 1982 | 0.42 | 2003 | 0.67 | 1999 | 0.60 | | |
| 1983 | 0.72 | 2004 | 0.58 | 2000 | 0.71 | | |
| 1984 | 0.71 | 2005 | 0.68 | 2009 | 0.62 | | |
| 1986 | 0.44 | 2006 | 0.70 | 2010 | 0.82 | | |
| | | 2007 | 0.53 | 2011 | 0.65 | | |
| | | 2008 | 0.58 | | | | |

# 4 甘肃省夏季暴雨日数不同分型的大气环流特征

为了研究甘肃省夏季暴雨日数不同分型的气候成因,对不同暴雨日数分型下对应的年份(表2)进行合成分析,以此分析夏季暴雨日数不同分型的主要环流特征及其差异,对甘肃省夏季暴雨发生的预报及趋势分布提供参考。

图5为河东强河西弱型的环流场特征。从图5可以看出,在200 hPa和500 hPa上,位势高度距平场形成了显著的鞍型场,在欧洲和贝加尔湖地区为显著的负距平,在北西伯利亚及图兰平原为显著的正距平。700 hPa上,图兰平原的正距平有所减弱,中心位于我国青藏高原地区。在这种高低层的环流配置下,贝加尔湖的冷涡加强,有利于冷空气南下。南亚高压位置偏西北,太平洋副热带高压位置偏东,在亚洲低纬度地区,从低层到高层均为正距平,有利于南亚高压北移,夏季风向北推进。同时贝加尔湖负距平与低纬度地区的正距平有利于暖湿气流北上,与南下的冷空气交汇。在水汽通量矢量和水汽通量散度图上,南海地区东南风使得大量的水汽输送到甘肃大部分地区,同时另一支东海地区的水汽输送在甘肃河东地区,从而造成甘肃全省暴雨偏多,特别是河东地区暴雨显著偏多。

图6为甘岷山区型的环流场特征。从图6可以看出,200 hPa上,高纬度地区位势高度距平场表现为大量的正距平,中纬度地区表现为正负相间的距平。巴尔喀什湖以北地区为弱的负距平,欧洲东部及中国地区为显著的正距平,这样分布形式使得南亚高压位置偏北。500

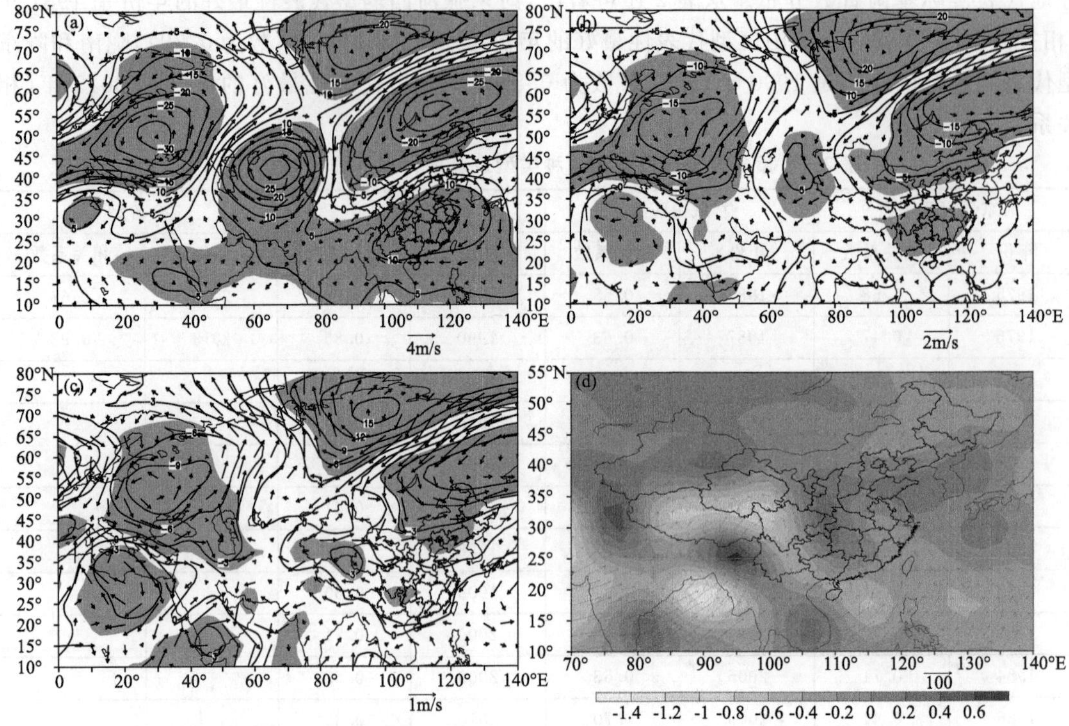

图 5　河东强河西弱型暴雨日数 200(a),500(b)和 700(c)hPa 水平风(单位:m/s)和位势高度(单位:gpm)距平场(阴影为通过 0.05 的显著性水平检验区域)以及 300 hPa 以下整层水汽输送通量矢量(单位:kg/(m·s))及散度(单位:$10^{-6}$ kg/($m^2$·s))(d)分布

hPa 上,巴湖地区为负距平,有利于中纬度槽的产生与东移,东亚地区为正距平,使得太平洋副热带高压位置偏西,这种分布形式对上游中纬度地区高原槽的东移有阻挡,使得夏季风更容易进入内陆地区。700 hPa 上,甘肃地区的东南风明显增强。在水汽通量及散度图上看出,一支水汽来源主要为南海地区;另一支水汽是孟加拉湾输送的,但是输送较弱,两支水汽在甘南汇合,辐合在甘岷山区略有加强,从而造成了甘岷山区的暴雨偏多。

图 7 为陇南和陇东型的环流场特征。从图 7 可以看出,200 hPa 上,高纬度地区位势高度主要为正距平,中纬度亚洲地区主要为负距平,使得南亚高压位置偏南。500 hPa 上,欧洲和蒙古地区位势高度为正距平,伊朗高原为弱负距平,即伊朗高压和蒙古低压减弱,导致冷空气活动减少。在长江中下游及东海地区,位势高度为弱的负距平,使得太平洋副热带高压较常年减弱,太平洋副热带高压位置偏东南,导致到达内陆地区的水汽相应减少。700 hPa 上,从风场距平可以看出,甘肃的冷空气主要来自东面,即冷空气回流,这种环流更容易在陇南陇东地区形成降水。在水汽通量及散度图上看出,南海地区是水汽的主要来源,散度在甘肃地区为辐散。

图 8 为全省型的环流场特征。从图 8 可以看出,200 hPa 上,在高纬度地区位势高度距平为正,中纬度地区主要为负,但在青藏高原地区为正,这种分布形式使得南亚高压位置偏向青藏高原地区,有利于夏季风向内陆地区推进。500 hPa 上,位势高度距平在新疆至贝湖地区为负,有利于中纬度槽的产生东移,在华北及东太平洋地区为正,使得太平洋副热带高压明显西

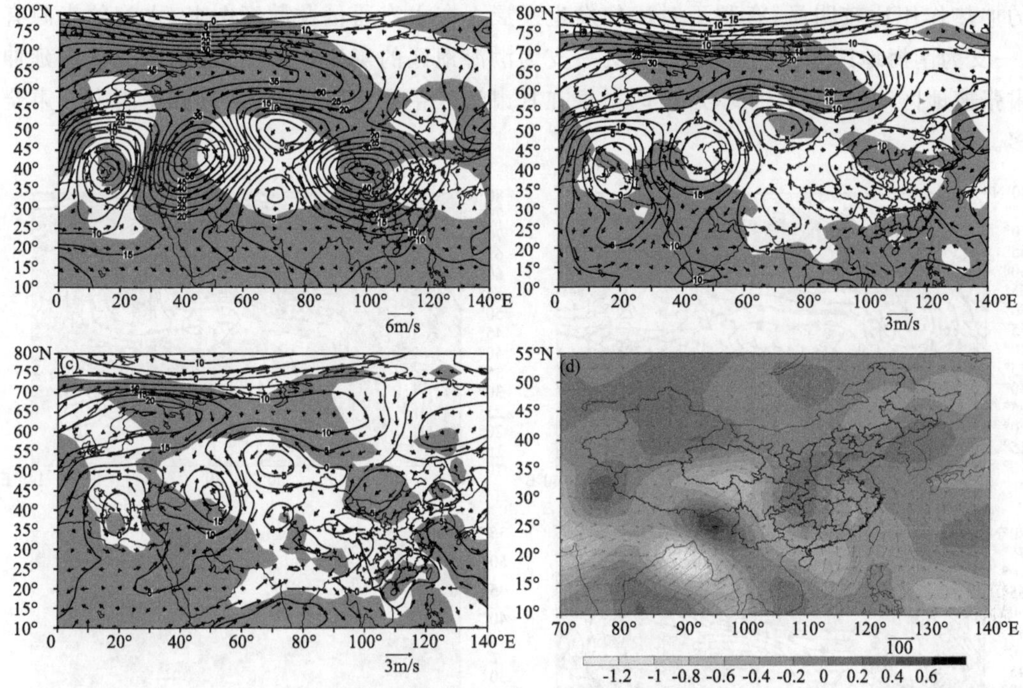


图 6　同图 5,但为甘岷山区型

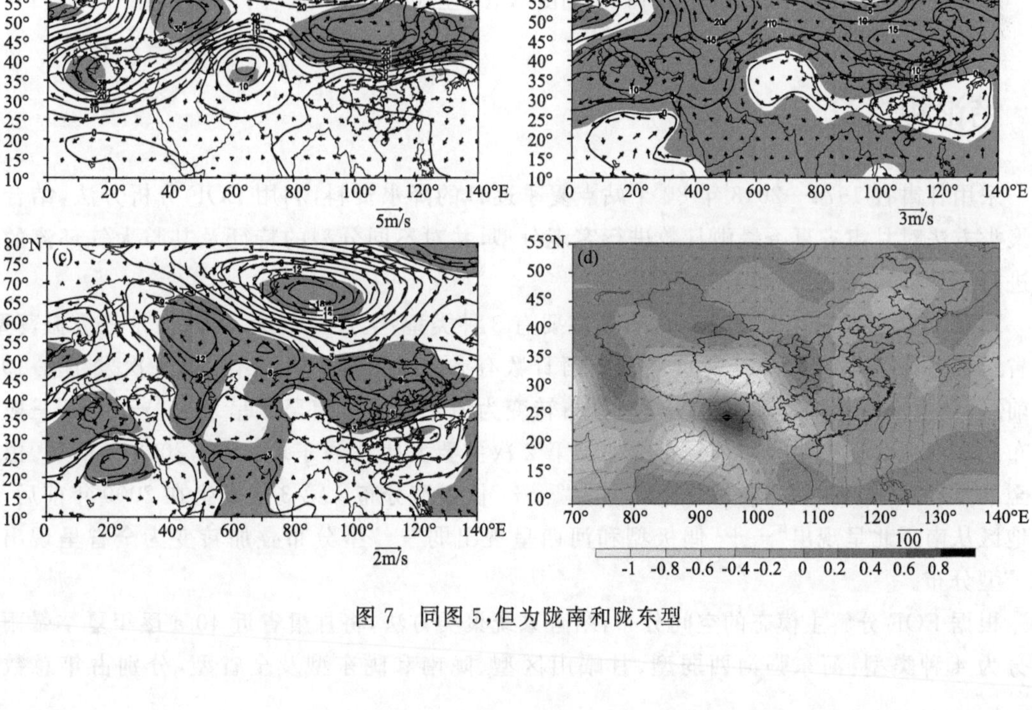


图 7　同图 5,但为陇南和陇东型

伸北抬，有利于水汽向内陆输送。700 hPa 上，我国大部分地区位势高度距平为负，因此近地面的加热作用比较明显，有利于对流的发生发展。在水汽通量及散度图上，水汽的来源有两支，一支为南海地区东南气流的输送；另一支为渤海地区的东风气流输送，这两支气流延伸到甘肃张掖地区，全省的水汽比较充沛，散度在甘肃地区主要为辐合，从而造成暴雨在甘肃全省偏多。

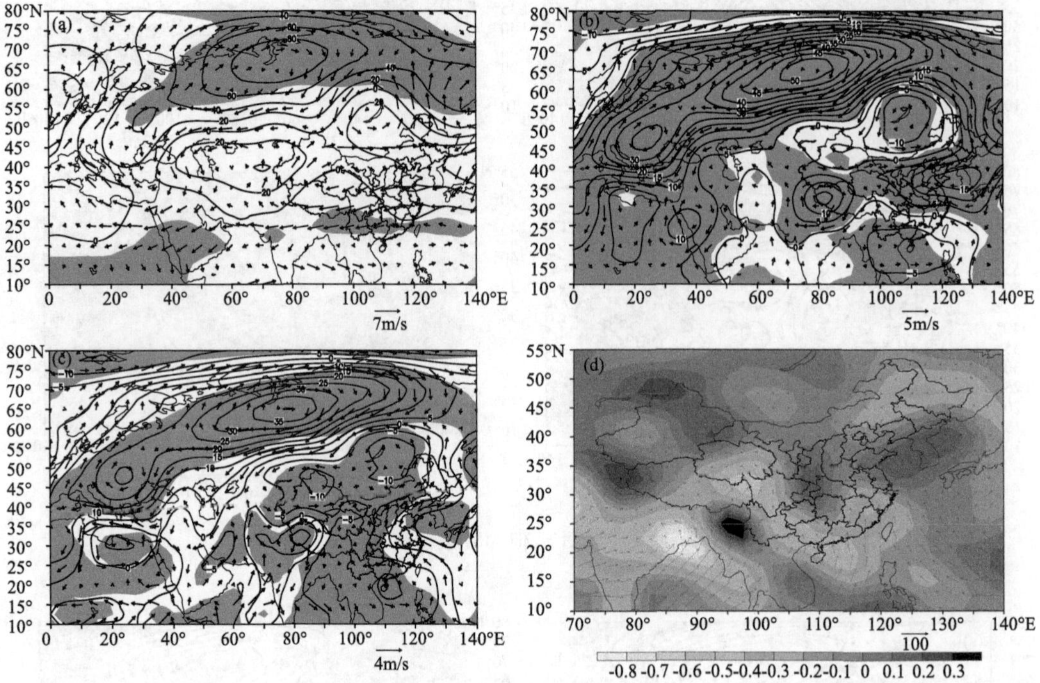


图 8　同图 5，但为全省型

## 5　结论和讨论

采用甘肃省 1974—2013 年 80 个站点夏季逐日的降水资料，利用 EOF 分析方法，结合系统聚类方法对甘肃省夏季暴雨日数进行客观分型，并对不同分型的特征及其与大气环流的关系进行了分析，主要结论如下。

EOF 分析得到甘肃省夏季暴雨日数主要有 3 种类型：全省一致型、河西河东三极振荡型、全省三极振荡型。近 40 a 甘肃省夏季暴雨日数有 3 次明显年代际变化，第 1 次发生在 1989 年前后，从大部分地区呈现出全“－”型分布转变为河东地区从南至北呈现出“－＋－”三极型分布和河西地区呈现弱“－”型分布叠加。第 2 次主要发生在河东地区，在 2002 年前后，由从南至北呈现出“－＋－”三极型分布转变为“－＋”偶极型分布。第 3 次发生在 2009 年前后，河东地区从南至北呈现出“－＋”偶极型和河西呈现出弱“－”型分布叠加转变为全省呈现出全“＋”型分布。

根据 EOF 分解主模态的空间分布，结合系统聚类方法，将甘肃省近 40 a 逐年夏季暴雨日数分为 4 种类型：河东强河西弱型、甘岷山区型、陇南和陇东型及全省型，分别占年总数的

27.5%、32.5%、30%、5%，代表性最好年份分别为1981年、1970年、1990年、2013年。从暴雨日数分布型与其所代表年份的相关系数来看，95%年份与其所代表暴雨日数分布型的相关系数超过0.4。

分析4种分布型的大气环流及水汽输送特征，结果表明甘肃省暴雨日数分布型与东亚夏季风有密切关系，河东强河西弱型和陇南陇东型与冷空气活动有关，形成暴雨的水汽输送多来自于南海地区。

当暴雨日数出现河东强河西弱型时，低层贝加尔湖冷涡加强，有利于冷空气南下，高层南亚高压位置偏西北，太平洋副热带高压位置偏东，有利于夏季风向北推进。南海地区水汽输送到甘肃大部分地区、东海地区水汽输送到河东地区，使得河东地区暴雨偏多。

当暴雨日数出现甘岷山区型时，高层南亚高压位置偏北，太平洋副热带高压位置偏西，有利于夏季风进入内陆地区，低层甘肃地区的东南风增强。南海地区和孟加拉湾(较弱)水汽输送在甘南地区辐合，造成甘岷山区暴雨偏多。

当暴雨日数出现陇南和陇东型时，高层伊朗高压和蒙古低压减弱导致冷空气活动减少，南亚高压位置偏南，太平洋副热带高压位置偏东南，使得到达内陆地区的水汽减少。低层冷空气回流更容易在陇南陇东地区形成暴雨。

当暴雨日数出现全省型时，高层南亚高压位置偏向青藏高原地区，太平洋副热带高压西伸北抬，有利于夏季风向内陆地区推进，低层近地面的加热作用比较明显，有利于对流发生。水汽输送主要来源于南海地区东南气流和渤海地区东风气流，造成甘肃全省暴雨偏多。

本文研究了甘肃省夏季暴雨日数4种分型并讨论了与大气环流及水汽输送的关系，由于暴雨与东亚夏季风的关系密切，因此东亚夏季风的进退过程对甘肃省夏季暴雨的影响将是下一步的研究重点。

## 参考文献


白肇烨，徐国昌，等，1988. 中国西北天气[M]. 北京：气象出版社：250-254.

鲍名，黄荣辉，2006. 近40年我国暴雨的年代际变化特征[J]. 大气科学，30(6)：1057-1067.

鲍媛媛，康志明，2014. 2010年亚洲夏季风环流异常特征及其对中国雨带的影响[J]. 高原气象，33(5)：1217-1228.

蔡新玲，叶殿秀，孙娴，等，2014. 1961—2011年陕西省汛期短时降水变化特征[J]. 高原气象，33(6)：1618-1626.

谌芸，李强，李泽椿，2005. 青藏高原东北部大到暴雨的气候特征分析[C] //中国气象学会. 中国气象学会2005年年会论文集. 北京：气象出版社：528-528.

丁永红，王文，陈晓光，等，2007. 宁夏近44年暴雨气候特征和变化规律分析[J]. 高原气象，26(3)：630-636.

杜继稳，李明娟，张弘，等，2004. 青藏高原东北侧突发性暴雨地面能量场特征分析[J]. 高原气象，23(4)：453-457.

胡娅敏，丁一汇，廖菲，2010. 近52年江淮梅雨的降水分型[J]. 气象学报，68(2)：235-247.

李晓霞，尚大成，谌芸，等，2013. 甘肃陇南两次不同强度暴雨天气的中尺度特征分析[J]. 高原气象，32(5)：1389-1399.

李智才，王毅荣，朱林洪，2005. 中国黄土高原区域性暴雨时空特征研究[C] //中国气象学会. 中国气象学会2005年年会论文集. 北京：气象出版社：150-151.

刘新伟. 2013. 甘肃暴雨天气气候特征及其成因研究[D]. 兰州：兰州大学.

毛文书，王谦谦，王永忠，等，2006. 近50a江淮梅雨期暴雨的区域特征[J]. 南京气象学院学报，26(1)：33-40.

孙燕，韩桂荣，李超，2015. 夏季东北冷涡异常对淮河流域降水影响机制的数值模拟[J]. 高原气象，34(4)：1149-1157.

陶诗言，丁一汇，周晓，1979. 暴雨和强对流天气的研究[J]. 大气科学，3(3)：227-238.

王伏村，许东蓓，修韶宇，等，2014. 一次西北地区东部大暴雨的物理机制分析[J]. 高原气象，33(6)：1501-1513.

王劲松，李耀辉，康凤琴，等，2002. 西北区东部一次暴雨的数值模拟试验[J]. 高原气象，21(3)：258-266.

魏凤英，陈官军，李茜，2012. 中国东部夏季不同雨带类型的海洋和环流特征差异[J]. 气象学报，70(5)：1004-1020.

西北暴雨编写组，1992. 西北暴雨[M]. 北京：气象出版社：6-8.

杨霞，李云，赵逸舟，等，2014. 新疆一次深秋局地短时大暴雨的成因分析[J]. 高原气象，33(1)：162-170.

张弘，孙伟，2005. 初夏青藏高原东侧一次特大暴雨的综合分析[J]. 高原气象，24(2)：232-239.

张剑明，廖玉芳，段丽洁，等，2011. 1960—2009年湖南省暴雨极端事件的气候特征[J]. 地理科学进展，30(11)：1398-1402.

周放，孙照渤，许小峰，等，2014. 中国东部夏季暴雨日数的分布特征及其与大气环流和海温的关系[J]. 气象学报，72(3)：447-464.

BARRY R G，PERRY A H，1973. Synoptic climatology，methods and applications[M]. London：Methuen：279-282.

TAO S Y，DING Y H，1981. Observational evidence of the influence of the Qinhai-Xizang(Tibet) Plateau on the occurrence of heavy rain and sever convective storms in China[J]. Bull Amer Meteor Soc，62(1)：23-30.

# 近55年来中国西北地区降水变化特征及影响因素分析*

刘维成[1],张强[2,3],傅朝[1]

(1. 兰州中心气象台,兰州 730020;2. 中国气象局兰州干旱气象研究所,
甘肃省干旱气候变化与减灾重点实验室,兰州 730020;3. 甘肃省气象局,兰州 730020)

**摘要**:利用1961—2015年中国西北地区128站的降水观测资料和NCEP再分析资料,分析了年、季降水量与降水日数变化总趋势及其区域分布特征,并采用与平均温度、气候指数相关性来分析和讨论其所受的影响因素。结果表明:(1)西北中西部年降水量呈增加趋势,增加趋势位于(0.1%~10.0%)/10a;西北东部年降水量呈减少趋势,减少趋势均<5%/10a;春季、夏季和秋季西北西部大部分地区降水量是以增加趋势为主;东部主要为减少趋势,冬季几乎所有站点降水量呈增加趋势;(2)西北西部降水日数以增加趋势为主,东部地区降水日数以减少趋势为主,大部分站点年降水日数冬季呈现增加趋势,其他季节基本表现为西北西部增加、西北东部减少趋势;(3)河西走廊西部、青海高原边坡、西北东部年降水量与年平均气温呈负相关,青海高原年降水量与年平均气温呈正相关,西北地区大部分年降水日数与年平均气温呈负相关;(4)北疆、南疆和西北东部37°N以南地区年平均降水量变率与年平均温度变率呈现负相关,且相关系数较大,而其余地区为正相关;(5)西风带影响西北大部分地区年降水量,东亚季风和南亚季风主要影响西北地区中北部和南部的年降水量。

**关键词**:中国西北地区;年、季降水量与降水日数;变化特征;影响因素

## 1 引言

降水是影响环境和自然过程的重要气候因素之一,是人类赖以生存的淡水的主要来源,其时空分布变化对水圈、生物圈和人类社会都会产生重大影响(Karl和Easterling,1999;Rana et al.,2012)。因此,了解降水趋势信息是大家关心的一个关键问题。在过去的100多年中,由于人类活动产生过多温室气体的影响(Betts et al.,2004;李国琛,2005;Austin et al.,2017),全球海陆表面平均温度呈线性上升趋势,平均升高了0.85℃(IPCC,2013)。气候变暖对于全球和区域的水循环也产生巨大影响(Nijssen et al.,2001;Betts et al.,2004;Krichak et al.,2015),全球温度升高导致大气的持水量增加,海陆表面温度的升高使得其蒸发量也会增强,这意味着实际的大气水分含量会增加,自然发生干旱的可能受潜在的蒸发量增加而加剧,而在全球范围内以增加降水平衡蒸发增加,从而容易导致暴雨、洪涝等极端气候事件,并造成不利影响和灾害(Trenberth,1998;Allan和Soden,2008)。

近年来,许多学者针对气候变暖背景下全球或区域降水时空分布变化、降水集中程度、极

* 本文已在《高原气象》2017年第36卷第6期正式发表。

端降水事件等开展了相关研究,并取得了有意义的结果。从全球范围来看,随着气候变暖水循环得到显著加强,北半球高纬度地区、中非、印度和东南亚地区的年降水量显著上升,而包括南美洲中北部、非洲南部、澳大利亚和印度尼西亚等低纬度地区降水明显较少,干旱趋势趋于增强(Gu et al.,2016;Sun et al.,2014),此外伴随着气温上升,强降水事件发生频率也明显增加,不仅为强降水天数,而且还显示在强降水总量上(Lehmann et al.,2015;Wen et al.,2016)。在一些不同地区和区域范围,学者们也开展了降水变化趋势相关的研究,欧亚大陆大部分地区(20°E 以东)小雨日数和降水量呈减少趋势,但降水强度和中雨以上降水日数呈明显增加趋势,而北欧地区降水增加趋势最大,平均每 10 a 增加 12.49 mm(Wen et al.,2015);非洲北部地区降水量呈线性减少趋势,3—5 月减少趋势更为明显,但 10—12 月降水量有明显增加,西非干旱趋势最为显著,降水量平均每 10 a 减少 21.05 mm(Sun et al.,2014;Camberlin,2017;Ongoma et al.,2017);1970—2009 年,澳大利亚除西北部地区降雨量呈增加趋势之外,其余地区降水量均在减少,其中澳大利亚东部地区减少趋势最为明显(Lavender 和 Abbs,2013);1951—2013 年,美国平均降水量每 10 a 增长 1.66%,东部和北部地区增长率较高,而西部地区增长较少,另外弱降水略有下降,强降水大幅度上升(Wu,2015);巴西南部地区夏季降水量呈上升趋势,平均每 100 a 增长 93 mm,降雨量的增加趋势与日最高温度和最低温度的增温趋势较为一致(Sansigolo 和 Kayano,2010)。可以看出不同地区降水呈现出不同的变化趋势,总体来说高纬度地区陆地降水呈增加趋势,而副热带和热带等低纬度地区陆地降水呈减少趋势。

中国平均年降水量呈现略有上升的趋势,夏季和冬季降水增加,春季和秋季降水减少。不同地区的降水日数、降水量和不同等级降水持续时间差异较大,除华北以外的所有区域,随着温度的升高总降水日数呈下降趋势,而强降水日数呈明显上升趋势,暖湿地区(江淮、华南和西南地区)降水日数减少,降水强度增大。东南部地区降水减少变得越来越干燥,西南地区变得更为湿润(Gemmer et al.,2004;Qian et al.,2005;Zhang et al.,2009;Liu et al.,2011;Jiang et al.,2014; 王艳姣,2014)。

中国西北地区位于欧亚大陆中纬度半干旱和干旱气候区,是世界上气候环境最为敏感的地区之一,深居内陆,水汽来源不足,降水偏少,干旱问题异常突出(Yang et al.,2017)。20 世纪 90 年代以来,西北地区气温上升速度加快,平均每 10 a 增加 0.606℃,同时降水也逐渐增多,使得严重干旱的形势得到缓解(Zhang et al.,2009),但暴雨、洪涝等极端性天气事件伴随气候变暖也开始增多(Shi et al.,2007)。鉴于降水对西北地区气候和环境具有极为重要意义,本文通过对最近 55 a 西北地区降水变化趋势进行分析,得到不同气候特征区域的降水变化趋势,然后探讨了造成这一变化趋势的主要影响因素。本文包括以下几个部分,先介绍研究区域的基本概况,再交代研究资料和计算方法,然后分析西北地区及不同气候分区的降水变化特征,随后给出造成该变化特征的可能因子,最后做总结。本文所做工作对于在全球气候变暖背景下西北地区水资源规划和管理具有一定的参考意义。

## 2　研究区域

研究区域(73.3°～111.3°E,31.5°～49.2°N)位于中国西北部,包括陕西、甘肃、宁夏、青海和新疆 5 省(区),面积约为 $3.11\times10^6$ km$^2$,约占中国陆地面积的 30%(图 1)。区域深居欧亚大陆腹地，距离海洋遥远，再加之境内天山、祁连山、昆仑山等高大山脉对湿润气流的阻挡，除东南部为温带季风气候之外，其余区域均为温带大陆性气候，不同区域降水差异大，年平均降水量最小站点为新疆吐鲁番 15.0 mm，降水量最大站点为陕西佛坪站 922.8 mm。

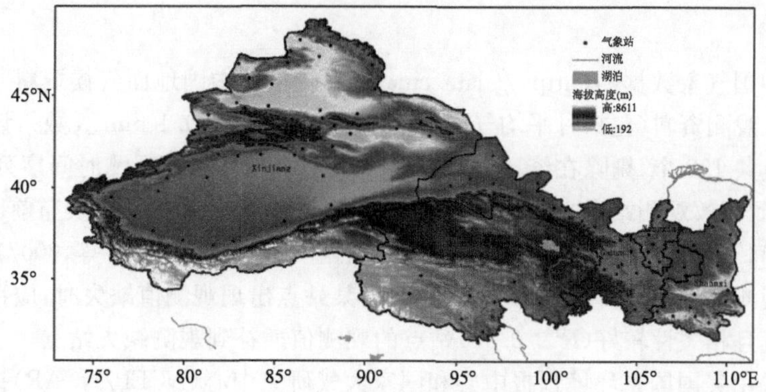


图 1　研究区域

为分析不同气候背景下不同区域的降水气候变化特征，依据降水变化分布的气候分区将西北地区划分为西北东部地区、青海高原及边坡地区、河西走廊地区、北疆地区和南疆地区(郑景云 等，2010，2013)，降水气候分区范围及年平均降水量见图 2 及表 1。

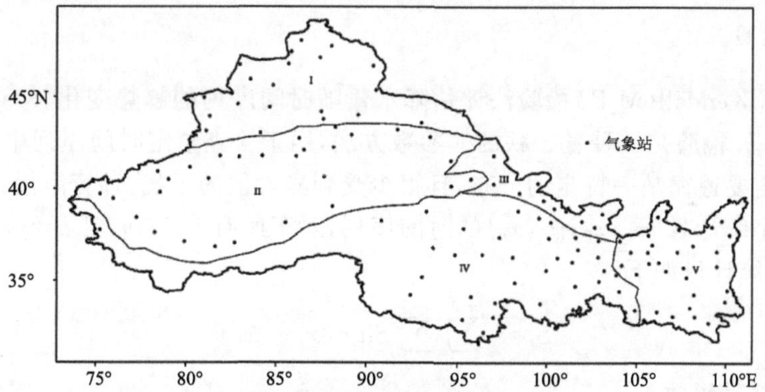


图 2　中国西北地区降水气候分区

**表 1　降水气候分区概况**

| 气候区域(代码) | 地理范围/站点数 | 年平均降水量(mm) | 年平均降水日数(d) |
|---|---|---|---|
| 北疆(I) | 天山以北地区/21 | 208.2 | 86.7 |
| 南疆(II) | 天山以南地区/30 | 76.3 | 32.2 |
| 河西走廊(III) | 祁连山以北、乌鞘岭以西/10 | 121.5 | 47.8 |
| 青海高原及边坡(IV) | 青海高原北部及东北边坡/36 | 355.5 | 100.3 |
| 西北东部(V) | 陕西、宁夏全部，甘肃黄河以东/31 | 488.0 | 86.6 |

# 3 资料和方法

## 3.1 资料

本文采用中国气象数据网(http://data.cma.cn/)提供的中国地面气候资料月值数据集中西北地区逐月降水观测资料(包括月平均气温、降水量和日降水≥0.1 mm 天数),该数据集包含西北地区观测站点共 192 个,剔除在统计时段中(1961—2015 年)连续观测时间序列少于 55 a 的观测站点,最终得到有效观测站点 128 个(站点分布见图 1)。由于数据集在发布前已经过较为严格的极值检验、时间一致性检验、空间一致性检验等数据质量控制(任芝花 等,2007),因此该资料在分析之前仅对观测缺失值进行插补,具体方法是当某站点出现观测值缺失时,应用距离加权算法将与该站点较近且相关性较好($R^2>0.95$)站点的观测值插补到观测缺失站点。

大气数据采用美国国家环境预报中心和国家大气研究中心(NCEP/NCAR)提供的再分析逐月资料(https://www.esrl.noaa.gov/psd/data/gridded/reanalysis/),包括大气可降水量、平均风速风向等要素,水平分辨率为 2.5°×2.5°,垂直层次包括 17 个等气压层(1000、925、850、700、600、500、400、300、250、200、150、100、70、50、30、20、10 hPa),有效起始时间为 1948 年 1 月。

## 3.2 计算方法

### 3.2.1 M-K 检验

采用 Mann-Kendall(M-K)检验法评估降水量随时间序列的趋势变化(Mann,1945;Kendall,1990)。M-K 检验是一种基于秩的非参数方法,用于检查给定时间序列中的任何趋势,其优点为样本不需要遵循某一特定的分布,且很少受到异常值的干扰,计算简便。

假设有 $n$ 个统计量($x_1,x_2,\cdots,x_n$)的时间序列,对于所有 $k,j\leqslant n$,且 $k\neq j$,$x_k$ 和 $x_j$ 的分布是不同的,检验统计量如下。

$$S_t=\sum_{k=1}^{n-1}\sum_{j=k+1}^{n}\mathrm{Sign}(x_j-x_k) \tag{1}$$

其中 Sign()为符号函数。

$$\mathrm{Sign}(x_j-x_k)=\left\{\begin{array}{ll}1 & x_j>x_k\\ 0 & x_j=x_k\\ -1 & x_j<x_k\end{array}\right\} \tag{2}$$

$S_t$ 为正态分布,均值为 0,方差如下。

$$\mathrm{Var}(S_t)=\frac{n(n-1)(2n+5)}{18} \tag{3}$$

当 $n>10$ 时,Mann-Kendall 统计量 $Z$ 值计算公式为如下。

$$Z=\left\{\begin{array}{ll}\dfrac{S_t-1}{\sqrt{\mathrm{Var}(S_t)}} & S_t>0\\ 0 & S_t=0\\ \dfrac{S_t+1}{\sqrt{\mathrm{Var}(S_t)}} & S_t<0\end{array}\right\} \tag{4}$$

式(4)中 $Z$ 为正值表示呈增加趋势，负值表示呈减少趋势，$|Z|$ 分别≥1.64 和 2.32 时，表示通过了置信度 95%和 99%的显著性检验。

### 3.2.2 Sen's 斜率

应用 Sen's 斜率计算降水量时间变化趋势的程度(Sen，1968)。由于 Sen's 斜率能够避免时间序列数据缺失及数据分布形态对分析结果的影响，并且能够剔除异常值对时间序列的干扰，因此在气象水文研究中得到广泛应用(Gocic et al.，2013；Chatterjee et al.，2016；Yang et al.，2017)。

假设有 $n$ 个统计量($x_1, x_2, \cdots, x_n$)的时间序列，Sen's 斜率计算公式如下。

$$\beta = \mathrm{Median}\left(\frac{x_j - x_i}{j - i}\right), \forall j > i \tag{5}$$

式中，Median()为中值函数。利用 $\beta$ 来确定时间序列变化趋势的程度，$\beta>0$ 表示呈正趋势变化，$\beta<0$ 表示呈负趋势变化，$\beta=0$ 表示变化趋势不明显，$\beta$ 的数值为变化趋势的程度。

### 3.2.3 气候指数及相关性计算

为了揭示降水气候变化趋势的成因，利用 NCEP/NCAR 月平均再分析资料分别计算了西风指数、南亚季风指数和东亚季风指数及其与西北地区降水变化的相关性，其中 3 项气候指数定义如下。

西风指数——西风带是行星风带之一，位于南北半球的中纬度地区(35°～65°N)，空气运动主要是自西向东，在对流层中上部和平流层下部尤为明显。为了能定量的描述西风的强弱，Rossby 早在 20 世纪 30 年代就提出西风指数的概念(Rossby，1939)，即用 35°N 和 55°N 纬圈平均海平面气压的差反映北半球中纬度地区西风的强弱。为了更好地表征西风带与我国西北地区降水变化的关系，引入区域西风指数。由于夏季在 30°～70°E，35°～50°N 存在一个很强的西风垂直切变中心，而西北地区毗邻此中心，故选择上述区域计算西风指数更易于研究西风带对西北地区降水变化的影响(冯文 等，2004)，即区域西风指数表示如下。

$$WI = \frac{1}{N}\left[\sum_{N} H_i(35°) - \sum_{N} H_i(50°)\right] \tag{6}$$

式中，$N$ 为 30°～70°E，35°～50°N 区域内计算格点数目，$H_i(35°)$、$H_i(50°)$ 分别为每个格点 6—8 月 500 hPa 等压面沿 35°N 和 50°N 纬圈的平均高度值。

季风指数——季风变化对中国降水分布有着重要影响。为描述季风区季风活动的变化，李建平研究员和曾庆存院士提出了归一化季风指数，得到了广泛认可和使用，并被称为李—曾季风指数(Li and Zeng，2003)。其中东亚季风指数(EASMI)定义为夏季(6—8 月)东亚季风区(10°～40°N，110°～140°E)内 850 hPa 平均风场标准化季节变率(李建平和曾庆存，2005)，南亚季风指数定义为夏季(6—8 月)南亚季风区(5°～22.5°N，35°～97.5°E)内 850 hPa 平均风场标准化季节变率。

降水量变化与气候指数的相关性采用 Pearson 相关系数描述(Donges et al.，2013；Diaconescu et al.，2014)。

# 4 结果分析

## 4.1 年、季降水量变化趋势

图 3a 为西北地区 1961—2015 年年降水量变化的 Mann-Kendall 趋势，结果表明西北地区中西部大部分地区（黄河以西）年降水量呈增加趋势，而东部大部分地区呈减少趋势。应用 Sen's 斜率评估降水量变化趋势的程度，为表征不同气候区域的变化趋势，采用年降水量变化百分率描述（即每 10a 降水量变化值与年平均降水量的比值，降水日数变化趋势计算以此类推），可以看出近 55a 西北地区中西部大部分地区降水量增加了（0.1%～10.0%）/10a，降水量变化率＞10.0%/10a 的有 6 个站点，分布在南疆（4 站）、北疆（1 站）和青海高原（1 站）地区，变化趋势最大站点为位于青海的德令哈（11.8%/10a），呈增加趋势的新疆大部分、青海高原中北部的站点通过 95%信度检验，另外有 10 站降水量变化呈减少趋势，其中位于南疆的七角井减少趋势最为明显为－8.7%/10a，其余站点变化趋势较弱且仅有 2 站通过 95%信度检验；对于西北地区东部，大部分站点呈减少趋势，但仅有 4 站通过 95%信度检验，降水量减少趋势均小于－5%/10a，变化趋势最大站点为陕西南部的略阳站为－4.5%/10a，有 6 站降水量呈小于 2%/10a 的增加趋势，但均未通过 95%信度检验。

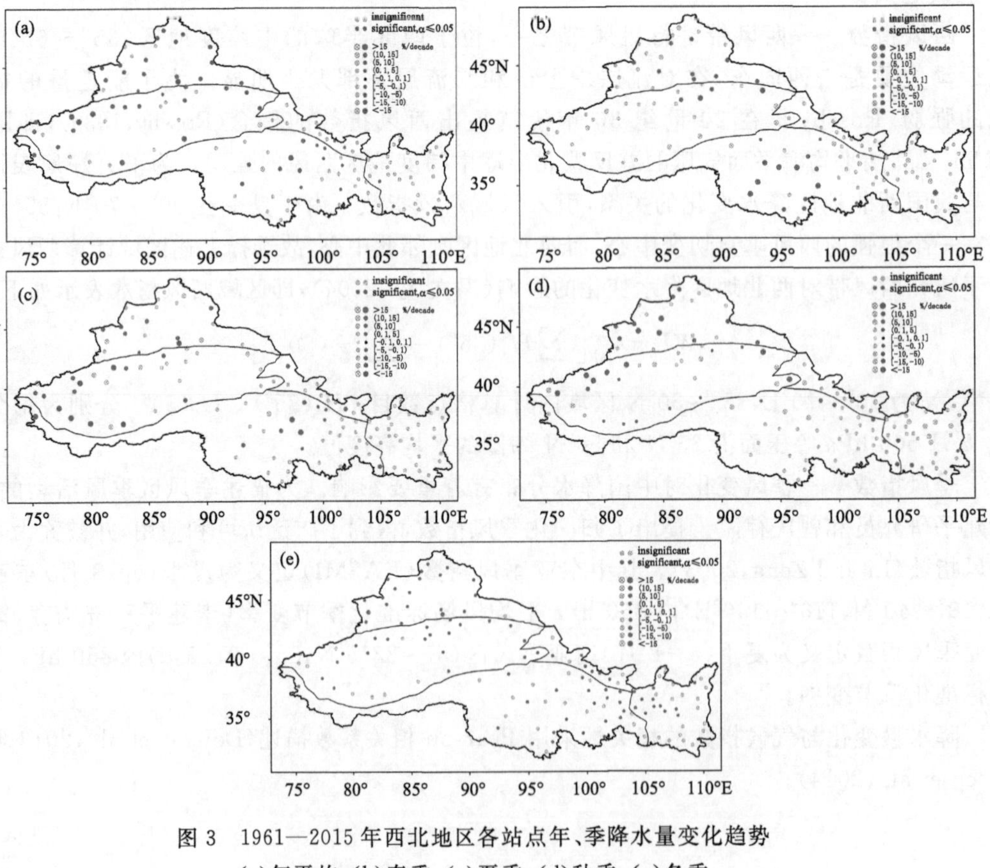


图 3　1961—2015 年西北地区各站点年、季降水量变化趋势

(a)年平均，(b)春季，(c)夏季，(d)秋季，(e)冬季

图3b～e为西北地区1961—2015年不同季节降水量变化的Mann-Kendall趋势，其中不同季节按气象学划分，即春季(3—5月)、夏季(6—8月)、秋季(9—11月)和冬季(12月、次年1月、2月)。对于春季，北疆大部分、南疆中北部、青海高原及其边坡和河西走廊中东部地区降水量呈增加趋势，西北东部大部分地区、南疆西南部、河西走廊西部地区降水量呈减少趋势，但仅有28站(增加趋势27站、减少趋势1站)通过95%信度检验；对于夏季，除西北东部地区中北部降水量呈减少趋势外，其余大部分地区降水量呈增加趋势，增加趋势最为明显的是南疆地区，大部分站点增加趋势大于5%/10a，并且大部分站点通过95%信度检验，此外北疆南部和青海高原北部降水量增加趋势也较大，但位于河西走廊西端的马鬃山站降水量呈明显减少趋势，为－7.4%/10a，且通过95%信度检验，而西北地区东部降水量变化趋势除甘肃南部武都站(增加趋势6.9%/10a，通过95%信度检验)外其余站点变化趋势均小于－5%/10a，并且均未通过95%信度检验；对于秋季，除西北地区东部降水量呈减少趋势外，其余大部分地区降水量呈增加趋势，有30站(增加趋势24站、减少趋势6站)通过95%信度检验，南疆南部和北部8站变化趋势不显著($|\beta|<0.1\%/10a$)；对于冬季，整个西北地区几乎所有站点呈现增加趋势(减少趋势4站、变化不明显的7站)，并且有73站通过95%信度检验，占总站点的57%。可以看出冬季为西北地区降水量变化最为显著的季节，但变化趋势除北疆的乌鲁木齐(5.9%/10a)和伊宁(5.5%/10a)外其余均<5%/10a。

## 4.2 年、季降水日数变化趋势

图4a为西北地区1961—2015年年降水日数变化的Mann-Kendall趋势，结果表明西北地区西部降水日数以增加趋势为主，西北地区东部地区降水日数以减少趋势为主。从Sen's斜率可以看出，北疆地区除1站无明显变化、1站呈微弱减少趋势(－0.3%/10a)外，其余各站均为增加趋势，北疆西部、北部增加趋势较大，而南部、东部增加趋势较小，更为有意思的是增加趋势大于2%/10a站点全部通过95%信度检验；南疆地区降水日数西部、北部除1站外均为明显增加趋势，大部分增加趋势大于5%/10a，且大都通过95%信度检验，南疆南部和东部1站增加趋势较大(民丰站6.2%/10a，通过95%信度检验)，其余各站增加趋势较小，但南疆东北部的七角井站却呈明显地减少趋势，平均每10a减少9.4%，且通过95%信度检验；河西走廊西部地区降水日数以增加趋势为主，东部以减少趋势为主，但仅有1站通过95%信度检验，减少趋势同样位于西部增加区域的马鬃山－5.4%/10a，且通过95%信度检验；青海高原中西部地区降水日数以增加为主，东部边坡地区以减少为主；西北地区东部除1站呈增加趋势外，其余均为减少趋势，减少程度在－0.1%～－5.0%/10a，18站通过95%信度检验站该区域总站数58.1%。

图4b～e为西北地区1961—2015年不同季节降水日数变化的Mann-Kendall趋势。对于春季，西北东部地区呈明显地减少趋势，青海高原中南部呈增加趋势，北疆、南疆、河西走廊地区大部分和青海高原北部站点降水变化趋势不明显；对于夏季，南、北疆地区降水日数变化差异很大，北疆中部降水日数呈增加趋势，其余为减少趋势，大部分站点未通过95%信度检验，南疆中东部降水日数变化较小，其余站点呈增加趋势，近50%站点通过95%信度检验，青海高原中西部大部降水日数呈增加趋势，而东部、南部为减少趋势，河西走廊基本呈现为减少趋势，西北东部全部呈现为减少趋势；对于秋季，北疆西部和南疆西部、东部降水日数增加趋势较大，大部分站点增加程度大于5%/10a，增加程度最大站点南疆的拜城14.8%/10a，其余站点变化

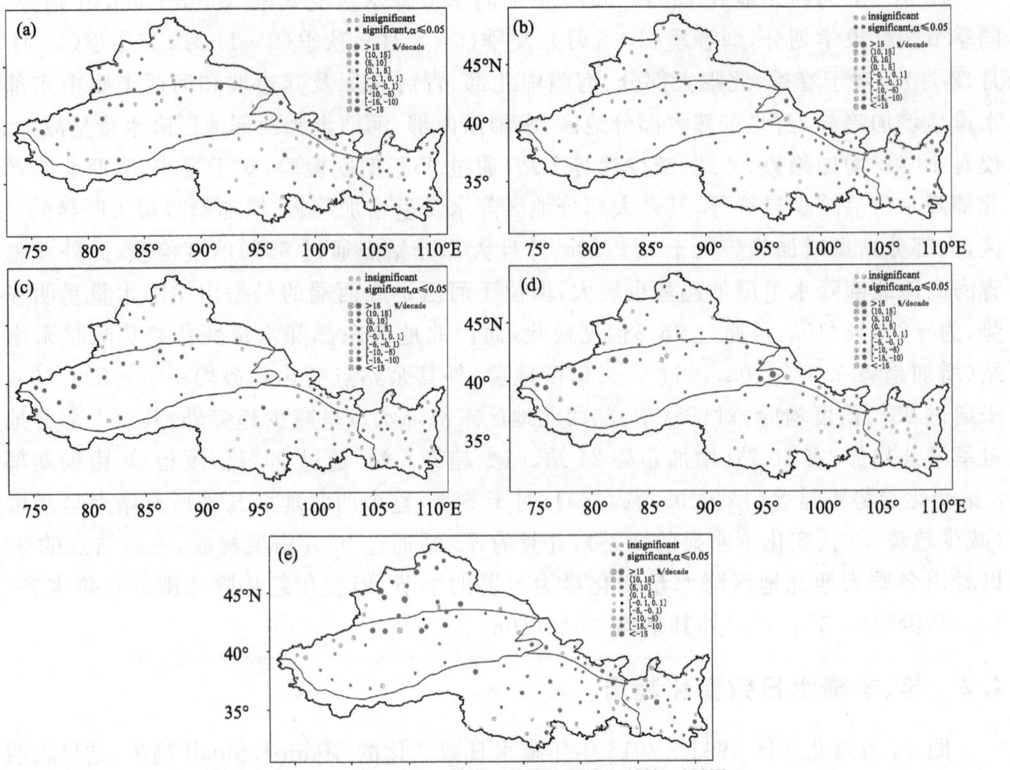


图 4　同图 3，但为降水日数(a)年平均，(b)春季，(c)夏季，(d)秋季，(e)冬季

趋势较小，河西走廊地区降水日数以增加趋势为主，但均未通过 95％信度检验，青海高原南部和东部降水日数呈减少趋势，而西北东部地区降水日数依然为减少趋势；对于冬季，西北地区降水日数变化与其他 3 季表现出明显差异，整个区域仅 9 站呈减少趋势，57 站变化不明显，其余 62 站均为增加趋势，其中北疆和南疆北部变化趋势最为明显，且大部分站点通过 95％信度检验，而西北东部地区的宁夏西部和甘肃中部呈明显增加趋势，这与其他 3 季明显不同。

## 4.3　降水变化趋势的影响因素

降水变化受到不同因素的影响或者受多种因素的共同影响，研究发现大气环流(陈冬冬和戴永久，2009；申红艳 等，2017)、太阳辐射(孙炜毅 等，2015)、大气稳定度(Wen et al.，2015)、火山活动(贾朋群和石广玉，2001)、人类活动(Polson et al.，2013)等对降水变化都会产生影响，本节重点分析了全球气候变暖背景下西北地区降水变化与气温变化的关系，并从水汽源的角度出发分析了西风带和南亚、东亚季风变化对西北地区降水的影响。

(1)西北地区降水对气温变化的响应规律

图 5 为西北地区各站点年降水量、降水日数与年平均气温的相关性分析。可以看出，对于年降水量来说，不同气候区与年平均气温的相关性差异较大，北疆中南部年降水量与年平均气温呈正相关，即年平均气温越高则年降水量越多，而其余地区均呈负相关，即年平均气温越高则年降水量越少，北疆北部地区负相关特性更为明显，通过 95％信度检验；南疆西北部、南部

年降水量与年平均气温呈正相关，其余均呈现为负相关，南疆东部负相关最为明显；河西走廊西部年降水量与年平均气温呈负相关，西北部的马鬃山站负相关更为显著，为－0.41，通过99％信度检验，而其余地区为较弱的正相关；青海高原年降水量与年平均气温以正相关为主，尤其是祁连山中部南麓和甘肃西南部负相关更为显著；西北东部大部分地区年降水量与年平均气温呈负相关，尤其是陕西东南部地区负相关性更为明显。对于年降水日数来说，西北大部分地区与年平均气温呈负相关，即年平均气温越高降水日数越少，仅有6站呈正相关且相关系数均＜0.3，从不同气候区来看，西北东部地区年降水日数与年平均气温负相关性更为显著，大部分站点相关系数＜－0.5，通过99％信度检验，陕西南部和甘肃东部4站相关系数＜－0.6，负相关最大站点为陕西南部的华山和石泉，均为－0.7。

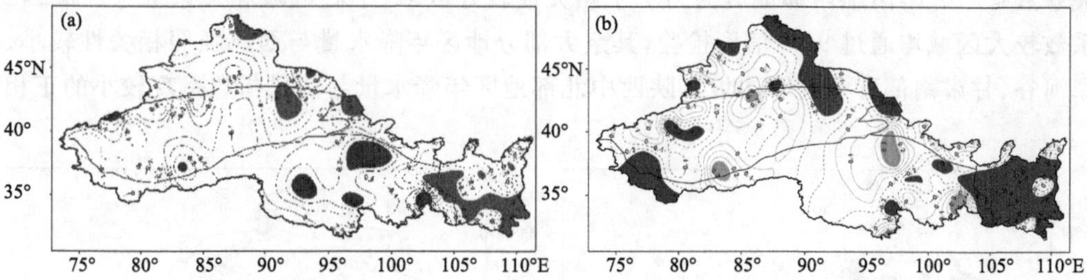


图5　年降水量、降水日数与年平均气温的相关系数(a)年降水量，(b)年降水日数
(黑和灰区域分别代表正、负相关系数通过95％信度显著性检验)

分析西北地区年平均气温变化趋势表明(图略)，1961—2015年西北地区各站点几乎全部呈增温趋势，年平均气温增加趋势介于0.04～0.82℃/10a，4站增温趋势＞0.6℃/10a(依次为新疆茫崖0.82℃/10a、新疆七角井0.77℃/10a、青海小灶火0.66℃/10a和新疆八里塘0.64℃/10a)，仅有2站(新疆库车、青海河南，均为－0.1℃/10a)年平均气温呈微弱减小趋势，但未通过95％信度检验。表2分析了全球变暖背景下西北地区不同气候区年平均降水量变率与年平均气温变率的相关性，可以看出北疆、南疆和西北东部37°N以南地区年平均降水量变化与年平均温度变化呈现负相关，且相关系数较大，其中南疆和青海高原地区相关系数均通过99％信度检验，西北东部37°N以南地区通过95％信度检验，而青海高原及边坡和西北东部

**表2　年平均降水量变化、降水日数变化与年平均温度变化相关性分析**

| 气候区 | | 相关系数 | |
|---|---|---|---|
| | | 温度变化与降水量变化 | 温度变化与降水日数变化 |
| 北疆 | | －0.34 | －0.28 |
| 南疆 | | －0.45** | －0.57** |
| 河西走廊 | | 0.05 | －0.26 |
| 青海高原及边坡 | | 0.37** | 0.32* |
| 西北东部 | ＜37°N | －0.40* | －0.16 |
| | ≥37°N | 0.45 | 0.81* |
| | 西北东部 | －0.01 | 0.10 |
| 西北地区 | | －0.04 | －0.12 |

注：*表示在0.05水平上显著相关；**表示在0.01水平上显著相关。

37°N 以北地区年平均降水量变化与年平均温度变化呈现正相关，其中青海高原及边坡地区正相关更为显著，通过 99％信度检验，河西走廊地区年平均降水量变化与年平均温度变化相关性较小；对于年降水日数变化与年平均气温变化的相关性，北疆、南疆、河西走廊和西北东部 37°N 以南地区均为负相关，南疆地区负相关更为显著，通过 99％信度检验，青海高原及边坡和西北东部 37°N 以北地区呈现正相关，均通过 95％信度检验。

(2)西风带和季风对西北地区降水的影响

图 6a 为西北地区各站点近 55 年年降水量与西风指数的相关系数分布，分析表明西北大部分地区年降水量与西风势力呈负相关，即西风带势力偏强时，西北地区年降水量偏少，反之亦然。负相关系数大值区域位于祁连山西段—柴达木盆地—青藏高原西北部一带，中心区域相关系数＜－0.6，南疆西部地区为另一个相关性较好区域，中心区域相关系数＜－0.4，二相关系数较大区域均通过 95％信度检验，其余大部分地区年降水量与西风强弱相关性较小。但伊犁河谷、甘肃南部青藏高原边坡和陕西中北部地区年降水量与西风指数呈现较小的正相关。

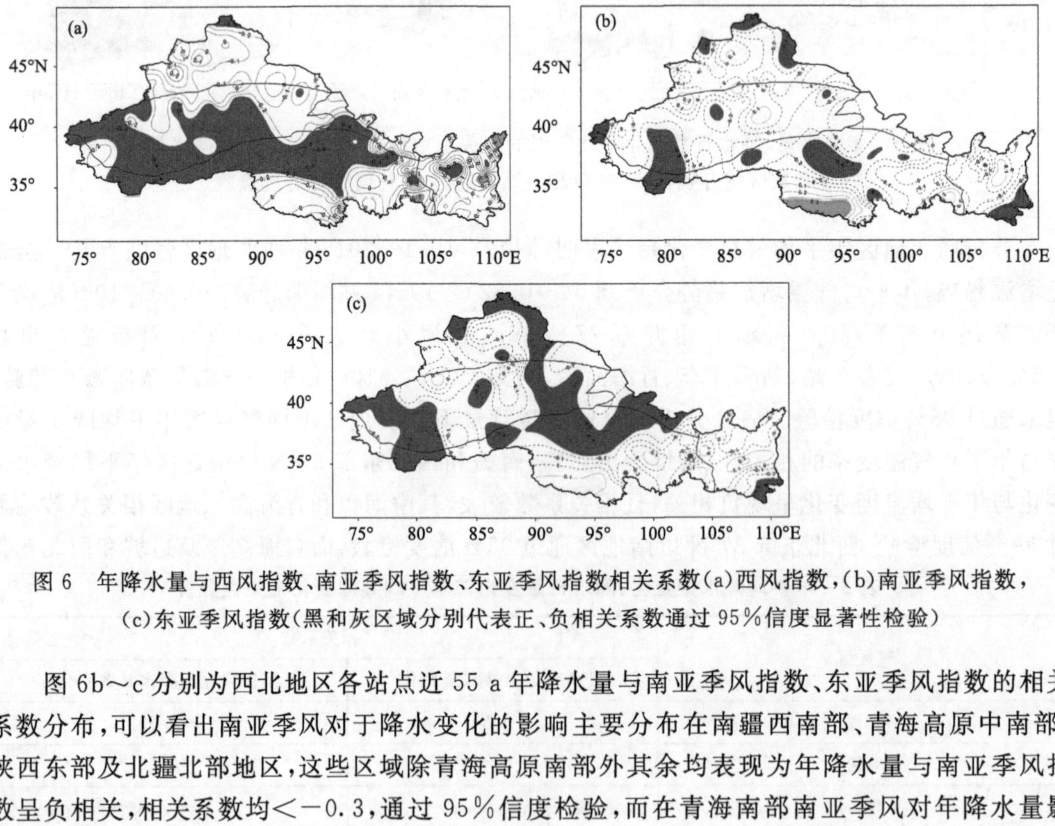


图 6　年降水量与西风指数、南亚季风指数、东亚季风指数相关系数(a)西风指数，(b)南亚季风指数，(c)东亚季风指数(黑和灰区域分别代表正、负相关系数通过 95％信度显著性检验)

图 6b～c 分别为西北地区各站点近 55 a 年降水量与南亚季风指数、东亚季风指数的相关系数分布，可以看出南亚季风对于降水变化的影响主要分布在南疆西南部、青海高原中南部、陕西东部及北疆北部地区，这些区域除青海高原南部外其余均表现为年降水量与南亚季风指数呈负相关，相关系数均＜－0.3，通过 95％信度检验，而在青海南部南亚季风对年降水量影响呈正效应，相关系数＞0.3，且通过 95％信度检验。而与之对应，东亚季风对于西北地区年降水的影响以负效应为主，影响较大区域分布在西北地区中部地区，沿祁连山中部—柴达木盆地—青海高原北部边坡一线，中心区域相关系数＜－0.3，通过 95％信度检验，另外东亚季风对于陕西东南部和北疆北部阿尔泰山西麓地区年降水的影响也较大。

## 5 讨论

中国西北地区地处亚欧大陆内部，距海遥远，境内多高山阻挡，水汽难以到达，是全球同纬度最干旱地区之一，且气象要素分布极不均匀，是全球气候变化下的最敏感地区。近55 a来西北西部地区(黄河以西)年降水量逐渐增多，尤其新疆、青海高原中部地区增加趋势的显著程度明显较强，同时随着气候逐渐变暖，这种暖湿化的效应使得冰川加剧消融、快速退缩(段建平等，2009)；河流径流量减少(常国刚 等，2007)。另外降水的增加可以引起土壤湿度、地表覆盖的正效应变化，进而抑制沙尘暴的发生(李晓东 等，2011；姚俊强 等，2013)，这些都将对西北干旱区水资源和生态环境产生积极影响。而对于西北东部地区，降水量呈逐年减少趋势，且降水量变化与气温变化呈负相关，这就会使得随着气候进一步变暖降水量减少趋势会愈发严重，尤其是雨季(夏、秋季)随气温升高降水量的减少，会导致该地区干旱趋势加剧，尤其是宁夏中部、甘肃中部和陕西北部等一些经常发生干旱的地区形势愈发严峻。另外，由于降水增多西北西部地区也会产生泥石流、滑坡等次生灾害，气候变暖导致土壤盐渍化加剧也会严重威胁到农业生产(Wu et al.，2010；张强 等，2010)，这些都会对西北地区生态和地理环境产生不利影响。

从年降水日数变化可以看出，西北地区东部(西部)年降水量减少(增加)趋势主要是由于年降水日数减少(增加)，并且西北地区东部年降水日数减少趋势的显著程度较年降水量变化更为明显。另外，全球气候变暖会明显加快大气中的能量与水汽的循环速度(Huntington，2006)，极端天气气候事件呈现增加的趋势(Allan 和 Soden，2008)，此种现象在西北地区西部表现尤为明显，呈现出弱降水显著减少、强降水日数及降水量显著增多的趋势(陈冬冬和戴永久，2009)，并且新疆冬季暴雪频次亦随气温升高而增加，但在西北东部却呈现出各量级降水均显著减少的趋势(王少平 等，2014)。究其原因可能是气温升高导致全球水循环速度加快，对于西北地区西部来说，蒸发量增加使得西风环流从上游带来的水汽含量增加，水汽输入量增加使得降水量增加，另外气候变暖也会使得瞬变涡动增强(即天气尺度扰动频度或强度)，导致水汽辐合增强、冷空气活动频次增加，从而使得降水增多(戴新刚和张凯静，1992)；而西北地区东部降水主要受季风影响，分析前文计算得季风指数可知，无论是南亚季风指数还是东亚季风指数，随着气温升高均呈现为减小趋势(图略)，这可能是由于随着气候变暖陆地和周围海洋热力差异变化而导致的，也可能是更为复杂的原因，有待进一步探讨。

从水汽来源角度来讲，在年平均状态下，西北地区一般有三条水汽输送途径，首先西风带是西北地区水汽输送的主要载体，大西洋、黑海、里海和北冰洋是西北地区水汽输送的主要源地，气候特征研究(冯文 等，2004；王秀荣 等，2007；李万莉 等，2008)和天气个例研究(王伏村等，2013；陶健红 等，2015)都表明了这一事实；另外，在夏季南亚季风、东亚季风对西北地区水汽输送的作用也十分明显，南亚季风携带印度洋的水汽翻越喜马拉雅山—昆仑山脉分别进入青藏高原主体和新疆地区，但主要是对流层中上部的水汽输送，在对流层中下部反映在孟加拉湾水汽沿青藏高原东侧绕流进入西北地区东南部，属于南亚季风向东亚季风区的延伸(王可丽等，2001；刘长征 等，2004；周晓霞 等，2008)；东亚季风携带西太平洋或南海水汽的水汽输送通道影响到甘肃东部，在一定条件下可伸展到西北内陆(王秀荣，2007)。因此，当西风环流和季风为较强年时，表明其影响区域具备降水必要条件，通过分析西风带、南亚季风和东亚季风对西北地区降水分布的影响不难看出，西北地区年降水量变化与西风带和季风输送水汽的影响范围有很大关系，西风带水汽输送几乎影响到整个西北地区，其与年降水量变化的相关系数较南亚季风和东亚季风大，就很好地证明了这一观点（冯文 等，2004），但是西风带、季风在其影响区域内与降水量关系方面表现出了极为复杂的特征。如南疆－柴达木盆地－祁连山南麓一带呈现出与西风指数的显著负相关，应与欧洲－乌拉尔环流经向下冷空气的强度及路径有关；伊犁河谷的地形作用对西风带水汽产生收纳、抬升效应，降水量正相关明显；而南亚夏季风进入新疆后气流下沉（王秀荣，2007）和削弱西风带及其降水（左瑞亭 等，2004）的共同作用，导致新疆大部降水量与南亚季风指数呈负效应现象，准噶尔盆地南部、伊犁河谷、阿勒泰地区尤为明显。青藏高原季风活动与南亚季风密切相关，南亚季风较强年份时，较于常年南亚高压加强北抬，高原北部偏北气流强（方韵 等，2016），因此柴达木盆地为显著负相关中心，青海南部易产生水汽辐合，降水量正效应明显。此外，由于低层南风影响，青海东部、甘肃河东及宁夏、陕西大部低层温湿条件较好，受中高层冷平流扰动，多对流性降水，上述区域则呈现一定的正相关。在东亚夏季风方面，本文分析符合东亚季风对西北地区降水以负效应为主的结论（Li and Zeng，2005），甘肃张掖地区的显著正效应，可能与西风带系统与副热带系统共同作用直接相关。分析可以看出，西北地区降水响应的复杂性不仅体现在西北地区地域广阔、地形复杂，更是西风带和季风相互作用、相互影响（左瑞亭 等，2004；方韵 等，2016）及二者的综合效应对西北地区降水分布的影响等方面的体现（周晓霞 等，2008）。因而在以上地理条件、气候背景下的不同尺度天气系统以及复杂地形对大气能量、动力作用和水汽辐合（散）综合影响，值得今后做更深入的探讨。

## 6 结论

利用 Mann-Kendall（M-K）检验、Sen's 斜率、Pearson 相关系数等方法，分析了 1961—2015 年中国西北地区年降水量与降水日数的变化趋势，研究了全球变暖趋势下西北地区年降水变化与气温变化的关系，并从水汽输送的角度出发分析了西风带和季风变化对西北地区降水的影响，得到如下主要结论。

（1）西北中西部（黄河以西）年降水量呈增加趋势，增加趋势位于（0.1%～10.0%）/10a，祁连山南麓的德令哈为增加趋势最大站点（11.8%/10a）；而西北东部年降水量呈减少趋势，减少趋势均＜－5%/10a。春季、夏季和秋季降水量变化与年降水量变化相似，西北西部大部分地区降水量是以增加趋势为主，东部地区大部分站点为减少趋势，但冬季几乎所有站点呈增加趋势。

（2）西北地区西部降水日数以增加趋势为主，东部地区降水日数以减少趋势为主。大部分站点年降水日数冬季呈现增加趋势，其他季节基本表现为西北西部增加、西北东部减少趋势。

（3）不同气候区年降水量与年平均气温的相关性差异较大，河西走廊西部、青海高原边坡、西北东部大部分与年平均气温呈负相关，青海高原中北部地区年降水量与年平均气温呈正相关，新疆年降水量与年平均气温相关性不明显。对于年降水日数，西北地区大部分与年平均气温呈负相关。

（4）年平均降水量变率与年平均气温变率的相关性，北疆、南疆和西北东部 37°N 以南地区年平均降水量变化与年平均气温变化呈现负相关，且相关系数较大，而其余地区年平均降水量变化与年平均气温变化呈现正相关。

(5)西风带对西北地区大部分站点年降水量均有影响，而西北地区中北部年降水量受东亚季风影响较大，西北地区南部年降水量与南亚季风相关性较好。

## 参考文献

常国刚，李林，朱西德，等，2007．黄河源区地表水资源变化及其影响因子[J]．地理学报，62(3)：312-320．

陈冬冬，戴永久，2009．近五十年我国西北地区降水强度变化特征[J]．大气科学，33(5)：923-935．

戴新刚，张凯静，2012．20世纪后30年中国西北西部降水年代际变化机理分析[J]．物理学报，61(19)：199201-199209．

段建平，王丽丽，任贾文，等，2009．近百年来中国冰川变化及其对气候变化的敏感性研究进展[J]．地理科学进展，28(2)：231-237．

方韵，范广洲，赖欣，等，2016．青藏高原季风强弱与北半球西风带位置变化的关系[J]．高原气象，35(6)：1419-1429．

冯文，王可丽，江灏，2004．夏季区域西风指数对中国西北地区水汽场特征影响的对比分析[J]．高原气象，23(2)：271-275．

贾朋群，石广玉，2001．近50年火山喷发和太阳活动对我国气候影响的研究[J]．高原气象，20(3)：225-233．

李国琛，2005．全球气候变暖成因分析[J]．自然灾害学报，24(5)：38-42．

李建平，曾庆存，2005．一个新的季风指数及其年际变化和与雨量的关系[J]．气候与环境研究，10(3)：351-365．

李晓东，傅华，李凤霞，等，2011．气候变化对西北地区生态环境影响的若干进展[J]．草业科学，28(2)：286-295．

李万莉，王可丽，傅慎明，等，2008．区域西风指数对西北地区的水汽输送及收支的指示性[J]．冰川冻土，31(1)：28-34．

刘长征，王会军，姜大膀，2004．东亚季风区夏季风强度和降水的配置关系[J]．大气科学，28(5)：700-712．

任芝花，熊安元，邹凤玲，2007．中国地面月气候资料质量控制方法的研究[J]．应用气象学报，18(4)：516-523．

申红艳，陈丽娟，胡泊，等，2017．西北中部夏季降水主要空间型及环流特征[J]．高原气象，36(2)：455-467．

孙炜毅，刘健，王志远，2015．过去2000年东亚夏季风降水百年际变化特征及成因的模拟研究[J]．地球科学进展，30(7)：780-790．

陶健红，孔祥伟，刘新伟，2016．河西走廊西部两次极端暴雨事件水汽特征分析[J]．高原气象，35(1)：107-117．

王可丽，江灏，吴虹，2001．南亚夏季风年际变化特征分析[J]．高原气象，20(3)：318-324．

王伏村，许东蓓，王宝鉴，等，2013．敦煌致洪暴雨的广义湿位涡分析[J]．高原气象，32(1)：145-155．

王少平，姜逢清，吴小波，等，2014．1961—2010年西北干旱区极端降水指数的时空变化分析[J]．冰川冻土，36(2)：318-326．

王艳姣，闫峰，2014．1960—2010年中国降水区域分异及年代际变化特征[J]．地理科学进展，33(10)：1354-1363．

王秀荣，徐祥德，苗秋菊，2003．西北地区夏季降水与大气水汽含量状况区域性特征[J]．气候与环境研究，8(1)：35-42．

姚俊强，杨青，陈亚宁，等，2013．西北干旱区气候变化及其对生态环境影响[J]．生态学杂志，32(5)：1283-1291．

张强，张存杰，白虎志，等，2010．西北地区气候变化新动态及对干旱环境的影响[J]．干旱气象，28(1)：

1-7.

郑景云，尹云鹤，李炳元，2010. 中国气候区划新方案[J]. 地理学报，65(1)：3-13.

郑景云，卞娟娟，葛全胜，等，2013. 中国 1951—1980 年及 1981—2010 年的气候区划[J]. 地理研究，23(6)：987-997.

周晓霞，丁一汇，王盘兴，2008. 亚洲季风区的水汽输送及其对中国降水的影响[J]. 气象学报，66(1)：59-70.

左瑞亭，曾庆存，张铭，2004. 季风及季风与西风带相互关系的数值模拟研究[J]. 大气科学，28(1)：7-22.

ALLAN R P，SODEN B J. 2008. Atmospheric warming and the amplification of precipitation extremes[J]. Science，321(5895)：1481-1484.

AUSTIN P，TTIMOTHY P，ROSS J，et al，2017. Paris climate agreement：Beacon of Hope[M]. Berlin：Springer International Publishing，2-35.

BETTS R，COX P，COLLINS M，et al，2004. The role of ecosystem-atmosphere interactions in simulated Amazonian precipitation decrease and forest dieback under global climate warming[J]. Theor Appl Climatol，78(1)：157-175.

CAMBERLIN P，2017. Temperature trends and variability in the Greater Horn of Africa：Interactions with precipitation[J]. Climate Dyn，48(1)：477-498.

CHATTERJEE S，KHAN A，AKBARI H，et al，2016. Monotonic trends in spatio-temporal distribution and concentration of monsoon precipitation (1901-2002)，West Bengal，India[J]. Atmos Res，182：54-75.

DIACONESCU E P，GACHON P，SCINOCCA P，et al，2014. Evaluation of daily precipitation statistics and monsoon onset/retreat over western Sahel in multiple data sets[J]. Climate Dyn，45(5/6)：1325-1354.

DONGES J F，PETROVA I，LOEW A，et al，2013. How complex climate networks complement eigen techniques for the statistical analysis of climatological data[J]. Climate Dyn，45(9/10)：2407-2424.

GEMMER M，BECKER S，JIANG T，2004. Observed monthly precipitation trends in China 1951-2002[J]. Theor Appl Climatol，77(1)：39-45.

GOCIC M，TRAJKOVIS S，2013. Analysis of changes in meteorological variables using Mann-Kendall and Sen's slope estimator statistical tests in Serbia[J]. Global and Planetary Change，100：172-182.

GU G，ADLER R F，HUFFMAN G J，2016. Long-term changes/trends in surface temperature and precipitation during the satellite era (1979-2012)[J]. Climate Dyn，46(3)：1091-1105.

HUNTINGTON T G，2006. Evidence for intensification of the global water cycle：Review and synthesis[J]. J Hydrol，319(1/2/3/4)：83-95.

IPCC，2013. Summary for Policymakers of Climate Change 2013：The Physical Science Basis：Contribution of working group I to the fifth assessment report of the intergovernmental panel on climate change[M]. Cambridge：Cambridge University Press.

JIANG Z，SHEN Y，MA T，et al，2014. Changes of precipitation intensity spectra in different regions of mainland China during 1961-2006[J]. J Meteor Res，28(6)：1085-1098.

KARL T R，EASTERLING D R，1999. Climate extremes：Selected review and future research directions[J]. Climatic Change，42(1)：309-325.

KENDALL M，1990. Rank Correlation Methods [M]. 5th ed. London：Hodder Education，38-76.

KRICHAK S O，BARKAN J，BREITGAND J S，et al，2015. The role of the export of tropical moisture into midlatitudes for extreme precipitation events in the Mediterranean region[J]. Theor Appl Climatol，121(3)：499-515.

LAVENDER S L，ABBS D J，2013. Trends in Australian rainfall：Contribution of tropical cyclones and closed lows[J]. Climate Dyn，40(1)：317-326.

LEHMANN J, COUMOU D, FRIELER K, 2015. Increased record-breaking precipitation events under global warming[J]. Climatic Change, 132(4): 501-515.

LI J P, ZENG Q C, 2003. A new monsoon index and the geographical distribution of the global monsoons[J]. Adv Atmos Sci, 20(2): 299-302.

LIU X, XU Z, YU R, 2011. Trend of climate variability in China during the past decades[J]. Climatic Change, 109(3/4): 503-516.

MANN H B, 1945. Nonparametric tests against trend[J]. Econometrica, 13(3): 245-259.

NIJSSEN B, O'DONNELL G M, HAMLET A F, et al, 2001. Hydrologic sensitivity of global rivers to climate change[J]. Climatic Change, 50(1): 143-175.

ONGOMA V, CHEN H, 2017. Temporal and spatial variability of temperature and precipitation over East Africa from 1951 to 2010[J]. Meteor Atmos Phys, 129(2): 131-144.

POLSON D, HEGERL G C, ZHANG X, et al, 2013. Causes of Robust Seasonal Land Precipitation Changes [J]. J Climate, 26(17):6679-6697.

QIAN W, LIN X, 2005. Regional trends in recent precipitation indices in China[J]. Meteor Atmos Phys, 90 (3): 193-207.

RANA A, UVO C B, BENGTSSON L, et al, 2012. Trend analysis for rainfall in Delhi and Mumbai, India [J]. Climate Dyn, 38(1): 45-56.

ROSSBY C G, 1939. Relation between variations in the intensity of the zonal circulation of the atmosphere and the displacements of the semi-permanent centers of action[J]. J Mar Res, 2(1): 38-55.

SANSIGOLO C A, KAYANO M T, 2010. Trends of seasonal maximum and minimum temperatures and precipitation in Southern Brazil for the 1913—2006 period[J]. Theor Appl Climatol, 101(1): 209-216.

SEN P K, 1968. Estimates of the regression coefficient based on Kendall's Tau[J]. Journal of the American Statistical Association, 63(324): 1379-1389.

SHI Y, SHEN Y, KANG E, et al, 2007. Recent and future climate change in Northwest China[J]. Climatic Change, 80(3): 379-393.

SUN Q, KONG D, MIAO C, et al, 2014. Variations in global temperature and precipitation for the period of 1948 to 2010[J]. Environmental Monitoring and Assessment, 186(9): 5663-5679.

TRENBERTH K E, 1998. Atmospheric moisture residence times and cycling: Implications for rainfall rates and climate change[J]. Climatic Change, 39(4): 667-694.

WEN G, HUANG G, HU K, et al, 2015. Changes in the characteristics of precipitation over northern Eurasia[J]. Theor Appl Climatol, 119(3): 653-665.

WEN G, HUANG G, TAO W, et al, 2016. Observed trends in light precipitation events over global land during 1961-2010[J]. Theor Appl Climatol, 125(1): 161-173.

WU S, YIN Y, ZHAO D, et al, 2010. Impact of future climate change on terrestrial ecosystems in China[J]. Int J Climatol, 30(6): 866-873.

WU S, 2015. Changing characteristics of precipitation for the contiguous United States[J]. Climatic Change, 132(4): 677-692.

YANG P, XIA J, ZHAN C, et al, 2017. Discrete wavelet transform-based investigation into the variability of standardized precipitation index in Northwest China during 1960-2014[J]. Theor Appl Climatol, 10.1007/s00704-017-2063-3.

ZHANG Q, XU C Y, ZHANG Z, et al, 2009. Spatial and temporal variability of precipitation over China, 1951-2005[J]. Theor Appl Climatol, 95(1): 53-68.

# Inhomogeneity of Precipitation and Its Influencing Factors in Northwest China from 1961 to 2015*

LIU Weicheng[1,2], FU Zhao[2], CHEN Xiaoyan[2], QU Jing[3], WANG Jixin[4], PENG Xiao[2]

(1. College of Atmospheric Sciences, Lanzhou University, Lanzhou 730000; 2. Lanzhou Central Meteorological Observatory, Lanzhou 730020; 3. Ya'an Polytechnic College, Ya'an 625000; 4. Institute of Heavy Rain, China Meteorological Administration, Wuhan 430205)

**Abstract**: As the inhomogeneous spatiotemporal distribution of precipitation tends to cause floods and waterlogging, an in-depth analysis of the inhomogeneous spatiotemporal distribution of precipitation can provide scientific references for coping with droughts and floods and guiding agricultural production. Based on the field data about monthly precipitation and temperature collected by 119 stations in Northwest China from 1961 to 2015, this paper detected the interannual variability of the precipitation concentration index (PCI) and monthly precipitation accounting for the proportion of annual precipitation (MPPAP) with Mann-Kendall Test and Sen's Slope Estimator, and analyzed the degree of importance of factors affecting the inhomogeneous distribution of precipitation with Random Forests (RF). The results show that the spatial distribution of PCI in Northwest China generally "decreases in the east and increases in the west", and the interannual variability of PCI fluctuated significantly in southern Xinjiang and the west of the Qinghai Plateau but relatively slightly in other areas. As for the multi-year average variability of PCI, annual precipitation distribution tends to be homogeneous in most areas of Northwest China except in the middle of the Qinghai Plateau where the inhomogeneity of annual precipitation distribution intensifies. In terms of annual precipitation distribution, monthly precipitation shows an increasing trend in Xinjiang, while it reduces in warm seasons and increases in cold seasons in other areas. In contrast, the interannual variability of MPPAP basically decreases in warm seasons and increases in cold seasons. In most areas of Northwest China, the inhomogeneity of precipitation shows obvious responses to climate warming. To be specific, the higher the annual temperature is, the more inhomogeneous annual precipitation distribution will be, and westerly circulation and monsoons are major factors affecting the inhomogeneity of precipitation in Northwest China.

**Keywords**: Northwest China; inhomogeneity of precipitation; spatiotemporal distribution; responses to regional climate changes

---

* 本文已在《Theoretical and Applied Climatology》2019 年第 138 期正式发表。

# 1 Introduction

Global warming has direct impacts on the hydrologic cycle of precipitation, evaporation, runoff, soil moisture etc., improving the moisture capacity of the atmosphere and the rate of the water cycle, thus causing changes in the spatiotemporal distribution pattern of water resources (Trenberth, 2011; Kunkel et al., 2013; IPCC, 2014; Jiang et al., 2015). Precipitation is one of the important components in evaluation of water resources, and the homogeneous spatiotemporal distribution of precipitation has significant influences on agricultural production, flood control and drought relief, human life etc., which is mainly embodied in that too concentrated precipitation tends to increase the possibility of floods and waterlogging in the areas and during the periods with concentrated precipitation, and cause droughts in the places and during the periods without enough precipitation; meanwhile, variation in the spatial distribution pattern of precipitation can also change the growing conditions of plants and thus affect the species and distribution of vegetation and the agricultural production activities of mankind (Shao and Zeng, 2011). In general, more homogeneous spatiotemporal distribution of precipitation will be of greater help to life and production (Gu and Adler, 2015). Therefore, an in-depth analysis of the inhomogeneous spatiotemporal distribution of precipitation can enhance our understanding of the distribution and variation characteristics of precipitation, providing scientific references for coping with floods and droughts and guiding agricultural production.

In recent years, many scholars have made relevant research on changes in the spatiotemporal distribution of global or regional precipitation, concentration of precipitation and extreme precipitation events, and have achieved meaningful results. In some of previous studies, inhomogeneity of precipitation distribution was often analyzed with indicators such as the number of days with precipitation, the maximum number of days with continuous precipitation, maximum precipitation within 1 day, maximum precipitation within 5 days, the number of days with precipitation of more than 75%, 95% and 99% respectively (Ramos and Martinez-Casasnovas, 2006), which were widely applied in the analysis of precipitation in regions such as Europe (Ramos and Martinez-Casasnovas, 2006; Bocheva et al., 2009; Lupikasza, 2010; Hidalgo-Muñoz et al., 2011) and the United States (Choi et al., 2014). These indicators can give an objective qualitative evaluation of annual spatiotemporal distribution and extreme characteristics of precipitation, though they cannot show the inhomogeneity of precipitation distribution quantitatively and intuitively. The precipitation concentration degree (PCD) and the precipitation concentration period (PCP) are indicators most commonly used to study the inhomogeneity of annual precipitation distribution (Zhang and Qian, 2003), which based on the idea of vectors can well describe the time allocation characteristics of precipitation at a single station, and indicate the period with the largest precipitation within a year, so they are widely used in the evaluation of precipitation distribution characteristics in different areas (Zhang et al., 2007; Zhu et al., 2010; Li et al., 2011; Liu et al., 2012; Liu et al., 2015; Chatterjee et al., 2016). However, this method shows certain defects when used to study precipitation and climate within a longer period (Zheng et al., 2016). The precipitation concentration index (PCI) based on monthly precipitation data is another indicator for the evaluation of inhomogeneity of precipitation (Oliver, 1980). Due to its easy calculation, intuitive physical meaning and good performance in representing the seasonal distribution of precipitation, PCI is widely used all over the world (Shi et al., 2015; Chatterjee et al., 2016; Caloiero et al., 2018), but it still cannot definitely indicate to what extent precipitation turns inhomogeneous monthly. Research shows that heavy precipitation for several days is one of the important reasons for floods and waterlogging, so it is of great significance to study contributions of daily precipitation of different intensities to total precipitation. Some scholars presented the concentration index (CI) of precipitation based on daily precipitation data with the Gini coefficient method (Martin-Vide, 2004), and the spatial distribution of CI can be analyzed and compared to learn about inhomogeneity of precipitation in different regions (Benhamrouche et al., 2015; Royé and Martin-Vide, 2017; Serrano-Notivoli et al., 2018; Vyshkvarkova et al., 2018). Most recently, Li et al. (2017) presented a brand new indicator for evaluating inhomogeneity of precipitation based on the concept of entropy-Q, which can be used to evaluate the concentration degree of daily precipitation in a certain amount of total precipitation during a specific period, and better describe the uncertainty and variability of precipitation events. However, the above 2 methods need relatively complex calculation, so they are not quite applicable to operation. By comparison, PCI can better represent the inhomogeneous distribution of precipitation, with advantages in easy calculation and more intuitive physical meaning (Apaydin et al., 2006). Meanwhile, as the degree of change in monthly precipitation cannot be indicated with this method, an analysis can be conducted on the changing trend of the percentage of monthly precipitation in annual precipitation.

Northwest China located in the semiarid and arid vulnerable climatic region of Eurasia is one of the most sensitive regions to global climate and environment, where drought is a serious problem (Yang et al., 2018) and temperature rises obviously. Since the 1990s, in particular, the temperature has been rising faster in Northwest China, increasing by 0.606℃ every 10 years on average, and there have been more extreme weather events such as storms and droughts related to inhomogeneous precipitation (Shi et al., 2007). Previous studies mostly focused on the spatiotemporal distribution and variation characteristics of precipitation in this area (Zhou and Wu, 2015; Li et al., 2016a; Liu et al., 2017), without meticulous analysis and research on inhomogeneity of precipitation closely related to floods and droughts, especially research on the relationship between inhomogeneity of precipitation and responses to climate change. Therefore, an in-depth understanding of inhomogeneous precipitation in Northwest China and potential causes not only plays an important role in figuring out the climatic background and water resource changes in this area, but also is of great value to research on droughts and floods and the sustainable social and economic development.

The paper consists of the following parts. First, it gave a description of the study area, data and computing methods. Second, an analysis was conducted on the inhomogeneity of spatiotemporal distribution in Northwest China and in different climatic zones. Third, it was discussed what could have caused the inhomogeneous distribution of precipitation. Last, conclusions were made.

## 2 Data and Methodology

### 2.1 Study area

The study area (73.3°-111.3°E, 31.5°-49.2°N) is located in Northwest China, covering Shaanxi, Gansu, Ningxia, Qinghai and Xinjiang, the total area of which is approximately $3.11 \times 10^6$ km$^2$, accounting for roughly 30% of the land area of China (Figure 1a). As this area is deep in the hinterland of Eurasia, far from the sea and blocked by large high mountains such as Mt. Tianshan, the Qilian Mountains and the Kunlun Mountains in China from humid flows, except the southeastern part in temperate monsoon climate, the whole area is in temperate continental climate, where precipitation is quite different in different regions (Liu et al., 2017). The station with the minimum annual average precipitation (15.0 mm) is in Turpan of Xinjiang (89.20°E, 42.93°N, at an altitude of 39.3 m), and maximum precipitation (922.8 mm) is at Foping Station (107.98°E, 33.54°N, at an altitude of 827.2 m) in the south of Shaanxi.

To analyze the variation characteristics of precipitation and climate in different regions against different climatic backgrounds, Northwest China was divided into 5 subareas according to the climatic zones with changing distribution of precipitation (Zheng et al., 2010, 2013) (Figure 1b). Subarea Ⅰ is northern Xinjiang, that is, the area of Xinjiang on the north of Mt. Tianshan, with annual average precipitation of 208.2 mm; Subarea Ⅱ is southern Xinjiang, that is, the area of Xinjiang on the south of Mt. Tianshan, with annual average precipitation of 76.3 mm; Subarea Ⅲ is the Hexi Corridor, including the north of Qilian Mountains and the west of Wushao Mountain, where annual average precipitation is 121.5 mm; Subarea Ⅳ is the Qinghai Plateau, including the north and the northeastern slope of the Qinghai Plateau, where annual average precipitation is 355.5 mm; Subarea Ⅴ is the eastern area of Northwest China, covering Shaanxi, Ningxia and the area of Gansu on the east of the Yellow River, with annual average precipitation of 488.0 mm.

### 2.2 Data

This paper adopted the observation data about monthly precipitation in Northwest China (including monthly average temperature, precipitation and the number of days with daily precipitation equal to or above 0.1 mm) from the Dataset of Monthly Values of Climate Data

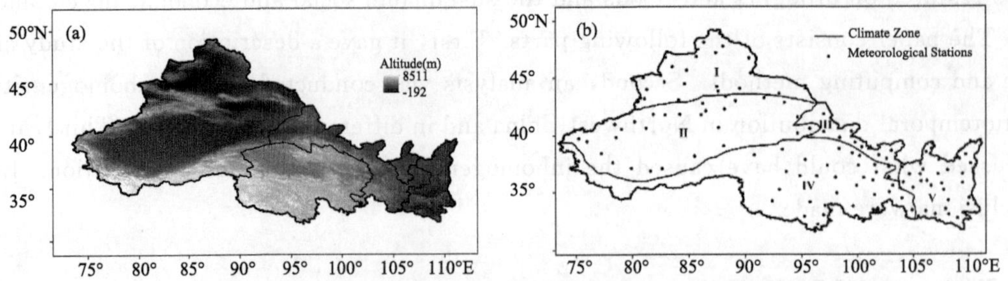


Figure 1 Study area (a) and the precipitation climatic zones of Northwest China (b)

from Chinese Stations provided by National Meteorological Information Center (http://data.cma.cn/). The dataset includes 192 observation stations in Northwest China, from which those with a continuous observation time series of less than 55 years within the statistical period (1961-2015) were excluded, to finally obtain 119 valid observation stations (See distribution of stations in Figure 1). The dataset had passed rigorous extreme value verifications, time consistency checks and space consistency checks before issued (Ren et al., 2007), so only missing observation values were interpolated before data analysis. To be specific, when a missing observation value was found at a station, an observation value from another station close to and well correlated ($R^2>0.95$) with the station would be interpolated with the distance weighted algorithm.

To analyze relevant impacts of climate change on the inhomogeneous precipitation distribution in Northwest China, 7 influencing factors were selected, namely annual average temperature, the sunspot number (SSN), the southern oscillation index (SOI), polar vortex intensity in the northern hemisphere (NHPVI), the East Asian summer monsoon index (EASMI), the South Asian summer monsoon index (SASMI) and the westerly index (WI). The annual average temperature of each station was calculated based on the monthly average temperature in Northwest China from the Dataset of Monthly Values of Climate Data from Chinese Stations. SSN is the average number of sunspots in each year; SOI is the standardized value of the monthly average sea-level air pressure difference sequence between Tahiti and Darwin; NHPVI refers to the integral of difference between the height field and the contour of south boundary of polar vortex in the northern hemisphere. The 3 indexes were provided by the National Climate Center (http://cmdp.ncc-cma.net/cn/index.htm); the monsoon index and the westerly index were obtained through calculation by reference to the method of Liu et al. (2017).

## 2.3 Methodology

PCI was used to evaluate the inhomogeneity of precipitation distribution in Northwest China. The index was first presented by Oliver (1980) and improved in later studies (Michiels et al., 1992), which is defined as

$$\mathrm{PCI} = \frac{\sum_{i=1}^{12} p_i^2}{(\sum_{i=1}^{12} p_i)^2} \times 100 \quad (1)$$

Here, $P_i$ is precipitation in a month indicated with $i$. Generally, PCI⩽10 represents relatively homogeneous monthly distribution of annual precipitation; 10<PCI<20 means regional and seasonal distribution of annual precipitation (i. e. certain inhomogeneity of annual precipitation); PCI⩾20 indicates the abnormal inhomogeneous distribution of annual precipitation (i. e. precipitation varies significantly from month to month) (Chatterjee et al. , 2016).

The coefficient of variation (CV) was employed to assess the multi-year dispersion degree of PCI (Everitt and Skrondal, 2010). A larger value of CV means a higher dispersion degree of PCI, that is, larger interannual fluctuations; conversely, a smaller value of CV indicates a lower dispersion degree of PCI and relatively stable interannual variations. Mann-Kendall (M-K) Test was adopted to evaluate the significance of the changing trend of PCI with time series (Mann, 1945; Kendall, 1990). Sen's Slope was employed to calculate the extent of the time changing trend of PCI (Sen, 1968).

As factors influencing precipitation are complex and different factors can influence precipitation distribution to different degrees, the method of Random Forests (RF) was adopted to evaluate the importance of different factors in influencing the inhomogeneous distribution of precipitation. RF is an integrated machine learning method (Breiman, 2001). In this paper, the scikit-learn package in the Python programming language was used for calculation, and the installation package can be loaded at http://scikit-learn.org/stable/index.html.

In addition, Pearson Correlation Coefficient was used to describe correlation among variables (Donges et al. , 2013), and the Original Kriging algorithm was employed for interpolation (Zimmerman et al. , 1998).

# 3 Results

## 3.1 Spatiotemporal variation characteristics of PCI

Based on the monthly precipitation data in Northwest China from 1961 to 2015, annual PCI values were calculated and then averaged, so as to analyze the spatial distribution of the climatic mean values of PCI in this area (Figure 2a). It can be seen that PCI values show a general trend of "low in the east but high in the west and northern Xinjiang" in Northwest China. For different climatic zones, the PCI values are smaller than 17 in the east of Northwest China and most areas of northern Xinjiang, with a relatively low degree of annual precipitation concentration and insignificant inhomogeneity of monthly precipitation distribution; the PCI values are mostly larger than 20 in the Hexi Corridor, which indicates clearly intensified inhomogeneity of monthly distribution of annual precipitation, especially in the west of the Hexi Corridor; the PCI values are mostly smaller than 23 in the east of the Qinghai Plateau, while the PCI values are obviously higher and mostly larger than 32 at the northern foot of the western Kunlun Mountains, indicating the especially prominent inhomogeneity of monthly distribution of annual precipitation; abnormally higher PCI values, generally larger than 29, are seen in the basin area of southern Xinjiang, and the PCI values exceed 35 and even 40 in the east of the Taklimakan Desert, where annual precipitation distribution concentrates abnormally, showing rather significant inhomogeneity.

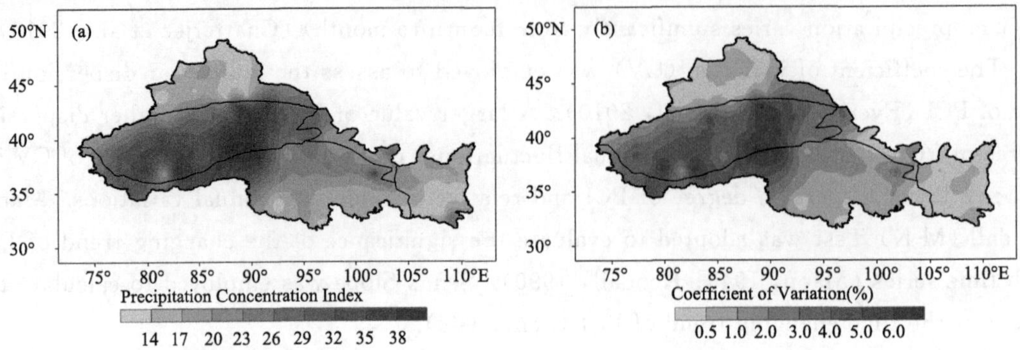


Figure 2　PCI in NW China (a) and CV of annual PCI Values (b)

As for the interannual variability of PCI, the spatial distribution of the coefficient of variation (CV) of PCI shows (Figure 2b) that like the spatial distribution of PCI, CV is also smaller in the east of Northwest China, northern Xinjiang, the middle and eastern areas of the Hexi Corridor, and the east of the Qinghai Plateau, mostly less than 1%, indicating relatively small interannual variability of PCI in these areas; on the contrary, CV is larger in southern Xinjiang and the west of the Qinghai Plateau, reaching more than 3% in most areas and over 5% in the east of the Taklimakan Desert, which suggests large fluctuations of interannual variability of PCI in these areas. An analysis of the multi-year average variability of PCI (Figure 3) shows that PCI decreases in most areas of Northwest China except in the middle of the Qinghai Plateau from 1961 to 2015, and the trend coefficients of most areas except Ningxia have passed the reliability test at the level of 95%, which indicates a declining trend of annual PCD and more homogeneous annual precipitation distribution in most areas within the 50 years. However, PCI decreases at different rates in different areas. To the east of 90°E, PCI increases in the east of Northwest China, the Hexi Corridor and the east of the Qinghai Plateau, but decreases at a lower rate (<0. 3/10a) in most other areas; in Xinjiang and the west of the Qinghai Plateau, PCI decreases at a higher rate (0. 3-0. 9/10a) in most areas. In the middle of the Qinghai Plateau, PCI shows a slightly rising trend, indicating that the inhomogeneity of annual precipitation distribution tends to intensify in this area, but the trend coefficient failed to pass the reliability test at the level of 95%. From the interannual variability of PCI in different climatic zones (Figure 4), it can be seen that PCI in northern Xinjiang maintains a decreasing trend, but slightly increases from 1993 to 1998; PCI in southern Xinjiang displays a trend of "increasing-decreasing constantly", the turning point of which is around 1971; the interannual variability of PCI in the Hexi Corridor only fluctuates slightly and basically maintains a weak trend of "increasing-decreasing-increasing-decreasing", the turning points of which are around 1981, 1992 and 2000; the interannual variability of PCI in the Qinghai Plateau fluctuates slightly, though strong fluctuations can be seen between 1993 and 2003; the interannual variability of PCI in the east of Northwest China shows a constantly decreasing trend, but it is within a very small range.

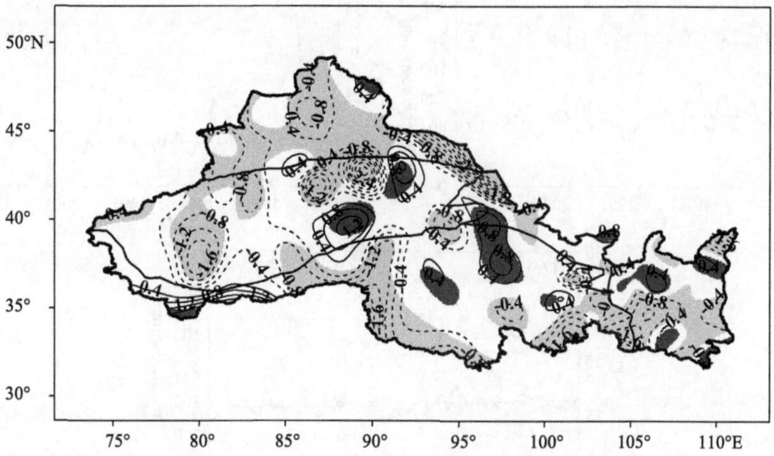


Figure 3 The variability of PCI in Northwest China(The filled zones have passed the significance test at the level of 95%, with black for an increasing trend and grey for a decreasing trend)

Meanwhile, an analysis of the variability of precipitation in Northwest China shows (Figure 4) that precipitation slowly decreases in the east of Northwest China, and increases significantly in other areas (Liu et al., 2017). In combination with an analysis of variations in PCI, it can be seen that precipitation and PCI in the east of Northwest China both tend to decrease, with the possibility of continuous droughts in the future; precipitation shows a significant increasing trend and more homogeneous annual precipitation distribution in other areas, which has a positive impact on regional ecological restoration and agricultural production. However, it is worth noting that precipitation and PCI in the middle of the Qinghai Plateau tend to increase significantly, which is a highly likely cause of such entirely different disasters as floods and droughts.

## 3.2 The monthly distribution characteristics and variability of precipitation

Though PCI can well represent the inhomogeneous distribution of precipitation, it cannot definitely indicate the variation characteristics of monthly precipitation distribution within a year. However, the characteristics of monthly precipitation distribution are an indicator closely related to seasonal droughts and floods. Therefore, it is necessary to analyze the variation characteristics of monthly precipitation distribution based on an understanding of varia-

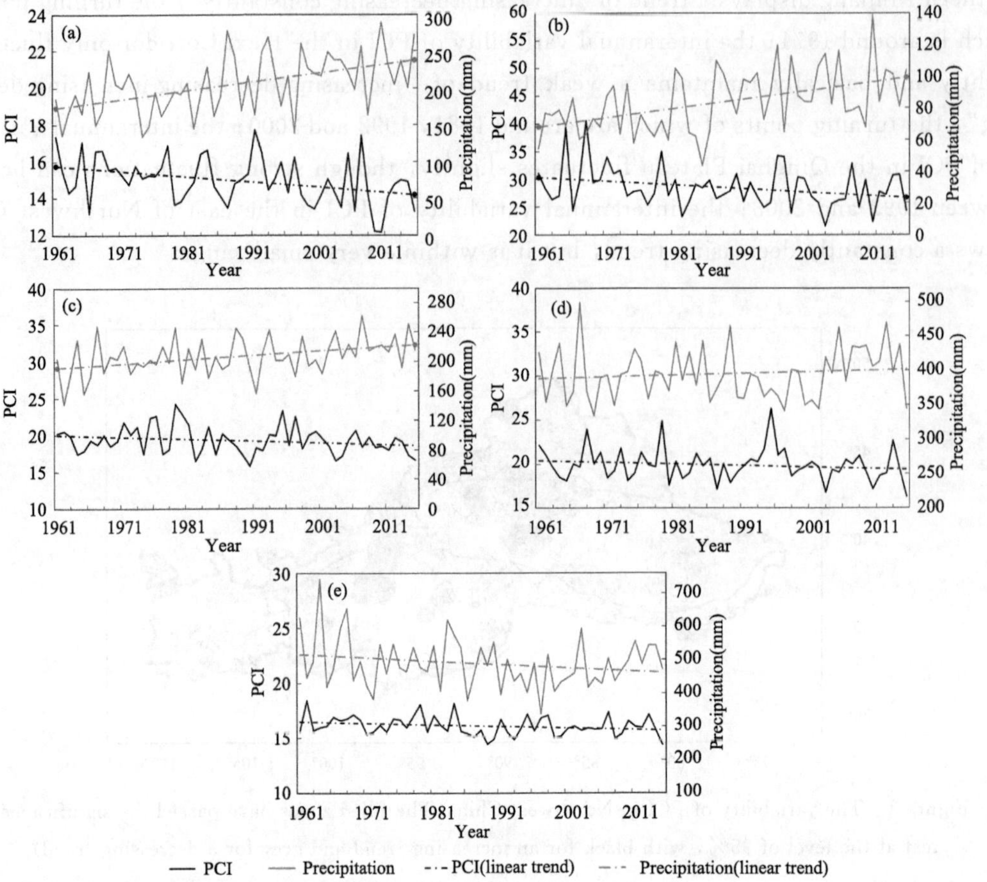


Figure 4　Precipitation in different climatic zones in 1961-2015 (the solid black line) and the interannual variability and the average sliding trend of PCI (the solid grey line) (precipitation is the dashed line, and PCI is the dotted line) (a-e for the climatic zones Ⅰ-Ⅴ respectively)

tions in PCI. Figure 5 shows an analysis of monthly average precipitation (MAP) and MPPAP in different climatic zones of Northwest China, as well as the variability of these two indexes from 1961 to 2015. It can be seen that precipitation mainly concentrates in the period from April to October in northern Xinjiang each year, accounting for 75.74% of annual precipitation, in which precipitation from May to August accounts for more than a half of annual precipitation and monthly precipitation reaches a peak in July. The interannual variability of monthly precipitation shows that precipitation is increasing in all months within the range of 1.1%-13.8%/10a. In winter, precipitation increases obviously by over 12%/10a and by a maximum of 13.8%/10a in December, while precipitation increases by less than 6%/10a in warm seasons. This also results in a varied increase trend of MPPAP in winter and February, by a relatively large amount within the range of 2.78‰-4.52‰/10a. Precipitation increases by the largest amount of 4.52‰/10a in November, while it shows a decreasing trend during warm seasons (excluding July when it increases slightly). Monthly precipitation distribution in southern Xinjiang is relatively similar to that in northern Xinjiang, though precipitation from May to August accounts for up to 68.19% of total annual precipitation, with increases in all months except March, including the most significant increase by 12.9%/10a in December and increases by less than 10%/10a in other months. In March, precipitation shows a slight decrease. The variability of MPPAP is quite different from that in northern Xinjiang, showing an increasing trend in seven months and reaching a peak of 91.29‰/10a among all the areas of Northwest China in June, next to which is 39.93‰/10a in December. Among the months with a decrease in MPPAP, the largest decrease occurs in July, which is 85.92‰/10a followed by 38.76‰/10a in August. In the Hexi Corridor, the major precipitation period is from February to August, the precipitation during which accounts for 94.15% of total annual precipitation. Precipitation from March to July makes up 82.63% and the maximum precipitation occurs in May, indicating the early emergence of the precipitation peak and an early major precipitation period, which is clearly different from situations in Xinjiang. As for the variability of monthly precipitation, it increases in a majority of months and most significantly by 8.20%/10a in December, but decreases in June, August and September, in the latter two months of which it decreases obviously by 4.30%/10a and 3.60%/10a respectively. The variability of MPPAP is relatively similar, but it increases most significantly in April and May, by 80.52‰/10a and 57.16‰/10a respectively, while decreases most obviously in June and August, by 76.65‰/10a and 67.68‰/10a respectively. Monthly precipitation distribution in the Qinghai Plateau and the east of Northwest China share similar characteristics, with a major period of precipitation from March to August, accounting for 73.44% and 78.82% of total annual precipitation respectively. In both areas, precipitation reaches a maximum in May, but decreases fast in the east of Northwest China after May, by an obviously larger amount than that in the Qinghai Plateau. In terms of the interannual variability of monthly precipitation distribution, the two areas are also the same, where precipitation increases in March, April, October, November and December, resulting in an increasing trend of MPPAP in corresponding months, while it decreases in other months with a corresponding decrease in MPPAP. As there is a large amount of precipitation from May to August, a slight decrease in monthly precipitation will still result in a dramatic decrease in MPPAP, which is most significant in July, followed by August and February. To sum up, the interannual variability of monthly precipitation shows an increasing trend in northern and southern Xinjiang, and a trend of decreasing in warm seasons and increasing in cold seasons in other areas, but the interannual variability of MPPAP basically decreases in warm seasons and increases in cold seasons.

### 3.3 Responsive relationship between PCI and climate change

To discuss the influence of climate warming on the inhomogeneity of precipitation in Northwest China, an analysis was conducted on the correlation between annual average temperature and PCI from 1961 to 2015 (Figure 6). It can be seen that annual average tempera-

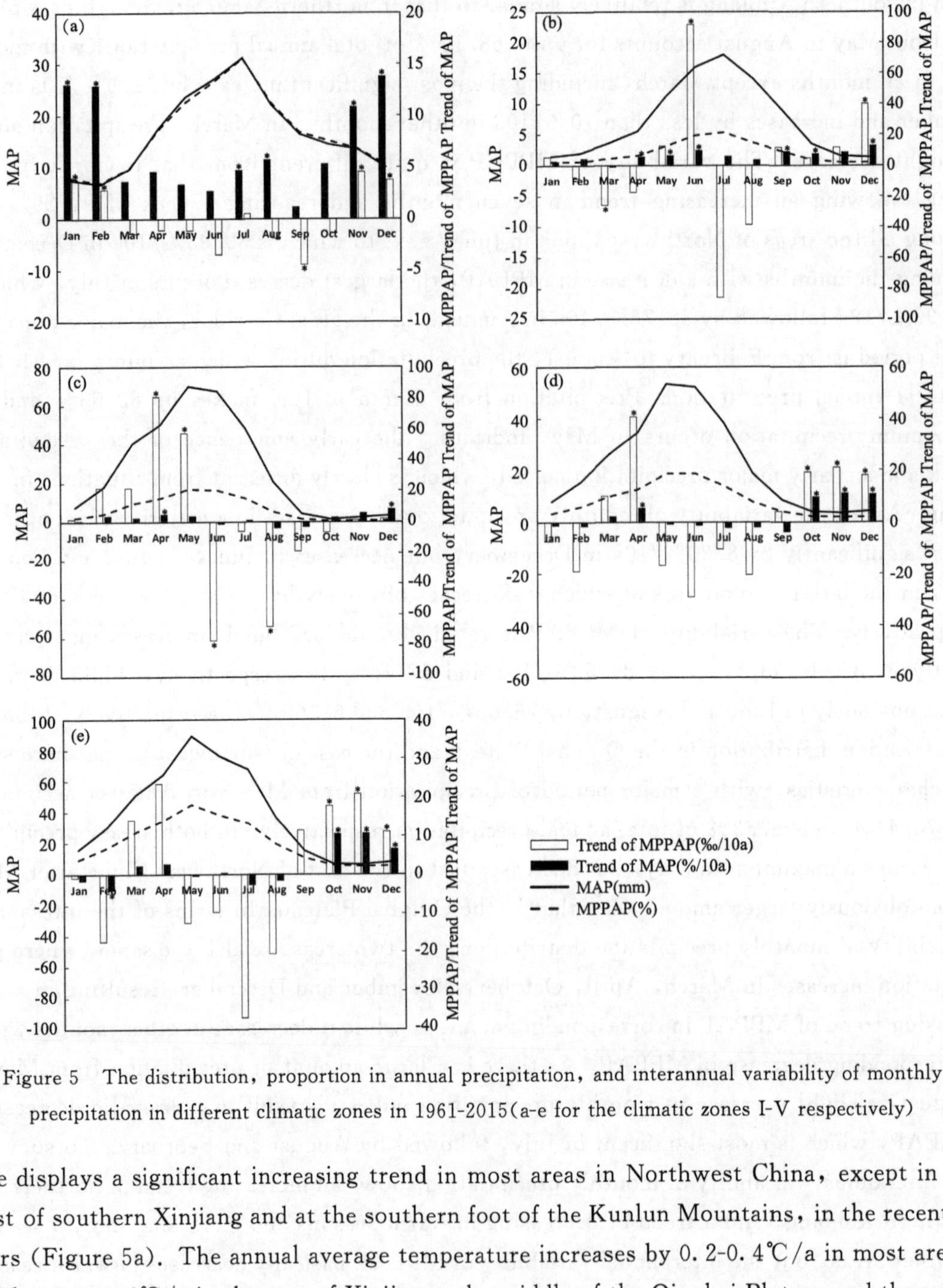


Figure 5　The distribution, proportion in annual precipitation, and interannual variability of monthly precipitation in different climatic zones in 1961-2015(a-e for the climatic zones I-V respectively)

ture displays a significant increasing trend in most areas in Northwest China, except in the west of southern Xinjiang and at the southern foot of the Kunlun Mountains, in the recent 55 years (Figure 5a). The annual average temperature increases by 0. 2-0. 4℃/a in most areas, and by over 0.6℃/a in the east of Xinjiang, the middle of the Qinghai Plateau and the north of Shaanxi, while it shows a decreasing trend in the west of southern Xinjiang and at the southern foot of the Kunlun Mountains. As for the influence of climate warming on the inhomogeneity of precipitation (Figure 5b), the analysis reveals that they are negatively correlated in most areas of Northwest China except the middle and western areas of southern Xinjiang, that is, a higher annual average temperature makes annual precipitation distribution more homogeneous, but most areas failed to pass the significance test at the level of 95%; by contrast, a positive correlation is shown in the middle and west of Southern Xinjiang, the middle of the Qinghai Plateau, the southern foot of the Altai Mountains in the north of northern Xinjiang, and the central region in the east of Northwest China, passing the significance test at the level of 95% in most areas, which means that the higher the annual average temperature is, the more concentrated annual precipitation distribution will be. In combination with the analysis in Section 3.1, it can be seen that annual precipitation distribution tends to be more homogeneous in most areas of Northwest China against the background of climate warming, but it may become more inhomogeneous in the areas located at 35°-40°N, which needs greater attention.

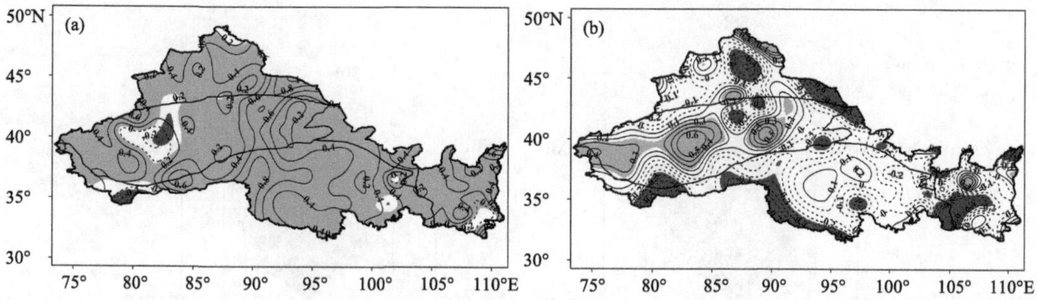


Figure 6 The variability of annual average temperature (a) and the distribution of the correlation coefficient between PCI and annual average temperature (b)

The RF algorithm was employed to analyze the degree of importance of different climatic indexes influencing the inhomogeneity of Northwest China (Figure 7), thus acquiring major factors affecting the inhomogeneity of precipitation. In the whole area, the top 3 factors by degree of importance are WI, SASMI and EASMI, which contribute as much as 59%. WI plays the most important role, accounting for 23%, followed by SASMI and EASMI both making up 18%. The degree of importance of indexes such as SSN, SOI and NHPVI is within the range of 12%-16%, indicating the westerly circulation and Asian monsoons are the major factors that influence the inhomogeneity of Northwest China. A detailed analysis was made on 5 different climatic zones. In northern Xinjiang, the factors affecting inhomogeneity of precipitation are similar to those on average in the whole area, among which WI is the most important factor (25%), followed by SASMI and EASMI (both 20%), and other factors are less important; in southern Xinjiang, WI and SASMI show a higher degree of importance, accounting for 43% in total, next to which are SSN and SOI; like in southern Xinjiang, WI and SASMI are more important factors, while other factors are similar in the degree of importance (14%-15%) in the Hexi Corridor; similar characteristics are also seen in the Qinghai Plateau; however, in the east of Northwest China, EASMI has the highest degree of importance (24%) in the inhomogeneous distribution of precipitation, followed by WI (18%), SASMI (16%) and SSN (16%), while other factors are less important, which suggests that major factors influencing the inhomogeneous distribution of precipitation vary widely in the east and west of Northwest China.

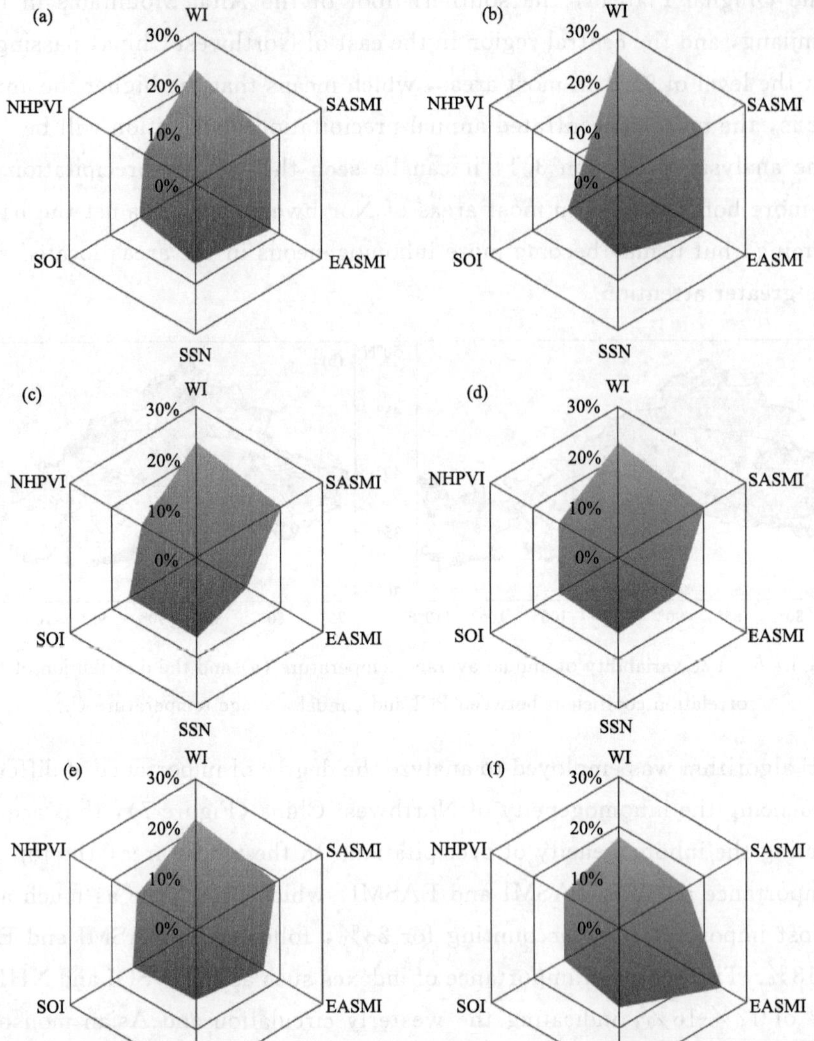


Figure 7 Distribution of PCI climatic factors by importance in different climatic zones

(a for Northwest China, b-f for the climatic zones Ⅰ-Ⅴ respectively)

# 4 Discussions

As Northwest China is located in the hinterland of Eurasia far from the sea, where water vapor is blocked out by many high mountains, it is one of the most arid areas at the same latitude, with extremely inhomogeneous distribution of meteorological elements, as well as the most sensitive area under global climate change. Existing studies have revealed "seesawstyle" variability of precipitation in the east and west of Northwest China in the recent 55 years, that is, annual precipitation was gradually increasing in the western areas (the west of the Yellow River), especially in Xinjiang and the middle areas of the Qinghai Plateau where the trend of increase was rather significant, while precipitation was decreasing year by year in the eastern areas (the east of the Yellow River) (Li et al., 2016b; Liu et al., 2017). On this basis, an analysis was conducted on PCI and the characteristics of monthly precipitation distribution, as well as the interannual variability of them, which can help us to further understand the inhomogeneous distribution of precipitation in Northwest China against the background of climate change, and thus predict the future distribution pattern of climatic states in different areas and the impacts of such variations on agricultural production and utilization of water resources.

PCI combined with monthly precipitation distribution is a rather applicable indicator for the evaluation of the inhomogeneous distribution of precipitation. In Northwest China, PCI is generally low in most areas where annual precipitation distribution is relatively homogeneous, but annual precipitation distribution shows strong inhomogeneity in southern Xinjiang and the southern foot of the Kunlun Mountains in the west of the Qinghai Plateau, where monthly precipitation correspondingly tends to increase significantly, thus inevitably causing extreme weather events such as short-duration heavy precipitation, storms and snowstorms (Wang et al., 2013; Deng et al., 2014). Besides, CV of PCI also reaches significantly high values in these areas, which means the interannual variability of PCI fluctuates greatly and thus makes it harder to predict and take preventive measures against extreme precipitation events in these areas. Meanwhile, with average temperature rising year by year in the south and north of southern Xinjiang, southern glaciers on the Kunlun Mountain and northern glaciers on Mt. Tianshan will melt faster and cause a rise in the water level of rivers (Duan et al., 2009). Though the increase of precipitation does more good than harm to such extremely arid areas as southern Xinjiang (annual average precipitation$<$100mm), the cumulative influence of multiple factors may also lead to secondary disasters like floods, waterlogging and geological disasters (Huang et al., 2014), which are extremely unfavorable conditions for agricultural production in these areas and need enough attention. In the east of Northwest China, the annual precipitation distribution is increasingly homogeneous, but precipitation becomes less year by year with climate warming, especially from May to August when there should be major precipitation but its amount and rate show a significant trend of decrease, which may intensify the risk of droughts in some arid areas such as the north of Shaanxi, the north of Ningxia and the middle areas of Gansu (Qian and Zhu, 2001). Nevertheless, for northern Xinjiang, the Hexi Corridor and the Qinghai Plateau, annual precipitation distribution tends to be more homogeneous with the increase of precipitation, thus resulting in positive changes in soil moisture, land cover and vegetation distribution, which will all have positive impacts on the water resources and ecological environment of the above areas.

In terms of the influence of different climatic indexes on the inhomogeneity of precipitation, the westerly index and the monsoon index are major factors that influence the inhomogeneity of precipitation in Northwest China, where the westerlies play a major role in transporting water vapor (Wang et al., 2003; Li et al., 2008), deeply affecting monthly precipitation distribution. Against the background of climate warming, the inhomogeneity of precipitation tends to be negatively correlated with temperature, that is, the higher the temperature is, the more homogeneous annual precipitation distribution will be. Generally speaking, a rise in temperature accelerates the global water cycle (Trenberth 1998). In Northwest China, the westerlies circulation brings more water vapor from the upper reaches due to an increase in evaporation, and the increased water vapor then generates more precipitation. Meanwhile, as prevailing winds, the westerlies also make monthly precipitation distribution relatively homogeneous. In summer, South Asian and East Asian monsoons also play a significant part in transporting water vapor to Northwest China. South Asian monsoons with water vapor from the Indian Ocean climb over the Himalayas and the Kunlun Mountains to enter the main part of the Tibetan Plateau and Xinjiang respectively, but the water vapor transport mainly happens in the middle and upper parts of the troposphere, while in the middle and lower parts of the troposphere is water vapor from the Bay of Bengal that flows along the east of the Tibetan Plateau and then enters the southeast of Northwest China (Zhou et al., 2008). The transport channel of East Asian monsoons with water vapor from the West Pacific or the South China Sea influences the east of Gansu, and can extend to northwestern inland under certain circumstances (Wang et al., 2003). In the meantime, monsoon activities in the Tibetan Plateau are closely related to South Asian monsoons. During years with stronger South Asian monsoons, compared with the northward elevation of intensified South Asia high all year round, northern air currents in the north of the Tibetan Plateau prevails (Fang et al., 2016), which may cause water vapor convergence over the Tibetan Plateau and slopes and frequent local convective precipitation, leading to extremely inhomogeneous annual precipitation distribution in this area.

Although Northwest China is an arid area with less rain, it boasts long year-round sunshine duration of 1900-3200 h in the semiarid and subhumid areas of the Loess Plateau in its east, and as high as 2500-3400 h in the arid area in its west (Xu et al., 2011), so it is one of the areas with high levels of radiant energy in China. Massive radiant energy on the ground and in the air near the ground can promote the growth of crops and grass, and rich and varied light and heat resources provide favorable conditions for the growth of different crops, making the area a major agricultural zone of China, as well as a pivotal production area of crops such as corn, cotton and wheat (Xu et al., 2011). From 1961 to 2015, temperature rose significantly in Northwest China, which along with the change of precipitation and its degree of concentration against the background of climate warming would have significant impacts on the physiological and biochemical processes such as growth of crops, morphology of plants, yield formation and quality, as well as on the cultivation structure of crops, ways of cultivation, the planting system, and the soil ecology of the cultivated layer of farmland (Zhang et al., 2017). Crops like corn and cotton grow better in warm and hot weather, so a rise in temperature generally will be helpful to their growth. Corn is widely grown in the west of Northwest China, where the environment is more suitable for its growth when precipitation keeps increasing with a rise in temperature and monthly precipitation distribution tends to be more homogeneous (Zhang et al., 2008). Cotton is mainly grown in the oases of Xinjiang, which are important production areas of gossypium hirsutum in China (Zhang et al., 2015), as continuously increasing thermal resources such as accumulated temperature (≥10℃) and sunshine duration facilitate increases in the planting area and yields of cotton (Tang et al., 2010). Despite the greater water demand during the growth period of cotton in Xinjiang than in production areas of cotton in North China, Jiangsu and Zhejiang (Ma et al., 2016), cotton production in this area mainly depends on irrigation, and constantly increasing precipitation will also have a positive impact on the growth of cotton. Wheat is mainly grown in the east of Northwest China and the area of Xinjiang along Mt. Tianshan, where winter wheat is a major crop. For winter crops, climate warming is good during their full growth cycles, resulting in gradual expansion of the planting area of wheat. In particular, precipitation will also gradually increase and monthly precipitation will be more homogeneous in areas of northern Xinjiang along Mt. Tianshan, which is of great help to the planting area and yield of wheat (Li et al., 2016b). By contrast, a decrease in precipitation in the east of Northwest China, especially in the rainy season, may have an adverse impact on the growth of wheat, though a rise in temperature will also have a positive effect on the yield of wheat (Xiao et al., 2008). In addition, against the background of changes in temperature and precipitation, the influence of crop diseases and pests should also be considered (Bebber et al., 2013). Therefore, changes in temperature, precipitation and monthly precipitation distribution are closely related to agricultural production and ecological environment, with both positive and negative impacts (Hulme et al., 1999), requiring further improvement of coping capability to obtain optimum benefits from agricultural production.

It should be admitted that further analysis and research are still needed for finding the formation mechanism of inhomogeneous precipitation distribution in Northwest China and its influence on agricultural production and ecological environment, such as the influence of different atmospheric circulation characteristics on precipitation distribution in different areas of Northwest China, and analysis of daily precipitation concentration at a higher resolution, which this study will focus on in future.

## 5 Conclusions

With the data about monthly precipitation and temperature from 1961 to 2015, this paper discussed the inhomogeneous distribution pattern of precipitation in Northwest China through an analysis of PCI and characteristics of monthly precipitation distribution in this area, as well as analyzed the impacts of different climatic indexes on this pattern against the background of climate change. The analysis shows that PCI is generally "low in the east and high in the west" in Northwest China, except in northern Xinjiang, where PCI is relatively low. As for the fluctuating range of interannual variability of PCI, CV of PCI also shows relatively low interannual variability of PCI in the east of Northwest China, northern Xinjiang, the middle and eastern areas of the Hexi Corridor and the east of the Qinghai Plateau, while the interannual variability of PCI fluctuates greatly in southern Xinjiang and the west of the Qinghai Plateau, with a value of CV larger than 3% in most areas. The multi-year average variability of PCI shows that the concentration degree of annual precipitation tends to decrease in Northwest China except in the middle of the Qinghai Plateau, and annual precipitation distribution becomes homogeneous during the period from 1961 to 2015, while inhomogeneity of annual precipitation distribution tends to intensify in the middle of the Qinghai Plateau, though it failed to pass the significance test at the level of 95%. From the analysis of MAP and MPPAP in different climatic zones in Northwest China and the interannual variability of the two indexes, it can be seen that they vary in different ways in different climatic zones. In general, monthly precipitation tends to increase in Xinjiang, while decrease in warm seasons and increase in cold seasons in other areas. Nevertheless, the interannual variability of MPPAP basically displays a trend of decreasing in warm seasons but increasing in cold seasons.

With regard to the influence of climate warming on the inhomogeneous precipitation distribution in Northwest China, it can be seen that in most areas except in the middle of southern Xinjiang in the recent 55 years, annual average temperature shows a significant increasing trend, and annual average temperature and PCI are also negatively correlated, which means a higher annual average temperature brings more homogeneous annual precipitation distribution, but they are positively correlated in the middle and west of southern Xinjiang, in the middle of the Qinghai Plateau, at the southern foot of the Altai Mountains in the north of northern Xinjiang, and in the middle regions in the east of Northwest China, that is, a higher annual average temperature will result in more concentrated annual precipitation distribution. The degree of influence of different climatic indexes on PCI indicates that the westerly index and the monsoon index are major factors that affect the inhomogeneity of precipitation in Northwest China.

The study is not only useful for us to understand the climatic conditions and changes in water resources in Northwest China, but also of great value to research on droughts and floods and sustainable social and economic development, while providing references for the planning and management of water resources in Northwest China against the background of global warming.

## Acknowledgments

The authors gratefully acknowledge the financial support provided by the National Natural Science Foundation of China (No. 41505036, 41705067) and Gansu Meteorological Technical Innovation Team Project (CN)(No. GSQXCXTD-2017-01).

## References


APAYDIN H, ERPUL G, BAYRAMIN I, et al, 2006. Evaluation of indices for characterizing the distribution and concentration of precipitation: A case for the region of Southeastern Anatolia Project, Turkey [J]. Journal of Hydrology, 328: 726-732.

BEBBER D P, RAMOTOWSKI M A T, GURR S J, 2013. Crop pests and pathogens move poleward in a warming world[J]. Nature Climate Change, 3: 985-988.

BENHAMROUCHE A, BOUCHERF D, HAMADACHE R, et al, 2015. Spatial distribution of the daily precipitation concentration index in Algeria[J]. Natural Hazards and Earth System Sciences Discussions, 15: 617-625.

BOCHEVA L, MARINOVA T, SIMEONOV P, et al, 2009. Variability and trends of extreme precipitation events over Bulgaria (1961-2005)[J]. Atmospheric Research, 93: 490-497.

BREIMAN L, 2001. Random Forest[J]. Machine Learning, 45: 5-32.

CALOIERO T, COSCARELLI R, GAUDIO R, et al, 2019. Precipitation trend and concentration in the Sardinia region[J]. Theoretical and Applied Climatology, 137(1-2): 297-307.

CHATTERJEE S, KHAN A, AKBARI H, et al, 2016. Monotonic trends in spatio-temporal distribution and concentration of monsoon precipitation (1901-2002)[J]. West Bengal, India. Atmospheric Research, 182: 54-75.

CHOI W, TAREGHIAN R, CHOI J, et al, 2014. Geographically heterogeneous temporal trends of extreme precipitation in Wisconsin, USA during 1950-2006 [J]. International Journal of Climatolog, 34: 2841-2852.

DENG H, CHEN Y, SHI X, et al, 2014. Dynamics of temperature and precipitation extremes and their spatial variation in the arid region of northwest China[J]. Atmospheric Research, 138: 346-355.

DONGES J F, PETROVA I, LOEW A, et al, 2013. How complex climate networks complement eigen techniques for the statistical analysis of climatological data[J]. Climate Dynamics, 45: 2407-2424.

DUAN J P, WANG L L, REN J W, et al, 2009. Progress in glacier variations in China and its sensitivity to climatic change during the past century[J]. Progress in Geography, 28: 231-237. (in Chinese)

EVERITT BS, SKRONDAL A, 2010. The Cambridge dictionary of statistics[M]. Cambridge University Press, Cambridge, UK.

FANG Y, FAN G Z, LAI X, et al, 2016. Relations between intensity of the Qinghai-Xizang Plateau Monsoon and movement of the Northern Hemisphere Westerlies[J]. Plateau Meteorology, 35: 1419-1429. (in Chinese)

GU G J, ADLER R F, 2015. Spatial patterns of global precipitation change and variability during 1901-2010 [J]. Journal of Climate, 28: 4431-4453.

HIDALGO-MUÑOZ J M, ARGÜESO D, GÁMIZ-FORTIS S R, et al, 2011. Trends of extreme precipitation and associated synoptic patterns over the southern Iberian Peninsula[J]. Journal of Hydrology, 409: 497-511.

HUANG J P, RAN J J, JI M X, 2014. Preliminary analysis of the flood disaster over the arid and semi-arid regions in China[J]. Acta Meteorologica Sinica, 72: 1096-1107.

HULME M, BARROW E M, NIGEL W, et al, 1999. Relative impacts of human-induced climate change and natural climate variability[J]. Nature, 397: 688-691.

IPCC, 2014. Climate Change 2014[J]. Synthesis Report.

JIANG J, JIANG D B, LIN Y Y, 2015. Monsoon area and precipitation over China for 1961-2009[J]. Chinese Journal of Atmospheric Sciences, 39: 722-730. (in Chinese)

KUNKEL K E, KARL T R, EASTERLING D R, et al, 2013. Probable maximum precipitation and climate change[J]. Geophysical Research Letters, 40: 1402-1408.

LI C, WANG R H, NING H, et al, 2016a. Changes in climate extremes and their impact on wheat yield in Tianshan Mountains region, northwest China[J]. Environmental Earth Sciences, 75: 1228.

LI D, KE Y H, GONG H L, et al, 2016b. Urban tree species classification with machine learning classifier using WorldView-2 Imagery[J]. Geography and Geo-Information Science, 32: 84-89. (in Chinese)

LI H, ZHAI P, LU E, et al, 2017. Changes in temporal concentration property of summer precipitation in China during 1961-2010 based on a new index[J]. Journal of Meteorological Research, 31: 336-349.

LI W L, WANG K L, FU S M, et al, 2008. The Interrelationship between regional westerly index and the water vapor bugdet in Northwest China[J]. Journal of Glaciology and Geocryology, 30: 28-34.

LI X, JIANG F, LI L, et al, 2011. Spatial and temporal variability of precipitation concentration index, concentration degree and concentration period in Xinjiang, China[J]. International Journal of Climatology, 31: 1679-1693.

LIU R, LIU S C, CICERONE R J, et al, 2015. Trends of extreme precipitation in eastern China and their possible causes[J]. Advances in Atmospheric Sciences, 32: 1027-1037.

LIU W, ZHANG Q, FU Z, 2017. Variation characteristics of precipitation and its affecting factors in Northwest China over the past 55 years[J]. Plateau Meteorology, 36: 1533-1545. (in Chinese)

LIU X F, REN Z Y, ZHANG C, et al, 2012. Inhomogeneity characteristics of intra-annual precipitation on the Loess Plateau during 1959-2008[J]. Progress in Geography, 31: 1157-1163. (in Chinese)

LUPIKASZA E, 2010. Spatial and temporal variability of extreme precipitation in Poland in the period 1951—2006[J]. International Journal of Climatology, 30: 991-1007.

MA Y X, ZHANG W, ZHANG L Z, 2016. Cotton water requirement character during recent 30 years in China[J]. Chinese Journal of Applied Ecology, 27: 1541-1552. (in Chinese)

MANN H B, 1945. Nonparametric tests against trend[J]. Econometrica, 13: 245-259.

MARTIN-VIDE J, 2004. Spatial distribution of daily precipitation concentration index in Peninsular Spain[J]. International Journal of Climatology, 24: 959-971.

MICHIELS P, GABRIELS D, HARTMANN R, 1992. Using the seasonal and temporal Precipitation concentration index for characterizing the monthly rainfall distribution in Spain[J]. Catena, 19: 43-58.

OLIVER J E, 1980. Monthly precipitation distribution: A comparative index[J]. The Professional Geographer, 32: 300-309.

QIAN W H, ZHU Y F, 2001. Climate change in China from 1880 to 1998 and its impact on the environmental condition[J]. Climatic Change, 50: 419-444.

RAMOS M C, MARTINEZ-CASASNOVAS J A, 2006. Trends in precipitation concentration and extremes in the Mediterranean Penedes-Anoia Region, NE Spain[J]. Climate Change, 457-474.

REN Z, XIONG A, ZOU F, 2007. The quality control of surface monthly climate data in China[J]. Journal of Applied Meteorological Science, 18: 516-523. (in Chinese)

ROYÉ D, MARTIN-VIDE J, 2017. Concentration of daily precipitation in the contiguous United States[J]. Atmospheric Research, 196: 237-247.

SEN P K, 1968. Estimates of the regression coefficient based on Kendall's Tau[J]. Journal of the American

Statistical Association, 63: 1379-1389.

SERRANO-NOTIVOLI R, MARTÍN-VIDE J, SAZ M, et al, 2018. Spatio-temporal variability of daily precipitation concentration in Spain based on a high-resolution gridded data set[J]. International Journal of Climatolog, 38: 518-530.

SHAO P, ZENG X D, 2011. The impact of interannual climate variability on the mean global vegetation distribution[J]. Acta Ecologica Sinica, 31: 1494-1505. (in Chinese)

SHI P, WU M, QU S M, et al, 2015. Spatial distribution and temporal trends in precipitation concentration indices for the Southwest China[J]. Water Resources Management, 29: 3941-3955.

SHI Y F, SHEN Y P, ERSI KANG, et al, 2007. Recent and future climate change in Northwest China[J]. Climatic Change, 80: 379-393.

TANG X L, LIU J D, LV X, 2010. Climate changes of Shihezi and its influence on cotton production in recent 48 years[J]. Chinese Agricultural Science Bulletin, 26: 324-329.

TRENBERTH K E, 1998. Atmospheric moisture residence times and cycling: Implications for rainfall rates and climate change[J]. Climatic Change, 39: 667-694.

TRENBERTH K E, 2011. Changes in precipitation with climate change[J]. Climate Research, 47: 123-138.

VYSHKVARKOVA E, VOSKRESENSKAYA E, MARTIN-VIDE J, 2018. Spatial distribution of the daily precipitation concentration index in Southern Russia[J]. Atmospheric Research, 023: 36-43.

WANG B L, ZHANG M J, WEI J L, et al, 2013. Changes in extreme events of temperature and precipitation over Xinjiang, northwest China, during 1960-2009[J]. Quaternary International, 298: 141-151.

WANG X, XU X, MIAO Q, 2003. Regional characteristics of summer precipitation and water vapor amount in Northwest China[J]. Climatic and Environmental Research, 8: 35-42. (in Chinese)

XIAO G J, ZHANG Q, YAO Y B, et al, 2008. Impact of recent climatic change on the yield of winter wheat at low and high altitudes in semi-arid northwestern China[J]. Agriculture Ecosystems & Environment, 127: 37-42.

XU C, YANG X, LI Y, et al, 2011. Changes of China agricultural climate resources under the background of climate change. Ⅲ. Spatiotemporal change characteristics of agricultural climate resources in Northwest Arid Area[J]. Chinese Journal of Applied Ecology, 22: 763-772. (in Chinese)

YANG P, XIA J, ZHAN C, et al, 2018. Discrete wavelet transform-based investigation into the variability of standardized precipitation index in Northwest China during 1960-2014[J]. Theor Appl Climatol, 132: 167-180.

ZHANG L, QIAN Y, 2003. Annual distribution features of precipitation in China and their interannual variations[J]. Journal of Meteorological Research, 17: 146-163.

ZHANG Q, DENG Z Y, ZHAO Y D, et al, 2008. The impacts of global climatic change on the agriculture in northwest China[J]. Acta Ecologica Sinica, 28: 1210-1218. (in Chinese)

ZHANG Q, SUN P, LI J, et al, 2015. Spatiotemporal properties of droughts and related impacts on agriculture in Xinjiang, China[J]. International Journal of Climatolog, 35: 1254-1266.

ZHANG T Y, CHENG B Y, WANG J F, et al, 2007. Temporal and spatial change characteristics of precipitation concentration degree (PCD) and precipitation concentration period (PCP) over North China in rainy season[J]. Plateau Meteorology, 26: 843-853. (in Chinese)

ZHANG X Y, YAO Y B, YANG J H, et al, 2017. Characteristic and countermeasures of climate warming and its impacts on agriculture in Northwest China[J]. Ecology and Environmental Sciences, 26: 1514-1520. (in Chinese)

ZHENG J Y, BIAN J J, GE Q S, et al, 2013. The climate regionalization in China for 1951-1980 and 1981-

2010[J]. Geographical Research, 23: 987-997. (in Chinese)

ZHENG J Y, YIN Y H, LI B Y, 2010. A new dcheme for climate regionalization in China[J]. Acta Geographica Sinica, 65: 3-13. (in Chinese)

ZHENG Y, CHEN X, HE Y, et al, 2016. Spatial-temporal variation of precipitation concentration degree in Pearl River Basin and its causes[J]. Journal of China Hydrology, 36: 22-28. (in Chinese)

ZHOU L, WU R, 2015. Interdecadal variability of winter precipitation in Northwest China and its association with the North Atlantic SST change[J]. International Journal of Climatology, 35: 1172-1179.

ZHOU X X, DING Y H, WANG P X, 2008. Moisture transport in Asian summer monsoon region and its relationship with summer precipitation in China[J]. Acta Meteorologica Sinica, 66: 59-70. (in Chinese)

ZHU D, XIAO T G, CHEN Y, 2010. A study on precipitation concentration in Sichuan Province from 1960 to 2004[J]. Resources Science, 32: 1910-1917. (in Chinese)

ZIMMERMAN D A, MARSILY G D, GOTWAY C A, et al, 1998. A comparison of seven geostatistically based inverse approaches to estimate transmissivities for modeling advective transport by groundwater flow[J]. Water Resources Research, 34: 1373-1413.

# 东亚夏季风的变化特征及其对夏季甘肃暴雨日数的影响*

黄玉霞[1]，王宝鉴[1]，王研峰[2]，黄武斌[1]，王琳[3]

(1. 兰州中心气象台，兰州 730020；2. 甘肃省人工影响天气办公室，兰州 730020；

3. 中国气象局气象干部培训学院，北京 100081)

**摘要**：采用 NCEP/NCAR 再分析资料，计算了乔云亭等(2002)定义的1974—2013年东亚季风指数，研究了东亚夏季风的变化特征，在此基础上利用甘肃省80个站逐日降水资料，分析了东亚夏季风对夏季甘肃暴雨日数的影响，结果表明：(1)夏季，西南季风、东南季风和偏北季风存在明显的年际变化且有所差异。(2)夏季，西南季风、东南季风对甘肃省暴雨的影响存在很大差异：当西南季风盛行时，西太平洋副热带高压位置偏西，东亚大槽位于贝加尔湖至我国西北部，冷空气与西太平洋副热带高压输送的暖湿气流在陇东南一带交汇，贝加尔湖至张掖为西南暖湿和西北干冷气流，孟加拉湾水汽输送在陇东南地区辐合，造成河东陇南南部、天水东部、平凉、庆阳西部一带和河西张掖地区暴雨偏多；当东南季风盛行时，西太平洋副热带高压西伸北抬，冷暖空气主要交汇于甘肃中西部，孟加拉湾西南水汽输送在河东西南部辐合，造成甘南高原、甘肃中部、河西武威一带和酒泉地区暴雨偏多。

**关键词**：东亚夏季风；年际变化；大气环流；夏季暴雨日数

## 1 引言

中国地处东亚季风区，夏季雨带位置和降水多少在很大程度上取决于东亚季风活动，东亚季风对夏季降水的影响一直是研究重点(郭其蕴，1983；黄荣辉 等，2006，2008；谭桂容 等，2009；陈隆勋 等，1991；姜江 等，2015；宗海锋 等，2013)。Shi 等(1996)和施能等(1998)研究表明20世纪20—40年代是东亚夏季风最强期，我国夏季雨带位置偏北，20世纪60年代末到80年代初，东亚夏季风偏弱，雨带位置偏南。郭其蕴等(2003)研究得出中国西部在夏季风强时南部多雨，北部少雨，夏季风弱时情况相反。赵平等(2005)定义的东亚副热带季风指数表明当季风指数较低时，造成长江流域降水增加。

中国夏季的降水多以暴雨的形式出现，具有频发性特征(黄荣辉 等，1998)。暴雨往往会造成严重的洪涝灾害和相当严重的次生灾害，对人民生命财产和国民经济产生重要影响。因此研究东亚季风对夏季暴雨的影响，对于预测旱涝的发生有很重要的实际意义(刘长征 等，2004)。张庆云等(2003)研究表明在东亚夏季风偏弱的气候背景下，夏季长江流域会发生严重暴雨洪涝灾害。陶诗言(1966)对特大暴雨进行了天气学分析，指出夏季风活动对暴雨的影响。目前，大多研究主要针对东亚季风对暴雨量的影响进行，很少研究东亚季风对暴雨日数的影

* 本文已在《中国沙漠》2017年第37卷第1期正式发表。

响,暴雨日数是衡量降水出现频率和暴雨气候特征的重要指标之一(黄嘉佑,1987;Barry et al.,1973),同时针对东亚季风对甘肃省夏季暴雨日数影响的研究开展较少。甘肃省地处黄河中上游黄土高原、内蒙古高原和青藏高原的交汇地区,位于我国大陆腹地,是东亚夏季风的边缘地带(方建刚 等,2014;赵光平 等,2016;韩兰英 等,2016),近年来东亚夏季风年际波动对东亚季风边缘带夏季降水异常的影响受到广泛重视(林纾 等,2005;孙国武 等,2008)。李栋梁等(1997)研究表明西北夏季降水自20世纪80年代以来,除沙漠盆地外,均呈较明显的增加趋势。王楠等(2012)等研究表明季风环流的加强,导致夏季黄河流域形成了丰沛的降水。张存杰等(2000)研究表明东亚夏季风对西北地区干旱形成有显著作用。李雪萍等(2016)研究表明在秦岭—淮河一线,21世纪10年代初夏季降水减少可能与东季风减弱有关。

本文采用NCEP/NCAR月平均再分析资料、甘肃省降水资料,以暴雨日数为研究对象,分析了夏季东亚季风的变化与甘肃省暴雨日数的关系。

## 2 资料和方法

### 2.1 数据来源

采用甘肃省气象信息中心整编筛选的1974—2013年甘肃省80个气象站夏季(6—8月)实测逐日降水资料。暴雨日数定义为12 h降水量≥30 mm或者24 h降水量≥50 mm的日数。大气环流资料采用1974—2013年NCEP/NCAR月平均再分析资料,分辨率为2.5°×2.5°,变量场包括高度场、风场和比湿场等。

### 2.2 东亚季风指数的计算方法

目前国内外关于影响降水的东亚季风研究大部分采用季风指数,季风指数的定义大致分为海陆气压差异类(郭其蕴 等,1983;赵汉光 等,1994)、温湿类(Fujikawa et al.,1997;Wang et al.,1999;He et al.,2000)、环流类(Lu et al.,1999;乔云亭 等,2002)、气压环流类(祝从文 等,2000)。因环流类东亚季风指数能较好反映东亚大气环流变化,且东亚地区的季风活动不仅受热带季风的作用,还受副热带季风的影响,在东亚中高纬度地区有非常重要的影响(杨明 等,2008),采用单一指数很难表征东亚季风的变化,乔云亭等(2002)定义的6个季风指数能较好反映季风的环流强度和范围变化,因此本文采用其研究东亚季风与夏季甘肃省暴雨日数的关系。

利用东亚地区850 hPa上2.5°×2.5°的$u$(纬向风)、$v$(经向风)分量来确定每个格点上的风向及大小,分西南风($u>0,v>0$)、东南风($u<0,v>0$)和偏北风($v<0$)考虑面积和强度两个因素,定义了如下6个季风特征指数。

西南季风面积($A_{SW}$)和强度($I_{SW}$)指数。

$$A_{SW}=n_{SW}/N \tag{1}$$

$$I_{SW}=\sum U_{SW}/n_{SW} \tag{2}$$

东南季风面积($A_{SE}$)和强度($I_{SE}$)指数。

$$A_{SE}=n_{SE}/N \tag{3}$$

$$I_{SE} = \sum U_{SE}/n_{SE} \tag{4}$$

偏北季风面积($A_N$)和强度($I_N$)指数。

$$A_N = n_N/N \tag{5}$$

$$I_N = \sum U_N/n_N \tag{6}$$

式中,$n_{SW}$,$n_{SE}$和 $n_N$ 为 850 hPa 定义范围内西南风、东南风和偏北风的网格点数。$U_{SW}$,$U_{SE}$和 $U_N$ 为西南风、东南风和北风格点的风速,$N$ 为定义范围内总的网格点数。

## 2.3 研究方法

### 2.3.1 趋势分析

为了研究暴雨日数在气候变化中升降的定量程度,将年暴雨日数用最小二乘法求线性拟合趋势,公式如下。

$$x_i = a_0 + a_1 t \quad (t=1,2,3,\cdots,n) \tag{7}$$

式中,$n$ 为年数,$x_i$ 是第 $i$ 年的暴雨日数,$a_1$ 为暴雨日数变化的气候倾向率,$a_1>0$ 说明 $x_i$ 随时间增加呈上升趋势,$a_1<0$ 说明 $x_i$ 随时间增加呈下降趋势。

### 2.3.2 相关分析

相关分析是用来描述两个时间序列变量之间相互关系的方法,主要用相关系数来表示。在对 1974—2013 年夏季逐月季风面积指数和强度指数做标准化距平之后,对季风面积和强度指数的标准化距平两两之间和季风面积和强度指数标准化距平与同期逐月甘肃省夏季暴雨日数距平之间进行相关分析,采用 t 检验对相关系数进行显著性检验。

### 2.3.3 合成分析

东亚夏季风爆发一般伴随着大气环流和热力参数的变化,大气环流和热力参数的变化在东亚夏季风偏强年和偏弱年具有不同特征。因此为了研究东亚季风对夏季甘肃暴雨日数影响的气候成因,对不同东亚夏季风指数偏强年和偏弱年对应的形势场和相关物理量进行合成分析,具体方法为东亚夏季风指数偏强年形势场和风场均值与偏弱年形势场和风场均值之差。

# 3 东亚夏季风的变化

## 3.1 东亚夏季风的年际变化

对西南季风、东南季风、偏北季风面积指数和强度指数标准化后求距平,得到它们的年际变化曲线(图 1),图 1a、b 分别为夏季风面积指数和强度指数标准化距平变化,图 1c、d 分别为冬季风面积指数和强度指数标准化距平变化,从图中看出,各季风面积和强度指数存在明显的年际变化,东南季风面积指数的变化与西南季风和偏北季风存在明显相反的变化趋势;而强度指数西南季风与东南季风和偏北季风从 20 世纪 70 年代至 80 年代、21 世纪初至 2013 年存在同相的年际变化,从 20 世纪 80 年代至 21 世纪初期存在反相的年际变化。

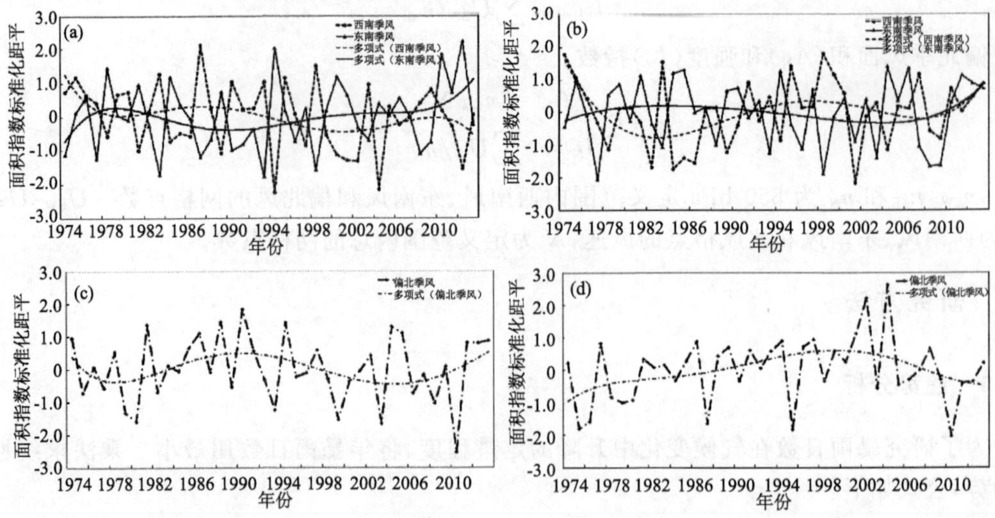


图 1　1974—2013 年季风面积指数和强度指数标准化距平的逐年变化。(a)西南和东南季风面积指数标准化距平；(b)西南和东南季风强度指数标准化距平；(c)偏北季风面积指数标准化距平；(d)偏北季风强度指数标准化距平

## 3.2　各季风指数之间的关系

求出 1974—2013 年夏季(6—8 月)逐月季风指数的距平值，计算它们两两之间的相关关系，见表 1，相关系数$|r|\geqslant 0.098(0.128)$相当于达到 0.05(0.01)显著性水平。从表 1 中可以看出，$A_N$ 和 $I_N$，$A_{SW}$ 和 $I_{SW}$，$A_{SE}$ 和 $I_{SE}$ 为正相关，相关系数分别为 0.203、0.386、0.563，超过了 0.01 的显著性水平，说明当西南季风、东南季风和偏北季风大范围盛行时，其强度也较强。$A_{SW}$ 和 $A_{SE}$ 为显著负相关，相关系数为−0.683，超过了 0.01 的显著性水平，说明当西南季风大范围盛行时，东南季风的范围就小，反之相反。$I_{SW}$ 和 $I_{SE}$ 之间的相关系数未通过 0.05 的显著性水平，说明彼此之间具有一定的独立性。$I_N$ 和 $I_{SW}$、$I_N$ 和 $I_{SE}$、$A_N$ 和 $A_{SW}$、$A_N$ 和 $A_{SE}$ 之间相关系数都未通过 0.05 的显著性水平，说明偏北季风与西南季风、东南季风之间存在独立性，因为偏北季风表征中高纬度偏北气流活动和变化的规律，9 月中旬副高南退，随着西南季风和东南季风迅速减退，偏北季风面积指数迅速增大，使得夏季的东南季风和西南季风在入秋后的 9 月转为偏北季风(包云轩 等，2013)，这说明东南季风和西南季风对夏季甘肃暴雨的影响较大，同时甘肃处于内陆地区，因此本文讨论东南季风和西南季风对夏季甘肃暴雨的影响。

**表 1　1974—2013 年各季风特征指数之间的相互关系**

| | $A_N$ | $A_{SE}$ | $A_{SW}$ | $I_N$ | $I_{SE}$ | $I_{SW}$ |
|---|---|---|---|---|---|---|
| $A_N$ | 1.000 | | | 0.203 | | |
| $A_{SE}$ | | 1.000 | −0.683 | | 0.563 | |
| $A_{SW}$ | | −0.683 | 1.000 | | | 0.386 |
| $I_N$ | 0.203 | | | 1.000 | | |
| $I_{SE}$ | | 0.563 | | | 1.000 | |
| $I_{SW}$ | | | 0.386 | | | 1.000 |

注：$|r|_{0.05}=0.098$，$|r|_{0.01}=0.128$。

# 4 东亚季风与夏季甘肃暴雨日数的关系

以面积指数和强度指数距平绝对值≥1.0 的标准差年份作为极端异常年份(乔云亭 等,2002),即将≥1.0 的作为异常偏强年份,≤-1.0 的作为异常偏弱年份,各季风指数面积和强度异常偏强和偏弱年份见表 2。

表 2 1974—2013 年夏季各季风指数面积和强度异常偏强和偏弱年份

| 西南季风面积指数 | | 西南季风强度指数 | | 东南季风面积指数 | | 东南季风强度指数 | |
|---|---|---|---|---|---|---|---|
| 偏强年 | 偏弱年 | 偏强年 | 偏弱年 | 偏强年 | 偏弱年 | 偏强年 | 偏弱年 |
| 1975 | 1989 | 1974 | 1978 | 1978 | 1974 | 1981 | 1977 |
| 1983 | 1994 | 1975 | 1982 | 1984 | 1977 | 1984 | 1983 |
| 1987 | 2000 | 1983 | 1984 | 1994 | 1983 | 1985 | 1993 |
| 1990 | 2001 | 1995 | 1985 | 2000 | 1987 | 1994 | 1996 |
| 1993 | 2002 | 1998 | 1986 | 2010 | 1993 | 2004 | 1998 |
| 1995 | 2004 | 1999 | 1989 | 2012 | 1998 | 2006 | 2003 |
| 1998 | 2012 | 2007 | 2001 | | 2008 | 2011 | 2007 |
| | | | 2004 | | | | 2008 |
| | | | | | | | 2009 |

## 4.1 甘肃省夏季暴雨日数的变化趋势

图 2 为 1974—2013 年甘肃省夏季(6—8 月)80 站暴雨日数变化趋势,从图中看出,暴雨日数全省大多数站点呈增加趋势,河东地区增加率明显大于河西地区,增加最快的站点基本位于甘南高原至乌鞘岭一带的高海拔地区,其中乌鞘岭站点增加最快,达到 4.04 d/10a,全省通过了 95%显著性水平检验的站点多数为上升趋势的站点。以上分析说明近 40 年甘肃省大多数

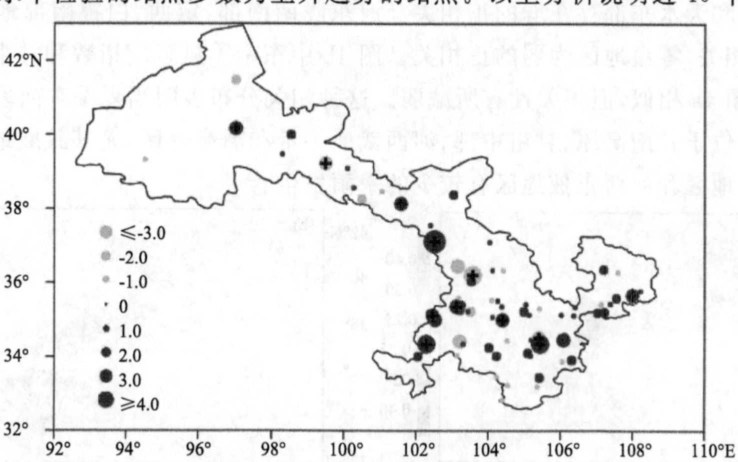


图 2 1974—2013 年甘肃省夏季(6—8 月)80 站暴雨日数变化趋势的空间分布

(单位:d/10a,其中黑色十字表示至少通过 0.05 显著性水平检验的站点)

站点夏季暴雨日数呈增加趋势，河东地区增加明显，增加最快的站点集中在甘南高原至乌鞘岭一带的高海拔地区。

## 4.2　东亚季风与甘肃夏季暴雨日数的相关分析

图 3a、b 分别是 1974—2013 年西南季风面积和强度指数标准化距平与同期甘肃省夏季暴雨日数距平的相关分布。从图 3a 中看出，主要存在两条正相关带：一条为从陇南南部经天水东部、平凉到庆阳西部地区，高中心位于陇南南部地区；另一条位于张掖地区。甘南高原经甘肃中部到河西武威地区和酒泉地区为负相关，负相关显著中心位于武威地区。图 3b 中西南季风强度指数和甘肃暴雨日数的相关分布基本与图 2a 相似，但相关性有所减弱。这种相关分布表明当夏季西南季风大范围盛行时，暴雨多发区位于河东陇南南部、天水东部、平凉、庆阳西部地区一带和河西张掖地区，尤其陇南南部地区，暴雨少发区位于甘南高原、甘肃中部、河西武威一带和酒泉地区，尤其武威地区。

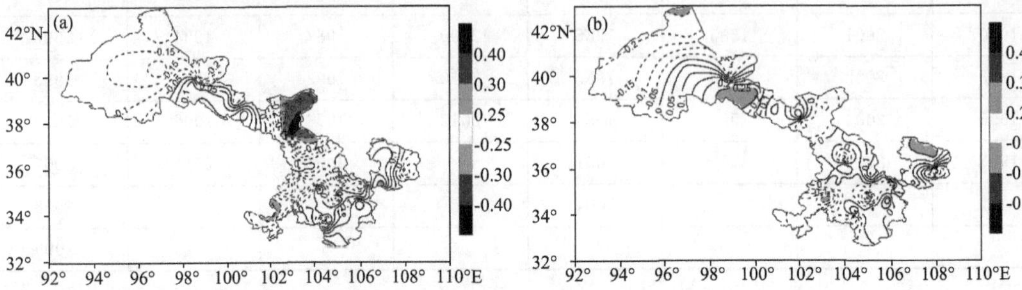


图 3　1974—2013 年西南季风面积指数(a)和强度指数(b)与同期甘肃省夏季(6—8 月)暴雨日数的相关分布(其中实线为正相关，虚线为负相关，阴影区表示至少通过 0.05 显著性水平检验)

图 4a、b 分别是 1974—2013 年东南季风面积和强度指数标准化距平与同期甘肃省夏季(6—8 月)暴雨日数距平的相关分布。从图 4a 可以看出，主要存在两条正相关带：一条为从甘南高原经甘肃中部到河西武威地区；另一条为河西酒泉地区，正相关显著中心位于河西武威地区，在陇东地区和天水东部存在弱的正相关。河东陇南南部、定西、白银南部地区和河西张掖地区为弱的负相关，零星地区为弱的正相关。图 4b 中东南季风强度指数和甘肃暴雨日数的相关分布基本与图 4a 相似，但相关性有所减弱。这种相关分布表明当夏季东南季风大范围盛行时，暴雨多发区位于甘南高原、甘肃中部、河西武威一带和酒泉地区，尤其武威地区，陇南南部、定西、白银南部地区和河西张掖地区有较少的暴雨发生。

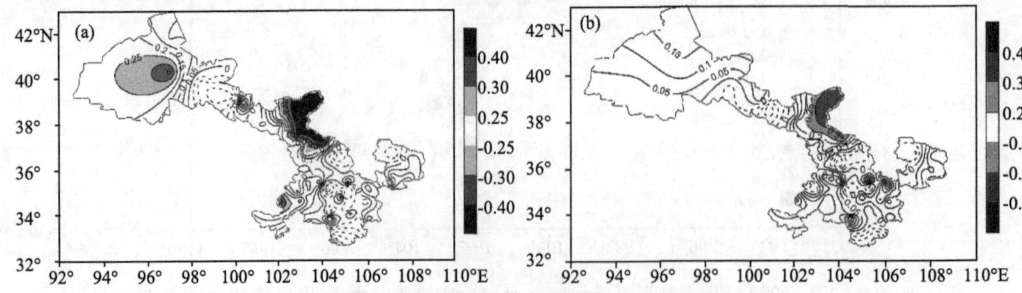


图 4　1974—2013 年东南季风面积指数(a)和强度指数(b)与同期甘肃省夏季(6—8 月)暴雨日数的相关分布(其中实线为正相关，虚线为负相关，阴影区表示至少通过 0.05 显著性水平检验)

## 4.3 东亚季风影响夏季甘肃暴雨的可能机制

为了研究东亚季风对夏季甘肃暴雨日数影响的气候成因，对不同东亚季风指数偏强和偏弱年对应的年份(表 2)进行合成分析，以此分析不同东亚季风指数对夏季甘肃暴雨日数影响的主要环流特征及其差异，对夏季甘肃省暴雨发生的预报及趋势分布提供指导。

图 5 为西南季风异常年大气环流的合成场，从图中看出，在 200 hPa 上，伊朗高原地区为显著的正距平，表明南亚高压较常年偏北，强度加强。我国中东部地区为弱的正距平，导致西太平洋副高位置偏西。贝加尔湖地区为明显的负距平，同时中国西北部为负距平区，处于两个正距平中间，导致东亚大槽加深且位置偏西，槽底位于贝加尔湖至我国西北部地区。在这种环流配置下，有利于西部地区西南风加强，容易形成西南高空急流，从而引起局地暴雨的产生(谢静芳 等，1995；于晓晶 等，2016；赵光平 等，2015)。500 hPa 高度场和 200 hPa 相似，西太平洋副热带高压明显西伸，但没有北抬，贝加尔湖负距平有利于东亚大槽加深西移，加强伊朗高压前部偏北气流与东亚大槽槽后西北气流合并，使得冷空气到达甘肃南部地区，与西太平洋副热带高压输送的暖湿气流在陇东南一带交汇，容易导致这一地区暴雨形成。在 700 hPa 上，东亚地区基本为负距平，贝加尔湖至张掖、青海东部一带存在风场的切变，切变后部为西北干冷气流，切变前部为西南暖湿气流，有利于张掖地区暴雨形成。在水汽通量及通量散度图上，甘肃地区的水汽来源于孟加拉湾地区，陇东南地区散度为负值，即该地区水汽辐合，给陇南及平凉、庆阳地区暴雨的产生提供了有利的水汽条件。

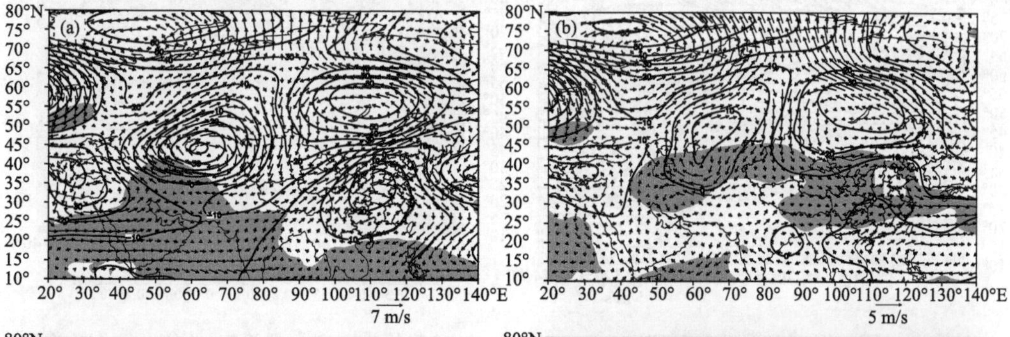


图 5 西南季风偏强年与偏弱年同期水平风(单位：m/s)和位势高度合成差值(单位：gpm)距平场(阴影为通过 0.05 的显著性水平检验区域)以及 300 hPa 以下整层水汽输送通量矢量(单位：kg/(m·s))及散度(单位：$10^{-6}$ kg/($m^2$·s))。(a)200 hPa 位势高度场；(b)500 hPa 位势高度场；(c)700 hPa 位势高度场；(d)300 hPa 以下整层水汽输送通量矢量及散度

图 6 为东南季风异常年大气环流的合成场，从图中看出，从 700 hPa 到 200 hPa，西伯利亚地区均为正距平，中心值均在 30 gpm 以上，表明极地高压南下，强度较强，有利于引导北方冷空气南下。在 200 hPa 上，中纬度为正距平，中心位于 40°～45°N，中心值为 80 gpm，说明副热带高压异常偏强偏北，有利于东南夏季风向内陆地区推进。在 500 hPa 上，伊朗高原至日本海均为正距平，西太平洋副热带高压明显西伸北抬，在下游起到阻挡作用。在乌拉尔山附近存在 30 gpm 的负距平区，范围延伸到甘肃西北部地区。西北气流引导冷空气到达甘肃西部地区后，被下游副高阻挡，冷暖气流在甘肃中西部及甘南高原地区反复交汇，在该地区形成暴雨天气。在 700 hPa 上，冷暖空气主要交汇于甘肃中西部地区。在水汽通量及散度图上可以看到，甘肃地区水汽主要来源于孟加拉湾西南暖湿气流的输送，甘肃河东西南部地区水汽辐合，给甘南高原暴雨的产生提供了有利的水汽条件。

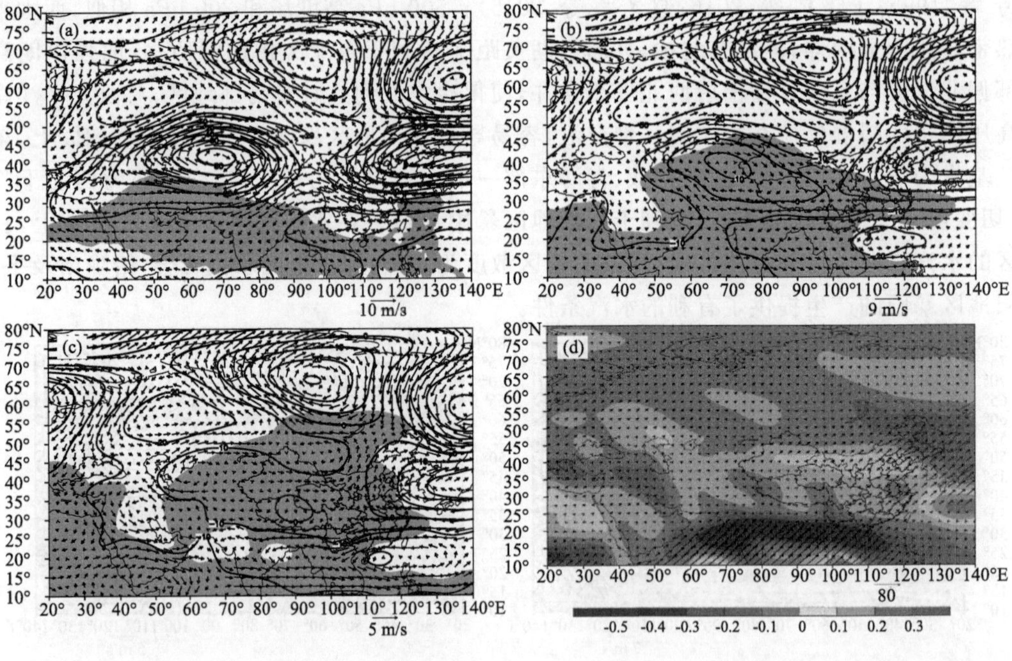


图 6　东南季风偏强年与偏弱年同期水平风(单位：m/s)和位势高度合成差值(单位：gpm)距平场(阴影为通过 0.05 的显著性水平检验区域)以及 300 hPa 以下整层水汽输送通量矢量(单位：kg/(m·s))及散度(单位：$10^{-6}$ kg/($m^2$·s))。(a)200 hPa 位势高度场；(b)500 hPa 位势高度场；(c)700 hPa 位势高度场；(d)300 hPa 以下整层水汽输送通量矢量及散度

## 5　结论与讨论

夏季，西南季风面积指数与东南季风和偏北季风存在明显相反的变化趋势，西南季风强度指数与东南季风和偏北季风从 20 世纪 70 年代至 80 年代、21 世纪初至 2013 年存在同相的年际变化，从 20 世纪 80 年代至 21 世纪初期存在反相的年际变化。

(2)近 40 a 甘肃省大部分地区夏季暴雨日数呈增加趋势，河东地区最明显，在甘南高原至乌鞘岭一带的高海拔地区增加最快。

(3)夏季，西南季风、东南季风影响甘肃省暴雨的地区存在很大差异。夏季，当西南季风盛行时，高层南亚高压偏强，位置偏北，西太平洋副热带高压位置偏西，东亚大槽位于贝加尔湖至我国西北部地区，冷空气与西太平洋副热带高压输送的暖湿气流在陇东南一带交汇，低层贝加尔湖至张掖、青海东部一带风场切变前后为西南暖湿气流和西北干冷气流，孟加拉湾地区的水汽输送在陇东南地区辐合，造成河东陇南南部、天水东部、平凉、庆阳西部地区一带和河西张掖地区，尤其陇南南部地区暴雨增多。

夏季，当东南季风盛行时，高层副热带高压异常偏强，位置偏北，西太平洋副热带高压西伸北抬阻挡了到达甘肃西部地区的冷空气，导致冷暖气流在甘肃中西部及甘南高原地区反复交汇，低层冷暖空气主要交汇于甘肃中西部地区，孟加拉湾西南暖湿气流水汽输送到河东西南部地区辐合，造成甘南高原、甘肃中部、河西武威一带和酒泉地区，尤其武威地区暴雨增多。

## 参考文献


包云轩，黄金颖，谢晓金，等，2013. 季风进退和转换对中国褐飞虱迁飞的影响[J]. 生态学报，33(16)：4864-4877.

陈隆勋，朱乾根，罗会邦，等，1991. 东亚季风[M]. 北京：气象出版社：192-193.

方建刚，肖科丽，王娜，等，2014. 初夏东亚季风强度指数与陕西降水异常关系[J]. 干旱区地理，37(1)：1-8.

郭其蕴，1983. 东亚夏季风强度指数及其变化的分析[J]. 地理学报，38(3)：207-217.

郭其蕴，蔡静宁，邵雪梅，等，2003. 东亚夏季风的年代际变率对中国气候的影响[J]. 地理学报，58(4)：569-576.

黄嘉佑，1987. 我国月降水频数的时空特征[J]. 气象，13(1)：10-14

黄荣辉，蔡榕硕，陈际龙，等，2006. 我国旱涝气候灾害的年代际变化及其与东亚气候系统变化的关系[J]. 大气科学，30(5)：730-743.

黄荣辉，顾雷，陈际龙，等，2008. 东亚季风系统的时空变化及其对我国气候异常影响的最近研究进展[J]. 大气科学，32(4)：691-719.

黄荣辉，徐予红，王鹏飞，等，1998. 1998年夏长江流域特大洪涝特征及其成因探讨[J]. 气候与环境研究，3(4)：300-313

韩兰英，张强，赵红岩，等，2016. 甘肃省农业干旱灾害损失特征及其对气候变暖的响应[J]. 中国沙漠，36(3)：767-775.

姜江，姜大膀，林一骅，2015. RCP4.5 情景下中国季风区及降水变化预估[J]. 大气科学，39 (5)：901-910.

刘长征，王会军，姜大膀，2004. 东亚季风区夏季风强度和降水的配置关系[J]. 大气科学，28(5)：700-712.

林纾，徐启运，2005. 近 13a 影响甘肃省夏季旱涝因子的几点思考[J]. 干旱气象，23(1)：84-89.

李栋梁，谢金南，王文，1997. 中国西北夏季降水特征及其异常研究[J]. 大气科学，21(3)：331-339.

李雪萍，史兴民，王阿如娜，2016. 中国典型等降水量线年代际空间演变[J]. 中国沙漠，36(1)：232-238.

乔云亭，陈烈庭，张庆云，2002. 东亚季风指数的定义及其与中国气候的关系[J]. 大气科学，26(1)：69-82.

施能，杨永胜，1998. 1873—1996 年东亚冬、夏季风强度指数及其主要特征[J]. 南京气象学院学报，21(2)：208-214.

孙国武，汤绪，李江萍，2008. 夏季风北边缘与沙尘暴的研究[J]. 高原气象，27(5)：1088-1093.

谭桂容，孙照渤，朱伟军，等，2009. 2007 年夏季降水异常的成因及预测[J]. 大气科学学报，32(3)：770-786.

陶诗言，1996. 1994 年东亚夏季风活动的异常与华南的特大洪涝灾害，I 大气环流的异常[C]//研讨会技术组. 1994 年华南特大暴雨洪涝学术研讨会论文集. 北京：气象出版社：1-5.

王楠，李栋梁，张杰，2012. 黄河中上游流域夏季异常降水的变化特征及环流分析[J]. 干旱区地理，35 (5)：754-762.

谢静芳，倪慧，等，1995. 高空急流对强对流局地暴雨的触发作用分析[J]. 吉林气象，3：17-18.

于晓晶，赵勇，2016. 地形对天山夏季降水影响的模拟[J]. 中国沙漠，36(4)：1133-1143.

杨明，徐海明，李维亮，等，2008. 近40年东亚季风变化特征及其与海陆温差关系[J]. 应用气象学报，19(5)：522-530.

宗海锋，陈烈庭，2013. 中国东部夏季风雨带季内变化各模态的环流及海温特征[J]. 大气科学，37(5)：1072-1082.

赵平，周自江，2005. 东亚副热带夏季风指数及其与降水的关系[J]. 气象学报，63(6)：933-941.

赵光平，任小芳，2016. 1979—2012年中国西北地区东部低层水汽异常特征及成因[J]. 中国沙漠，36(3)：749-759.

赵光平，姜旭，马丽，2015. 1960—2009年中国西北地区东部低层风切变对雨日的控制作用及其在不同季节的降水效率[J]. 中国沙漠，35(5)：1275-1282.

赵汉光、张先恭，1994. 东亚季风和我国夏季雨带的关系[J]. 气象，22 (4)：8-12.

张庆云，陶诗言，张顺利，2003. 夏季长江流域暴雨洪涝灾害的天气气候条件[J]. 大气科学，27(6)：1018-1030.

张存杰，谢金南，李栋梁，等，2000. 东亚季风对西北地区干旱气候的影响[C]//中国西北干旱气候变化与预测研究(1). 北京：气象出版社：338-347.

祝从文，何金海，吴国雄，2000. 东亚季风指数及其与大尺度 热力环流年际变化关系[J]. 气象学报，58(4)：391-401.

BARRY R G，PERRY A H，1973. Synopotic Climatology：Methods and Applications[M]. LONDON：Methuen & Co. Ltd 1973：555.

FUJIKAWA N K，ISHILIARA K Tada，1997. Synthetic study of the monsoon circulation[R]. JEXAM Annual Report，139-146.

HE J H，XU H M，ZHOU B，et al，2000. Large scale features of SCS summer monsoon onset and its possible mechanism[J]. Climatic and Environmental Research，5(4)：333-344.

LU E，CHAN J C L，1999. A unified monsoon index for south China[J]. Journal of Climate，12(8)：2375-2385.

SHI Neng，ZHU Qiangen，WU Binqui，1996. The East-Asain summer monsoon and in relation to summer large scale weather-climate anomaly in China for last 40-years[J]. Chinese Journal of Atmospheric sciences，20(4)：385-394.

WANG B，FAN Z，1999. Choice of South Asian summer monsoon indices[J]. Bulletin of the American Meteorological Society，80：629-638.

# 甘肃近 51a 夏季温度和降水极端事件变化*

孔祥伟[1]，陶健红[2]

(1. 兰州中心气象台，兰州 730020；2. 甘肃省气象局，兰州 730020)

**摘要**：利用 1960—2010 年甘肃 35 站夏季(6—8 月)逐日观测资料，分析暴雨、干燥和异常温度事件的变化特征。结果表明：近 51 a 甘肃河西区域夏季暴雨事件基本稳定在 0.1 次/a 左右，而河东区域在 20 世纪 70 年代中期前为显著下降趋势，之后其变化趋势不显著。两区域暴雨事件的强度变化均不显著，但在时间上分布比较分散，20 世纪 80 年代中期之后暴雨事件发生的时间段较之前提前了约 2 候；河东、河西区域的严重干燥事件频次均在 1991 年发生突变，突变后的显著增加主要是受降水日数在同期突变后显著减少的影响；异常高、低温频次均在 90 年代中期发生突变，突变后异常高温频次显著增加，异常低温频次显著减少。

**关键词**：甘肃；极端天气事件；夏季

## 1 引言

在全球气候变暖的大背景下，区域性极端事件的变化更加复杂，引起了公众的广泛关注，已有学者对此进行了大量研究。翟盘茂等(1999、2003)、马国柱等(2003)研究发现，我国极端事件的变化趋势不仅有明显的地域性差异，而且存在较大的季节性差异。郭江勇等(2006)、陶健红等(2007)、高振荣等(2010)和郭慕萍等(2009)对我国西北地区的降水和气温进行了相关研究，指出西北地区的气温和降水也具有明显的地域性。任朝霞等(2007)分析了西北干旱区极端气候变化趋势，指出该地区近 40 a 最低气温天数有减少趋势，最高气温天数略有增加趋势，极端降水日数增加了两天。这些对极端事件的研究大都以整个中国或某个大区域为研究范围，然而气候极值变化具有明显的地域性，甘肃深处大陆腹地，气候复杂多变，其夏季极端事件的特征及变化趋势如何，本文将着重对此进行研究。甘肃具有东西跨度达 16 个经度的狭长地形，东西部的气候差异大，境内地形十分复杂，通常黄河以西地区被称为河西区域，以东被称为河东区域。河西区域绝大部分地方年平均降水量在 200 mm 以下，属干旱气候区，风沙、荒漠面积广阔。河东地区年平均降水量在 200～800 mm，属半干旱、半湿润气候。李栋梁等(1997)、何金海等(2005)、王宝鉴等(2006)、杨绚等(2008)在分析西北地区夏季降水、水汽特征及其异常变化时，甘肃的河东、河西区域处于不同的分区。赵庆云等(2007)、杨建才等(2010)、刘德祥等(2007)在研究甘肃降水和气温变化特征时，根据地理位置和气候特征，将甘肃分为河东、河西区域进行研究。因此，无论是从气候分区角度还是从环流特征角度看，甘肃都不属于

* 本文已在《干旱区研究》2012 年第 29 卷第 6 期正式发表。

单一的区域类型,故本文将甘肃分为河东、河西两区域研究其夏季(6—8 月)与降水、气温有关的极端天气事件变化特征及其可能的成因。

## 2 资料与分析方法

### 2.1 资料

本文使用国家气候中心提供的 1960—2010 年甘肃 35 站逐日观测资料,主要包括日降水量、日最高气温、日最低气温。所选用的 35 站中,河西区域有 16 站、河东区域有 19 站,站点分布均匀。500 hPa、100 hPa 高度场和 700 hPa 风场选用 NCEP/NCAR 再分析资料分辨率为 2.5°×2.5°(Kistler et al.,2001)。

### 2.2 分析方法

#### 2.2.1 降水极端事件的确定

降水极端事件的分析重点集中在暴雨事件和干燥事件。由于甘肃地处干旱半干旱区,降水强度较弱,文中将河东区域内日降水量超过 50 mm 的降水事件都归为暴雨事件,进一步区分大暴雨的意义不大。河西区域根据其实际降雨量,将日降水量超过 30 mm 的降水事件都归为暴雨事件。

连续无雨日称为干燥事件,其长短定义了干燥事件的长度(龚道溢 等,2004),它能反映出干旱的降水背景特征。以往学者在分析华北农牧交错带极端气候变化时,将夏季严重干燥事件定义为持续无雨日($n$)$n\geqslant 10$ d(龚道溢 等,2004),分析川渝地区夏季严重干燥事件时,定义为持续无雨日 $n\geqslant 8$ d(胡豪然 等,2010),严重干燥事件有明显的地域性差异,且没有统一的标准。为科学合理地定义甘肃夏季河东、河西区域严重干燥事件,本文采用 Bonsal 边缘分布函数法(Bonsal et al.,2001)来计算异常事件的阈值。假设某个气象要素有 $n$ 个值,将这 $n$ 个值按升序排列:$x_1,x_2,x_3,\cdots,x_m,\cdots,x_n$,那么某个值小于或者等于 $x_m$ 的概率 $P$ 由下述公式计算得到:

$$P=\frac{m-0.31}{n+0.38} \tag{1}$$

式中,$m$ 为 $x_m$ 的序号,$n$ 为某个气象要素的总个数。

首先,分别统计区域内历年夏季持续无雨日数 $n=2,3,4,\cdots,16$ d 各自发生的总次数 $M_i$($i=1\sim15$,分别代表 $n=2,3,4,\cdots,16$ d 的 15 个不同长度的持续无雨日数),然后将区域内持续无雨日 $n=2,3,4,\cdots,16$ d 分别以 $M_i$($i=1\sim15$)个按照升序排列,取第 95 个百分位值作为严重干燥事件的阈值,阈值不为整数时向上取整。最终,河东区域严重干燥事件选取持续无雨日 $n\geqslant 9$ d,河西区域选取 $n\geqslant 11$ d。

#### 2.2.2 气温极端事件的确定

甘肃复杂多变的地形,造成其省内各地气温分布极不均匀。如果选用日最高气温大于 35℃作为极端高温事件的统一标准,那么甘肃很多站点难以达到此标准,反映不出气温异常事件,因此为更好地反映出甘肃夏季气温异常事件的变化特征,使用公式(1)来确定异常气温事件的阈值。将某站 1960—2010 年同日期的最高(低)气温资料按照升序排列,得到该日第 95(5)个最高(低)气温的百分位值,将之作为极端高(低)温度事件的上(下)阈值,如果某日最高(低)气温大于(小于)该日极端气温事件的上(下)阈值,则认为该日出现了极端高(低)温事件。

在分析各统计量变化趋势时,选用线性方程对原序列变量进行拟合,对于变化趋势的显著性,采用时间 $t$ 与原序列变量 $y$ 之间的相关系数进行检验(魏凤英,2007)。文中涉及的突变检验,均使用 M-K(Mann-Kendall)法,该方法是一种非参数的统计方法,其优点是不需要样本遵从一定的分布,也不受少数异常值的干扰,适用于顺序变量,计算也比较简便。

## 3 降水极端事件

研究区域内某一测站日降水量达到暴雨标准即作为一次暴雨事件,统计区域内各年夏季发生暴雨的总次数,然后除以区域内参加统计的站数,得区域内各年夏季暴雨事件的平均发生频次,进而求得区域内夏季暴雨事件发生频次的时间序列。

### 3.1 暴雨事件频次变化

近 51 a 河东、河西区域暴雨平均强度分别为 65.66 mm 和 36.86 mm,平均频次分别为 0.245 次和 0.103 次,此结果与前人统计的甘肃暴雨年平均频次≪1 次基本保持一致。进一步统计了两区域近 51 a 夏季平均降水日数(含微量降水,下同)和平均降水量,河东、河西区域夏季暴雨日数虽然只占各自区域降水总日数的 0.46 %和 0.26 %,但暴雨导致的降水量却占到各自总降水量的 6.45 %和 4.89 %,这说明甘肃暴雨绝对强度是全国最弱的地区之一,相对强度却是全国最强地区之一。此外,河东区域暴雨频次明显高于河西区域,这也反映出海、陆分布引起的夏季风对甘肃的影响自东向西逐渐减小。

图 1a、b 分别是河东、河西区域暴雨频次的变化曲线。河东区域暴雨频次在 1960s 至 1970s 中期线性趋势为−0.154/10 a,暴雨频次显著减少,通过了 99%信度水平检验。1970s 中期之后线性趋势为 0.018/10a,在统计学上并不显著。河东区域暴雨事件的年际间波动十分明显,尤其是 1990s 和 1960s 末至 1970s 初。河西区域暴雨频次没有显著的线性趋势,基本上维持在 0.1 次/a,近 51 a 中有 14 a 未发生暴雨事件,主要集中在 1960s 前期、1980 s 和 21 世纪初,又有 9 年暴雨事件达 0.2 次以上,2006 年达到峰值 0.462 次,其暴雨频次在年际间和年代际间的波动均十分明显。此外,河东、河西区域暴雨平均强度均没有显著的线性趋势(图 1c、d),但河西区域暴雨平均强度的年际波动较显著,其最大值为 1974 年的 53 mm。

### 3.2 暴雨事件的季节内分布

图 2 是夏季暴雨事件在季节内分布情况,此处以候为单位,以研究区域内各年每候中发生暴雨事件的总次数计。从 6 月 1 日开始,每连续 5 天计为一候,其中 7、8 两月的最后一候均设为 6 天,因此夏季共分 18 候。

从统计结果看,在近 51 a 中河东区域夏季发生暴雨事件最早的时间是 1984 年 6 月的第 1 候。河东区域除个别年份外,1～5 候基本上没有发生过暴雨事件,主要集中在第 7 候以后,其中 12 候最多。1980s 中期之前暴雨事件在季节内分布比较分散,时间跨度大,其中以 11—18 候(7

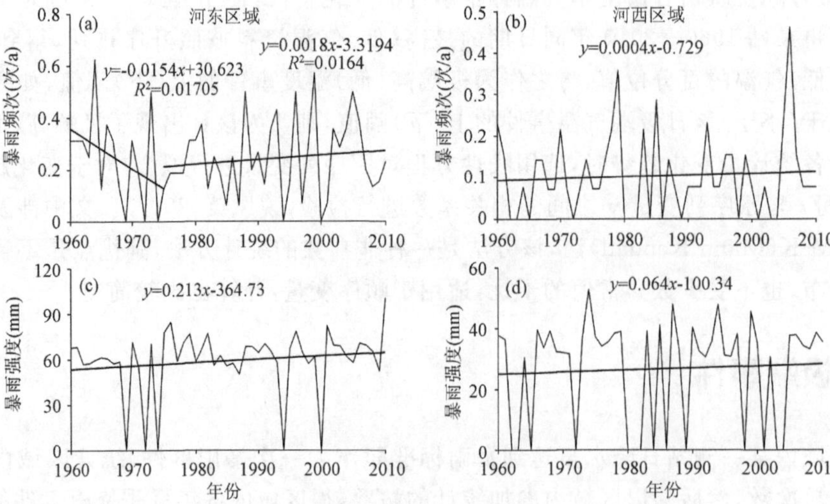


图 1　1960—2010 年夏季暴雨事件变化曲线(a)、(b)暴雨频次，(c)、(d)暴雨强度(粗实线表示线性趋势)

月下旬至 8 月下旬)，1980s 中期之后在季节内分布比较集中，时间跨度减小，主要集中在第 9—16 候(7 月中旬至 8 月中旬)，开始和结束时间较之前均提前 2 候。河西区域的暴雨事件少且分散，11—12 候(7 月下旬)和 15—16 候(8 月中旬)为暴雨相对较集中的两个时段，其中也是 12 候暴雨事件最多。1—5 候内发生暴雨事件的时间主要集中在 1970s 中期至 1990s 中期。与河东区域相似，暴雨开始与结束时间在 1980s 中期之后较之前均提前了 2 候左右。

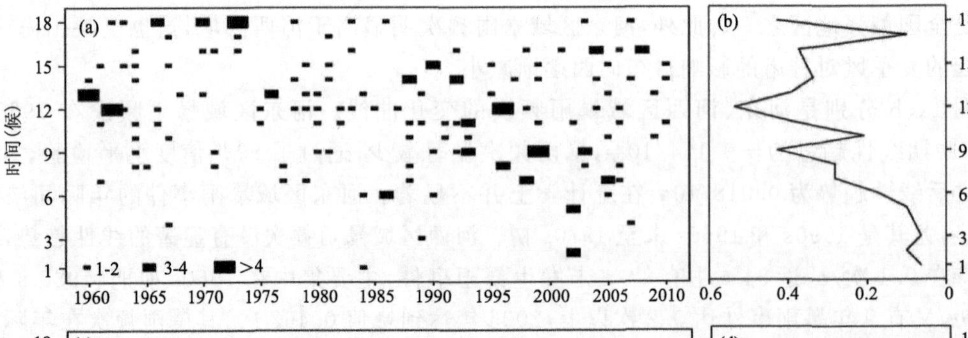


图 2　河东区域历年暴雨事件的季节内分布(a)以候为单位统计，(b) 多年平均的每候暴雨频次，(c)、(d)同上，但为河西区域

## 3.3 严重干燥事件

按照严重干燥事件标准，分别统计两区域内各年夏季严重干燥事件的总次数，然后除以区域内选用的站数，获得区域内各年夏季严重干燥事件的发生次数，进而得到时间序列（图 3a，b）。河东、河西区域严重干燥事件的线性趋势分别为 0.03 次/10a 和 0.04 次/10a，通过了 95％信度水平检验，河西区域的严重干燥事件增加更明显。从变化过程看，两区域 1970s 到 1980s 严重干燥事件较少，年际间波动较小，1990s 中期到 21 世纪初，两区域的严重干燥事件较之前显著增加，年际间波动也较大。

M-K 检验表明河东、河西区域严重干燥事件均在 1991 年发生突变。两区域严重干燥事件突变后的显著增加，表明甘肃由于降水特征发生变化而造成的干旱压力一直在强烈增加，这很可能是造成近二十年来该地区旱情严重及干旱频发的一个重要原因。河东、河西区域的严重干燥事件在 1991 年均发生突变，但同期夏季降水量的变化并不显著（图 3e，f），这说明两区域严重干燥事件在 1991 年发生的突变并不是由同期降水量的变化所引起的。进一步，计算了近 51 a 河东、河西区域严重干燥事件与夏季降水日数的相关系数，分别为－0.47 和－0.46，均通过了 99％信度水平检验，且从两区域夏季降水日数的变化曲线来看（图 3c，d），均为显著的减少趋势，其变化过程与极端干燥事件的变化过程基本相反，在 1990s 中期发生突变，突变后降水日数较之前显著减少。因此，认为近十多年甘肃夏季严重干燥事件的显著增加，是夏季降水日数的显著减少所造成的。

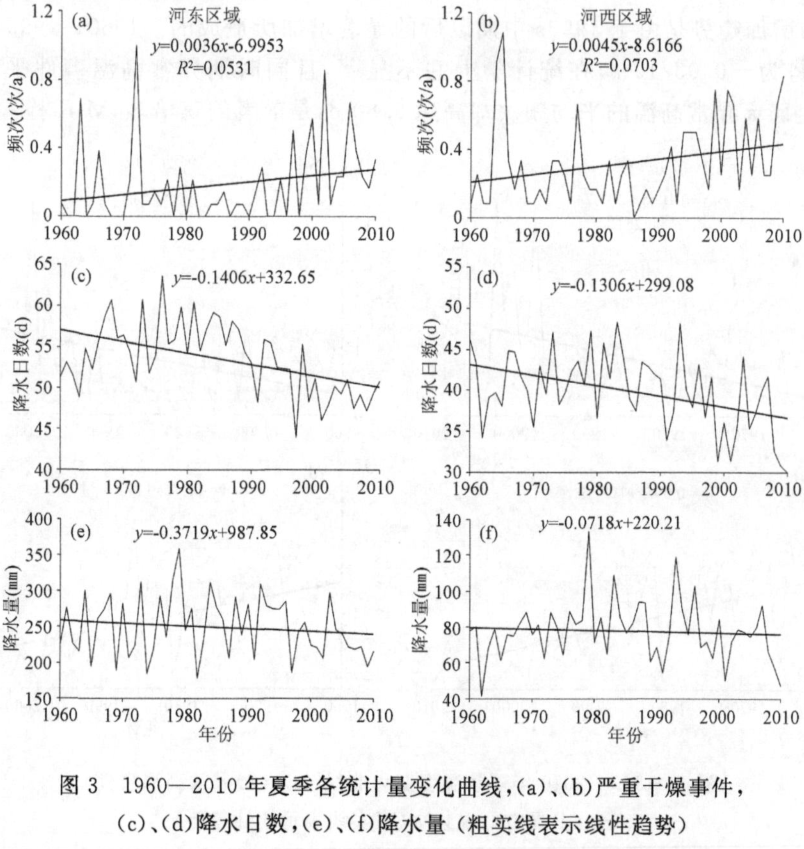


图 3　1960—2010 年夏季各统计量变化曲线，(a)、(b)严重干燥事件，(c)、(d)降水日数，(e)、(f)降水量（粗实线表示线性趋势）

进一步将严重干燥事件与降水总量进行比较分析，发现严重干燥事件的增加与降水总量的变化没有很好的对应关系，即降水总量的增加并不一定对应着严重干燥事件频次的减少。河东区域严重干燥事件频次最高的 6 年分别是 1972、2002、1963、2006、2000 和 1997 年，而降水量最少的 6 年分别是 1965、1969、1974、1982、1997 和 2009 年，二者差别很大；严重干燥事件有 16 年没有发生，而降水量最多的 6 年中只有 1978 年没有发生过严重干燥事件，二者差别也很大。同样对河西区域的统计结果也反映出，严重干燥事件的增加与降水总量的变化没有很好的对应关系。当然从统计上看，降水少的年份，严重干燥事件一般偏多，二者存在着相反的变化关系，但二者并不是一一对应的关系。例如，河东区域 2006 年降水距平百分率是 8.832%，接近正常情况，而该年的严重干燥事件频次却是历年第 4 高的年份，造成这种状况的主要原因可能是降水强度的增加，即相同的降水量在更短的时间内发生了，导致无雨日数增加，从暴雨频次的变化上看，该年的值较高。河西区域的 1977、2006 年情况也如此。

# 4　气温极端事件

## 4.1　异常高、低温变化特征

分别统计区域内历年各站异常气温事件的次数，累加后除以参与统计的站数，从而得到区域内异常气温事件的时间序列。图 4a、b 是河东、河西区域异常高温事件频次的变化曲线。河东区域近 51 a 异常高温事件的线性趋势为 1.06/10 a，通过了 99%信度水平检验，从变化过程看，其显著的增加趋势是由于 1990s 中期以后的显著增加所造成的。1960—1995 年异常高温事件线性趋势为−0.05/10 a，在统计学上并不显著，且同时期异常高温事件平均频次仅为 2.28 d，而近 15 a 异常高温的平均频次却高达 6.80 d，是前者的三倍多，M-K 检验也表明异常

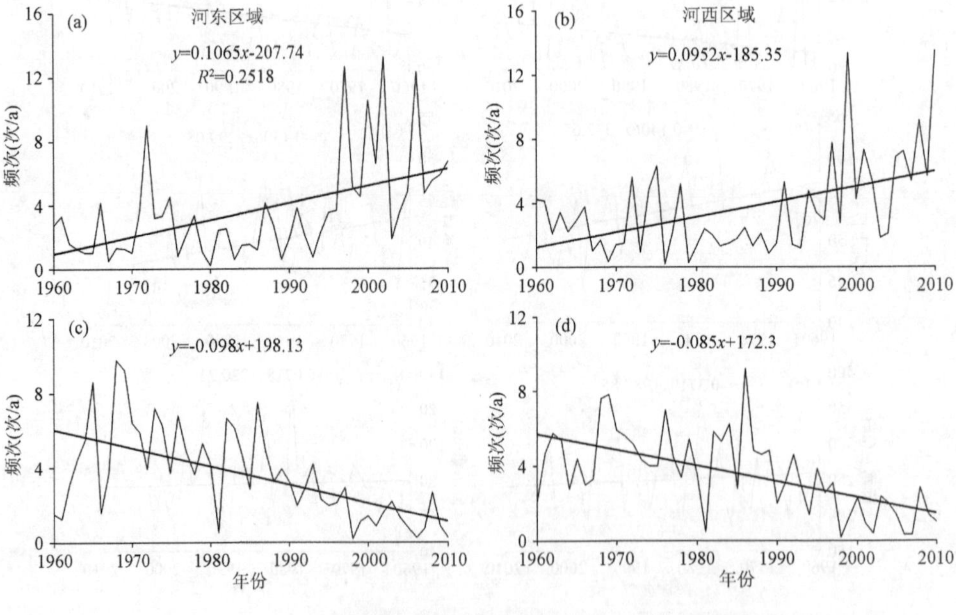


图 4　1960—2010 年夏季温度变化曲线 (a)、(b)异常高温事件，
(c)、(d)异常低温频次(粗实线表示线性趋势)

高温事件频次在 1996 年发生突变。河西区域近 51 a 异常高温事件的线性趋势为 0.95/10 a，通过了 99%信度水平的检验，其强增长趋势也是由于 1990s 中期以后的异常增加所造成，近 15 年异常高温事件的平均频次为 6.36 d，是 1995 年之前 2.45 d 的两倍多。

从图 4c 和 4d 中，可以清晰地看出不论河东还是河西区域异常低温事件频次均呈显著的下降趋势，这与异常高温事件频次显著上升形成了鲜明的对比，河东、河西区域异常低温线性变化趋势分别为－0.98/10 a 和－0.85/10 a，均通过了 99%信度水平的检验，最近 15 a 的平均异常低温事件的年际间波动较小，其异常低温事件的平均频次仅为 1960—1995 年平均值的三分之一左右。M-K 检验也发现河东、河西区异常低温均在 1990s 中期发生了突变。

两区域异常高、低温频次均在 1990s 中期发生了突变，突变之后异常高温频次显著增加，异常低温频次显著减少，也就是说在 1990s 之前温度相对较低，之后温度相对较高，整体上有变暖的趋势。异常高、低温事件的变化趋势与严重干燥事件的变化是一致的，1990s 中期之后异常高温事件的增加、异常低温事件的减少，这有利于严重干燥事件的增加。

### 4.2 异常气温事件突变前后环流特征

大气环流反映大气运动的基本状态，是不同尺度的天气系统演变的背景场。天气气候的异常与大气环流的异常密不可分，气温异常同样也是大气环流异常的产物。已有研究表明，西太平洋副热带高压的强度和位置大致决定了我国夏季雨带和晴热天气的位置(吴国雄 等，2003)，就西北地区而言，南亚高压和西太平洋副热带高压是影响该地区夏季气温的主要天气系统(白肇烨 等，1988)。河东、河西区域异常高、低温事件频次的突变都发生在 1996 年前后，因此着重分析突变前、后高空的高度场、风场差异，讨论其对气温异常事件的可能影响。首先，分别计算 1960—1995 年和 1996—2010 年两时段 500 hPa、100 hPa 平均高度场、700 hPa 平均风场，然后将后者与前者相减，得到突变前、后的异常场。从 500 hPa 高度场突变前后的差异来看(图 5a)，整个亚洲上空为正值所覆盖，中心位于(45°N，100°E)附近，中高纬槽脊明显，经向型环流较强，甘肃上空处于异常反气旋环流的控制，西太平洋副热带高压发展强盛，脊线位置偏西偏北，来自北方的冷空气南下强度较弱，100 hPa 高度场上(图 5b)，南亚高压的位置偏西偏北，南亚高压属于西部型，有利于甘肃高温少雨天气的维持，700 hPa 风场(图 5c)，青藏高原东侧处于异常的偏北气流控制下，不利于来自孟加拉湾的暖湿气流绕青藏高原北上，切断了甘肃东部主要的水汽来源，这些都有利于甘肃高温少雨天气的维持，有利于甘肃异常高温事件的增多。

## 5 小结

(1)甘肃暴雨事件绝对强度较小，相对强度较大。河西区域暴雨事件频次没有显著的线性趋势，稳定维持在 0.1 次/a 左右，但其年际和年代际波动十分明显，无暴雨事件的时间主要集中在 1960s 前期、1980s 和 2000s 初三个时间段。河东地区 1970s 之前暴雨事件频次呈显著下降趋势，之后变化趋势不明显，暴雨事件的年际间波动也较大。不论河东区域还是河西区域夏季暴雨事件在季节内分布均比较分散，暴雨事件发生最多的时间是第 12 候(7 月 26—31 日)，1980s 中期之后暴雨事件发生的时间段较之前提前了大约 2 候。

(2)甘肃河东、河西区域严重干燥事件在近 51 a 均为显著的增长趋势，且在 1991 年发生

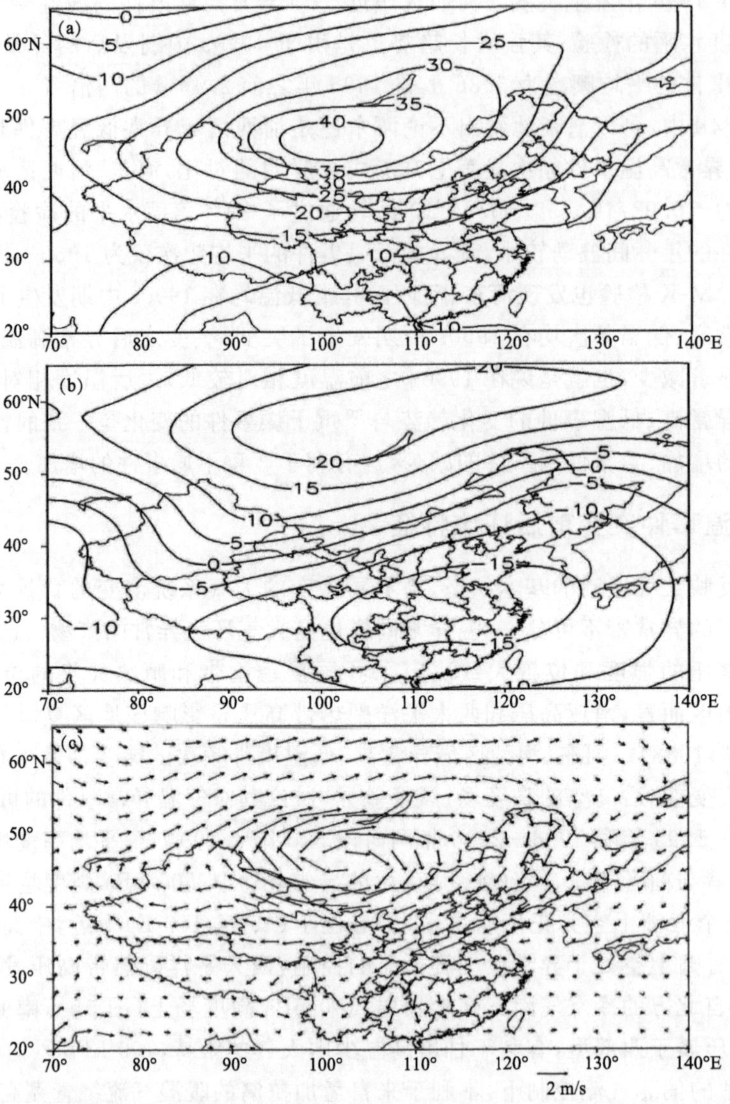


图 5　异常温度突变前后高度场差异(a)500 hPa,(b)100 hPa(单位:gpm),(c)700 hPa 风场差异(单位:m/s)

了突变,突变后严重干燥事件较之前显著的增加,这很可能是造成近年来甘肃旱情严重及干旱频发的一个重要原因。降水日数也在 1990s 中期发生了突变,突变后明显减少,这很可能是造成严重干燥事件近十多年显著增加的主要原因。

(3)甘肃异常高、低温事件频次在 1990s 中期发生了突变,突变之后异常高温频次显著增加,异常低温频次显著减少,也就是说 1990s 之前气温相对较低,之后气温相对较高,整体上有变暖的趋势。突变后甘肃上空受异常的反气旋环流控制,有利于甘肃高温少雨天气的维持,导致异常高温事件显著增加。

## 参考文献


白肇烨，徐国昌，等，1988. 中国西北天气[M]. 北京：气象出版社：117-130.

翟盘茂，潘晓华，2003. 中国北方近 50 年的温度和降水极端事件变化[J]. 地理学报，58（增刊）：1-10.

翟盘茂，任福民，张强，1999. 中国降水极端值变化趋势检测[J]. 气象学报，57(2)：208-216.

龚道溢，韩晖，2004. 华北农牧交错带夏季极端气候的趋势分析[J]. 地理学报，59(2)：230-238.

高振荣，田庆明，刘晓云，等，2010. 近 58 年河西走廊地区气温变化及突变分析[J]. 干旱区研究，27(2)：195-203.

郭慕萍，王志伟，秦爱民，等，2009. 54 年来中国西北地区降水量变化[J]. 干旱区研究，26(1)：120-125.

郭江勇，李耀辉，2006. 中国西北地区夏季降水的气候特征[J]. 干旱区研究，23(3)：489-494.

胡豪然，李跃清，2010. 近 50 年来川渝地区夏季高温及严重干燥事件分析[J]. 长江流域资源与环境，19(7)：832-838.

何金海，刘芸芸，常越，2005. 西北地区夏季降水异常及其水汽输送和环流特征分析[J]. 干旱气象，23(1)：10-16.

刘德祥，白虎志，良东升，等，2007. 甘肃不同强度降水日数变化对干旱灾害的影响[J]. 干旱地区农业研究，25(2)：212-217.

李栋梁，谢金南，王文，1997. 中国西北夏季降水特征及其异常研究[J]. 大气科学，21(3)：331-340.

马国柱，华丽娟，任小波，2003. 中国近代北方极端干湿事件的演变规律[J]. 地理学报，58（增刊）：69-74.

陶健红，王遂缠，王宝鉴，2007. 中国西北地区气温异常的特征分析[J]. 干旱区研究，24(4)：510-515.

任朝霞，杨达源，2007. 近 40 a 西北干旱区极端气候变化趋势研究[J]. 干旱区资源与环境，21(4)：10-13.

王宝鉴，黄玉霞，陶健红，等，2006. 西北地区大气水汽的区域分布特征及其变化[J]. 冰川冻土，28(1)：15-21.

杨绚，李栋梁，2008. 中国干旱气候分区及其降水量变化特征[J]. 干旱气象，26(2)：17-24.

杨建才，王劲松，2010. 甘肃河东旱作区不同强度日降水特征[J]. 干旱地区农业研究，28(6)：235-242.

赵庆云，赵红岩，王勇，2007. 甘肃省夏季异常高温及其环流特征分析[J]. 中国沙漠，27(4)：639-643.

魏凤英，2007. 现代气候统计诊断与预测技术. 第 2 版[M]. 北京：气象出版社：37-40.

吴国雄，丑纪范，刘屹岷，等，2003. 副热带高压研究进展及展望[J]. 大气科学，27(4)：503-517.

BONSAL B R，ZHANG X B，VINCENT L A，et al，2001. Characteristics of daily and extreme temperature over Canada [J]. Climate，5(14)：1959-1976.

KISTLER R，KALNAY E，COLLINS W，et al，2001. The NCEP-NCAR 50-year reanalysis：Monthly means CD-ROM and documentation[J]. Bulletin of the American Meteorological Society，82(2)：247-268.

# 甘肃省强降水变化特征*

程瑛[1],侯政君[2],孔祥伟[1],李荣庆[1]

(1. 兰州中心气象台,兰州 730020;2. 南京信息工程大学,南京 210044)

**摘要**:利用甘肃省 1960—2011 年逐日降水量及 1984—2011 年暴洪灾害的灾情资料,分析了甘肃省强降水变化特征及其对社会经济的影响。结果表明:(1)近 52 a 来,甘肃省降水量整体上呈逐年减少趋势,空间上由东南向西北递减。(2)河西年降水在 1986 年以后均匀度明显下降,而河东在 20 世纪 70 年代后期降水分布很不均匀、80 年代后期较均匀,其他时间变化不大;河西 5—9 月降水在 80 年代后期到 90 年代前期降水量分布最不均匀,河东 90 年代后期到 21 世纪初期降水不均匀性有所增加,此后逐渐减小。(3)河西西部一直是近 50 a 甘肃降水量分布最不均匀的地区,20 世纪 70 年代及 21 世纪以来不均匀度明显较高。(4)20 世纪 80 年代以来,甘肃河西强降水明显增加,而河东在 21 世纪初有短时段的增加,2008 年以后又逐渐减少。(5)甘肃省暴洪灾害的频次及其造成的直接经济损失均呈增加趋势,而因暴洪灾害造成的死亡人数在减少,2009 年以后略有增加。

**关键词**:甘肃省;基尼系数;强降水日;特征;影响

## 1 引言

甘肃生态脆弱,降水稀少,以干旱著称,然而一旦有较强降水就容易引发山洪泥石流等地质灾害。近年来,甘肃省因强降水引发的暴洪灾害造成的经济损失和社会影响越来越大,气象灾害的社会敏感性越来越高,这就需要更加重视气象灾害的风险管理,提高气象灾害防御的能力。许多学者针对甘肃省的强降水个例、强降水的分布及变化事实、环流特征以及水汽输送等方面做了许多研究工作(陈乾 等,2008;扈祥来 等,2004;滕水昌 等 2007;王素萍 等,2011;杨绚 等,2008;赵庆云 等,1999;张天峰 等,2007),本文利用甘肃省 76 个气象站点近 52 a 逐日降水资料以及 1984—2011 年暴洪灾害的灾情资料,利用基尼系数等方法(刘新有 等,2007;王金南 等,2006;张长征 等,2006),对甘肃省强降水的变化特征及其对社会经济的影响进行了系统分析。

## 2 资料和方法

### 2.1 资料

选用了甘肃省 76 个气象站 1960—2011 年逐日降水资料和甘肃省农业厅、甘肃省水利厅、

* 本文已在《干旱气象》2014 年第 32 卷第 3 期正式发表。

甘肃省统计局、甘肃省图书馆、甘肃省地质自然灾害防治研究所、甘肃省植保质检站提供的以及从甘肃省志、各市地州县志、《西北灾荒史》《甘肃水旱灾害》《甘肃抗旱防汛手册》《甘肃年鉴》和各朝代史书等史料中获取的暴洪气象灾情、经济指标资料，资料年代为1984—2011年。

## 2.2 研究方法

基尼系数是经济学中对贫富差距量化评价的重要工具。近年来，基尼系数逐渐地应用于地理学研究，如水土资源匹配分析（赵肖丽 等，2006）、流域用水公平性评价（李建芳 等，2010）、降水时间分布均匀度研究等方面。本文通过基尼系数的引入实现了对降水时间分布均匀度的量化评价，从而对降水变化做出更为全面、客观地评估。意大利统计学家基尼（Corrado Gini，1884—1965）在洛伦茨曲线的基础上，提出了基尼系数（Gini coefficient）的概念。关于基尼系数的计算方法很多，目前，国内有臧日宏编著的《经济学》和王健、修长柏主编的《西方经济学》介绍了基尼系数的具体计算公式，张建华等（2007）对臧日宏计算方法进行了探索和简化，总结出了便于计算和应用的简单公式，即

$$G=\frac{A}{A+B} \tag{1}$$

根据公式（1），首先将12个月的降水量分为12组，且按从多到少排列；然后以 $W_i$ 表示从第1组直到第12组降水累积占年降水的百分比，为方便计算，在第1组之前虚设一个第0组，该组降水为0，即 $W_0=0$。另外，第1组到第12组降水累积即是年降水，由此可知 $W_n=100\%=1$，于是，基尼系数可转化为：

$$\begin{aligned}G&=\frac{A}{A+B}=\frac{(A+B)-B}{A+B}=1-\frac{1}{n}\cdot 2\sum_{i=1}^{n-1}W_i-\frac{1}{n}\\&=1-\frac{1}{n}(2\sum_{i=1}^{n-1}W_i+1)\end{aligned} \tag{2}$$

式（2）中，降水量的基尼系数 $G$ 的值在0～1，当基尼系数 $G=0$ 时，降水绝对平均，当基尼系数 $G=1$ 时，降水绝对不平均。基尼系数 $G$ 越大，表示降水量在某一时间段内分布越不均匀，反之则表示降水量在某一时间段内分布越均匀。年降水基尼系数趋势线波动越明显，说明年降水时间分布振幅越大，降水时间分布稳定性越弱，旱涝灾害越频繁。

本文的强降水是指日降水量≥10 mm以上的降水，强降水出现的条件概率是指雨日（日雨量≥0.1 mm）及强降水日（日雨量≥10 mm）条件下，分别出现≥10 mm、25 mm、50 mm强降水的概率，分别用 $P\geqslant 10$ mm、$P\geqslant 25$ mm、$P\geqslant 50$ mm表示。以雨日条件下，出现≥25 mm强降水的条件概率 $P\geqslant 25$ mm为例，其定义如下：

$$P_{\geqslant 25\ \text{mm}}=\frac{\text{降水}\geqslant 25\ \text{mm日数}}{\text{雨日日数}} \tag{3}$$

# 3 结果分析

## 3.1 甘肃省降水变化

图1是1960—2011年甘肃省年降水量距平百分率变化。可以看到，近52 a来甘肃省降水量年际变化为逐渐减少，年代际降水呈波动下降趋势，尤其进入20世纪90年代，降水明显

减少。甘肃省年降水量的空间变化是由东南到西北递减，经定西到陇西、天水、武都、文县为一个由北向南伸展的干舌；甘肃省年降水量的趋势变化(图略)显示，年降水量线性倾向率的零线基本以黄河为界，河西为正值，河东为负值。其中河西西部的降水量变化不大，河西中东部以5～15 mm/10 a 的速率增加，而河东则以－5～－35 mm/10 a 的速率减少。

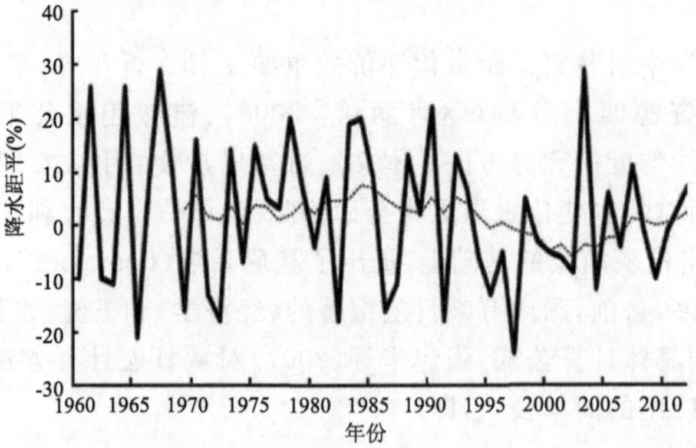


图 1　1960—2011 年甘肃省年降水量距平百分率(单位：%；虚线为 10 a 滑动平均)

## 3.2　甘肃省降水时间分布均匀度变化

### 3.2.1　基尼系数的年际变化

降水量基尼系数的变化可以反映降水量时间分布均匀度的变化，基尼系数越大，表明降水量分布越不均匀，旱涝灾害愈加频繁。从图 2 甘肃省降水量基尼系数的年变化上可以看出，河西降水量的基尼系数明显比河东大，其原因主要是两地区不同的气候条件所致。从全年降水的基尼系数年际变化上看(图 2a)，甘肃省降水量的基尼系数在 0.45～0.68 波动，其中河西在1986 年以前，降水量的基尼系数变化平稳，1986 年以后下降明显；河东除了 20 世纪 70 年代后期降水量基尼系数较大、80 年代后期降水量基尼系数较小外，其他时间变化不大。5—9 月是甘肃的主要降水时段，90%～95%暴洪灾害发生在这一期间。图 2b 显示，1962 年以来，河西 5—9 月的降水量基尼系数一直都很大，80 年代后期至 90 年代前期最大，且降水基尼系数趋势线波动明显，此后有所减小，但 2005 年以后又再次增大；河东 20 世纪 80 年代和 90 年代前期降水基尼系数最小，90 年代后期至 21 世纪初期有所增大，此后又逐渐减小。对比图 2a 和图 2b 发现，年降水量的不均匀度明显高于 5—9 月降水量的，表明 5—9 月的降水量较其他月份更集中。

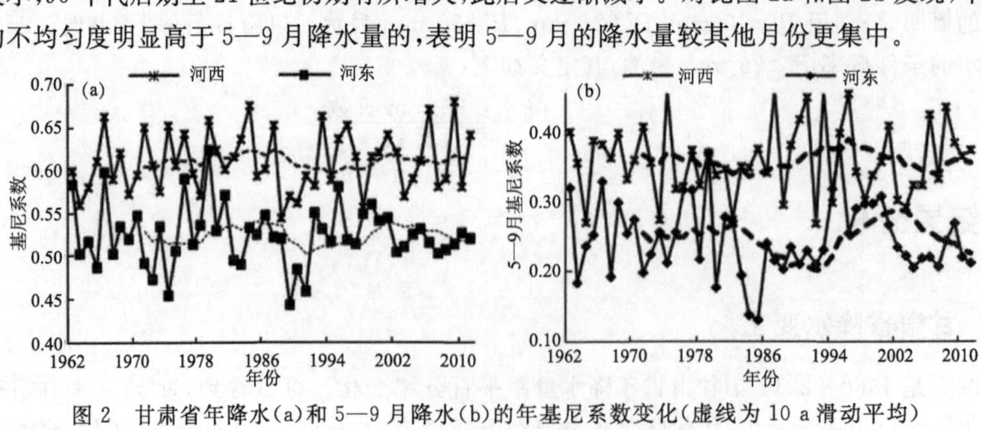


图 2　甘肃省年降水(a)和 5—9 月降水(b)的年基尼系数变化(虚线为 10 a 滑动平均)

### 3.2.2 基尼系数的年代空间分布

图 3 为甘肃省年降水基尼系数的年代空间分布。整体可以看出，河西西部一直是近 50 a 降水量分布最不均匀的地区。20 世纪 60 年代，敦煌、安西、马鬃山的降水量时间分布极不均匀，降水量的基尼系数都在 0.65 以上，河东中部的白银市、兰州市以及庆阳的环县、平凉的崇信降水量的基尼系数较大，均在 0.58 以上，永靖最大，达 0.63。20 世纪 70 年代以后，河西降水量的不均匀度明显增加，降水量不均匀的地区转移到了敦煌、鼎新，基尼系数的最大值达到了 0.75 左右；而河东地区降水基尼系数略有增加，最大值位于白银市的景泰、白银、永靖。从 20 世纪 80 年代开始，河西东部地区降水量的年际波动较小，其分布相对均匀；河东中部除白银外，降水基尼系数明显下降，降水量年际分布相对均匀。步入 20 世纪 90 年代以后，河西中部是降水分布最均匀的地区，河东中部的白银市、兰州市降水基尼系数增加明显，降水的不均匀度明显增加。进入 21 世纪以来，河西降水量基尼系数有所增大，降水的均匀度较差，而河东变化不大。

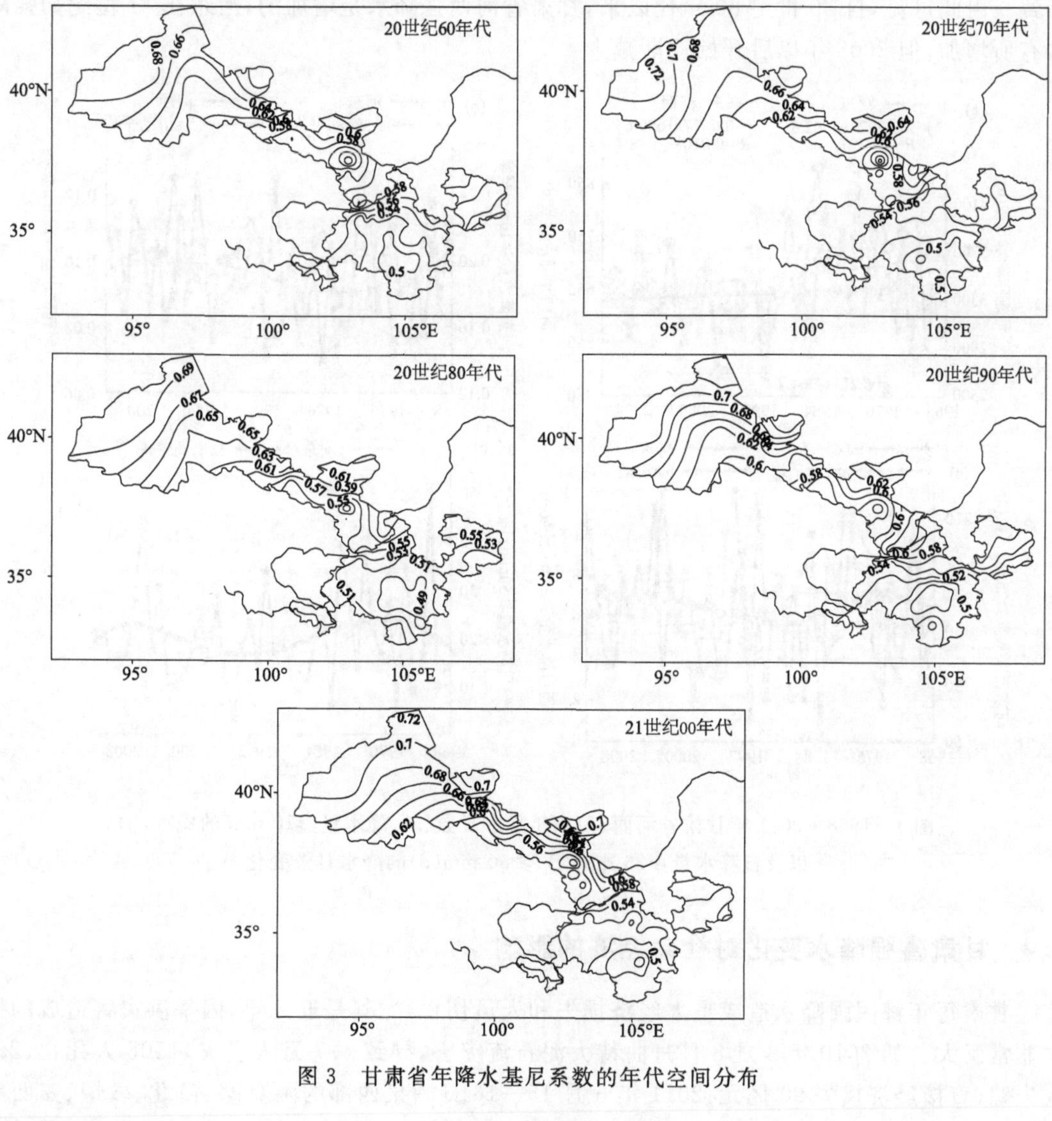


图 3 甘肃省年降水基尼系数的年代空间分布

## 3.3　强降水日频数的分布

图 4 是 1968—2011 年甘肃省河西、河东年降水日数及强降水日数变化。可以看出，甘肃省河西、河东地区自 1968 年以来年降水日数逐渐减少，河东比河西减少的更明显(图 4a)；雨日条件下，河西出现日雨量≥10 mm 的强降水概率呈现出先减少，至 20 世纪 80 年代中期以后缓慢持续增加的特征，而河东地区的变化较复杂，日雨量≥10 mm 的强降水概率前期出现小幅度的下降，随后的 20 世纪 70 年代初期逐渐增加，至 80 年代中期达到最大，此后逐渐减少，至 90 年代中后期降为最低点，2000 年以后整体又再次增加(图 4b)；日雨量≥25 mm 的强降水日数变化特征(图 4c)同日雨量≥10 mm 的强降水条件概率分布大致相同，只是 20 世纪 70 年代中期以前河西日雨量≥25 mm 的强降水日数出现急剧增加的现象；河西降水量少，出现暴雨(日降水量≥50 mm)的概率很小。从河东日雨量≥50 mm 的强降水日数变化(图 4d)来看，它与日雨量≥10 mm 的强降水条件概率、日雨量≥25 mm 的强降水日数变化特征基本一致。由此可见，自 20 世纪 80 年代以来，甘肃省河西强降水是增加的，河东在 21 世纪初强降水有所增加，但 2008 年以后开始逐渐减少。

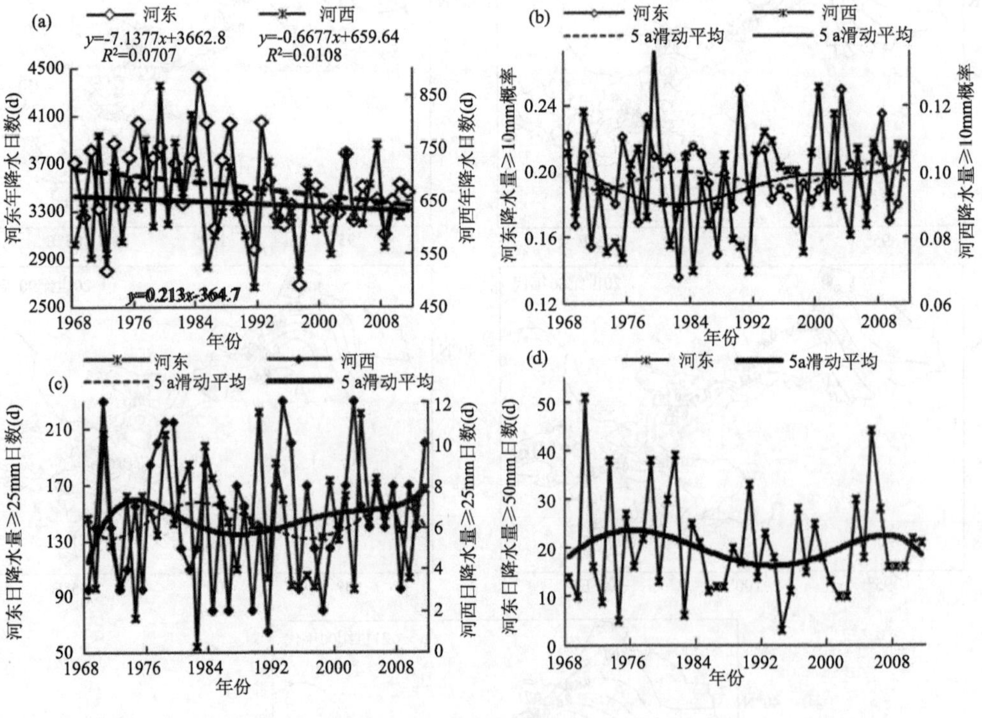


图 4　1968—2011 年甘肃省河西、河东年降水日数(a)、降水量≥10 mm 的概率(b)以及日降水量≥25 mm(c)、≥50 mm(d)的降水日数变化

## 3.4　甘肃省强降水变化对社会经济的影响

甘肃每年都因强降水造成重大经济损失和人员伤亡，尤其是近几年，因暴洪灾害造成的损失非常巨大。如 2010 年 8 月 8 日舟曲特大泥石流灾害，导致 4.7 万人受灾、1508 人死亡、257 人失踪，直接经济损失 90 亿元；2011 年 6 月 15—16 日酒泉西部的阿克塞、肃北、敦煌、安西等

地遭遇了罕见的暴雨袭击,24 h 降水量均为当地有气象记录以来最大,直接经济损失达 2.2 亿元;2012 年 5 月 10 日岷县特大山洪泥石流,造成 45 人死亡、14 人失踪、114 人受伤,直接经济损失 76.27 亿元。

图 5 是甘肃省 1984—2011 年暴洪频次及其造成的死亡人数和直接经济损失(2010 年舟曲特大泥石流灾害造成的死亡人数和经济损失图中未标出)。可看出,甘肃省暴洪灾害的频次进入 21 世纪以后明显增加,因暴洪灾害造成的直接经济损失也呈增加趋势,2003 年以后增加明显,而因暴洪灾害造成的死亡人数却逐年减少,2009 年以后有增加趋势。

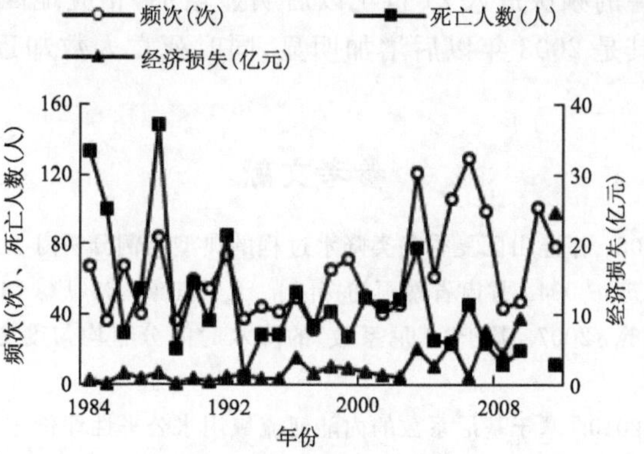


图 5　1984—2011 年甘肃省暴洪频次及其造成的死亡人数、直接经济损失

# 4　结论

(1)甘肃省近 52 a 来降水量年际变化为逐渐减少,年代际降水呈波动下降趋势,尤其进入 20 世纪 90 年代,降水明显减少;降水量的空间变化是由东南向西北递减,零线基本以黄河为界,河西增加,河东减少。

(2)近 50 a 来,甘肃省降水时间分布均匀度不同,河东明显比河西均匀。年降水的变化,河西在 1986 年以前,降水量分布较均匀,1986 年以后均匀度明显下降,而河东在 20 世纪 70 年代后期降水量分布很不均匀、80 年代后期降水量较均匀,其他时间变化不大;5—9 月降水的变化,河西在 80 年代后期到 90 年代前期降水量分布最不均匀,90 年代后期到 21 世纪初期不均匀性有所减缓,2005 年以后又再次增加,而河东 90 年代后期到 21 世纪初期降水不均匀性有所增加,此后逐渐减小。

(3)近 50 a 来,甘肃河西西部一直是降水量分布最不均匀的地区。20 世纪 60 年代,河西西部的敦煌、安西、马鬃山是降水量分布不均匀的地区,河东中部的白银市、兰州市以及庆阳的环县、平凉的崇信降水量分布较不均匀,永靖最不均匀;70 年代,河西降水量不均匀度明显增加,降水量不均匀的地区转移到了敦煌、鼎新,河东地区降水量不均匀度略有增加,最不均匀的地区分布在白银市的景泰、白银、永靖;80 年代,河西东部地区成为降水量分布相对均匀的地区,河东中部除白银外,其他地区降水量分布较均匀;90 年代,河西中部是降水最均匀的地区,河东中部的白银市、兰州市降水不均匀度明显增加;进入 21 世纪以来,河西降水量均匀度较差,河东变化不大。

(4)河西进入20世纪80年代以后，出现日雨量≥10 mm的概率逐渐增加，而河东地区的变化较复杂，日雨量≥10 mm的强降水概率经历了前期小幅度下降，随后的70年代初期逐渐增加，至80年代中期达到最大，此后逐渐减少，至90年代中后期降为最低点，2000年以后又再度出现短期的升降过程；甘肃日雨量≥25 mm的强降水日数变化同日雨量≥10 mm的概率变化基本一致；河东日雨量≥50 mm的强降水日数变化同日雨量≥25 mm的强降水日数变化一致。可见，20世纪80年代以来，河西强降水是增加的，河东在21世纪初有所增加，但2008年以后又逐渐减少。

(5)甘肃省暴洪灾害的频次进入21世纪以后明显增加，相应地因暴洪灾害造成的直接经济损失也随之增加，尤其是2003年以后增加明显，同时死亡人数却逐年减少，2009年以后有增加趋势。

## 参考文献


陈乾，陈添宇，肖宏斌，2008. 祁连山区夏季各类降水过程的典型个例分析[J]. 干旱气象，26(3)：1-7.

扈祥来，高前兆，牛最荣，等，2004. 甘肃省暴雨初探[J]. 干旱气象，22(1)：74-79.

刘新有，史正涛，彭海英，等，2007. 基于"基尼系数"的降水时间分布均匀度变化研究[J]. 气象研究与应用，28(2)：46-48.

李建芳，粟晓玲，王素芳，2010. 基于基尼系数的内陆河流域用水公平性评价——以石羊河流域为例[J]. 西北农林科技大学学报，38(8)：217-222.

滕水昌，渠永兴，王坚，等，2007. 河西走廊一次突发性暴雨天气的诊断分析[J]. 干旱气象，25(3)：66-71.

王金南，逯元堂，周劲松，等，2006. 基于GDP的中国资源环境基尼系数分析[J]. 中国环境科学，26(1)：111-115.

王素萍，宋连春，韩永翔，等，2011. 近50年河西走廊地区降水均值突变特征分析[J]. 高原气象，30(5)：1286-1293.

杨绚，李栋梁，2008. 中国干旱气候分区及其降水量变化特征[J]. 干旱气象，26(2)：17-24.

赵庆云，李栋梁，李耀辉，1999. 西北区降水异常的时空特征分析[J]. 兰州大学学报(自然科学版)，35(4)：512-516.

张天锋，王位泰，吴爱敏，等，2007. 庆阳一次强暴雨天气过程雷达回波特征[J]. 干旱气象，25(3)：61-65.

张长征，郇志坚，李怀祖，2006. 中国教育公平程度实证研究：1978—2004—基于教育基尼系数的测算与分析[J]. 清华大学教育研究，27(2)：10-14.

张建华，2007. 一种简便易用的基尼系数计算方法[J]. 山西农业大学学报，6(3)：275-283.

赵肖丽，2006. 广西马铃薯产业化发展存在问题及对策[J]. 广西园艺，17(5)：49-50.

# 第二篇

# 降水预报技术

# TRMM 卫星对青藏高原东坡一次大暴雨强降水结构的研究与分析*

王宝鉴[1,2]，黄玉霞[2]，魏栋[2]，王基鑫[2]，刘新伟[2]，黄武斌[2]，刘维成[2]，杨晓军[2]

(1. 半干旱气候变化教育部重点实验室，兰州大学大气科学学院，兰州 730000；
2. 兰州中心气象台，兰州 730020)

**摘要**：用热带测雨卫星(TRMM)资料，NCEP、ERA-Interim 再分析资料，结合 C 波段地基雷达和其他地面观测资料，研究了 2013 年 7 月 21 日发生在青藏高原东坡的一次大暴雨强降水结构。结果表明，高能高湿的不稳定大气在 700 hPa 切变线及地面辐合线的触发下产生了此次大暴雨，降水具有明显的强对流性质。从水平结构来看，降水系统由成片的层云雨团中分散分布的多个对流性雨团组成，对流样本数远少于层云，但平均降水率是层云的 4.7 倍，对总降水的贡献达到 25.6%；以超过10 mm/h 降水率为强度标准，3 个 20～50 km、回波强度在 45～50 dBZ 的β中尺度对流雨团零散地分布在主雨带中，对应＜210 K 的微波辐射亮温区和≥32 mm/h 的地面强降水；对流降水的雨强谱集中在 1～50 mm/h，其中 20～30 mm/h 的降水对总雨强的贡献最大，这与中国东部降水有着显著区别，而 90%的层云降水的雨强均小于 10 mm/h。从垂直结构来看，对流降水云呈柱状自地面伸展，平均雨顶高度随地面雨强的增强而不断升高，在 5～12 km，强降水中心区域的质心在 2～6 km；降水廓线反映出强降水系统中降水主要集中在 6 km 以下高度范围，且降水强度在垂直方向分布不均匀，对流降水和层云降水的降水强度随高度增加的总趋势是趋于减弱，但在一定高度范围内，对流降水中存在降水强度随高度增高而增大的情况，并且在多个地表雨强廓线中都有所体现。此外，地基雷达的探测结果也表明了强降水的低质心特点及显著的逆风区演变特征，这是对 TRMM PR 探测的验证和补充。

**关键词**：青藏高原东坡大暴雨；β中尺度；TRMM 卫星；地基雷达；降水类型；雨顶高度；降水率

## 1 引言

位于东亚夏季风边缘摆动区(曾剑 等，2016)西界、青藏高原东坡的甘肃陇东南与陕西交界区，年平均暴雨日数介于 0.1～0.4 d(李栋梁 等，2000)，暴雨多由中尺度强对流系统诱发(张之贤 等，2013；刘燕飞 等，2015；傅朝 等，2015)，并伴随短时强降水、雷暴等剧烈天气，加之该地区特殊而复杂的地质地理和生态环境，强降水极易引发山洪地质灾害并造成较大的人员

* 本文已在《气象学报》2017 年第 75 卷 6 期正式发表。

伤亡和财产损失(曲晓波 等,2010;郭慧 等,2007)。作为强降水的主要观测手段,气象雷达可以清晰探测到降水系统的水平和垂直结构,是强降水临近预报和科学研究的主要工具(Gorgucci et al. ,2000;张亚萍等,2006;Germann et al. ,2006;Battaglia et al. ,2015),但地基气象雷达受到地形条件和地物环境的限制(刘黎平,2002;寇蕾蕾 等,2016),往往存在探测盲区,观测资料较为稀少,难以揭示强降水的详细内部结构,对强降水云系特征的认识也较为缺乏。1997 年发射的热带测雨卫星(Tropical Rainfall Measure Mission,TRMM),其主要任务是探测热带、亚热带地区的降水结构、降水率及降水分布和变化,为理解全球气候变化机制和监测环境变化提供数据积累。卫星探测器所发射的微波可以穿透一定的云层,对云中微物理特征的探测更为直观;利用云层中的雨滴对于微波辐射传输的强烈衰减,可以用星载微波辐射计探测到更多的降雨信息。TRMM 卫星的升空运行,极大地丰富了对于降水过程的探测手段,也为陆面降水的研究提供了有利条件(Kummerow et al. ,2000)。利用 TRMM 卫星资料来研究强降水结构特点,可以弥补地基观测的不足,是认识强降水系统发生发展规律的手段之一。

对 TRMM 卫星资料的研究已经引起中国学者的重视,在近 20 年来的科研工作中被广泛应用。傅云飞等(2003,2005,2016)利用 TRMM 卫星的测雨雷达和微波成像仪探测结果,研究了发生在武汉地区和皖南地区的两个中尺度强降水系统的三维结构特征、中国东南部副热带高压(副高)下的热对流降水结构特征,并针对 TRMM 卫星误判青藏高原降水类型的不足提出基于云亮温和降水回波顶高的重新分类。郑媛媛等(2004)利用 TRMM 卫星发现淮河暴雨在冷锋加强时锋面降水均属强对流性质,与武汉附近中尺度强降水垂直结构的对比表明最大降水率出现的高度有显著差异,闪电活动均发生在冷锋的强对流降水云团中。何文英等(2006)利用 TRMM 卫星对一次冰雹降水过程的观测分析表明,对流云降水强度一般大于 30 mm/h,且随着降水的延续呈逐渐减弱的趋势,降水高度主要集中在 8～12 km,云顶高度接近 15 km;李德俊等(2009,2010)利用 TRMM 资料对四川盆地降水结构进行研究分析,袁铁等(2010)利用 TRMM 卫星资料研究了华南飑线的闪电与降水结构的关系,指出系统中对流降水面积仅为层云的一半,但是总降水率却远大于层云,绝大多数闪电发生在对流区,6 km 高度上闪电发生附近的最大雷达反射率因子主要集中在 35～50 dBZ。蒋璐君等(2015)利用 TRMM 卫星对青藏高原涡与西南涡引发的强降水进行对比研究,发现青藏高原涡比西南涡的降水强度和范围大,但西南涡对流降水的比例比青藏高原涡大,其对应的雨顶高度比青藏高原涡更高。

上述研究表明,TRMM 卫星资料已广泛应用于中国东部平原、青藏高原等地中尺度对流降水的三维结构研究。地处青藏高原东坡的甘肃陇东南—陕西西部位于青藏高原大地形和中东部低海拔的过渡区,目前利用 TRMM 卫星对这一区域强降水的研究尚少;与此同时,地基天气雷达的探测受地形分布的影响和制约,在青藏高原东坡的复杂山地地形条件下,地基雷达存在很多探测盲区,利用高时空分辨率的 TRMM 观测资料研究该地区强降水的三维结构可以有效避免地基雷达的缺陷。因此,本研究利用 TRMM 卫星的探测资料,甘肃、陕西地面观测逐时加密雨量资料,西峰 C 波段多普勒雷达反射率因子和径向速度资料,NCEP/NCAR 逐日 1°×1°再分析资料,ERA-Interim 逐日 0.125°×0.125°再分析资料,对发生在 2013 年 7 月 21 日甘肃陇东南—陕西关中西部地区的一次大范围暴雨过程进行分析,以此了解青藏高原东坡强降水系统的水平和垂直结构特征,进一步认识降水云团的温湿和动力结构以及云中微物理过程的发展过程。

## 2　降水实况与对流天气发生的中尺度环境条件

2013 年 7 月 21 日 08 时—22 日 08 时(北京时,下同),青藏高原东坡的甘肃省陇东南与陕西的交界处了发生了一场区域性暴雨天气,两省共有 317 个乡镇出现暴雨、80 个乡镇大暴雨,1 个乡镇特大暴雨(平凉市灵台县东王沟村 288.7 mm),甘肃境内的灵台、宁县、甘谷、秦城等 4 县(区)24 h 降水量突破了历史极值。从 24 h 雨量和短时强降水频次分布(图 1)可以看出,暴雨带呈西南—东北走向,主要出现在甘肃天水—平凉—庆阳与陕西的交界处,特大暴雨中心位于甘肃灵台县和陕西麟游县;同时暴雨区出现了大范围的短时强降水(≥20 mm/h,中央气象台标准),其中甘肃 138 个乡镇,陕西 68 个乡镇;大暴雨区强降水的频次普遍≥2 次,特大暴雨中心附近为 4～7 次。从图 2 可以看出:20:00—23:00 是对流天气发展最为旺盛的阶段,甘陕两省的 108 个乡镇出现了短时强降水,且≥30 mm/h 的降水几乎都发生在这一时段,最大小时雨强为 20 日 21 时灵台县东王沟村的 82.3 mm/h。

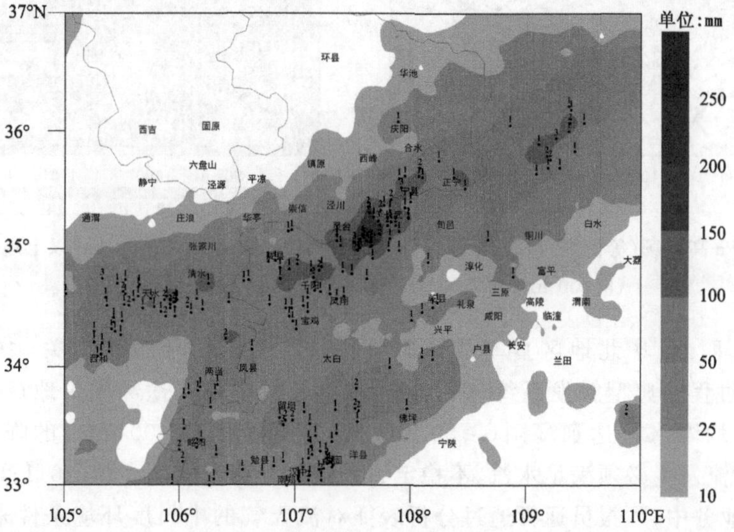


图 1　2013 年 7 月 21 日 08:00—22 日 08:00 24 h 雨量(色阶)及短时强降水出现乡镇(黑点)分布

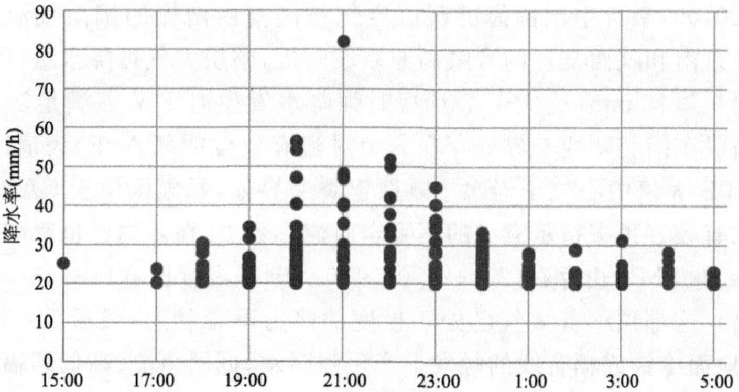


图 2　短时强降水散点分布

西北东部暴雨与对流性天气的多发始于 6 月下旬，其中 7 月下旬和 8 月上旬是降水最集中、强度最强的时段，具有明显的“七下八上”之规律。从图 3a 可以看出，2013 年 7 月 21 日 20:00，副高已西伸北抬至 110°E 附近，副高西北侧青藏高原东坡形成了西低东高的环流形势，四川盆地—河套有一西南—东北向的低压槽，槽后偏北风携带的冷空气与槽前偏南气流携带的暖湿空气在甘肃陇东南与陕西交界的地区交汇。从 700 hPa 水汽通量的配置可以看出(图 3b)，来自南海的水汽在偏南急流的携带下输送至 40°N 以北的地区，并且在陇东南—陕西中部一带形成风速风向的辐合，充沛的水汽在这一区域汇聚，为强降水提供了良好的水汽条件。从风速的分布来看，陇东南地区位于低空大风速带前端左侧，具有良好的辐合抬升条件(高守亭 等，2003；陶祖钰，1980)，急流的强风速脉动对于中尺度雨团也有明显的触发作用(孙淑清 等，1980)。

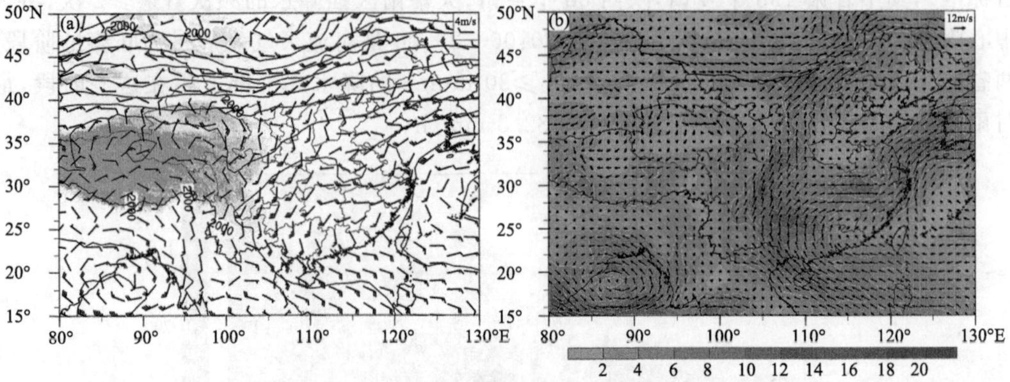


图 3　(a)500 hPa 高度场(等值线，单位：gpm)叠加 700 hPa 风场(风矢)叠加 2 km 以上地形(灰色阴影)和(b)700 hPa 水汽通量(色阶，单位：kg/(hPa · m · s))

研究表明，西北、华北地区夏季的短时强降水一般与对流过程有关，中尺度对流系统(MCS)是这类过程的典型触发系统(郭大梅 等，2015)，多单体途经同一地点形成的“列车效应”往往造成平均降水量达到暴雨(≥50 mm)甚至大暴雨(≥100 mm)的降水(孙继松 等，2015)。深厚对流发生必须满足水汽、不稳定、抬升等 3 个条件(俞小鼎，2011；Doswell，1987)，而在实际预报业务中，预报员通常通过分析表征对流天气的中尺度环境条件来判断强对流发生的潜势，这可以给预报员提供一个清晰的预报思路。

图 4 给出了基于 NCEP/NCAR 再分析资料计算所得的本次强对流天气中尺度环境条件，可以看出，21 日 20:00，来自中国南海的暖湿空气被副高西南侧的偏南气流(700hPa 显著流线)输送至甘肃陇东南和陕西交接的青藏高原东坡附近，整层大气可降水量(PW)在 40 mm 以上，其中暴雨区更是≥45 mm(远大于 7 月短时强降水发生时 PW 需满足≥35 mm的临界阈值)；同时，在甘肃陇东南和陕西交界处存在一个对流有效位能(CAPE)大值区(≥450 J/kg)，1100 J/kg 的 CAPE 大值中心位于天水—陕西宝鸡交界处，暴雨区位于 CAPE 的高梯度分布区，同样对强降水有较好预报指示意义的不稳定对流参数 LI 在暴雨区也都＜－2.5℃，甚至＜－3.5℃，700 hPa、200 hPa 也存在(2.0～6.0)$\times10^{-5}$/s 正涡度区和(－9.5～－3.0)$\times10^{-5}$/s 的负涡度区(图略)，这都预示着大气已处于极度的热力不稳状态；最后，在 500 hPa、700 hPa 槽线或切变线及地面冷锋或辐合线的触发下产生强降水，低层急流、高低层辐散(辐合)以及槽前正涡度平流产生的强上升运动都为对流的维持和发展提供动力条件，降水落区多位于 700 hPa 切变线与地面辐合线的右侧。

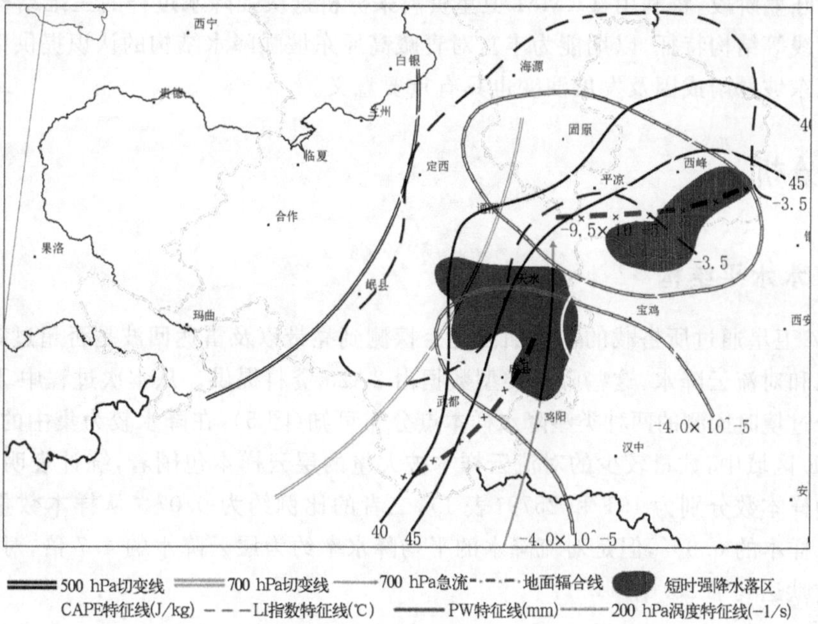


图 4 2013 年 7 月 21 日 20 时中尺度分析

# 3 TRMM 卫星数据简介

TRMM 卫星搭载了测雨雷达(Precipitation Radar，PR)、微波成像仪(TRMM Microwave Imager，TMI)、闪电成像仪(Lightning Imaging Sensor，LIS)、可见光与红外扫描仪(Visible Infrared Scanner，VIRS)和云及地球辐射平衡系统(Clouds and the Earth's Radiant Energy System，CERES)五个探测器，本文主要使用 TRMM 的第七版本卫星资料，其中包括 PR 的 2A23(降水特征)和 2A25(降水率和降水廓线) 标准产品，TMI 的 1B11(辐射)和 2A12(水汽廓线)标准产品。

其中 TRMM 标准资料 2A23、2A25、1B11 和 2A12 分别来自 PR 和 TMI 探测结果的处理和反演(Kummerow et al.，1998)。PR 是主动测雨雷达，可以定量测量陆地和海洋的降雨率，为研究降水结构提供降雨率的水平和垂直分布数据。PR 的工作频率是 13.8 GHz，水平分辨率为星下点 4.3 km，垂直分辨率为星下点 250 m，可以从地表均匀地探测到 20 km 高度处。PR 的标准产品 2A25 中的降水率数据由 ZR 关系计算而来，可以提供降水的三维结构特征(Iguchi et al.，2000)。TMI 是一部被动微波遥感器，有 9 个通道，以圆锥方式进行扫描，扫描宽度为 758.5 km，水平分辨率随频率在 5 至 39 km 变化。TMI 可以从地面不均匀地探测到 18 km 高度处(Kummerow et al.，1998)，其标准产品 2A12 包含可降水、可降冰、云水、云冰以及潜热的垂直廓线，共 14 层(Schumacher et al.，2003)。

由于 TRMM 卫星运行轨道与赤道平面成 35°角，是一颗非太阳同步卫星，每天不定点、不定时扫描 38°S～38°N 的范围，要找到与 TRMM 资料时空匹配较好的个例及天气系统发展过程，存在一定的难度，文中所研究的 2013 年 7 月 21 日青藏高原东坡强降水过程中，TRMM 卫星过境时间为 2013 年 7 月 21 日 21:37(北京时，下同)，轨道号为 89318，由图 2 可知此时正值对流发展的旺盛阶段，将利用 TRMM 卫星资料来分析这次强降水过程的三维结构、雨顶高度以及降水廓线等结构特征，以期能为丰富对青藏高原东坡强降水结构的认识提供帮助，对于了解青藏高原东坡暴雨成因及发展演变也具有重要意义。

# 4　结果分析

## 4.1　强降水水平结构

TRMM 卫星通过所搭载的雷达回波是否探测到亮带以及雷达回波是否超过 39 dBZ 来判断层云降水和对流云降水，这些降水类型数据由 2A25 资料提供。从本次过程中 TRMM 卫星于 21:37 分过境时探测的两种类型降水样本点分布可知(图 5)，在降水较为集中的 34°～36°N、105°～109°E 区域中，数量较少的对流云样本被大量的层云样本包围着，统计表明对流降水和层云降水的样本数分别为 191 和 2579(表 1)，二者的比例约为 0.07。从样本数量上看，对流降水只占总样本的 6.9%，但是对流降水的平均降水率约为层云降水的 4.7 倍，对流降水对总降水率的贡献达到了 25.6 %。

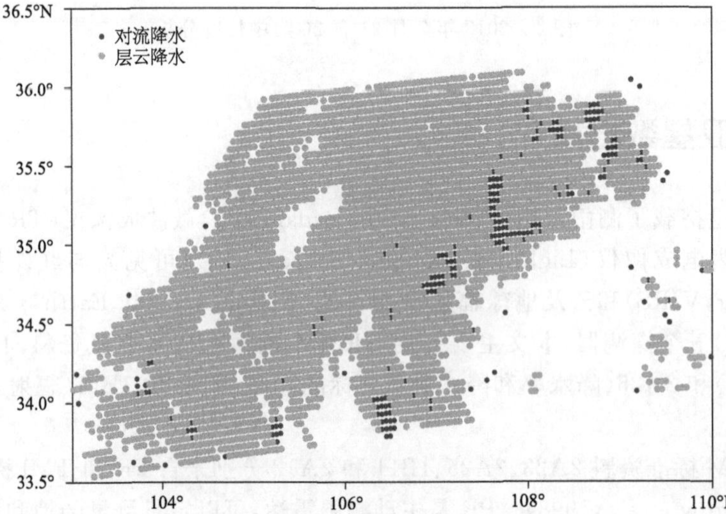


图 5　2A25 对流降水和层云降水的样本分布

**表 1　TRMM 卫星降水样本数、总降水率和平均降水率**

| 降水类型 | 样本数 | 总降水率(mm/h) | 平均降水率(mm/h) |
|---|---|---|---|
| 对流降水 | 191 | 1769 | 9.3 |
| 层云降水 | 2579 | 5132 | 2.0 |

从 TMI85 GHz 微波辐射亮温(图 6a)可以看出，降水云系呈西南—东北走向的片状分布，暴雨区的微波亮温值几乎均＜250 K，特大暴雨中心附近还存在＜190 K 的亮温区，说明处于对流旺盛阶段的降水云中非均匀的分布着含量较多的冰水粒子，因为降水云中的冰水粒子含量越多，散射信号越强，微波亮温越低，并且亮温越低的区域降水越强(何文英 等，2006；傅云

飞 等,2003,2007)。考虑到青藏高原东坡的复杂地形(图 6b),4.5 km 高度以下地表对 PR 回波会造成干扰,因此,给出了 PR 捕捉到的 4.5 km 高度附近卫星雷达图像。

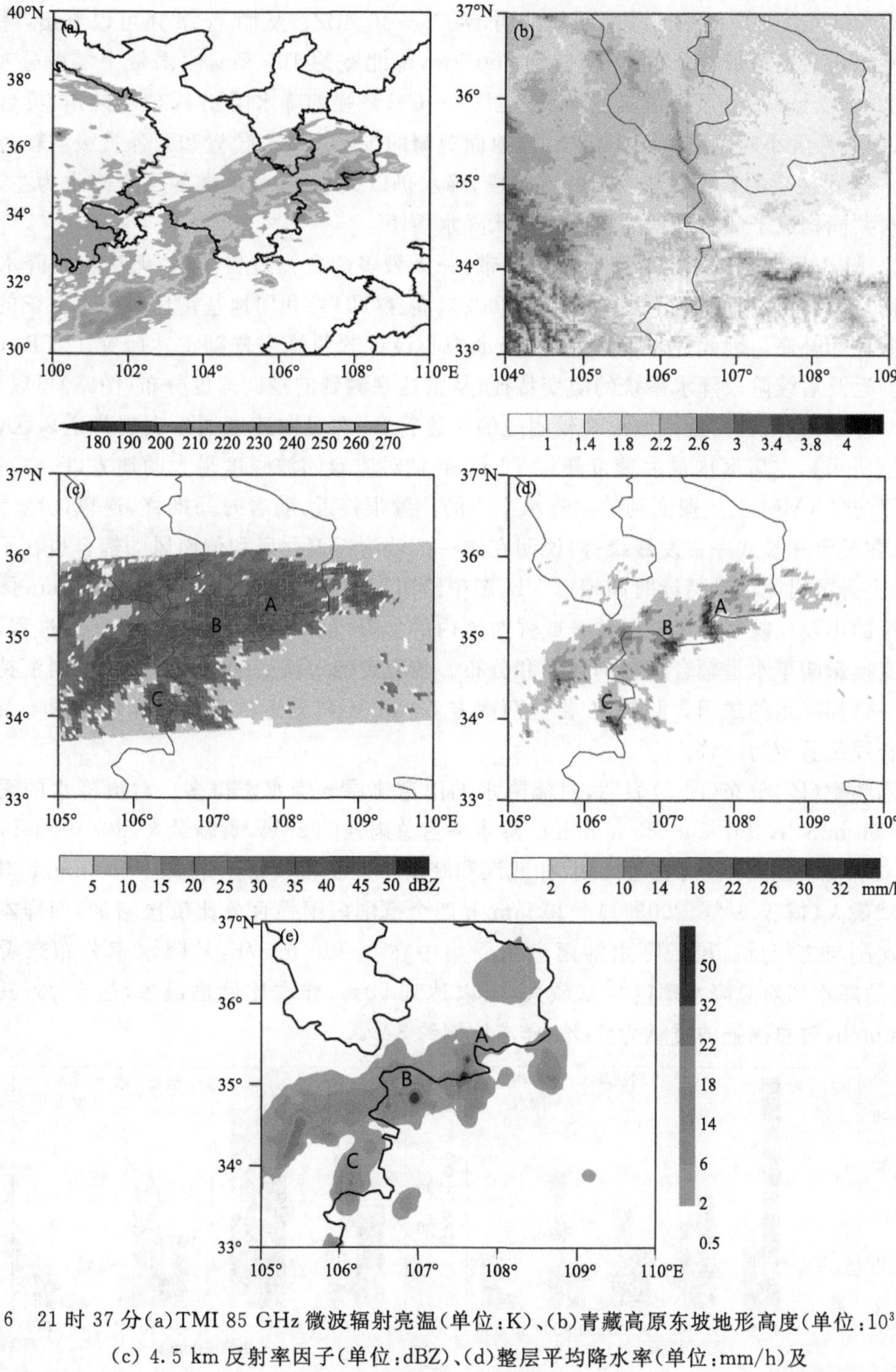


图 6 21 时 37 分(a)TMI 85 GHz 微波辐射亮温(单位:K)、(b)青藏高原东坡地形高度(单位:$10^3$ m)、(c) 4.5 km 反射率因子(单位:dBZ)、(d)整层平均降水率(单位:mm/h)及(e)21:00 小时雨强分布(单位:mm/h)

对比微波辐射亮温和回波强度、降水率水平分布可知，微波亮温与回波强度、降水率分布在空间走向趋势上有很好的对应关系，即微波辐射亮温＜210 K 的地方对应 45～50 dBZ 的强回波信号(图 6c)，同时对应 30～50 mm/h 的强降水(图 6d)，20～30 mm/h 强降水对应的亮温则为 220～230 K，对应的强回波也明显减弱，为 35～40 dBZ。从图 7c、d 还可以看出，降水系统的水平结构主要呈带状分布，东西长约 400 km，南北宽约 100 km，主雨带中零散分布着 3 个尺度 20～50 km 的 β 尺度对流性降水雨团(A～C)，最强的降水雨团 A 位于泾川、灵台县附近区域，中心最大小时雨强≥32 mm/h，与地面观测的主降水中心位置和雨强量级均较为一致(图 6e)。值得注意的是在对流发展旺盛阶段，降水仍以大范围、强度弱的层云降水为主，两种类型降水共同构成了此次过程的混合性带状降水雨团。

TRMM 卫星探测区域是一条有限的窄带，一天最多两次扫过目标区，无法给出降水系统的演变信息。为了弥补这一不足，刘黎平(2002)、周淼(2014)利用地基雷达对降水系统的演变进行了验证和补充。因此，文中利用距离降水中心最近的西峰多普勒雷达研究了 TRMM 卫星观测临近及后续阶段降水系统的演变特征，从雷达观测到的径向速度分布(图略)可以看出，从 21:49 开始，在灵台附近区域出现较明显的风速符合，在径向速度图上表现为逆风区(图中红色方框所示)，逆风区内最大速度超过 12 m/s，且对应着回波强度最大的地方(图略)；逆风区的位置与 TRMM 卫星探测到的主降水中心的位置很接近，随着时间推移，逆风区范围逐步扩大，并在灵台—长武一带发展维持，说明在这一区域附近偏北风和偏南风的辐合也在不断发展，辐合上升的对流活动持续时间超过 1 h(图中给出了逆风区出现到最强的前 30 min 图像)。这一特征的出现反映了局部整层抬升或强对流内的上升气流引起的水平动量交换过程，这种动量的交换影响了水平辐合辐散的强弱和分布。较稳定的对流活动位置和较长的对流持续时间是这一带强降水的成因。此外，在雷达西南方 70 km 距离附近的大片辐合带与图 4 给出的地面辐合线位置较为一致。

雨强频率(谱)分布(图 7)表明，对流降水的雨谱比层云降水宽得多。对流降水的雨谱集中在 1～50 mm/h，其中 20～30 mm/h 的降水率占总雨强的 29%，贡献最大，30～50 mm/h 贡献不足 15%，与江淮地区有显著区别，如武汉和皖南中尺度特大暴雨中 30～50 mm/h 对总雨强的贡献最大(傅云飞 等，2003)；1～30 mm/h 四个范围内雨强百分比依次增加，而样本数所占百分比则与之相反。层云降水的雨谱主要集中在 0～20 mm/h，从降水率分布来看，1～5 mm/h的降水率对总降水率的贡献最大，可以达到 50%，样本比例也最多，达 53%；其次是 5～10 mm/h，对总雨强的贡献为 35%，样本比例约 37%。

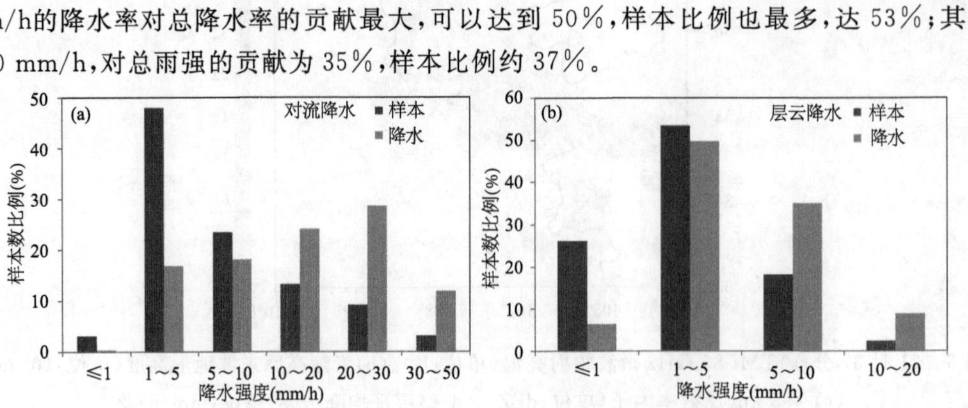


图 7　对流降水(a)和层云降水(b)的近地面雨强谱分布

## 4.2 强降水垂直结构

研究表明，降水的垂直结构可反映降水雨团的热力和动力结构特性以及雨团中降水的微物理特性(Zipser et al.，1994)，这或许是对降水垂直结构感兴趣的原因。图 8c 是利用 2 mm/h 等降水率面给出的主雨带 3 维视图，与图 8a 区域相对应，可以直观地看出层云降水和对流降水的分布及结构区别：主降水带中层云降水顶部相对较为平缓，对流降水的顶部则凸起明显；主降水带中弱回波空隙也有所体现，大范围的降水雨团之间存在着弱降水区甚至无降水区，造成这现象的原因可能是周围的上升运动引发的垂直环流在这些区域形成了气流下沉(王建捷等，2002)。

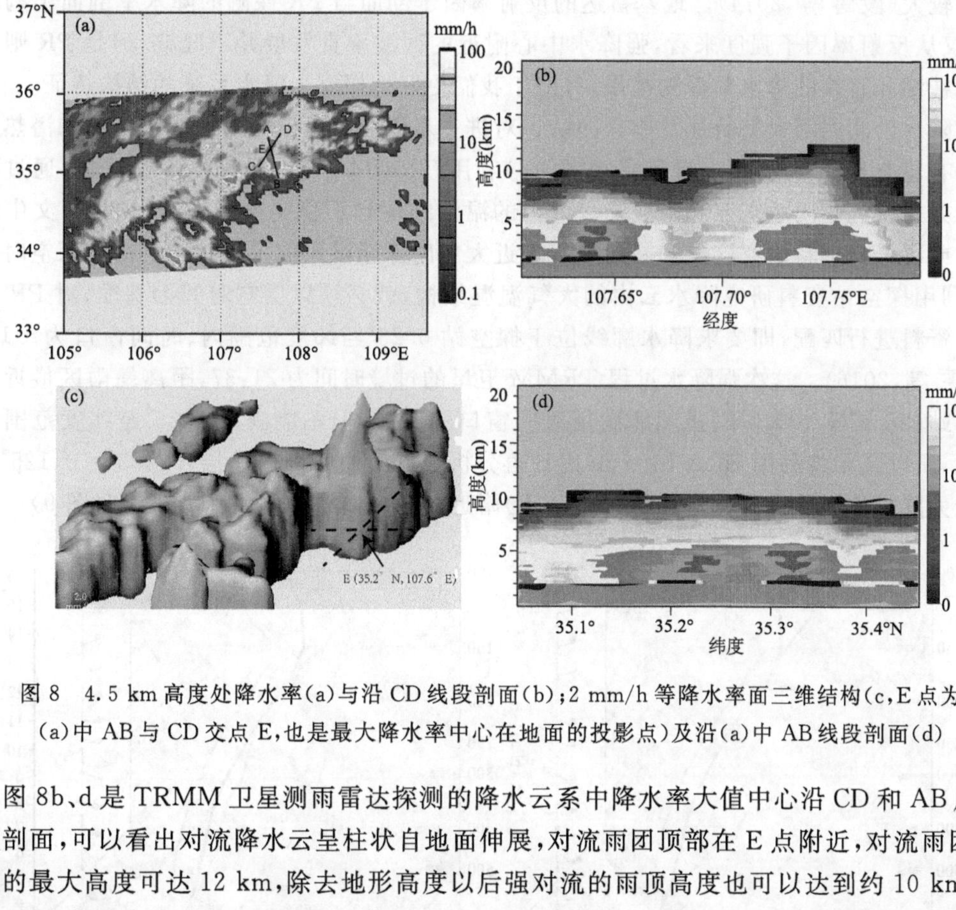


图 8 4.5 km 高度处降水率(a)与沿 CD 线段剖面(b)；2 mm/h 等降水率面三维结构(c，E 点为(a)中 AB 与 CD 交点 E，也是最大降水率中心在地面的投影点)及沿(a)中 AB 线段剖面(d)

图 8b、d 是 TRMM 卫星测雨雷达探测的降水云系中降水率大值中心沿 CD 和 AB 所做的垂直剖面，可以看出对流降水云呈柱状自地面伸展，对流雨团顶部在 E 点附近，对流雨团 E 的雨顶的最大高度可达 12 km，除去地形高度以后强对流的雨顶高度也可以达到约 10 km，说明对流雨团中垂直上升气流很强，云体被抬升至较高的高度，除此之外大部分降水的雨顶在 10 km 左右。降水率垂直剖面还表明，降水率大(≥50 mm/h)的质心高度多出现在 2～6 km，这与郑媛媛等(2004)、李德俊等(2010)的研究相同。

同样的，作为对 TRMM 卫星探测结果的补充，对卫星探测临近和后续时次(21:38、22:00 和 22:20)的西峰地基多普勒雷达探测结果进行了分析。给出了 TRMM PR(21:37)和西峰雷达探测的 4.5 km 高度回波反射率因子(探测时次分别为 21:38、22:00 和 22:20，与图 7 三个探测时次对应)。可以看出在临近时次，两种雷达探测到的主降水中心区域回波都呈 L 型分布，回波的轮廓形态和空间位置都较为一致，但二者探测的强回波面积和强度有所差异，相对于地基雷达探测结果，PR 探测的强回波中心区域面积较大且回波强度较强（约 5 dBZ）（图略）。刘黎平（2002）的研究曾指出，地基雷达和 TRMM PR 探测会使大于 18 dBZ 的回波面积分别增加 2%和 13%并且 TRMM PR 可在强回波中心探测到更大的反射率因子，我们的对比结果与其研究结论一致。另外，从图中可以看出相对于 PR 探测结果，地基雷达的水平回波形态更为清晰。我们对 21:38 的地基雷达 4.5 km 高度回波反射率因子做了和图 8 相同路径的剖面，分别给出了沿 AB 和 CD 的反射率因子剖面，剖面路径对应图 8b 和图 8d。可以看出，相临时次的地基雷达反射率因子和 PR 降水率给出降水系统垂直结构（图 8）较为相似，反射率因子和 PR 降水率的大值中心位置基本吻合；大于 30 dBZ 的回波主要集中在 2 km 以下高度，属于低质心降水回波，且在垂直方向回波无倾斜特征，在这种回波特征条件下，出现短时强降水的概率较大（段鹤 等，2014）。地基雷达的反射率因子剖面与 PR 探测的降水率剖面结构较为一致，仅从反射率因子强度来看，强降水中心附近的回波垂直发展并不旺盛，但是 PR 则提供了更为精细和直接的降水率探测结果，有助于我们更好地探究强降水系统的结构特征。

对降水云团内部大气特征及差异的认识对进一步研究降水云团内水成物结构和潜热结构特点等有着非常重要的意义，夏静雯等（2016）利用 TRMM PR 和全球探空数据集，通过融合计算的方式研究了雨季东亚和南亚降水云内的温湿结构和不稳定能量特点。因此，文中试利用探空或再分析资料研究这次大暴雨中心附近大气内部温湿风的垂直结构。由于探空时间固定，要利用探空站资料研究降水云内的大气温湿结构，就必须以探空时间为基准，对 PR 逐轨道降水资料进行匹配，即要求降水廓线位于探空站 0.25°经纬度范围内、时间窗口为±1.5 h（夏静雯 等，2016）。这次强降水过程 TRMM 卫星的过境时间为 21:37，距离暴雨区最近的平凉探空站（36.6°N，106.7°E）虽然能满足时间窗口的匹配，但不能满足 0.25°经纬度范围的匹配要求，所以文中将利用 ERA-Interim 逐日再分析数据（垂直方向 37 层，0.125°×0.125°），给出了最大降水中心灵台县（35.12°N，107.6°E）附近的探空曲线—斜温 $T$-log$P$ 图（图 9）。

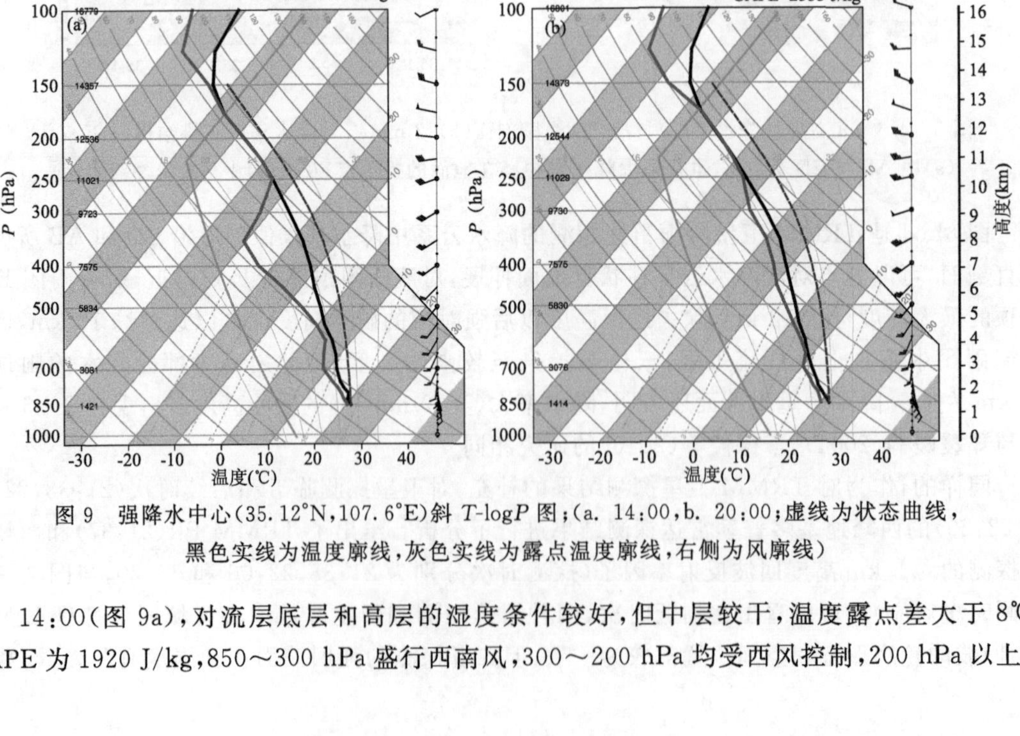


图 9 强降水中心（35.12°N，107.6°E）斜 $T$-log$P$ 图；（a. 14:00，b. 20:00；虚线为状态曲线，黑色实线为温度廓线，灰色实线为露点温度廓线，右侧为风廓线）

14:00（图 9a），对流层底层和高层的湿度条件较好，但中层较干，温度露点差大于 8℃，CAPE 为 1920 J/kg，850～300 hPa 盛行西南风，300～200 hPa 均受西风控制，200 hPa 以上转西北风。至 20:00(图 9b),水汽条件最显著的变化是对流层中高层 500～300hPa 的迅速增湿,温度露点差约为 2.0℃,同时对流层低层 850～600 hPa 的温度露点差也进一步减小,小于 0.5℃,大气接近饱和状态;CAPE2533 J/kg,较 14 时增加了 613 J/kg;对流层各层的风向基本没有发生变化,但风速显著变大,其中对流层中下层(850～500 hPa)增加约 2 m/s,中高层(500～300 hPa)增幅最大,约 6 m/s,这也是该层水汽条件快速增加的原因。20:00 大气柱温、湿、风配置表明,降水中心区域大气为潜在不稳定型,非常有利于对流系统的发展。

## 4.3 强降水的雨顶高度

雨顶高度是 TRMM PR 天线接收的第一个信号高度,也是降水廓线的最大高度,雨顶高度低于云顶高度,然而相对于云顶高度来说,雨顶高度能更好地反映出降水系统的垂直发展程度(蒋璐君 等,2014)。近地表(4.5 km 处)不同地表雨强条件下雨顶高度的变化表明(图 10),对流降水平均雨顶高度随地面雨强的增强而不断升高,平均雨顶的高度在 5～12 km,这与傅云飞等(2005,2012)的研究结论相一致,最大雨顶高度超过 11 km,与前文降水率垂直剖面给出的结果(约 12 km)较为吻合,说明这一时段低层有较强的辐合上升运动,强降水系统垂直发展较为旺盛。层云降水的雨顶高度和对流降水相比存在一定的差异,1～10 mm/h 雨强间随降水率增加而升高,但雨强大于 10 mm/h 后出现随雨强增大而降低现象,与青藏高原涡层云降水的特点一致(蒋璐君 等,2014);层云降水的雨顶高度没有突破 7.5 km,主要分布在 6～7.5 km。

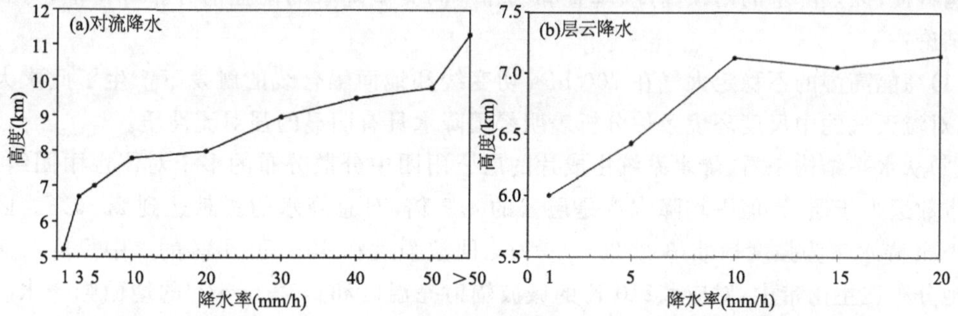


图 10 不同地表雨强条件下对流雨团雨顶高度(a. 对流降水,b. 层云降水)

## 4.4 降水垂直廓线

Liu 等(2001)的研究指出,给定降水类型和地表降水率,平均降水廓线可以代表实际廓线的 80%以上变化特点。傅云飞等(2003)、何文英等(2006)以及蒋璐君等(2014)都曾在研究强降水结构时使用了这一方法。文中选取地面雨强±0.5 mm/h 范围内的所有降水样本的垂直廓线,求其平均廓线作为该雨强对应的降水垂直廓线,得到图 11,其中图 11a、b 分别为对流降水和层云降水的降水平均廓线。可以看出,在对流降水中,随着高度的增加,不同地表降水率减弱最为明显的高度主要集中在 6 km 以下,降水强度随高度增加的总趋势是趋于减弱,但在一定高度(6 km 以下)范围内存在降水强度随高度增高而增大的情况,并且在多个地表雨强廓线中都有所体现,其中 50 mm/h 地表雨强廓线在 5 km 高度附近的转折最为明显,说明对流系统的垂直发展是不均匀的;对流降水的廓线最高高度主要集中在 12 km 以下。与之相比,层云降水的垂直廓线则相对简单,层云降水不同地表雨强的廓线整体随高度增加而减弱的趋势较为一致，主要的变化范围集中在6～7 km以下，在此之上，降水廓线的变化非常微弱。

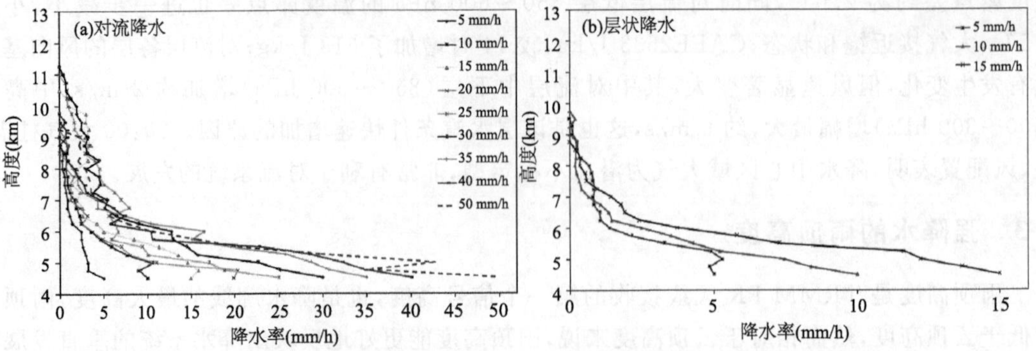


图11　对流降水(a)和层云降水(b)在不同地表雨强条件下的降水平均廓线分布

## 5　小结

利用TRMM卫星资料和NCEP再分析资料，结合地面观测资料，以2013年7月21日发生在青藏高原东坡甘陕交界处一次大暴雨过程为例，研究分析了暴雨强降水系统的水平和垂直结构特征，以及降水的雨顶高度、垂直廓线和不同类型降水的雨强谱分布等特征，得到以下主要结论：

(1)高能高湿的不稳定大气在700 hPa切变线和地面辐合线的触发下产生了此次大暴雨过程，对流天气的中尺度环境条件分析表明暴雨降水具有明显的强对流性质。

(2)从水平结构来看，降水系统由成片的层云雨团中分散分布的多个对流性雨团组成，对流样本数远少于层云，但平均降水率是层云的4.7倍，对总降水的贡献达到25.6%。以超过10 mm/h降水率为强度标准，3个20～50 km、回波强度在45～50 dBZ的β中尺度对流雨团零散地分布在主雨带中，对应＜210 K的微波辐射亮温区和≥32 mm/h的地面强降水。对流降水的雨强谱集中在1～50 mm/h，其中20～30 mm/h的降水对总雨强的贡献最大，而90%的层云降水雨强均小于10 mm/h，这与中国东部降水有着显著区别。相对于PR探测结果，地基雷达的水平回波形态更为清晰，从不同仰角给出的径向速度分布可以看出，在强降水中心区域有逆风区发展并维持超过1 h，较稳定的对流活动位置和较长的对流持续时间是这一带强降水的成因。

(3)从垂直结构来看，主降水带中层云降水顶部相对较为平缓，对流降水的顶部则凸起明显，主降水带中弱回波空隙也有所体现，大范围的降水雨团之间存在着弱降水区甚至无降水区。降水中心区域大气探空曲线配置表明，大气湿层深厚且对流层低层接近饱和，CAPE≥2500 J/kg，非常有利于对流系统的发展和强降水的形成。对流降水云呈柱状自地面伸展，平均雨顶高度随地面雨强的增强而不断升高，在5～12 km，强降水中心区域的质心在6 km以下，地基雷达也表现出了显著的低质心回波特征，而PR则提供了垂直方向更为精细的降水系统结构特征。降水廓线反映出强降水系统中降水主要集中在6 km以下高度范围，且降水强度在垂直方向分布不均匀，对流降水和层云降水的降水强度随高度增加的总趋势是趋于减弱，但在一定高度范围内，对流降水中存在降水强度随高度增加而增大的情况，并且在多个地表雨强廓线中都有所体现。

## 参考文献

段鹤，夏文梅，苏晓力，等，2014. 短时强降水特征统计及临近预警[J]. 气象，40(10)：1194-1206.

傅云飞，宇如聪，徐幼平，等，2003. TRMM 测雨雷达和微波成像仪对两个中尺度特大暴雨降水结构的观测分析研究[J]. 气象学报，61(4)：421-431.

傅云飞，冯静夷，朱红芳，等，2005. 西太平洋副热带高压下热对流降水结构特征的个例分析[J]. 气象学报，63(5)：750-761.

傅云飞，刘栋，王雨，等，2007. 热带测雨卫星综合探测结果之"云娜"台风降水云与非降水云特征[J]. 气象学报，65(3)：316-328.

傅云飞，曹爱琴，李天奕，等，2012. 星载测雨雷达探测的夏季亚洲对流与层云降水雨顶高度气候特征[J]. 气象学报，70(3)：436-451.

傅云飞，潘晓，刘国胜，等，2016. 基于云亮温和降水回波顶高度分类的夏季青藏高原降水研究[J]. 大气科学，40(1)：102-120.

傅朝，杨晓军，周晓军，等，2015. 2013 年 6 月 19—20 日甘肃陇东南暖区暴雨多普勒雷达特征分析[J]. 气象，41(9)：1095-1103.

高守亭，赵思雄，周晓平，等，2003. 次天气尺度及中尺度暴雨系统研究进展[J]. 大气科学，27(4)：618-627.

郭大梅，刘勇，马晓华，等，2015. 一次异常路径持续强降水中尺度对流系统分析[J]. 高原气象，34(6)：1648-1657.

郭慧，黄涛，邓茂芝，等，2007. 甘肃天水地区 45a 来强降水与洪涝灾害特征分析[J]. 冰川冻土，29(5)：808-812.

何文英，陈洪滨，2006. TRMM 卫星对一次冰雹降水过程的观测分析研究[J]. 气象学报，64(3)：364-376.

蒋璐君，李国平，母灵，等，2014. 基于 TRMM 资料的西南涡强降水结构分析[J]. 高原气象，33(3)：607-614.

蒋璐君，李国平，王兴涛，2015. 基于 TRMM 资料的高原涡与西南涡引发强降水的对比研究[J]. 大气科学，39(2)：249-259.

寇蕾蕾，楚志刚，李南，等，2016. TRMM 星载测雨雷达和地基雷达反射率因子数据的三维融合[J]. 气象学报，74(2)：285-297.

李德俊，李跃清，柳草，等，2009. 利用 TRMM 卫星资料对"07 · 7"川南特大暴雨的诊断研究[J]. 暴雨灾害，28(3)：235-240.

李德俊，李跃清，柳草，等，2010. 基于 TRMM 卫星探测对宜宾夏季两次暴雨过程的比较分析[J]. 气象学报，68(4)：559-568.

李栋梁，刘德祥，2000. 甘肃气候[M]. 北京：气象出版社.

刘黎平，2002. 热带测雨卫星的星载雷达和地基雷达探测云回波强度及结构误差的模拟分析[J]. 气象学报，60(5)：568-574.

刘燕飞，隆霄，王晖，2015. 陕西中西部地区一次暴雨过程的数值模拟研究[J]. 高原气象，34(2)：378-388.

曲晓波，张涛，刘鑫华，等，2010. 舟曲"8 · 8"特大山洪泥石流灾害气象成因分析[J]. 气象，36(10)：102-105.

孙继松，雷蕾，于波，等，2015. 近 10 年北京地区极端暴雨事件的基本特征[J]. 气象学报，73(4)：609-623.

孙淑清，翟国庆，1980. 低空急流的不稳定性及其对暴雨的触发作用[J]. 大气科学，4(4)：327-337.

陶祖钰，1980. 湿急流的结构及形成过程[J]. 气象学报，38(4)：331-340.

王建捷，李泽椿，2002. 1998年一次梅雨锋暴雨中尺度对流系统的模拟与诊断分析[J]. 气象学报，60(2)：146-155.

夏静雯，傅云飞，2016. 东亚与南亚雨季对流和层云降水云内的温湿结构特征分析[J]. 大气科学，40(3)：563-580.

俞小鼎，2011. 基于构成要素的预报方法-配料法[J]. 气象，37(8)：913-918.

袁铁，郄秀书，2010. 基于TRMM卫星对一次华南飑线的闪电活动及其与降水结构的关系研究[J]. 大气科学，34(1)：58-70.

曾剑，张强，王春玲，2016. 东亚夏季风边缘摆动区陆面能量时空分布规律及其与气候环境的关系[J]. 气象学报，74(6)：876-888.

张亚萍，程明虎，夏文梅，等，2006. 天气雷达回波运动场估测及在降水临近预报中的应用[J]. 气象学报，64(5)：631-646.

张之贤，张强，赵庆云，等，2013. 陇东南地区短历时降水特征及其分布规律[J]. 中国沙漠，33(4)：1184-1190.

郑媛媛，傅云飞，刘勇，等，2004. 热带测雨卫星对淮河一次暴雨降水结构与闪电活动的研究[J]. 气象学报，62(6)：790-802.

周淼，刘黎平，王红艳，2014. 一次高原涡和西南涡作用下强降水的回波结构和演变分析[J]. 气象学报，72(03)：554-569.

BATTAGLIA A，TANELLI S，MROZ K，et al，2015. Multiple scattering in observations of the GPM dual-frequency precipitation radar：evidence and impact on retrievals[J]. J Geophys Res，120(9)：4090-4101.

DOSWELL C A Ⅲ，1987. The distinction between large-scale and mesoscale contribution to severe convection：a case study example[J]. Wea Forecasting，2(1)：3-16.

GERMANN U，GALLI G，BOSCACCI M，et al，2006. Radar precipitation measurement in a mountainous region[J]. Quart J Roy Meteor Soc，132(618)：1669-1692.

GORGUCCI E，SCARCHILLIi G，CHANDRASEKAR V，et al，2000. Measurement of mean raindrop shape from polarimetric radar observations[J]. J Atmos Sci，57(20)：3406-3413.

IGUCHI T，KOZU T，ROBERT M，et al，2000. Rain profiling algorithm for the TRMM precipitation radar [J]. Journal of Applied Meteorology，39(12)：2038-2052.

KUMMEROW C，BARNES W，KOZU T，1998. The tropical rainfall measuring mission (TRMM) sensor package[J]. J Atmos Oceanic Technol，15(3)：809-817.

KUMMEROW C，SIMPSON J，THIELE O，et al，2000. The status of the tropical rainfall measuring mission (TRMM) after two years in orbit[J]. J Appl Meteor，39(12)：1965-1982.

LIU G S，Fu Y F，2001. The characteristics of tropical precipitation profiles as inferred from satellite radar measurements[J]. J Meteor Soc Japan，79(1)：131-143.

SCHUMACHER C，HOUZE R A JR，2003. Stratiform rain in the tropics as seen by the TRMM precipitation radar[J]. J Climate，16(11)：1739-1756.

ZIPSER E J，LUTZ K R，1994. The vertical profile of radar reflectivity of convective cells：a strong indicator of storm intensity and lightning probability[J]. Mon Wea Rev，122(8)：1751-1759.

# 河西走廊西部两次极端暴雨事件水汽特征分析*

陶健红[1],孔祥伟[2],刘新伟[2]
(1. 甘肃省气象局,兰州 730020;2. 兰州中心气象台,兰州 730020)

**摘要:**利用常规观测资料、地面自动气象站雨量资料和 NCEP 1°×1°再分析资料,应用水汽通量诊断分析、后向轨迹模型等方法分析了 2012 年 6 月 4—5 日和 2011 年 6 月 15—16 日河西走廊西部干旱区两次极端暴雨过程的水汽输送和收支特征。结果表明,高原低涡及其前部弱高压脊共同作用下在甘肃中西部对流层中层形成的异常偏东气流是河西走廊西部暴雨水汽输送的关键,其可以将来自孟加拉湾的水汽通过接力式的方式输送到河西走廊西部,有利于该地区的水汽辐合;弱高压脊的强度和位置决定了异常偏东气流的强度和最西端延伸的位置,而异常偏东气流的强度和最西端延伸的位置在很大程度上又决定了暴雨水汽的主要来源;两次暴雨过程均存在两路异常的水汽输送:随西风气流的西路水汽输送和绕高原的东路水汽输送,“0605”过程弱高压脊位置偏东偏弱,异常偏东气流由东向西扩展,最西端到达了张掖,较强的西路水汽输送贡献率达到了 90.02%,而“0616”过程弱高压脊位置偏西偏强且在内蒙古西部形成闭合的反气旋环流,异常偏东气流由西向东扩展,最西端位于酒泉西部,较强的东路水汽输送贡献率达到了 84.6%;西(东)路水汽输送在对流层低(中)层输入较为显著。

**关键词:**河西走廊西部极端暴雨;异常偏东气流;水汽输送;水汽收支;HYSPLIT 轨迹模式

## 1 引言

空气中的水汽主要集中在地球表面附近,在大气中所占的比例很小,仅为 0.1%~3.0%,却是大气中最为活跃的成分,对气候和天气有着重要的影响,它在地球大气中的三相变化使得大气中的能量发生改变,是形成云和降水的物质基础(盛裴轩 等,2003)。西北地区的水汽主要分布在其东部和西部的天山北部、塔里木河流域,中部的水汽较少(俞亚勋 等,2000;2003),由于青藏高原、秦岭及祁连山的阻挡,夏季来自孟加拉湾、南海和热带西太平洋的水汽很难到达我国西部,而高原区和西风带对西北地区的水汽输送有着重要意义(黄荣辉 等,2010;王秀荣 等,2007;王可丽 等,2005;李江林 等,2012)。水汽输送与降水量有着直接关系,影响西北地区夏季降水多、少年的水汽输送距平场与降水的分布基本一致(何金海 等,2005),但在特定的大气环流背景下,西北地区西部局地强降水的水汽输送还是与气候平均态存在显著差异的

* 本文已在《高原气象》2016 年第 35 卷第 1 期正式发表。

(杨莲梅 等,2012)。

河西走廊西部降水稀少且相差悬殊,水热条件分布不均,一半以上面积是沙漠、戈壁和荒漠化地区(贾文雄 等,2008;郭小芹 等,2011),年平均降水量在 200 mm 以下,属于干旱区。兰州中心气象台将日降水量≥30 mm 的降水定义为甘肃河西地区暴雨,虽然暴雨强度定义相对于我国东部地区的定义已经减弱,但暴雨事件在该地区仍属于小概率事件,年平均发生频次远小于 1 次(孔祥伟 等,2012),主要发生在夏季,且常为“单点暴雨”,极易成灾(西北暴雨编写组,1992;栾晨 等,2012)。2012 年 6 月 4—5 日(简称“0605”,下同)和 2011 年 6 月 15—16 日(简称“0616”,下同)河西走廊西部干旱区分别发生了两次历史罕见的极端暴雨天气,部分气象站雨量超过了年平均降水量,加之该地区的建筑物、排洪设施防雨能力较差,因而造成了严重的社会影响和经济损失。以往学者对河西走廊干旱区的暴雨主要从诊断分析(滕水昌 等,2007;王伏村 等,2013)、中尺度特征(李文莉 等,2013)、多普勒雷达特征(付双喜 等,2009)、数值模拟(李江林 等,2014)等方面进行分析研究,对该地区暴雨的水汽特征研究较少,然而充沛的水汽供应却是形成暴雨的必要条件,河西走廊西部位于水汽供应十分匮乏的干旱区,却发生了如此强度的突发性暴雨事件,因而研究其水汽特征显得更加重要,本文将着重分析“0605”和“0616”两次极端暴雨过程的水汽输送和水汽收支,总结该地区极端暴雨的水汽特征。

## 2 资料选取及方法介绍

### 2.1 资料选取

甘肃省气象局提供的河西走廊西部地面、高空观测资料以及经过质量控制的自动气象站雨量资料。NCEP 提供的每天 4 次 1°×1°的再分析资料,垂直方向从 1000 hPa 到 200 hPa 共 17 层。为了验证 NCEP 再分析资料在河西走廊地区的可靠度,选取了 2012 年 6 月 5 日 08:00 和 2011 年 6 月 15 日 20:00 酒泉、张掖两个探空站 700 hPa 和 500 hPa 高度场、风场、温度场资料与相应的再分析资料做对比检验(图略),结果表明两种资料基本一致,说明再分析资料可以用于河西走廊西部暴雨事件的相关研究。

### 2.2 水汽收支

取地面至 700 hPa(对流层低层)、700 hPa～500 hPa(对流层中层)、500 hPa～300 hPa(对流层高层)以及整层(地面至 300 hPa)计算水汽输入、输出和收支量,分析河西走廊西部两次极端暴雨过程不同层次的水汽输入、输出及收支特征。将河西走廊西部水汽收支区域分为 8 个小边界(图 1),1、3 为西边界,2、4、6 为北边界,5、7 为东边界,8 为南边界,这 4 个边界的水汽输送量为其对应的各小边界水汽输送量之和。

大气的水汽输送通量 $Q$(单位:g/(m·hPa·s))计算公式如下。

$$Q = -\frac{1}{g}\int_{P_s}^{P_t} \boldsymbol{V} q \, \mathrm{d}P \tag{1}$$

式中:$q$ 为各层大气的比湿,单位是 g/kg;$P_t$ 为大气顶气压取 300 hPa(下同),因 300 hPa 以上的水汽含量很少;$P_s$ 为地面气压,这样去除地形的影响;$g$ 为重力加速度,单位是 m/s$^2$;$\boldsymbol{V}$ 为该单位气柱内各层大气的风速矢量,单位是 m/s。在讨论河西走廊不同边界、不同层次水汽收支时，先由 NCEP 资料得到各层各格点水汽通量，再进行边长和垂直方向积分，得到各边界不同层次水汽输送量，最后将单位换算为 t/s。

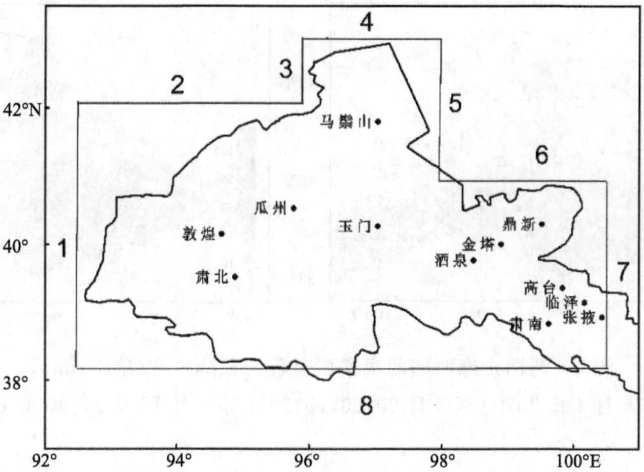


图 1　河西走廊西部水汽输送边界示意图

## 2.3　HYSPLIT 轨迹模式简介

HYSPLIT 轨迹模式由美国海洋与大气研究中心（NOAA）空气资源实验室开发，该模式采用地形跟随坐标，水平网格与输入的气象场相同，垂直方向为 28 层，详细说明参见文献（Draxler et al.，1997，1998）。HYSPLIT 轨迹模式通常用来追踪气流所携带粒子或气体移动方向，可以用于分析水汽的输送轨迹。该模式的后向轨迹模型，通过追踪某地某天的气团来向，分析该地该日大气中水汽的主要来源方向。马京津等（2006）利用 NCAR/NCEP 再分析资料和 NOAA 的 HYSPLIT_4 水汽轨迹模型，分析了华北地区夏季的平均水汽输送通量和轨迹，发现华北夏季水汽轨迹具有明显的年代际变化特征；李江萍等（2012）利用 HYSPLIT 水汽模型的后向轨迹模型，对玛曲地区夏季强降水的水汽轨迹进行了追踪，发现可以用向前追踪 360 h 的水汽输送轨迹代表玛曲地区的水汽输送。因此，本文采用水汽轨迹模型分析河西走廊西部两次极端暴雨过程的水汽输送轨迹。

# 3　暴雨概况

“0605”和“0616”两次极端暴雨过程的降水特征为：(1)暴雨落区集中，局地性明显，主要发生在酒泉境内（图 2）；(2)累积降水量大。“0605”过程农机中心农场雨量站和玉门气象站降水分别为 96.4 mm 和 86.1 mm，超过了玉门年平均降水量，“0616”过程敦煌的渥洼池、南湖、敦煌工业园区雨量站降水超过了敦煌的年平均降水量，阿克塞、肃北气象站降水超过了年平均降水量的一半；(3)降水历时短、强度强。“0605”过程梁子沟、榆林窟等 6 个雨量站小时降水量超过 15 mm，梁子沟雨量站最强降水 38.2 mm/h，玉门降水主要集中在 5 日 07:00 至 14:00（北京时，下同），而“0616”过程强降水主要集中在 15 日 20:00 至 16 日 08:00，12 h 内有 4 个雨量站降水量超过 50 mm；(4)经济损失严重。“0605”过程共造成玉门市直接经济损失约 1.17 亿元，受灾人口 11504 人。“0616”过程对道路交通、基础设施、农牧业等生产造成严重影响，共造成直接经济损失超过 2.5 亿元，其中敦煌经济损失约 1.4 亿元。

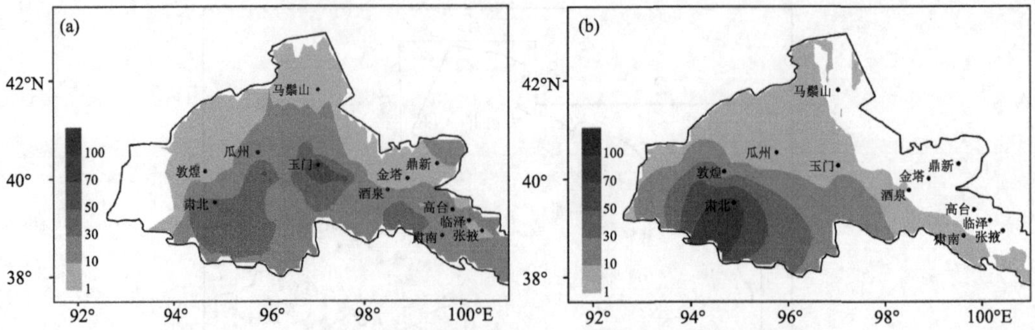


图 2　河西走廊西部两次暴雨过程累积降水量(单位:mm)

(a)2012 年 6 月 4 日 20:00 至 5 日 20:00,(b)2011 年 6 月 15 日 14:00 至 16 日 20:00

## 4　天气形势特征

“0605”暴雨开始前 12 h，亚洲中高纬上空 500 hPa 为一槽一脊的环流形式，强大的高压脊位于巴尔喀什湖北侧，新疆北部的横槽不断分裂冷空气南下，与南部的暖湿气流在青海西南部交汇后形成高原低涡，该低涡是此次暴雨过程的直接影响系统。内蒙古西部—宁夏—陕西北部由于强暖平流作用形成西北至东南走向的弱高压脊，受其阻挡高原低涡向东北方向移动速度缓慢；700 hPa 上存在中心位于陕、蒙交界处的闭合高压，东移速度也很缓慢，其稳定存在有利于对流层中、低层暖湿气流绕青藏高原东侧输送到西北地区。5 日 08:00 高原低涡中心移至河西走廊西部上空，加强形成 572 dagpm 闭合等值线(图 3a)，700 hPa 上闭合高压中心移动到晋、豫、冀交界处，青藏高原东侧的西南暖湿气流明显加强，甘肃中西部在偏东气流控制下，若羌—肃北—玉门—肃南—山丹一带风场辐合(图 3c)。5 日 20:00 高原低涡演变为低槽，东移至西北地区东部，河西走廊西部暴雨结束。此外，暴雨强盛时段，河西走廊西部一直处于高空急流轴的右后侧(图 3e)，高层辐散对低层的抽吸作用也是造成暴雨的原因之一。

“0616”暴雨过程，15 日 08:00 亚洲中高纬上空 500 hPa 也为一槽一脊的环流形势，但高压脊位于贝加尔湖附近，而巴尔喀什湖北部为强大的冷槽，冷槽底前部不断有冷空气分裂进入新疆。新疆西部的小高压和位于河西走廊的高压脊之间形成切变线，南北走向的切变线沿和静—尉犁—且末，随着冷空气的继续南下及印度北部气旋性环流发展东移，15 日 20:00 在印度气旋性环流和新疆中部切边线之间形成西北至东南向的狭长高压带，新疆东部至青海西北部形成低槽，并在芒崖和敦煌形成高原低涡，是本次暴雨过程的主要影响系统。内蒙古西部—宁夏—陕西南部在强暖平流作用下形成西北至东南走向的弱高压脊，且在内蒙古西部形成闭合的反气旋环流，700 hPa 上与之对应也为反气旋环流。16 日 08:00 由于印度气旋性环流的继续东移以及低槽前部弱高压脊的阻挡，迫使槽线逆时针方向旋转，由南北向转为西北至东南向，高原低涡并未明显东移，中心仍位于敦煌附近(图 3b)，700 hPa 上蒙古国有一反气旋闭合环流中心，甘肃中西部位于反气旋环流的底部，受偏东气流的控制(图 3d)。16 日 20:00 低槽东移减弱，暴雨结束。此外，暴雨区上空对流层高层虽无急流存在，但反气旋环流造成的高层

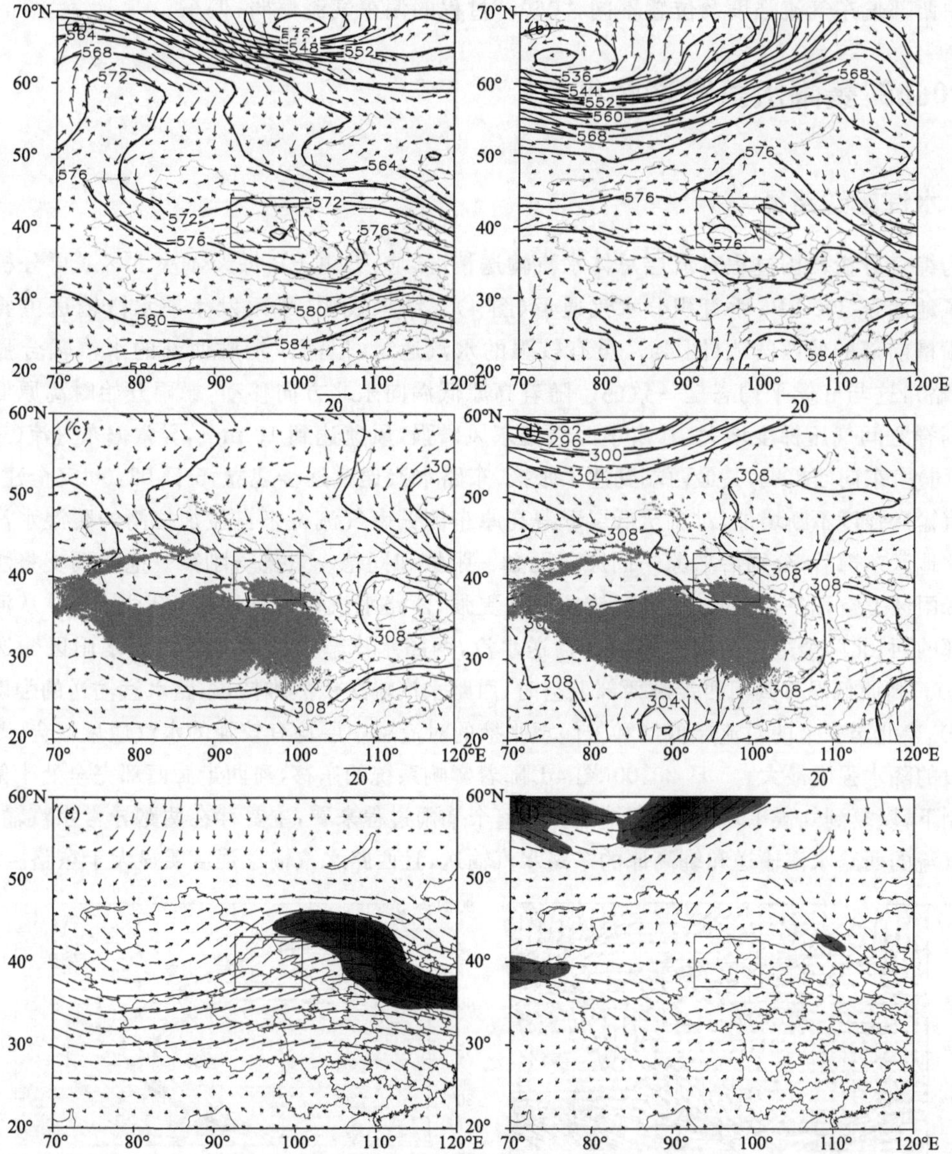

图 3 500 hPa(上)、700 hPa(中,阴影区为地形高度＞3000 m)和 200 hPa(下,阴影区为风速≥40 m/s 的区域)位势高度场(等值线,单位:dagpm)和风场(风羽,单位:m/s),框区为河西走廊西部;(a)、(c)、(e)2012 年 6 月 5 日 08:00,(b)、(d)、(f)2011 年 6 月 16 日 08:00

辐散对底层仍然有抽吸作用(图 3f)。

对比两次暴雨过程的环流形势可知,相同点为:高原低涡及其前部弱高压脊均是主要的影响系统;弱高压脊呈西北至东南走向;对流层中层甘肃中西部受偏东气流控制;对流层中、低层沿青藏高原东侧的偏南气流强盛,并绕青藏高原延伸到河西走廊西部。异同点为:冷空气强度不同,巴尔喀什湖北部高压脊引导的冷空气强度比巴尔喀什湖北部冷槽引导的冷空气强度更强;高原低涡前部的弱高压脊强度和位置不同,“0616”过程的弱高压脊偏强、偏西;对流层中层甘肃中西部偏东气流强度及位置不同,"0605"过程的偏东气流偏弱、偏东。

# 5 "0605"暴雨水汽输送特征

## 5.1 水汽输送路径

为综合分析暴雨过程对流层总体水汽输送情况,应用 NCEP 每天 4 次 1°×1°再分析资料计算了地面至 300 hPa 垂直积分水汽通量(图 4)。结果表明,暴雨发生前水汽输送主要来自北疆横槽前部的偏西气流(图 4a),虽有较强的水汽通量,但河西走廊西部的水汽辐合强度较弱(图略),这与气候平均态是一致的。随着高原低涡向东北方向移动,暴雨开始时高原低涡与前部弱脊之间气压梯度增大,甘肃中西部偏东风增强,风速达到 10 m/s,异常偏东气流(东风气流,下同)由东向西扩展,其最西端到达了张掖,东路水汽通道逐步建立,5 日 02:00 完全建立,之后水汽输送强度不断增加,对流层低层青藏高原东侧偏南气流将来自孟加拉湾的暖湿水汽输送到西北地区东部后,分别沿平凉—固原—民勤—张掖和同德—贵德—刚察—拖勒两支将水汽输送到暴雨区上空,前一支的输送强度较后一支更强,西路水汽输送强度也逐步增强,并从河西走廊西部的西、北两个边界同时向暴雨区输送水汽,两路水汽输送源源不断地为暴雨区输送水汽(图 4b)。高原低涡移到河西走廊西部上空时,西路水汽输送依然维持,东路水汽输送的强度增强(图 4c),肃北至张掖的对流层低层和玉门至张掖的对流层中层均有较强的水汽通量辐合(图 7a),此时段的降水强度最大。5 日 20:00(图 4d)随着影响系统的东移,河西走廊西部完全处于偏西气流控制下,恢复到气候平均态,暴雨结束。从整个暴雨过程来看,主要存在两路异常水汽输送:随西风气流的西路水汽输送和绕高原的东路水汽输送,且西路水汽输送强度明显大于东路。

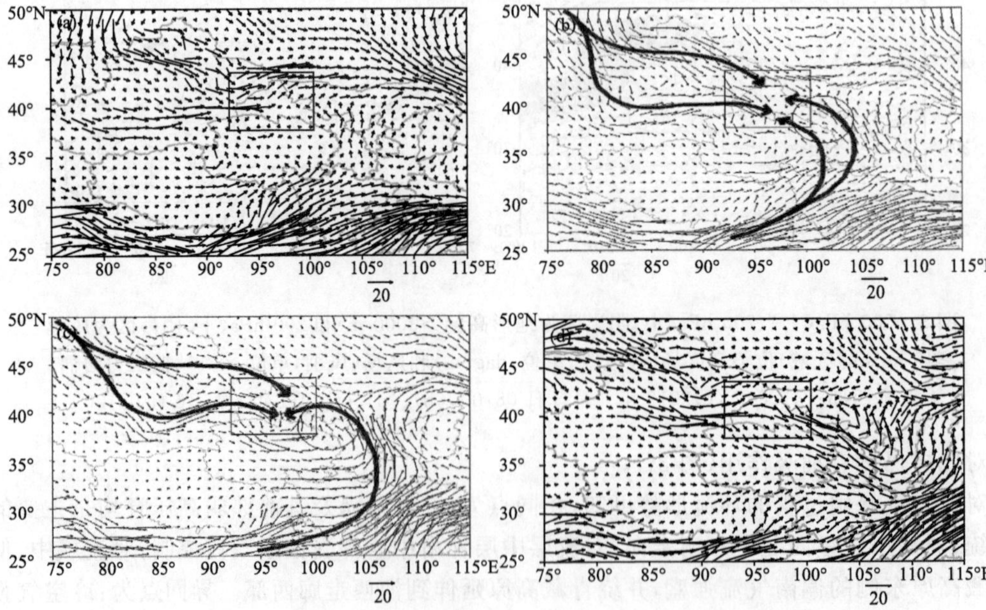


图 4 地面至 300 hPa 的水汽通量垂直积分(单位:g/(cm·s));2012 年 6 月 4 日(a)08:00、(b)20:00,5 日(c)08:00、(d)20:00;框区为河西走廊西部,圆区为异常偏东风区,粗长箭头为水汽输送示意路径

在高原低涡和其前部弱高压脊的共同作用下，甘肃中西部形成的异常偏东气流是此次暴雨水汽输送的关键。来自孟加拉湾的水汽到达西北地区东部之后只有在异常偏东气流的引导下才能通过接力式的方式输送到河西走廊西部。虽然暴雨过程的水汽主要来自西路水汽输送，但如果没有异常偏东气流的配合(气候平均态)，即使西路水汽的水汽通量再大，也很难在河西走廊西部上空形成较强的水汽辐合区。暴雨随着异常偏东气流的形成开始，随着异常偏东气流的消退而结束。

## 5.2 暴雨区边界水汽收支特征

从暴雨区各边界的水汽收支及其累加值演变曲线(图 5e)可知暴雨前 12 h 便有水汽净输入，之后输入强度不断增大，暴雨开始时已经增强到 $75\times10^3$ t/s，5 日 08:00 之后开始减弱，至 5 日 20:00 各边界的水汽由输入完全转为输出。4 日 08:00 至 5 日 20:00 暴雨区水汽净输入约 $6.55\times10^6$ t，其中西、北两边界的输入贡献率分别为 69.23% 和 20.79%，东、南两边界输入贡献率之和为 9.98%，而西(东)路水汽输送主要是从西、北(东、南)两边界进入河西走廊西部(图 4)，因而西路水汽输送的贡献率达到了 90.02%，远远高于东路的水汽输送。进一步使用 HYSPLIT 后向轨迹模型向前倒推出 108 h 的质点轨迹，得到了玉门站在暴雨过程的水汽后向

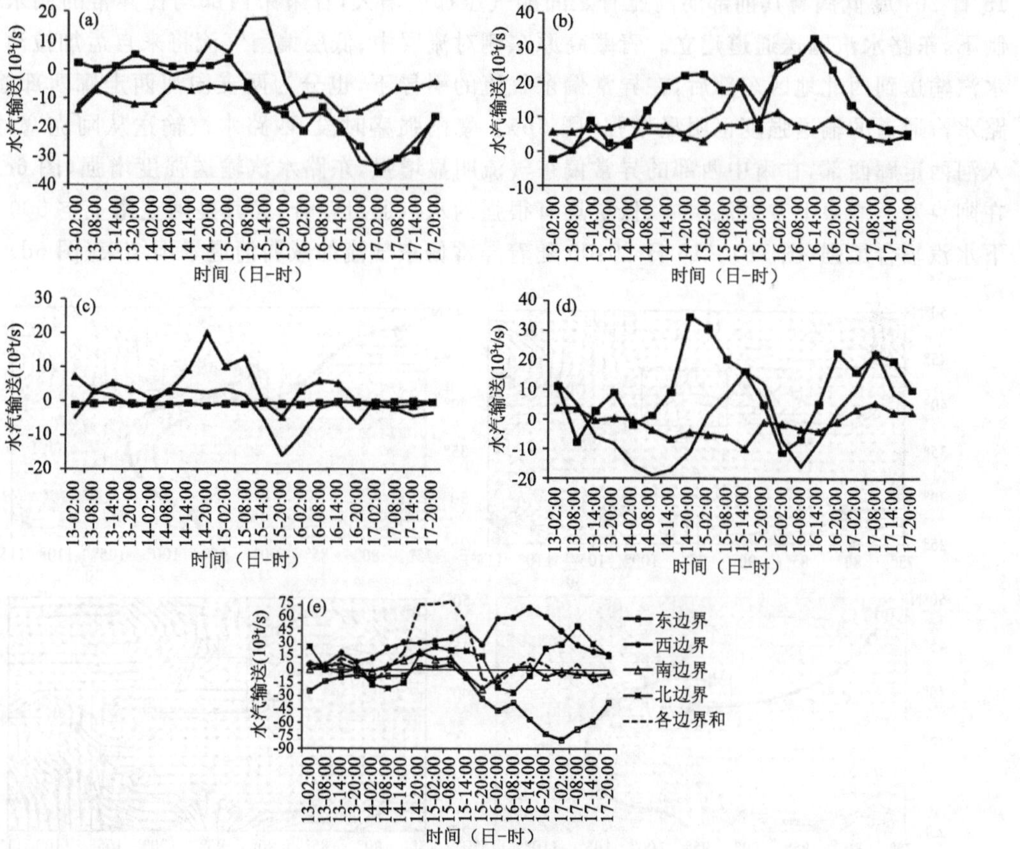


图 5 2012 年 6 月 3 日 02:00 至 7 日 20:00 对流层东边界(a)，西边界(b)，南边界(c)，北边界(d)的高(三角形)、中(实线)、低(正方形)层以及边界整层(e)6 h 间隔的水汽收支演变(单位：$\times10^3$ t/s)，正值表示输入，负值表示输出

轨迹图(图 9a),表明暴雨中心玉门的水汽主要来自偏西气流形成的西路水汽输送,这与水汽输送路径、暴雨区边界水汽收支的分析都是一致的。

暴雨过程 6 h 间隔的对流层各边界高、中、低层水汽收支演变(图 5a～d)表明,水汽输入主要为 500hPa 以下的西、北边界以及 500 hPa 以上的南边界,尤其是西、北两边界的对流层低层输入最为显著,占到了西路水汽输送总量的 75.20%。水汽输出主要为东边界的对流层低、高层。

## 6 “0616”暴雨水汽输送特征

### 6.1 水汽输送路径

暴雨发生前对流层中、高层的偏南气流将孟加拉湾的水汽直接翻越青藏高原输送到河西走廊西部,这与“0605”暴雨过程存在较大差异,河西走廊西部主要是在异常的偏东气流控制下,但甘肃中部为偏北气流,因而东路水汽输送通道并未建立,此时西路水汽输送也很弱(图 6a),暴雨区上空的水汽辐合较弱(图略)。随着高原低涡向东北方向移动,与“0605”过程相似,15 日 20:00 低涡与其前部弱高压脊之间的气压梯度增大,甘肃中西部均在异常的偏东气流控制下,东路水汽输送通道建立。青藏高原东侧对流层中、低层偏南气流将来自孟加拉湾的暖湿水汽输送到西北地区东部后,在异常偏东气流的引导下,也分为两支向河西走廊西部输送,西路水汽通道的输送强度也明显增强(图 6b)。暴雨强盛时段,西路水汽输送从阿克塞、肃北进入河西走廊西部,甘肃中西部的异常偏东气流明显增强,东路水汽输送强度增强(图 6c),此时在阿克塞至酒泉上空对流层中、低层均有很强的水汽通量辐合,尤其是阿克塞上空 500 hPa 以下水汽辐合最强(图 7b)。16 日 20:00 随着异常偏东气流的减弱消退暴雨结束(图 6d)。

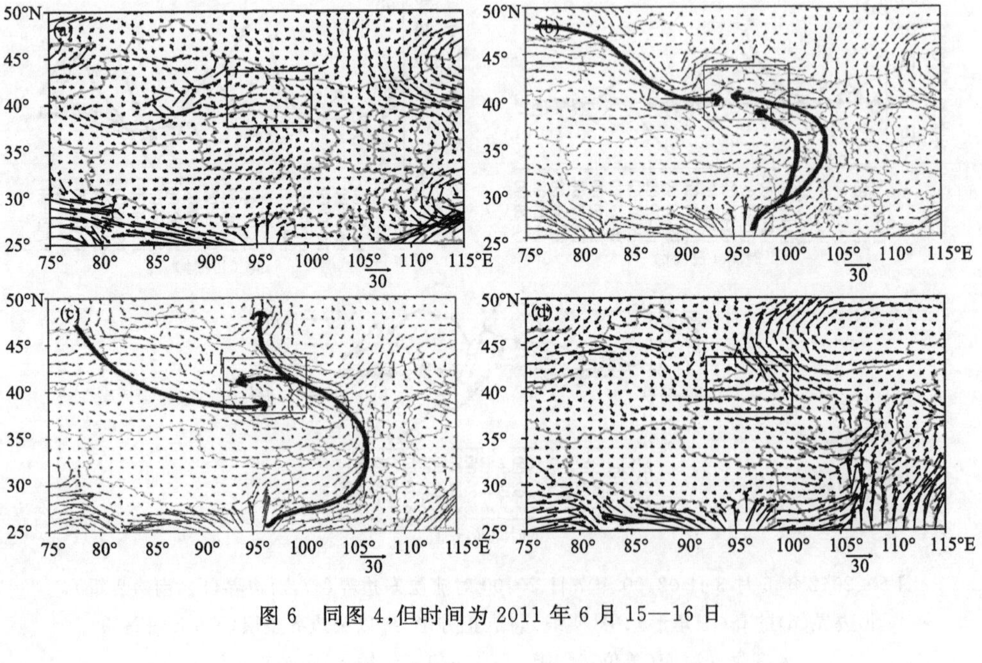


图 6　同图 4,但时间为 2011 年 6 月 15—16 日

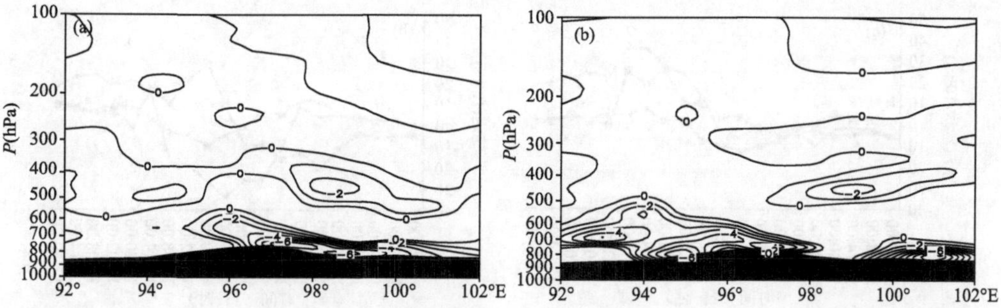

图 7　沿 39.5°N 水汽通量散度的垂直剖面(单位：$\times10^{-7}$ g/(s·cm$^2$·hPa)，阴影区为地形)
(a)2012 年 6 月 5 日 02:00，(b)2011 年 6 月 16 日 02:00

从整个暴雨时段来看，仍然主要存在两路异常水汽输送：随西风气流的西路水汽输送和绕高原的东路水汽输送，东路水汽输送强度明显大于西路。东路水汽通道的完全建立是在甘肃中西部地区异常偏东气流建立后才得以完成，可见异常偏东气流对“0616”暴雨过程的水汽输送也十分重要。与“0605”暴雨过程相比，“0616”暴雨过程中的异常偏东气流强度更强，最西端延伸到河西走廊的位置更西，因而东路水汽输送强度更大。

## 6.2　暴雨区边界水汽收支特征

图 8e 是暴雨区各边界水汽收支及其累加值演变曲线，从中可见暴雨前期水汽净输入平均强度为 $10.24\times10^3$ t/s，虽然输入强度低于“0605”暴雨过程，但输入时间维持了约 30 h，使得暴雨前期的水汽积累仍比较充沛。暴雨开始时水汽输入强度为 $28.80\times10^3$ t/s，至暴雨强盛时增强到 $53.43\times10^3$ t/s，之后虽然有所减弱，但水汽输入一直持续到 16 日 20:00 暴雨结束。15 日 14 时至 16 日 20 时整个暴雨区的水汽净输入约 $4.62\times10^6$ t，其中东、西、南、北四个边界的贡献率分别为 111.61%、15.40%、40.00%、−67.01%，北边界的输出主要由于异常偏东气流造成的。东路水汽输送形成了整个时段的东、南边界的输入、北边界的输出，而西路水汽输送主要是从西边界进入暴雨区(图 6)，因而东路水汽输送的贡献率达到了 84.60%，远远高于西路水汽输送。进一步使用 HYSPLIT 后向轨迹模式向前倒推出敦煌站 240 h 的质点轨迹图(图 9b)，表明敦煌的水汽主要东、西两路水汽输送，这与水汽输送路径、暴雨区边界水汽收支分析也是一致的。

暴雨过程 6 h 间隔的对流层各边界高、中、低层水汽收支演变(图 8a～d)表明，水汽输入主要为 500 hPa 以下的东边界以及 700 hPa 以下的西、北边界，水汽输出主要为对流层中层的西、北边界。

# 7　结论

通过对 2012 年 6 月 4—5 日和 2011 年 6 月 15—16 日河西走廊西部干旱区发生的两次极端暴雨事件的天气形势及水汽特征分析，得到以下主要结论。

(1)高原低涡及其前部弱高压脊是主要影响系统，二者共同作用下在甘肃中西部地区对流层中层形成的异常偏东气流(东风气流)是河西走廊西部暴雨水汽输送的关键，来自孟加拉湾

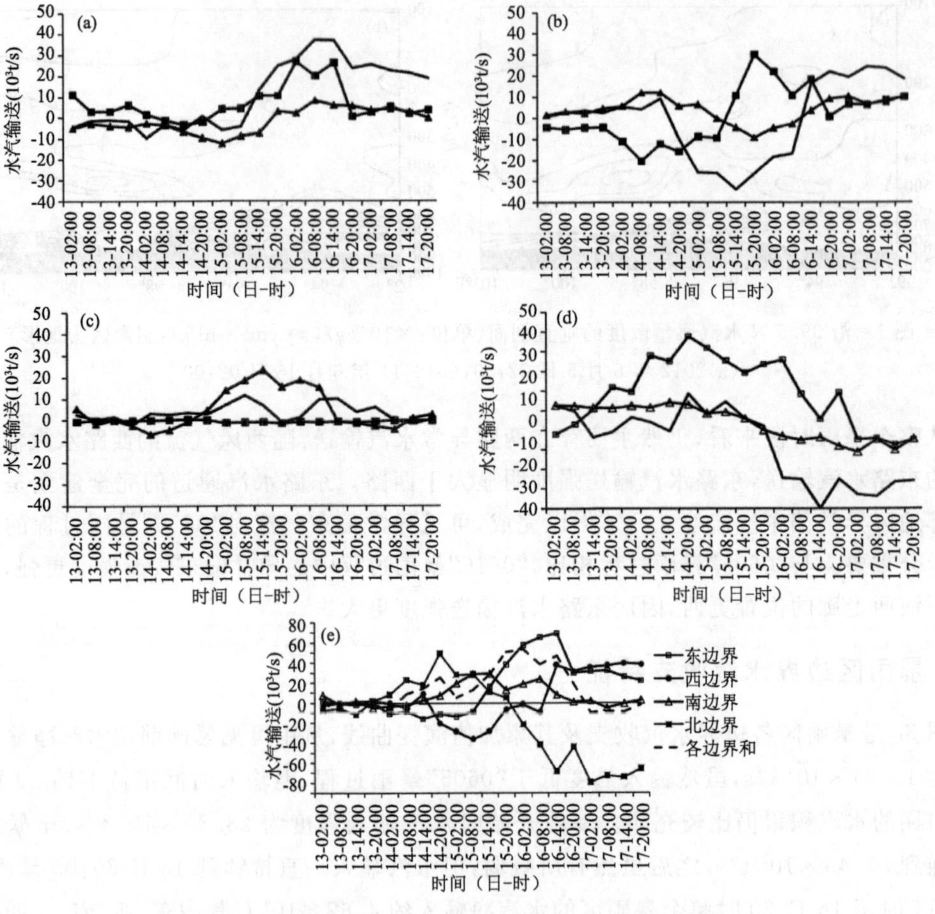


图 8　同图 5，但时间为 2011 年 6 月 13 日 02:00 至 17 日 20:00

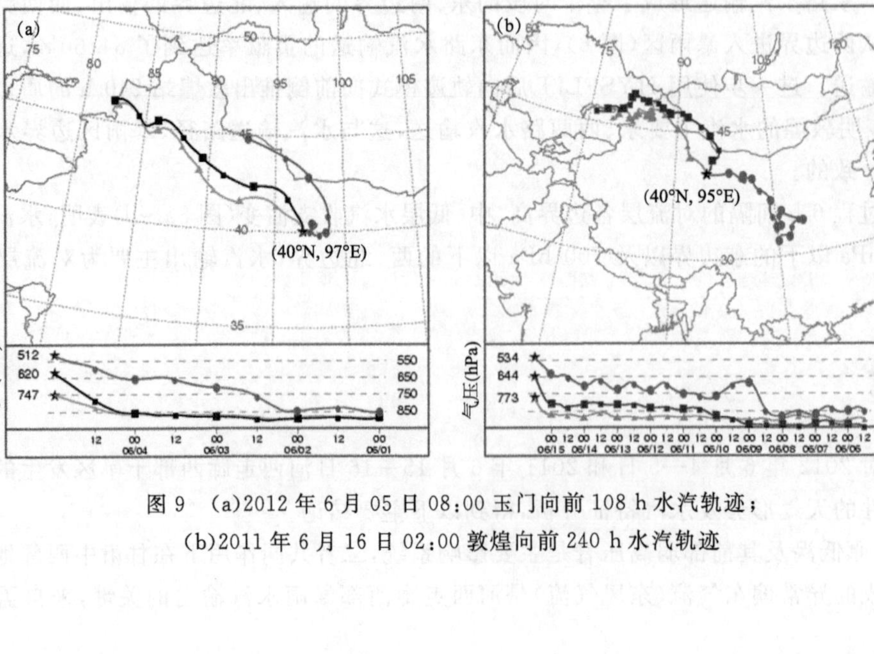


图 9　(a)2012 年 6 月 05 日 08:00 玉门向前 108 h 水汽轨迹；
(b)2011 年 6 月 16 日 02:00 敦煌向前 240 h 水汽轨迹

的暖湿水汽到达西北地区东部之后只有在异常偏东气流的引导下才能通过接力式的方式输送到河西走廊西部，与西路水汽输送相互作用在河西走廊西部上空形成较强的水汽辐合区，为暴雨发生提供良好的水汽条件。

(2)弱高压脊呈西北—东南走向，其强度和位置决定了异常偏东气流的强度和最西端延伸到河西走廊的位置，而异常偏东气流的强度和最西端位置在很大程度上又决定了河西走廊西部暴雨过程的水汽主要来源。“0605”暴雨过程中弱高压脊位置偏东偏弱，异常偏东气流偏弱，由东向西扩展，最西端到达了张掖，因此水汽主要来源于偏西气流的西路水汽输送。而“0616”暴雨过程中弱高压脊位置偏西偏强且在内蒙古西部形成闭合的反气旋环流，异常偏东气流偏强，由西向东扩展，最西端到达了酒泉西部，因此水汽主要来源于绕高原的东路水汽输送。

(3)两次暴雨过程均存在两路异常的水汽输送：随西风气流的西路水汽输送和绕高原的东路水汽输送，但“0605”过程中西路水汽输送强度明显大于东路，贡献率达到了 90.02%，而“0616”过程中东路水汽输送强度明显大于西路，贡献率达到了 84.60%。另外，“0616”暴雨过程前期的水汽主要来自青藏高原上空中高层偏南气流的输送。

(4)西(东)路水汽输送在对流层低(中)层输入较为显著，较弱的南路水汽输送主要在对流层高层。

河西走廊西部干旱区的暴雨事件虽然很少，但其特殊的地理位置及十分复杂的形成机理，对该地区暴雨的水汽特征还需积累更多的个例进行分析，并通过一些数值试验开展深入研究，总结一些对实际预报业务有指示意义的特征及指标。

## 参考文献

付双喜，张鸿发，楚荣忠，2009. 河西走廊中部一次强降水过程的多普勒雷达资料分析[J]. 干旱区研究，26(5)：656-663.

郭小芹，刘明春，2011. 河西走廊近 40a 气候生产潜力特征研究[J]. 中国沙漠，31(5)：1323-1329.

何金海，刘芸芸，常越，2005. 西北地区夏季降水异常及其水汽输送和环流特征分析[J]. 干旱气象，23(1)：10-16.

黄荣辉，陈际龙，2010. 我国东、西部夏季水汽输送特征及其差异[J]. 大气科学，34(6)：1035-1045.

贾文雄，何元庆，李宗省，等，2008. 祁连山及河西走廊气候变化的时空分布特征[J]. 中国沙漠，28(6)：1151-1155.

孔祥伟，陶健红，2012. 近 51a 甘肃夏季气温和降水极端事件变化[J]. 干旱区研究，29(6)：965-971.

李江林，李照荣，杨建才，等，2012. 近 10 年夏季西北地区水汽空间分布和时间变化分析[J]. 高原气象，31(6)：1574-1581.

李江林，余晔，王宝鉴，等，2014. 河西西部一次大到暴雨过程诊断分析及数值模拟[J]. 高原气象，33(4)：1034-1044.

李江萍，杜亮亮，张宇，等，2012. 玛曲地区夏季强降水的环流分型及水汽轨迹分析[J]. 高原气象，31(6)：1582-1590.

李文莉、王宝鉴、吉惠敏，等，2013. 河西干旱区短时强降水过程的中尺度分析[J]. 干旱气象，31(2)：318-326.

栾晨，宋敏红，蔡英，等，2012. 西北区西部夏半年强降水分布与变化特征[J]. 高原气象，31(3)：629-637.

马京津，高晓清，2006. 华北地区夏季平均水汽输送通量和轨迹的分析[J]. 高原气象，25(5)：893-899.

盛裴轩，毛节泰，李建国，等，2003. 大气物理学[M]. 北京：北京大学出版社：17-19.

滕水昌，渠永兴，王坚，等，2007. 河西走廊一次突发性暴雨天气的诊断分析[J]. 干旱气象，25(3)：66-71.

王伏村，许东蓓，王宝鉴，等，2013. 敦煌致洪暴雨的广义湿位涡分析[J]. 高原气象，32(1)：145-155.
王可丽，江灏，赵红岩，2005. 西风带与季风对中国西北地区的水汽输送[J]. 水科学进展，16(3)：432-438.
王秀荣，徐祥德，王维国，2007. 西北地区春、夏季降水的水汽输送特征[J]. 高原气象，26(4)：749-758.
西北暴雨编写组，1992. 西北暴雨[M]. 北京：气象出版社：1-24.
杨莲梅，张云惠，汤浩，2012. 2007年7月新疆三次暴雨过程的水汽特征分析[J]. 高原气象，31(4)：963-973.
俞亚勋，王宝灵，董安详，2000. 西北地区大气水分和水汽平均输送特征[M]. 北京：气象出版社：291-227.
俞亚勋，王劲松，李青燕，2003. 西北地区空中水汽时空分布及变化趋势分析[J]. 冰川冻土，25(2)：149-156.
DRAXLER R R，HESS G D，1997. Description of the HYSPLIT_4 modeling system[R]. NOAA technical memorandum ERL ARL-224.
DRAXLER R R，HESS G D，1998. An overview of HYSPLIT_4 modeling system for trajectories dispersion and deposition[J]. Aust Meteor Mag，47：295-308.

# 强对流临近预警中集合预报成员的即时分析
## ——以甘肃陇东一次暴雨过程 ECMWF 集合预报应用为例*

傅朝，刘维成，杨晓军，聂灿奇，彭筱
（兰州中心气象台，兰州 730020）

**摘要**：2015 年 5 月 31 日甘肃陇东地区出现一次暴雨天气过程，ECMWF 集合预报系统的降水预报只有 1 个成员（简称 EM-p）预报出暴雨，并且 EM-p 对预报暴雨落区、量级和降水时段的预报与观测实况基本接近。本文通过对 EM-p 和集合预报系统控制成员预报效果的对比分析，以及 EM-p 与实况的对比分析表明，EM-p 对产生暴雨的对流参数预报完全符合本地经验指标，虽然对低层急流预报出现一定程度偏差，但对低层辐合区（暴雨落区）位置的预报与观测实况极为接近，因此 EM-p 成员能够为暴雨的短时预报和临近预警提供可靠的定量依据，可有效提前暴雨预警时间。通过分析，期望为如何利用 ECMWF 集合预报有效判断低概率但高影响天气的发生提供一些有益的思路。

**关键词**：ECMWF 集合预报；集合成员；暴雨；即时分析

# 1 引言

2015 年度甘肃省暴雨天气异常偏少，5 月 31 日甘肃陇东西部地区暴雨为年度最大的一次暴雨天气过程。目前，对该类天气预报的难点主要集中在对暖区强对流触发机理的认知和对集合预报高度离散信息的处理，以往的多个研究表明，西北东部暖区内弱动力强迫下，对流触发机制十分复杂（李晓霞 等，2013；潘留杰 等，2015；许东蓓 等，2015；王宝鉴 等，2016；赵庆云 等，2017）。但即便是提高了对其机制的认知水平，实现降水的定点、定时、定量预报仍不能脱离对数值预报的依赖，因为对环流形势及主要天气系统的数值预报早已远远超过人的主观经验预报能力，成为现代天气预报业务的基础（康岚 等，2016），是各类气象要素定量化预报的主要依据。

目前，欧洲中期天气预报中心（European Centre for Medium-Range Weather Forecasts，ECMWF）的集合预报在我国各级气象台得到广泛应用。ECMWF 于 1992 年 12 月启动了具有初值扰动的中期集合预报业务（Molteni et al.，1996），之后逐步兼顾模式本身的不确定性，1997 年 ECMWF 开始模式扰动试验（Buizza et al.，1999），2000 年至今模式扰动技术引入业务运行并不断改进（Andersson et al.，2015；Nedjeljka et al.，2015）。ECMWF 集合预报现有 51 个预报成员，即 1 个控制预报和 50 个扰动预报集合预报。近年来，中国在集合预报系统开

* 本文已在《高原气象》2019 年第 1 期正式发表。

发方面除了国家层面 2011 年建立的基于 T213 的全球集合预报系统外，一些气象研究单位开发了基于区域业务模式和各类集合扰动方法的集合预报系统（李俊 等，2007，2009；王晨稀 等，2008；肖玉华 等，2011；谭燕 等，2014；蔡沅辰 等，2017）。集合预报的预报业务应用方面主要是针对集合预报产品的统计方法研究，得到预报要素的集合统计量和指数产品以及基于统计的订正技术（陈博宇 等，2016；董全 等，2016；石岚 等，2017），以及根据模式“流依赖（flow-dependent）”特性，通过特定天气系统的集合诊断实现的“集合敏感性”不确定性分析方法（王毅 等，2017）。另外，结合气候背景异常性评估的集合预报不确定性研究实验的集合异常预报法也在一些地方得到应用（杜均 等，2014）。上述方法都可提供集合预报不确定性本身的一种量化信息，中短期预报实践表明在一般情况下比确定性预报具有很大优势。

但对于一些重大灾害性天气事件如暴雨而言，很多情况下集合预报的降水量过于离散，因灾害天气预警不能以概率形式发布，所以在众多预报成员中如何选择正确的结果，是气象预警业务的亟待解决的难题。针对强对流及其引发的暴雨灾害，杜钧和陈静（2010）认为，即使模式（部分集合成员）有能力预报，它们的数值解仍然有两大难点：一是所预报的事件可信度有多大；二是其相关的细节如降水起止时间、区域以及量级等是否稳定可靠。实际上这些都与模式性能有关，虽然目前集合预报系统已通过初值扰动和模式扰动缓解了观测资料同化方法的局限以及模式本身的局限（Palmer et al.，2009），但由于模式分辨率的原因，模式仍将受困于中尺度对流系统（Mesoscale Convective System，MCS），除非能够充分模拟 MCS 中嵌入式对流单体。基于以上现状，Brooks et al.（1993）认为不存在预先找到正确集合成员的系统方法，但是在强对流天气预报过程中不能忽视任何成员的预报结果，特别是集合成员中预报出的那些极端值，对此 Doswell 等（1996a）给出的解决方案是在对流可能发生（预报员主观判断）的背景下，通过对实况天气系统的“实时跟踪（weather watching or metwatch）”来评估集合预报极端事件发生的可能性。杜均等（2014）也提出相似的方法，称之为“即时分析（real-time research）”，利用实况迹象即时分析出为什么有些成员报得“好”而另外一些成员报得“不好”的可能因素。两个方法实际上都是对模式的验证，最终都应该根据实际观测来进行。上述方法在临近时段具有很高的可操作性，通过一定数量相关案例的总结积累，有利于完善集合预报对预警业务的技术支撑，但目前的此项工作明显不足。

2015 年 5 月 31 日甘肃陇东暴雨天气过程中，众多的数值预报中只有 ECMWF 集合预报的 1 个成员预报了暴雨。本文将以甘肃陇东地区为关键区，尝试从 Doswell 等（1996b）和杜均等（2014）的观点出发，结合本地的预报经验，以观测实况和临近时段可能的迹象来判断大气演变的状况，在此过程中，根据模式目前的性能，主要进行天气尺度条件下中尺度对流潜势的诊断，具体是通过对该集合成员与其他成员的对比以及该成员预报与实况观测的对比分析，探讨此次暴雨过程 ECMWF 集合预报在预报预警中的应用问题，上述对比分析方法本文称为“即时分析”或“实时追踪”。

## 2 天气实况和影响系统

2015 年 5 月 31 日，甘肃陇东的静宁、庄浪、华亭一带出现暴雨量级降水（图 1），主要降水时段集中在 14:00—20:00（北京时，下同），自动气象站观测到最大降水量为华亭县马峡镇 89.6 mm。庄浪、华亭气象站观测到的逐小时降水量并不很大（图 2），但雨强为 6～10 mm/h

的降水却持续了较长时间(≥5 h)。

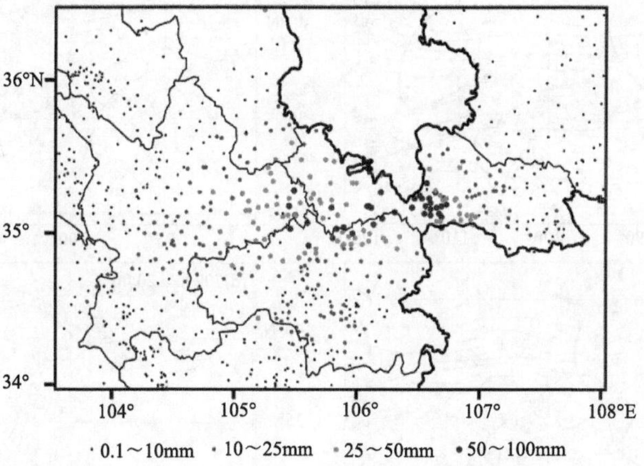


图 1　2015 年 5 月 31 日 08:00 至 6 月 1 日 08:00 累积降水量(单位:mm)

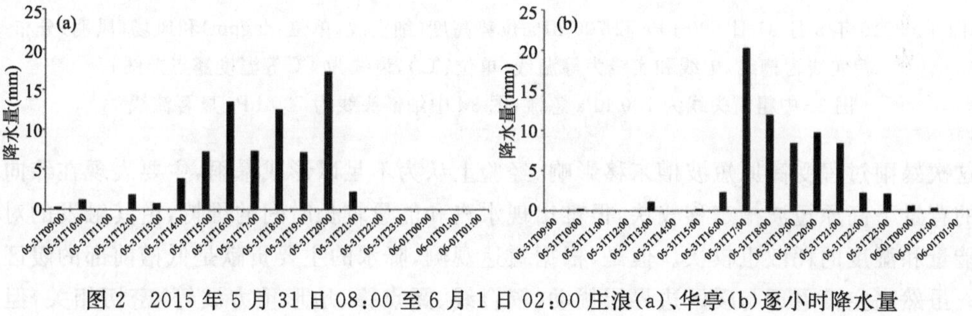


图 2　2015 年 5 月 31 日 08:00 至 6 月 1 日 02:00 庄浪(a)、华亭(b)逐小时降水量

从天气形势来看,此次过程中 500 hPa 高度上西北地区为平直波动流型,35N°以南波动振幅相对较大,整体波动以较快的速度向东传播。31 日 08:00 高空观测表明 500 hPa 高度上青藏高原东北部有短波槽,35°～40°N 存在锋区,高原西南气流的东侧湿度较大;相应 700 hPa 低槽已经进入甘肃,成都—武都—兰州(平凉)一线为偏南急流带,湿区在甘肃陇南建立(图 3a,b)。

2015 年 5 月 31 日 20:00,500 hPa 高原东北部短波槽东北向移动,进入陇东地区,700 hPa 低槽东移并有所加深,系统呈后倾结构。此时,500 hPa 甘肃河东有明显冷平流影响,并且整个甘肃河东地区中、低层高湿,但 700 hPa 急流有所减弱并略有东退(图 3c,d)。

雷达探测表明,31 日 10:00 甘肃河东有对流产生,对流系统分为两部分,11:30,700 hPa 低槽触发的临洮—会宁一带的线状对流系统和偏南气流中暖区边界层扰动激发的松散多单体对流。13:00—19:00,暖区对流系统向东北方向移动,同时低槽对流系统逐渐逼近,19:00 上述 2 个对流系统合并,暖区降水结束。暖区对流系统移动速度偏北分量大,偏东分量小,所以在进入陇东地区后,在局地有较长的维持时间,这也间接说明 14:00—20:00 中低层偏南气流的维持。期间,暖区对流系统中最大的雷达反射率因子基本小于 40 dBZ,上述实况符合甘肃陇东南暖区暴雨雷达特征的总结,其细节本文不做讨论。切变线状对流系统较弱,随着渐渐逼近暖区对流,暖区对流也呈现出减弱趋势,直至合并后进入陇东地区,整体呈现为线状对流,其移动速度也明显加快,并逐渐减弱消失。

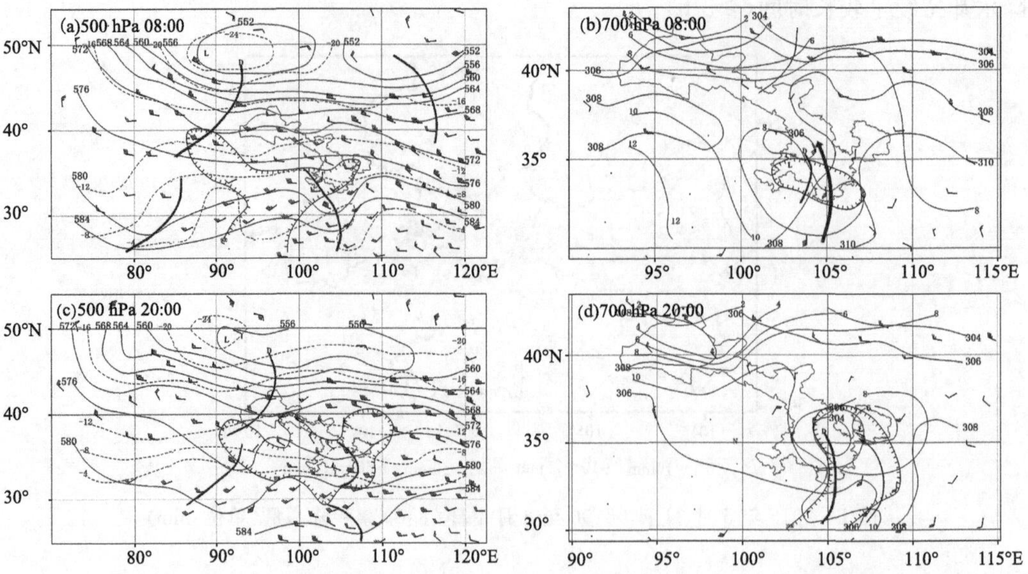


图 3　2015 年 5 月 31 日 500 hPa 和 700 hPa 位势高度(细实线,单位:dagpm)和风场(风羽)分布
粗实线为槽线,虚线和实线为等温线(单位:℃),齿线为 4℃等温度露点差线;
图 3c 中粗箭头线为 700 hPa 急流;图 3d 中细箭头线为 700 hPa 显著流线

这次暴雨过程受高原短波槽东移影响,经验上认为不足以形成暴雨,主要表现在纬向平直波动的背景下高原短波槽东移较快,很难出现水汽和能量较长时间的维持,由其触发的对流系统的能量和湿度的耗散也较快。但是,根据雷达观测,降水的主要贡献是低槽前部的暖区对流系统。虽然高空槽逼近与暖区边界层扰动(辐合线、露点锋、地形重力波等)密切相关,但是其机制在不同地理条件下表现十分复杂。

## 3　数值模式的降水预报

对于此次暴雨过程,中国 T639、日本、德国、ECMWF 等确定性预报模式没有在甘肃陇东地区预报出暴雨,降水量级均在 20 mm 以下(图略)。ECMWF 集合预报的时间迟滞分析结果表明,5 月 30 日 08:00 之后的 3 个起报时次 153 个不同预报结果中(每个起报时次产生 51 个不同成员的预报结果)绝大多数降水量预报小于 25 mm,只有 5 月 30 日 08:00 起报的 27 号成员在陇东西部一带预报出暴雨(图 4),27 号成员在陇东西部的降水量预报值属于极端异常的预报结果,而且随着起报时次的临近(30 日 20:00 起报),陇东地区中雨(10～25 mm)集合离散度变小,但没有任何集合成员预报暴雨(图略),表明对本次过程 ECMWF 集合预报自身的“集合”主要倾向为一次一般性降水。综合上述数值预报的主要结论与本地经验认知一致,同时也反映出 ECMWF 集合预报整体可靠性严重不足。Doswell 等(2015)关于中尺度对流的 ECMWF 集合可靠性诊断研究中提到,在北美 MCS 事件可能与落基山脉上的低槽有关,低槽决定槽前暖湿空气平流以及不稳定能量的空间分布和时空尺度。在一些特定的形势条件下会导致初始条件的不确定性增加,多案例分析说明,这种流型集合预报将在整体上缺乏可靠性。根据上述研究,纬向平直波动的背景条件下造成青藏高原槽不确定性增加,可能是本例 ECM-

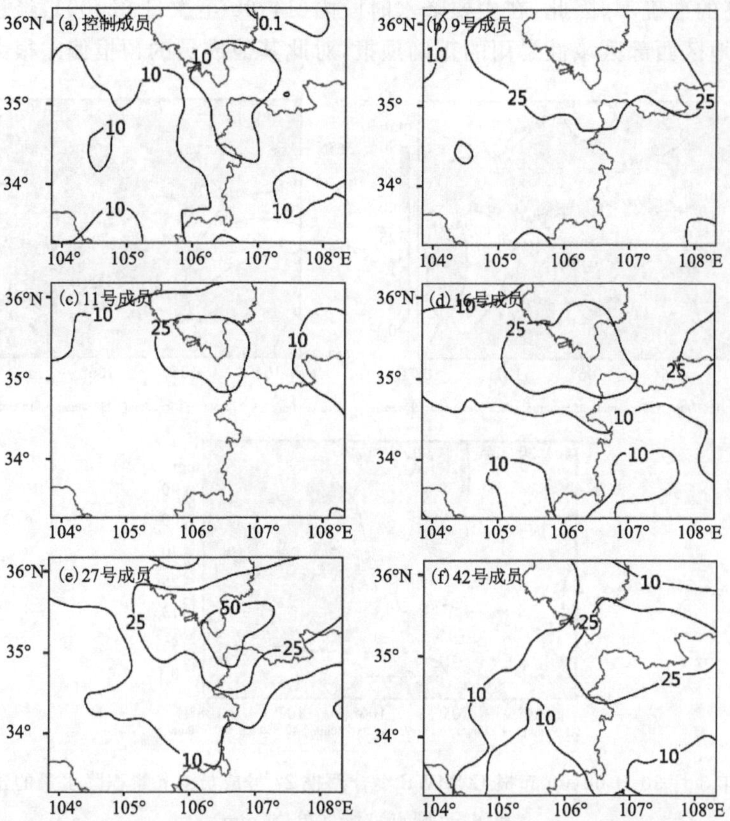


图 4 ECMWF 2015 年 5 月 30 日 08:00 起报的降水量大于 25 mm 的控制成员(a)和集合成员(b～f)在 5 月 31 日 08:00 至 6 月 1 日 08:00 累积降水量预报图(单位:mm)

WF 集合预报整体可靠性缺失的一个重要方面,但事实仍需要多个例的验证。

# 4 ECMWF 集合 27 号成员降水量预报与降水实况对比

从 ECMWF 集合预报 5 月 30 日 08:00 起报的 27 号成员预报的 5 月 31 日 08:00 至 6 月 1 日 02:00 逐 6 h 累积降水量可以看出(图 5),强降水主要发生时段在 5 月 31 日 14:00—20:00,20:00 以后降水减弱,降水强度时间变化与实况一致性较高。定西市个别自动雨量站也观测到了暴雨,可以看出在 5 月 31 日 08:00—14:00 段定西西部预报降水量明显比实况偏小,14:00－20:00 段也稍有偏小,而在 20:00 至次日 02:00 段降水预报又较实况稍大。在 ECMWF 预报中,小尺度(sub-scale)物理过程以参数化技术体现(Andersson et al.,2015),其对流方案并不能预测单个对流体,只能预测它们周围大气的物理效应。鉴于此,再加之模式分辨率的原因,ECMWF 预报客观描述局地对流性降水的能力不足。由雷达观测可知,13:00—19:00 为对流性降水较为旺盛的阶段,强降水具有一定的局地性,因此 27 号成员总体雨量预报偏小,特别是对定西局地性非常明显的暴雨。

但无论如何,从本地数值预报业务应用的角度来看,27 号成员降水预报仍具有较高的精准度(图 5b),5 月 31 日 14:00—20:00 6 h 降水量预报与甘肃河东地区 6 h 降水量大于25 mm

实况呈现了很高的准确率，因此，在主要降水时段内（14:00 至次日 02:00），经过后 6 h 的雨量累加，得到陇东地区西部区域性暴雨的正确预报，对此其他成员的预报偏差很大（图略）。

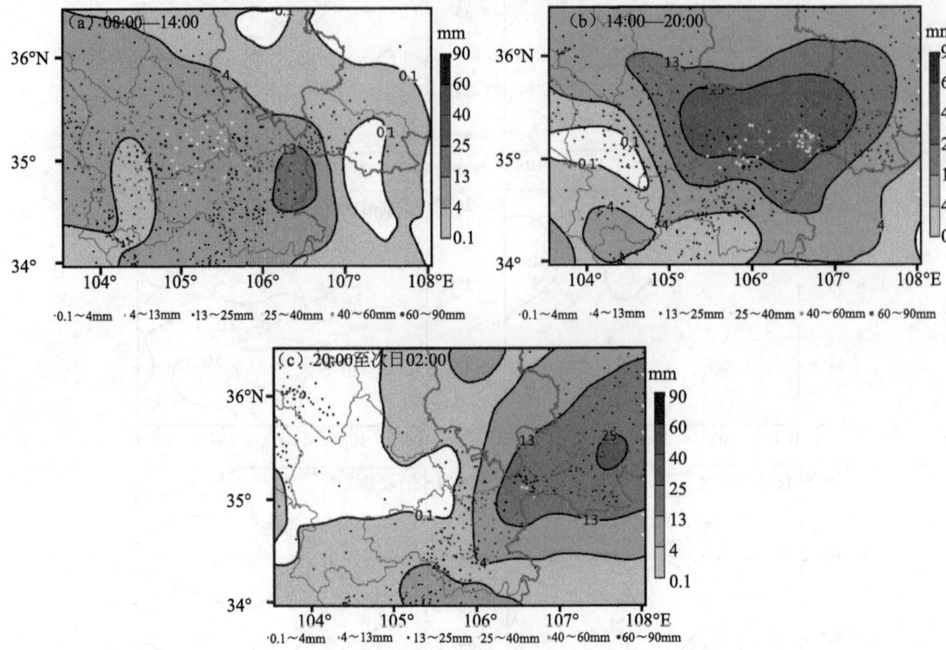


图 5　2015 年 5 月 30 日 08:00 起报 ECMWF 集合预报 27 号成员 6 h 累积降水量的预报（等值线）和实况（圆点）对比（单位：mm）

27 号成员的降水预报与实况在降水时段和降水落区两方面均有较高的相似度，于是产生以下问题：27 号成员的基于暴雨构成要素是怎样的？与其他成员有无明显差异？这些构成要素特征是否与本地的经验模型相符？27 号成员影响系统的预报是否接近实况？并且其演变过程合乎本地经验？以下将通过集合成员间的物理量要素的对比分析以及预报与实况的对比分析来寻找答案。

## 5　暴雨构成要素对比分析

10 年来，我国暴雨、强对流的预报分析已完成了由单一的天气形势分析诊断向基于构成要素方法（ingredients-based methodology）的转变，后者即所谓的“配料法”，主要强调暴雨、强对流应抓住其发生、发展过程中水汽、动力、热力等条件和环境场的配置，实践证明有很好的应用效果（张小玲 等，2010）。以下将采用本地基于“配料法”建立的暴雨预报概念模型中所涉及的物理量、对流参数等要素，对比分析 27 号成员和其他成员在湿度、静力稳定度指标和湿度和动力因子等方面的预报差异。

ECMWF 集合控制成员是 ECMWF 中心确定性预报在集合预报系统中运行生成，一般情况下，是预报员最为重视的成员，其预报结果与集合预报平均接近，因此，以下本文用集合控制成员代表“其他成员”。

## 5.1 湿度条件分析

两个成员(图 6)在甘肃陇东庄浪、华亭一带的比湿数值差异不大,均大于 8 g/kg,但是湿度场的形态和变化趋势明显不同。湿舌的走向和位置两者有很大的差异,27 号成员的比湿在 08:00—20:00 12 h 时内持续呈上升趋势,预报静宁、庄浪、华亭一线的比湿锋区在 08:00—14:00 有较长时间的维持,这一特征控制成员并不显著。500 hPa 湿度 2 个成员预报无明显差异(图略),相对湿度均大于 80%,预报都表明甘肃中东部中低层整层湿度很大。

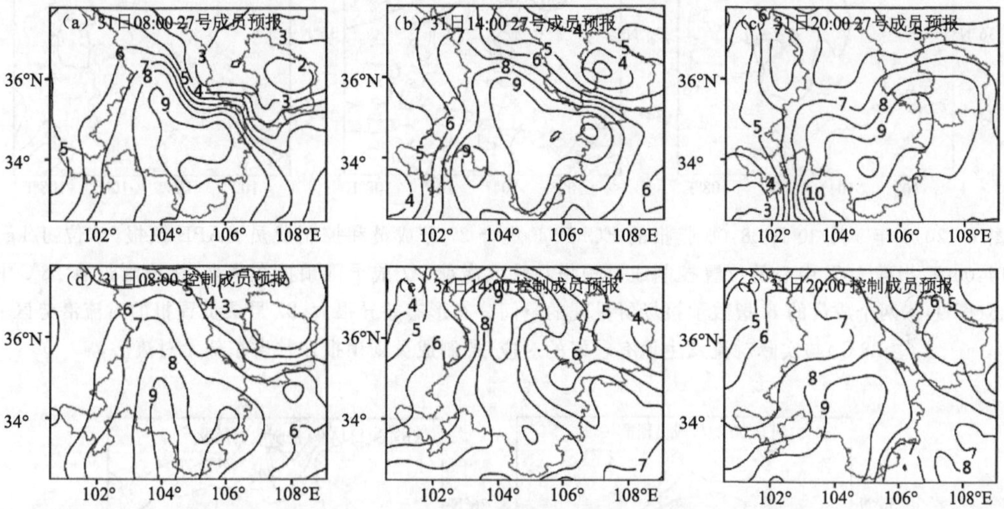


图 6　2015 年 5 月 30 日 08:00 起报的 ECMWF 集合 27 号成员和控制成员 700 hPa 比湿(单位:g/kg)预报

## 5.2 热力稳定度分析

不稳定能量从上午开始产生,并逐渐增长,在中午前后达到最大,经过对流释放,傍晚迅速减小,对此两个成员预报结果较为一致。CAPE 中心值均达到 1000 J/kg 左右(图 7),但大值中心的位置差异明显,27 号成员大值中心在庄浪、华亭附近。

2 个成员预报 14:00 抬升指数 LI 小于−4~6℃的对流潜势区域较为接近(图 9),庄浪、华亭在两个成员的预报中都处于不稳定。控制成员预报的 Li 中心更强,中心为−8℃,位于白银市,小于−4℃的区域分布更广;27 号成员预报中心值为−6℃,小于控制成员,但是小于−6℃的范围与实际对流发生的区域更为接近。

## 5.3 水汽辐合条件分析

比较 700 hPa 水汽通量散度预报发现(图 10),27 号成员预报水汽辐合区在甘肃中东部自西向东移动,中心值为−5~−6 g/($10^7$hPa · $m^2$ · s),对暴雨落区有 6~8 h 的持续影响;对比控制成员,其辐合中心位置及辐合强度均差异很大。

通过 27 号成员和控制成员在暴雨构成要素的预报比较可以看到,在湿度、热力、动力等方面的差异主要表现在空间分布上,27 号成员预报了暴雨发生地的湿度锋区 6 h 的持续,对应

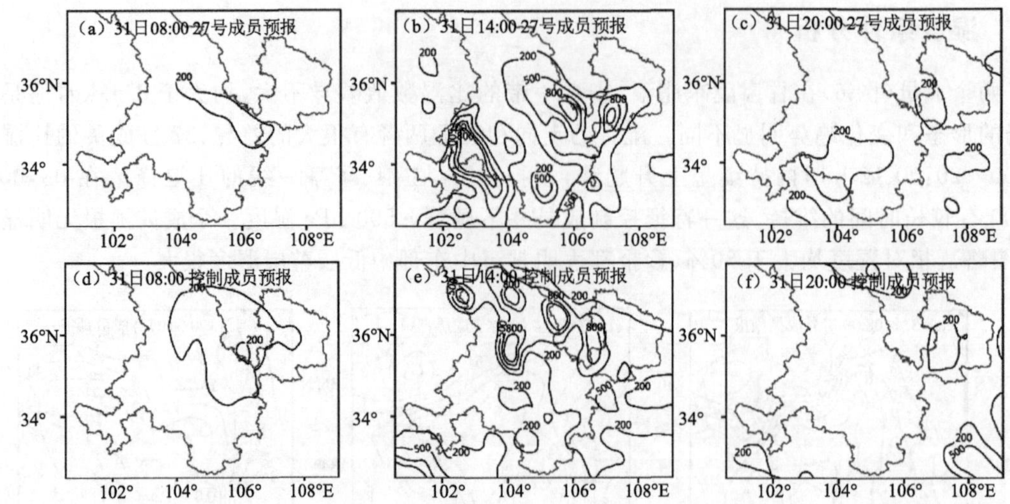


图 7　2015 年 5 月 30 日 08:00 起报的 ECMWF 集合 27 号成员和控制成员 CAPE 预报(单位:J/kg)

14:00,K 指数 30℃中心的位置控制成员预报在陕北南部,27 成员则预报在华亭、庄浪附近有 28℃中心(图 9)。两个成员的 K 指数预报场所呈现的空间分布形态差异很大,27 号成员预报的对流潜势区(≥28℃)与实际对流发生地有较好的对应,控制成员则预报在甘肃东部无对流潜势

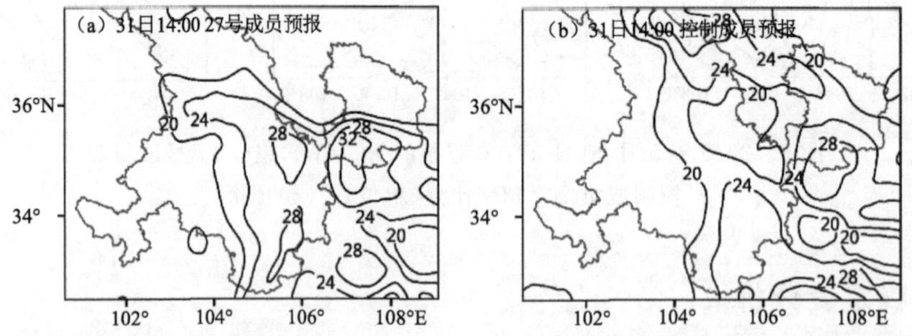


图 8　2015 年 5 月 30 日 08:00 起报的 ECMWF 集合 27 号成员和控制成员 K 指数预报(单位:℃)

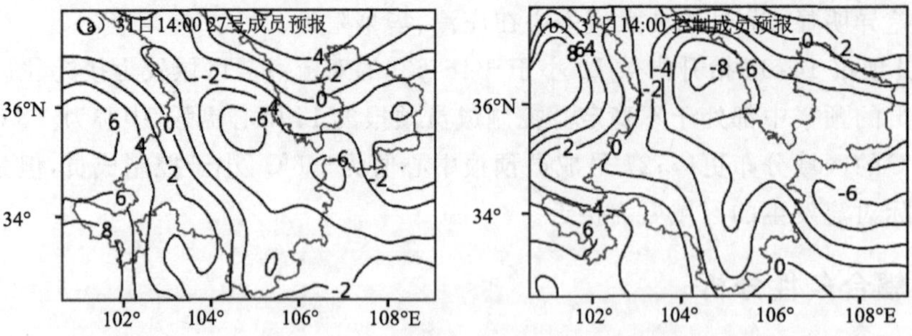


图 9　2015 年 5 月 30 日 08:00 起报的 ECMWF 集合 27 号成员和控制成员 LI 指数预报(单位:℃)

边界层露点锋触发对流的情况发生。丁一汇(2005)提出湿舌与其西北侧干区组成的强湿度梯度是强降水极易发生的地区,这一结论在西北区强降水研究中也已得以验证(白晓平等,2016)。两个成员在 CAPE 和 K 指数空间分布差异更为明显,而 SI 和 LI 指数二者较相似,这

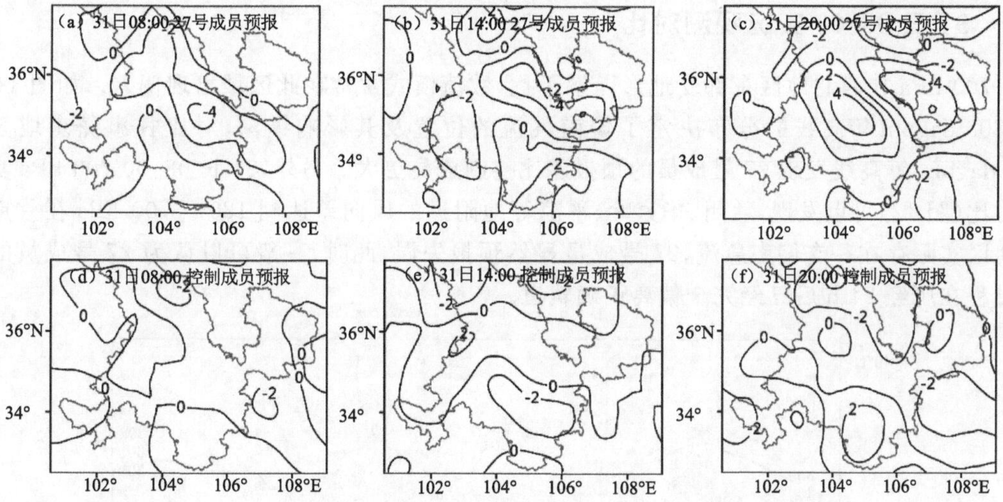


图 10 2015 年 5 月 30 日 08:00 起报的 ECMWF 集合 27 号成员和控制成员 700 hPa 水汽通量散度预报[单位:g/($10^7$ hPa · $m^2$ · s)]

种现象与本地暴雨预报稳定度因子中 CAPE 和 K 指数更为敏感的业务经验结论一致。两个成员在 700 hPa 水汽通量散度方面,无论是强度还是空间分布,均表现出更大的差异。27 号成员的预报不仅预示着降水强度、降水持续时间,也明确指示了暴雨落区。

综上所述,这次暴雨过程中,30 日 08:00 ECMWF 集合的 27 号成员不仅对降水落区、降水量级预报较准确,暴雨构成要素的物理量场和对流参数的预报也与暴雨预报概念相符,满足本地基于配料法暴雨预报的基本条件。至于 27 号成员与其他成员差异应该源于模式的“流依赖”特性,特别是低槽的位置和强度的差异将直接导致物理量场时空分布的差异,因此以下分析将主要关注风场结构,进行基于实况的模式对比。

## 6 实况观测的对比分析

5 月 30 日 08:00 ECMWF 集合预报的 27 号成员存在很大的极端性,在没有实况观测作为验证依据的情况下,在短期时段预报业务中暴雨漏报有其必然性。漆梁波(2015)认为,当代预报员的职责应转移到极端天气和灾害性天气的预警中,预报员要将精力集中在分析模式结果的合理性方面,当然,这一分析要以预报经验和对模式性能理解为基础。以下将 27 号成员与实况观测进行对比,分析短时(3~6 h)和临近(0~2 h)时段 27 号成员预报的“合理性”。

基于目前的业务现实,对比分析主要聚焦在 700 hPa 风场的预报情况,因为 700 hPa 对于平均海拔接近 1500 m 的甘肃陇东地区是数值预报可实际应用的最低层,是低空急流、低层切变线等中尺度系统所在的高度层,也是集合预报各成员之间产生很大分歧的所在。

为弥补探空观测的不足,华家岭(站号 52996,海拔 2450 m)、六盘山站(站号 53910,海拔 2843 m)2 个高山站的地面风观测可用于 700 hPa 实际风的近似,这也是基于本地业务实践的经验。

## 6.1　31 日 08:00 实况观测对比

700 hPa 在西北地区东部受地形因素干扰，数值模式常常在此区域出现偏差。如图 11 所示，308 dagpm 等高线的分布决定了偏南气流的位置及其影响纵深，对比甘肃陇东地区的 308 dagpm 等高线发现 27 号成员的预报差比控制成员更大。另外，31 日 08:00 700 hPa 实测风对比(图 12)可以发现，兰州、华家岭、平凉等地附近的风向差达到 180°。700 hPa 在甘肃陇东地区实际存在一支偏南急流，27 号成员显然预报失误，此时，一般可以认为 27 号成员的物理过程在历经 24 h 后已经完全偏离正确轨道。

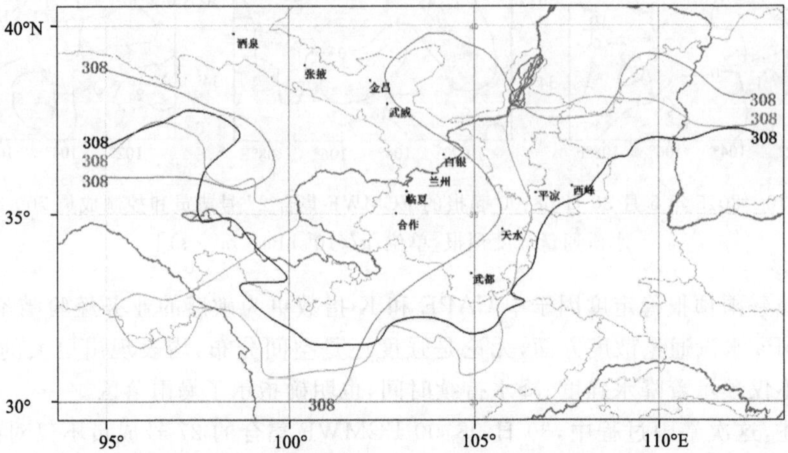


图 11　ECMWF 集合 27 号成员(黑实线)和控制成员(灰白实线)对 5 月 31 日 08:00 700 hPa 等高线(单位:dagpm)的预报与实况(灰色实线)观测对比

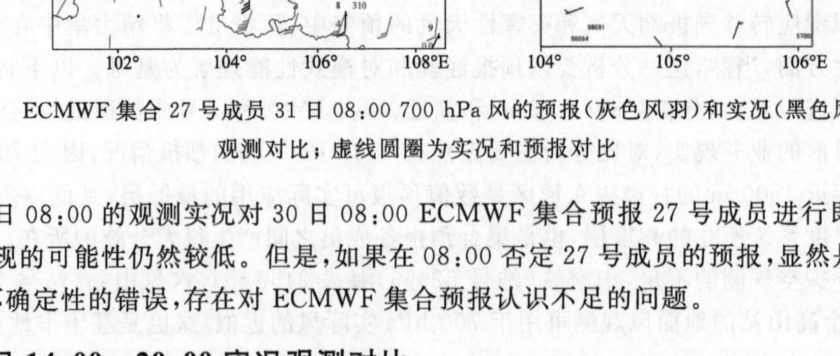


图 12　ECMWF 集合 27 号成员 31 日 08:00 700 hPa 风的预报(灰色风羽)和实况(黑色风羽)观测对比；虚线圆圈为实况和预报对比

以 31 日 08:00 的观测实况对 30 日 08:00 ECMWF 集合预报 27 号成员进行即时分析表明，暴雨出现的可能性仍然较低。但是，如果在 08:00 否定 27 号成员的预报，显然是忽略模式物理过程不确定性的错误，存在对 ECMWF 集合预报认识不足的问题。

## 6.2　31 日 14:00—20:00 实况观测对比

31 日 14:00 27 号成员预报 700 hPa 风向在陇东南地区由 08:00 的偏北转向偏南(图 13)，

偏南急流出现并向北扩展，急流影响范围收窄，位于陇南—天水—平凉一带，风场的预报可以分析出定西南侧的切变线。此时华家岭地面观测风向转为东偏北风，风速 8 m/s，宁夏南部六盘山站观测到 8 m/s 偏东风，因此可以判断，切变线北侧应为偏东气流（图 13 黑色箭头线），切变系统为暖式切变；切变线北侧的西北气流预报存在偏差（可能存在模式分辨率限制），这可能也是 08:00—14:00 降水量预报偏小的一个原因。无论如何，更重要的是偏南急流的正确预报，虽然偏南急流无法通过直接观测得到验证，但降水及其雷达回波的演变都间接证明了偏南急流以及切变系统存在的事实，同样也明确了控制成员及其代表的 ECMWF 确定性预报的错误，可以肯定 27 号成员的预报合理性。

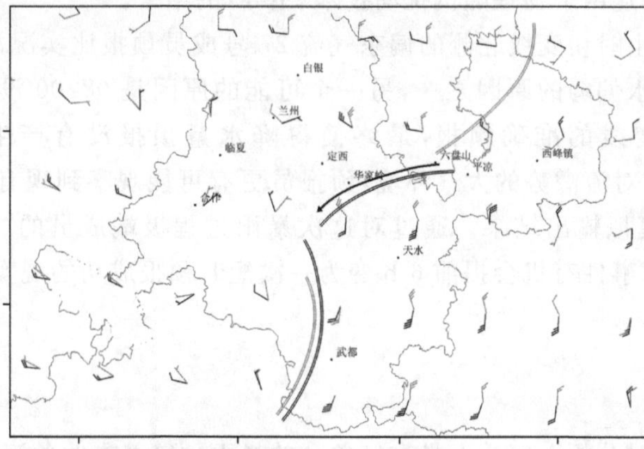


图 13 ECMWF 集合 27 号成员（黑色风羽）和控制成员（灰色风羽）31 日 14:00 700 hPa 风的预报对比；双实线为切变线，黑色箭头线为观测的显著流线

在临近时段，31 日 20:00 700 hPa 实测风对比（图 14）可以发现，汉中偏南风 10 m/s 的预报与实况相符，六盘山站的 14 m/s 的偏东风与预报完全一致，说明了汉中－平凉一线的偏南转东南气流带存在的事实。平凉到宁夏南部的偏东气流预报在预报中得到体现，但较实况有所滞后，虽然低层偏南急流有所东退，然而由于这支偏东气流的存在，表明水汽、能量、动力抬升条件仍然满足降水的持续，华亭、庄浪一带的暴雨临近预警发布的依据充分可靠。

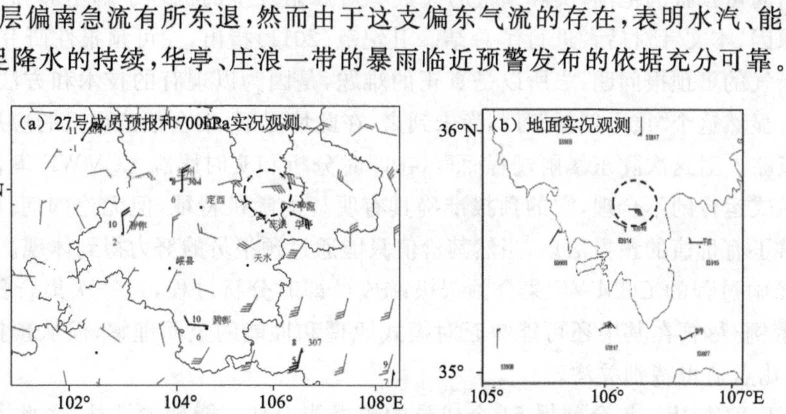


图 14 ECMWF 集合 27 号成员 31 日 20:00 700 hPa 风预报（黑色风羽）与实况（灰色风羽）观测对比；虚线圆圈为实况和预报的对应

"即时分析"过程曲折，如前所述，最初观测实况表明，27 号成员在低层偏南急流上比其他成员出现了更大的偏差，依据预报员对底层风场的外推经验，因此可以判断 27 号成员降水量

预报错误。但是,27 号成员风场预报在后续时段(14:00—20:00)却出现了与经验完全背离的演变,而这个演变却基本符合观测事实。ECMWF 集合预报系统各成员模式(除了控制成员)都伴随有两种不同的随机扰动技术(Andersson et al.,2015),一是物理参数化方案的趋势随机扰动,称为"物理随机(stochastic physics)";二是因为存在不能识别尺度上的动能,需要进行涡度状态倾向的随机扰动,称为"反向随机(stochastic backscatter)"。值得一提的是,Stensrud 等(2000)通过对中尺度对流系统预报,对初值的误差与模式的不确定性对集合预报影响的相对重要性进行了比较研究,发现当大尺度强迫作用很弱时,初值的不确定性不起主导作用,而物理的不确定性有重大的影响。本次暴雨过程具有暖区内弱大尺度强迫特征,因此上述的所谓"演变"应该是这两个物理随机扰动技术"主导"的结果。

另外,在降水发生时切变线北侧的偏东气流 27 号成员预报比实况滞后,可能是该成员预报 08:00—14:00 降水偏弱的原因之一,另一个可能的原因是 08:00 没能报出偏南急流。但 14:00 对急流和切变线的准确预报,最终使得降水量预报没有产生更大偏差。Doswell (1996a)认为,对具有对流潜势的大气环境,预报员更有可能观察到现有的观测线索顺从于低概率(极端)成员的模拟输出结果。通过对这次暴雨过程极端成员的"实时追踪"和"即时分析",发现这个低概率事件有机会提前 6 h 变为一次短时预报成功的现实。

## 7 讨论与结论

本文提到的"即时分析",实质上是在气象台的暴雨预警基本业务流程的背景下,利用本地的暴雨预报经验和方法,探讨如何面对和处理集合预报的可预报问题。一般概念上,大气的可预报性有内在可预报性和实际可预报性两种(陈茂钦 等,2011),前者与大气运动的复杂程度相关,后者与模式的初值和模式本身的水平相关。

2015 年 5 月 31 日甘肃陇东暴雨过程从大气内在可预报性方面考虑,主要表现为影响天气系统不明显且发生气候概率极低;从模式实际可预报性方面考虑,则是所有确定性模式和集合预报几乎均未指向可预报的范围,实际预报的失败有对暴雨发生的机理了解不够和可预报性问题的忽略两大原因,本文针对后者进行了总结。丑纪范(2011)指出,在可预报性研究领域,真正的难题是极端天气的可预报问题,之所以是真正的难题,是因为以现有的技术和方法难以解决,需要重大创新。显然这个"重大创新"时刻尚未到来,在此情况下,集合数值预报的应用不失为最为有效的补救策略。对这次陇东暴雨过程而言,在即时分析和实时跟踪 ECMWF 集合成员的过程中可以发现模式运行的不合理,它的预报准确具有明显的随机特征,但无论如何,ECMWF 集合预报还是提供了有价值的预报信息,当然其价值只能通过预报员的努力得到体现。

此次暴雨过程的 ECMWF 集合预报极端成员即时分析过程,是一次集合预报在暴雨预警中的应用示例,尽管在其中还可能缺乏对模式原理和性能的全面理解,但从预报员业务应用的角度,以下几点值得特别关注。

(1)由于 ECMWF 集合预报 51 个成员的预报能力都不能预先评估,因此不能轻视任何成员的预报结果,特别是不稳定的大气环境下,ECMWF 集合预报的"极端成员"预报准确的可能性增大;

(2)由于 ECMWF 集合预报系统存在物理过程随机,集合成员的随机性体现在预报时效的所有时段,所以对"极端成员"的实时跟踪和即时分析要贯穿天气系统影响的整个时段,在此过程中不仅要依据常规观测，也要通过其他中尺度观测手段评估极端成员预报既成事实的可能性；

(3)面对复杂地理条件下(如西北地区东部)中尺度系统的发生，预报员可能好过单个模式，但集合预报成员中很可能有更接近实况的预报结果，其降水量预报可作为定量的客观依据。同时还应注意，ECMWF 集合预报虽然对大气环境条件有很好的模拟，但仍不具备描述中尺度对流性系统发展和消亡具体过程的能力，也更没能力真实反映对流性降水在复杂地形条件下极不均匀的空间分布。

## 参考文献


白晓平，王式功，赵璐，等，2016. 西北地区东部短时强降水概念模型[J]. 高原气象，35(5)：1248-1256.

蔡沅辰，闵锦忠，庄潇然，2017，不同随机物理扰动方案在一次暴雨集合预报中的对比研究[J]. 高原气象，36(2)：407-423.

陈博宇，郭云谦，代刊，等，2016. 面向台风暴雨的集合预报成员优选订正技术研究及应用试验[J]. 气象，42(12)：1465-1475.

陈茂钦，徐海明，2011. 江淮锋面和华南暖区两次暴雨过程可预报性对比[J]. 南京信息工程大学学报(自然科学版)，3(2)：118-127.

丑纪范，2011. 天气和气候的可预报性[J]. 气象科技进展，1(2)：11-14.

丁一汇，2005. 高等天气学[M]. 北京：气象出版社：324-325.

董全，金荣花，代刊，等，2016. ECMWF 集合预报和确定性预报对淮河流域暴雨预报的对比分析[J]. 气象，42(9)：1146-1153.

杜均，Richard H G，邓国，2014. 预报异常极端高影响天气的“集合异常预报法：以北京 2012 年 7 月 21 日特大暴雨为例[J]. 大气科学，38(4)：685-699.

杜钧，陈静，2010. 单一值预报向概率预报转变的基础：谈谈集合预报及其带来的变革[J]. 气象，36(11)：1-11.

康岚，郝丽萍，蒲吉光，等，2016. 对两次持续性暴雨过程落区预报的探讨[J]. 高原气象，35(6)：1540-1550.

李俊，杜均，王明欢，等，2009. 中尺度暴雨集合预报系统研发中的初值扰动试验[J]. 高原气象，28(6)：1365-1375.

李俊，廖移山，张兵，等，2007. 集合数值预报方法在山洪预报中的初步应用[J]. 高原气象，26(4)：854-861.

李晓霞，尚大成，谌芸，等，2013. 甘肃陇南两次不同强度暴雨天气的中尺度特征分析[J]. 高原气象，32(5)：1389-1399.

潘留杰，张宏芳，侯建忠，等，2015. 弱天气系统强迫下黄土高原强对流云的初生及演变[J]. 高原气象，34(4)：982-990.

漆梁波，2015. 高分辨率数值模式在强对流天气预警中的业务应用进展[J]. 气象，41(6)：661-673.

石岚，徐丽娜，郝玉珠，2017. 多模式风速融合预报应用研究[J]. 高原气象，36(4)：1022-1028.

谭燕，陈葆德，2014. 多种扰动组合的热带气旋路径集合预报技术研究[J]. 高原气象，33(4)：1012-1021.

王宝鉴，孔祥伟，傅朝，等，2016. 甘肃陇东南一次大暴雨的中尺度特征分析[J]. 高原气象，35(6)：1551-1564.

王晨稀，姚建群，2008. 对一次局地短时强降水过程的集合预报研究[J]. 高原气象，27(6)：1229-1239.

王毅，何立富，代刊，等，2017. 集合敏感性方法在高原涡和西南涡引发暴雨过程中的应用[J]. 高原气象，36(5)：1245-1256.

肖玉华，何光碧，陈静，等，2011. 区域集合预报增长模繁殖扰动方法研究[J]. 高原气象，30(1)：94-102.

许东蓓，许爱华，肖玮，等，2015. 中国西北四省区强对流天气形势配置及特殊性综合分析[J]. 高原气象，34(4)：973-981.

张小玲，陶诗言，孙建华，2010. 基于"配料"的暴雨预报[J]. 大气科学，34 (4)：754-756.

赵庆云，傅朝，刘新伟，等，2017. 西北东部暖区大暴雨中尺度系统演变特征[J]. 高原气象，36(3)：697-704.

ANDERSSON E，ANDERS P，TSONEVSKY I，2015. User Guide to ECMWF Forecast Products(version 1.2)[M]. ECMWF，Reading，UK.

BROOKS H E，DOSWELL C A，1993. New technology and numerical weather prediction：A wasted opportunity [J]. Weather，48：173-177.

BUIZZA R，MILLEER M，PALMER T N，1999. Stochastic representation of model uncertainties in the ECMWF ensemble prediction system [J]. Quart J Roy Meteor Soc，125(560)：2887-2908.

DOSWELL C A，1996a. Short-range ensemble forecasting：concepts for application to severe thunderstorms [C]. 5th Australian Severe Thunderstorm Conference.

DOSWELL C A，BROOKS H E，MADDOX R A，1996b. Flash flood forecasting：An ingredients-based methodology [J]. Wea Forecasting，11：560-581.

MOLTENI F，PLAMER T N，BUIZZA R，Pertroliagis T，1996. The ECMWF ensemble prediction system methodology and verification [J]. Quart J Roy Meteor Soc，122：73-121.

NEDJELJKA Z，BUIZZA R，2015. A three-dimensional multivariate modal analysis of atmospheric predictability with application to the ECMWF ensemble [J]. J Atmos Sci，72(11)：4423-4444.

PALMER T，BUIZZA R，DOBLAS-REYES F，et al，2009. Stochastic parametrization and model uncertainty [M]. Tech Memo 598，ECMWF，Reading，UK.

STENSRUD D J，BAO J，WERNER T，2000. Using initial condition and model physics perturbation in shortrang ensemble simulation of mesoscale connective system [J]. Mon Wea Rev，128：2077-2107.

# 河西走廊中西部干旱区极端暴雨个例分析*

孔祥伟[1],陶健红[2],刘治国[2],傅朝[1],吉惠敏[1]
(1. 兰州中心气象台,兰州 730020;2. 甘肃省气象局,兰州 730020)

**摘要:**利用常规、自动气象观测站资料、卫星资料及 NCEP 1°×1°再分析资料,对 2012 年 6 月 4—5 日河西走廊中西部干旱区极端暴雨天气的影响系统配置、中尺度特征、水汽输送、不稳定能量等方面进行诊断分析。结果表明:此次暴雨发生在冷锋过境后,降温冷凝作用显著,对流层高层强烈的抽吸,中层高原低涡受其下游弱脊阻挡较长时间停留在暴雨区上空,低层存在切变线,高低空系统的耦合提供了良好的中尺度对流条件;水汽主要来自于对流层中低层东、西两路及高层南路三支水汽输送通道,西路水汽输送强度最大,东路水汽输送受小高压影响显著,暴雨开始后 6 h 才完整建立,暴雨中心整层大气可降水量达到了该地区夏季平均值的两倍多;近地面通过降温增湿强迫出对流不稳定能量,自由对流高度较低;涡旋云系的冷空气侵入处,不断激发出 6 个 β 中尺度对流单体,暴雨中心玉门分两时段受其中 4 个单体的影响,产生短时强降水。

**关键词:**河西走廊中西部;极端性;暴雨;高原低涡

## 1 引言

河西走廊东起乌鞘岭,西至古玉门关,介于南山(祁连山、阿尔金山)和北山(马鬃山、合黎山、龙首山)之间,长约 900 km,宽数千米至近百千米,为西北至东南走向的狭长平地,以祁连山冰雪融水所灌溉的绿洲农业较盛,降水稀少且相差悬殊,水热条件分布不均,一半以上面积是沙漠、戈壁和荒漠化地区(贾文雄 等,2007;李锁锁 等,2008;郭小芹 等 2011),其中西部的年平均降水量在 200 mm 以下,属于我国内陆干旱区,暴雨在该地区属于小概率事件(王式功 等,1994),年平均发生频次远小于 1 次(孔祥伟 等,2012),然而近两年河西走廊中西部极端暴雨事件频发,且局地降水强度明显超过历史极值,如 2011 年 6 月 15 日暴雨天气,酒泉肃北站日降水量达到了 74.4 mm,2012 年 6 月 5 日暴雨天气,酒泉玉门站日降水量超过 80 mm,6 月 26 日张掖市内又普降暴雨等。对于该地区来说,暴雨即是山洪、地质灾害、城市内涝等次生气象灾害的主要诱因,造成严重的人员伤亡和经济损失,也是重要的水资源,若能及时做出准确预报,趋利避害,蓄导得当,是解除农业干旱的途径之一,因此,如何准确监测预报暴雨,尤其是干旱区突发性暴雨天气,以便提高暴雨洪涝防灾减灾能力,合理开发利用水资源,是气象工作者一项重要研究课题(纪晓玲 等,2012)。

* 本文已在《高原气象》2015 年第 34 卷第 1 期正式发表。

以往学者对我国西北地区暴雨天气做了大量研究工作，主要集中在西北地区的东部，包括个例诊断分析和数值模拟(刘勇 等，2006；井喜 等，2008；杜继稳 等，2004；杨小银 等，2013；王劲松 等，2002；任余龙 等，2007)、暴雨的中尺度特征分析(罗慧 等，2009；井宇 等，2010；毕宝贵 等，2004)、复杂地形对暴雨的影响(李川 等，2006；毕宝贵 等 2006)以及暴雨的自组织现象(段海霞 等，2011)等，另外，雷达资料在西北地区东部暴雨中的应用也有一些研究(付双喜等，2006；潘留杰 等，2013)，这些工作对西北地区东部暴雨的预报和研究工作打下了良好的基础。西北地区西部干旱区的暴雨也有一些研究成果(王式功 等，1994；张云惠 等，2013；滕水昌 等，2007；滕水昌 等，2010；付双喜 等，2009；杨晓玲 等，2007；王伏村 等，2013)，王式功 等(1994)指出甘肃河西中部金昌“87.6”罕见局部大暴雨是由于与南支低槽配合的地面冷锋侵入触发不稳定能量的释放所造成。滕水昌等(2007，2008)的研究表明，2009 年“8.18”河西走廊中部局地强降水是中低层不稳定能量触发，在大尺度锋面降水云系中产生中尺度对流云团活动引起的，而 2006 年 7 月 14 日永昌局地暴雨天气主要是由于涡旋云系外部气流引发的对流单体造成的。付双喜等(2009)利用多普勒雷达资料对河西走廊中部的强降水过程分析表明复杂地形对该地区强降水的产生有重要影响。王伏村等(2013)通过对敦煌致洪暴雨的广义湿位涡分析，指出 800 hPa 上广义湿位涡的正异常区基本与暴雨区一致，与湿位涡相比，广义湿位涡能更好地诊断出这次暴雨落区。目前，西北地区西部干旱区暴雨天气的预报在日常业务中仍是技术难题，且由于其复杂的地理条件、发生频次较低，因此对该地区暴雨天气已开展的研究工作还较少，对干旱区突发性暴雨天气的产生机理还须进一步认识。

2012 年 6 月 4—5 日河西走廊中西部出现了罕见极端暴雨天气，这次暴雨天气与 2011 年敦煌致洪暴雨(王伏村 等，2013)主要影响系统均是高原低涡(涡旋)，但王伏村等(2013)侧重分析了广义湿位涡在暴雨中的应用，而极端暴雨天气，因其降水量太大，其天气形势、天气尺度和中尺度强迫、水汽输送和辐合、大气不稳定性等方面往往比较典型(孙军 等，2012)，故本文将利用高空、地面观测资料、平均云顶亮温和 NCEP 1°×1°再分析资料，从暴雨的极端性、天气尺度环境场高低层配置、中尺度对流云团、水汽输送特征及大气不稳定等多方面探讨此次暴雨的成因，以加深对河西走廊中西部干旱区突发性局地暴雨天气产生机理的认识，提高对此类极端降水天气的预报能力。

## 2 资料及方法

使用河西走廊中西部 14 个常规观测站(包括国家基准站、基本站、一般站)2004—2012 年的小时加密雨量、1971—2012 年的逐日雨量及 2012 年 6 月 1—6 日观测资料。NCEP/NCAR 提供的 2012 年 6 月 2—6 日每日 4 次空间分辨率 1°×1°的再分析资料及国家卫星气象中心 1 h 分辨率 FY-2D 的 0.1°×0.1°的平均云顶亮温(TBB)资料。在分析本次暴雨实况时使用了区域自动观测站雨量资料，该资料经过了初步的质量控制。在讨论河西走廊中西部暴雨极端性时，使用时间序列较长的常规观测站资料，并未使用区域自动观测站资料。将某日 08:00—08:00 的日降水量(简称 $R_{08-08}$，下同)定义为该日 08:00 至次日 08:00 降水量之和，某日 20:00—20:00 的日降水量(简称 $R_{20-20}$，下同)定义为前日 20:00 至该日 20:00 降水量之和。小时降水量定义为前一小时内的雨量，例如 08:00 雨量是指 07:00—07:59 的降水之和。

在分析暴雨区域水汽特征时，使用了整层大气可降水量，其为从地表到大气顶单位面积空

气柱内的水汽含量(王宝鉴 等,2006),公式如下:

$$W = \frac{1}{\rho_s g}\int_{P_s}^{P_t} q\,\mathrm{d}P \tag{1}$$

式中,$W$ 的单位为 mm;$\rho_s$ 为水的密度;$q$ 为各层大气的比湿;$P_t$ 为大气顶气压取300 hPa,因为300 hPa 以上的水汽含量很少;$P_s$ 为地表气压,这样去除地形的影响;$g$ 为重力加速度。在讨论河西走廊中西部不同边界水汽输送时,先由 NCEP/NCAR 再分析资料得到各层各格点水汽通量,再进行边长和垂直方向积分,从而得到各边界水汽输送量,最后将单位换算为 t/s。

# 3 暴雨概况

2012 年 6 月 4 日 20:00 至 5 日 20:00(北京时,下同),西北地区普降小到中雨,河西走廊中西部出现了局部暴雨天气(图 1a,河西走廊暴雨标准 $R \geqslant 30$ mm,大暴雨标准 $R \geqslant 50$ mm)。研究区域内包括区域自动观测站共 8 站 $R_{20-20} \geqslant 50$ mm,26 站 $R_{20-20} \geqslant 30$ mm,暴雨主要发生在肃北、玉门、肃南三地,大暴雨中心位于玉门市,市内的农机中心农场雨量点降水量96.4 mm是本次过程的最大值,玉门站 86.1 mm 的降水量是次大值。玉门梁子沟雨量点小时最强降水达到了 38.2 mm,梁子沟、榆林窟等 6 个雨量点也出现了超过 15 mm/h 的短时强降水,本次暴雨过程持续时间约 20 个小时,玉门降水主要时段集中在 5 日 07:00—14:00(图 1b)。

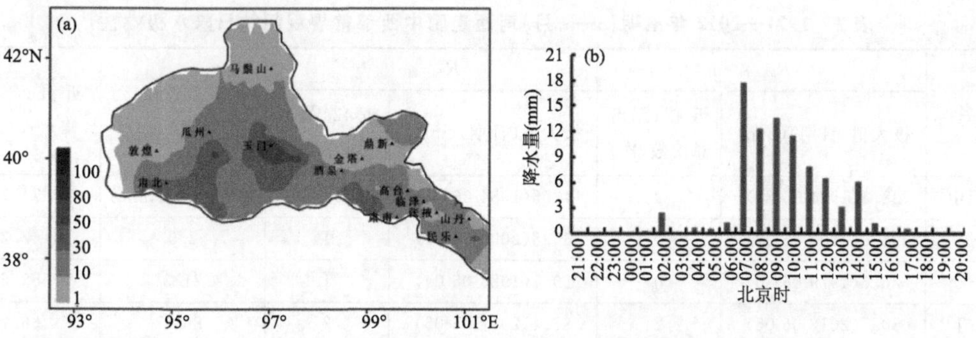


图 1 2012 年 6 月 4 日 20:00 至 5 日 20:00(a)河西走廊中西部降水量,
(b)玉门站小时雨量时序图(单位:mm)

# 4 暴雨极端性

## 4.1 日降水极端性

表 1 是河西走廊中西部汛期日降水极端性统计结果,该地区暴雨事件发生次数很少,只有肃北、山丹、民乐三站近 42a 暴雨总次数超过 10 次,暴雨虽是河西走廊中西部的小概率事件,但在干旱区内其降水强度却不小,玉门站暴雨极大值达到了 86.1 mm,肃北站达到了 73.1 mm,高台、临泽、民乐三站极大值也超过了 50 mm,从暴雨极大值占年平均降水量的比例

来看，张掖境内各站点为 11.86％～59.33％，酒泉境内各站点高达 48.28％～129.09％，反映出河西走廊中西部暴雨强度的极端性。进一步分析该地区暴雨事件的区域性特征，2、3 站同时达到暴雨强度的降水事件分别发生过 7 次和 3 次，最多 4 个测站同时出现暴雨，过去 42 a 中仅发生过 3 次，暴雨站点均在张掖境内，酒泉境内最多 2 站同时出现暴雨，且历史上只发生过 2 次。此外，酒泉、张掖同时有站点出现暴雨的降水事件历史上只有 3 次，可见，河西走廊中西部暴雨主要呈现局地性。

此次暴雨过程，玉门站日降水量 86.1 mm 刷新了河西走廊中西部常规观测站有观测记录以来暴雨的极大值，肃北、民乐、肃南、瓜州四站日降水量也超过了 20 mm，虽然较各自站点的历史极大值有差距，但在河西走廊中西部如此大范围的这种强度的降水仍是十分少见，酒泉境内第 3 次出现 2 站降水同时达到暴雨的强度。

## 4.2 小时降水极端性

河西走廊中西部小时降水极大值为山丹站的 19.6 mm，玉门站的 17.6 mm 次之，除了敦煌、瓜州、临泽三站外，其余测站均有超过 10 mm/h 的历史记录，但发生次数均很少，玉门和山丹两站发生次数最多，也仅为 5 次。只有 4 站发生过 15 mm/h 以上强度的降水，其中酒泉境内的玉门、鼎新、酒泉站各发生一次，张掖境内的山丹站发生两次（表 2）。河西走廊中西部小时强降水的区域性也很差，没有任何两站同时超过 10 mm/h，且单站小时强降水的持续性也较弱，只有此次暴雨过程玉门站超过 10 mm/h 的降水持续了 4 h（图 1b），这是河西走廊中西部常规观测站小时强降水有记录以来最长的持续时间。

**表 1 1971—2012 年汛期(5—9 月)河西走廊中西部常规观测站日降水极端性**

| 站名 | $R_{08-08}$ | | $R_{20-20}$ | | 此次过程降水量(mm) | 近 42a 年平均降水量(mm) |
|---|---|---|---|---|---|---|
| | 极大值(日期)(mm) | 近 42a 暴雨总次数(次) | 极大值(日期)(mm) | 近 42a 暴雨总次数(次) | | |
| 马鬃山 | 38.5(1984-06-22) | 2 | 42.5(1984-06-22) | 2 | 微量(<0.1 mm) | 74.7 |
| 敦煌 | 28.0(2002-06-07) | 0 | 30.8(2002-06-07) | 1 | 2.5 | 42.2 |
| 瓜州 | 26.5(1979-06-30) | 0 | 30.7(1985-06-04) | 1 | 21.3 | 53.6 |
| 玉门 | 50.7(2012-06-05) | 2 | 86.1(2012-06-05) | 2 | 86.1 | 66.7 |
| 鼎新 | 30.6(2004-07-24) | 2 | 30.0(2007-07-19) | 1 | 8.7 | 53.3 |
| 金塔 | 42.7(2004-07-24) | 3 | 37.3(2004-07-24) | 2 | 5.2 | 62.1 |
| 肃北 | 73.1(2011-06-15) | 11 | 59.9(1994-06-18) | 15 | 36.2 | 151.4 |
| 酒泉 | 46.9(1983-08-03) | 3 | 44.2(1983-08-04) | 5 | 11.5 | 87.7 |
| 高台 | 50.4(1974-07-29) | 1 | 65.5(1974-07-30) | 3 | 17.8 | 110.4 |
| 临泽 | 51.6(1974-07-29) | 1 | 49.81974-07-30) | 4 | 11.3 | 113.1 |
| 肃南 | 30.5(2009-08-17) | 1 | 31.4(1996-07-27) | 2 | 21.4 | 264.8 |
| 张掖 | 40.5(2012-06-26) | 3 | 42.5(2012-06-27) | 2 | 9.3 | 130.4 |
| 民乐 | 48.7(1979-06-30) | 26 | 54.6(1987-06-11) | 24 | 24.5 | 342.6 |
| 山丹 | 44.0(2002-07-12) | 13 | 49.9(1979-07-26) | 13 | 11.2 | 199.4 |

表 2 2004—2012 年汛期(5—9 月)河西走廊中西部常规观测站小时降水极端性

| 站名 | 极大值(mm)(年-月-日-时) | ≥10 mm 次数(次) | ≥15 mm 次数(次) | 此次过程小时降水极值(mm) | ≥10 mm 持续 N 小时的次数(次) | | |
|---|---|---|---|---|---|---|---|
| | | | | | 2 h | 3 h | 4 h |
| 马鬃山 | 14.3(2005-08-19-18) | 2 | 0 | 微量(<0.1 mm) | 0 | 0 | 0 |
| 敦煌 | 8.5(2005-05-13-09) | 0 | 0 | 0.6 | 0 | 0 | 0 |
| 瓜州 | 8.8(2007-07-10-21) | 0 | 0 | 5.8 | 0 | 0 | 0 |
| 玉门 | 17.6(2012-06-05-07) | 5 | 1 | 17.6 | 0 | 0 | 1 |
| 鼎新 | 15.4(2007-07-18-09) | 3 | 1 | 1.5 | 0 | 0 | 0 |
| 金塔 | 10.5(2007-07-11-15) | 1 | 0 | 1.4 | 0 | 0 | 0 |
| 肃北 | 11.8(2007-06-14-09) | 1 | 0 | 6.3 | 0 | 0 | 0 |
| 酒泉 | 16.0(2006-07-05-14) | 3 | 1 | 2.4 | 1 | 0 | 0 |
| 高台 | 12.9(2012-06-26-20) | 3 | 0 | 4.8 | 0 | 0 | 0 |
| 临泽 | 8.4(2010-09-15-22) | 0 | 0 | 2.0 | 0 | 0 | 0 |
| 肃南 | 11.0(2008-07-17-14) | 1 | 0 | 2.0 | 0 | 0 | 0 |
| 张掖 | 10.3(2012-06-26-22) | 1 | 0 | 2.1 | 0 | 0 | 0 |
| 民乐 | 12.3(2012-07-20-21) | 2 | 0 | 5.4 | 0 | 0 | 0 |
| 山丹 | 19.6(2005-06-26-05) | 5 | 2 | 6.0 | 0 | 0 | 0 |

## 5 大尺度环流形势

暴雨发生前 12 h,欧亚上空 500 hPa(图 2a)中高纬呈稳定的两槽两脊型,乌拉尔山阻塞高压(简称乌山阻高,下同)已经建立,其前部偏北气流引导冷空气南下到达南疆盆地后,在东移过程中与来自孟加拉湾的暖湿空气在青海西南部交汇后形成高原低涡,该低涡是此次暴雨过程的直接影响系统,其受甘肃中东部弱脊的阻挡,向东北方向缓慢移动;700 hPa 上,存在中心位于陕、蒙交界处的闭合高压(简称小高压,下同),小高亚受其东部的东北低涡和台风"玛娃"两个低压系统的阻挡,东移速度也很缓慢,其稳定存在有利于对流层低层暖湿水汽绕青藏高原东侧输送到西北地区,地面冷锋位于酒泉西部。4 日 20:00 高原低涡中心移动至柴达木盆地,其北侧开始对河西走廊中西部产生影响,低涡东北侧为暖平流,西南侧为冷平流,随着斜压性的增强加之阻高前部的低槽不断输送正涡度,高原低涡将进一步发展,700 hPa 上河西走廊出现一条切变线,呈哈密—瓜州—金塔—阿拉善右旗—永昌的西北至东南走向,地面冷锋东移至酒泉和张掖之间,地面冷锋后为一致的西北风。暴雨强盛时段(图 2b),高原低涡中心移至河西走廊中西部上空,加强形成 572 dgpm 闭合等值线,700 hPa 上切变线南压至若羌—肃北—玉门—肃南—山丹一带,小高压中心移动到晋、豫、冀交界处,西太平洋副热带高压显著北抬,其外围西南暖湿气流加强(图 2c),水汽输送加强,地面冷锋东移至张掖和武威之间,锋后无明显辐合系统。5 日 20:00,高原低涡演变为低槽,东移至西北地区东部,乌山阻高前部弱脊控制河西走廊中西部,700 hPa 上河西走廊中西部已完全被西北气流控制,暴雨区降水结束。此外,暴雨强盛时段,河西走廊中西部一直位于对流层高层急流轴入口区的右后侧(图 2d),高层辐散对低层的抽吸作用也是造成暴雨的重要原因之一。

分析表明，此次暴雨天气是发生在地面冷锋过境后，地面系统影响不显著，而高低空系统耦合为本次暴雨的发生提供了良好的中尺度对流条件。高原低涡是本次暴雨的主要影响系统，其过境时受其下游弱脊的阻挡，较长时间停留在河西走廊中西部上空。

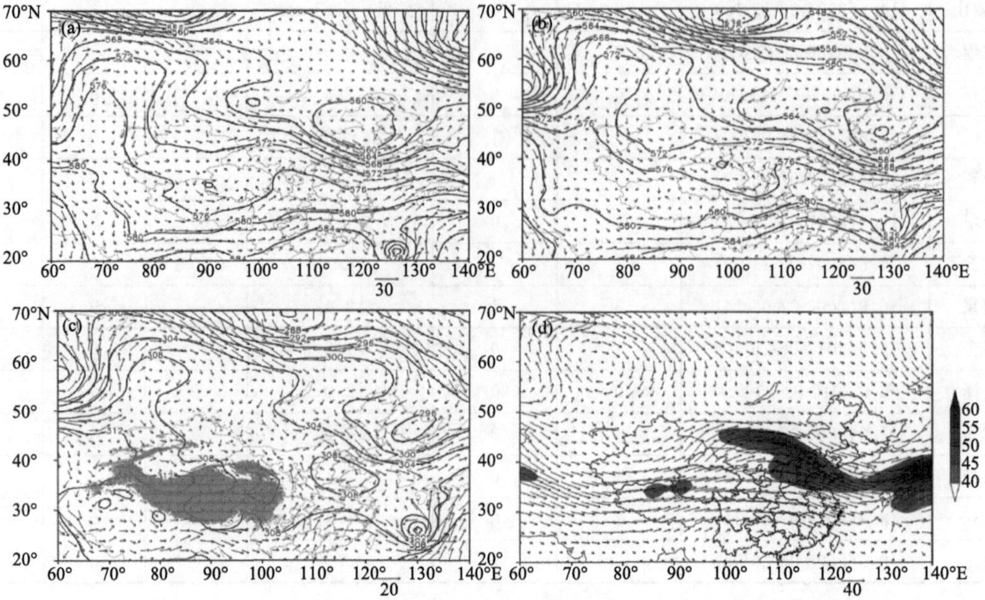


图 2　(a)4 日 08:00 和(b)5 日 08:00 的 500 hPa 高度场(单位:10 gpm)和风场(单位:m/s)，5 日 08:00(c)700 hPa 高度场和风场，(阴影表示海拔超过 3000 m)(d)200 hPa 风场(阴影区为风速≥40 m/s)

## 6　中尺度特征分析

此次暴雨过程主要是高原低涡过境时，涡旋层状云系中激发多个 β 中尺度对流单体，对流云降水和层状云降水共同形成的局地暴雨天气，本文将着重讨论对流单体演变过程及其对降水的影响。河西走廊中西部降水始于肃北县，4 日 21:00—24:00 降水落区逐步扩大到敦煌和瓜州，降水主要以层状云降水为主，肃北出现了 7.6 mm/h 的短时强降水，这主要是对流单体Ⅰ过境时引起的。5 日凌晨随着高原低涡中心移至肃北上空，单体Ⅰ减弱北上至马鬃山附近，高原低涡底前部不断有冷空气侵入(图 3 中黑色箭头)与其顶部偏东暖湿空气相互作用，使云系的气旋性曲率增大，5 日 01:00 在冷空气侵入处两个对流单体被激发，分别位于肃北和青海德令哈附近，云顶红外亮温 TBB 为－52℃，云体向上伸展到约 9.5 km 处，在高原地区这已是发展较为旺盛的对流单体。受新单体Ⅱ东移北上影响(图 3a～c)，瓜州和玉门相继出现了较强降水，受此影响大暴雨中心出现了第一阶段的强降水，瓜州榆林窟雨量点达到了 16.4 mm/h，玉门清泉雨量点出现了 12.6 mm/h(图 4a～c)，新生单体Ⅲ在东移北上过程中迅速减弱，其主要影响张掖的肃南，但降水强度较弱。5 日 05:00 单体Ⅲ减弱消失，单体Ⅱ也减弱移至马鬃山附近，由于马鬃山地区的区域自动站雨量点十分稀疏，降水实况难以监测。06:00在冷空气侵入处又有新单体Ⅳ和Ⅴ被激发生成(图 3d)，07:00 玉门上空单体Ⅵ生成(图 3e)，受这三个单体影响，玉门又经历了第二阶段强降水，其中玉门梁子沟雨量点高达38.2 mm/h，玉门本站也达到了17.6 mm/h(图4e,f)，如此强的小时降水在河西走廊中西部十分罕见，09:00之后，涡旋云系中云顶红外亮温TBB再也没有低于过−50℃(图3g、h)，降水强度逐渐减弱，5日13:00涡旋云系主体北上移出了河西走廊中西部地区，暴雨区转为稳定性降水为主。从玉门站上空的云顶红外亮温TBB演变曲线(图略)也可以看出在5日02:00和07:00分别处于最低值，玉门受两批次的对流单体影响。

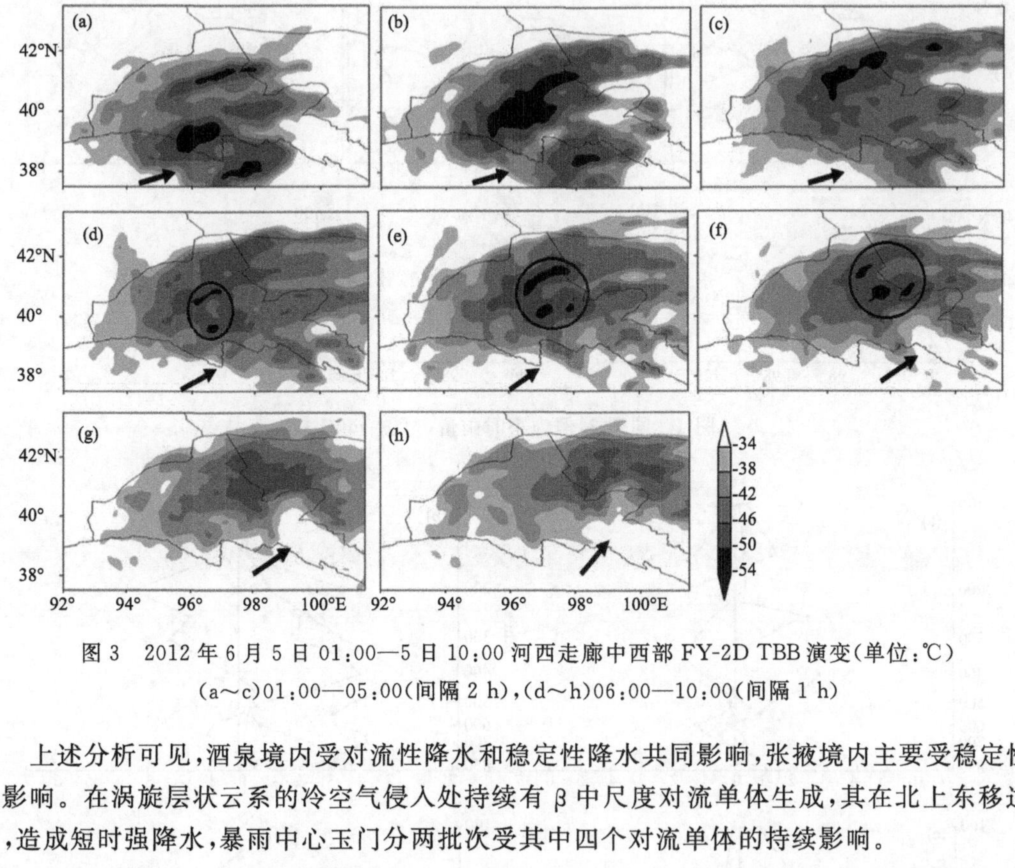


图3 2012年6月5日01:00—5日10:00河西走廊中西部FY-2D TBB演变(单位:℃)
(a~c)01:00—05:00(间隔2 h)，(d~h)06:00—10:00(间隔1 h)

上述分析可见，酒泉境内受对流性降水和稳定性降水共同影响，张掖境内主要受稳定性降水影响。在涡旋层状云系的冷空气侵入处持续有β中尺度对流单体生成，其在北上东移过程中，造成短时强降水，暴雨中心玉门分两批次受其中四个对流单体的持续影响。

# 7 中尺度系统的环境场

## 7.1 强烈的上升运动

94°~101°E，38°~41°N范围是此次暴雨过程主要降水区域，暴雨强盛时段高原低涡中心位于此范围内，将其定义为区域M。分析区域M的动力条件表明，暴雨发生前(图5a)，对流层整层以负涡度为主，低层辐合较弱，600 hPa以下为很弱的上升运动。暴雨开始时刻(图5b)，对流层整层上升运动显著增强，700 hPa和400 hPa存在着两个大值中心，分别为$-4.2\times10^{-3}$和$-5.5\times10^{-3}$ hPa/s，散度场为低层辐合、高层辐散，高层辐散强度略大于低层辐合强度，高层抽吸作用显著，而大气强盛抽吸作用是形成和维持暴雨发生、发展的重要条件(屠妮妮 等，2008)，涡度场为低层弱正涡度高层强负涡度，有利于高层强抽吸作用的维持。暴雨强盛时段(图5c)，高原低涡移至

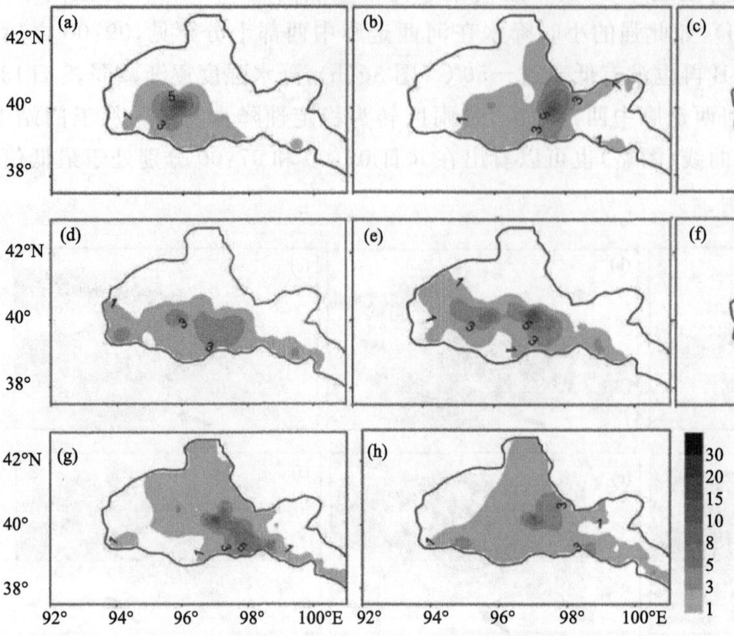


图 4　同图 3,但为小时雨量(单位:mm)

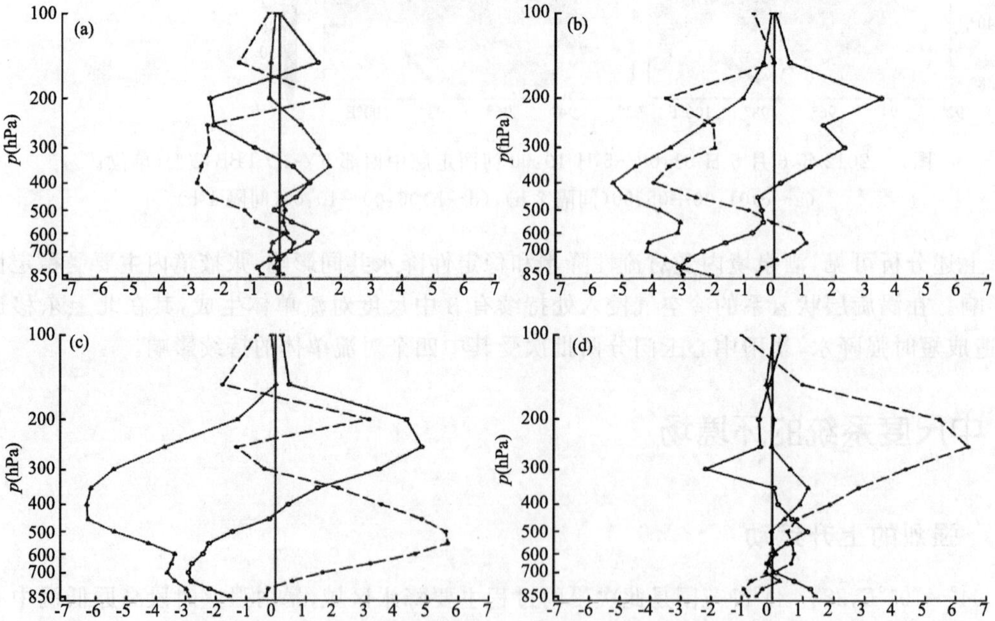


图 5　区域 M(95°～101°E,38°～41°N)内平均涡度(实心圆,单位:$10^{-5}$/s),散度(空心圆,单位:$10^{-5}$/s),垂直速度(三角形,单位:$10^{-3}$ hPa/s)

(a)4 日 08 时,(b)4 日 20 时,(c)5 日 08 时,(d)5 日 20 时

河西走廊中西部上空,对流层中低层涡度迅速增大,550 hPa 上达到了 $5.7\times10^{-5}$/s,增加的正涡度使中低层辐合、上升运动进一步加强,400 hPa 上升运动加强至 $-6.5\times10^{-3}$ hPa/s,此时高层抽

吸作用仍然存在。5 日 20:00 上升运动减弱并消失，对流层中低层散度和涡度基本稳定在零值附近(图 5d)，不利于降水的形成。上述分析表明，对流层中低层强正涡度，高层辐散低层辐合及整层强烈的上升运动是此次暴雨过程发生、发展的动力基础。

## 7.2 充沛的水汽输送

充沛的水汽供应是形成暴雨的必要条件，特别是研究干旱区突发性暴雨的水汽条件显得更加重要(井喜 等，2008)。从玉门站地面露点和温度的变化趋势看(图略)，暴雨前期温度变化不明显，4 日 23:00 开始显著降温，然而露点从 1 日开始便持续升高，到 5 日凌晨已升高了 16℃，表明大气近地面层水汽含量持续增加，5 日 05:00 河西走廊中西部露点均大于 10℃，之后露点继续升高，部分测站露点高达 15℃，近地面大气接近饱和状态。进一步分析整层大气可降水量的演变，暴雨前期新疆出现了大范围的降水，暴雨区上游大气中水汽充沛，可降水量均超过 20 mm(图 6a)，而暴雨区下游可降水量大值区最西端位于金昌附近，上、下游可降水量大值区在河西走廊中西部上空并未打通，4 日 20:00，可降水量大值区覆盖了暴雨区，中心肃北达到了 34 mm，随后可降水量的高值舌不断缓慢西伸，5 日 02:00—14:00 大值中心稳定在玉门和肃南之间，暴雨强盛时段河西走廊中西部整层可降水量均超过 20 mm，玉门上空高达 33 mm(图 6b)，而 2000—2009 年河西走廊中西部夏季平均整层大气可降水量为 10～15 mm(李江林 等，2012)，即大暴雨区域的可降水量达到了夏季平均值的两倍多。另玉门、酒泉、张掖三站整层大气可降水量的演变曲线(图 6e)也反映出可降水量中心呈西伸趋势，并且可降水量在暴雨爆发前有明显陡升趋势，其大值时段与强降水发生时段吻合。

暴雨区较高的整层大气可降水量稳定维持，离不开源源不断的水汽输送。暴雨开始前，水汽主要来自阻高前部偏西气流携带的水汽(称西路水汽输送通道，下同)，可降水量大值区逐步向东扩展，绕青藏高原东侧的东路水汽输送通道并未建立。暴雨开始之后，西路水汽输送通道依然维持，东路水汽输送通道才逐步开始建立，对流层低层青藏高原东侧偏南气流和小高压底部偏东气流分别将来自孟加拉湾和东海的暖湿水汽输送到西北地区东部，进而在高原低涡的影响下，沿平凉—固原—民勤—阿拉善右旗将水汽输送到暴雨区，直至 5 日 02:00 这一水汽通道才完整建立(图略)。5 日 08:00(图 6c、6d)东路水汽输送强度增强至与西路相当，两路水汽在酒泉和德令哈市交界处形成水汽辐合中心，500 hPa 上水汽通量散度达到了 $-2\times10^{-7}$ g/(cm$^2$ · hPa · s)，玉门近地面的水汽量散度和比湿分别达到了 $-5\times10^{-7}$ g/(cm$^2$ · hPa · s)和 10 g/kg 以上(图 6f)，对流层低层如此大的水汽辐合和比湿十分罕见，另暴雨强盛时段青藏高原上空对流层高层偏南气流将孟加拉湾水汽向暴雨区输送(称为南路水汽输送通道)，但其输送强度远小于东、西两路水汽输送通道(图略)。随着东路水气输送通道的东退，5 日 14:00 水汽辐合中心移至张掖上空，主要降水落区也随着移动到张掖，5 日 20:00 随着高原低涡移出河西走廊中西部，东路水汽输送带的最西端位于金昌附近，暴雨区上空无水汽辐合，暴雨结束。进一步从各边界的整层水汽输送情况看(图 7b)，本次暴雨过程水汽输入贡献率为西边界＞北边界＞南边界＞东边界，从西边界进入暴雨区的水汽基本上是其他三个边界总输入水汽之和，即西路水汽输送最强。2 日 08:00—4 日 08:00，虽然西边界有源源不断的水汽向暴雨区输入，但由于东边界的水汽输出强度更大，东西方向无明显的水汽通量辐合，故此时段的水汽积累主要是来自南、北边界较弱的水汽净输入，4 日 08:00—20:00，各边界的水汽输入强度不断增加，到暴雨开始时刻，已经全部转为输入，四边界水汽同时输入在河西走廊上空形成强烈的水汽辐合区，为暴雨提供了充足的水汽，5 日 20:00 以后，西边界的输入与东边界的输出基本相当，暴雨区良好的水汽条件消失。

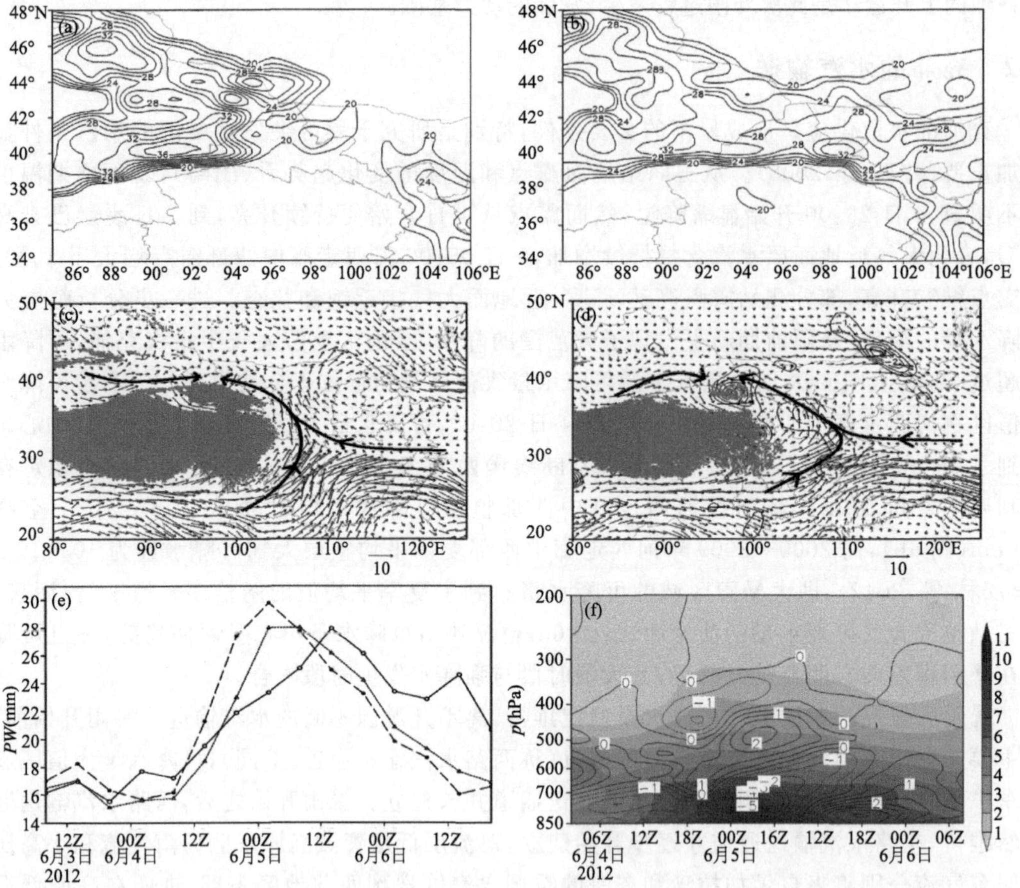


图 6　(a,b)6 月 4 日 08 时和 5 日 08 时大气整层可降水量(≥20 mm)，(c) 5 日 08 时 700 hPa 水汽通量(单位：g/(cm² · hPa · s)，阴影表示海拔超过 3000 m)，(d)5 日 08 时 600 hPa 水汽通量(矢量)和水汽通量散度(等值线，≤$-0.5\times10^{-7}$ g/(cm² · hPa · s)，阴影表示海拔超过 4000 m)，(e)大气整层可降水量随时间变化曲线(实心圆为玉门站，三角形为酒泉站，空心圆为张掖站)，(f)玉门站水汽通量散度(等值线)和比湿(阴影，单位 g/kg)演变

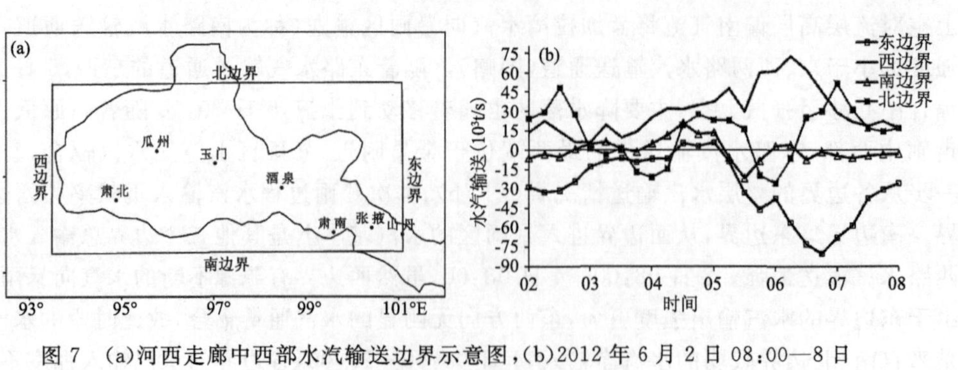


图 7　(a)河西走廊中西部水汽输送边界示意图，(b)2012 年 6 月 2 日 08:00—8 日 08:00 各边界整层水汽输送演变曲线

暴雨时段 600 hPa 以下小高压底部来自东海的水汽输送较为显著(图 6c、6d),以往学者在分析河西走廊暴雨时并没有提及此路水汽输送通道,其是否是此次暴雨过程的个别表现?其对河西走廊中西部暴雨的水汽输送作用到底有多大?还需日后进一步分析研究。

## 7.3 不稳定能量

河西走廊荒漠、戈壁的下垫面,使近地面辐射升温(降温)均较快,日较差较大。在天空状况良好的情况下,08:00 近地面一般有逆温层出现,对流层中低层层结温度递减率较小,然而到 20:00 层结温度递减率较大。4 日 17 时河西走廊天空状况晴转多云,酒泉站 20:00 探空资料(图 8a)可以看出,600 hPa 至地面的温差达到了 25℃,大气层结温度递减率很大,但湿度条件很差,近地面温度露点差达到了 22℃,对流层低层的低湿条件不利于对流性降水的发生、发展。5 日凌晨天空较厚的云层虽然减弱了近地面辐射降温作用,但 4 日 20:00 对流层低层强冷平流,中心位于暴雨中心区域上空,强度达到了 $-30\times10^{-5}$ K/s(图 9a),之后冷平流虽减弱,中心强度仍然维持在 $-10\times10^{-5}$ K/s 以上(图略),从而造成 5 日 08:00 近地面降温 10℃,600 hPa 至地面的温差减小至 18℃(图 8b),虽然层结温度递减率减小,不利于对流性降水的发生、发展,但降温冷凝是干旱区增加空气相对湿度,形成降水的重要途径之一,此次过程降水落区的演变(图 4)和冷平流侵入路径(图 9c)基本一致,进一步说明了降温冷凝在河西走廊中西部地区降水中的作用。更为重要的是,暴雨区对流层中低层偏东风、偏西风都携带大量的水汽,使近地面的露点从 4 日 20:00 的 3℃增加到 5 日 08:00 的 13℃,湿层也显著增厚。因此,4 日 20:00 酒泉上空对流层中低层较大的温度递减率,经过近地面的降温增湿,在 5 日 08:00 强迫出对流不稳定能量,对流抑制能量(CIN)仅仅为 3.9 J/Kg,自由对流高度较低,无须近地面较强的抬升触发机制,这与本次过程近地面没有显著影响系统是一致的。从相当位温随高度的变化也能看出,5 日 08:00 暴雨中心对流层低层存在浅薄的不稳定层(图 9b)。

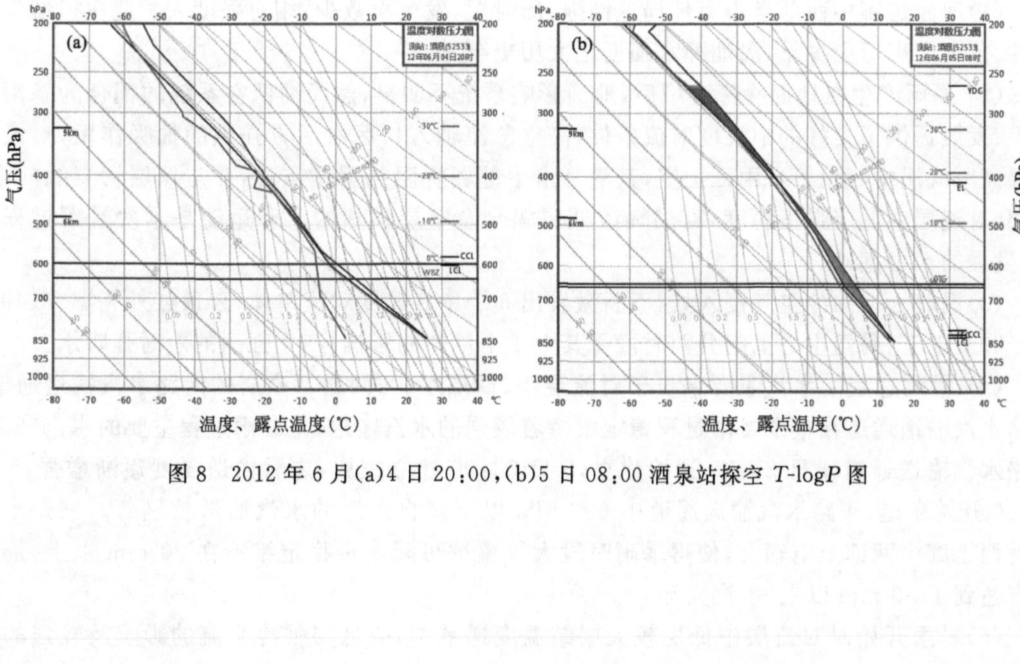


图 8 2012 年 6 月(a)4 日 20:00,(b)5 日 08:00 酒泉站探空 $T$-log$P$ 图

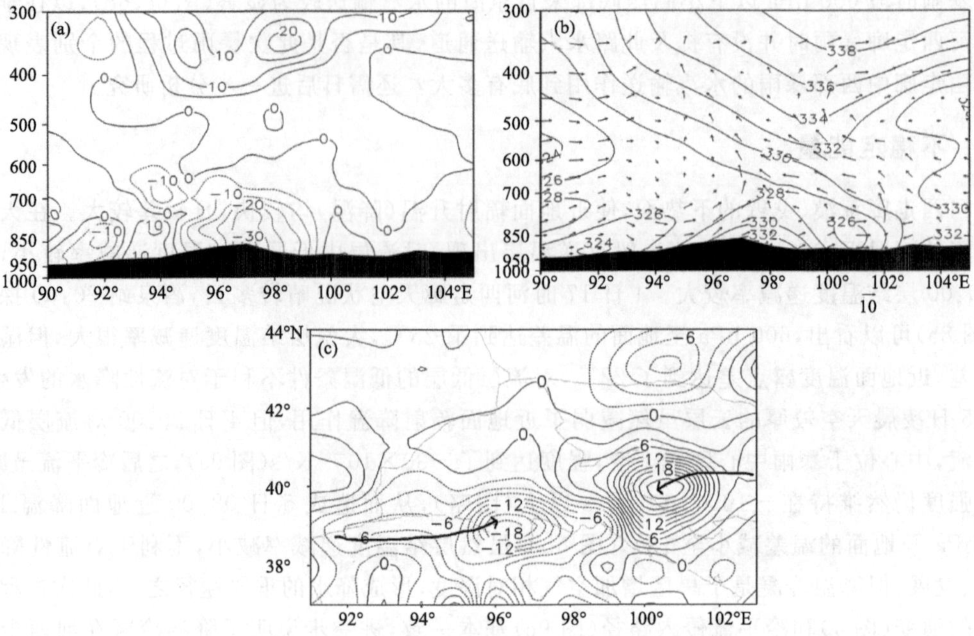

图 9 (a)2013 年 6 月 4 日 20:00 沿暴雨中心 39.5°N 温度平流垂直剖面图(单位:$10^{-5}$ K/s),(b)5 日 08:00 沿暴雨中心 39.5°N 纬向风(m/s)与垂直风($-10^{-3}$ hPa/s)的合成矢量,相当位温的垂直剖面图(单位:K,图中阴影区代表地形),(c) 5 日 08:00 的 600 hPa 温度平流(箭头分别代表冷暖平流中心的移动方向)

# 8 结论

(1)河西走廊中西部暴雨事件局地性强,历时短,发生次数少,相对强度大。此次极端暴雨事件,范围之广历史少见,局地降水强度之大历史罕见。

(2) 暴雨产生在地面冷锋过境后,地面影响系统不明显,然而高低空系统的耦合为暴雨的发生、发展提供了良好的中尺度对流条件,高空急流轴入口区右后方强烈的抽吸作用,对流层中层高原低涡中心位于暴雨区上空,其受甘肃中部弱脊阻挡缓慢东移,并与低层切变线配合,因此,对流层中低层强正涡度,高层辐散低层辐合及整层强烈的上升运动是本次暴雨过程发生、发展的动力基础。

(3)涡旋云系的冷空气侵入处,不断激发出 6 个中 β 尺度对流单体,云顶红外亮温 TBB 均在−50℃以下,暴雨中心玉门分两时段受其中 4 个单体的影响,产生强烈的短时强降水。

(4) 暴雨过程的水汽主要来自于对流层中、低层东、西两路及高层的南路水汽输送通道。西路水汽输送通道在整个暴雨过程稳定维持着较强的水汽输送,是暴雨过程主要的水汽来源,东路水汽输送通道 4 日 20:00 开始建立,5 日 02:00 建立完成,之后输送强度逐渐增强,5 日 14:00 开始东退,东路水汽输送通道中 600 hPa 以下来自东海的水汽输送较显著。三路水汽在河西走廊中西部上空辐合,使得暴雨时段大气整层可降水量稳定维持在 20 mm 以上,局部地方达到了 30 mm 以上,水汽充沛。

(5)暴雨开始时对流层中低层较大层结温度递减率,受低层强冷平流的影响及较强的水汽输送，近地面降温增湿强迫出对流不稳定能量，自由对流高度较低。冷空气侵入造成的降温冷凝作用，显著增大了对流层中低层的相对湿度，也是造成此次暴雨天气的重要原因之一。

## 参考文献

毕宝贵，刘月巍，李泽椿，2004. 2002年6月8—9日陕南大暴雨系统的中尺度分析[J]. 大气科学，28(5)：747-761.

毕宝贵，刘月巍，李泽椿，2006. 秦岭大巴山地形对陕南强降水的影响研究[J]. 高原气象，25(3)：485-494.

杜继稳，李明娟，张弘，等，2004. 青藏高原东北侧突发性暴雨地面能量场特征分析[J]. 高原气象，23(4)：453-457.

段海霞，李耀辉，张强，等，2011. 西北区域几次暴雨过程中的自组织现象[J]. 高原气象，30(4)：890-899.

付双喜，2006. 甘肃中部一次强对流天气的多普勒雷达特征分析[J]. 高原气象，25(5)：932-941.

付双喜，张鸿发，楚荣忠，2009. 河西走廊中部一次强降水过程的多普勒雷达资料分析[J]. 干旱区研究，26(5)：656-663.

郭小芹，刘明春，2011. 河西走廊近40a气候生产潜力特征研究[J]. 中国沙漠，31(5)：1323-1329.

贾文雄，何元庆，李宗省，等，2007. 祁连山及河西走廊气候变化的时空分布特征[J]. 中国沙漠，27(1)：83-88.

纪晓玲，陈晓娟，邵建，等，2012. 干旱区一次锋面过境短时暴雨中尺度系统分析[J]. 中国沙漠，32(6)：1731-1737.

井喜，李栋梁，李明娟，等，2008. 青藏高原东北侧一次突发性大暴雨环境场综合分析[J]. 高原气象，27(1)：46-57.

井宇，井喜，屠妮妮，等，2010. 黄土高原低值对流有效位能区中β尺度大暴雨综合分析[J]. 高原气象，29(1)：78-89.

李川，陈静，何光碧，2006. 青藏高原东北侧陡峭地形对一次强降水天气过程的影响[J]. 高原气象，25(3)：442-450.

李锁锁，吕世华，高艳红，等，2008. 祁连山地区生态环境恶化对环境影响的数值模拟[J]. 中国沙漠，28(6)：1151-1154.

李江林，李照荣，杨建才，等，2012. 近10年夏季西北地区水汽空间分布和时间变化分析[J]. 高原气象，31(6)：1574-1581.

刘勇，杜川利，2006. 黄土高原一次突发性大暴雨过程诊断分析[J]. 高原气象，25(2)：302-308.

罗慧，刘勇，冯桂力，等，2009. 陕西中部一次超强雷暴天气的中尺度特征及成因分析[J]. 高原气象，28(4)：816-826.

孔祥伟，陶健红，2012. 近51a甘肃夏季气温和降水极端事件变化[J]. 干旱区研究，29(6)：965-971.

潘留杰，张宏芳，王楠，等，2013. 陕西一次强对流天气过程的中尺度及雷达观测分析[J]. 高原气象，32(1)：278-289.

任余龙，寿绍文，李耀辉，2007. 西北区东部一次大暴雨过程湿位涡诊断与数值模拟[J]. 高原气象，26(2)：344-352.

孙军，谌芸，杨舒楠，等，2012. 北京721特大暴雨极端性分析及思考(二)极端性降水成因初探及思考[J]. 气象，38(10)：1267-1277.

滕水昌，殷玉春，2010. 河西走廊一次大雨天气诊断分析[J]. 干旱气象，28(1)：81-86.

滕水昌，渠永兴，王坚，等，2007. 河西走廊一次突发性暴雨天气的诊断分析[J]. 干旱气象，25(3)：66-71.

屠妮妮，陈静，何光碧，2008. 高原东侧一次大暴雨过程动力热力特征分析[J]. 高原气象，27(4)：796-806.

王宝鉴，黄玉霞，陶健红，等，2006. 西北地区大气水汽的区域分布特征及其变化[J]. 冰川冻土，28(1)：15-21.

王劲松，李耀辉，康凤琴，等，2002. 西北地区东部一次暴雨的数值模拟试验[J]. 高原气象，21(3)：258-266.

王伏村，许东蓓，王宝鉴，等，2013. 敦煌致洪暴雨的广义湿位涡分析[J]. 高原气象，32(1)：145-155.

王式功，杨德保，张武，等，1994. 甘肃河西中部地区“87.6”罕见暴雨成因分析[J]. 中国沙漠，14(2)：24-29.

杨小银，宋广宁，付培健，2013. “5.10”岷县暴雨灾害天气过程的数值模拟和诊断分析[J]. 高原气象，32(3)：798-805.

杨晓玲，丁文魁，蔡元成，2007. 河西走廊东部一次强降水天气成因分析[J]. 甘肃科学学报，19(1)：97-100.

张云惠，陈春艳，杨莲梅，等，2013. 南疆西部一次罕见暴雨过程的成因分析[J]. 高原气象，32(1)：191-200.

# 甘肃东部两次短时强降水天气对比分析*

刘新伟[1]，段海霞[2]，杨晓军[1]，狄潇泓[1]
（1. 兰州中心气象台，兰州 730020；2. 兰州干旱气象研究所，兰州 730020）

**摘要**：利用 FY-2E 卫星云图、NCEP/NCAR 1°×1°逐 6 h 再分析资料、甘肃省区域自动站资料等，对比分析两次发生在 8 月中旬及相同气候背景、相同地形条件下的短时强降水天气过程（2014 年 8 月 16 日至 2015 年 8 月 11—12 日）。结果表明：两次强降水天气过程的形成机制有所区别，分别由高空冷平流强迫和低层暖平流强迫造成；高空冷平流强迫造成的短时强降水落区较为分散，低层暖平流强迫造成的强降水落区则更为集中；高空冷平流强迫对抬升条件的要求比低层暖平流强迫低，而低层暖平流强迫引起的垂直速度强度弱于高空冷平流强迫；在大致相同的地形条件下，水汽条件是发生短时强降水的主要因素，在这两次大气环流背景基本相同的情况下，水汽条件好的天气过程雨强更大，短时强降水出现站次也更多。

**关键词**：甘肃（东部）；短时强降水；形势配置；对比分析

## 1 引言

在全球气候变暖的背景下，已经观测到的许多极端天气和气候事件，如极寒、热浪、干旱、强降水等，发生频率呈明显加快趋势。强降水作为最主要的强对流天气之一，由于在较短时间内累积了较大的降水量往往会形成暴洪，造成城市内涝和山洪、泥石流等地质灾害（Salvadori et al.，2001）。如 2007 年 7 月 18 日济南特大暴雨（廖移山 等，2010），2012 年 7 月 21 日北京特大暴雨（谌芸 等，2012），期间最大小时雨量均超过了 100 mm。可见，短时强降水是强对流天气研究的热点，也是强对流天气业务预报中的重点之一（陈炯 等，2013；杨波 等，2016）。

短时强降水是指 1 h 降水量≥20 mm 的降水过程，往往伴随暴雨天气过程发生，常由中小尺度系统引发，静力平衡和准地转平衡并不完全适用，而且绝大多数灾害性天气事件都伴随有非地转运动的特征，具有转折性、局地性、突发性的特点（杜坤，2011）。我国西北地区由于生态、植被、地质条件脆弱，承灾能力差，短时强降水常会引发山洪、泥石流、城市内涝等地质灾害，容易造成人员伤亡和重大经济损失。如 2010 年 8 月 8 日发生在甘肃的“8.8”舟曲特大山洪泥石流灾害出现了小时 55.4 mm（迭部代古寺）、77.3 mm（舟曲东山镇）的短历时降雨，其降雨强度之大，在我国西部地区非常罕见，2012 年“5.10”岷县山洪泥石流地质灾害等。西北地区的短时强降水多处于水汽来源相对较少的山区，地形复杂，使得这里的短时强降水落区和强度预报难度大。

---

* 本文已在《干旱气象》2017 年第 34 卷第 5 期正式发表。

以往关于短时强降水的研究工作已有很多(陈炯 等,2013;杜坤,2011;樊李苗,2013;杨波 等,2016;俞小鼎,2013;张小玲,2014),但是以前由于逐小时降水数据的缺乏,国内学者研究降水特征多采用日、月降水量,而且资料也仅限于单站(李建 等,2008)。

2006 年以来,随着气象部门区域气象站点的建设,监测资料的时空分辨率有所提高,监测到的短时强降水个例也不断增加,这有助于进一步开展短时强降水形成机制机理的研究。张之贤等(2013a)、白晓平等(2016)分别开展了西北地区东部短时强降水的时空分布特征分析,张之贤等(2013b)分析发现陇东南地区短时强降水主要是由热力不稳定所引起,付双喜等(2015)开展了甘肃短时强降水天气若干环境参数特征分析,许东蓓等(2015)利用近 15 年西北区强对流研究主要成果,将引发甘肃强对流天气的环流形势配置分为高空冷平流强迫、低层暖平流强迫和斜压锋生 3 种类型,并分析了 3 种类型在中尺度强对流系统发展过程中所起的作用。

统计分析表明,地处甘肃陇东的平凉、庆阳一带,为甘肃省的短时强降水中心之一,尤其是平凉市短时强降水频发(白晓平 等,2016)。许多学者分别从天气尺度环流特征、物理量特征、雷达特征等多方面对这一地区暴雨天气过程特征进行了综合分析或对比分析(樊晓春 等,2013;王宝鉴 等,2016;王楠 等,2015;杨晓军 等,2015)。本文针对两次 8 月份发生在平凉、庆阳的短时强降水天气进行比较,分析在相同的气候背景、相同的下垫面和地形条件下,造成不同雨强、不同降水量暴雨天气的触发机制和形成原因的差异,以期为短时强降水的预报预警服务工作提供技术支撑和预报着眼点。

## 2　资料与方法

本文利用 FY-2E 卫星云图、NCEP/NCAR 1°×1°逐 6 h 再分析资料、甘肃省区域自动站资料,从降水发生前后的大气环流背景、云图特征、水汽条件、动力条件、不稳定条件以及抬升条件等方面的差异对比分析了 2014 年 8 月 16—17 日和 2015 年 8 月 11—12 日两次短时强降水天气过程。值得说明的是,由于本文选取的两次过程中强降水落区基本一致,均出现在平凉、庆阳一带,所以本文的分析不考虑地形的影响,重点关注的是上述条件的不同对两次过程降水强度差异的影响。

## 3　降水天气概况

2014 年 8 月 16 日(以下简称过程一),甘肃陇东大部出现小到中雨天气,其中平凉、庆阳两市出现大到暴雨,最大累积降水量达 72.3 mm(图 1a),降水持续时间短,大到暴雨基本上是由短时强降水造成的。平凉、庆阳累积有 31 个监测站点出现短时强降水,有 3 个站次小时降水量超过 40 mm,最大达 47.5 mm/h,累积有 7 个站点降水量超过 50 mm。降水主要时段集中在 19:00—22:00,其中 20:00—21:00,1 h 有 13 站降水量超过 20 mm。

2015 年 8 月 11 日(以下简称过程二),甘肃陇东、陇南等地出现小到中雨天气,平凉、庆阳两市出现大到暴雨,最大累积降水量达 98.7 mm(图 1b)。大到暴雨也主要是由于短时强降水造成的,降水过程持续时间约 5～6 h。平凉、庆阳累积有 74 个监测站点出现短时强降水,有 10 个站次小时降水量超过 40 mm,最大达 64.2 mm/h,累积有 24 个站点降水量超过 50 mm。

降水时段主要集中在 20:00—24:00,其中 21:00—22:00 1 h 有 27 站降水量超过 20 mm。

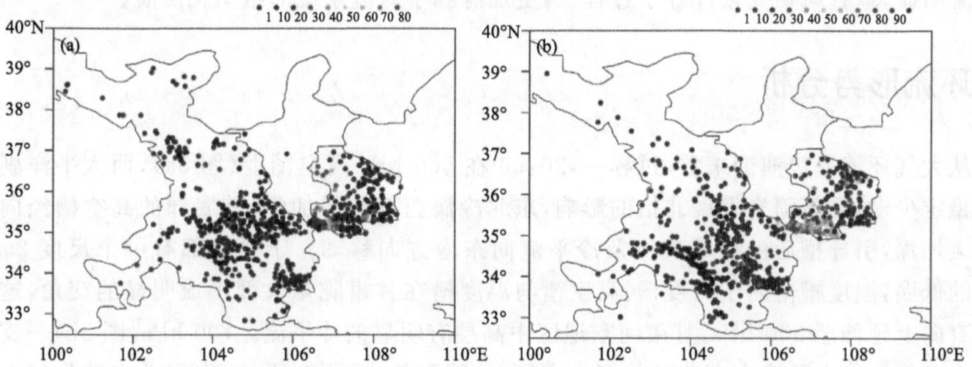


图 1 24 h 累积降水量(a)2014 年 8 月 17 日;(b)2015 年 8 月 12 日

## 4 卫星云图特征

卫星云图能够直观地表现出对流云团的发展。从 FY-2E 云图可见,过程一 16:00 开始,庆阳北部已经受对流云团影响(图 2),甘肃南部出现西北—东南向的横向云线,横向云线的出现意味着存在明显的高空急流,云团受高空急流东移影响,逐渐东移南压;19:00 以后表现为 1 个明显的逗点云系,尺度在 200～400 km,头部位于宁夏北部,平凉、庆阳受逗点云系尾部的云团影响;19:00—21:00,平凉上空有明显的 γ 中尺度系统,云团最低亮温达−53℃,这个时段正好是短时强降水集中的时段。

过程二与 700 hPa 风场相对应,西北地区东部至我国西南为宽广的锋面云系,在锋面云系的北端即宁夏、陕西、甘肃三省交界处为气旋式旋转,甘肃陇东位于涡旋云系的东南象限。锋面云系中的中低云系由西南地区延西南—东北方向移动至西北地区东北部后转为气旋式旋转,意味着中低层有一支暖湿气流向陇东地区输送能量和水汽。17:00 以后,逐渐有 γ 中尺度系统生成并南压,19:00—22:00,主要集中在平凉市中南部,云团最低亮温−38℃。

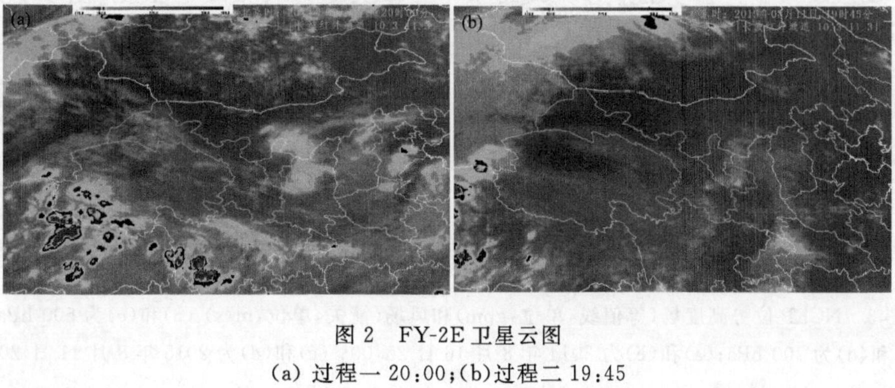


图 2 FY-2E 卫星云图

(a) 过程一 20:00;(b)过程二 19:45

从卫星云图对比来看,两次过程均有 γ 中尺度系统生成,造成短时强降水,不同之处在于:(1)过程一完全是由逗点云系东移南压造成的,而过程二有明显的水汽配合,在涡旋的底部旋转造成；(2)过程一对流发展明显较过程二旺盛，云顶最低亮温比过程二低 15℃；(3)过程一高空急流明显，垂直风切变条件好于过程二，更加有利于对流系统的组织化发展。

## 5 环流形势分析

从大气环流形势演变来看，过程一，20:00 在 500 hPa 高空图上（图 3a），西太平洋副热带高压稳定少动，受新疆脊发展北抬的影响，东北冷涡西部北风加强，其底部的高空槽经向度明显加大加深，引导槽后的西北气流及冷平流向东南方向移动。宁夏北部有一个尺度 250 km 左右的低涡，温度槽落后于高度槽，高度槽与温度槽在甘肃陇东大部形成明显的交角，这种形势一直向上延伸至 300 hPa，甘肃河东地区中高层有明显的冷平流。700 hPa（图 3b）一支偏南气流由孟加拉湾自西南向东北延伸至甘肃河东、陕西关中一带；平凉、庆阳上空转为偏东北气流，在甘肃河东形成明显的切变线。陇东上空风向随高度逆转，可见其垂直方向存在冷平流。地面从 11:00 开始，自陕西关中到甘肃天水、平凉逐步形成一致的偏东风，最西延伸至甘肃定西，20:00 偏东风形成两股气流，一股向西延伸至甘肃中部，一股向北在平凉附近形成辐合线，23:00 以后逐步减弱。

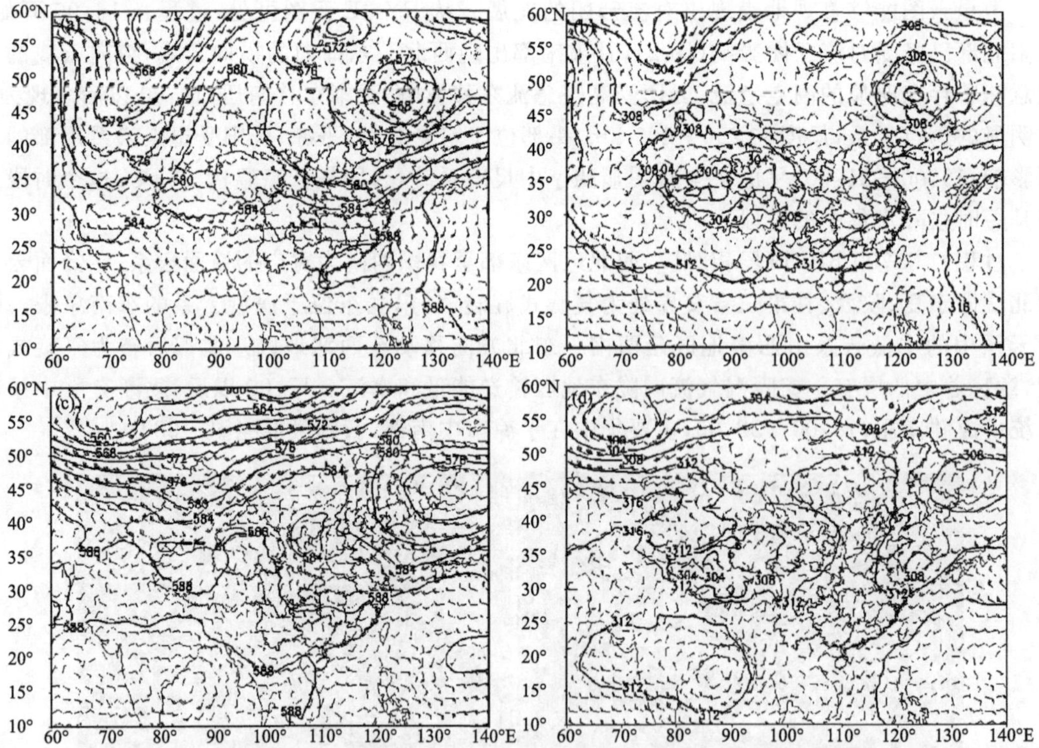


图 3 NCEP 位势高度场（等值线，单位：gpm）和风场（箭矢，单位：m/s） (a)和(c)为 500 hPa；(b)和(d)为 700 hPa；(a)和(b)为 2014 年 8 月 16 日 20:00；(c)和(d)为 2015 年 8 月 11 日 20:00

过程二，20:00 500 hPa（图 3c）高空图上，西太平洋副热带高压稳定少动，河套低涡持续维持。这种形势向上延伸至 400 hPa。受青藏高压北抬影响，切断低涡略有东移南压。700 hPa（图 3d）蒙古国上空为明显的反气旋环流，平凉、庆阳北部为一致的偏东气流；自孟加拉湾北上的偏南暖湿气流已经变得不是很明显，但是另有一支偏东方向而来的气流向北发展。平凉、庆阳为偏南风，风向随高度顺转，其垂直方向存在暖平流。地面从 11:00 开始，自陕西关中到甘肃平凉逐步形成一致的偏东风，17:00 开始与偏南气流一起向北汇合到平凉，20:00 在平凉—庆阳一线形成明显的地面辐合线，一直持续到 23:00 左右结束。

过程一符合许东蓓等(2015)提出的高空冷平流强迫类中的西风槽冷平流型；平凉、庆阳一带在午后由于下垫面的强烈加热，高空强冷平流逐渐东移的过程中，导致层结不稳定性加强，并不断激发产生对流性天气。过程二与低层暖平流强迫类类似，平凉、庆阳一带垂直方向为暖平流，700 hPa 为“人字形”切变线，500 hPa 存在明显的低涡，200 hPa 有明显的分流区，整层有利于形成强烈的上升运动；强对流天气从地面辐合线附近开始发生发展。

# 6　中尺度对流环境条件分析

## 6.1　水汽条件

700 hPa 相对湿度场上(图略)，过程一，20:00 在四川东部、陕西南部形成中心值大于 90%的湿舌中心，暴雨落区的相对湿度位于 80%～90%；过程二，20:00 自四川西部、陕西西部以及甘肃平凉庆阳一带形成中心值大于 90%的湿舌中心，在陕西北部相对湿度几乎达到饱和，暴雨落区的相对湿度均在 90%以上。

通过短时强降水落区上空比湿场的剖面对比分析来看(图 4)，两次天气过程的比湿都比较大，1 g/kg 的水汽含量向上伸展至 400 hPa；过程一 700 hPa 上空比湿约为 9 g/kg，过程二 700 hPa 上空比湿约为 10 g/kg，700 hPa 以下的比湿过程二明显大于过程一，800 hPa 的比湿超过 13 g/kg。

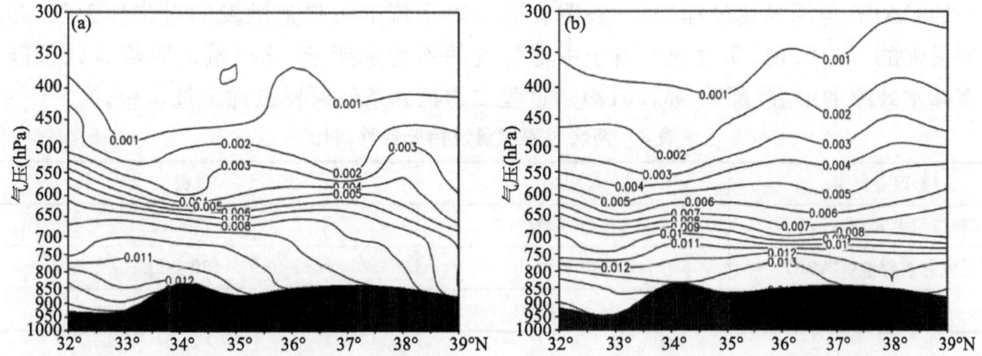


图 4　700 hPa 比湿剖面图(a)2014 年 8 月 16 日 20:00；(b)2015 年 8 月 11 日 20:00

两次过程均发生在 8 月中旬，这一时期副高偏西偏北，其西北侧西南暖湿气流容易影响到甘肃河东，在气候背景上水汽条件比较充足。实际对比来看，两次过程的水汽条件均满足了产生短时强降水的前提，过程二较过程一略强，尤其是 700 hPa 以下近地面水汽条件远高于过程一，厚的暖云层保证了云粒子在降水系统的下沉气流里较少被蒸发，有利于高降水效率的产生(刘利民 等，2009；郝莹 等，2012)，为过程二更大的雨强提供了充足的水汽。

## 6.2　不稳定及抬升条件

通过对短时强降水落区中心位置(107°E,35°N)的假相当位温的经向剖面图(图5)分析来看,过程一在500 hPa以下,随高度升高假相当位温的值逐渐降低,过程二与此相同,可见两次过程都有很强的对流性不稳定度。对比两次过程假相当位温强度来看,500 hPa到地面,过程一的假相当位温差值为10 K,而过程二的差值达到14 K,过程二的假相当位温梯度明显大于过程一,对流性不稳定度更大,对流降水也比过程一更加强烈。

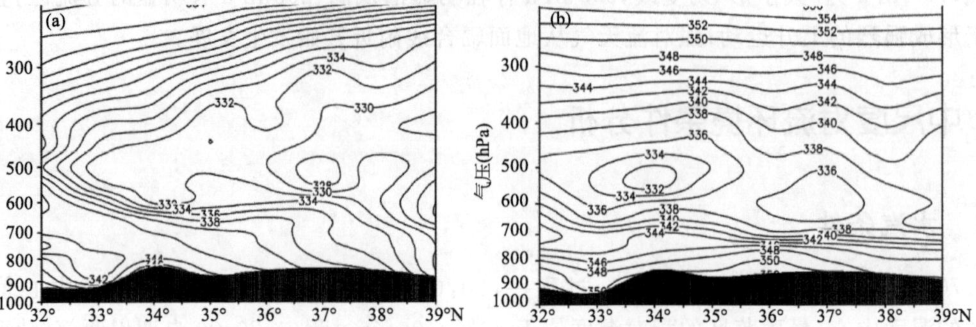


图5　假相当位温沿107°E的纬度—高度垂直剖面图

(a)2014年8月16日20:00;(b)2015年8月11日20:00

从对流有效位能及抬升指数值来看(表1),过程一20:00降水落区的CAPE值为200～400 J/kg,LI小于−2℃,过程二的CAPE值为400～600 J/kg,LI小于−3℃。对比来看,两次过程均存在明显的不稳定能量,自低层到500 hPa形成明显的梯度;过程二位于副高588线控制区域,不稳定能量较过程一要强,尤其是低层达到350 K以上,处于明显的对流不稳定状态。过程一的CAPE值明显比过程二小,表明有高层冷平流下沉强迫激发的对流性天气,并不一定需要很强的CAPE值;而过程二属于中等强度的不稳定能量,比极端的对流有效位能更有利于高降水效率的形成(郝莹 等,2012)。过程二的抬升条件同样也优于过程一。

**表1　两次过程能量及抬升条件对比**

| 物理量要素 | 过程一 | 过程二 |
|---|---|---|
| 假相当位温差($\theta_{se800-500}$) | 10 K | 14 K |
| 对流有效位能(CAPE) | 300 J/kg | 400 J/kg |
| 抬升指数(Li) | −2℃ | −3℃ |

## 6.3　动力条件

本文做了沿短时强降水中心过107°E经向垂直速度剖面图(图6),过程一,08:00暴雨落区上空(35°N),800 hPa以下有弱的垂直速度,值在−0.1 hPa/s左右,以上均为正值;14:00整层的垂直速度差不多均为正值;20:00,整层的垂直速度变为负值,最大垂直速度达−0.8 hPa/s。上升运动突然加大,表明此次过程是由于高空冷平流的激发产生的。

过程二,08:00暴雨落区上空(35°N),800 hPa以下为正值,以上为负值,700 hPa垂直速度中心值为−1 hPa/s,中心位置在34°N附近;14:00 700 hPa以下的垂直速度均为负值,中心

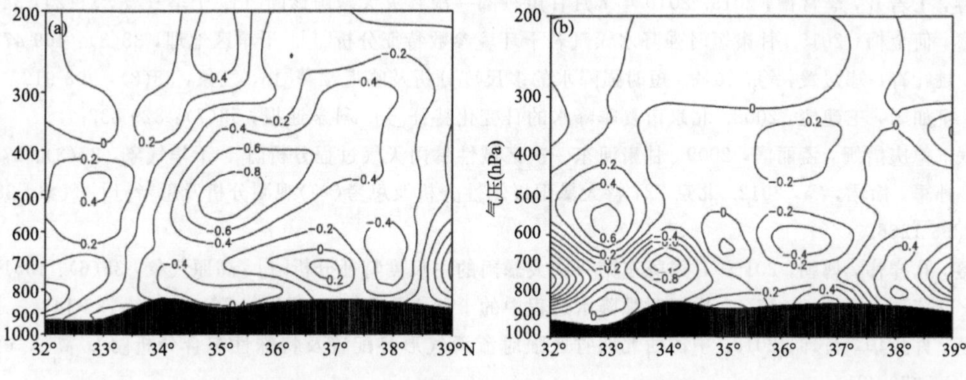


图 6 沿 107°E 垂直速度的纬度—高度垂直剖面图 (a)过程一 20:00;(b)过程二 20:00

值为−0.8 hPa/s,中心位置仍然在 34°N 附近;20:00 与 14:00 类似,700 hPa 以下的垂直速度均为负值,中心值为−1 hPa/s,中心位置仍然在 34°N 附近。表明过程二上空一直有上升运动,但是不强,而且上升运动的中心在 34°N 附近。

垂直速度的对比表明,过程一是由高层冷平流下沉强迫激发的对流性天气,垂直上升运动强烈,而且突发性强;而过程二是由低层暖平流强迫触发的,而且湿度明显偏大,上升运动较弱。

## 7 小结

(1)“过程一”是由西北气流下高空冷平流强迫造成的,“过程二”是在高空存在低涡的情况下,由低层暖平流强迫造成的,可见在相同气候背景、相同区域、相似的环流形势下,触发机制的不同,降水的强度、范围有较大的差异。

(2)高空冷平流强迫引发的对流性天气是系统性的,可以对应卫星云图的逗点云系,但是短时强降水较为分散;低层暖平流强迫引发的对流性天气局地性较强,主要发生在地面辐合线的附近,卫星云图上表现为 γ 中尺度系统的形式;相较而言,低层暖平流强迫引发的短时强降水量级要强于高空冷平流强迫。

(3)在不考虑地形条件的影响下,水汽条件是发生短时强降水的重要条件,相同的环境条件下,水汽条件好的产生的雨强更大。

(4)高空冷平流强迫引发的对流性天气对流更旺盛,但对 CAPE、LI 等抬升条件的要求不高,而低层暖平流强迫引发的对流性天气较弱。

## 参考文献

白晓平,王式功,赵璐,等,2016. 西北地区东部短时强降水概念模型[J]. 高原气象,35(5):1248-1256.

陈炯,郑永光,张小玲,等,2013. 中国暖季短时强降水分布和日变化特征及其与中尺度对流系统日变化关系分析[J]. 气象学报,71(3):367-382.

杜坤,2011. 多尺度资料在强对流天气预报中的应用[D]. 南京:南京信息工程大学.

樊李苗,俞小鼎,2013. 中国短时强对流天气的若干环境参数特征分析[J]. 高原气象,32(1):156-165.

廖移山,李俊,王晓芳,等,2010. 2007 年 7 月 18 日济南大暴雨的 β 中尺度分析[J]. 气象学报,68(6):944-956.

樊晓春，王若升，李常德，2013. 2010 年 7 月甘肃东部一次致灾大暴雨诊断[J]. 干旱气象，31(2)：342-347.

付双喜，何金梅，2015. 甘肃短时强降水天气若干环境参数特征分析[J]. 干旱区地理，38(3)：469-477.

郝莹，姚叶青，郑媛媛，等，2012. 短时强降水的多尺度分析及临近预警[J]，气象，38(8)：903-912.

李建，宇如聪，王建捷，2008. 北京市夏季降水的日变化特征[J]. 科学通报，53(7)：829-832.

刘利民，德庆措姆，孟丽霞，2009. 甘肃河东一次区域性暴雨天气过程分析[J]. 干旱气象，27(3)：271-275.

谌芸，孙军，徐珺，等，2012. 北京 721 特大暴雨极端性分析及思考(一)观测分析及思考[J]. 气象，38(10)：1255-1266.

王宝鉴，孔祥伟，傅朝，2016. 甘肃陇东南一次大暴雨的中尺度特征分析[J]. 高原气象，35(6)：1551-1564.

王楠，李萍云，井宇，2015. 一次短时强降水过程中的干侵入作用[J]. 干旱气象，33(1)：138-143.

许东蓓，许爱华，肖玮，2015. 中国西北四省区强对流天气形势配置及特殊性综合分析[J]. 高原气象，34(4)：973-981.

杨波，孙继松，毛旭，等，2016. 北京地区短时强降水过程的多尺度环流特征[J]. 气象学报，74(6)：919-934.

杨晓军，刘维成，宋强，等，2015. 甘肃中部地区短时强降水与闪电关系初步分析[J]. 干旱气象，33(5)：802-807.

俞小鼎，2013. 短时强降水临近预报的思路与方法[J]. 暴雨灾害，32(3)：202-209.

张小玲，余蓉，杜牧云，2014. 梅雨锋上短时强降水系统的发展模态[J]. 大气科学，38(4)：770-781.

张之贤，张强，赵庆云，等，2013a. 陇东南地区短历时降水特征及其分布规律[J]. 中国沙漠，33(4)：1184-1190.

张之贤，张强，赵庆云，等，2013b. 陇东南地区中尺度物理量分布特征及其短历时强降水的关系[J]. 干旱区资源与环境，27(12)：193-197.

SALVADORI G，C De Michele，2001. From generalized Pareto to extreme values law：Scaling properties and derived features[J]. J Geophys Res，106：24063-24070.

# 复杂地形条件下的降水相态预报指标研究*

黄玉霞,王宝鉴,肖玮,伏晶,谭丹,彭筱
(兰州中心气象台,兰州 730020)

**摘要**:本文利用 2003—2013 年地面观测资料、探空资料及 NCEP 1°×1°再分析资料,分析了近 10 a 甘肃省雨雪转换的时空分布特征,获得了复杂地形条件下相态转换的温度预报组合指标,结果表明:(1)雨雪相态转化主要发生在过渡季节的春季和秋季,占总次数的 83.5%,空间上有三个高发区。(2)相态的转换发生在高原槽东移产生降水的环流形势下,通常 500 hPa 冷平流清晰并沿西北、西方、北方 3 条路径影响甘肃。当沿西北路径移动时,高原槽主体深厚,冷平流强度最强,河东大部发生雨雪转换,当沿西方路径移动时,高原槽浅且位置偏南,北方冷空气较弱,仅高原边坡、陇中及陇东中南部出现转换。(3)$T_{地面}>3.0$℃、$T_{地面}<-1.0$℃、$-1.0℃<T_{地面}<3.0$℃是雨、雪、雨夹雪相态转换的前提条件,在此前提下获得了三类站点相态转换的不同层次温度组合指标,经检验,该指标预报效果较好。

**关键词**:降水相态预报;温度指标;高原槽;冷平流;海拔高度

## 1 引言

在每年秋冬及冬春季节过渡时,降水相态的预报就显得尤为重要,同样的降水量在不同的相态产生的影响有显著差异,因此相态判断准确与否往往决定过渡季节一次降水预报服务的成败。8.0 mm 的降水,降水相态若是雨,则只是小雨,影响很小,但如果相态是雪,则天气演变为大到暴雪,形成雪阻、路滑,使得交通、民航等部门不能正常运行,旅客受阻,交通事故增多,甚至会压垮蔬菜大棚、民房,严重影响牧业生产,造成巨大损失(庄晓翠 等,2013)。比如,2008 年冬季的雨雪冰冻天气给我国南方地区带来了严重的社会影响(胡爱军 等,2010;曾明剑 等,2008)。即使是很弱的降雪过程,如果降水相态预报失败或漏报,也会给城市运行带来严重的不利影响(孙继松 等,2003),此外微量降雪也会造成污染物聚集的加剧(马丽云 等,2010)。我国对降水相态的判别一般依赖于特性层的温度,并提出了一些识别判据,如徐彤等(2006)认为 850 hPa 温度场 0℃线经过本区可作为降水性质发生变化的一个判定依据,李江波等(2009)将 0℃层高度下降到 950 hPa 以下、地面气温在 0℃上下、925 hPa 温度≤−2℃、1000 hPa温度≤2℃作为降水将从雨逐渐向雨夹雪到雪转变的指标。而国外在降水相态的识别研究中则广泛采用位势厚度预报降水类型(Paul et al.,1992)。近年来,漆梁波等(2012)、杨成芳等(2013)、隋玉秀等(2015)等开始关注厚度因子,最终得到一组中国东部地区冬季降水

* 本文已在《干旱区地理》2016 年第 39 卷第 5 期正式发表。

相态的推荐识别判据，为降水相态的研究和预报业务开拓了新思路。

从上述研究不难发现，对于中国东部低海拔平原地区，降水相态的转换主要和近地面层温度、位势厚度有关，而西北地区的相关研究少见，且多是对降雪的天气气候特征进行分析研究（庄晓翠 等，2013，2014；周顺武 等，2012；刘玉莲 等，2013；孙秀忠 等，2010；胡豪然 等，2014；李岩瑛 等，2008；杨霞 等，2009）。西北地区地处黄土高原、内蒙古高原和青藏高原的交汇地带，境内地形复杂，山脉纵横交错，海拔相差悬殊，很难用统一的预报指标判断降水的相态。例如，低海拔的陇南和天水两市，可以用 850 hPa 及以上的温度因子做判别，但对海拔高于 2000 m 的地区，只能用 700 hPa 及以上层次的温度因子。因此，根据海拔高度划分区域，找出高原边坡复杂地形条件下的雨雪相态转变规律，研究温度平流的强度和位置与雨雪转换的落区和发生时间的对应关系，从而得到降水相态的预报着眼点是本文研究的重点。

# 2 资料与方法

## 2.1 资料

甘肃省 81 个地面测站和 9 个高空测站 2003—2013 年 1—12 月逐日地面和探空实测资料，其中地面资料包括每天 8 个时次：02：00、05：00、08：00、11：00、14：00、17：00、20：00 和 23：00，探空资料包括 08：00 和 20：00 两个时次。

NCEP 逐日 1°×1°再分析资料：2003—2013 年每天 4 个时次（02、08、14、20 时）。

## 2.2 统计方法

首先普查每天 3 h 间隔的地面天气图，记录每个观测时次的降水天气现象（雨、雪、雨夹雪），只要一天中天气现象同时出现雨、雪或雨夹雪，则记为一个雨雪转换日。统计雨雪转换的各层温度时，地面图上首次出现降雪时刻的温度作为降雪的地面温度，转雪前一降雨时刻的温度为雨转雪过程降雨的地面温度；高空的温度按照就近原则，如果正好发生在 08：00 或20：00，则统计该时刻各层的温度，否则以降雪发生之后最近探空时刻的各层温度作为降雪的高空温度，转雪之前最近探空时刻的各层温度为雨转雪过程降雨的高空温度。

由于探空资料时次较少、站点稀疏，为了更准确地确定雨雪转换指标，在缺乏探空资料的情况下用 NCEP 资料进行补充，而地面资料则用实况观测值，经比对 NCEP 资料地面误差较大，高空有＋1～＋2℃的偏差，在本文指标确定过程中剔除了 NCEP 资料的系统性偏差。

# 3 结果分析

## 3.1 雨雪转换的气候特征

2003—2013 年，甘肃省有 789 站（次）在 24 h 内发生过雨雪转换。从近 10a 相态转换频次的空间分布可知，有三个高发区域（图 1）。频次最高的是以合作为中心的高原边坡（甘南、临夏）及其邻近的岷县山区，在 2～6.1 次/年，合作最多，达 6.1 次/年。究其原因是高原边坡地区位于青藏高原东侧，影响我国中东部降水的高原槽东移时必经此地，槽前西南气流携带了丰富的暖湿水汽，因此当北方冷空气沿青藏高原东北边缘南下时，冷暖空气极易在这一地区相遇，加之该地区海拔高度较高，气温随高度下降快，因此常会出现雨雪相态的转换。地处陇中的华家岭(海拔 2450 m)及其邻近地区(定西、会宁、静宁、庄浪、张家川)和陇南康县是两个次高地区，雨雪转换频次基本相当，在 1.0～2.8 次/年。河西五市、天水及陇东偏北地区年均不足 1 次，其中鼎新、永昌、金昌、武威、古浪等站近 10 a 未发生过雨雪转换。

统计发现，2003—2013 年甘肃降水相态的转换都是雨向雪的转换。从季节看：春季是最容易出现降水相态转变的季节，总共出现了 433 站次，占总次数的 54.9%；从季内各月的变化看，从初春 3 月到春末 5 月呈逐渐减少趋势，这可能与 3、4 月份冷暖空气势力相当，进入 5 月后冷空气势力迅速减弱有关。秋季次之，总共发生 226 站次，占总次数的 28.6%；从季内各月的变化看，9 月最少，仅有 8 站次，10 月和 11 月基本相当，各有 110 和 108 站次。冬季第三，总共发生 127 站次，占总站次的 16.1%；夏季最少，除 6 月在甘南州出现过 3 站次(2003 年 6 月 10 日玛曲，2007 年 6 月 19 日碌曲和合作)的降水相态转变外，盛夏季节的 7、8 月份没有发生过一次降水相态的转换。

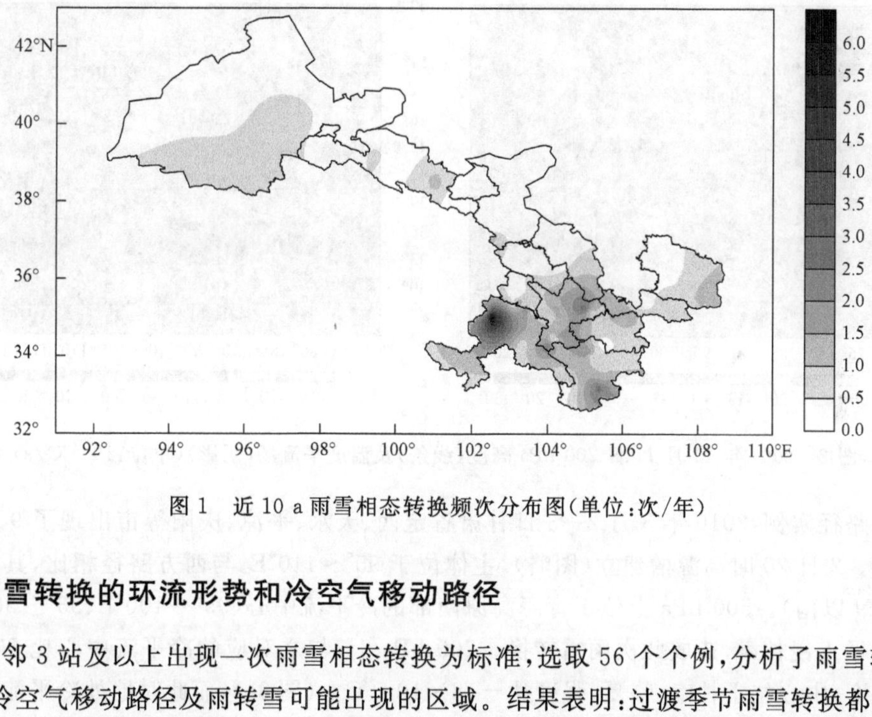


图 1　近 10 a 雨雪相态转换频次分布图(单位：次/年)

## 3.2　雨雪转换的环流形势和冷空气移动路径

以相邻 3 站及以上出现一次雨雪相态转换为标准，选取 56 个个例，分析了雨雪转换的环流形势、冷空气移动路径及雨转雪可能出现的区域。结果表明：过渡季节雨雪转换都发生在高原槽东移产生降水的环流形势下，温度槽常落后于高度槽，槽随高度向后倾斜，从低层(850 hPa)到中层(500 hPa)都有冷平流，但有时冷平流较弱，仅存在于近地层。当温度槽通过雨区时，在强烈的冷平流作用下，出现雨向雪的转换。统计发现，影响相态转换的冷平流移动路径有 3 条，其中西北路径占 49.1%，西方路径占 38.8%，北方路径为 12.1%。当冷平流沿西北路径移动时，高原槽主体深厚，冷平流强度强，甘肃河东大部分地方位于高原槽区，受其影响都有可能发生雨雪转换；当冷平流沿西方路径移动时，高原槽区比西北路径浅且偏南 2～3 个纬度，冷平流较强，常造成高原边坡、中部及陇东地区的雨雪转换；当冷平流呈北方路径移动时，则常在河西及中部地区造成雨雪转换。下面将以西北路径和西方路径为例，分析影响相态转换的天气系统及冷平流的配置,由于北方路径个例较少,不再赘述。

西北路径实例:2009 年 11 月 10—11 日甘肃省定西、陇南、天水、平凉、庆阳等市有 27 站(次)发生了雨—雨夹雪—雪的转换。从环流形势看,10 日 20:00 青海高原东部到甘肃张掖以南为一宽广深厚的槽区,陇中和陇东及陇南处于槽前西南暖湿气流区,受东移切变线影响,上述地区出现降水,但此时 700 hPa 为暖平流控制区,且地面温度都在 3℃以上,因此降水为雨。与此同时,在 500 hPa、700 hPa 的甘肃河西西部到青海北部均有一冷平流中心,强度分别为 $-7.5\times10^{-5}$℃/s(图略)和 $-18\times10^{-5}$℃/s(图略),随后冷平流逐渐加强并沿西北路径东移南下影响甘肃省。11 日 14 时,虽然 500 hPa 冷平流前沿位于武威市,但 700 hPa 上强度达 $-5\times10^{-5}$℃/s 的冷平流前锋已到达庆阳南部—平凉南部—天水—陇南西北部一带(图 2a),且地面温度已经降至 0℃附近,因此地处 700 hPa 冷平流控制区的庆阳、平凉两市及定西的渭源、陇西出现雨向雨夹雪的转换。11 日 20:00—12 日 02:00,700 hPa 冷平流主体到达陇南—天水(图 2b),强度达 $-20\times10^{-5}$℃/s,地面温度降至 $-1$℃以下,陇南、天水、平凉、庆阳等市降雨全部转为降雪,至此此次大范围雨雪天气转换全部完成。

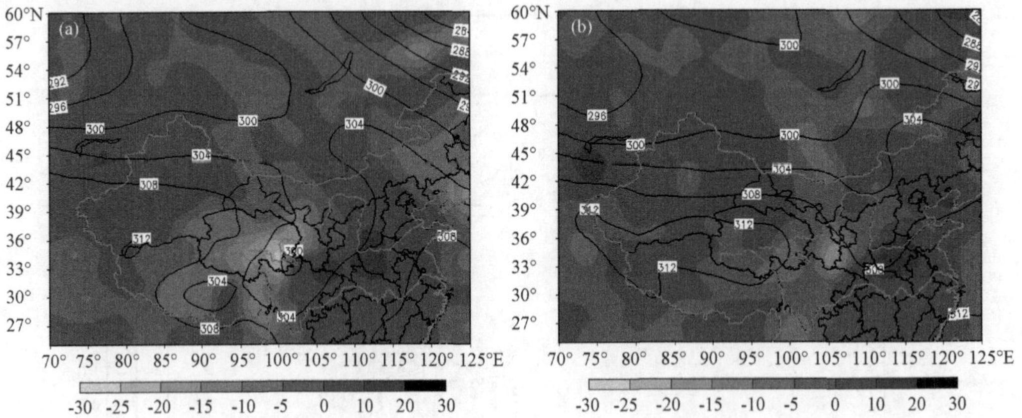


图 2 2009 年 11 月 11 日 700 hPa 高度(线条)及温度平流场(阴影)(单位:$10^{-5}$℃/s)

西方路径实例:2010 年 3 月 2—3 日甘肃省定西、天水、平凉、庆阳等市出现了 9 站(次)的雨雪转换。2 日 20 时高源槽建立(图略),主体位于 95°~110°E,与西方路径相比,其槽区更加偏南(36°N 以南)。500 hPa 上位于青海高原南部的冷平流中心(95°~100°E、33°~36°N)将沿着西方路径入侵甘肃,造成此次雨雪转换。700 hPa 上,与之对应的冷平流中心比 500 hPa 偏东 5 个经度,中心位于甘南、临夏,强度达 $-18\times10^{-5}$℃/s(图 3a),而此时地处冷平流前沿的陇中和陇东均受暖平流控制,因此定西、天水的降水相态为雨。2 日 23:00,随着冷平流的快速扩散,会宁、通渭、静宁三站地面温度降至 $-1$℃,降水相态转为雪。3 日 02:00,500 hPa 冷平流中心已东移至甘南高原,强度为 $-5\times10^{-5}$℃/s,700 hPa 冷平流前沿则扩散至整个河东地区,强度减弱为 $-3\times10^{-5}$℃/s(图 3b),受此影响天水、平凉、庆阳地面温度降至 0℃以下,剩余的 6 站全部完成了由雨向雪的转换。此后冷平流继续沿西方路径东移(图略),3 日 08:00 控制甘肃河东,但天水、平凉、庆阳的降雪天气明显减弱,11:00 结束。

从上述分析不难看出,近地层冷平流的前沿位置(海拔≥1500 m 的地区对应 700 hPa,海拔<1500 m 的地区对应 850 hPa)及到达某区域的时间对雨雪转换的落区和出现时间有较好

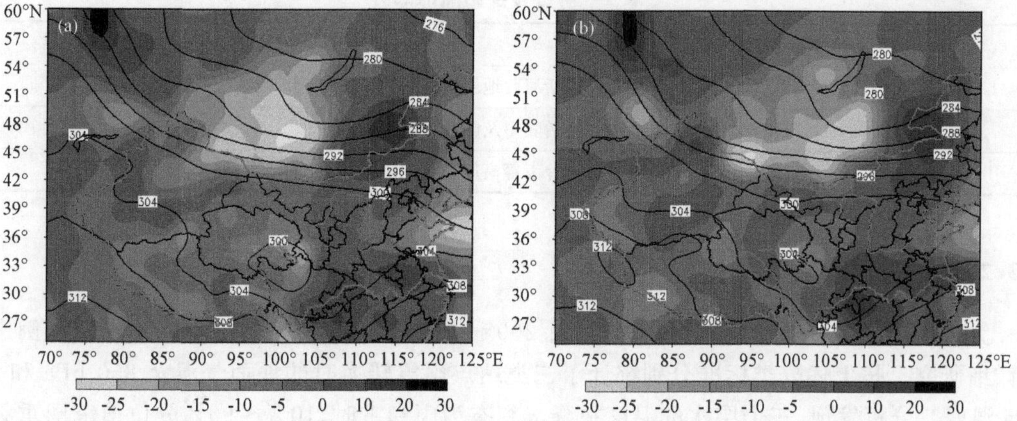


图 3　2010 年 3 月 2—3 日 700 hPa 高度(线条)及温度平流场(阴影)(单位:$10^{-5}$℃/s)

的预报指示意义,但影响相态转换的因素除冷平流外,更重要的是与不同层次温度的组合有关,有时虽然有冷平流,如果地面温度较高也不易出现降水相态转换。

## 3.3　雨雪转换指标的确定

### 3.3.1　降水相态指标区域划分

甘肃地形复杂,海拔高度落差大,最低的徽县仅 927.5 m,最高玛曲县为 3473.2 m,因而如何根据地形高程合理划分区域进而确定雨雪相态转换指标就显得十分重要。0℃层的高度是影响雨雪转换的一个主要指标。统计发现(图 4),海拔小于 1500 m 的站点发生雨雪转换时,0℃层高度在 835～890 hPa,海拔为 1500～2000 m 时,0℃层在 800～820 hPa,海拔为 2000～3000 m 时,0℃层在 700～720 hPa。从气压与高度的对应关系不难看出,这三类站点发生雨雪转换时 0℃层高度接近站点的海拔高度,且这三类站点的 0℃层高度无交集,区分度较好。因此,根据海拔高度将影响雨雪转换的站点分为三类(表 1)。

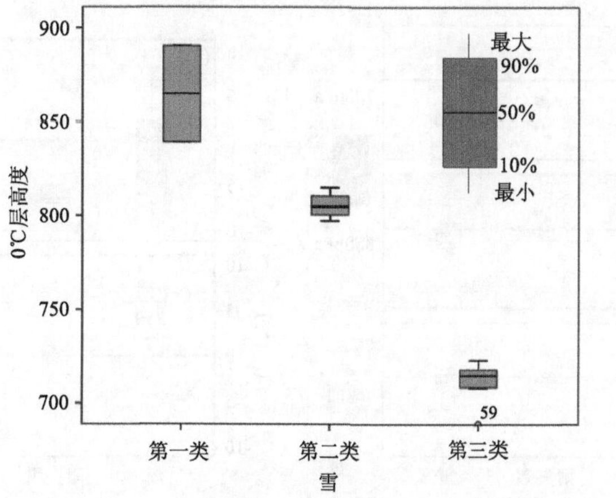


图 4　甘肃省三类站点降雪时的 0℃层高度箱线图(单位:℃)

**表 1　雨雪转换站点的划分**

| 类别 | 海拔高度 | 影响区域 |
|---|---|---|
| 第一类 | ≤1500 m | 主要包括河西地区(除祁连山区)、天水、陇东、陇南等地 |
| 第二类 | 1500～2000 m | 主要包括陇中及临夏等地 |
| 第三类 | 2000～3000 m | 主要为甘南等高原边坡地带 |

### 3.3.2　雨雪转换指标的确定

为了找出雨雪转换的具体判别指标，对 2003—2013 年甘肃省雨雪转换的 56 次个例进行了详细研究。按上述分类标准分别统计了三类站点雨雪转换时的地面气温及 850 hPa 和 700 hPa 温度。分析发现，三个层次的温度在降水相态为雨和雪时，10%～90%分位值范围重叠的很少，说明区分度明显，而出现雨夹雪时则可能出现温度的交叉，因此降雨和降雪相态临界值划分的原则是：当雨和雨夹雪温度有交叉时，降雨的临界值取雨夹雪温度的 90%分位数，当雪和雨夹雪温度有交叉时，降雪的临界值取雨夹雪温度的 10%分位数。

第一类：由于海拔高度<1500 m，所以选择地面、850 hPa、700 hPa 三层的温度进行分析，具体如下(图 5a)。地面温度：降雨时地面温度 10%～90%分位值覆盖范围为 3.0～8.0℃，降雪时为－2.0～0.0℃，而雨夹雪在－1.0～1.0℃，但与降雪的地面温度有交叉。也就是说，当地面温度≥3℃时降水相态以雨的形式出现，当地面温度在－1.0～0.0℃时降水相态表现为雨夹雪或雪，当地面温度≤－1.0℃时为雪，因此 3.0℃和－1.0℃可以作为降雨和降雪的临界值。850 hPa 温度：降雨和降雪时其 10%～90%分位覆盖范围分别为 2.5～7.0℃和－4.0～1.0℃，且无交叉，因此 2.5℃可作为降雨时 850 hPa 的临界值；雨夹雪时 850 hPa 温度在－3.0～－1.0℃，和降雪时的温度有交叉，因此－3.0℃可作为降雪的上限值。700 hPa 温度：降雨和降雪的 10%～90%分位覆盖范围分别为－6.0～0.0℃和－11.0～－6.0℃，雨夹雪时 700 hPa 温度在－5.0～－3.0℃，且与降雨的温度有交叉。表明当 700 hPa 温度在－5.0～－3.0℃时降水相态可能以雨或雨夹雪形式出现。因此，当 700 hPa 温度≥－3.0℃时将出现降雨，≤－6.0℃时出现降雪。

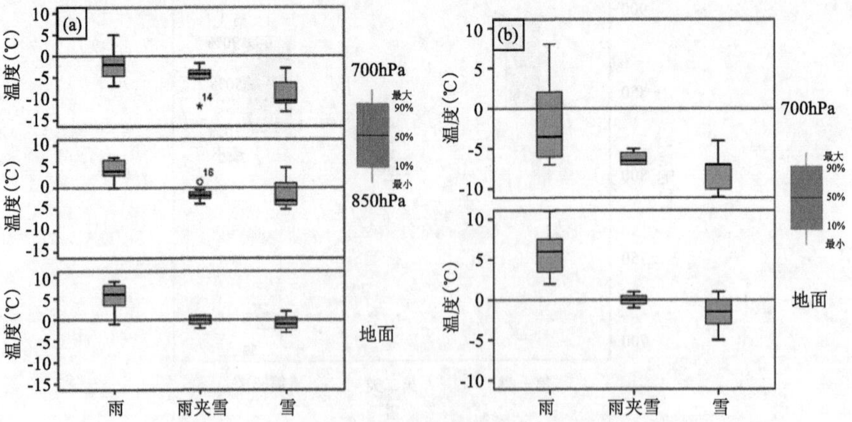


图 5　两类站点不同降水相态温度箱线图(单位：℃)

第二、三类：由于这两类站点的海拔高度在1500 m以上，850 hPa已在地面之下，因此主要从地面和700 hPa温度寻求指标。第二类站点(图5b)降雨时地面温度10%～90%分位覆盖范围为3.0～7.5℃，降雪时为−3.0～0.0℃，而雨夹雪则与降雪有重叠，其范围为−1.0～1.0℃，也就是说地面温度在−1.0～0.0℃时，可能会出现雨夹雪或雪，由此3.0℃作为降雨的临界值，而−1.0℃可作为降雪时地面温度的上限。对700 hPa温度的分析表明，当温度≥−4.0℃时将出现降雨，≤−7.0℃时出现降雪。同样的分析方法可以得到第三类站点不同降水相态地面和700 hPa温度判别指标(图略，表2)。从表2可以看出，降雨多在地面温度为3.0℃以上时发生，而降雪多在−1.0℃以下时发生，−1.0～3.0℃则多为雨夹雪天气。

**表2 甘肃省降水相态预报临界指标(单位:℃)**

| 类别 | 层次 | 雨 | 雨夹雪 | 雪 |
|---|---|---|---|---|
| 第一类<br>海拔<1500 m | 地面 | ≥3.0 | −1.0～3.0 | ≤−1.0 |
| | 850 hPa | ≥2.5 | −3.0～2.5 | ≤−3.0 |
| | 700 hPa | ≥−3.0 | −6.0～−3.0 | ≤−6.0 |
| 第二类<br>1500 m≤海拔≤2000 m | 地面 | ≥3.0 | −1.0～3.0 | ≤−1.0 |
| | 700 hPa | ≥−4.0 | −7.0～−4.0 | ≤−7.0 |
| 第三类<br>海拔>2000 m | 地面 | ≥3.0 | 0.0～3.0 | ≤0.0 |
| | 700 hPa | ≥2.0 | −1.0～2.0 | ≤−1.0 |

### 3.3.3 预报指标的检验

下面对雨雪转换预报指标进行检验，检验标准：一是根据观测值选取对应的相态转换指标，以第二类站点的地面温度为例，如果某时次观测值为2.0℃，那么对照表2，就判别该站点应为雨夹雪，若实况为雨夹雪则准确，否则错误；二是当几个指标判别结论不一致时，综合判别结论以地面温度为准，如地面温度判别为雨夹雪，700 hPa温度判别为雪，则综合判别结果为雨夹雪。以2014年4月24日的雨雪转换天气为例进行说明(表3)。24日20:00，受冷空气影响，榆中由雨夹雪转为雪，临夏、和政、临洮、夏河4站由雨转为雨夹雪，合作直接由雨转为雪，而张家川则刚开始出现降雨。此时，榆中、和政、临洮、张家川地面观测温度分别为0.0℃、0.0℃、0.0℃、10.0℃，700 hPa观测温度为−6.0℃、−4.0℃、−4.5℃、2.5℃，对照表2两种指标均判别为雨夹雪、雪、雨夹雪、雨，但与实况相比，榆中、和政相态判别错误。临夏、夏河、合作三站地面观测温度分别为1.0℃、0.0℃、0.0℃，700 hPa观测温度为−4.0℃、0.0℃、0.0℃，根据表2应判别为雨夹雪$_{地}$(雨$_{700}$)、雪$_{地}$(雨夹雪$_{700}$)、雪$_{地}$(雨夹雪$_{700}$)，最后综合判别为雨夹雪、雪、雪，经检验除夏河外其他判别结论正确。

由地面、探空资料和各层相态判别指标给出的雨的分界线可以看出(图6)，24日20:00兰州市及甘南和临夏均处在地面温度≤3℃和700 hPa温度≤−4.0℃的范围内，对应榆中、临夏、和政、临洮、夏河等站出现雨夹雪天气，而张家川位于指标线右侧，降水相态为雨。到了25日08:00，除陇南东南部和天水南部位于指标线右侧的雨区外，河东大部分地方位于指标线左侧，而地面观测实况也是天水北部的张家川转为雪。

**表 3　24 日 20 时各站点降水相态预报效果检验**

<table>
<tr><th rowspan="2">站名与海拔</th><th rowspan="2">类别</th><th colspan="3">判别依据</th><th rowspan="2">相态判别结果</th><th rowspan="2">实况</th><th rowspan="2">准确度</th></tr>
<tr><th>数值</th><th>地面温度(℃)</th><th>700 hPa(℃)</th></tr>
<tr><td rowspan="2">榆中<br>1875 m</td><td rowspan="2">第二类</td><td>观测值</td><td>0</td><td>−6</td><td rowspan="2">雨夹雪</td><td rowspan="2">雪</td><td rowspan="2">×</td></tr>
<tr><td>阈值</td><td>−1～3</td><td>−7～−4</td></tr>
<tr><td rowspan="2">临夏<br>1919 m</td><td rowspan="2">第二类</td><td>观测值</td><td>1</td><td>−4</td><td rowspan="2">雨夹雪</td><td rowspan="2">雨夹雪</td><td rowspan="2">√</td></tr>
<tr><td>阈值</td><td>−1～3</td><td>≥−4</td></tr>
<tr><td rowspan="2">和政<br>2138 m</td><td rowspan="2">第三类</td><td>观测值</td><td>0</td><td>−4</td><td rowspan="2">雪</td><td rowspan="2">雨夹雪</td><td rowspan="2">×</td></tr>
<tr><td>阈值</td><td>≤0</td><td>≤−1</td></tr>
<tr><td rowspan="2">临洮<br>1888 m</td><td rowspan="2">第二类</td><td>观测值</td><td>0</td><td>−4.5</td><td rowspan="2">雨夹雪</td><td rowspan="2">雨夹雪</td><td rowspan="2">√</td></tr>
<tr><td>阈值</td><td>−1～3</td><td>−7～4</td></tr>
<tr><td rowspan="2">夏河<br>2931 m</td><td rowspan="2">第三类</td><td>观测值</td><td>0</td><td>0</td><td rowspan="2">雪</td><td rowspan="2">雨夹雪</td><td rowspan="2">×</td></tr>
<tr><td>阈值</td><td>≤0</td><td>−1～2</td></tr>
<tr><td rowspan="2">合作<br>2991 m</td><td rowspan="2">第三类</td><td>观测值</td><td>0</td><td>0</td><td rowspan="2">雪</td><td rowspan="2">雪</td><td rowspan="2">√</td></tr>
<tr><td>阈值</td><td>≤0</td><td>−1～2</td></tr>
<tr><td rowspan="2">张家川<br>1666 m</td><td rowspan="2">第二类</td><td>观测值</td><td>10</td><td>2.5</td><td rowspan="2">雨</td><td rowspan="2">雨</td><td rowspan="2">√</td></tr>
<tr><td>阈值</td><td>≥3</td><td>≥−4</td></tr>
</table>

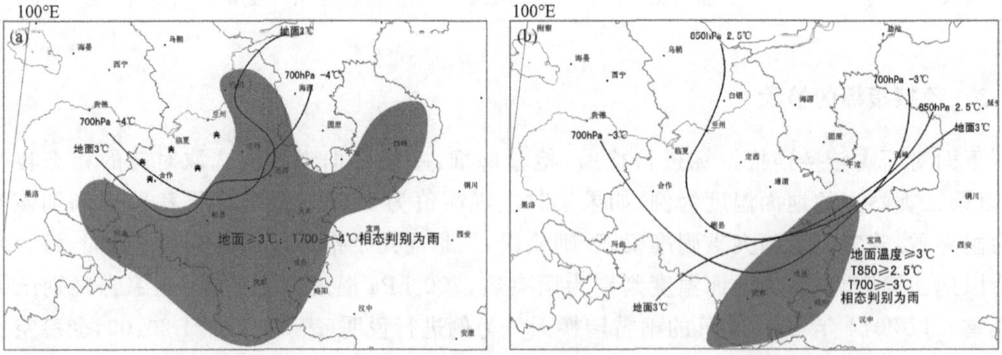


图 6　降水相态预报效果检验图

(a)24 日 20:00;(b)25 日 08:00

# 4　结论

(1)近 10 年中,甘肃省雨雪相态转化主要发生在过渡季节的春季和秋季,占总次数的 83.5%。降水相态的转换均表现为雨向雨夹雪或雪的转换,空间上有三个高发区,即以合作为中心的高原边坡区,以华家岭为中心的中部干旱区,以康县为中心的陇南湿润区等,其中以高原边坡 2～6.1 次/年的频次为最。

(2)相态的转换都发生在高原槽东移产生降水的环流形势下,从低层(850 hPa)到中层(500 hPa)都有冷平流,但有时冷平流较弱,仅存在于近地层。当温度槽通过雨区时,在强烈的冷平流作用下,出现雨向雪的转换。通常,500 hPa 冷平流移动路径清晰,是判别冷空气路径的主要指标。统计分析表明,冷平流移动路径有 3 条,西北路径占 49.1%,西方路径占

38.8%,北方路径为12.1%。当沿西北路径移动时,高原槽主体深厚,冷平流强度强,河东大部分地方都有可能出现雨雪转换;当沿西方路径移动时,高原槽浅且位置偏南,北方冷空气较弱,仅高原边坡、陇中及陇东中南部可能出现相态转换。

(3)500 hPa冷平流与发生降水相态转换的时间相比有滞后,近地层冷平流与雨雪转换的落区和发生时间有很好的对应关系。当700 hPa冷平流强度$\leqslant -5\times10^{-5}$℃/s、850 hPa$\leqslant -10\times10^{-5}$℃/s时,其控制区通常会发生雨向雨夹雪或雪的相态转换。这在实际预报业务中有助于预报员判断是直接预报固态降水还是液态转为固态降水。

(4)$T_{地面}>3.0$℃、$T_{地面}<-1.0$℃、$-1.0℃<T_{地面}<3.0$℃是雨、雪、雨夹雪相态转换的前提条件,在此前提条件下:对于海拔<1500 m的地区,$T_{850\ hPa}\leqslant -3.0$℃、$T_{700\ hPa}\leqslant -6.0$℃时则出现降雪,$-3.0℃<T_{850\ hPa}<2.5$℃、$-6.0℃<T_{700\ hPa}<-3.0$℃时则为雨夹雪;海拔1500~2000 m地区,$T_{700\ hPa}\leqslant -7.0$℃时则出现降雪,$-7.0℃<T_{700\ hPa}<-4.0$℃时则为雨夹雪;对于海拔≥2000 m的地区,$T_{700\ hPa}\leqslant -1.0$℃时则出现降雪,$-1.0℃<T_{700\ hPa}<2.0$℃时则为雨夹雪。经检验,该指标预报效果较好,尤其是地面温度指标的判别效果最好。

## 参考文献


胡爱军,李宁,祝燕德,等,2010. 论气象灾害综合风险防范模式——2008年中国南方低温雨雪冰冻灾害的反思[J]. 地理科学进展,29(2):159-165.

胡豪然,梁玲,2014. 近50年青藏高原东部降雪的时空演变[J]. 地理学报,69(7):1002-1012.

李江波,李根娥,裴雨杰,等,2009. 一次春季强寒潮的降水相态变化分析[J]. 气象,35(7):87-94.

李岩瑛,张强,孙爱芝,等,2008. 祁连山及周边地区降雪气候特征研究[J]. 冰川冻土,30(3):383-391.

刘玉莲,任国玉,于宏敏,等,2013. 我国强降雪气候特征及其变化[J]. 应用气象学报,24(3):304-313.

马丽云,曹磊,李杨,等,2010. 乌鲁木齐市不同区域$PM_{10}$的监测与分析[J]. 干旱区地理,33(2):231-235.

漆梁波,张瑛,2012. 中国东部地区冬季降水相态的识别判据研究[J]. 气象,38(1):96-102.

孙继松,梁丰,陈敏,等,2003. 北京地区一次小雪天气过程造成路面交通严重受阻的成因分析[J]. 大气科学,27(6):1057-1066.

孙秀忠,罗勇,张霞,等,2010. 近46年来我国降雪变化特征分析[J]. 高原气象,29(6):1594-1601.

隋玉秀,杨景泰,王健,等,2015. 大连地区冬季降水相态的预报方法初探[J]. 气象,41(4):464-473.

徐彤,田丰,2006. 仙桃机场雷雨转雨夹雪天气的分析[J]. 广西气象,27(4):34-36.

杨成芳,姜鹏,张少林,等,2013. 山东冬半年降水相态的温度特征统计分析[J]. 气象,39(3):355-361.

杨霞,赵逸舟,李圆圆,等,2009. 乌鲁木齐极端天气事件及其与区域气候变化的联系[J]. 干旱区地理,32(6):867-873.

庄晓翠,李博渊,张林梅,等,2013. 新疆阿勒泰地区冬季大到暴雪气候变化特征[J]. 干旱区地理,36(6):1013-1022.

庄晓翠,田忠锋,李博渊,2014. 新疆阿勒泰地区冬季日降雪特性指标变化分析[J]. 干旱区研究,31(3):463-471.

周顺武,王传辉,吴萍,等,2012. 青藏高原强降水日数的时空分布特征[J]. 干旱区地理,35(1):23-31.

曾明剑,陆维松,梁信忠,等,2008. 2008年初中国南方持续性冰冻雨雪灾害形成的温度场结构分析[J]. 气象学报,66(6):1043-1052.

PAUL O, HEPPNER G, 1992. Snow versus Rain: Looking beyond the "Magic" Number[J]. Wea Forecasting, 7(4): 683-691.

# 高原边坡复杂地形下短时强降水的云型特征分类*

狄潇泓[1],王小勇[2],肖玮[1],赵庆云[1]

(1. 兰州中心气象台,兰州 730020;2. 甘肃省公共气象服务中心,兰州 730020)

**摘要:**利用逐时雨量资料、常规高低空观测资料及 FY-2 卫星云图,对 2010—2015 年 5—9 月甘肃省高原边坡复杂地形下 76 次短时强降水过程个例的天气形势配置及卫星云图演变特征进行统计分析。结果表明,与甘肃省短时强降水过程相关的特征云型有:副高边沿型、逗点云型、冷锋前部型、冷锋尾部与南亚高压东侧叠置型、冷涡后部型、弱冷锋前部椭圆形 $M_\alpha CS$ 型,共 6 类云型。其中,副高边沿型、冷锋前部型、弱冷锋前部椭圆形 $M_\alpha CS$ 型与低层暖平流强迫有关。逗点云型、冷锋尾部与南亚高压东侧叠置型主要受高低空冷暖平流强烈交汇影响。冷涡后部型是高空冷平流强迫下形成。冷锋尾部与南亚高压东侧叠置型具有较好的预报指示意义。

**关键词:**短时强降水;云型特征;分类

## 1 引言

短时强降水是大气强烈对流产生的灾害性天气中的一类,是在一定的天气尺度环流背景下,各种物理量有利配置,由中尺度天气系统发生发展造成的(丁一汇,2005)。甘肃省处于青藏高原东北侧边坡,是青藏高原向黄土高原的过渡地带,地形复杂,春夏季节,容易产生短时强降水、冰雹等强对流天气,继而引发山洪、泥石流等次生地质灾害,给人民生产、生活带来严重影响。目前天气预报业务中,短时强降水是十分重要、却又十分困难的一个预报对象。长期以来,国内外气象预报和科研人员对短时强降水预报、监测等方面做了许多深入研究,取得了大量成果。张涛等(2013)、蓝渝等(2013)从中尺度对流天气环境场分析,中尺度对流天气过程分析方面介绍了国家气象中心对流天气过程分析规范和支撑技术。许爱华等(2014)从强对流天气形成的三个基本条件出发提出中国中东部强对流天气的五种基本类型。俞小鼎(2013)对短时强降水主观临近预报的主要思路和方法进行综述。近年来,西北地区的学者对短时强降水等强对流天气进行了一些研究,许东蓓等(2015)将引发西北地区强对流天气的环流形势配置分为高空冷平流强迫、低层暖平流强迫和斜压锋生 3 种类型,并指出 3 种类型均有短时强降水出现,低层暖平流强迫类以短时强降水为主。张之贤等(2013)对西北地区东部短时强降水的时空分布特征进行了分析;付双喜等(2015)对甘肃短时强降水环境参数特征进行了分析;刘新伟等(2017)对甘肃东部两次短时强降水过程热动力条件进行对比分析。

在强对流,尤其是短时强降水监测预警中,卫星云图资料有明显的优势(任素玲 等,2014;

* 本文已在《气象》2018 年第 11 期正式发表。

蒋建莹 等,2014)。汛期,FY-2 卫星双星加密观测模式能提供时间分辨率 15 min 的云图资料,这对雷达多盲区的高原边坡复杂地形区域意义非凡。本文根据 2010—2015 年 5—9 月,甘肃省 76 次短时强降水天气个例,根据天气形势系统配置,结合卫星云图云型演变特征,总结提炼出 6 种典型云型特征,为甘肃短时强降水天气的短时预报、预警提供依据。

## 2 资料和标准

利用 2010—2015 年 5—9 月,甘肃省 80 个地面观测站和区域站逐小时降水资料按以下标准定义短时强降水过程。

短时强降水标准为:气象站或区域雨量站整点 1 小时雨量大于等于 20 mm。

短时强降水天气过程标准为:在同一天内(次日),甘肃省境内出现短时强降水天气现象的站数或次数累积达到 10 站次以上。

2010—2015 年 5—9 月共有 74 次过程符合这一标准,这 74 次过程均发生在高原东北侧边坡地带,即甘肃河东地区,另外有两次在高原北部边坡,河西走廊干旱区的短时强降水过程,总站数不够 10 站,但发生的地域极端干旱,短时强降水十分罕见,且造成的灾害和影响较大,故也入选短时强降水过程,共计 76 次过程。

文中使用这 76 次短时强降水天气过程之常规高空、地面观测资料,加密区域站逐小时降水资料、地面特殊天气报和 FY-2 卫星云图资料进行分析。

## 3 短时强降水及云图统计特征

在对 76 次短时强降水天气过程卫星云图云型、图像特征进行统计分析的基础上,结合短时强降水的大尺度环流背景,以及与强对流相关的水汽、不稳定条件等因子,将甘肃短时强降水天气云图分为 6 种典型云型特征(表 1)。各种云型出现的时间、落区与低压槽、切变线、冷锋、副高、南亚高压、低空急流等天气系统的位置、强弱和结构,密切相关。

分析地面观测和闪电定位仪资料,发现短时强降水过程一般伴有大范围雷暴出现,少数个例只在降水强中心附近有雷暴。2012 年 6 月 5 日河西西部短时强降水过程比较特殊:没有雷暴和闪电出现,分析估计和闪电定位仪位置较远有关。

**表 1 甘肃省短时强降水典型云型**

| 分类 | 副高边沿型 | 逗点云型 | 冷锋尾部与南亚高压东侧叠置型 | 冷锋前部型 | 冷涡后部型 | 弱冷锋前椭圆形 $M_{\alpha}CS$ 型 |
|---|---|---|---|---|---|---|
| 次数 | 24 | 14 | 12 | 8 | 14 | 4 |
| 比例 | 31.6% | 18.4% | 15.8% | 10.5% | 18.4% | 5.3% |
| 月份 | 7—8 月 | 5—9 月 | 7—8 月 | 5—8 月 | 6—8 月 | 7—8 月 |
| 落区 | 陇东南 | 全省 | 河东 | 河东 | 河东 | 河东 |

由表 1 可见,副高边沿型是甘肃省高原边坡最常见的类型,这与我国中东部其他地方类似(王宗敏 等,2014)。它与副高的季节变化有直接关系,在副高西脊点最西最北的 7、8 月间出现。逗点云型是次多的类型,与西风带斜压不稳定发展有关,影响范围可达全省。冷涡后部型

是高空冷平流造成的，一般与冰雹、雷暴大风相伴出现，站数不多。另外，冷锋尾部与南亚高压东侧叠置型与南亚高压有直接关系，在南亚高压为西部型时会出现。冷锋前部型与低层暖湿平流强烈发展有关，这种类型在甘肃省较少出现。弱冷锋前椭圆形 $M_{\alpha}CS$ 型与弱冷锋前低层低涡强烈发展有关，此类在甘肃省最少出现。

# 4 短时强降水典型云型特征

## 4.1 副高边沿型

### 4.1.1 概念模型

天气形势特征：主要发生在7—8月副高最强盛，西脊点最西、最北之时。一般情况，当副高西伸北抬，西脊点达到(110°E，32°N)以西以北时，500 hPa 有高空槽东移，槽前到副高西北侧为一致的西南暖湿气流，中低层 700 hPa 切变线更接近副高，切变线前西南风往往能达到低空急流标准，与中低层西南风相伴的是一条由四川盆地伸向甘肃河东的湿舌，中心比湿 10 g/kg 以上。垂直结构上，湿层厚度大，湿层往往能达到整个对流层高度，暖云层高度高，自由对流高度低，中低层对流不稳定。中低层的暖湿平流有利于对流不稳定能量的释放，并启动抬升运动，是此类的主导因素。

云型特征：对流初生阶段，在副高控制晴空区西北侧，有宽阔的东北－西南向云带东移，云带亮温较高，在 240 K 以上。对流旺盛阶段，在主云带中接近副高晴空区边缘，有形状为团块状，或涡度逗点状，尺度为 50～300 km 不等的 $M_{\beta}CS$，$M_{\alpha}CS$，发展、合并，云顶亮温迅速下降，一般在 3～4 h 降至 230 K 以下，短时强降水出现，造成短时强降水的 MCS 生命史较长，持续 4 h 以上。消亡阶段，团块状、逗点状中尺度云团边缘开始模糊，亮温迅速增大至 240 K 以上。

降水特征：7、8月间在甘肃河东造成大范围短时强降水，站数一般大于 20 站；雨强强，通常在 30 mm/h 以上，有时能达到 60～70 mm/h；持续时间较长，一般在 12 h 以上，当副高较稳定时，短时强降水过程能持续 30 h 以上。

### 4.1.2 典型个例

2011 年 7 月 28 日短时强降水过程，陇东南和陇中共出现 79 站次短时强降水。28 日 08 时副高西伸、北抬，甘肃河东处在副高西北侧西南气流中，高温高湿，500 hPa 冷槽自西向东移动；700 hPa 上河东比湿在 8 g/kg 以上，并且有低涡切变形成(图 1a)。同时刻平凉站探空图(略)上可见，大气层结具有对流不稳定性，K 指数 35℃，沙氏指数－2.78 ℃，对流有效位能(CAPE)为 137.8 J/kg。此次过程 500 hPa 以下偏南风强烈，带来南方暖湿气流，500 hPa 以上为偏西风，将西北方向冷空气向甘肃河东输送，这种结构有利于对流不稳定的加深和持续。良好的水汽、热力条件加上动力辐合抬升，对流强烈发展，形成大范围短时强降水。

2011 年 7 月 28 日 05:00—07:00 红外卫星云图上，有一条东北—西南向云带自西向东移至位于陕西到川东的副高控制下晴空区边缘，云带中镶嵌多个块状、带状 $M_{\beta}CS$，$M_{\alpha}CS$。08:00(图 1b)，云团发展、合并，尤其是平凉西部的云团尺度加大，云顶亮温迅速降低，从相当黑体亮温(Black-Body Temperature，TBB)图上可见与强降水对应的云团 TBB 为 230 K，短时

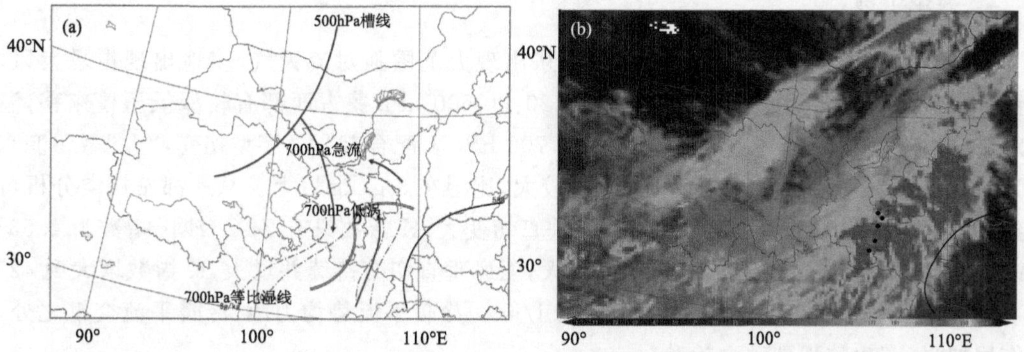


图 1 2011 年 7 月 28 日天气系统配置及红外云图；(a)08:00 天气系统配置（双实线为 700 hPa 切变线，箭头为 700 hPa 流线）(b)08:00 红外云图（黑点为短时强降水）

强降水出现在 TBB 小值区的北侧。09:00，云团进一步发展，从川东到平凉西部形成 TBB 的低值带，短时强降水出现在 230 K 线西北段。10:00—12:00，TBB 的低值带缓慢东移，短时强降水仍出现在其西北侧 230 K 线附近。

## 4.2 逗点云型

### 4.2.1 概念模型

天气形势特征：大气中低层冷暖空气势均力敌，大气具有明显的斜压性特征，此类常和高空低槽，低涡或气旋联系在一起，是冷暖平流共同作用，锋生的结果。500 hPa 河西走廊有低压槽东移，与之配合的温度槽落后于高度槽，槽后西北风速较大，有时风速≥20 m/s，冷平流明显。700 hPa 上锋区在 33°～38°N，并和 500 hPa 同样具有温度槽落后于高度槽的特点，等温线与等高线的交角更大，槽前西南风带来暖平流自西南向东北输送，700 hPa 比湿一般能达到 8 g/kg，冷暖平流交汇之处，锋生作用加强，锋生作用产生的强烈动力抬升作用在此种类型中最为重要。垂直方向，湿层一般在 500 hPa 以下，垂直风切变较大，特别是 0～6 km 的风切变是五种类型中最大的。这种类型 5—9 月均可发生。

云型特征：带来短时强降水的云型特征为大尺度涡度逗点云系的形成、发展。逗点云涡旋中心与低层低涡中心重合，随着低涡的发展移动而变化。云系后部为下沉的西北气流对应的无云区，前部为槽前西南气流，逗点云系处，高空风与等涡度线几乎垂直，为强正平流涡度区，对应强的上升运动，云系稠密。初始阶段逗点云系刚形成，云系各处 TBB 值较大。对流发展旺盛阶段，在正涡度平流最大处，云系强烈发展，形成逗点云系，TBB 在 3～4 h 内下降到 220 K，短时强降水随之发生。此类云型云顶亮温较低，但持续时间较短，一般持续 2～3 h 即减弱消亡。河西走廊干旱区发生的两次极端性短时强降水过程均为这种类型。

降水特征：5—9 月可在全省造成范围很大的短时强降水，短时强降水具有持续时间短、强度较大、落区分散的特点，一般持续 2～3 h，雨强在 20～50 mm/h，并且一般会伴有冰雹、雷暴大风等其他强对流天气。

### 4.2.2 典型个例

2013 年 5 月 23 日午后到夜间，甘肃河东出现大范围强对流天气，多地出现雷暴大风，短时强降水 57 站，局部地方出现冰雹。23 日 20:00 500 hPa 蒙古西部有较深低压槽东移，温度槽落后于高度槽，槽后冷平流明显(图 2a)。700 hPa 上配合有“人”字型切变，“人”型切变东南侧为偏南风低空急流，暖湿平流显著，湿度较大，比湿在 8 g/kg 以上。从武都站探空分析可以看到，08:00 环境场特征是“上干下湿”，风垂直切变大，K 指数只有 24℃，沙氏指数为 1.53℃；CAPE 也只有 12 J/kg，20:00，高层湿度增大，强风垂直切变持续并增大，K 指数增大到 42℃，SI 指数减小为－3.16℃；CAPE 增加到 852 J/kg。冷暖平流势均力敌，冷暖平流交汇之处，锋生作用加强，产生的强烈动力抬升。

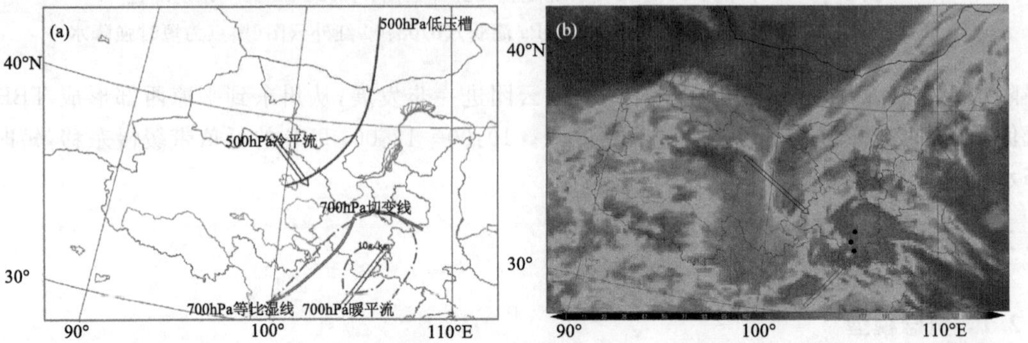


图 2　2013 年 5 月 23 日天气系统配置及红外云图；(a)20:00 天气系统配置，(b)14:00 红外云图（黑点为短时强降水）

5 月 23 日 14:00，红外卫星云图(图 2b)上，涡度逗点云系已形成完整的形态，逗点云系出现在 500 hPa 较深低压槽前，正涡度平流最大的区域。在涡度逗点云形成后，东移过程中，随着低层涡度增大，逗点云处正涡度平流加大，云系变得稠密，短时强降水正是出现与逗点云型相对应的正涡度中心附近，正涡度平流最大处。从逐时 TBB 图(略)与短时强降水叠加图可以看到，强降水出现在 220 K 线包围区域的西北部。

## 4.3 冷锋前强对流云带

### 4.3.1 概念模型

天气形势特征：500 hPa 低压槽位置偏北，温度槽落后于高度槽，且比高度槽略深，甘肃省处于冷锋的中部到尾部，对应槽前位置，700 hPa 上西南风强盛，暖平流强且范围较大，甘肃河东大部比湿在 8 g/kg 以上，水汽轴处比湿能达 12 g/kg。强降水主要出现在冷锋前部的暖区中。垂直方向上，强降水区湿层在地面向上 2 km 内，大气层结为条件不稳定，0℃层高度较高，在 500 hPa 以上。

云型特征：对流初始阶段，地面冷锋南移时，在低层暖平流区域，冷锋云系的前部晴空区或附近明显的降压中心地方形成较有组织排列的点状、带状，尺度为 β 中尺度的对流云系。对流旺盛阶段，上述 $M_{\beta}CS$ 快速发展，约 2 h 左右，TBB 即降至 220 K 左右，短时强降水出现。此类对流发展迅速，但持续时间较短，2～3 h 即减弱消亡。

降水特征：这一类出现次数最少，在 5—8 月出现，落区多数在陇中，陇东南偶尔也会出现，站数一般不大于 20 站，雨强较大，最大在 40～50 mm/h，持续时间较短，一般在 12 h 以内。

### 4.3.2 典型个例

以 2013 年 7 月 26 日为例，陇东、陇南及甘南午后到傍晚有 26 站出现短时强降水。26 日 08:00 500 hPa 上(图 3a)，低压槽在河西西部到青海西部，槽前甘肃河东西南风较强，700 hPa 陇中到甘南有“人”字型切变，其前部陇东南有一支西南风急流，沿急流，有一条比湿大于 12 g/kg 的湿舌，并且有暖平流向北输送。地面上冷锋在河西东部，强降水区在冷锋前侧低压带中。垂直结构上，近地层具有对流不稳定。冷锋前暖区大尺度上升运动区域中，近地层西南风暖湿急流形成的中小尺度上升运动是导致此类短时强降水的关键因素。

26 日红外卫星云图(图 3b)上，冷锋云带东移过程中，其前部暖区中，距冷锋 300 km 处，有尺度较小，直径 150 km 左右，属 $M_{\beta}CS$ 的块状对流云团组织排列成带状迅速发展，造成多地分散的短时强降水。

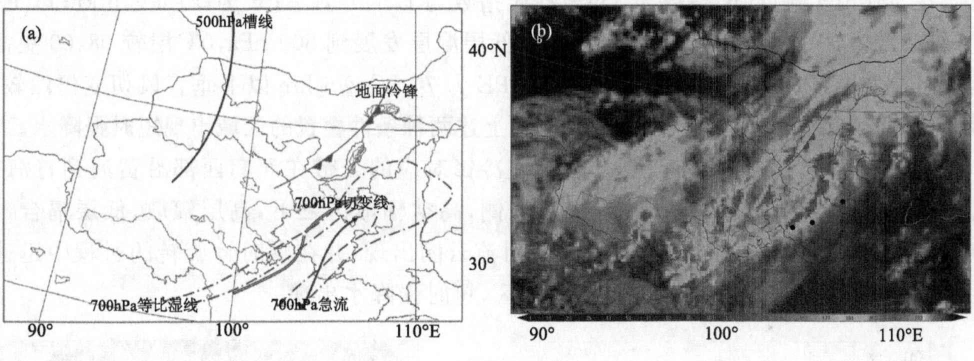


图 3 2013 年 7 月 26 日天气系统配置及红外云图；(a)8:00 天气系统配置(b)14:00 红外云图(黑点为短时强降水)

## 4.4 冷锋云系尾部与南亚高压东北侧叠加型

### 4.4.1 概念模型

天气形势特征：当 7—8 月南亚高压在青藏高原上空呈西部型时出现。200～100 hPa 上，南亚高压中心在(90°E,32°N)附近，甘肃河东处于高压东侧脊线到其以北 5 个纬距之内。500 hPa 河西走廊有浅槽东移，700 hPa 上有较明显的东北—西南向锋区由蒙古到河西，河西走廊冷平流显著。河东 700 hPa 比湿较大，能达到 12 g/kg。与高空锋区配合，地面冷锋东移过程中尾部进入南亚高压控制范围东北侧，在热力不稳定和午后热力对流共同作用下，对流发展。

云型特征：清晨至上午，整个高原为晴空或少云区，午后，对流初生，南亚高压外围的青海东部到甘肃甘南出现许多 γ 中尺度或 β 中尺度块状、团状或逗点状对流云团。此类云型发展迅速，3～4 h 后进入对流旺盛阶段，在冷锋云带与南亚高压东北侧重叠位置，中尺度对流对流云系迅速发展加强，沿南亚高压外围的顺时针气流旋转、合并，形成尺度更大的云团，当云顶 TBB 降至

220 K 以下时，相应区域短时强降水开始出现。这类云型对应的 TBB 值最低，有时可降至 200 K 以下，持续时间 4～5 h，形成的短时强降水日变化明显，一般午后迅速发展，入夜后迅速减弱。

降水特征：这种类型短时强降水甘肃河东各地均可出现，站数一般大于 20 站，雨强较大，在 30 mm/h 左右，但范围相对集中，例如，陇中出现时，陇东南不会出现，南部出现时，中部、陇东则不出现；强降水一般下午开始，入夜后迅速结束，持续时间在 12 h 之内，但也有个别个例早晨就开始。

### 4.4.2　典型个例

2013 年 7 月 7 日，午后到夜间，甘南、陇南等地出现 74 站短时强降水。如图 4a 所示，7 日 08:00 200 hPa 上，南亚高压为西部型，中心在(87°E，31°N)，脊线在 32°N 附近，甘肃河东上空为西北急流出口区分流区。500 hPa 上低压槽在河西中部到青海湖附近，700 hPa 上锋区在河西中部，河东有暖式切变，武威以东大部分地方比湿在 8 g/kg 以上，陇东南达到 12 g/kg。地面图上，有一条冷锋经河套西部向甘肃河东延伸，尾部在甘南附近。武都站 08:00 探空图上，温度曲线表现为条件不稳定，在 700 hPa 附近有逆温层存在，700 hPa 以下为湿层，0℃层高度较高，在 500 hPa 附近，K 指数为 38℃，沙氏指数为 1.54℃，CAPE 为 0 J/kg，6 km 以下垂直风切变较小；20:00，高层和低层湿度均加大，低层湿层发展到 600 hPa，0℃层较 08:00 更高，K 指数增大到 42℃，沙氏指数减小为 0.19℃，CAPE 为 74 J/kg，6 km 以下垂直风切变仍然较小。高层强辐散，低层冷空气的扰动，十分有利于在上述两种条件叠置的区域出现短时强降水。

7 日红外卫星云图(图 4b)上，与地面上冷锋对应的云带在河套西部沿黄河到青海东部一线。冷锋东移过程中，尾部进入南亚高压东侧，高空辐散区之下，高层辐散，低层辐合，沿南亚高压东侧，γ 中尺度或 β 中尺度的团、块状对流云团出现，并在顺时针旋转的过程中迅速加强，合并，TBB 降至 200～210 K，对应低 TBB 区，短时强降水出现。

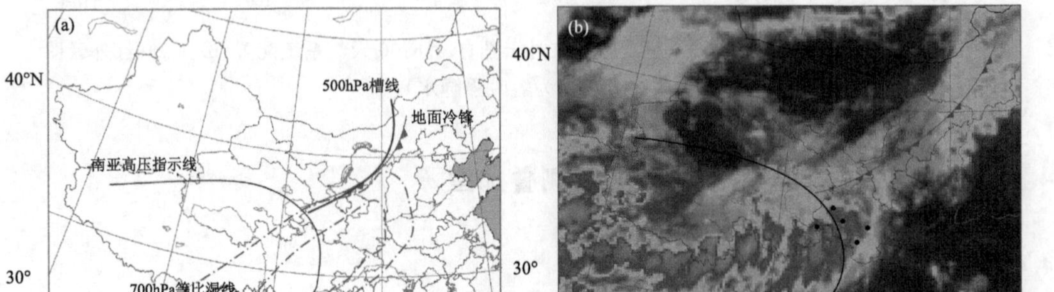


图 4　2013 年 7 月 7 日天气系统配置及红外云图；(a)20:00 天气系统配置图，(b)20:00 红外云图
（实线为南亚高压指示线，锯齿线为地面冷锋，黑点为短时强降水）

## 4.5　冷涡后强对流云型

### 4.5.1　概念模型

天气形势特征：500 hPa 上，河套到蒙古有冷涡打转东移时，温度槽落后于高度槽，且略深

于高度槽，一般低压槽后部为西北气流，天气晴好，白天有利于地面增温，当温度槽扫过时，在高空干冷平流影响下，冷槽附近上冷下暖，有利于出现雷暴大风、冰雹、短时强降水等强对流天气。

云型特征：河套到蒙古有冷涡打转时，云图动画可以看到冷涡的涡旋结构。一般午后对流初生，在冷涡后部出现尺度小、形状不规则、分布零散的团块状云团，有规律的沿高空冷槽槽线排列，水汽图像上，高空冷槽后部可见明显的干区东移。这种类型发展最迅速，1～2 h 便进入对流旺盛阶段，上述零散的云团迅速强烈发展，TBB 降至 230 K 左右，并沿冷槽组织成对流云带，伴随有短时强降水的强对流天气出现。这类的持续时间亦最短，1～2 h 云系减弱消亡。

降水特征：这一类型在 6—8 月出现，对应的强对流范围大，落区分散，天气多样，多以雷暴大风、冰雹为主，但也会伴随出现站数不如其他类型多的短时强降水，且有明显的日变化。

### 4.5.2 典型个例

2013 年 7 月 31 日，陇中于午后到傍晚出现 17 站次短时强降水，强降水时间集中，并且有冰雹、雷暴大风相伴。由图 5a 可见 31 日 08:00 500 hPa 蒙古中部冷涡发展，低压槽抵达河西东部，温度槽落后在河西西部。700 hPa 上切变线在陇东南，陇中为反气旋环流，陇南到陇中比湿为 8 g/kg。地面上，河东为低压控制，早晨到午后增温明显。垂直结构上，大气整层垂直递减率较大，湿度较小；0℃高度较低，在 4～5 km 高度；垂直风切变较大。当冷涡旋转，500 hPa 河西西部的冷槽迅速东移，冷槽所经之处，强对流天气发生。

红外云图上，31 日上午甘肃中部为晴空，12:00，祁连山区东部有多个小块云团（$M_\gamma$CS）生成（图 5b），随后 2 h，在这些云团东移过程中，周围有许多小云块迅速发展，排列成有组织的云带，造成大范围的强对流天气。水汽图上，与高空冷槽相伴有干区东移，对流云在干区前部生成、发展。

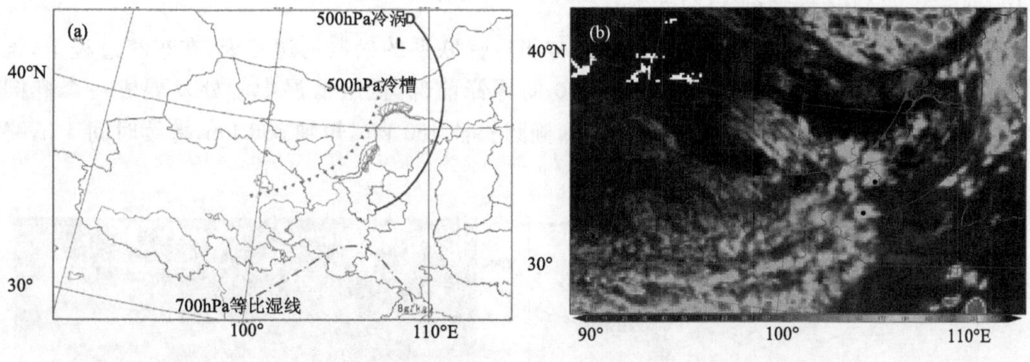


图 5 2013 年 7 月 31 日天气系统配置及红外云图；(a)08:00 天气系统配置图，(b)16:00 红外云图与短时强降水（实线为 500 hPa 槽线，锯齿线为地面冷锋，黑点为短时强降水）

## 4.6 弱冷锋前椭圆形 $M_\alpha$CS 型

### 4.6.1 概念模型

天气形势特征：7 月下旬到 8 月上旬，500 hPa 上，有低压槽自新疆东移至甘肃河东，温度槽落后于高度槽，槽后有冷平流，槽前为暖平流，冷暖平流强度均较逗点云型类弱，有时副高西脊点达到(110°E,32°N)以西以北。700 hPa上，河东有暖切变加强，最终形成低涡。700 hPa比湿在低涡形成过程中有一个明显增大的过程，陇东南能达到12 g/kg。强降水区的探空曲线早晨500 hPa以下表现为锯齿状，即多逆温层，逆温层以外为条件不稳定，上干下湿，暖云层厚度较厚。傍晚，即降水出现时，整层湿度加大，层结曲线锯齿被拉平，意味着中下层逆温层减弱、消失。

云型特征：与锋面相伴的涡度逗点云或带状云东移过程中，其前部中低层涡度持续增大，低层出现气旋式环流中心，整个对流云系合并加强，形成一个椭圆形的大型云团，云顶TBB在220 K(−52℃)以下，且冷云面积能达到5万 $km^2$ 以上，即TBB和面积、偏心率能达到中尺度对流复合体(Mesoscale convective complexes，MCC)标准，但持续时间略短，在4 h或以上，故称为椭圆形 $M_\alpha CS$。

降水特征：这一类型在7—8月出现，武威以东的大部分地方均可出现，出现次数不多，一共仅有4个个例，但强降水强度强、落区集中、范围大、持续时间长。每一次出现短时强降水站数均在50站以上，且30 mm/h以上的强降水站数多。

### 4.6.2 典型个例

2013年8月6日，甘肃河东除偏北的兰州、白银外，其余地方有152站出现短时强降水，强降水主要集中在陇南。6日08:00，500 hPa低压槽东移，河东处于槽前，700 hPa上气流辐合明显，20:00东北风和西南风形成气旋性辐合，辐合区比湿在8 g/kg以上，陇南、甘南在10 g/kg以上(图6a)。从武都站探空可以看到，08:00环境场特征也是“上干下湿”，风垂直切变小，0℃层高度很高，接近500 hPa，K指数38℃，沙氏指数为−0.29℃；CAPE达564 J/kg，20:00，0℃层高度增高到500 hPa以上，风垂直切略有增大，K指数增大到43℃，沙氏指数减小为−0.5℃；CAPE增加到1171 J/kg。

在6日红外云图上，08:00青海东部有与弱冷锋联系的松散的逗点云，在东移过程中，逗点结构瓦解，演变成松散的带状云系，到18:00弱冷锋前部，低层低涡中心处发展成一个椭圆形 $M_\alpha CS$，20:00达到最强(图6b)，TBB<220 K，椭圆长轴460 km，短轴330 km，持续时间4 h，略短于MCC。

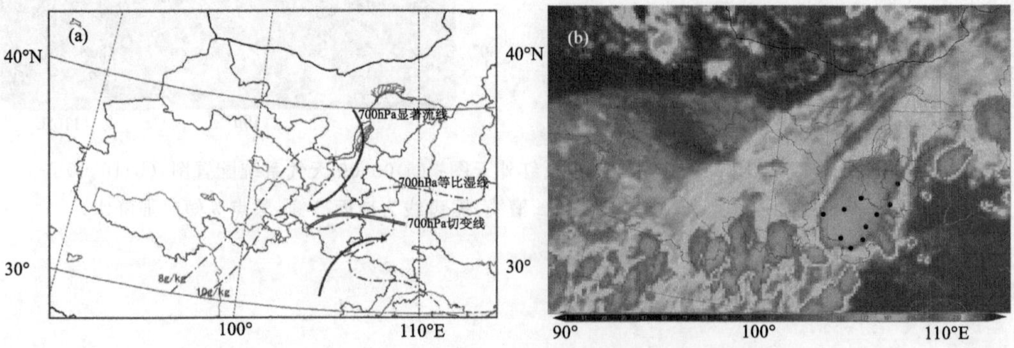


图6 2013年8月6日天气系统配置及红外云图；
(a) 20:00天气系统配置，(b)20:00红外云图(黑点为短时强降水)

# 5 小结和讨论

本文结合天气形势和高分辨率卫星云图云型演变、TBB特征，对2010—2015年5—9月高原边坡复杂地形下的76次短时强降水过程进行统计分析，总结了短时强降水的6类云型。可以看到，各种云型是在特定的动力和热力条件下形成的，与低压槽、切变线、冷锋、副高、南亚高压、低空急流等天气系统密切相关，这些天气系统的位置、强弱和结构决定了短时强降水的落区及天气云型的特点。从动力学结构特征（孙继松 等，2013）分析，副高边沿型、冷锋前部型、弱冷锋前椭圆形$M_\alpha$CS型与低层暖平流强迫有关，涡度逗点云型、冷锋尾部与南亚高压东侧叠置型主要受高低空冷暖平流强烈交汇影响，冷涡后部型是高空冷平流强迫下形成。

因此，本文对高原边坡复杂地形下的短时强降水的云型分类是符合其触发和维持机理的，清晰、直观，便于业务中对短时强降水的监测和追踪。为高原边坡复杂地形下的短时强降水预报提供了依据。主要结论有以下六点。

(1)副高边缘高温高湿，当有高空槽、锋面接近时，易产生锋生作用，使对流云系加强，强对流加强。此类短时强降水范围大，强度强，最大雨强可能出现70 mm/h以上，持续时间最长，在12 h以上。

(2)当中低层有明显的冷暖平流，中高层低槽经向度加大，则易形成逗点云型，低层涡度平流最大处，对流加强，可在全省范围造成各种类型强对流天气。此类云型云顶亮温低，能达到220 K。

(3)当南亚高压在青藏高原西部稳定时，高原北侧有锋面云系或涡度逗点云系东移时，其尾部正好在南亚高压东北部，形成低层辐合、高层辐散的动力不稳定结构，产生强对流天气。此类云型日变化明显，云顶亮温最低，一般低于220 K，具有很好的预报指示性。产生的短时强降水雨强30 mm/h左右。

(4)冷锋前暖湿平流中地面辐合线附近易形成短时强降水。此类云型对应短时强降水范围小，持续时间短，但雨强大，普遍达40～50 mm/h。

(5)河套到蒙古的冷涡后部的冷平流经过甘肃时，上干冷下暖，大气的不稳定性加强，高空冷槽所经之处，容易出现强对流天气，局地伴有短时强降水。

(6)盛夏，带状云东移过程中，低层涡度增大，对流云合并成大面积的椭圆形云团，可造成范围集中，雨强在30 mm/h以上的短时强降水。

另外，夏季甘肃省南部有时会有非常局地的，由小尺度对流云团引发的致灾性短时强降水，受本文对短时强降水过程的定义而未分析涉及，今后还须进一步研究。

## 参考文献

丁一汇，2005. 高等天气学[M]. 北京：气象出版社：309.

付双喜，何金梅，2015. 甘肃短时强降水天气若干环境参数特征分析[J]. 干旱区地理，38(3)：469-477.

蒋建莹，汪悦国，2014. 卫星水汽图像上两次暴雨过程的干、湿特征对比分析[J]. 气象，40(6)：706-714.

蓝渝，张涛，郑永光，等，2013. 国家级中尺度天气分析业务技术进展：对流天气中尺度过程分析规范和支撑技术气象[J]. 气象，39(7)：901-910.

刘新伟，段海霞，杨晓军，等，2017. 甘肃东部两次短时强降水天气过程对比分析[J]. 干旱气象，35(5)：

868-873.
任素玲，蒋建莹，许健民，2014. 卫星水汽通道探测所揭示的高空流场在南亚高压东侧强降水分析中的应用[J]. 气象，40(6)：697-705.
孙继松，戴建华，何立富，等，2014. 强对流天气预报的基本原理与技术方法[M]. 北京：气象出版社.
王宗敏，丁一汇，张迎新，等，2014. 副高外围对流雨带中的对流—对称不稳定及锋生的诊断分析[J]. 大气科学，38(1)：133-145.
许爱华，马中元，叶小峰，2011. 江西种强对流天气形势与云型特征分析[J]. 气象，37(10)：1185-1195.
许爱华，孙继松，许东蓓，等，2014. 中国中东部强对流天气的天气形势分类和基本要素配置特征[J]. 气象，40(4)：400-411.
许东蓓，许爱华，肖玮，2015. 中国西北四省区强对流天气形势配置及特殊性综合分析[J]. 高原气象，34(4)：973-981.
俞小鼎，2013. 短时强降水临近预报的思路与方法[J]. 暴雨灾害，32(3)：202-209.
张涛，蓝渝，毛冬艳，等，2013. 国家级中尺度天气分析业务技术进展Ⅰ：对流天气环境场分析业务技术规范的改进与产品集成系统支撑技术[J]. 气象，39(7)：894-900.
张之贤，张强，赵庆云，等，2013. 陇东南地区短历时降水特征及其分布规律[J]. 中国沙漠，33(4)：1184-1190.

# 河西走廊西部干旱区一次极端暴雨天气的水汽特征分析

孔祥伟[1],杨建才[1],李红[2]

(1. 兰州中心气象台,兰州 730020;

2. 中国气象局兰州干旱研究所/甘肃省干旱气候变化与减灾重点实验室,兰州 730020)

**摘要:**利用高空、地面观测资料、加密区域站雨量资料、FY-2D 云图、NCEP 1°×1°再分析资料,使用物理量诊断、后向轨迹模型等方法分析了 2011 年 6 月 15—16 日河西走廊西部干旱区一次极端暴雨天气的环流形势、中尺度系统、水汽输送和收支特征。结果表明:(1)内蒙古西部到河套地区西北—东南向异常高压西部形成的 α 中尺度切断低涡是此次暴雨天气主要的动力系统。对流层低层湿度增大气温降低,中层冷空气从低涡南部侵入,大气处于弱不稳定状态,地面风速辐合、地形抬升配合不断增强且稳定少动的低涡触发局地对流,造成暴雨区较长时间的层积混合云降水。(2)甘肃中东部异常偏东气流对暴雨区的水汽输送和水汽辐合十分重要,异常高压对异常偏东气流的形成又起关键作用。(3)主要存在随西风气流的西路和绕高原的东路两条水汽输送通道,以绕高原的东路水汽输送为主,其在暴雨期间的贡献率高达 84.6%。东(西)路的水汽输送以对流层中(低)层输入最为显著。(4)暴雨时段内水汽平均净输入强度是前期的 2.73 倍,中尺度低涡、低层切变线及地形造成暴雨区 550 hPa、700 hPa、800 hPa 三个很强的水汽辐合中心,大气可降水量高达 34 mm,是夏季平均值的 2 倍多。

**关键词:**干旱区暴雨;中尺度低涡;水汽输送;水汽收支;HYSPLIT 轨迹模式

## 1 引言

由于气候—水文过程的差异,地球上各地区的蒸发与降水不平衡。当蒸发超过降水时,形成缺水的干旱地区,反之形成富水的湿润地区。通常将年降水量在 200 mm 以下的地区称为干旱区,年降水量在 200～500 mm 的地区称为半干旱区。我国西北地区大部分地方的年降水量不足 300 mm,年蒸发量却在 1000 mm 以上,属于典型的干旱半干旱区,而位于西北地区中部的河西走廊则是西北地区降水最少的地方之一(葛其方,1983;俞亚勋 等,2000;黄玉霞 等,2004),属极端干旱区,由于受水汽条件限制,暴雨天气很少,年平均发生次数不足 1 次(孔祥伟 等,2012),对其准确预报预警一直是个难题。以往学者针对该地区暴雨天气主要从天气形势、物理量诊断、数值模拟等方面(李文莉 等,2013;王伏村 等,2013a,b;李江林 等,2014;王田田 等,2014;孔祥伟 等,2015)进行了分析研究,总结了很多宝贵的经验。

从气候背景来说,由于青藏高原、秦岭及祁连山的阻挡,夏季来自孟加拉湾、南海和热带西太平洋的水汽很难到达我国西北地区,因而西风带对西北地区的水汽输送有着重要意义(苗秋菊 等,2004;刘世祥 等,2005;王可丽 等,2005;王秀荣 等,2007;黄荣辉 等,2010)。水汽输送又与降水量有着直接关系，西北地区夏季降水的分布与水汽输送距平场基本一致(何金海 等，2005)。但在特定的大气环流背景下，西北地区中西部局地暴雨天气过程的水汽输送与气候平均态还是存在显著差异的(杨莲梅 等，2012)，因此有必要研究西北地区极端干旱区内暴雨天气的水汽特征。2011 年 6 月 15—16 日，河西走廊西部干旱区发生了一次暴雨天气，敦煌、肃北、阿克塞等多个市县出现暴雨、局地大暴雨(甘肃省地方标准 DB62/T1732-2008 规定，河西地区 24 h 暴雨标准为 30.0～69.9 mm，大暴雨标准为 70.0～140.0 mm)，造成的直接经济损失超过 2.5 亿元。极端干旱区内如此强度的暴雨天气水汽条件如何形成？本文将着重分析此次极端暴雨天气的水汽源地、水汽输送、水汽辐合、大气可降水量等，以加深对干旱区暴雨天气水汽特征的认识，为此类暴雨预报预警提供科学的参考依据。

## 2 资料和方法

### 2.1 资料

使用 2011 年 6 月 13—17 日河西走廊西部的实况观测资料、FY-2D 卫星红外云图和水汽云图、NCEP 1°×1°再分析资料。分析天气概况时使用加密区域站和常规观测站的雨量资料。

### 2.2 方法

将河西走廊西部分为八个小边界讨论水汽输送和水汽收支情况(图 1)，其中边界 5、7 组成东边界，1、3 组成西边界，8 为南边界，2、4、6 组成北边界，东西南北 4 个边界的水汽输送量为其对应的小边界水汽输送量之和。取地表至 700 hPa、700～500 hPa、500～300 hPa 和地表至 300 hPa 分别作为对流层低层、中层、高层和整层。暴雨区不同边界不同层次的水汽输送和水汽收支先由 NCEP 再分析资料计算各层各格点的水汽通量，再进行水平边界和垂直厚度积分，从而得到各边界各层次的水汽输送量。

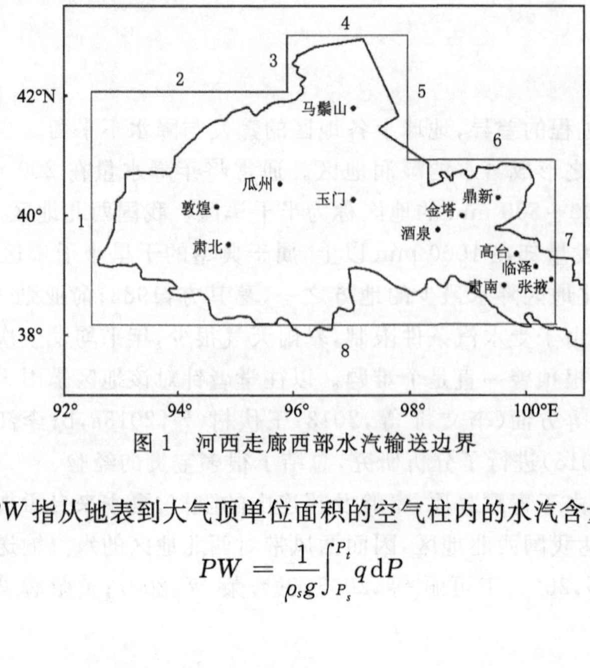


图 1 河西走廊西部水汽输送边界

大气可降水量 $PW$ 指从地表到大气顶单位面积的空气柱内的水汽含量，其计算公式如下：

$$PW = \frac{1}{\rho_s g}\int_{P_s}^{P_t} q\,\mathrm{d}P \tag{1}$$

水汽通量 $Q$ 反映水汽的输送强度，其计算公式如下：

$$Q=\frac{q}{g}\boldsymbol{V} \tag{2}$$

水汽通量散度 $IFVQ$ 反映水汽的辐合强度，其计算公式如下：

$$IFVQ=\frac{\partial}{\partial x}uq/g+\frac{\partial}{\partial y}vq/g \tag{3}$$

式中，$\rho_s$ 是水的密度；$g$ 为重力加速度；$q$ 是各层大气比湿；$P_t$ 是对流层顶气压，取 300 hPa(300 hPa 以上水汽含量很少)；$P_s$ 是地表气压，可去除地形的影响；$\boldsymbol{V}$ 是各层大气的风速。

# 3　天气概况和环流形势

## 3.1　天气概况

2011 年 6 月 15—16 日河西走廊西部干旱区发生了一次极端暴雨天气(图 2a)，其中暴雨中心肃北降水量 77.2 mm，达到了年平均降水量的 50.6%，是肃北有观测记录以来最强降水，也是河西走廊西部日降水量的次大值，而敦煌的南湖 56.6 mm、渥洼池 56.5 mm 及二墩 55 mm 也均超过了敦煌年平均降水量 39.8 mm。暴雨集中在酒泉南部，119(12)个区域(本)站中有 7(1)站出现暴雨，具有“单点暴雨”(西北暴雨编写组，1992；栾晨 等，2012)特征。降水从 15 日 14:00(北京时，下同)开始至 16 日 20:00 结束，主要集中在 15 日 20:00 至 16 日 06:00(图 2b)，南湖最强降水 17.8 mm/h，是敦煌 6 月平均降水量 6.6 mm 的 2.70 倍。

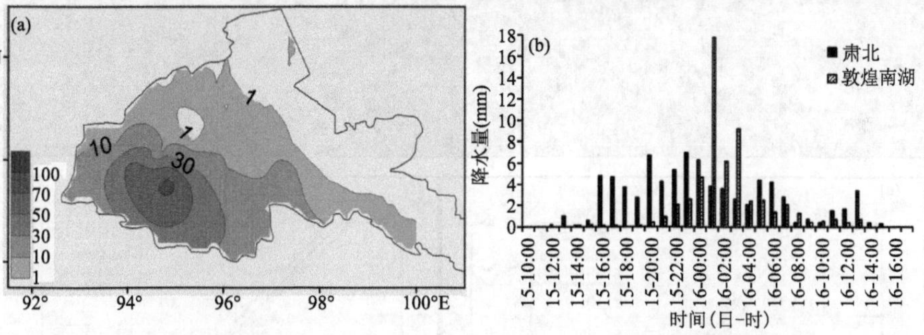


图 2　2011 年 6 月 15 日 14:00 至 16 日 14:00 河西走廊西部累积降水量(a)和肃北、敦煌南湖逐小时降水量演变(b)(单位：mm)

## 3.2　高空环流形势

从 500 hPa 天气图形势演变看，内蒙古西部至河套地区西北—东南向的暖性高压脊(简称异常高压，下同)西部形成的 α 中尺度切断低涡(简称中尺度低涡，下同)是此次暴雨天气的直接影响系统。15 日 08:00，异常高压已形成，其低层有暖中心配合，将不断增强并稳定维持。15 日 20:00，巴尔喀什湖北部深厚冷槽分裂的冷空气东移南下经南疆地区进入异常高压西南部，在青藏高原西部形成高原槽，芒崖和敦煌一带存在闭合气旋性环流(图 3a)。高原槽受异常高压阻挡、低纬印度气旋性环流东移及高层西南引导气流共同影响，槽线逆时针旋转，由南北向转为与异常高压一致的西北—东南向，闭合气旋性环流增强为切断低涡，水平尺度约 300 km，甘肃中东部偏东气流显著增强（图 3b）。中尺度低涡受异常高压的阻挡稳定维持在河西走廊西部超过 12 h，与 700 hPa 切变线（图 3c）配合为暴雨区提供了良好的动力条件。

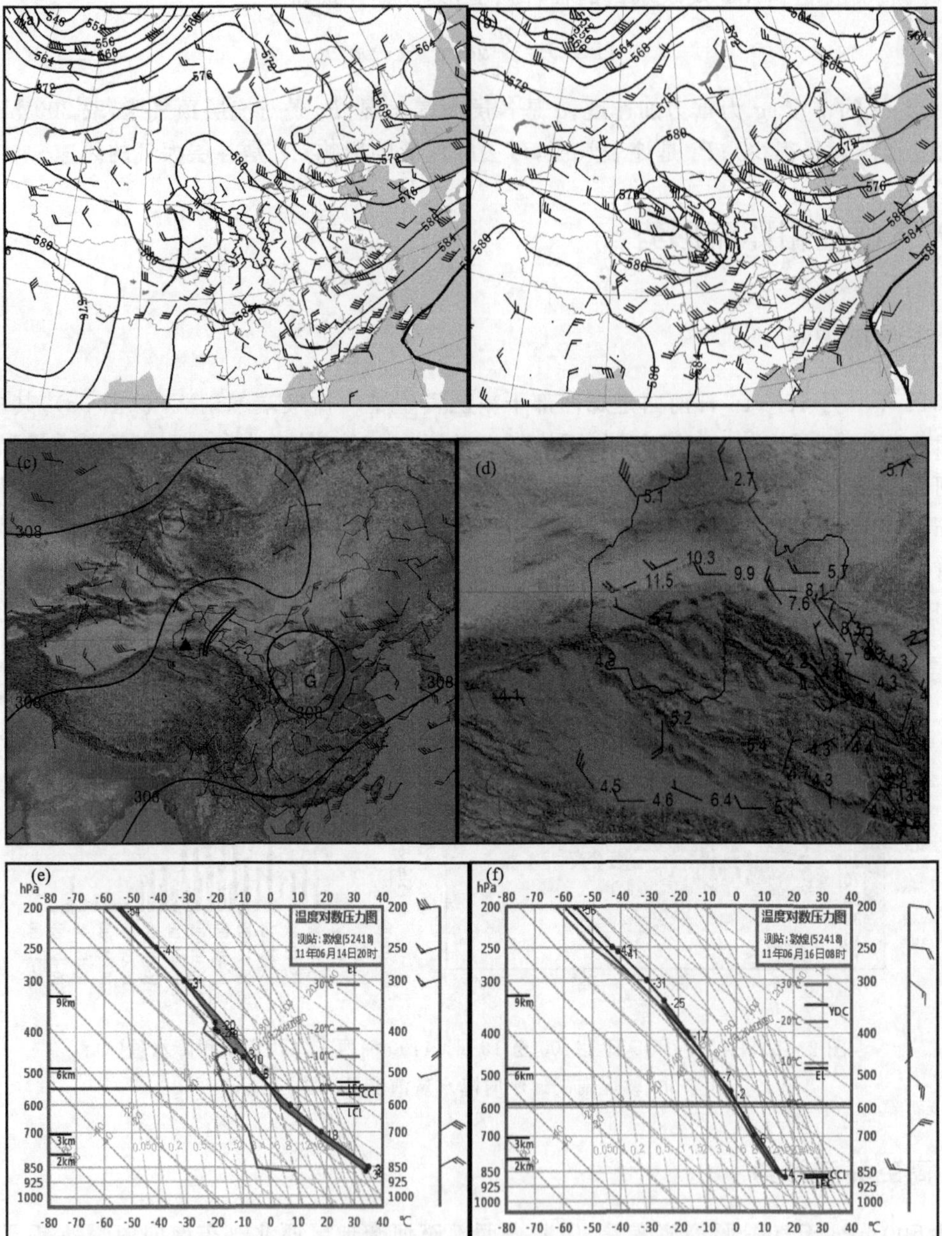


图 3　2011 年 6 月(a)15 日 20:00 500 hPa、(b)16 日 08:00 500 hPa、(c)15 日 20:00 700 hPa 高度场（等值线，单位：dagpm）和风场（风羽，单位：m/s），(d)15 日 20:00 地面风场（风羽，单位：m/s）和比湿（填值，单位：g/kg），(e)14 日 20:00 和(f)16 日 08:00 敦煌 $T$-ln$P$ 图
（阴影为地形，三角形为暴雨中心位置）

### 3.3 异常偏东气流

西北地区产生暴雨的大尺度环流形势与西风带、副热带和热带环流系统有关，西风带系统主要为暴雨区提供干冷空气，西太平洋副热带高压和低纬热带系统主要为暴雨区直接或间接地提供暖湿空气，暖湿空气的供应对于该地区暴雨的形成尤其重要(白肇烨 等，1988；西北暴雨编写组，1992；王荣喆 等，2015)。甘肃中东部输送暖湿空气的强偏东气流(图 3a～c)是此次暴雨天气的显著异常特征，那么这种异常偏东气流易在什么环流背景下产生呢？与暴雨发生的关系呢？对近 30 年河西走廊西部 14 次暴雨天气过程的环流形势分析，发现发生暴雨天气最多的环流形势是西低东高型(图 4a)，新疆东部至河西走廊西部受西风带深厚冷槽控制，冷槽前部为近乎南北向的高压脊，高压脊强度偏弱时冷槽向东南方向快速移动，高压脊强度较强时冷槽向东北偏东方向缓慢移动。甘肃中东部 500 hPa 以偏西风为主，700 hPa 为偏西风或者弱偏东风，地面有冷锋配合，常造成河西走廊西部大范围的稳定性降水，局地暴雨，最大降水量 30～40 mm。然而降水达到局地大暴雨强度的极端天气只有 2012 年 6 月 4—5 日和此次天气过程，两次天气过程的环流形势特征相近，暴雨区持续受异常高压西部形成的中尺度低涡影响(图 4b)，绕青藏高原到达西北地区东部的偏南气流在异常高压的影响下转为偏东气流，向西北方向继续延伸，从而在甘肃中东部形成异常偏东气流，其不仅有利于暖湿空气源源不断地向河西走廊西部输送，而且与新疆东部的偏西气流形成水汽辐合，促成干旱区发生极端暴雨天气最为重要的水汽条件。

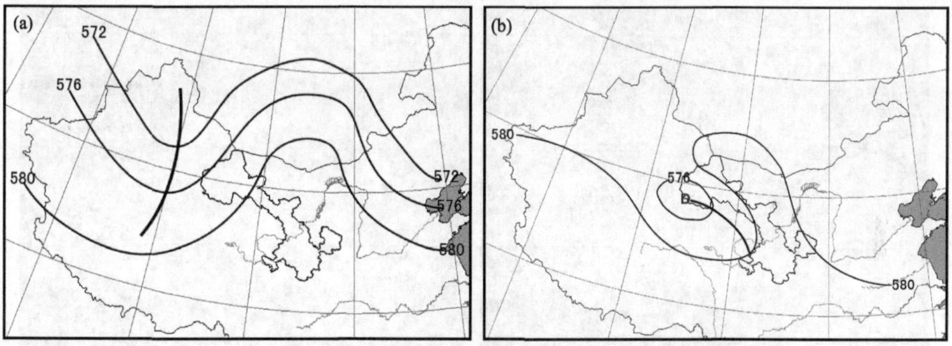


图 4　河西走廊西部两种形成暴雨天气的 500 hPa 环流形势

## 4　中尺度特征

### 4.1　不稳定能量

河西走廊西部海拔较高且下垫面多为荒漠、戈壁，气温日较差大。天气晴朗时，清晨边界层一般存在逆温层，傍晚层结温度递减率却接近干绝热递减率，但对流层低层的湿度条件很差，温度露点差常超过 20℃(图 3e)，近地面比湿最大值往往小于 12 g/kg。因此，该地区要形成有效的对流降水，对流层低层增湿降温使大气趋于饱和，中层强降温弥补低层降温对形成不稳定层结的不利影响。15 日 14:00，暴雨中心肃北 24 h 气温下降 14.8℃，露点升高 10.6℃，温度露点差为 2.5℃，大气接近饱和状态，降水开始。15 日 20:00，敦煌地面比湿升至

11.5 g/kg(图 3d),700 hPa 气温日变化－8℃,CAPE 值 24.3 J/kg,随着湿度进一步增大,整层均为饱和,16 日 08:00,CAPE 值增大至 62.3 J/kg,大气处于弱对流不稳定状态(图 3f)。王伏村等(2013)还分析了暴雨区附近湿等熵面倾斜度,指出此次暴雨过程大气处于弱不稳定,且湿等熵面陡立,会导致垂直涡度和辐合显著增长,非常有利于中尺度系统的发生发展。

## 4.2 地形影响

河西走廊西部位于阿尔金山东段、祁连山西段与马鬃山之间,地势北低南高,北部马鬃山海拔多在 1400～2400 m,南部是一系列 3000～5000 m 的高山群,两山之间为谷地。近地面冷空气经南疆盆地沿谷地自西向东侵入河西走廊西部,冷空气先侵入处近地面风速较大,15 日 20:00 在敦煌附近形成风速辐合,且偏西风在肃北处于迎风坡(图 3d)。此外,700 hPa 切变线西侧的偏北气流越过马鬃山后,也处于南部山区的迎风坡(图 3c)。因此,地形抬升和近地面风速辐合有利于对流系统的触发。

## 4.3 涡旋云系演变

暴雨区受中尺度低涡形成的涡旋云系持续影响,形成了较长时间的层积混合云降水。15 日 14:00 水汽云图上青海西北部有暗区,说明有冷空气侵入,冷湖和茫崖附近出现对流性降水。15 日 20:00(图 5a),冷空气侵入缺口向北至肃北,异常偏东气流引导的暖湿空气也达到河

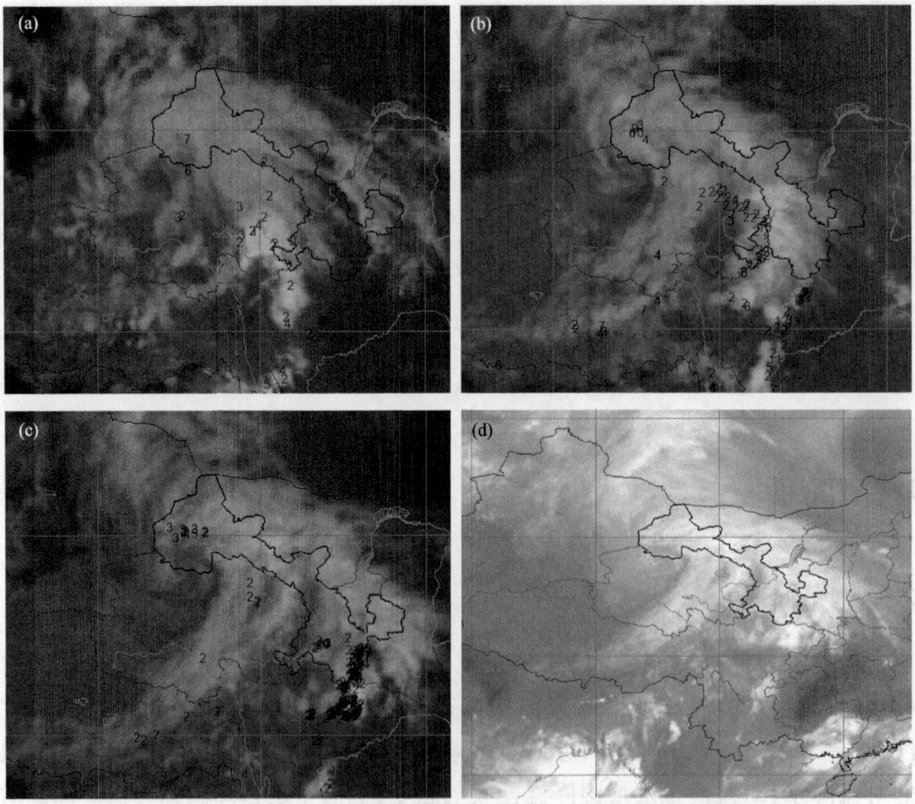


图 5 2011 年 6 月 15—16 日 FY-2D 红外云图(a～c)、水汽云图(d)和红外云图所在时刻的 1 h 降水量(≥2 mm); (a)15 日 20:00,(b)16 日 02:00,(c)16 日 08:00,(d)16 日 08:00

西走廊西部，冷暖空气交汇，大气斜压性增强，涡旋云系初步形成，云头覆盖在肃北，云顶亮温＜－60℃，肃北降水 7 mm/h。16 日 02：00—08：00，冷空气侵入形成的弧状暗区边界更加清晰（图 5d），冷空气的侵入加强有利于低涡的发展（陈春艳 等，2012），从而闭合气旋性环流加强成中尺度低涡。涡旋云系达到最强且稳定少动，最强云头位于暴雨区，敦煌附近云顶亮温＜－70℃，有 β 中尺度对流系统发展（图 5b、c），南湖雨量站 6 h 内降水量达 42.6 mm，最强降水 17.8 mm/h。16 日 14：00，涡旋云系结构松散，东移减弱。

# 5 水汽输送和水汽收支

## 5.1 水汽输送和水汽辐合

充足的水汽供应是暴雨产生的必要条件。从整层水汽通量积分和整层水汽通量散度积分分布（图 6），可知暴雨期间主要存在两条水汽通量大值带，一条是随西风气流的西路水汽输送带，另一条是绕高原的东路水汽输送带。水汽云图上河西走廊西部附近也没有近乎黑色灰度的动力干带/点（许健民 等，2008）存在（图 5d），即暴雨区没有干侵入，说明偏东风和偏西风均携带水汽向暴雨区输送，且绕高原的东路水汽带明显强于西路水汽带。进一步详细分析水汽输送的演变情况，15 日 08：00（图 6a），对流层中高层的偏南气流将孟加拉湾的水汽通过青藏高

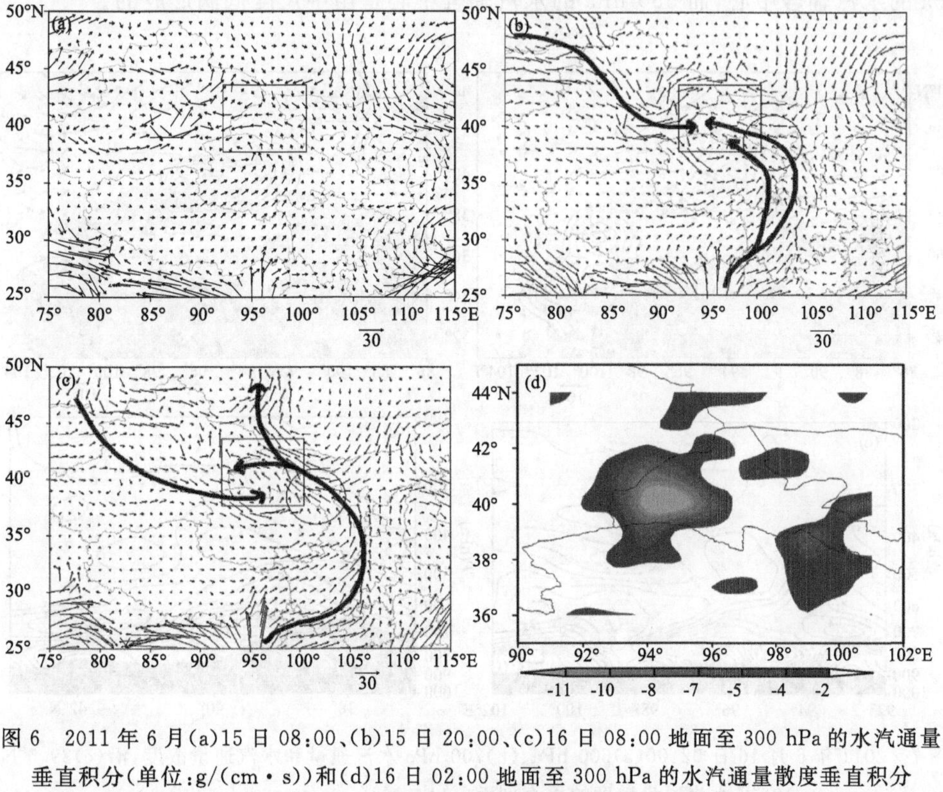

图 6 2011 年 6 月（a）15 日 08：00、（b）15 日 20：00、（c）16 日 08：00 地面至 300 hPa 的水汽通量垂直积分（单位：g/(cm·s)）和（d）16 日 02：00 地面至 300 hPa 的水汽通量散度垂直积分（单位：$\times10^{-5}$ g/(cm$^2$·s)）；框区为河西走廊西部，圆区为异常偏东气流区，粗长箭头为水汽输送示意路径

原中东部输送到河西走廊西部，输送强度较弱，不足 6 g/(cm · s)。15 日 20:00(图 6b)，青藏高原东侧的偏南气流将对流层中、低层来自孟加拉湾的暖湿空气向北输送到西北地区东部后，在甘肃中东部异常偏东气流的继续引导下，沿高原东北侧分两支向河西走廊西部输送，完整的东路水汽输送通道建立，暴雨区东边界水汽通量为 10 g/(cm · s)。同时，西路水汽通量也增强至 12 g/(cm · s)，在肃北上空形成较强的水汽辐合区（图略），水汽通量散度值为 $-8\times10^{-5}$ g/(cm$^2$ · s)，暴雨区降水强度显著增强。随着异常偏东气流风速增大，东路水汽通量增强至接近 20 g/(cm · s)，是西路水汽通量的 1.5 倍，最西端到达了暴雨区的西边界（图 6c）。这种强度的东路水汽输送带是十分罕见的。水汽辐合中心位于敦煌至肃北，水汽通量散度值 $-11\times10^{-5}$ g/(cm · s)（图 6d）。16 日 08:00，水汽辐合中心强度和位置维持不变，但面积减小。上述分析可知，暴雨前期以西路水汽输送为主，中后期东路水汽输送明显强于西路，东西两路输送的水汽在河西走廊西部辐合，辐合中心与暴雨区有很好的对应关系。

从 16 日 02:00 沿 39.5°N 水汽通量散度的垂直剖面图（图 7c）可以看出，暴雨区水汽辐合位于 500 hPa 以下，分别在 550 hPa、700 hPa、800 hPa 有三个辐合中心，水汽通量散度分别是 $-3\times10^{-7}$ g/(s · cm$^2$ · hPa$^1$)、$-4\times10^{-7}$ g/(s · cm$^2$ · hPa)、$-6\times10^{-7}$ g/(s · cm$^2$ · hPa)。进一步分析各层的水汽通量和水汽通量散度（图 7a、b），800 hPa 的水汽辐合中心主要由于边界层低层的偏西气流（图 3d、f）在地形作用下形成。切变线和南高北低的地形（图 7d）形成了 700 hPa 的水汽辐合中心，而 550 hPa 的水汽辐合中心是由中尺度低涡形成的。

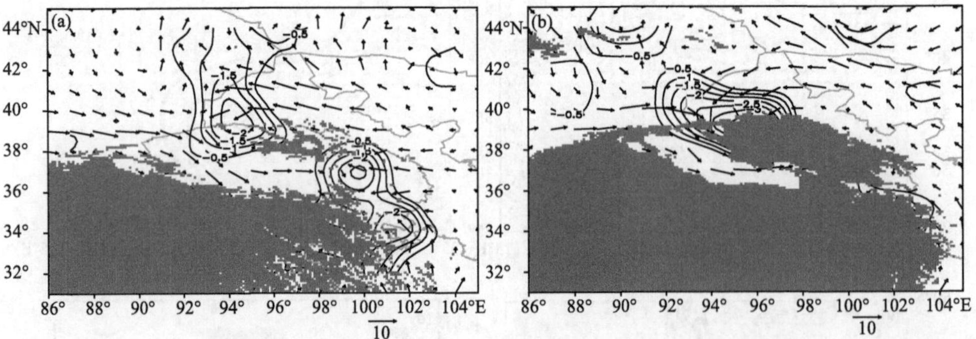


图 7　2011 年 6 月 16 日 02:00(a)600 hPa、(b)700 hPa 水汽通量和水汽通量散度，沿(c)39.5°N、(d)96°E 水汽通量散度的垂直剖面（单位：$\times10^{-7}$ g/(s · cm$^2$ · hPa)）；阴影区为地形，暴雨区位于 93.5°～96°E，38°～41°N

## 5.2 大气可降水量

暴雨区上游新疆东部因前期普遍出现降水，*PW* 超过 24 mm，局地超过 40 mm(图 8a)，700 hPa 比湿 6～8 g/kg，偏西风速 8～12 m/s(图 8c)，有利于偏西气流向暴雨区的水汽输送，造成暴雨区的 *PW* 和 700 hPa 比湿在暴雨发生前有明显陡升趋势(图 8e、f)，之后大值时段与强降水发生时段吻合。

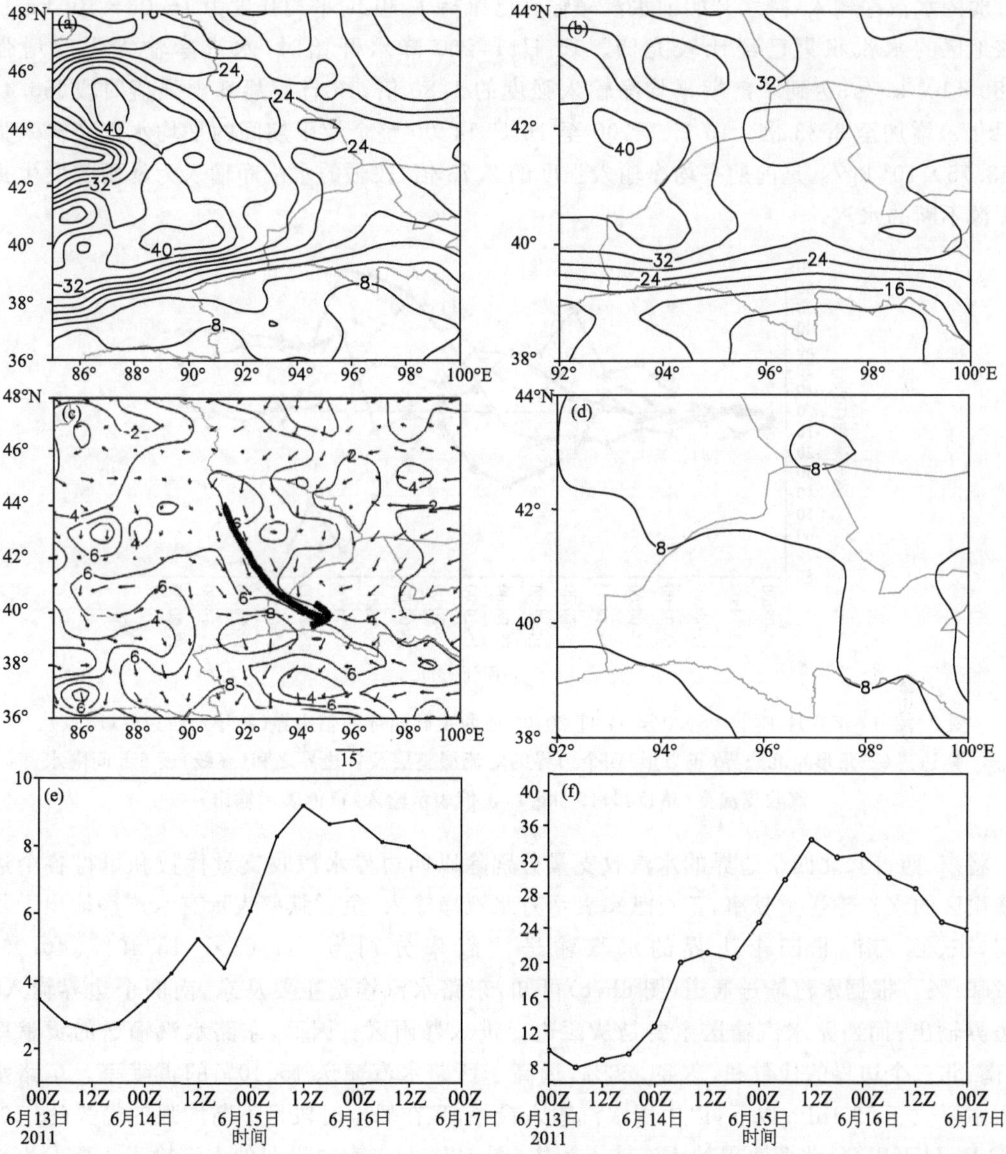


图 8　2011 年 6 月 15 日 08:00 和 16 日 02:00 大气可降水量(a、b,单位:mm)和 700 hPa 比湿(c、d,单位:g/kg)分布,6 月 13 日 08:00 至 17 日 08:00 肃北 700 hPa 比湿(e)和大气可降水量(f)逐 6 h 间隔演变

15 日 14:00 降水开始时，河西走廊西部 *PW* 在 16～32 mm。随着东、西两路水汽输送强度和水汽辐合强度的增加，16 日 02:00，暴雨区 *PW* 均超过 20 mm，暴雨中心肃北达到了

34 mm(图 8b),是该地区夏季平均值 10～15 mm(李江林 等,2012)的 2 倍多,700 hPa 比湿也升至 8 g/kg 以上(图 8d),这与西北地区东部暴雨乃至我国东部地区暴雨所要求的 700 hPa 比湿阈值指标一致。

## 5.3 暴雨区边界水汽收支

从暴雨区各边界对流层整层的水汽收支演变(图 9)可知,河西走廊西部从 14 日 08:00 开始有弱的水汽净输入,降水开始前水汽净输入已维持了 30 h,平均强度为 $16.03\times10^6$ kg/s,使得该地区的水汽积累已经比较充沛。15 日 14:00 降水开始时,水汽净输入强度增强至 $28.80\times10^6$ kg/s,达到了前期平均净输入强度的 1.80 倍,16 日凌晨暴雨强盛时段($53.43\times10^6$ kg/s)增加至 3.33 倍。15 日 14:00 至 16 日 14:00 整个暴雨期间的平均水汽净输入强度为 $43.75\times10^6$ kg/s,是前期平均净输入强度的 2.73 倍,较强的水汽净输入为暴雨的发生提供了源源不断的水汽。

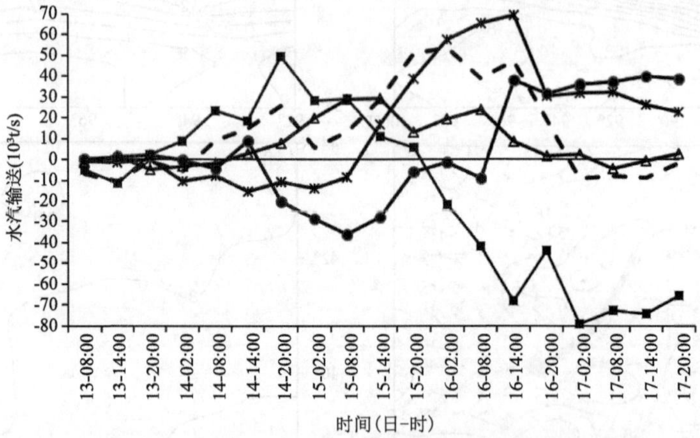


图 9 2011 年 6 月 13 日 08:00 至 17 日 20:00 河西走廊西部的东边界(星号)、西边界(圆点)、南边界(三角形)、北边界(正方形)四个边界的对流层整层及各边界之和(虚线)逐 6 h 间隔水汽收支演变(单位:$\times10^6$ kg/s,正值表示输入,负值表示输出)

将东、西、南、北四个边界的水汽收支量分别除以四边界水汽收支量代数和可得各个边界向暴雨区的水汽输送贡献率,正贡献率表示有水汽净输入,负贡献率表示有水汽净输出。暴雨期间,东、西、南、北四个边界的水汽输送贡献率分别为 111.61%、15.40%、40.00%、−67.01%。根据水汽输送通道(图 6b、c)可知,东路水汽输送主要从东、南两个边界输入,从北边界输出;而西路水汽输送主要是从西边界进入暴雨区。因而,东路水汽输送的贡献率为东、南、北三个边界的代数和,达 84.60%,远高于西路水汽输送 15.40%的贡献率。东路水汽输入主要位于 500 hPa 以下,以中层水汽输入最强,且在暴雨时段呈不断增强的趋势(图 10a)。700 hPa 以下以西、北两边界的水汽输入为主(图 10b、d)。南边界弱的水汽输入主要发生在对流层高层(图 10c),因受青藏高原地形阻挡低层无水汽输入。

## 5.4 水汽追踪

HYSPLIT 轨迹模式是由美国海洋与大气研究中心空气资源实验室开发,采用地形跟随坐标，垂直方向为 28 层，详见文献(Draxler et al.,1997,1998)。HYSPLIT 轨迹模式分为前向轨迹模型和后向轨迹模型，通常用来追踪气流所携带粒子或气体移动方向，其后向轨迹模型通过追踪某地某日的气团来向，可用于分析该地该日大气中水汽的主要来源方向。马京津等(2006)、李江萍等(2012)、王佳津等(2015)分别利用 HYSPLIT 轨迹模式分析了华北地区、玛曲地区、四川地区夏季水汽输送轨迹，表明水汽输送轨迹可以代表研究区域的水汽输送，故本文采用水汽后向轨迹模型用于分析河西走廊西部暴雨天气的水汽来源。

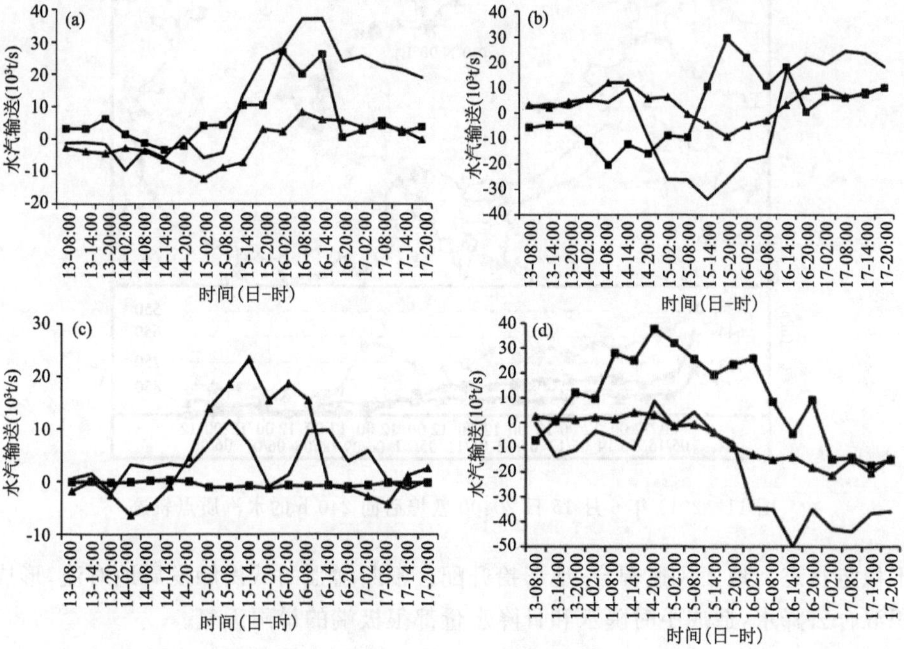


图 10　2011 年 6 月 13 日 08:00 至 17 日 20:00 河西走廊西部的东边界(a)、西边界(b)、南边界(c)、北边界(d)的对流层高层(三角形)、中层(实线)、低层(正方形)逐 6 h 间隔水汽收支演变(单位：$\times 10^6$ kg/s，正值表示输入，负值表示输出)

从敦煌的水汽质点后向 240 h 的追踪轨迹(图 11)可知，暴雨区的水汽主要来自东、西两路。东路水汽质点从青藏高原东侧的对流层低层绕高原向河西走廊西部输送时，受天气系统和地形升高的影响，水汽质点高度不断上升，最后以对流层中层的高度输送到暴雨区。西路水汽以对流层低层的高度输入暴雨区。后向轨迹追踪水汽来源方向的结果与水汽输送路径、暴雨区边界水汽收支分析结论一致。

## 6　结论与讨论

(1)内蒙古西部到河套地区西北—东南向异常高压西部形成的 α 中尺度切断低涡是暴雨天气主要的动力系统。异常高压一方面阻挡低涡东移使其稳定维持在暴雨区上空，另一方面有利于甘肃中东部异常偏东气流的形成，为河西走廊西部输送暖湿空气，与新疆东部偏西气流形成水汽辐合，促成干旱区发生暴雨天气最为重要的水汽条件。

(2)对流层低层湿度增大气温降低，使得大气接近饱和，中层冷空气从低涡南部侵入，大气

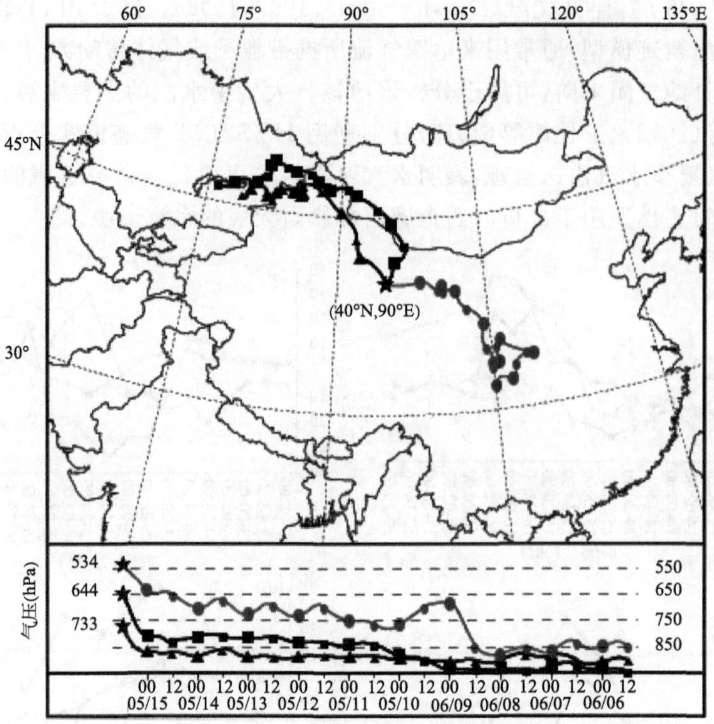


图 11　2011 年 6 月 15 日 20:00 敦煌后向 240 h 的水汽质点轨迹

处于弱不稳定状态。地面风速辐合、地形抬升配合不断增强的低涡触发局地对流，形成较长时间的层积混合云降水，造成小时降水和日降水量都很极端的暴雨天气。

(3)主要存在两条水汽输送带：随西风气流的西路水汽输送带和绕高原的东路水汽输送带。暴雨前期以西路水汽输送为主，中后期东路水汽输送明显强于西路。整个暴雨时段，东路水汽输送的贡献率高达 84.6%，西路水汽输送贡献率仅为 15.4%。东路的水汽输送以对流层中层输入最为显著，西路的水汽输送以对流层低层输入最为显著。

(4)暴雨期间河西走廊西部水汽平均净输入强度是前期的 2.73 倍，显著增强的水汽输送在中尺度低涡、切变线、地形等作用下，垂直方向上在 550 hPa、700 hPa、800 hPa 形成三个强水汽辐合中心，水平方向上水汽辐合中心和暴雨区有很好的对应关系。

(5)暴雨区 *PW* 和 700 hPa 比湿在降水开始前有明显陡升趋势。暴雨强盛时段，*PW* 高达 34 mm，是该地区夏季平均值的 2 倍多，700 hPa 比湿超过 8 g/kg，这与西北地区东部暴雨乃至我国东部地区暴雨 700 hPa 比湿阈值指标一致。

本文只是对河西走廊西部干旱区的一次极端暴雨天气进行了水汽特征分析，使预报员初步认识与气候背景存在显著差异的东路水汽输送的重要性以及相关水汽收支特征、指标，进一步深入研究干旱区暴雨天气的水汽特征还需要进行大量的天气个例分析以及数值模拟等工作。

## 参考文献

白肇烨，许国昌，等，1988. 中国西北天气[M]. 北京：气象出版社：202-254.

陈春艳，孔期，李如琦，2012. 天山北坡一次特大暴雨过程诊断分析[J]. 气象，38(1)：72-80.

葛其方，1983. 我国最干旱的地区及其洪水灾害[J]. 气象，9(6)：34-35.
何金海，刘芸芸，常越，2005. 西北地区夏季降水异常及其水汽输送和环流特征分析[J]. 干旱气象，23(1)：10-16.
黄荣辉，陈际龙，2010. 我国东、西部夏季水汽输送特征及其差异[J]. 大气科学，34(6)：1035-1045.
黄玉霞，李栋梁，王宝鉴，2004. 西北地区近 40 年年降水异常的时空特征分析[J]. 高原气象，23(2)：245-252.
孔祥伟，陶健红，刘治国，等，2015. 河西走廊中西部干旱区极端暴雨个例分析[J]. 高原气象，34(1)：70-81.
孔祥伟，陶健红，2012. 近 51 年甘肃夏季气温和降水极端事件变化[J]. 干旱区研究，29(6)：965-971.
栾晨，宋敏红，蔡英，等，2012. 西北区西部夏半年强降水分布与变化特征[J]. 高原气象，31(3)：629-637.
李江林，李照荣，杨建才，等，2012. 近 10 年夏季西北地区水汽空间分布和时间变化分析[J]. 高原气象，31(6)：1574-1581.
李江林，余晔，王宝鉴，等，2014. 河西西部一次大到暴雨过程诊断分析及数值模拟[J]. 高原气象，33(4)：1034-1044.
李江萍，杜亮亮，张宇，等，2012. 玛曲地区夏季强降水的环流分型及水汽轨迹分析[J]. 高原气象，31(6)：1582-1590.
李文莉，王宝鉴，吉惠敏，等，2013. 河西干旱区短时强降水过程的中尺度分析[J]. 干旱气象，31(2)：318-326.
刘世祥，杨建才，陈学君，等，2005. 甘肃省空中水汽含量、水汽输送的时空分布特征[J]. 气象，31(1)：50-54.
马京津，高晓清，2006. 华北地区夏季平均水汽输送通量和轨迹的分析[J]. 高原气象，25(5)：893-899.
苗秋菊，徐祥德，施小英，2004. 青藏高原周边异常多雨中心及其水汽输送通道[J]. 气象，30(12)：44-46.
王伏村，吴晓京，付双喜，等，2013a. 敦煌地区“6. 16”暴雨的热力和动力特征[J]. 干旱区研究，30(1)：56-66.
王伏村，徐东蓓，王宝鉴，等，2013b. 敦煌致洪暴雨的广义湿位涡分析[J]. 高原气象，32(1)：145-155.
王佳津，王春学，陈朝平，等，2015. 基于 HYSPLIT4 的一次四川盆地夏季暴雨水汽路径和源地分析[J]. 气象，41(11)：1315-1327.
王可丽，江灏，赵红岩，2005. 西风带与季风对中国西北地区的水汽输送[J]. 水科学进展，16(3)：432-438.
王荣喆，钱莉，钱沛泉，2015. 河西走廊东部暴雨气候特征及天气特征[J]. 干旱区研究，32(1)：102-107.
王田田，高晓清，高艳红，等，2014. 酒泉地区 20120604 暴雨的诊断分析[J]. 高原气象，33(2)：504-514.
王秀荣，徐祥德，王维国，2007. 西北地区春、夏季降水的水汽输送特征[J]. 高原气象，26(4)：749-758.
西北暴雨编写组，1992. 西北暴雨[M]. 北京：气象出版社：1-24.
许健民，方宗义，2008.《卫星水汽图像和位势涡度场在天气分析和预报中的应用》导读[J]. 气象，34(5)：3-8.
杨莲梅，张云惠，汤浩，2012. 2007 年 7 月新疆三次暴雨过程的水汽特征分析[J]. 高原气象，31(4)：963-973.
俞亚勋，王宝灵，董安详，2000. 西北地区大气水分和水汽平均输送特征[M]. 北京：气象出版社：201-227.
DRAXLER R R，HESS G D，1997. Description of the HYSPLIT_4 modeling system[R]. NOAA technical memorandum ERL ARL-224.
DRAXLER R R，HESS G D，1998. An overview of HYSPLIT_4 modeling system for trajectories dispersion and deposition[J]. Aust Meteor Mag，47：295-308.

# 甘肃中部地区短时强降水与闪电关系初步分析*

杨晓军[1],刘维成[1],宋强[1],肖玮[1],乔小芸[2],石延召[1]

(1.兰州中心气象台,兰州 730020; 2.兰州大学大气科学学院,兰州 730000)

**摘要:**利用 2008—2013 年甘肃中部地区布网的 LD-Ⅱ闪电定位系统观测到的地闪定位资料及区域自动站小时降水资料,将闪电单位资料处理成时间分辨率为 1 h、空间分辨率为 0.1°×0.1°(经纬度,面积约为 100 km²)的空间网格闪电密度数据,并与该区域中的区域站降水量做对比分析。结果表明:正闪比例与降水强度有较好的正相关;闪电密度的时空分布与强降水时空分布有较好的一致性,但在时间上闪电密度的变化提前于强降水落区的变化;应电密度>9 次/100 km²·h 和>5 次/100 km²·h 阈值分别对>20 mm/h 和 10 mm/h 短时强降水预警,其命中率很高。

**关键词:**短时强降水;闪电探测资料;甘肃中部

## 1 引言

闪电和降水关系具有较为丰富的内涵。降水来源于云内粒子的增长、下落,而云内粒子,特别是混合相态区域的冰相粒子又是电荷的载体,并在动力和微物理过程的作用下产生相应的电荷结构,电荷结构又决定了放电的特征。所以,闪电和降水关系的探讨实际上涉及了闪电与地面降水、闪电与云内粒子、电荷结构与闪电以及这其中的动力和微物理机制(周秀骥 等,1991;黄美元 等 1999)。

闪电活动发生的前提是对流运动,而对流运动所导致的对流性降水往往是暖季对流系统降水的主体,其强度和累积降水量都较大,是产生灾害的主要降水类型。所以,闪电与降水的研究是针对那些产生闪电活动的对流性天气过程进行的,对流性降水是两者关系研究中所关注的重点(陈渭民,2006;郄秀书,2003)。而且由于发生在暖季的强降水天气,往往伴随着明显的闪电活动,所以闪电活动信息的应用对强雷暴的发生、发展和消亡过程能起到较好的指示作用(冯桂力 等,2002),通过地闪和地面降水关系的研究(薛秋芳 等,1999;周筠君 等,1999),可以使用地闪信息对降水进行估算,为提高降水预警水平提供一种新的手段和补充。

李照荣(2004)、王道洪(1990)、张义军(2003)等分别对甘肃兰州周边地区、甘肃中川地区、甘肃平凉地区正地闪特征进行分析,得到上述地区地闪的分布特征;刘维成等(2012,2013)通过甘肃省地闪特征分析及雷电预警研究,得到了甘肃省地闪分布特征。上述研究都是围绕甘肃省境内地闪分布特征展开,地闪与地面降水的对应关系研究成果较少,本文利用 2008—2013 年甘肃中部地区布网的 LD-Ⅱ闪电定位系统观测到的地闪定位资料及区域自动站小时

* 本文已在《干旱气象》2015 年第 32 卷第 5 期正式发表。

降水资料，对甘肃中部地闪和强降水关系进行初步研究，找出地闪与短时强降水的关系，以期为短时强降水预警工作提供参考依据。

## 2 资料和方法

所用数据为 2 种：甘肃省区域站雨量观测资料（该资料的时间分辨率为 1 h），以及甘肃中部地区布网的 LD-Ⅱ闪电定位系统观测到的地闪定位资料。

LD-Ⅱ型时差法雷电定位系统是以测量雷击甚低频电磁脉冲到达不同基站雷电定位仪的时间差作为定位基础，精确地测定出闪电发生的地理位置。一个完整的多站雷电监测系统由 4 个或 4 个以上的雷电定位仪、一个数据处理中心站、若干显示终端和通信网络组成。雷电定位仪用授时型 GPS 作为时间基准，时间精度达 0.1 μs。闪电定位仪按监测范围的大小，布设成几十到几百千米基线的网阵，各个定位仪将接收到的雷电信息和 GPS 信息，通过通信信道传送到中心站计算机，进行时差定位计算，得到雷击的时间、位置、强度、极性、雷电流等雷电参数。多站雷电定位系统探测距离可达 300 km，主要地区闪电定位精度优于 300 m，区域范围内闪电定位精度可达 500 m（梁华 等，2007）。甘肃中部的 LD-Ⅱ型闪电定位网共有 5 个单站探头、1 个分析处理器，5 个单站分别位于永登、靖远、临夏、定西和兰州，其分布见图 1，完全覆盖甘肃中部地区。闪电探测资料包括闪电发生序号、时间、经度、纬度、闪电强度、电荷量、类型等。

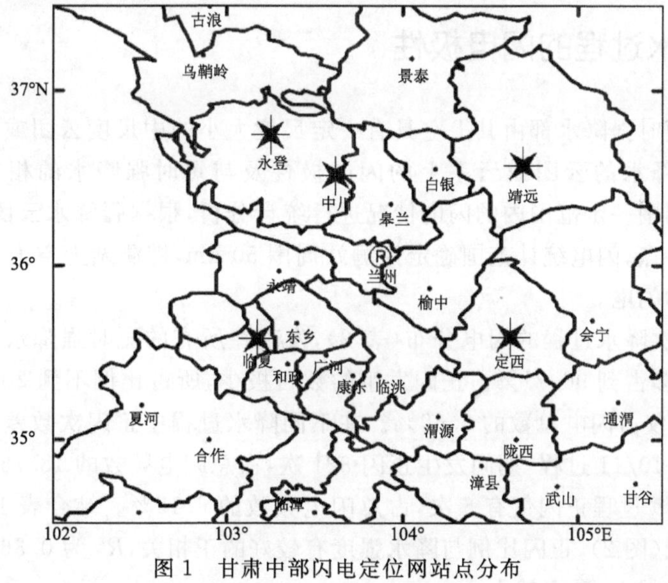


图 1 甘肃中部闪电定位网站点分布

具体分析时，通过分析闪电定位数据，统计每个网格内的地闪数目（根据地闪落点位置统计），将该数据处理成时间分辨率为 1 h、空间分辨率为 0.1°×0.1°（经纬度，面积约为100 km²）的空间网格闪电密度数据，并与该区域中的区域站降水量做对比分析。

选取 2008—2013 年汛期发生在甘肃中部地区的 12 次强降水天气过程（表 1），从最大小时降水量分布来看，50 mm/h 以上的量级有 3 次，最大达 64 mm/h；40～49 mm/h、30～39 mm/h、20～29 mm/h 量级分别有 3 次、2 次、4 次，分布比较均匀。最大小时闪电频数基本集中在 31～59 次/100 km²，只有一次短时强降水过程中最大小时闪电频数较小，仅为 14 次/

100 $km^2$。

表 1　12 次强降水天气过程概况

| 过程时间 | 降水落区 | 最大小时降水量(mm/h) | 最大小时闪电频数(次/100 $km^2$) |
|---|---|---|---|
| 2008-07-20 | 临夏、兰州 | 28 | 35 |
| 2010-07-16 | 临夏、白银 | 25 | 34 |
| 2010-07-22 | 兰州、临夏、定西 | 34 | 44 |
| 2010-08-07/08 | 兰州、临夏、定西、白银 | 54 | 55 |
| 2010-08-10/11 | 临夏、定西 | 50 | 51 |
| 2010-09-01 | 临夏、定西 | 25 | 31 |
| 2011-08-15 | 兰州、临夏、定西、白银 | 47 | 48 |
| 2012-07-08 | 兰州、临夏、定西 | 24 | 32 |
| 2012-07-29/30 | 兰州、白银、临夏、定西 | 46 | 59 |
| 2013-07-03/04 | 定西、白银、临夏、甘南 | 46 | 35 |
| 2013-07-08/09 | 兰州、白银、临夏、定西 | 34 | 14 |
| 2013-08-10/11 | 临夏、甘南 | 64 | 39 |

## 3　短时强降水过程的闪电极性

某一测站的短时强降水都由其上空具有一定尺度大小的中尺度云团或者云系造成的，为了解形成短时强降水的云团或云系上的闪电极性及与短时强降水的相关性(李建华 等，2006)，选取测站周围一定范围内的闪电情况进行统计分析，根据强降水云团尺度一般具有几十到几百千米的特点，闪电统计范围确定为测站周围 50 km，即测站上空大约 100 km 范围降水云团或云系上的闪电。

通过分析 12 次降水过程的闪电分布(表 2)，发现在所有的短时强降水过程中，闪电以负闪占绝大多数，最多占到 96.31%。正闪发生的数目极少，所占比例不到 20%，且大部分集中在 10%以下，最少仅占闪电总数的 3.69%。在不同降水过程中正闪次数差异较大，正闪次数最多的为 2013-08-10/11 过程，期间发生正闪 321 次，占总闪电频数的 18.76%，而正闪发生最少的 2013-07-08/09 过程正闪仅有 6 次，占总闪电频数的 6.12%。结合表 1 中最大降水量进行相关性分析发现(图 2)，正闪比例与降水强度有较好的正相关，$R^2$ 为 0.3619，大部分过程正闪比例越大降水量越大，反之越小。

表 2　12 次个例的闪电基本情况

| 过程时间 | 闪电频数(次) | 正闪频数(次) | 正闪比例(%) | 负闪比例(%) |
|---|---|---|---|---|
| 2008-07-20 | 2142 | 83 | 3.87 | 96.13 |
| 2010-07-16 | 1039 | 74 | 7.12 | 92.88 |
| 2010-07-22 | 352 | 13 | 3.69 | 96.31 |
| 2010-08-07/08 | 2709 | 253 | 9.34 | 90.66 |

续表

| 过程时间 | 闪电频数(次) | 正闪频数(次) | 正闪比例(%) | 负闪比例(%) |
|---|---|---|---|---|
| 2010-08-10/11 | 1767 | 115 | 6.51 | 93.49 |
| 2010-09-01 | 959 | 93 | 9.70 | 90.30 |
| 2011-08-15 | 1283 | 50 | 3.90 | 96.10 |
| 2012-07-08 | 325 | 15 | 4.62 | 95.38 |
| 2012-07-29/30 | 2159 | 312 | 14.45 | 85.55 |
| 2013-07-03/04 | 468 | 38 | 8.12 | 91.88 |
| 2013-07-08/09 | 98 | 6 | 6.12 | 93.88 |
| 2013-08-10/11 | 1711 | 321 | 18.76 | 81.24 |

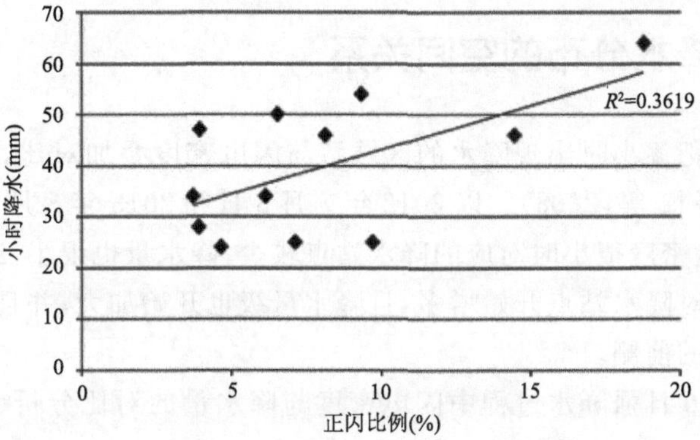


图 2　正闪比例与降水量最大值相关性

## 4　闪电密度与降水分布的时间关系

图 3 为 2012 年 7 月 30 日和 2013 年 7 月 3 日 2 次强降水天气过程的闪电密度最大值与降水量最大值逐小时的时间变化序列。可以看出，对于甘肃中部地区，两次过程中闪电活动与降水活动的相关性较好，有较为一致的变化趋势。从闪电密度分析，2012-07-30 过程从 00:00 开始一直处在较高闪电频数，之后闪电活动出现“跃增”，说明对流云体的发展很强烈。到 02:00 闪电密度达到整个降水过程的峰值 59 次/100($km^2$ · h)，此后对流系统开始减弱，闪电密度快速大幅下降，几乎减小到整个降水过程的最小值，然后逐步增加又减少，变为逐步的振荡状态并维持低值；降水变化趋势与之类似，00:00—02:00 处于快速增多趋势，之后快速减少且维持小值振荡，但其变化滞后闪电频数的变化约 1 h。2013-07-03 过程闪电活动的变化趋势与前一个例类似，但其闪电密度和小时降水最大值均较小，14:00—15:00 闪电频数由 2 次/100 $km^2$ · h 跃增至 25 次/100 $km^2$ · h，15:00—16:00 继续维持在一个较高的频数，16:00—17:00 出现第一个降水峰值，小时雨强为 22 mm/h，随后，闪电频数和雨强均呈下降趋势；19:00 开始，闪电频数和雨强开始增大，20:00 出现第二个闪电频数峰值 35 次/100 $km^2$ · h，而小时雨强峰值出现在 21:00，滞后 1 h。分析该例中闪电密度和小时雨强最大值的变化，可以看出

降水晚于闪电密度 1～2 h 后达到最大值。

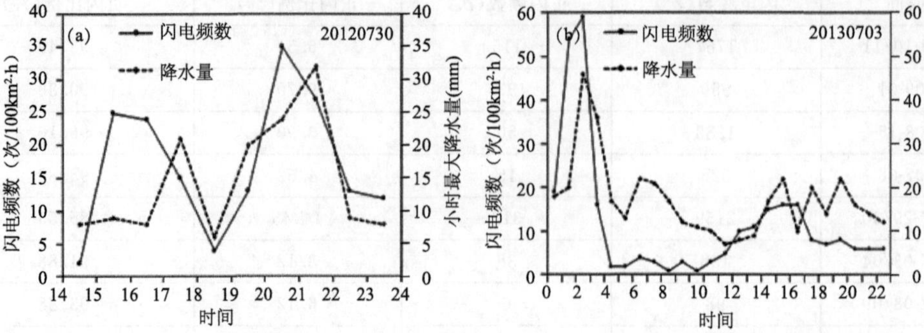


图 3　2012 年 7 月 30 日(a)与 2013 年 7 月 3 日(b)闪电频数与小时雨强的序列变化

## 5　闪电密度与降水分布的空间关系

空间关系分析是把逐小时出现降水的区域站与闪电密度叠加对比，以比较直观的方式分析二者的相关性(苗爱梅 等，2008)。以 2012 年 7 月 8 日和 2013 年 8 月 10 日 2 次强降水过程为例，可以看出当闪电密度很小时对应的降水站点较少，降水量也很小，或者没有出现降水，而当闪电密度开始增多时降水站点开始增多，且降水量级也开始加大，并且闪电密度的大值区总是出现在强降水区域的前侧。

从 2013 年 8 月 10 日强降水过程中闪电密度与降水量的对比分析(图 4)可以看出，此次

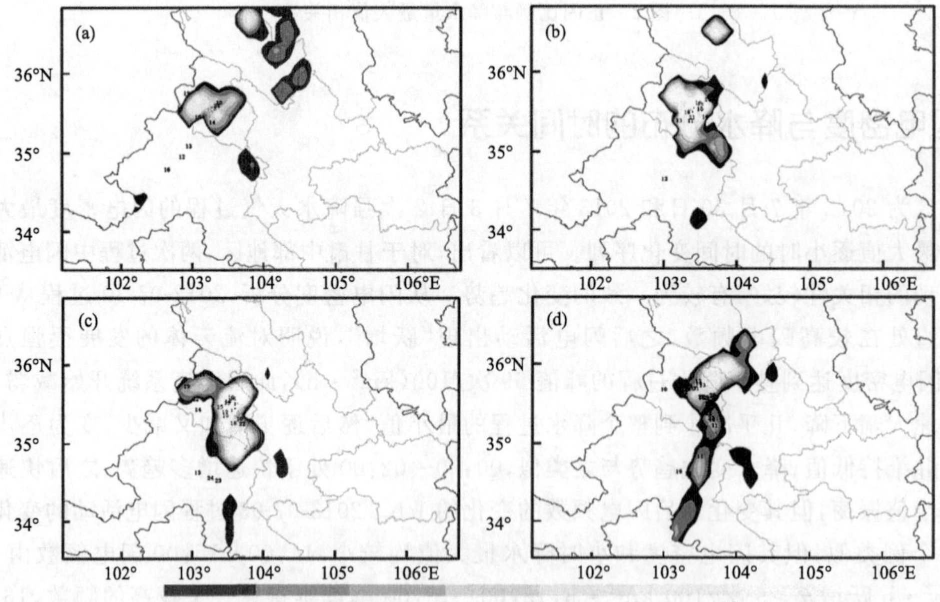


图 4　2013-08-10 过程闪电密度(单位：次/100 km² · h)与＞10 mm/h 的降水站点对比；(a) 10 日 19:00，(b)10 日 20:00，(c)10 日 21:00，(d)10 日 22:00

过程与 2012-07-08 过程的闪电密度和降水量时间序列变化趋势相近，都是在云体发展阶段闪电密度小，对应的降水站点和降水量级也小，对流成熟阶段闪电密度增多，对应的降水站点和降水量级都增加。但对比闪电密度和降水强度，发现此过程比前一过程的闪电密度和降水强度均要大，并且在整个降水过程中有多站出现短时强降水，分析短时强降水的分布位置可以发现，其与闪电密度高值区有较好的对应关系。统计整个降水过程发现短时强降水常常出现在闪电密度＞12 次/100 $km^2$ · h 区域中或区域移动方向的中后侧，该现象在 12 次过程中也得到了验证，但各个过程的闪电密度阈值不是很统一，普遍分布在 9～17 次/100 $km^2$ · h 区间，而同时发现闪电密度＞5 次/100 $km^2$ · h 区域与 10 mm/h 降水落区的对应也很好，这在统计的 12 次个例中几乎得到了一致的表现。

## 6 闪电密度在短时强降水预警中的应用

通过前面的分析，可以将闪电密度应用到对短时强降水的落区预警中，利用前面的结果总结出＞20 mm/h 短时强降水预警的指标为：1 h 闪电频数中正闪电比例＜20%，且 1 h 闪电密度＞9 次/100 $km^2$ · h；＞10 mm/h 强降水预警的指标为：1 h 闪电频数中正闪电比例＜20%，且 1 h 闪电密度＞5 次/100 $km^2$ · h。下面应用该指标，对 2012 年 5 月 20—21 日的 1 次短时强降水过程的预警效果做检验分析。

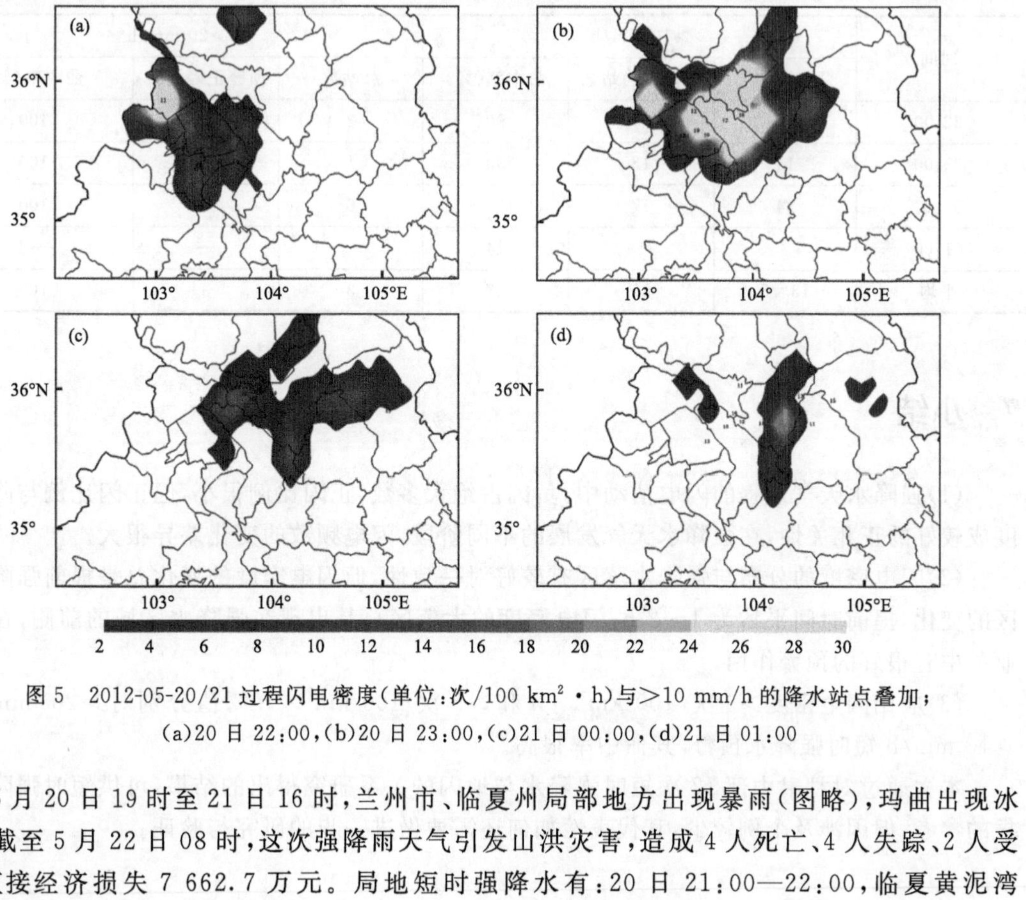


图 5 2012-05-20/21 过程闪电密度(单位：次/100 $km^2$ · h)与＞10 mm/h 的降水站点叠加；
(a)20 日 22:00,(b)20 日 23:00,(c)21 日 00:00,(d)21 日 01:00

5 月 20 日 19 时至 21 日 16 时，兰州市、临夏州局部地方出现暴雨(图略)，玛曲出现冰雹。截至 5 月 22 日 08 时，这次强降雨天气引发山洪灾害，造成 4 人死亡、4 人失踪、2 人受伤，直接经济损失 7 662.7 万元。局地短时强降水有：20 日 21:00—22:00，临夏黄泥湾

21.7 mm,广河头家巷 29.0 mm;22:00—23:00,永靖三源 21.0 mm;20 日 23:00 至 21 日 00:00,兰州 25.7 mm,榆中白虎山 27.5 mm,兰州八里镇 22.3 mm,兰州飞天家园 20.1 mm,兰州西果园镇 21.8 mm。

选取甘肃中部地区短时强降水发生密集时段 5 月 20 日 22 时至 21 日 01 时的降水落区与闪电密度做对比检验,图 5 为以上 4 个时次的闪电密度与雨强>10 mm/h 的站点叠加。可以看出,5 月 20 日 22:00 至 21 日 00:00 的 3 个时次中基本所有的>10 mm/h 降水站点分布在闪电密度>5 次/100 $km^2$ · h 的区域内,5 月 21 日 01:00 的对应位置稍差,而>20 mm/h 的短时强降水站点全部分布在闪电密度>9 次/100 $km^2$ · h 的区域内。

统计整个过程中甘肃中部地区雨强>10 mm/h 的所有站点个数 $N$,并获取该时间间隔中闪电密度>5 次/100 $km^2$ · h 区域内的>10 mm/h 的站点个数 $N_i$,计算雨强>10 mm/h 的强降水预警命中率:

$$POD=\frac{N_i}{N}\times 100\% \tag{1}$$

同理,以闪电密度>9 次/100 $km^2$ · h 为阈值,按上述方法计算出雨强>20 mm/h 的短时强降水预警命中率(表 3)。

从统计结果来看,在整个过程降水密集的 4 个时段中,应用闪电密度对雨强>10 mm/h 和>20 mm/h 的短时强降水预警准确率分别为 73%和 100%。

**表 3　短时强降水预警命中率统计**

| 时间 | >10 mm/h | | | >20 mm/h | | |
|---|---|---|---|---|---|---|
| | 总站数 | 预警正确站数 | 命中率(%) | 总站数 | 预警正确站数 | 命中率(%) |
| 22:00 | 10 | 9 | 90 | 2 | 2 | 100 |
| 23:00 | 14 | 13 | 93 | 1 | 1 | 100 |
| 00:00 | 24 | 17 | 71 | 6 | 6 | 100 |
| 01:00 | 7 | 1 | 14 | — | — | — |
| 平均 | 13.75 | 10 | 67 | 3 | 3 | 100 |

# 7　小结

(1)强降水天气过程的闪电活动中,负闪占绝大多数,正闪比例很小,但正闪比例与降水强度成较好的正相关性,在强降水天气发展的不同阶段,闪电频数的变化差异很大。

(2)闪电密度的分布与强降水落区有较好对一致性,但闪电密度的变化总是提前强降水落区的变化,提前时间平均为 1~2 h;闪电密度的大值区总是出现在强降水区域的前侧,在实际业务中有很好的预警作用。

(3)应用闪电密度>9 次/100 $km^2$ · h 和>5 次/100 $km^2$ · h 阈值分别对>20 mm/h 和>10 mm/h 短时强降水预警,其命中率很高。

本文通过对甘肃中部 12 次短时强降水与地闪的关系研究得出的结果,可供短时强降水预报的参考,但因涉及个例较少,其代表性如何还需要做进一步的研究与验证。

## 参考文献


陈渭民，2006. 雷电学原理[M]. 北京：气象出版社：1-2.

冯桂力，陈文选，刘诗军，等，2002. 山东地区闪电的特征分析[J]. 应用气象学报，13(3)：347-355.

黄美元，徐华英，1999. 云和降水物理[M]. 北京：科学出版社：207-217.

刘维成，陶建红，邵爱梅，2012. 甘肃和广东年闪电特征对比[J]. 干旱气象，30(4)：588-592.

刘维成，2013. 甘肃省闪电特征分析及雷电预警研究[D]. 兰州：兰州大学.

梁华，张涛，姚延锋，等，2007. 闪电定位误差评估与实例分析[J]. 干旱气象，25(4)：56-61.

李建华，郭学良，肖稳安，等，2006. 北京强雷暴的地闪活动与雷达回波和降水的关系[J]. 南京气象学院学报，29(2)：228-234.

李照荣，陈添宇，康凤琴，等，2004. 兰州周边地闪分布特征[J]. 干旱气象，24(2)：45-51.

苗爱梅，贾利冬，郭媛媛，等，2008. 060814 山西省局地大暴雨的地闪特征分析[J]. 高原气象，27(4)：873-880.

郄秀书，2003. 全球闪电活动与气候变化[J]. 干旱气象，21(3)：69-73.

王道洪，刘欣生，王才伟，1990. 甘肃中川地区雷暴地闪特征的初步分析[J]. 高原气象，9(4)：405-410.

薛秋芳，孟青，葛润生，1999. 北京地区闪电活动及其与强对流天气的关系[J]. 气象，25(11)：15-19.

周秀骥，陶善昌，姚克亚，1991. 高等大气物理学[M]. 北京：气象出版社：106-137，535-601.

周筠君，郄秀书，张义军，等，1999. 地闪与对流性天气系统中降水关系的分析[J]. 气象学报，57(1)：103-110.

张义军，言穆弘、张翠华，等，2003. 甘肃平凉地区正地闪特征分析[J]. 高原气象，22(3)：295-300.

# 甘肃一次副高内部极端强降水可预报性思考*

狄潇泓[1]，王小勇[2]，肖玮[1]

（1. 兰州中心气象台，兰州 730020；2. 甘肃省公共气象服务中心，兰州 730020）

**摘要**：传统认为副高内部为下沉运动，会抑制对流运动的发生，但是甘肃河东隔几年就会出现一次副高内部的强降水过程，而全球业务模式对此类强降水预报能力较弱，导致副高内部的强降水天气预报难度很大。本文利用多种常规和非常规观测资料，对 2016 年 8 月 22 日甘肃副高内部的一次极端强降水过程进行分析，以期发现一些可用预报指标，分析发现：青藏高压东北部辐散区和近地面层的中尺度辐合线的叠置，有利于形成强烈的上升运动，是强降水发生的天气背景条件。环境场极高的水汽含量、异常厚的暖云层和小的垂直风切变有利于形成极大的降水效率，是强降水的增强条件。通过对各种中尺度观测资料的分析，发现一些对强降水预报预警有指示作用的因子：(1)对流云团冷云盖中心区域运动前方 TBB 梯度最大处对应地面降水最强降水；(2)闪电总次数峰值后 1～2 h，且闪电带变的很有组织时，对应地面最强降水时段；(3)造成强降水的对流单体的雷达回波表现出低质心暖云降水的特征；(4)在 CR、VIL 最大值出现后 30～40 min，最强雨强出现。

**关键词**：极端强降水；副高；可预报性；降水效率

## 1　引言

西太平洋副热带高压（以下简称副高）是影响我国暴雨的大尺度环流系统之一（陶诗言 等，1980），暴雨一般出现在其西北侧。甘肃的短时强降水和暴雨也不例外，一般发生在副高西北侧或北侧的高温、高湿、高能区中，长期以来，预报员对副高边缘的暴雨发生的规律总结较多，也形成了成熟的概念模型（陶建红 等，2012；白肇烨 等，1988），副高西北侧西南气流的强度和位置决定甘肃暴雨的强度和落区。通常认为，副高内部为下沉运动，会抑制对流运动的发生、发展，一般为晴到少云区。实际工作中，用 500 hPa 图上 588 dagpm 线表征副高，在早期客观预报方法中，高度＞588 dagpm 会被作为降水的消空指标。但是，每隔一两年，甘肃河东总会出现一次副高内部，588 甚至 592 dagpm 线包围区内的短时强降水或暴雨过程，这种天气具有来势凶猛、降水强度很大、破坏力很强的特点，预报难度极大，几乎无一例外地会出现预报失误，更容易造成较大的灾害损失和影响。应该对此类强对流进行深入分析研究，找到可预报的技术指标。

吴国雄等（2003）通过长期观测和数值模拟研究发现：副高的垂直结构非常复杂，夏季西太

* 本文已在《干旱区地理》2019 年第 42 卷第 5 期正式发表。

副高在北太平洋区域 165°E 以西受上升运动控制，因此在 500 hPa 上对应着大范围的上升运动，而不是下沉运动。傅云飞等(2017)发现副高中心区域四季均存在降水。中东部各省(市)对副高内部的强降水有不同程度的分析研究：曹美兰等(2012)对浙江副高内部的强降水分析后，得出副高内部水汽、对流不稳定条件都很强，当有适当的触发机制时，即发生大规模强对流天气；尹红萍等(2010)对上海副高内的强对流进行统计分析，发现边界层内的中尺度辐合线是此类天气产生的重要原因之一；支树林等(2015)对江西副高控制下的一次大暴雨中尺度特征分析后发现，地面冷空气加强了降水，雷达径向速度图上的中尺度涡旋是暴雨发生的重要因素。目前，西北地区的学者对西北暴雨、强降水做了许多研究，取得很多成果。赵庆云等(2005)通过数值模拟，得出甘肃暴雨特征，李如琦等(2018)、许东蓓等(2013)从等熵位涡理论、螺旋度等暴雨产生的热、动力条件方面对西北暴雨产生机理进行了研究，程瑛等(2018)从灾害发生的角度对甘肃致灾强降水进行了分析，付双喜等(2015)通过统计计算了甘肃短时强降水发生的环境参数。但针对发生在甘肃河东青藏高原东北边缘的副高内部的暴雨、强降水天气研究较少。

本文通过对 2016 年 8 月 22 日甘肃副高控制下的强降水过程进行分析，主要讨论雨带南部碌曲的极端强降水，探究其强降水发生的成因、雷达回波与雨量的定量关系，以及复杂地形的影响，为此类强天气的预报提供一些参考。

## 2 降水概况

8 月 22 日 8:00 至 23 日 8:00，甘肃省甘南州北部、陇中北部出现暴雨甚至大暴雨，强雨带呈东北—西南走向的带状分布(图 1a)，自东北到西南，有数个暴雨中心，共有 21 个站日雨量超过 50 mm，甘南州碌曲县日雨量 123.5 mm，为这次过程大暴雨中心。1 h 降水量≥20 mm 的短时强降水共 61 站次，其中有 3 站 1 h 降水量≥50 mm，最大雨强出现在碌曲，21:00—22:00 达 71.6 mm/h。图 1b 为碌曲站 20:00—23:00 逐 10 min 雨量，可以看到，降水集中在 20:20—22:20，21:10—21:20，10 min 雨量达到 23.4 mm。

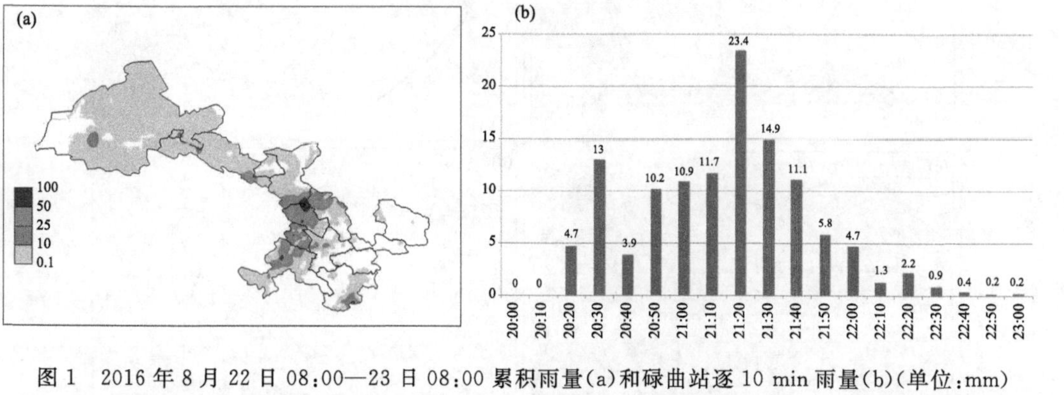


图 1　2016 年 8 月 22 日 08:00—23 日 08:00 累积雨量(a)和碌曲站逐 10 min 雨量(b)(单位：mm)

碌曲位于甘肃省西南部甘南藏族自治州，青藏高原东边缘，甘、青、川三省交界处，地势西高东低，地形复杂，气象站海拔 3106.7 m。碌曲站 22 日降水量超该站建站以来历史极值(2006 年 8 月 31 日 84.4 mm)的 1.5 倍，历史第二(1976 年 8 月 2 日 59 mm)的 2 倍多。自碌曲 1973 年建站以来到 2015 年，仅出现暴雨 3 次，可见这次强降水是一次极端降水过程，降水时间集中，雨强极大，强降水范围小。造成碌曲县城水利设施损毁严重，与之临近的夏河县出现洪水泥石流，经济损失巨大。

## 3 全球模式预报情况

对 T639、EC 细网格、GRAPES、日本 4 个全球模式及 EC、NCEP 集合预报 21 日 08:00、21 日 20:00、22 日 08:00 起报的对 22 日 08:00 至 23 日 08:00 24 h 累积雨量预报回查，各数值模式均对强降水出现不同程度的漏报，T639 对强雨带北端有反映，但量级偏小一半，日本模式对强雨带南端有反映，量级也偏小一半以上，EC 确定预报在强雨带处报了 2.5 mm 以下降水，GRAPES 以无雨为主。EC 及 NCEP 集合预报对强降水带北端≥25 mm 的概率仅有 5%，南端为 0%，均没有预报出暴雨区的强降水。由以往预报业务中的经验，全球模式降水预报对高原地区的降水精度较平原地区低，而且全球业务模式由于分辨率较低，对形成此类强降水的中尺度系统模拟能力有限，预报效果不够理想，也说明副高内部强降水是副高内部发展起来的中尺度天气系统造成，预报难度很大。

## 4 环流背景

8 月 22 日 22 日 20:00，100 hPa 等压面上（图 2a），青海上空为青藏高压控制，高压东北侧为辐散区，碌曲处于中心值为 $+12\times10^{-5}$/s 强辐散中心东端；500 hPa 上（图 2b），我国 40°N

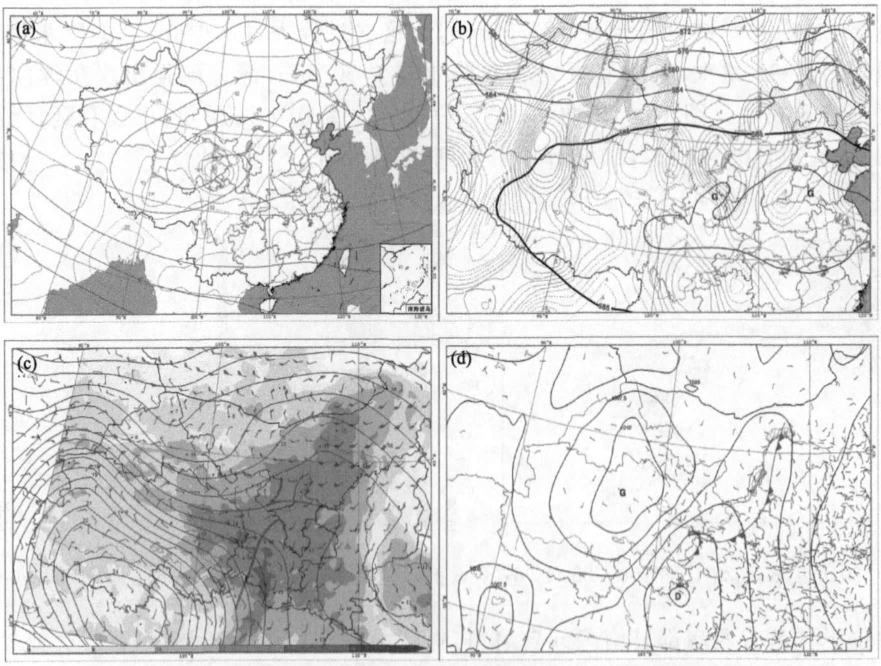

图 2　2016 年 8 月 22 日 20:00 100 hPa 流场和散度场(a)、500 hPa 高度场和散度场(b)、700 hPa 风场、温度场和比湿(c)、地面气压场和风场(d)

以南大部为反气旋控制，碌曲处于 592 dagpm 闭合等压线控制区内，但散度场上是 $-6\times10^{-5}$/s的辐合区；700 hPa 上(图 2c)青海东部到甘南为辐合区，碌曲处于辐合 0 线附近，有暖式切变线与辐合区配合。

地面图上(图 2d)，22 日 08:00，河西西部到青海西北部有强度1010 hPa 的高压东移，高压前部，青海东南部到甘南有低压发展，中心强度 1000 hPa，之后到 17:00，高压强度维持，并略向东移，低压位置稳定，强度加强到 995 hPa，低压倒槽从甘南向东北方向伸展，暴雨区处于高压前部等压线密集区到低压倒槽之间，碌曲处于地面热低压东北部，低压倒槽对应的流场上为西北风与东南风的汇合带，碌曲正是在这个汇合带上。20:00—23:00 地面形势维持，低压中心因日变化强度略减。另外，对于甘南附近的地面的风场，模式的分析场和实况场有较大差别，碌曲及其上游的 4 m/s 的偏西风在分析场上均为 2 m/s 的偏东风，这可能是模式对此次过程地面冷空气影响分析不足的原因之一。

这种天气尺度高空辐散，低空辐合，地面有冷空气渗透的形势场配置，有利于抽吸作用的产生，促进深厚对流的发生、发展。

# 5 中尺度环境场配置及降水极端性分析

## 5.1 中尺度环境场配置

由 2016 年 8 月 22 日 20:00 高低空环流配置图(图 3a)可见，22 日 20:00，200 hPa 上碌曲处于南亚高压中心略偏东处，500 hPa 上在高压中心 592 dagpm 线北侧，35°N 以北，河西东部到中部偏北地方，500 hPa、700 hPa 切变线，以及地面辐合线呈前倾结构排列。700 hPa 上，河东比湿在 12 g/kg 以上，合作站比湿更是达到 16 g/kg，这在甘南是罕见的。从 20:00 合作站的探空图(图 3b)上可以看到温度曲线为条件不稳定，550 hPa 附近有冷空气侵入，使得温度曲线在 550 hPa 附近有一小段绝对不稳定，并且增大了 550 hPa 到地面的对流不稳定性。对流有效位能(CAPE)为 920 J/kg，沙氏指数(SI)达到$-3.16$℃，最大上升速度达 42.9 m/s。表明甘南上空大气层结极不稳定。

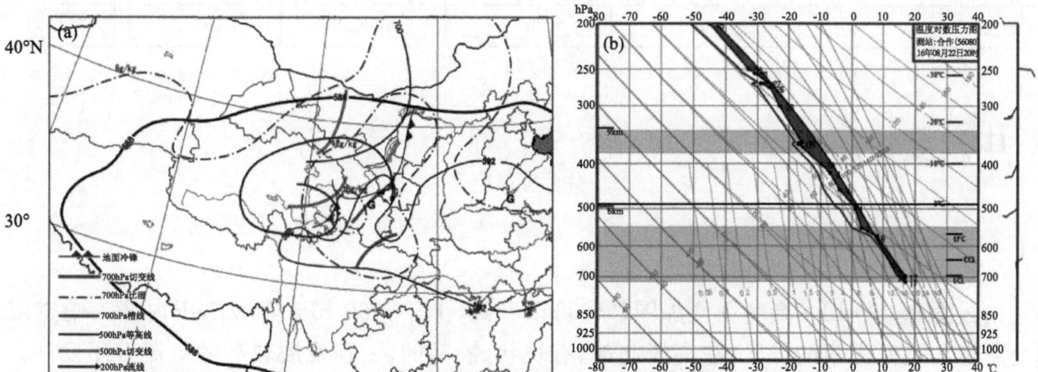


图 3 2016 年 8 月 22 日 20:00 天气系统配置(a)，合作站 $T$-ln$P$ 图(b)

### 5.2 降水极端性分析

对于强降水预报，首先根据物理机制理解可以确定两个要素：降水率 $R$ 和降水持续时间 $D$，即最强的降水率和最长的持续时间导致最大的降水。降水率 $R=E\times\omega q$，其中 $E$ 为降水效率，$\omega$ 为垂直运动，$q$ 比湿，即高降水效率、强上升运动和高比湿能够产生大雨强（Doswell et al.，1996）。具体的降水效率要对每一个对流单体进行计算，但对于由较多对流单体组成的对流系统每个对流单体的降水效率可能千差万别且不易计算因此在预报上需要从整个对流系统进行定性考虑（孙军 等，2012）。根据云物理理论，一般情况下环境整层相对湿度越大、云底到0℃层的厚度越大，即暖云层厚度越厚、垂直风切变越小，越有利于高降水效率。

为分析此次碌曲大暴雨的极端性，选取碌曲站 21 世纪另外两次极端降水过程前的相关物理量，对环境湿度、暖云层厚度、垂直风切变进行对比分析。两次过程分别是 2006 年 8 月 30 日，日降水 84.9 mm，现历史排名第二；2014 年 8 月 5 日，日降水 48.3 mm，现历史排名第五。

由表 1 可见，和其他两次过程相比，22 日碌曲地面露点最大值和比湿较大，但并不是最大，异常的情况是 700 hPa 上合作比湿达到 16 g/kg，这一高值是笔者做预报员多年很少在甘南甚至甘肃见到的。相对于碌曲的海拔高度，700 hPa 大约是边界层下层。22 日甘南上空0℃层高度异常偏高，在 500 hPa 以上，达到 6070 m，这也是在甘南高原少见的，同时，抬升凝结高度（LCL）较低，只有 695.9 m，说明这天暖云层厚度很厚。另外，这次过程具有很小的 0～6 km 垂直风切变，只有 0.21 m/s，而且对流层中上层垂直风切变也较小，这使得对流单体不会发展到较高的高度，不会形成云砧并将水滴从高层扩散出去（方翀 等，2012）。综合分析，22 日碌曲附近大气具有很高的环境相对湿度，且湿层较厚，暖云层很厚，垂直风切变较小，以上这些有利于高的降水效率。在预报预警中特别要警惕类似的近地面层高湿的区域。

**表 1 碌曲站 3 次极端降水过程前部分环境物理量**

| 过程日期 | 环境湿度 | | | 暖云层厚度 | | 0～6 km 垂直风切变(m/s) |
|---|---|---|---|---|---|---|
| | 最大地面露点(℃) | 最大地面比湿(g/kg) | 700 hPa 比湿(g/kg) | 0℃高度(m) | LCL 高度(m) | |
| 2016-08-22 | 13 | 7.2 | 16 | 6070 | 695.9 | 0.21 |
| 2006-08-30 | 14 | 7.5 | 11 | 5685.3 | 664.5 | 1.23 |
| 2014-08-05 | 11 | 6.2 | 10 | 5600.8 | 757.5 | 1.02 |

## 6 中尺度特征

### 6.1 云图特征分析

由云图和 200 hPa 高度场叠加图（略）可以看到，上午，200 hPa 青藏高压内部为晴空或色调为灰色的杂乱无章的低云，在高压北部，有块状、凌乱的、云顶发展较高的对流云团发展。午后，高压内部有块状对流云团迅速发展，这些云团按高压内部风向即顺时针方向旋转，并合并。19:00 以后，合并成大约 10 万 $km^2$ 的类椭圆形云团，云顶最低亮温降至－75℃，碌曲处在云团顺时针旋转前进方向的前方，亮温梯度最大处的中间位置。这种云型近似椭圆，亮温＜－52℃

的结构持续了有 4 个小时。

仔细分析逐时云顶亮温(TBB)图像(图 4)在强降水发生发展中的演变,并将逐时雨量与其叠加,以发现二者之间的关系。从图 4 可以看到,22 日 18:00 以后,亮温小于 220 K 的冷云区范围扩大,并在甘南西北部形成小块亮温小于 200 K 的冷云区,其东侧亮温梯度最大,TBB 在 200～220 K 的区域,在其东侧临夏等地出现局地短时强降水。19:00,冷云区范围迅速扩大,亮温小于 200 K 的冷云几乎覆盖了甘南西部,短时强降水仍出现在其东侧亮温梯度最大处,TBB 在 200～220 K 的区域,范围略向北扩。表明 TBB 最低处,对流发展最旺盛,降水越强。20:00,冷云区向东北方向发展,短时强降水区域也随之移动。21:00,小于 200 K 冷云范围有所缩小,过去的 1 h,只有碌曲出现 42 mm/h 的强降水,而碌曲位于云顶前部 TBB 梯度最大处,且 TBB＜200 K 的区域。22:00,TBB＜200 K 的区域迅速向东收缩,仅覆盖甘南西部,而过去的 1 h,这一区域出现多处短时强降水。23:00 以后,TBB＜220 K 的范围扩大,但 TBB＜200 K 的范围减小,消失,降水强度也随之减小。

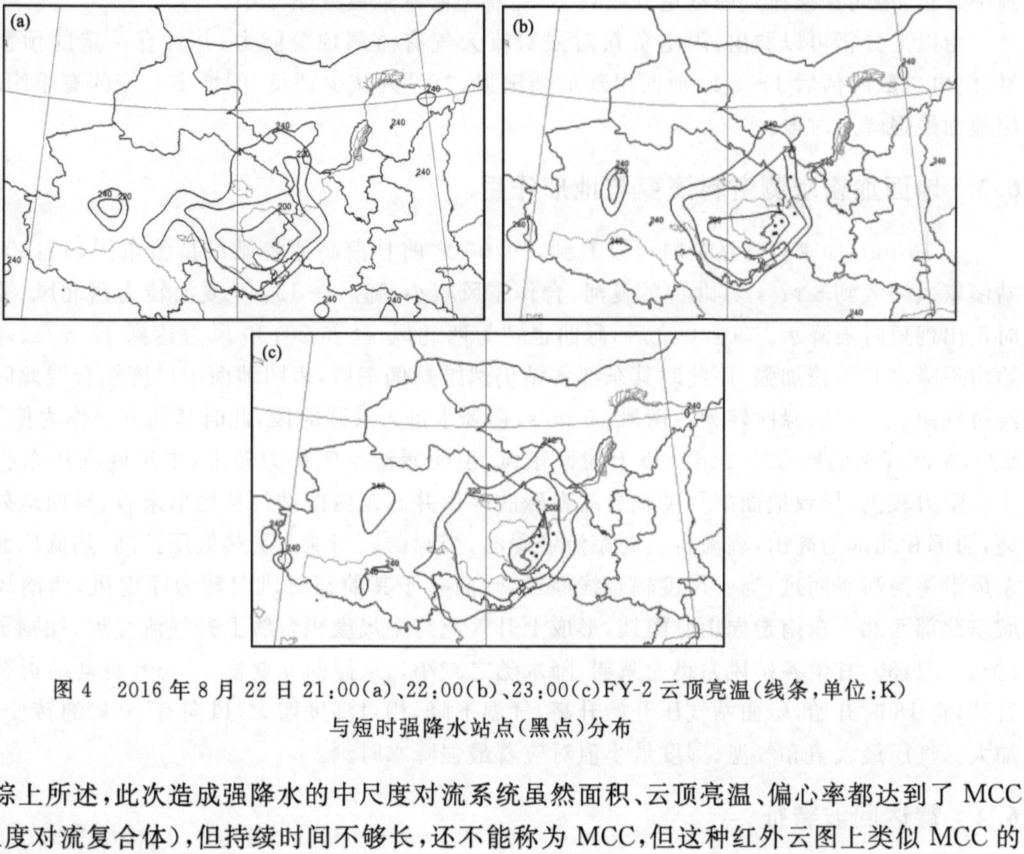


图 4　2016 年 8 月 22 日 21:00(a)、22:00(b)、23:00(c)FY-2 云顶亮温(线条,单位:K)与短时强降水站点(黑点)分布

综上所述,此次造成强降水的中尺度对流系统虽然面积、云顶亮温、偏心率都达到了 MCC(中尺度对流复合体),但持续时间不够长,还不能称为 MCC,但这种红外云图上类似 MCC 的对流系统应在预报业务中引起高度重视,应和各层等压面图及 TBB 资料对应,重点关注冷云是否与青藏高压对应,冷云中心区运动前方亮温梯度最大处是否出现强降水。

## 6.2　闪电资料特点

有研究(章国材 等,2007)表明,形成闪电的积雨云特性就是旺盛的对流和活跃的冰相发展,伴随着闪电发生。闪电和降水之间存在较好的正相关。22 日 16:00—17:00,对流云合并之初，云系北部对应青海东北部祁连山区为“负”地闪区域、南部即青海黄南州到甘南州北部为“正”地闪区域，地闪总次数为 486 次。17:00—18:00，“正”“负”地闪分布大致维持不变，对流云系南部的“正”地闪区南端，即碌曲、临潭县出现少量“负”地闪，地闪次数迅猛增加到 826 次。18:00—19:00，甘青地闪总次数增加到 991 次，但甘南境内地闪数量迅速减少，在前一个时次“正”地闪密集的夏河县和康乐县，这个时次只有零星“正”地闪，并且均出现了两个站短时强降水。19:00—20:00，甘青地闪总次数增加到 1113 次，对流云系顺时针运动，其北部的“负”闪区随云系向东移动，南部的“正”闪区向西移动，甘南境内“正”闪减少，“负”闪开始增多。20:00—21:00，观测区域内闪电数量迅猛减少到 536 次，尤以青海南部“正”地闪减少显著，此时“负”地闪从云系东北部向云系东部移动，整个甘南上空为“负”地闪，碌曲县出现 42.1 mm 的强降水。21:00—22:00，甘青区域闪电总数再次降低，仅有 360 次，“负”地闪沿着对流云东侧排列得很有组织，此时“正”闪数量已非常少，碌曲小时雨强达到 71.6 mm/h，临夏、甘南的其他地方，有 7 站出现短时强降水。22:00—23:00，总地闪数再次增多到 635 次，在“负”闪带规律东移的过程中，“正”地闪穿插在其中数量开始增多，而各地降水强度开始减小。

由以上分析可以看出：闪电资料对强对流天气有监测预警能力，并且有一定的预警提前量，闪电总数峰值后 1～2 h，地面出现最强雨强，“正”闪减少，“负”闪增多并变的有组织时，对应地面最强降水时段。

## 6.3　地面加密观测资料演变与地形作用

从 10 min 加密自动站资料可以看到，19:00 之前甘南高原各站维持偏东风，19:30，碌曲站偏东风加大到 8 m/s，其北部的夏河、合作东风减小，随后在 19:40 夏河转为西北风，夏河此时正出现短时强降水。20:00 之后，碌曲也转为西北风，并在 20:30 风力达到 12 m/s，碌曲开始出现降水并迅速加强，而此时其东部各站仍然维持偏东风，表明地面中尺度辐合线此时正在经过碌曲。21:00，碌曲转为西南风 10 m/s，强降水进入最强时段，此时其北方合作为偏北风 6 m/s，东部各站仍然维持 4 m/s 以上的偏东风，说明暖湿空气势力较强，中尺度高压东移过程中受阻力较大，导致地面中尺度辐合线在碌曲停留并有东西摆动。从地形来看，碌曲地处小盆地，西部和北部为高山，洮河自西向东流经碌曲，当碌曲以南地面受热低压控制，热低压北部偏东风沿洮河河谷西进，当中尺度辐合线经过，碌曲处于其前部时风向转为西南风，西南风受县城东北部西北—东南走向山脉阻挡，形成上升气流与中尺度辐合线上升气流叠加，加剧了上升运动。21:30，甘南各站风力迅速减弱，降水随之减小。从碌曲 6 要素 10 min 自动站资料可以看到，自 18 时开始，碌曲站气压开始升高，气温下降，相对湿度增大，风向有＞90°的转变，风速加大。气压最大值和气温、湿度最小值对应着最强降水时刻。

## 6.4　雷达回波特征

### 6.4.1　雷达回波演变特征

合作多普勒雷达于 2014 年建成投入业务使用，雷达站海拔 3372 m，在碌曲东北方向 52 km 处。利用合作雷达资料对 22 日碌曲极端降水过程进行分析。

(1)地面辐合线雷达回波演变特征

组合反射率图上，22 日 16:00 之后，合作西北部青海到夏河，有星星点点的点状对流回波出现，在之后的1 h，这些点状对流中的一小部分发展成为团状对流。17:00之后，夏河附近的团状对流结合成北东北—南西南的对流带，宽度约20 km，长度约150 km。（17:00，合作上空有＞65 dBZ的强回波）18:00之后，合作到碌曲一线，回波块结合成并不紧密的强回波带，在其西北方向，夏河的对流带经过1 h的重组，形成一条与合作平行的对流带。19:00前一条对流带北端逐渐减弱、消失，南端，即碌曲以北40 km处，强度和位置均维持少动。而后面一条对流带北端东移，与前一条对流带遗留的南端合并并加强，而其南端经历了一次原地减弱，并在30～40 km以东重新建立的过程。20:00，高度有组织的多单体风暴形成对流带，距其前方碌曲20～25 km，此时碌曲有点状对流回波生成。在接下来的1 h该点状对流迅速发展成块状回波，其后部的对流带也迅速东移，接近碌曲，并于21:00与碌曲对流块合并，此后1 h碌曲出现71.6 mm的强降水。21:40之后对流带东移出碌曲，碌曲逐渐变成层状云回波。速度图上，19:00与对流带相应的位置是0速度线，其西侧为入流，对应地面切变线后的西北气流，其东北侧为出流，对应地面切变线前的偏东风。入流和出流的强度最强均达到12 m/s。

(2)与碌曲极端降水对应对流单体的回波特征

从各阶段雷达回波剖面图上可以看到，带状对流系统中，镶嵌着许多对流单体，20:10，碌曲始现块状回波，并在下一个体扫强度迅速加强到35 dBZ以上。对应碌曲极端强降水最强时各层强度和速度：可以看到，20:30之前的降水由一个对流单体造成，20:30前后，有一个东边单体和原单体的合并加强，之后的极端降水主要由后一个对流单体在原地维持少动状态约1 h造成。21:00前后在0.5°仰角上，这个对流单体尺度约为宽5 km、长10 km，西西北—东东南走向的块状，随着高度升高，3.4°仰角上回波向东北方向倾斜。在3.4°仰角上可见风场的辐合，从20:48—21:14，14.6°仰角上（图略）可见风暴顶的辐散。21:25，碌曲回波强度明显减弱。

在降水最强阶段沿东西方向对碌曲对流单体剖面图（图略）上，＞35 dBZ的强回波均在5 km以下，即0℃层以下，以低质心的暖云降水为主，这也表明碌曲的降水效率较高。对流单体基本位于0℃层以下，表明降水是云中粒子是以水滴为主的暖云降水，这些都有助于提高降水效率，在预报预警中特别要警惕该类低层高湿的区域。

### 6.4.2 CR、VIL对雨强趋势的指示

由10 min雨量和组合反射率CR、垂直液态水含量VIL叠加图（图5）可以看到，20:10—20:20，CR和VIL出现并增大，地面出现10 mm以上降水，然后这两个值均有减弱，10 min后地面雨强也减小；20:40，CR和VIL大幅增大，CR在20:40达到45 dBZ，并维持3个体扫，于21:10开始减小。付双喜等(2004)对甘肃中部8次降水个例的VIL进行统计，认为各种强度的降水VIL一般不超过3 kg/m$^2$，VIL值越大预示降水强度越大。合作雷达VIL于20:50出现最大值4.72 kg/m$^2$，21:00即刻减小。从图7可以看到，CR和VIL对雨强具有比较显著的预示作用，当CR出现最大值40 min后，VIL出现最大值30 min后，地面出现10 min 23.4 mm的最大雨强。

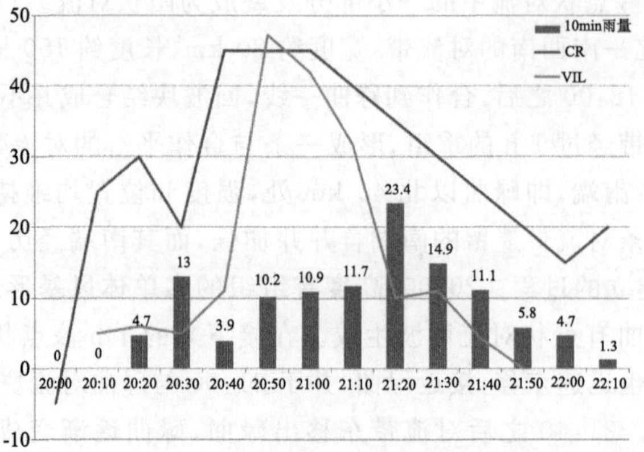


图 5　2016 年 8 月 22 日碌曲 10 min 雨量(单位:mm)与雷达 CR(单位:dBZ)、VIL(单位:kg/m²)

## 7　结论与讨论

此次极端降水过程发生在高能、高湿的副高内部,由地面东移辐合线触发形成,对流特征比较明显。短时雨强大,且降水极端集中。由于 500 hPa 高压高度高,环流完整,而且降水系统发展速度极快,全球模式和预报员均对此次降水的预报准确性较差。通过对这次副高内部的极端强降水过程的各种尺度的影响系统演变分析,尝试寻找其发生的有利条件,为以后此类天气提供技术参考。

(1)此次碌曲极端强降水发生在 500 hPa 高压内部 592 dagpm 线附近,但高层 200 hPa 青藏高压东北部辐散区的抽吸作用和近地面层的中尺度辐合线的上升运动叠置,形成了强烈的上升运动,产生强烈降水。

(2)环境场极大的水汽、异常厚的暖云层和很小的垂直风切变在碌曲形成了极大的降水效率。

(3)在降水过程中,对流云团沿青藏高压外围旋转、合并、发展,冷云盖中心区域运动前方 TBB 梯度最大处对应地面降水最强处。

(4)闪电总次数峰值后 1～2 h,“正”闪数下降,“负”闪数增多,且闪电带变得很有组织时,对应地面最强降水时段。

(5)造成强降水的对流单体的雷达回波表现出低质心暖云降水的特征,在 CR、VIL 最大值出现后 30～40 min,最强雨强出现。

通过对此次高原东部极端强降水综合分析,可以发现,这次极端强降水具有一定的短时临近可预报性:地面加密资料、卫星云图 TBB、闪电、雷达回波 CR、VIL 等资料均对地面强降水有一定时间的提前预示作用,在业务中要分析应用好这些中尺度观测资料。另外在这次极端强降水过程中,雷达回波强度并不很强,持续时间也不很长,却产生如此高的降水效率,是值得深入研究的。

## 参考文献


白肇烨，徐国昌，等，1988. 中国西北天气[M]. 北京：气象出版社：215-216.

曹美兰，俞燎霓，2012. 一次发生在副高内的强对流天气的诊断分析[J]. 科技通报(01)：64-67.

程瑛，黄武斌，沙宏娥，2018. 甘肃岷县两次强降水致山洪泥石流灾害特征对比分析[J]. 干旱区地理，41(3)：443-448.

付双喜，安林，康凤琴，等，2004. VIL 在识别冰雹云中的应用及估测误差分析[J]. 高原气象，23(6)：811-815.

付双喜，何金梅，2015. 甘肃短时强降水天气若干环境参数特征分析[J]. 干旱区地理，38(3)：469-477.

傅云飞，冼桃，2017. 副热带高压中心区域内云和降水气候特征研究回顾与展望 [J]. 暴雨灾害，36(6)：489-497.

方翀，毛冬艳，张小雯，等，2012. 2012 年 7 月 21 日北京地区特大暴雨中尺度对流条件和特征初步分析[J]. 气象，38(10)：1278-1287.

李如琦，李建刚，王江，等，2018. 南疆西部暴雨过程的动力热力结构分析[J]. 干旱区地理，41(1)：9-16.

孙军，谌芸，杨舒楠，等，2012. 北京 721 特大暴雨极端性分析及思考(二)极端性降水成因初探及思考[J]. 气象，38(10)：1267-1277.

陶诗言，等，1980. 中国之暴雨[M]. 北京：科学出版社：35.

陶健红，王宝鉴，等，2012. 甘肃省短期天气预报员手册[M]. 北京：气象出版社：86.

吴国雄，丑纪范，刘屹岷，等，2003. 副热带高压研究进展及展望[J]. 大气科学 (04)：503-517.

许东蓓，刘抗，孟丽霞，等，2013. “8.12”甘肃大暴雨特征分析[J]. 干旱区地理，36(2)：245-252.

尹红萍，曹晓岗，2010. 盛夏上海地区副热带高压型强对流特点分析[J]. 气象，36(8)：19-25.

支树林，陈娟，包慧濛，2015. 一次副热带高压边缘上大暴雨的中尺度特征分析[J]. 气象，41(10)：1203-1214.

赵庆云，狄潇泓，张铁军，2005. “8 · 19”甘肃区域暴雨的特征分析及数值模拟[J]. 干旱气象，23(4)：12-16.

章国材，矫梅燕，李延香，等，2007. 现代天气预报技术和方法[M]. 北京：气象出版社：103.

DOSWELL Ⅲ C A，BROOKS H E，MADDOX R A，1996. Flash flood forecas-ring：An ingredients based methodology [J]. Wea Forecasting，11：560-581.

# “5·10”岷县短时暴雨斜压锋生特征和不稳定条件分析*

狄潇泓,许东蓓,肖玮,沙宏娥,谭丹

(兰州中心气象台,兰州 730020)

**摘要**:利用常规气象观测资料、加密自动站雨量和 NCEP 1°×1°再分析资料,对 2012 年初夏甘肃岷县一次短时暴雨并引发山洪的强对流天气成因进行综合分析。结果表明:此次致灾严重的局地性短时暴雨的影响系统斜压性显著,500 hPa 高空槽后较强冷平流和槽前暖湿平流强烈交汇,地面到 500 hPa 锋生作用明显。从天气系统基本配置模型看,500 hPa 斜压槽、700 hPa 低涡切变及暖湿气流、地面冷锋是这次强对流过程的影响系统。物理量诊断表明,中低层冷暖平流较强,锋生函数在 10 日午后明显增强,锋生函数正值区前侧,出现强中尺度雨团,雨团按锋生函数梯度方向移动。此次强对流过程中,大气为条件不稳定,700～300 hPa 的温度差达−49 ℃。斜压锋生作用的逐渐增强导致不稳定条件增强,进而导致上升运动发展,是产生本次短时暴雨天气的根本原因。

**关键词**:短时暴雨;斜压锋生;不稳定;分析

## 1 引言

短时强降水(暴雨)、冰雹、雷暴、大风等强对流天气是甘肃省春、夏季节常见的灾害性天气。甘肃中南部山区地形复杂,夏季强对流天气多发,极易引发山洪、泥石流等地质灾害,造成巨大的财产损失甚至人员伤亡。有学者研究(程瑛 等,2014)表明:甘肃省暴洪灾害的频次及其造成的直接经济损失均呈增加趋势。岷县位于甘肃省定西市西南部,洮河中游,青藏高原东麓与西秦岭陇南山地接壤区的复杂地形下,2012 年 5 月 10 日午后到傍晚,岷县出现雷暴,并伴有冰雹和局地强降水,茶埠镇因短时暴雨引发特大冰雹山洪泥石流灾害,造成 53 人死亡、18 人失踪,受灾人数 40 余万,直接经济损失 73.23 亿元。历史统计资料表明,甘肃省短时强降水过程一般从 5 月上旬开始出现,5 月下旬频次增多,7 月、8 月为高发月份。相对历史同期,岷县短时暴雨过程发生时间较早,致灾严重,社会影响大,而强对流天气预报一直是天气预报的难点,因此,有必要对这次天气过程的成因和预报经验进行分析,以对今后致灾性短时暴雨的预报、预警做参考,预防因气象因素引发的次生灾害。

近年来,对强对流天气的结构演变、水汽输送、成因等的研究较多(孙继松 等,2012;陶健红 等,2016;李娟 等,2016;刘新伟 等,2013)。随着雷达、闪电定位等探测手段的发展应用,以及加密自动气象站的布网,使得对引发强对流的中尺度天气系统的发展演变特征认识不断深

* 本文已在《干旱气象》2017 年第 35 卷第 1 期正式发表。

入，预报员通过对强对流天气的分析研究，认识到中尺度天气系统在强对流发生过程中的重要作用(刘勇 等，2014；王建兵 等，2011)，甘肃省东南部的短时强降水、暴雨，也是在特定的天气背景下由中小尺度天气系统触发的(苏军锋 等，2013；李晓霞 等，2013；狄潇泓 等，2013；张之贤 等，2013)。但是，对预报员来说，能在潜势预报阶段对各类强对流发展条件有比较清醒的认识，将对强对流预警提前和防灾减灾有更大的帮助。孙继松等(2014)抛开传统天气分型方法，按热动力学结构特征，将我国的强对流天气形势背景分为5类。本文按热动力学结构特征，针对岷县短时暴雨的天气尺度发生机制和不稳定条件进行深入分析，以增加对该类强对流天气系统的深入了解，提高强对流天气的潜势预报能力，做好防灾减灾。

## 2 天气实况

2012年5月10日08:00—11日08:00，甘肃省普遍出现降水天气(图1a)，河东大部出现雷暴和中到大雨，部分地方出现冰雹，定西市岷县局部地方出现暴雨。麻子川(34°17′N，104°07′E)在岷县南部、茶埠镇以南，过程总降水量为69.2 mm，最大小时雨量为42.0 mm，出现在18:00—19:00(图1b)。这次天气过程局地性强、持续时间短、降水强度大、致灾严重，并且伴有冰雹、雷暴等多种天气现象，是典型的中小尺度强对流天气。

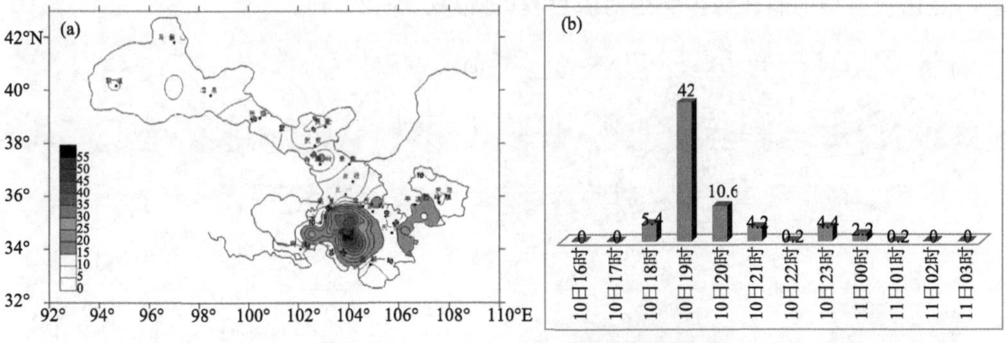


图1 2012年5月10日08:00—11日08:00甘肃省累积降水量分布(a)和岷县麻子川10日16:00—11日03:00逐时降水量演变(b)(单位:mm)

## 3 天气形势特征

### 3.1 环流背景

2012年5月上旬，200 hPa南亚高压由东南向西北推进，5月10日08:00(图2a)高压中心位于广西附近，此时我国西北地区大部形成西南气流，是有利于西北地区东部降水的形势。

500 hPa，9日08:00西伯利亚有冷槽加深并东移南压，槽区底部锋区逐渐加强，同时高原槽发展，槽前西南气流加强，并有明显的暖平流。10日08:00(图2b)亚洲中高纬为"一脊一槽"型，陇东南经陕南到蒙古东部为高压脊，新西伯利亚为低涡，低涡底部不断有小股冷空气经河西走廊东移，受其东部高压脊阻挡，在青海湖附近停滞，堆积，形成高原槽，等高线和等温线有较大交角，槽后是冷平流，槽前脊后是明显的暖平流，大气斜压性较强。20:00高原槽缓慢东移到甘肃中部，在此徘徊停留，此时北侧的冷平流和南侧的暖平流交汇于陇中上空，形成有利强对流的天气尺度环流背景(白肇烨 等,1988)。

700 hPa,9 日 20:00 在高原东侧有热低压生成并发展，中心温度达 24℃，热低压前部即沿高原东侧边缘地带形成了一支南风气流。这时新疆北部的锋区很强，密集区有 5 条等温线，冷中心在蒙古高原西北侧，达－16℃。10 日 08:00(图 2c)，高原热低压前的南风加强，北支锋区逐渐南压，其前锋在高原东部，等温线与等高线交角较大，低压前部为暖平流，后部为冷平流，冷暖平流交汇，相互作用，大气斜压性增强，使该处锋生作用增强。到 10 日 20:00，高原热低压中心位于川北，在短时暴雨区上空形成了气流的辐合型低涡切变，热低压右部的西南气流沿四川盆地流向暴雨区上空，并在此辐合，为强降水提供了源源不断的水汽。

热低压和冷锋是造成此次短时暴雨过程的主要地面影响系统。9 日 20:00 地面图上，高原东侧兰州、临夏、甘南等地，即与 700 hPa 热低压前部相对应的地区有低压倒槽形成，23:00 形成闭合热低压，说明中低层暖平流减压增温作用强大。10 日 08:00(图 2d)，热低压中心位于兰州附近，此时由于高空西北气流中冷平流和低层偏南暖平流强迫在乌鞘岭与兰州之间锋生，出现一条冷锋，可见大气斜压性很强，处于极度不稳定状态。17:00，锋面压到强降水落区岷县附近，不稳定能量释放，强降水开始。

此次过程从低层到高层，低压槽随高度向西北方向倾斜，伴随低压槽有一支锋区，越往低层越强，是比较典型的斜压锋生类强对流过程(孙继松 等,2014)。

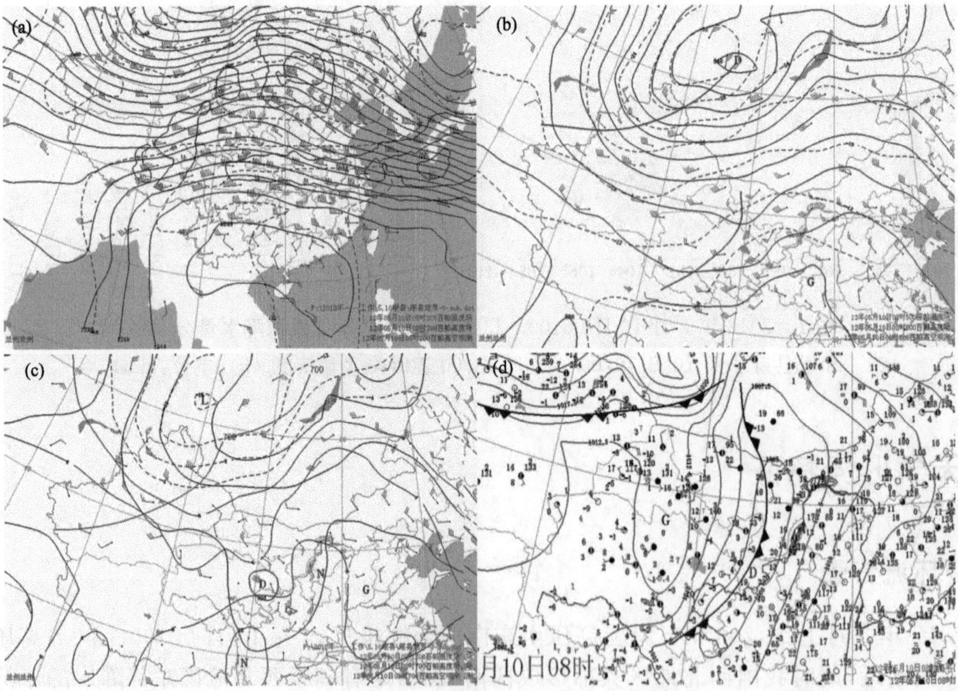


图 2　5 月 10 日 08:00 200 hPa(a)、500 hPa(b)、700 hPa(c)和地面(d)形势场

## 3.2　天气系统配置

由 2012 年 5 月 10 日 08:00 天气系统配置图(图 3a)可以看出，本次过程中低层冷平流和

暖平流都很显著。由地面到高空，冷锋、低涡、低压槽由东向西依次排列，温度槽落后于高度槽，具有斜压大气的结构特征。冷暖平流导致的斜压锋生和冷锋动力强迫对这次强对流起了关键作用，高空低涡、低压槽加强了当地对流运动。另外，岷县的山地下垫面条件，使地表受热不均，造成局地温差，容易在午后形成上升运动，也可起到触发机制的作用。20:00，高低空系统均东移，但高空系统移速快于地面系统，从图3b可以看到，500 hPa槽线、700 hPa切变线位置近乎垂直，地面冷锋位置略东，但其尾部和高层系统重合，正好在岷县上空，高低空天气系统的重合使得岷县附近天气尺度上升运动加强，形成有利于中小尺度对流系统发生发展的环境。

从图3a可以看到，5月10日08:00，700 hPa甘肃西南部为$T-T_d<2$℃的饱和区，岷县比湿在8 g/kg左右，随着暖湿气流的北上，到20:00(图3b)，比湿增大到10 g/kg以上，低层湿度较大。同时500 hPa比湿也由08:00的1.5 g/kg增加到20:00的3.5 g/kg以上。在甘肃这种干旱半干旱地区，5月上旬经常会出现春末夏初旱段。这样充足的水汽条件，在这个季节是比较少见的。

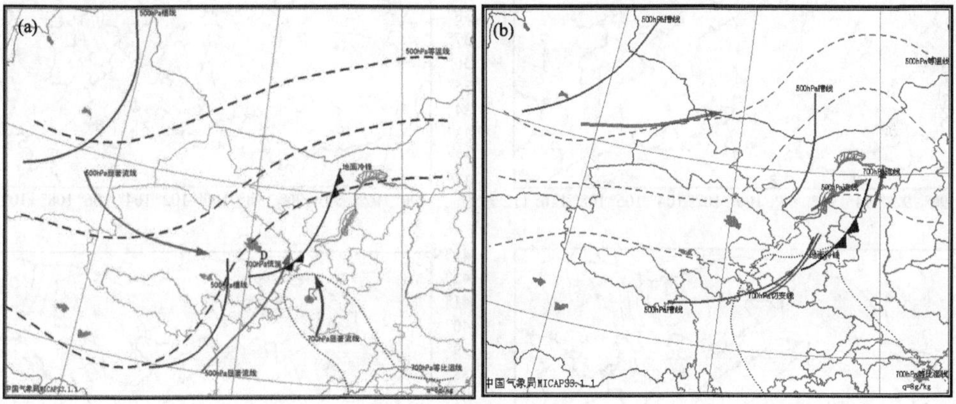


图3 2012年5月10日08:00(a)和20:00(b)天气系统配置图

# 4 斜压锋生特征

为进一步分析这次短时暴雨过程的斜压锋生特点，用NCEP再分析资料对温度平流、锋生函数以及涡度、散度、垂直速度等表征大气热力、动力作用的物理量进行诊断分析。

## 4.1 温度平流

由图4可以看到，10日08:00 500 hPa，内蒙古西部到甘肃有中心强度为$18.2\times10^{-5}$℃/s的暖平流，其西南部青海有冷平流，中心强度为$-10.3\times10^{-5}$℃/s；700 hPa温度平流分布与500 hPa类似，但强度较500 hPa略弱。14:00在500 hPa西北地区的冷暖平流中心皆向东移，且强度加强，青海湖的冷平流中心加强到$-16.3\times10^{-5}$℃/s，暖平流中心移出甘肃，在岷县附近有$-3.1\times10^{-5}$℃/s次大暖平流中心；700 hPa甘肃河东已全部为冷平流控制。20:00，冷暖平流中心继续东移，岷县上空500 hPa为温度平流0 ℃/s线，700 hPa冷平流大值区为带状，走向为东北—西南向，与该层切变线的走向基本一致。各层温度平流的水平分布清楚地反映出中低层冷暖空气交汇的特征，由温度平流的垂直分布可见冷暖平流随高度向西倾斜，可以看出大气的斜压性。

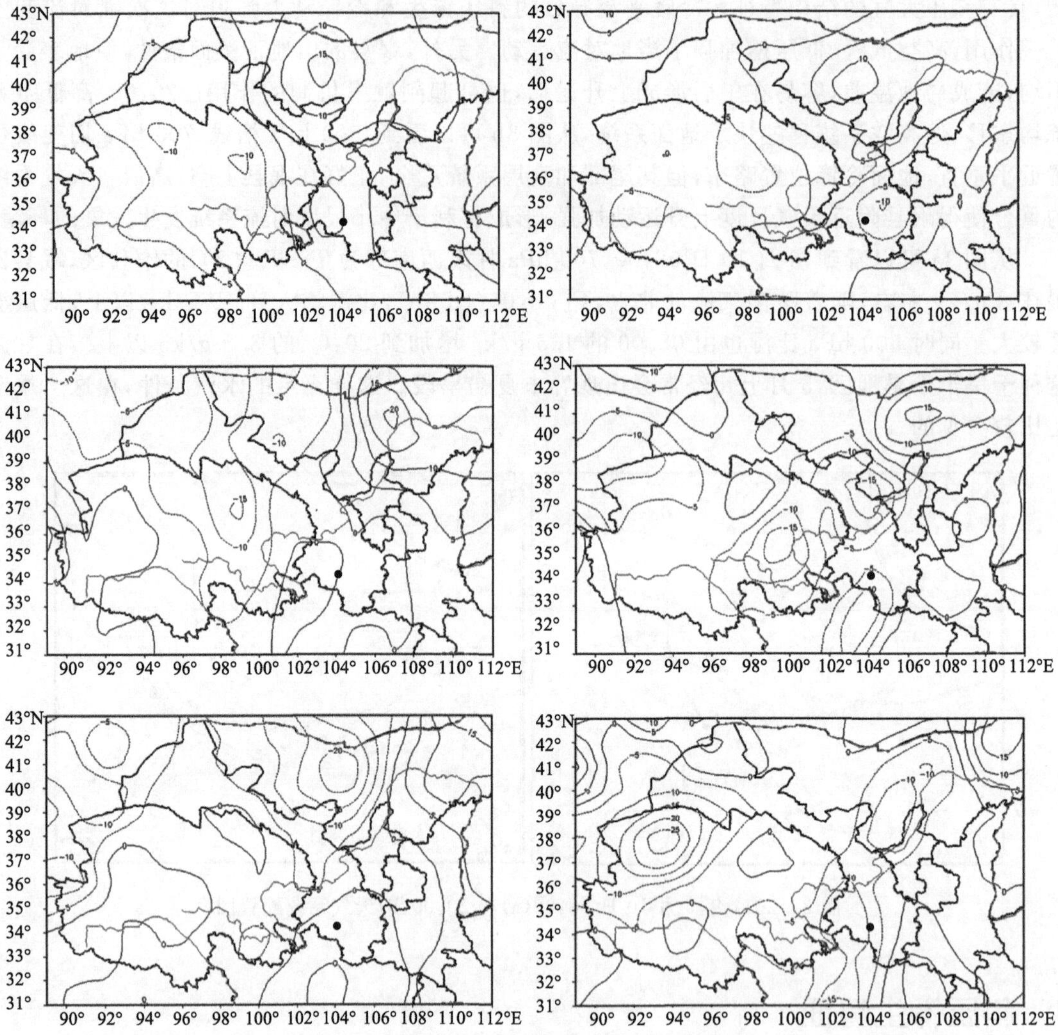


图 4　2012 年 5 月 10 日 08:00(上)、14:00(中)和 20:00(下)500 hPa(左列)和 700 hPa(右列)温度平流图 (黑点为岷县)

## 4.2　锋生函数特征

锋生函数图(图 5)上,10 日 08:00 500 hPa,内蒙古西部到青海湖为东北—西南向锋生带,走向与位置与该层温度平流 0 ℃/s 线对应,锋生中心在张掖附近,达 $17.5\times10^{-16}$ $K^2/(s\cdot m^2)$。700 hPa,锋生、锋消带较 500 hPa 位置偏东,甘肃民勤到青海黄南为锋生带,中心在民勤附近,值为 $27.2\times10^{-16}$ $K^2/(s\cdot m^2)$。14:00 500 hPa 东北—西南走向的锋生带向东南移动,逼近甘肃河东,锋生带南部,岷县以西以北,青海黄南一带,锋生函数值由 $7.2\times10^{-16}$ $K^2/(s\cdot m^2)$加强到 $13.3\times10^{-16}$ $K^2/(s\cdot m^2)$,700 hPa,锋生带在阿拉善到甘南一带,兰州附近有一个 $83.5\times10^{-16}$ $K^2/(s\cdot m^2)$的锋生中心,岷县处于锋生带移动前方,500 hPa、700 hPa 锋生函数值的显著增大,表明随着高空槽东移,中低层锋生强度明显加强。5 月 10 日 15:00—20:00 小时雨量≥5 mm雨团移动路径(图略)显示,自 16:00 开始,雨团自岷县西北部出现,并在随后的 2 h 向东南方向移动,进入并影响岷县。由此表明,在锋生函数大值区前侧,出现了强的中尺度雨团,雨团的移动方向是锋生函数梯度方向。20:00,500 hPa 和 700 hPa 锋生带均移过岷县,500 hPa 锋生函数减弱到 $6.5\times10^{-16}$ $K^2/(s\cdot m^2)$、700 hPa 锋生函数减弱到 $9.4\times10^{-16}$ $K^2/(s\cdot m^2)$。以上分析说明锋生过程对岷县强对流的产生起着重要作用,当冷锋移到这一地区时,由于强烈的局地锋生,锋生次级环流会不断加大,在次级环流上升支一侧,即锋面前方附近,易引起强烈对流的发生,锋面对中尺度对流系统的发展起组织作用(蒙伟光 等,2012)。

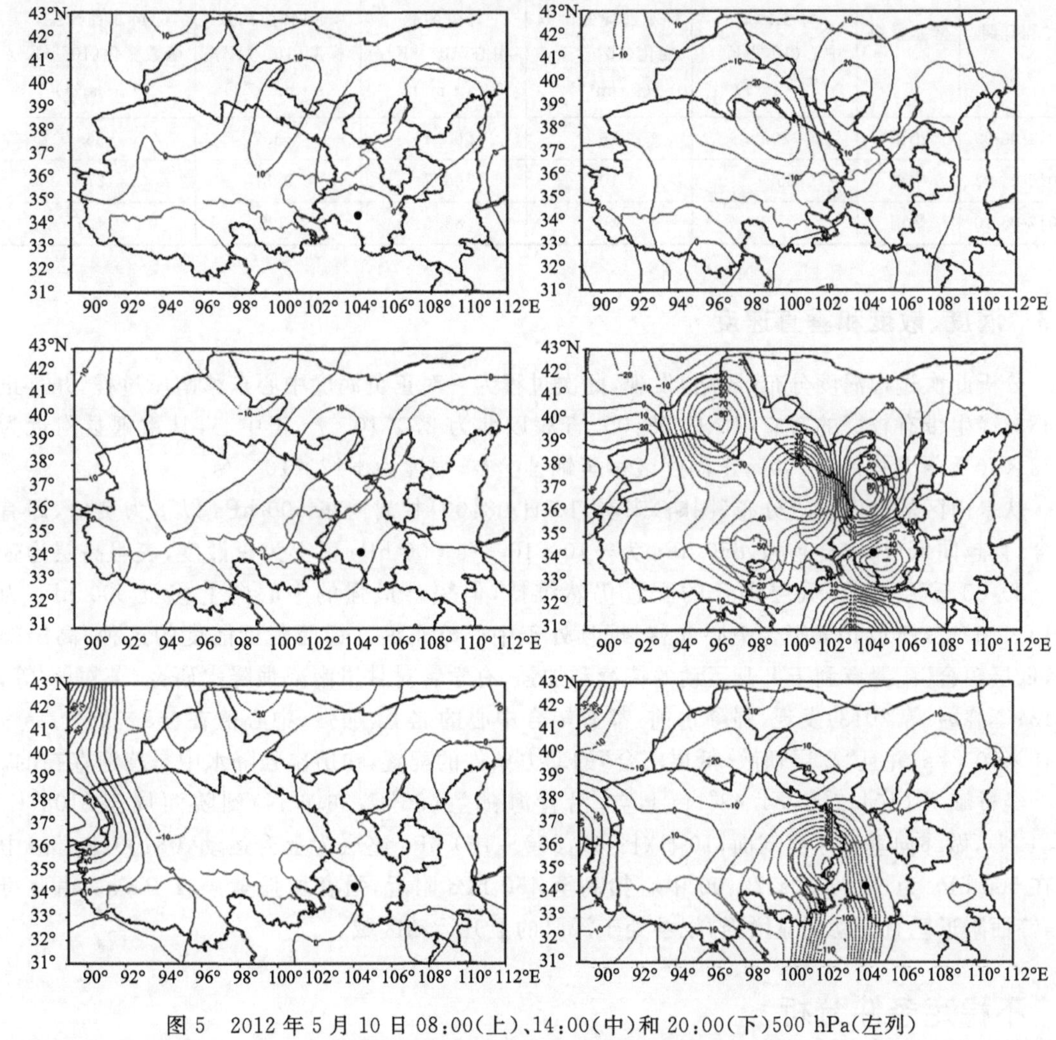


图 5 2012 年 5 月 10 日 08:00(上)、14:00(中)和 20:00(下)500 hPa(左列)和 700 hPa(右列)锋生函数图 (黑点为岷县)

为了考察锋生函数在斜压锋生类降水中的特征,我们选取了 2014 年 5 月 9 日和 2015 年 5 月 2 日两次具备斜压锋生形势特征,但降水量却不大的天气过程,分析其降水发生前到降水时锋生函数的变化,以发现其对不同量级降水的指示意义。2014 年 5 月 9 日,甘肃省张掖以东普降小雨,岷县 24 h 降水量 2 mm,24 h 内降水均匀。2015 年 5 月 2 日,甘南、陇南和定西南部出现中雨,岷县 24 h 降水量 15 mm,降水于 14:00 之后出现。

“5.10”过程，锋生带规律东移，而其他两次过程锋生带移动有跳跃现象，尤其是小雨过程，锋生带移动无规律。对于这3次过程，500 hPa，锋生函数中心值小雨过程大于中雨过程，大于“5.10”局地暴雨过程。降水发生前，锋生函数都有增大，但是对于不同量级，并没有特别不同。但在700 hPa上，由表1可见，3次过程中，随着降水强度增强，锋生函数中心值越大，对于岷县，降水越强的过程，锋生函数梯度越大。

**表1　岷县3次不同量级降水中锋生函数**

| 过程日期 | 降水量级 | 500 hPa | | 700 hPa | | |
|---|---|---|---|---|---|---|
| | | 锋生函数中心($10^{-16}K^2/(s\cdot m^2)$) | 降水前锋生函数变化($10^{-16}K^2/(s\cdot m^2)$) | 锋生函数中心($10^{-16}K^2/(s\cdot m^2)$) | 岷县锋生函数梯度($10^{-16}K^2/(s\cdot m^2\cdot°)$) | 降水前锋生函数变化($10^{-16}K^2/(s\cdot m^2)$) |
| 2014-05-09 | 小雨 | 205 | 16 | 60.1 | −3.7 | −38.7 |
| 2015-05-02 | 中雨 | 35.1 | 10 | 65.7 | 9.3 | 27 |
| 2012-05-10 | 暴雨 | 15.8 | 3.9 | 83.5 | 23.7 | 14.1 |

### 4.3　涡度、散度和垂直速度

分析此次过程涡度分布(图略)发现，此次过程为一对正负涡度中心东移南压过程，并且正中心与锋生带有较好的对应，10日08:00，青海以北为$27\times10^{-5}$/s正中心，甘肃岷县附近为$-23\times10^{-5}$/s负中心，20:00，正涡度区移至岷县上空，强度为$+12\times10^{-5}$/s。

从暴雨区的散度垂直分布(图略)来看，10日08:00，甘肃河东500 hPa以下为负值，即有辐合，且越向低层，辐合越强，850 hPa为$-10\times10^{-5}$/s；500 hPa以上为正散度，表明高层为辐散。20:00，高层辐散，低层辐合的配置仍然维持，但辐合最强的中心向上移至500 hPa为$-13\times10^{-5}$/s，500 hPa辐合中心北移，岷县处于中心略东南。锋面附近散度的这种“高层辐散，低层辐合”配置有利于上升运动的持续和加强，有学者对甘肃南部强降水研究(苏军峰 等，2013；李晓霞 等 2013)发现，强降水前，都有辐合中心的北上、加强，中心值在$-5\times10^{-5}$/ s～$-15\times10^{-5}$/s，并且“高层辐散，低层辐合”的动力条件的配置，在历次强降水中是普遍存在的。

经过岷县(104.2°E，34.43°N)上空，沿青海都兰(96°E，36.6°N)到陕西周至(108°E，33.4°N)，做纬向垂直速度剖面，10日(图6)，850～100 hPa整层为上升运动，08:00(图6a)中心在500 hPa为−16 Pa/s，20:00中心抬高至450 hPa附近，强度加强至−32 Pa/s。由此可见，锋面附近垂直运动明显增强，岷县处于深厚的上升运动区域。

## 5　不稳定条件分析

### 5.1　*T*-ln*P*图分析

由岷县上游榆中站探空曲线(图7)可见，10日08:00，有明显的条件不稳定，近地层湿度很大，760 hPa附近有锋面逆温层，逆温层有利于午后不稳定能量积聚。锋区以上到对流层顶湿度较小，温度曲线和露点曲线呈上部分离下部紧靠的“漏斗状”，大气层结上干下湿，表明午后出现雷暴的可能性较大。早晨CAPE值为0 J/kg，400 hPa以下对流抑制能量(CIN)较大，

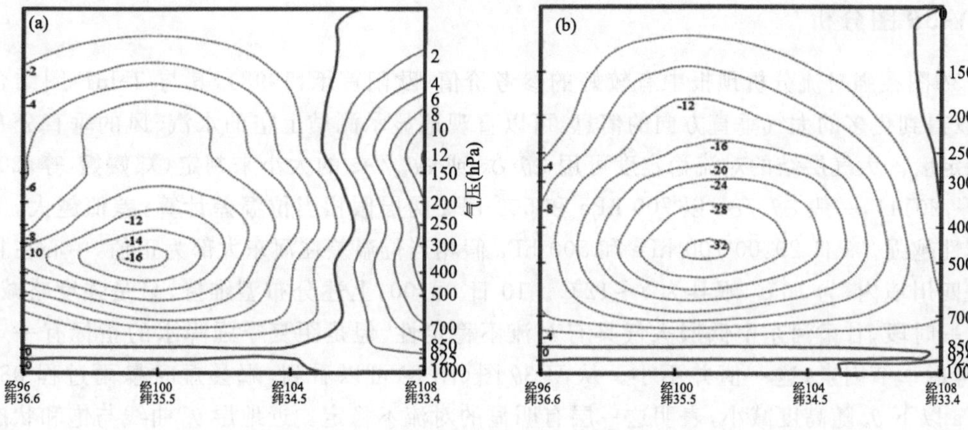

图 6 2012 年 5 月 10 日 08:00(a)、20:00(b)沿(96°E,36.6°N)～(108°E,33.4°N)垂直速度剖面

但随着气温升高,预计 CAPE 值将有一个增大的过程(俞小鼎 等,2006)。0℃层高度在 550 hPa 附近,－20℃层高度在 390 hPa 附近,而更能反映冰雹特征的湿球 0℃层高度在 610 hPa 附近,是非常适宜冰雹的高度(俞小鼎 等,2014)。500 hPa 以下垂直风切变较大,主要表现为风向(南风和西风)切变,地面到 700 hPa 风切变值为 $1.7\times10^{-2}$/s,风矢量差为 8 m/s,地面到 500 hPa 风切变值为 $3.7\times10^{-3}$/s,风矢量差为 6 m/s。300 hPa 以上风切变也大,主要表现为风速切变,约 8 m/s,强的垂直风切变有利于对流系统的组织和发展(俞小鼎 等,2011)。20:00,状态曲线走向基本沿湿绝热线,而温湿层结曲线非常接近,整层温差<5℃,说明 20:00 前后大气上下层湍流交换强烈,大气为条件不稳定,CAPE 值为 254 J/kg。另外,20:00 0℃层高度较 08:00 明显下降,在 600 hPa 附近。700 hPa 与 300 hPa 温差($T_{700-300}$)可以表示高低层之间的稳定度,其值越大,气层越不稳定。榆中站 $T_{700-300}$ 达 49℃,远远超过甘肃河东夏季强对流的阈值($T_{700-300}=40$℃)。

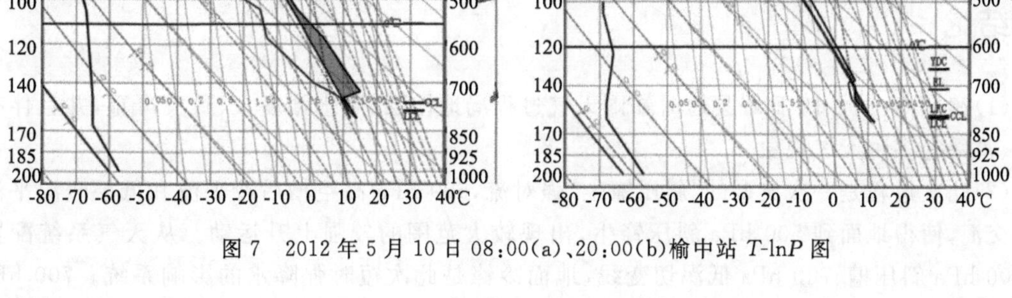

图 7 2012 年 5 月 10 日 08:00(a)、20:00(b)榆中站 $T$-ln$P$ 图

## 5.2　*V*-3*θ* 图分析

*V*-3*θ* 图在强对流分析预报中有较好的参考价值(欧阳首承,1998),其与 *T*-ln*P* 图结合分析,可以得到更多的大气垂直方向的信息,可以直观地显示测站上空的水汽、风的垂直分布及层结稳定度。大气层结的对流稳定度可用 $\partial\theta/\partial z$ 或 $\partial\theta_{se}/\partial z$ 的大小来判定(郑媛媛 等,2008;康岚 等,2011),一般 $\partial\theta_{se}/\partial z$ 以 700 hPa 和 500 hPa 两层假相当位温差计算,差值越大,对流不稳定性越强。9 日 20:00 700 hPa 和 500 hPa 假相当位温差在河东大部为正值,中心在甘川交界处四川境内,为 16℃,岷县为 8~12℃。10 日 08:00,上述分布型维持,只是强度略减小,说明这一时段,甘肃河东中低层大气具有对流不稳定性,但是距夏季强降水的指标有一定差距,但考虑季节因素,这一值并不小。从 *V*-3*θ* 图(图 8)可以看到,岷县短时暴雨过程 08:00 600 hPa 以下 $\theta_{se}$ 随高度减小,表明这一层有明显的对流不稳定。近地层 $\theta_{se}$ 曲线与饱和状态下的假相当位温 $\theta_{se}{}^{*}$ 曲线接近,说明近地层水汽接近饱和,中高层 $\theta_{se}$ 曲线与 $\theta$ 曲线接近,非常干燥,是明显的“上干下湿”强对流天气的大气层结。20:00,大气整层接近饱和,且除了边界层顶的稳定层外,整层大气为对流不稳定状态。由图 7a 可以看到,岷县在 700 hPa 为饱和湿区,500 hPa 却为干区,这样上干下湿的配置会使当地对流性不稳定增强。

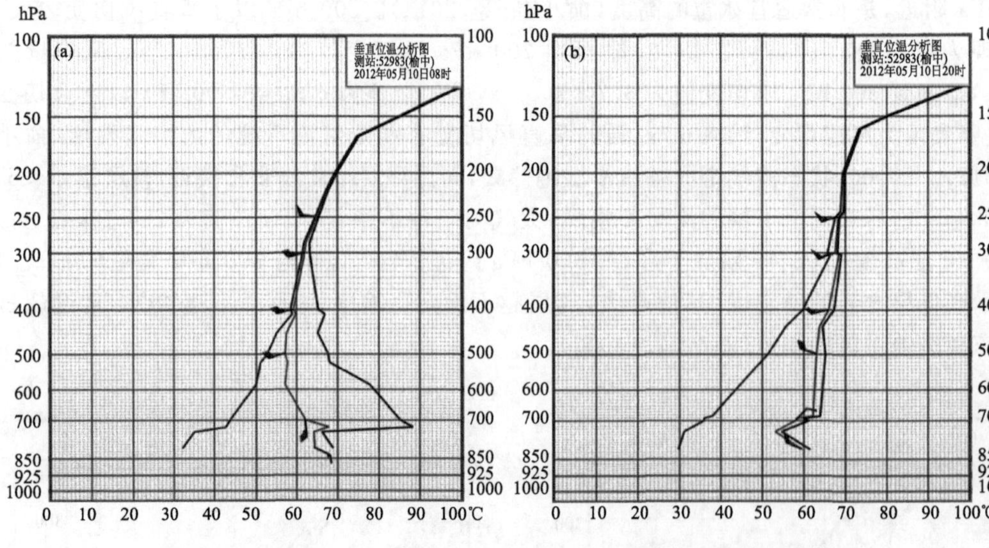


图 8　2012 年 5 月 10 日 08:00(a)和 20:00(b)榆中站垂直位温分析图

# 6　结论

(1)2012 年 5 月 10 日岷县短时暴雨天气过程局地性强、降水强度大、致灾严重,并且伴有冰雹、雷暴等多种天气现象。

(2)此次过程是一次典型的“斜压锋生”强对流,500 hPa 高空槽后冷平流和低层暖湿平流强烈交汇,使得地面到 500 hPa 斜压锋生,出现较大范围的较强上升运动。从天气系统配置看,500 hPa 斜压槽、700 hPa 低涡切变线,地面冷锋是此次短时强降水的影响系统。700 hPa 暖温度脊前的西南暖湿气流为短时强降水的产生提供了充足的水汽和能量,当以上天气系统有利配置时，应注意中低层条件不稳定层结的建立以及斜压锋生发生的可能性。

(3)此次强对流发生在强斜压环境中，有较强的动力不稳定。500 hPa 冷平流中心最强达 $-16.3\times10^{-5}$℃/s，由冷暖平流垂直分布可以看到，各层冷暖平流不是呈上下垂直叠置，而是向冷空气一侧倾斜；500 hPa 锋生函数加强到 $13.3\times10^{-16}$ $K^2/(s\cdot m^2)$，700 hPa 达 $83.5\times10^{-16}$ $K^2/(s\cdot m^2)$，锋生函数正值区前侧，出现了强的中尺度雨团，雨团按锋生函数梯度方向移动；随着降水量级的增大，700 hPa 上锋生函数中心值越大，降水越强的过程，降水落区附近锋生函数梯度越大。散度场上辐合中心的北上加强对应降水的加强，强降水一般在辐合中心附近；散度场"高层辐散，低层辐合"的配置有利于上升运动的持续和加强，850～100 hPa 整层为上升运动，中心在 450 hPa 附近，强度达－32 Pa/s。

(4)此次强对流发生前，大气整层为条件不稳定，600 hPa 以下为对流不稳定，700～300 hPa 的温度垂直递减率很大，温差达－49℃，上冷下暖易导致强对流发生；地面到 500 hPa 风切变为 $3.7\times10^{-3}$/s，风矢量差为 6 m/s；0℃、－20℃层高度适宜产生冰雹。

通过以上分析，不论在什么季节，在强对流的 3 个条件：水汽、抬升和不稳定同时满足，且垂直风切变较大时，就有可能爆发强烈的对流天气。上游强烈发展的冷槽和中低空急流是分析强对流天气过程中值得关注的系统，当 500 hPa 低压槽斜压性增强，700 hPa 出现较强的偏南风且温度脊发展时，应注意低层不稳定层结建立的可能，并根据可能出现的大气温、压、湿垂直层结特征，对斜压锋生及其可能出现的多种天气现象进行合理的估计和预测。

## 参考文献


白肇烨，徐国昌，等，1988. 中国西北天气[M]. 北京：气象出版社：283.

程瑛，侯政君，孔祥伟，等，2014. 甘肃省强降水变化特征[J]. 干旱气象，32(3)：382-387.

狄潇泓，吉惠敏，肖玮，等，2013. "8.8"舟曲特大泥石流天气背景分析[J]. 安徽农业科学，41(12)：5448-5452.

康岚，郝丽萍，牛俊丽，2011. 引发暴雨的西南低涡特征分析[J]. 高原气象，30(6)：1435-1443.

李娟，孙建华，张元春，等，2016. 四川盆地西部和东部持续性暴雨过程的对比分析[J]. 高原气象，35(1)：64-76.

李晓霞，尚大成，谌芸，等，2013. 甘肃陇南两次不同强度暴雨天气的中尺度特征分析[J]. 高原气象，32(5)：1389-1399.

刘新伟，段海霞，杨晓军，等，2013. 2010 年 7 月甘肃大暴雨及其低涡结构分析[J]. 高原气象，32(4)：1032-1041.

刘勇，郭大梅，胡启元，2014. 2012 年 7 月 27 日陕北佳县特大暴雨天气的成因[J]. 干旱气象，32(3)：424-430.

蒙伟光，戴光丰，张艳霞，等，2012. 华南局地锋生及对流系统发展的模拟分析研究[J]. 气象学报，70(3)：387-401.

欧阳首承，1998. 天气演化与结构预测[M]. 北京：气象出版社：107-118.

孙继松，戴建华，何立富，等，2014. 强对流天气预报的基本原理与技术方法——中国强对流天气预报手册[M]. 北京：气象出版社：86.

孙继松，何娜，王国荣，等，2012. "7.21"北京大暴雨系统的结构演变特征及成因初探[J]. 暴雨灾害，31(3)：218-225.

苏军锋，吕宏，闫惠玲，等，2013. 一次暴雨过程的中尺度特征分析[J]. 干旱气象，31(1)：156-162.

陶健红，孔祥伟，刘新伟，2016. 河西走廊西部两次极端暴雨事件水汽特征分析[J]. 高原气象，35(1)：

107-117.
王建兵，杨建才，汪治桂，2011. 舟曲“8.8”暴雨云团的中尺度特征[J]. 干旱气象，29(4)：466-471.
俞小鼎，姚秀萍，熊廷南，等，2006. 多普勒天气雷达原理与业务应用[M]. 北京：气象出版社：92.
俞小鼎，2014. 关于冰雹的融化层高度[J]. 气象，40(6)：649-654.
俞小鼎，2011. 基于构成要素的预报方法——配料法[J]. 气象，37(8)：913-918.
郑媛媛，刘勇，朱红芳，等，2008. “973”加密观测期间合肥地区不同类型暴雨的特征分析[J]. 热带气象学报，24(4)：404-410.
张之贤，张强，赵庆云，等，2013. “8.8”舟曲特大山洪泥石流灾害天气特征分析[J]. 高原气象，32(1)：290-297.

# 甘肃一次冰雹过程降水及闪电活动特征*

宋强[1],王基鑫*[2],傅朝[1],李红[3],卢国阳[4],魏素娟[5]

(1. 兰州中心气象台,兰州 730020;2. 中国气象局武汉暴雨研究所,武汉 430205;
3. 中国气象局兰州干旱气象研究所,兰州 730020 ;4. 兰州区域气候中心,兰州 730020;
5. 甘肃省生态环境科学设计研究院,兰州 730020)

**摘要**:本文利用热带测雨卫星(TRMM)的测雨雷达(PR)、微波辐射计(TMI)和闪电成像仪(LIS)资料分析了 2012 年 8 月 25 日甘肃省一次较强冰雹过程。结果表明,此次过程受三个分散的β中尺度对流系统影响,云团有层积混合的特征,对流样本数量约占层云的1/2,但平均降水率是层云的8.2倍。冰雹云回波顶高度近13 km,大于55 dBZ 回波高度在 7.5 km 左右,最大雨顶高度达 12.5 km,降水率大于45 mm/h的云层厚度约为7 km。降水廓线上反映出对流降水和层云降水的降水率随着高度的增加有先增加后减小的总趋势,地表降水率高于 50 mm/h 的对流降水廓线的峰值出现在 9 km。此次冰雹过程的闪电发生邻近处的 6 km 雷达反射率高于 40 dBZ,85 GHz 极化修正亮温低于 210 K。

**关键词**:冰雹;TRMM 卫星;降水;闪电

## 1 引言

冰雹是强对流系统引发的一种灾害性天气,具有历时短、局地性强、突发性强、季节性明显等特征(Changnon et al. ,2000;黄玉霞 等,2017)。甘肃省处于中国地势二级阶梯和三级阶梯的过渡区域,地形状况复杂,山脉参差错落,由于冰雹的发生源地和移动路径与中尺度地形密切相关(陈乾 等,1983),冰雹灾害的局地性更为明显,因此甘肃省冰雹天气的短时(3~6 h)预报和临近(0~2 h)预警业务面临着严重的困难。数值模式是冰雹短时预报的主要技术支撑,但冰雹云的微物理过程受限于模式较大的初始场误差,目前数值模式模拟能力相对不高(Farley et al. ,2010;Orville et al. ,2010;付烨 等,2016;蒋瑛 等,2016),多年业务实践也表明,甘肃复杂地形条件下,数值模式的技术支撑能力更显不足。在冰雹的临近预警方面,利用地基多普勒天气雷达对冰雹天气过程的回波、径向速度场等特征进行分析(Zhong et al. ,2004; 苗爱梅 等,2017;杨淑华 等,2019;王俊 等,2011;张磊 等,2014)是冰雹云识别的研究基础,目前,基于多普勒天气雷达产品的冰雹云识别已经是冰雹预警业务中的主要关键技术。但是,特殊的地形条件下地基多普勒天气雷达存在较多探测盲区,地基雷达在甘肃组网稀疏也导致很多冰雹过程不在雷达有效探测范围内,这些盲区同时也是冰雹天气过程的临近预警的盲区。

20 世纪 90 年代随着卫星遥感技术的不断发展,尤其是 1997 年热带测雨卫星(tropical

* 本文已在《干旱气象》2019 年第 37 卷第 3 期正式发表。

rainfall measuring mission，TRMM）的发射升空，可以有效弥补地基观测能力的不足。TRMM 卫星搭载的观测仪器不受地形条件影响，且观测范围较广，其探测资料应用成熟，已广泛用于强对流天气的降水结构及闪电活动特征的研究，也为研究降水和闪电活动特征及其与冰雹之间的关系提供了可能。利用 TRMM 卫星资料研究热带、亚热带降水及闪电活动特征已取得很多研究成果（李德俊 等，2010；杨文月 等，2014；Fu et al.，2004；Kumar et al.，2018；Liu et al.，2001）。目前 TRMM 卫星资料的分析研究主要有以下 3 个方面：(1)强降水过程的降水类型及结构特征分析，傅云飞等(2003)利用 TRMM 卫星资料指出发生在武汉和皖南地区的 2 次中尺度特大暴雨的对流降水所占面积比层云降水小，但对流降水率更大，且 30～50 mm/h 的降水率对总降水量贡献更大；王宝鉴等(2017)发现甘肃暴雨与东部地区暴雨不同，20～30 mm/h的降水率对总降水量贡献比例更大。(2)冰雹过程降水结构特征分析，何文英等(2006)对河南省的一次冰雹降水过程分析时指出冰雹云中高层有大量固态降水粒子，中高层降水量对降水柱含量贡献更大；李典等(2012)在研究青藏高原地区强对流天气时则指出高原冰雹天气雨顶高度集中在 8～13 km，比东部地区低，大部分冰粒子集中在 8 km 以下。(3)强天气过程降水结构与雷电活动的关系研究，郑媛媛等(2004)在分析淮河暴雨降水结构与闪电活动中发现高闪电频数所对应的降水廓线中、上部有大量冰相粒子，闪电活动和强度可能主要与降水云中、上部冰相粒子多少有关；杨美荣等(2012)在研究河南省一次强飑线过程同样也指出对流单体发生的闪电数量与上部冰粒子含量密切相关，可并未给出具体定量关系；袁铁等(2010)、夏菡梦等(2017)通过统计分析分别给出了华南飑线过程中 7～11 km 冰相粒子含量与单体闪电频数线性定量关系和东亚地区云冰、雪和霰粒子密度与闪电频数之间的经验关系。

目前利用 TRMM 卫星产品资料研究甘肃省冰雹过程降水结构和闪电活动特征的研究鲜有报道，因此本文利用 TRMM 卫星的测雨雷达(PR)、微波辐射计(TMI)和闪电成像仪(LIS)观测产品资料，对 2012 年 8 月 25 日发生在甘肃省的一次影响范围较大的冰雹天气过程进行分析，总结此次冰雹过程中 TRMM 卫星资料降水水平、垂直结构及闪电活动特征，以期为建立基于卫星产品的强对流识别技提供参考。

## 2　天气背景

2012 年 8 月 25 日，甘肃省河东地区多个市县出现雷暴大风天气，其中甘南、天水、平凉、庆阳等共计 9 市(州)出现了冰雹(图 1)，且定西市渭源县出现 40 mm 左右的大冰雹。此次冰雹过程降雹范围广、冰雹直径大，致使降雹地区大面积农作物严重受损，公共基础设施及车辆、房屋等受到不同程度损害，经济损失严重。因此，选取该次过程进行分析。

图 2 为 2012 年 8 月 25 日 20:00 500 hPa、700 hPa 位势高度场、温度场及风场。可以看出，500 hPa 低槽位于河套至川西高原一线，青海北部至甘肃西北部为高压脊控制，槽后冷平流明显，冷舌持续南压，262 K 等温线南压至 35°N 附近，脊前西北气流引导北部干冷空气南下侵入甘肃陇东南及陕西中南部地区。700 hPa 切变线位置与 500 hPa 相近。甘肃省河东地区 700 hPa 与 500 hPa 温差均超过 18 K，属于显著大气层结不稳定；同时，500 hPa 低槽与 700 hPa切变线的空间位置基本一致，其动力场结构有利于大气抬升运动，触发不稳定能量；另外，随着 500 hPa 冷平流作用，0℃层高度降低，也有利于大冰雹落地。这种高低空流场配置造成大气强烈不稳定，有利于垂直上升运动的迅速发展，为强对流的产生及维持提供有利条件

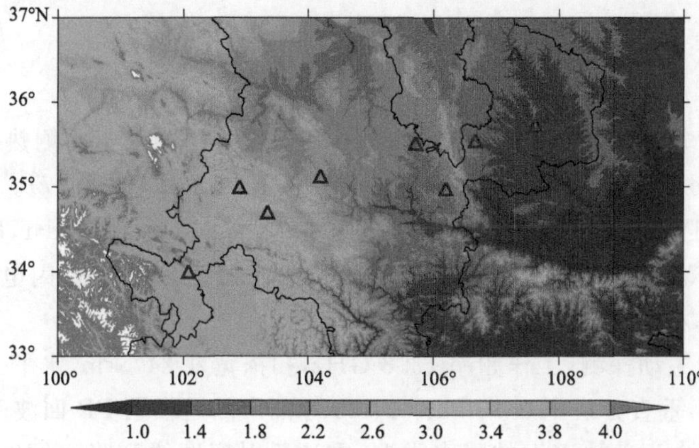


图 1 2012 年 8 月 25 日冰雹地形叠加分布图,△为冰雹发生位置

(吕晓娜 等,2017)。

冰雹过程常伴有强降水,图 3 为 2012 年 8 月 25 日降雹地区临近站莲峰镇逐小时降水量变化。可以看出,20:00—21:00 降水量最大,说明该时段对流旺盛。TRMM 卫星在 8 月 25 日 20:42 过境降雹地区(轨道号 84174),适合分析此次冰雹过程的降水结构和闪电活动特征。

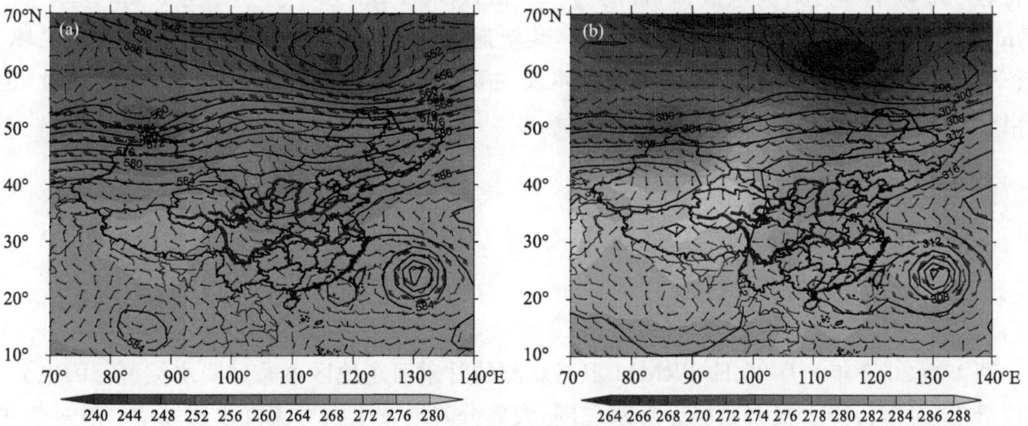


图 2 2012 年 8 月 25 日 20 时(a)500 hPa ,(b)700 hPa 形势场(位势高度场,温度场及风场)

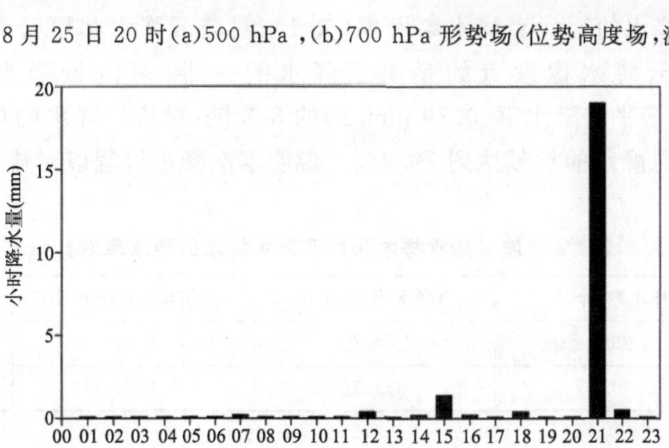


图 3 莲峰镇(w4233)逐小时降水量

# 3 资料与方法

TRMM 是一颗非太阳同步极轨卫星，搭载了多个遥感仪器用于探测热带、亚热带地区的降水情况（Kummerow et al.，1998，Kozu et al.，2001；Iguchi et al.，1997）。本文使用 2012 年 8 月 25 日 TRMM 卫星观测资料，主要包括：测雨雷达（precipitation radar，PR）2A25 标准产品、微波成像仪（TRMM microwave imager，TMI）1B11 标准产品以及闪电成像仪（lightning imaging sensor，LIS）原始轨道资料。

PR 工作方式为主动探测，工作频率 13.8 GHz，扫描宽度 247 km，水平分辨率 5 km，垂直探测范围 0～20 km，垂直分辨率 0.25 km。2A25 标准产品是根据 PR 回波反演的三维降水资料，可提供探测范围内逐条轨道上的降水类型、雷达反射率廓线和降水廓线等资料。TMI 为被动微波遥感，共有 5 个通道的微波亮温资料，扫描宽度 878 km，水平分辨率随频率在 5～39 km变化，垂直探测范围 0～18 km。TMI 标准产品 1B11 可提供经过标定后的各通道亮温资料。由于 TMI 微波亮温有时会出现极大梯度，本文参考 Spencer 等（1989）提出的极化修正亮温（PCT）概念消除这种不连续现象，即在 85 GHz 频率定义极化修正亮温 $T_{PCT}$（K），$T_{PCT}=1.818T_v-0.818T_h$，其中 $T_v$ 和 $T_h$ 分别为 85 GHz 的垂直极化亮温和水平极化亮温。LIS 能以每秒 500 帧的速度对闪电成像，视场为 600 km×600 km，水平分辨率为 3 km（星下点）到 6 km（边缘），扫描宽度较 PR 宽（667 km），其轨道资料主要由“事件”“组”“闪电”和“区域”共 4 个不同级别参量组成（袁铁 等，2010）。本文主要使用 LIS 轨道资料中的“闪电”参量，包括闪电位置、闪电持续时间及闪电次数等参量。

# 4 结果分析

## 4.1 降水特征

图 4 为 2012 年 8 月 25 日 TRMM 卫星观测的甘肃河东地区冰雹区降水类型与闪电分布。可以看出，对流云降水被大量层云降水包围，大部分闪电发生在对流降水区域中。进一步对比对流云降水和层云降水的近地表降水率发现（表 1），对流云降水和层云降水分别有 208、432 个像素点，即对流云降水像素点约是层云降水的一半；对流云降水的平均降水率为 6.47 mm/h，约是层云平均降水率（0.79 mm/h）的 8.2 倍；对流云降水的总降水率为 1346.37 mm/h，对流降水对总降水的贡献达到 79.9%。说明本次降水过程以对流云降水为主，闪电主要位于强对流中心。

**表 1 对流云降水样本和层云降水样本的降水率对比**

| 降水类型 | 样本数（个） | 总降水率（mm/h） | 平均降水率（mm/h） | 最大降水率（mm/h） |
|---|---|---|---|---|
| 对流降水 | 208 | 1346.37 | 6.47 | 41.77 |
| 层云降水 | 432 | 339.32 | 0.79 | 11.32 |

降水云团的垂直结构可以反映云体内部热力、动力结构及云降水微物理过程（Zipser et al.，1994）。考虑甘肃省海拔高度普遍为 1500～3000 m，3 km 以下的 PR 回波受地物杂波干

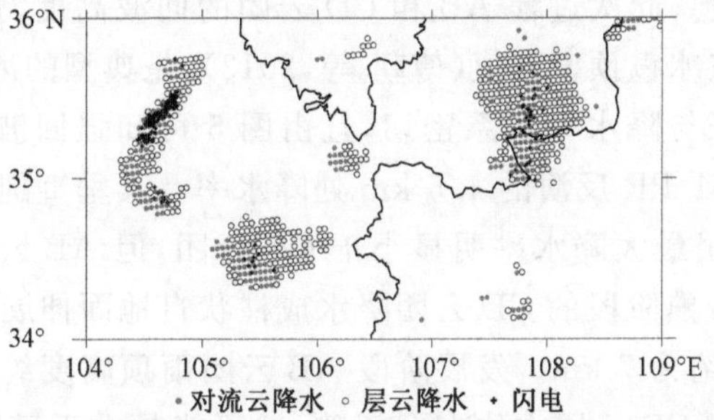


图 4　TRMM 卫星观测的降水样本(对流云降水与层云降水)与闪电分布情况

扰,且此次过程对流系统在 6 km 高度上雷达回波面积最大,故选择 6 km 处的雷达反射率进行分析。图 5 为 2012 年 8 月 25 日 20:42 TRMM/PR 反演的 6 km 处雷达回波反射率及其两个强降水中心的雷达反射率垂直剖面。可以看出此次冰雹过程有 3 个分散的 $\beta$ 中尺度对流系统,最强回波中心强度超过 55 dBZ,直径约 50 km。由两个强降水中心的雷达反射率垂直剖面可以看到 AB 和 CD 剖面均有明显的上冲结构,且强回波中心下垂。AB 云团回波顶高为 11 km,低于 CD 云团回波顶高(13 km),AB 云团 55 dBZ 以上强回波质心高度 3.5 km,也低于 CD 云团 55 dBZ 以上强回波质心高度(5 km),但 AB 云团大于 40 dBZ 的强回波中心剖面面积明显大于 CD 云团,结合 FY-2E 红外卫星云图(图略)分析,AB 云团处于冰雹云发展阶段,CD

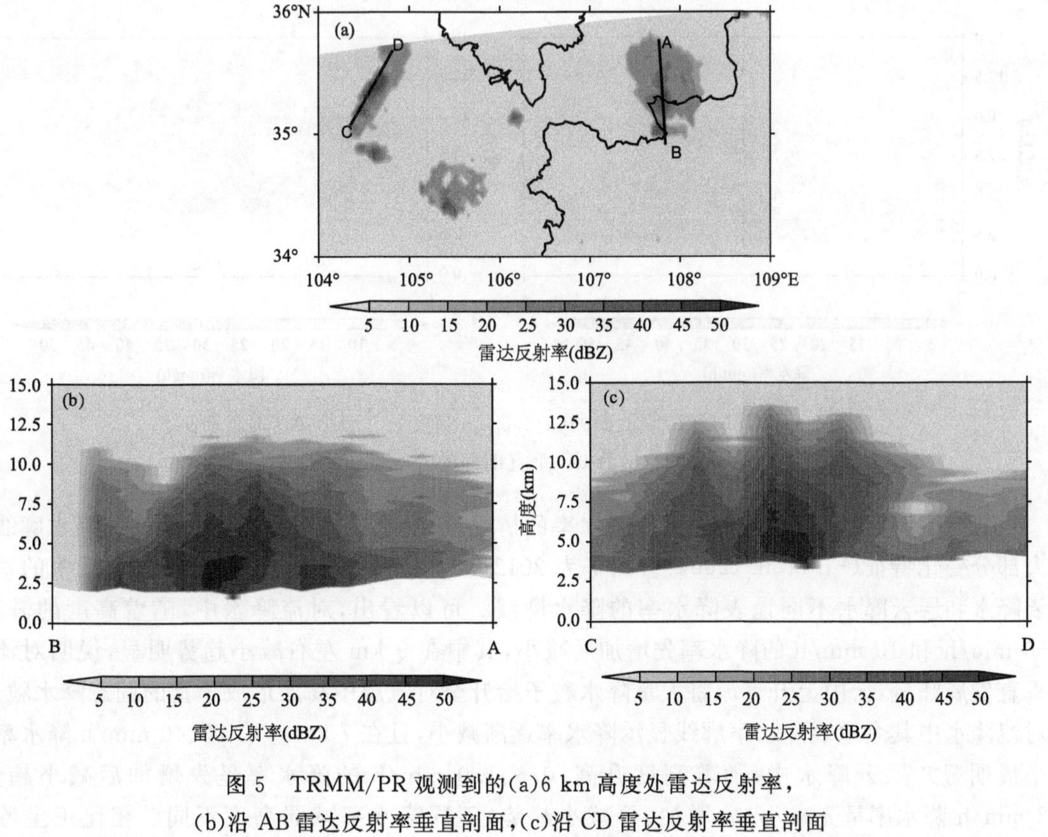


图 5　TRMM/PR 观测到的(a)6 km 高度处雷达反射率,
(b)沿 AB 雷达反射率垂直剖面,(c)沿 CD 雷达反射率垂直剖面

云团正处冰雹云成熟阶段。此次过程 AB 和 CD 云团的回波高度、强回波中心反射率等指标的阈值远远超出甘肃河东冰雹预警阈值(傅朝 等,2013),是典型的冰雹降水雷达回波特征。

降水云团的回波特征与降水率关系密切,且由图 5 可知强回波中心在 3～5 km,图 6 为 2012 年 8 月 25 日 TRMM/PR 反演的 4.5 km 处降水率及其垂直剖面。可看出不同降水阶段的降水特征不同,AB 云团最大降水率明显小于 CD 云团,但 AB 云团 4.5 km 处降水范围比 CD 云团大。另外,处于成熟阶段的 CD 云团降水成柱状自地面伸展,雨顶高度约 12.5 km,大于 45 mm/h 的雨柱厚度约为 7 km。发展阶段 AB 云团雨顶高度约 10 km,大于 45 mm/h 雨柱厚度为 2.5 km。AB 和 CD 云团中均有弱间隙,这可能是由于云团附近强烈上升运动引发的垂直环流形成了下沉气流导致的(王建捷 等,2002)。

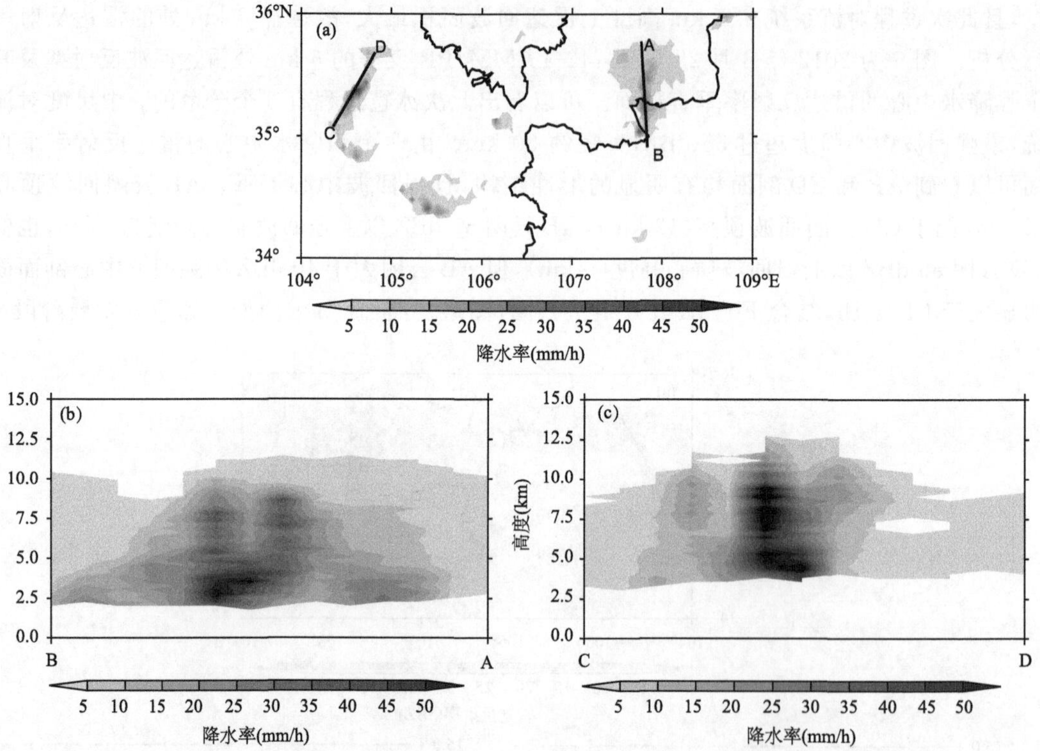


图 6　TRMM/PR 观测到的(a)4.5 km 高度处、(b)沿 AB 垂直剖面、(c)沿 CD 垂直剖面的降水率

研究表明,给定降水类型和地表降水率的情况下,降水平均廓线可以代表实际降水廓线的大部分变化特征(Fu et al.,2004)。图 7 为 2012 年 8 月 25 日 20:42 TRMM/PR 反演的对流云降水和层云降水不同地表降水率的降水廓线。可以看出,对流降水中,随着高度的升高,50 mm/h 和 10 mm/h 的降水率先增加后减小,其中在 9 km 左右减小趋势明显,说明对流云垂直发展旺盛,云中上升气流将大量降水粒子抬升至对流层中高层形成丰富的固态降水粒子。对流降水中其余地表降水率廓线显示降水率逐渐减小,且在 7 km 左右 30、40 mm/h 降水率减小最明显。层云降水中,随着高度升高,0.5、1.0 mm/h 的降水率呈先增加后减小趋势,2 mm/h 降水率呈先减小、后增加、再减小趋势,不同降水率减弱高度不同。相比王宝鉴等(2017)研究的甘肃省河东地区暴雨过程的降水廓线,冰雹过程的降水廓线更为复杂,垂直变化

更为明显。

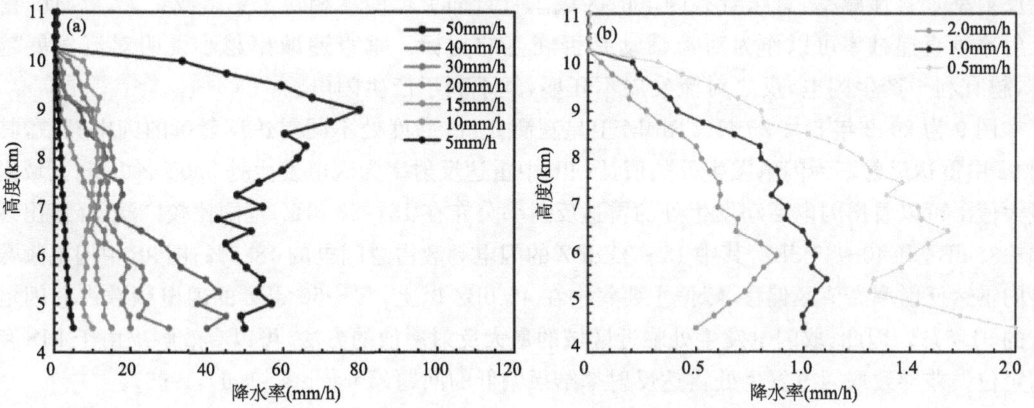


图 7 降水平均廓线分布(a) 对流云降水和 (b) 层云降水

## 4.2 闪电活动特征分析

TRMM 卫星过境期间,LIS 共观测到 235 个闪电,瞬时闪电频数为 2.87 fl/s,其中 PR 观测范围内有 208 个闪电,因此主要针对 PR 观测范围内的闪电活动进行分析。考虑到此次过程对流系统在 6 km 高度上雷达回波面积最大,并且 6 km 高度处于易引起非感应起电的降水云混合相区域。因此,选用 6 km 高度雷达反射率。

图 8 为 2012 年 8 月 25 日 TRMM 观测的闪电、6 km 处雷达反射率,及 6 km 处雷达反射率大于 35 dBZ 时有闪电和无闪电的平均雷达反射率廓线。可以看出,闪电基本发生在雷达反射率较大的强对流区域。同时在对流云与层云过渡区也有少数闪电活动,这可能是仪器观测时间差异造成的,也可能是层云内部起电造成的(Carey et al.,2005)。另外,无论有无闪电活动,6 km 及以下高度的平均雷达反射率都有可能高于 35 dBZ,但在不同的高度上有闪电时的平均雷达反射率均大于没有闪电时的平均雷达反射率。有闪电发生和无闪电发生的雷达反射

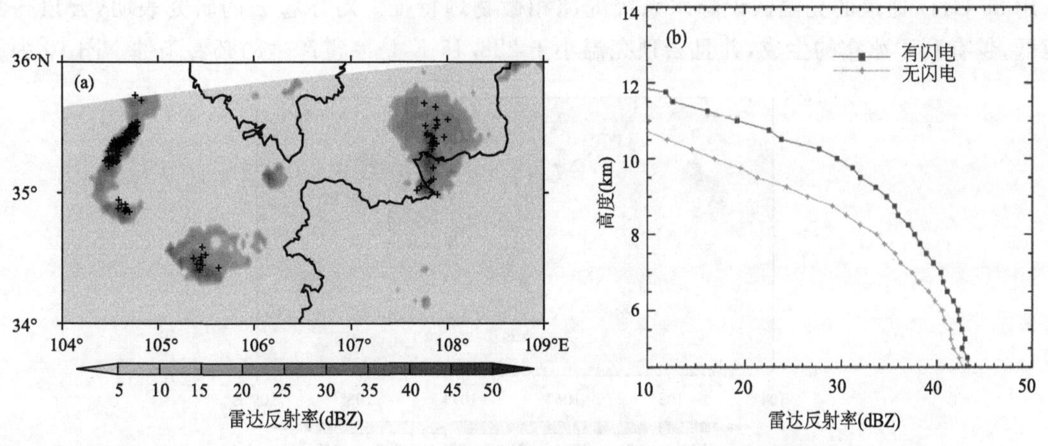


图 8 (a)闪电和 6 km 处雷达反射率叠加图,+表示闪电位置
(b)6 km 处雷达反射率大于 35 dBZ 时有闪电和无闪电的平均雷达反射率廓线

率差值在4～10 km逐渐变大，即有闪电的平均雷达反射率垂直递减率小于无闪电的平均雷达反射率垂直递减率，意味着有闪电的区域垂直方向上可能冰相粒子更多或更大。因此，雷达反射率垂直递减率可以作为对流活动是否旺盛的指标。垂直递减率越小说明对流发展越旺盛，越有利于产生闪电，反之对流发展不旺盛，越不利于产生闪电。

图9为2012年8月25日TRMM卫星观测6 km高度处不同雷达反射率的闪电频数，其中图9a中雷达反射率为闪电发生处的值，图9b中雷达反射率为闪电发生处0.05°×0.05°区域内的最大值。可以看出闪电活动发生处的雷达反射率分布在15～50 dBZ，范围比较广泛，峰值出现在30～35 dBZ和40～45 dBZ，其中15～35 dBZ的闪电频数占总闪电的48.5%；图9b中闪电频数明显向雷达反射率高值区偏移，峰值主要集中在40 dBZ以上，40～50 dBZ的闪电频数占总闪电频数的91.6%。因此，取闪电发生处临近区域的最大反射率值的方法，可以有效解决由于LIS存在的定位误差导致取闪电发生处雷达反射率结果偏低的问题(Toracinta et al.，1996)。

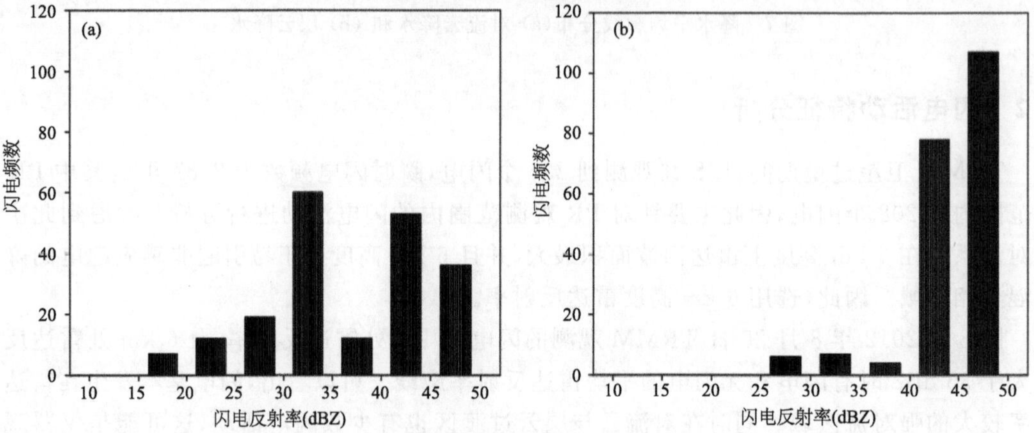


图9　6 km高度不同雷达反射率的闪电频数分布直方图
(a)闪电发生处值，(b)闪电发生临近最大值

TMI 85 GHz通道亮温主要由0°层以上的冰相粒子含量决定(Adler et al.，1991)，因此可以用85 GHz通道的亮温认识降水系统的冰相微物理特征。对冰雹云的研究表明，云顶亮温越低，越有利于冰雹的生成，并且云顶亮温小于228.15 K是冰雹产生的必要条件。图10为此

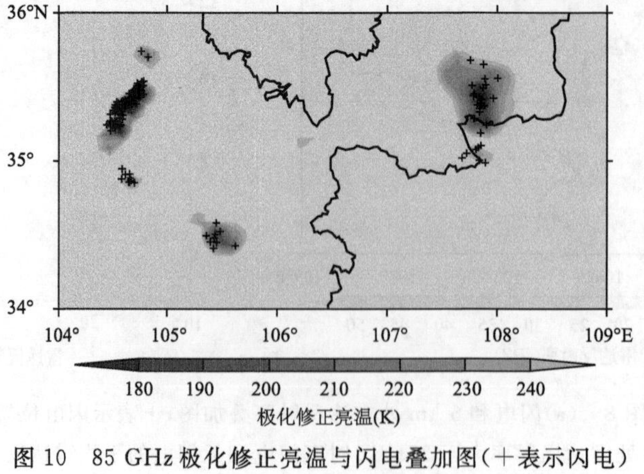


图10　85 GHz极化修正亮温与闪电叠加图(+表示闪电)

次冰雹过程的闪电与 85 GHz 极化修正亮温叠加图,可以看到云团云顶极化修正亮温已经符合冰雹云出现条件,且云顶亮温低值区与图 8a 6 km 雷达反射率的高值区有一个很好的对应,均指示出强对流活动发展中心。闪电活动大部分发生在亮温低值区,另外在亮温低值向高值过渡区也有明显闪电活动。

图 11 为 2012 年 8 月 25 日 TRMM 卫星观测的闪电频数随 85 GHz 极化修正亮温变化的分布,其中图 11(a)取闪电发生处 85 GHz 极化修正亮温值,图 11(b)取闪电发生处 0.05°×0.05°区域内 85 GHz 极化修正亮温最小值。可以看出闪电发生处极化亮温值分布也很大,从 150～300 K 都有可能发生闪电,其中 210 K 以上闪电频数占总闪电频数的 39.9%。图 11(b)中闪电频数峰值明显向低亮温区域偏移,大多闪电活动的亮温集中在 210 K 以下,其闪电频数占总闪电频数的 85.1%,230 K 以上占比显著减少(3.8%)。因此,同样取闪电发生处临近区域最小亮温的方法,也可以有效解决由于 LIS 存在的定位误差导致取闪电发生处亮温结果偏高的问题。

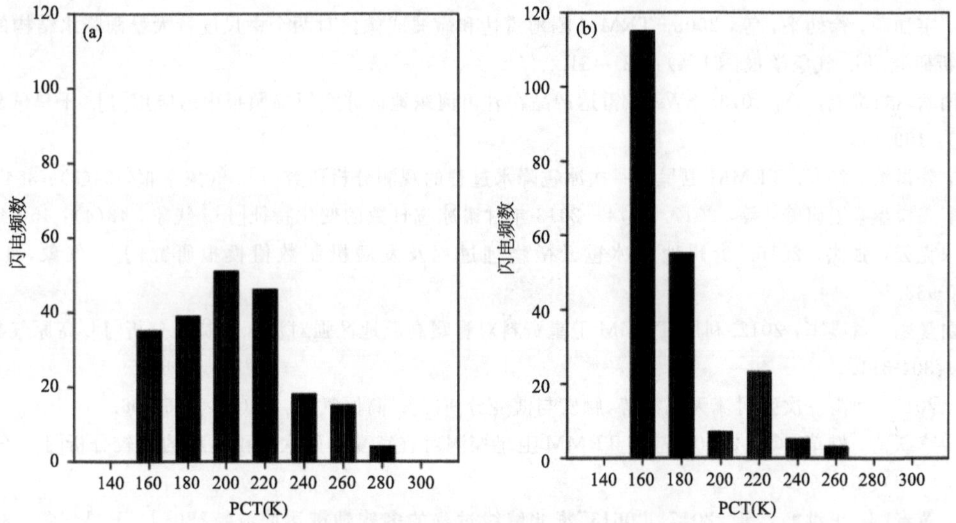


图 11 不同 85 GHz 极化修正亮温间隔的闪电频数分布直方图
(a)闪电发生处,(b)闪电发生临近最小值

## 5 结论

(1)水平结构上,此次冰雹过程主要受 3 个分散的 β 中尺度系统影响,由回波强度在 45 dBZ 以上、水平尺度在 20～50 km、85 GHz 极化修正亮温小于 240 K 且 4.5 km 降水率大于 5 mm/h 的混合云团组成。其中,对流云降水像素点(208)约是层云降水(432)的一半,但平均降水率是层云的 8.2 倍,对总降水的贡献达 79.9%。

(2)垂直结构上,云团上冲结构特征明显,回波顶高度近 13 km,回波强度大于 55 dBZ 的最大高度在 7.5 km 左右,强回波中心下垂。冰雹云团雨顶高度最高达 12.5 km,降水率大于 45 mm/h 云层厚度约 7 km。对流降水中,50、10 mm/h 的降水率随着高度的升高先增加后减小,在 9 km 左右减小趋势明显;30、40 mm/h 降水率随高度升高逐渐减小,在 7 km 减小最明显。层云降水中，0.5、1.0 mm/h 的降水率随高度升高先增加后减小；2 mm/h 降水率随高度升高先减小后增加再减小，不同降水率减弱高度不同。

(3)在 6 km 高度上，闪电临近区域最大反射率主要集中在 40～50 dBZ，该区间内闪电占总闪电频数的 91.6%。冰雹过程反射率廓线反映出垂直递减率可以作为对流活动是否旺盛的指标。大部分闪电活动集中在亮温低值区域，其中低于 210 K 极化修正亮温区域的闪电占总闪电频数的 85.1%。同时极化修正亮温 230 K 以上的区域也有闪电活动，但仅占总闪电频数的 3.8%。

## 参考文献


陈乾，朱阳生，1983. 甘肃省雹暴的分类及其诊断分析[C]//强对流天气文集. 北京：气象出版社，1983：15-24.

付烨，刘晓莉，丁伟，2016. 一次冰雹过程及雹云物理结构的数值模拟研究[J]. 热带气象学报，32(4)：546-557.

傅云飞，宇如聪，徐幼平，等，2003. TRMM 测雨雷达和微波成像仪对两个中尺度特大暴雨降水结构的观测分析研究[J]. 气象学报，61(4)：421-431.

傅朝，闫晗，刘维成，等，2013. SWAN 雷达产品在甘肃河东地区冰雹短临预报中的应用[J]. 干旱气象，31(1)：199-205.

何文英，陈洪滨，2006. TRMM 卫星对一次冰雹降水过程的观测分析研究[J]. 气象学报，64(3)：364-376.

黄玉霞，王宝鉴，王研峰，等，2017. 1974—2013 年甘肃冰雹日数的变化特征[J]. 气象，43(4)：450-459.

蒋瑛，朱克云，张杰，2016. 贵州地区冰雹云微物理过程及发展机制数值模拟研究[J]. 气象，42(8)：920-933.

李典，白爱娟，黄盛军，2012. 利用 TRMM 卫星资料对青藏高原地区强对流天气特征分析[J]. 高原气象，31(2)：304-311.

吕晓娜，2017. 河南一次强对流天气潜势、触发与演变分析[J]. 高原气象，36(1)：195-206.

李德俊，李跃清，柳草，等，2010. 基于 TRMM 卫星探测对宜宾夏季两次暴雨过程的比较分析[J]. 气象学报，68(4)：559-568.

苗爱梅，董春卿，王洪霞，等，2017. “0613”华北飑线过程的多普勒雷达回波特征[J]. 干旱气象，35(6)：1015-1026.

袁铁，郄秀书，2010. 基于 TRMM 卫星对一次华南飑线的闪电活动及其与降水结构的关系研究[J]. 大气科学，34(1)：58-70.

杨淑华，赵桂香，程海霞，等，2019. 脉冲风暴造成的山西北部三次冰雹天气对比分析[J]. 干旱气象，37(01)：69-77.

杨美荣，程丽丹，李鹏，等，2012. 利用 TRMM 卫星资料对河南一次强飑线过程的闪电活动分析[J]. 气象与环境科学，35(1)：74-77.

杨文月，马金辉，杨文凯，2014. 基于 TRMM 卫星的近 10a 甘肃临夏降水变化特征[J]. 干旱气象，32(6)：934-939.

王建捷，李泽椿，2002. 1998 年一次梅雨锋暴雨中尺度对流系统的模拟与诊断分析[J]. 气象学报，60(2)：146-155.

王宝鉴，黄玉霞，魏栋，等，2017. TRMM 卫星对青藏高原东坡一次大暴雨强降水结构的研究[J]. 气象学报，75(6)：966-980.

王俊，俞小鼎，邰庆国，等，2011. 一次强烈雹暴的三维结构和形成机制的单、双多普勒雷达分析[J]. 大气科学，35(2)：247-258.

夏菡梦，2017.基于TRMM卫星的闪电与冰相粒子关系及其在闪电资料同化中的应用[D]. 兰州：兰州大学.

张磊，张继东，热苏力·阿不拉，2014. 南疆阿克苏冰雹天气的判识指标研究[J]. 干旱气象，32(4)：629-635.

郑媛媛，傅云飞，刘勇，等，2004. 热带测雨卫星对淮河一次暴雨降水结构与闪电活动的研究[J]. 气象学报，62(6)：790-802.

ADLER R F, YEH H Y M, PRASAD N, et al, 1991. Microwave simulations of a tropical rainfall system with a three-dimensional cloud model[J]. Journal of Applied Meteorology, 30(7):924-953.

CAREY L D, MURPHY M J, MCCORMICK T L, et al, 2005. Lightning location relative to storm structure in a leading-line, trailing-stratiform mesoscale convective system[J]. Journal of Geophysical Research Atmospheres, 110(D3): 480-496.

CHANGNON S A, CHANGNON D, 2000. Long-term fluctuations in hail incidences in the United States. [J]. Journal of Climate, 13(3): 658-664.

FARLEY R D, 2010. Numerical modeling of hailstorms and hailstone growth. Part Ⅲ: Simulation of an Alberta hailstorm-natural and seeded cases. [J]. Journal of Applied Meteorology, 26(7): 789-812.

FU Y, LIU G, 2004. Precipitation characteristics in mid-latitude east Asia as observed by TRMM PR and TMI[J]. Journal of the Meteorological Society of Japan, 81(6): 1353-1369.

IGUCHI T, KOZU T, MENEGHINI R, et al, 2000. Rain profiling algorithm for the TRMM precipitation radar [C]// Geoscience and Remote Sensing, 1997. IGARSS '97. Remote Sensing-A Scientific Vision for Sustainable Development. 1997 IEEE International. IEEE, (4): 1636-1638.

KUMAR P R, 2018. Lightning, rainfall, AOD, and convection variabilities in the monsoon zone of India[J]. International Journal of Remote Sensing, 39(3): 727-740.

KUMMEROW C, BARNES W, KOZU T, et al, 1998. The tropical rainfall measuring mission (TRMM) sensor package[J]. Journal of atmospheric and oceanic technology, 15(3): 809-817.

KOZU T, KAWANISHI T, KUROIWA H, et al, 2001. Development of precipitation radar onboard the Tropical Rainfall Measuring Mission (TRMM) satellite[J]. IEEE Transactions on Geoscience & Remote Sensing, 39(1): 102-116.

LIU G, FU Y, 2001. The characteristics of tropical precipitation profiles as inferred from satellite radar measurements[J]. Journal of the Meteorological Society of Japan, 79(1): 131-143.

ORVILLE H D, KOPP F J, 2010. Numerical simulation of the life history of a hailstorm. [J]. Journal of the Atmospheric Sciences, 34(34): 1596-1618.

SPENCER R W, 1989. Rainfall retrieval over land and ocean with the SSM/I: Identification and characteristics of the scattering signal[J]. Journal of Atmospheric & Oceanic Technology, 6(2): 254-273.

TORACINTA E R, 1996. A comparison of WSR-88D reflectivities, SSM/I brightness temperatures, and lightning for mesoscale convective systems in Texas. Part Ⅰ: Radar reflectivity and lightning[J]. Journal of Applied Meteorology, 35(6): 902-918.

ZHENG Y, FANG C, 2004. Analysis of a strong classic supercell storm with doppler weather radar data[J]. Acta Meteorologica Sinica, 62(3): 317-328.

ZIPSER E J, LUTZ K R, 1994. The vertical profile of radar reflectivity of convective cells: A strong indicator of storm intensity and lightning probability[J]. Monthly Weather Review, 122(8): 1751-1759.

# 我国西北暴雨的研究进展*

黄玉霞[1]，王宝鉴[2]，黄武斌[1]，段伯隆[1]，杨秀梅[1]

(1. 兰州中心气象台，兰州 730020；2. 甘肃省气象局，兰州 730020)

**摘要：**西北地区地形地貌非常复杂，暴雨作用有利有弊，为了趋利避害，对近 40 a 西北暴雨主要进展进行了回顾、梳理，内容包括暴雨的气候特征、大尺度环流形势与水汽输送、暴雨中尺度系统的发生发展及成因、地形及下垫面作用以及暴雨的预报方法等，以期为进一步开展西北暴雨研究、提高暴雨预报准确率和防灾减灾能力提供参考。指出围绕暴雨的监测预警与预报，需要关注基于强度的暴雨定义研究、短历时暴雨中尺度系统生消机理研究、高—中—低纬环流系统相互作用及与暴雨有密切联系的低空急流的发生发展机制研究等。从气候和气候变化的角度，针对华西秋雨背景下长历时暴雨的发展演变、东亚夏季风对暴雨的影响、变暖背景下极端暴雨事件预测及其影响预估研究也值得关注。

**关键词：**西北地区；暴雨；形成机理；中尺度系统；预报方法；研究进展

## 1 引言

西北地区包括陕、甘、宁、青、新五省(区)，地域辽阔，占据了青藏高原西北侧到东侧的广大边缘地区。东西跨越 37 个经度，南北跨越 17 个纬度，从南到北依次跨越湿润区、半湿润区、干旱半干旱区及高原气候区，是我国年降雨量最少的地区，一向以干旱少雨著称(白虎志，2011)。西北西部有山势高耸的帕米尔高原，天山山脉横贯于新疆境内，山脉两侧有戈壁沙漠构成的盆地。西北东部地处青藏、黄土、蒙古三大高原的交汇地带，域内海拔相差悬殊、下垫面性质复杂，地形地貌特征丰富多彩，形成了高山积雪和盆地燥热等差异显著的自然环境。比如西北东部的黄土高原，原面比较破碎、原面之间多下切 200～300 m 的河谷，西北东南部的秦岭是我国著名的气候分界线，秦岭以南的秦巴山区和甘肃陇东南地区山势陡峭，峡谷、深涧相间，地面多石质土壤，遇有暴雨冲刷，极易诱发山洪、滑坡、泥石流等次生灾害(胡凯衡 等，2010；陆本燕 等，2011)，同时因暴雨造成的地表径流迅速向山谷、河流、塘坝汇集下泻形成的水库垮坝、铁路中断等，破坏性很大，对当地经济社会活动有着不可忽视的影响(郭富赟 等，2015)。但是，西北地区暴雨又是一种有利天气，大多数暴雨出现在西太平洋副热带高压西北侧的降雨带中，暴雨区外围伴有大范围的降雨区，它对解除旱情、水库蓄水和发电、河流水源补给、林区涵养等极为有利。

西北地区是我国暴雨出现最少的区域，而且地理分布极不均匀，陕西、甘肃东南部、宁夏东

* 本文已在《暴雨灾害》2019 年第 38 卷第 5 期正式发表。

南部是西北东部暴雨的易发区，具有雨期集中、对年降水贡献占比高、年际变化较大且夜雨型的特点(侯建忠 等，2014；赵庆云 等，2014)。对西北地区暴雨主要类型和环流形势(白肇烨等，1988；于淑秋 等，2003)、异常年大尺度环流特征(黄玉霞 等，2017a，b)及其水汽输送(蔡英等，2015；钱正安等，2018)等所做的大量研究，为人们认识和揭示西北暴雨的特征及形成机理奠定了基础。同样，山脉地形、下垫面或局地森林小气候对西北暴雨的影响也受到高度关注(西北暴雨编写组，1992；扈祥来 等，2004)，其对降水的增幅也因多年累积的加密观测资料(区域气象站)得到进一步验证。例如，在以“十年九旱”著称的西北干旱半干旱区，因山脉和森林小气候作用形成了若干年降水量接近或超过 600 mm 的“湿岛”(如甘肃中部的太子山、兴隆山及陇东的子午岭)，不仅存在暴雨，而且暴雨强度非常大，这对我们重新认识西北暴雨非常重要。因南北跨越三个气候区，西北暴雨还与东亚副热带夏季风、西风带及高原季风等气候系统有着密切联系。东亚夏季风异常对西北地区东部夏季降水的影响十分明显(王宝鉴 等，2004；黄玉霞 等，2017b)，中亚低涡、西西伯利亚低槽等西风带系统则与新疆暴雨息息相关(张家宝等，1987；马淑红，1993；马力，1993)，而高原夏季风的强弱则对南疆盆地(齐玉磊 等，2015)、青海和甘肃河西(白虎志 等，2000；陈少勇 等，2011)夏季降水影响显著。此外，李明等(2011)、刘新伟等(2011)研究了远距离台风活动与西北东部暴雨的关系。

以“8.8”舟曲特大山洪泥石流灾害为标志，西北短历时暴雨形成机理研究在 2010 年以后再一次受到高度重视，主要进展概括为四个方面。首先是区域站、新一代天气雷达、卫星、闪电等资料的联合应用为暴雨的监测指明了新方向(张弘 等，2011；刘新伟 等，2017；狄潇泓 等；2018)，不但有助于从三维角度揭示西北暴雨中尺度系统的水平和垂直结构特征，为数值模式验证提供观测事实，而且还能显著提升短时临近阶段(0～12 h)暴雨的预警能力。其次是更加注重暴雨中尺度对流系统发生发展机理的研究，包括大尺度环流与中小尺度系统的相互作用、中尺度对流系统发生发展的环境条件、低空急流对 MCC 或 MCS 生消的作用等。第三是应用数值模式研究暴雨中尺度结构特征取得了新进展(王文 等，2013；李江林 等，2014；曾勇 等，2019)，以及利用 NOAA HYSPLIT 轨迹模式并结合聚类分析，可追踪不同高度水汽输送路径、源地及其贡献(李江萍 等，2013；陶健红 等，2016)。第四是高时空分辨率的全球数值预报模式、区域中尺度数值模式以及集合预报在业务中的应用，显著提高了西北暴雨的短期预报准确率和预警发布提前量。但因短历时暴雨造成的人员伤亡和财产损失仍然十分巨大(赵玉春等，2011)，因此持续并进一步提高暴雨预报水平就显得非常迫切。

下面将重点对西北地区暴雨的气候特征、大尺度环流形势与水汽输送、中尺度系统的发生发展与成因、暴雨预报方法等进行回顾、梳理并剖析，指出仍待解决的问题，以期为进一步开展西北暴雨研究、提高暴雨预报准确率及防灾减灾能力提供参考。

## 2 西北暴雨的气候特征

### 2.1 暴雨的时空演变

虽然统计标准(时间序列、日界、站点)有差异，但众多学者(西北暴雨编写组，1992；林纾等 2008；侯建忠 等，2014)的研究均表明：陕、甘、宁、青四省(区)暴雨日数或频数或站次的空间分布等大致相同，暴雨主要出现在陕西、甘肃东南部、宁夏东南部地区，甘肃河西中西部、青海西北部等地则没有出现过暴雨；空间上自东南向西北递减，雨强也趋于减弱；地理分布受地形影响明显，秦岭南麓是西北东部暴雨频次最高的地方。赵庆云等(2014)发现4—11月均可出现暴雨(1981—2010年)，但主要集中在7—8月，约占全年总次数的63%；在旬分布上，从6月下旬开始增加，9月上旬开始减少；30年中暴雨日数没有明显的增加或减少的趋势(图1a)，但暴雨站数(图1b)在20世纪80年代前期和21世纪头十年出现相对高值期，80年代后期—90年代中后期有十来年的相对低值期。

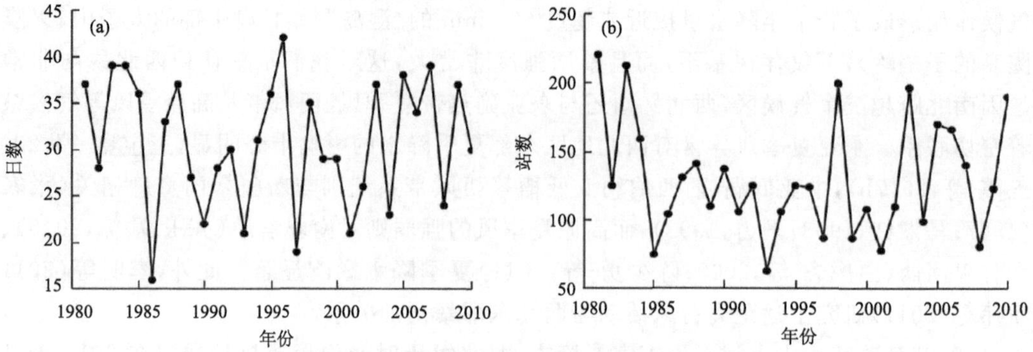


图1　1981—2010年暴雨日数和暴雨站数年际变化(赵庆云 等，2014)

马淑红等(1997)根据新疆暴雨洪水成灾事实和干旱半干旱地区暴雨特点等情况，以日雨量≥20 mm(干旱区)和日雨量≥25 mm(半干旱区)为标准研究表明：暴雨发生频数、暴雨24 h点雨量、落区等都具有明显的地理分布规律，尤其受制于地形、海拔高度、山系与山脉走向及坡向等因素的影响，大致是北疆多于南疆，山区多于盆地，前山带和中山带暴雨多、雨量大。在暴雨路径定义下(连续日雨量图上暴雨中心轴线与天气系统走向一致)，新疆各场次暴雨中心活动规律可归纳为曲线弧形路径(33%)、天山东移路径(23%)、昆仑山东移路径(20%)、天山东移和昆仑山东移混合型路径、西北路径五类，这对于新疆暴雨洪水预告以及工程设计具有实用价值。杨涛等(2003)发现在新疆塔城盆地、昭苏盆地、北疆沿天山一带和阿克苏地区，5月中旬到8月下旬对流性暴雨都有发生，年平均为0.5～1.9次，乌鲁木齐发生强对流暴雨的次数最多，大部分站在0.7～1.1次。

## 2.2　暴雨的强度

西北暴雨编写组(1992)指出，西北暴雨的日雨量极值远小于我国东部地区，日极值约为全国暴雨日极值的7%～24%，但1 h、10 min极值的强度与东部相差相对较小。通过对比分析1981—2018年西北与全国排名前5的暴雨日极值发现(表1)：西北地区东部排名前5的暴雨日极值均出现在陕南，最大为陕西宁陕的304.5 mm，全国排名前5的日极值除江苏外，均出现在华南的广州和海南，最大为2000年8月30日12号台风“派比安”外围带来的江苏响水699.7 mm的特强暴雨(王亦平 等，2003；马倩 等，2003)。对比而言，西北最大极值为全国极值的43.5%。1981—2018年中，甘肃排名前5的暴雨日极值在162～184.6 mm (为江苏响水日极值的23.2%～26.4%，下同)，青海在74～119.9 mm (10.6%～17.1%)，宁夏在98.1～133.5 mm (14.0%～19.1%)，可见日极值与全国日极值之比近40年基本未变。

**表 1　我国西北和全国排名前 5 的暴雨日极值对比**

| 排序 | 西北 | 24 h 日极值(mm) | 出现时间(年.月.日) | 全国 | 24 h 日极值(mm) | 出现时间(年.月.日) |
|---|---|---|---|---|---|---|
| 1 | 陕西宁陕 | 304.5 | 2003.08.29 | 江苏响水 | 699.7 | 2000.08.30 |
| 2 | 陕西佳县 | 216.4 | 2012.07.27 | 海南昌江 | 644.6 | 2001.08.30 |
| 3 | 陕西礼泉 | 215.0 | 2007.08.09 | 广东清远 | 640.6 | 1982.05.12 |
| 4 | 陕西留坝 | 214.9 | 1984.08.03 | 海南西沙 | 633.8 | 1995.09.06 |
| 5 | 陕西陇县 | 241.6 | 2010.07.23 | 广东珠海 | 620.3 | 2000.04.14 |

短历时暴雨因其强的致灾性而受到广泛关注。伍志方等(2018)研究表明,广州“5.7”暖区特大暴雨期间,增城永宁街 05:00—06:00 出现的 184.4 mm/h 的极值在广东省历史排名第 2,3 h 降水量 382.6 mm 则打破广东省 3 h 降水量历史极值,并且在黄埔九龙镇出现了长达 5 h的 50 mm/h 的持续强降水。1951 年以来日平均降水量最大的北京“7.21”特大暴雨(2012 年),小时降水极值中心为平谷挂甲峪的 100.3 mm/h,最大 3 h 降水为霞云岭的 177.3 mm(孙继松 等,2012;谌云 等,2012)。2016 年 8 月 21 日夜间贺兰山东麓的一次突发特大暴雨引发了一次超 50 年一遇的洪水,创宁夏有气象和水文观测记录以来的历史极值,最大雨量(238.1 mm)和小时雨强(82.5 mm/h)均出现在贺兰山滑雪场(陈豫英 等,2018)。2018 年 7 月 18 日甘肃临夏州东乡县发生了一次局地短历时暴雨,造成 12 人伤亡,最大雨量和最大雨强为梁家寺水库的 166.4 mm 和 74.8 mm/h。分析表明(表 2):贺兰山和东乡暴雨的 24 h 雨量分别为广州暴雨的 57.9%和 40.5%,北京暴雨的 70.4%和 49.2%,3 h 雨量分别为广州暴雨的 45.6%和 42.2%,与北京基本持平,1 h 雨量分别为广州暴雨的 44.7%和 40.6%,超过北京小时雨强;对比华南、华北及西北极端暴雨个例的雨强可知,广州 1 h 和 3 h 的雨量占日雨量的 52.5%和 93%,北京为 19.8%和 52.5%,贺兰山为 34.6%和 73.3%,东乡为 50%和 96.9%。综上可知,西北极端暴雨具有这样的特点,不论 1 h 还是 3 h 雨强大约为华南极端暴雨的 50%左右,与华北基本持平,但降水的效率(1 h 和 3 h 降水量与 24 h 降水量之比)几乎与华南相当,比华北高。

**表 2　华南、华北及西北极端暴雨个例的雨强比较**

| 暴雨个例 | 1 h 降水量(mm) | 3 h 降水量(mm) | 24 h 降水量(mm) | 1 h 与 24 h 降水量之比 | 3 h 与 24 h 降水量之比 |
|---|---|---|---|---|---|
| 广州“5.7”暴雨(增城永宁街) | 184.4 | 382.6 | 411.3 | 44.8% | 93.0% |
| 北京“7.21”暴雨(霞云岭) | 66.8 | 177.3 | 338.0 | 19.8% | 52.5% |
| 贺兰山“8.21”暴雨(滑雪场) | 82.5 | 174.5 | 238.1 | 36.4% | 73.3% |
| 东乡“7.18”暴雨(梁家寺水库) | 74.8 | 161.3 | 166.4 | 50.0% | 96.9% |

实际上,以 24 h 雨量达到或超过 50 mm 定义暴雨,这种简单的划分没有反映出暴雨的特点和强度变化。西北地区有些暴雨过程,日降水量并不太大,但因其相对强度较大往往可能酿

成严重灾害，一般用当地日暴雨极值与30年年平均降水量之比来表征暴雨相对强度（白肇烨等，1988）。从1981—2018年我国暴雨相对强度的空间分布可以看出（图2，气候平均时段为1981—2010年），其整体呈现出北方强、南方弱的空间格局，其中西北地区西部、南疆和东疆、内蒙古及华北地区的暴雨相对强度在75%～150%，四川盆地西部的暴雨相对强度在25%～50%。对于暴雨相对强度超过75%的地区，意味着这些地区降水的变率非常大，一天的降雨量可以接近或超过其气候年平均降雨量。对于某一地区而言，大幅偏离气候态的极端事件可能导致巨大损失，因为它们超出了生态和人类系统及基础设施的可承受能力。

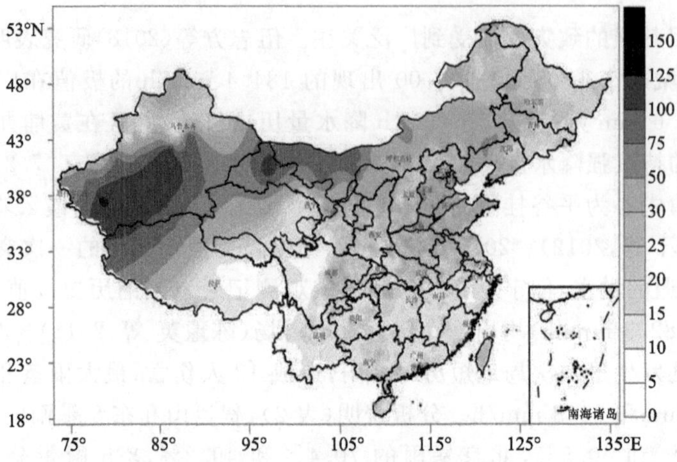


图2 1981—2018年全国暴雨相对强度分布图（单位：%）

上述对西北暴雨气候特征的研究表明，基于不同统计特征的暴雨都具有明显的地理分布规律，尤其受制于地形和下垫面或局地小气候影响。但西北暴雨的气候学研究相对滞后，今后，应当多关注西北地区降水增多背景下的暴雨气候演变特征。极端暴雨个例的分析表明，我国东西部暴雨中尺度系统降水效率基本相同，今后应关注西北暴雨中尺度系统的反复生消机制及其对雨强的贡献。大幅偏离气候态的极端降水事件可导致巨大损失，因此考虑基于强度的暴雨定义，对西北地区防灾减灾具有重要的指导意义。

# 3 暴雨的大尺度环流形势与水汽输送

## 3.1 暴雨的大尺度环流形势

西北地区暴雨大都出现在一定的大尺度环流形势下，通常表现为冷、暖空气不断在某个区域交汇，并伴有中尺度系统发展。这种大尺度的形势背景与西风带、副热带和热带环流系统有关，西风带主要输送冷空气南下，触发中尺度暴雨系统的出现和反复发展，副热带高压位置决定了中低空水汽输送通道和冷暖空气交汇位置，也大致限定了可能产生暴雨的地区和范围，故西北暴雨的大尺度环流形势主要依据副高的形势确定（白肇烨 等，1988）。将西北地区东部暴雨最主要大尺度环流形势概括为“副高西北侧西南气流型”和“副高西侧偏南气流型”两大类，此后又有众多学者进行了完善和总结（薛春芳 等，2012；李江萍 等，2013），但总体上来讲还是对上述两种分型的细化和补充。

西北暴雨最易出现的大尺度流型是副高西北侧西南气流型(图 3a),其环流特征是随着西太平洋副热带高压西伸北抬,588 线西脊点到达 110°E 附近,副热带高压脊线位于 30°N 附近,青藏高原上有低压槽或闭合低压;西北地区东部对流层中层有一支较强西南气流,与 700 hPa 偏南气流上下叠加,这种形势下新疆北部、河西走廊等地是西风带冷槽影响区,常引导冷空气东移南下,与高原东北侧的暖湿气流交汇,形成大范围雨区,暴雨位于大范围雨带中。黄玉霞等(2017)将甘肃夏季暴雨分为陇南陇东型、甘岷山区型、河东强河西弱型和全省型四类,陇南陇东型是西北副高西北侧西南气流型暴雨的本地化称谓,其暴雨日数分布与西南季风有密切关系,暴雨多发于甘肃陇南、天水、平凉、庆阳等地,200 hPa 南亚高压主体偏强偏北。李博等(2018)认为"东高西低"型是陕西暴雨的基本特征,暴雨期间降雨中心及四周气压同时降低,但西部气压降得更低、东部气压相对较高,由此构成"东高西低"的有利形势,该形势下高原东侧形成西南低空急流,将季风区的暖湿空气输送至高空槽前部。邵建(2013)总结的"一槽一脊型"宁夏暴雨大尺度环流也是对该型暴雨的本地细化和完善。

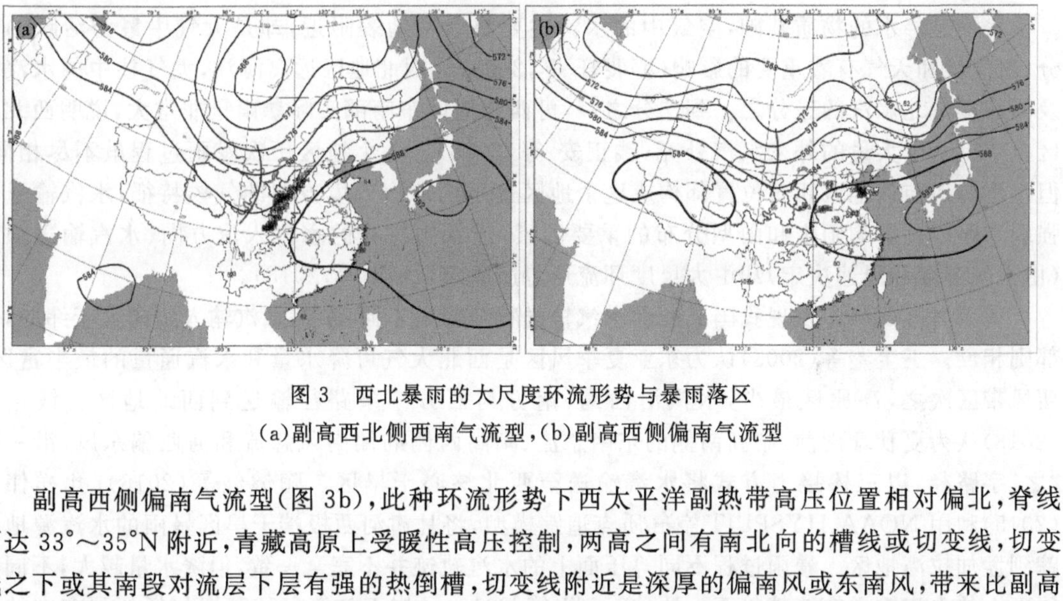

图 3 西北暴雨的大尺度环流形势与暴雨落区

(a)副高西北侧西南气流型,(b)副高西侧偏南气流型

副高西侧偏南气流型(图 3b),此种环流形势下西太平洋副热带高压位置相对偏北,脊线可达 33°～35°N 附近,青藏高原上受暖性高压控制,两高之间有南北向的槽线或切变线,切变线之下或其南段对流层下层有强的热倒槽,切变线附近是深厚的偏南风或东南风,带来比副高西北侧西南气流更加湿热和不稳定的气团,暴雨主要发生在偏南风层中,副高南侧东风带中的热带系统扰动常与暴雨发展有关,暴雨区呈斑块式分布,具有分散性特点,可以为几个孤立的极端暴雨中心。这类暴雨虽然出现次数少,但局地雨量可达 100 mm 以上,危害较大。对甘肃而言(黄玉霞 等,2017),暴雨区位于甘南高原、甘肃中部、武威等地,尤以武威地区暴雨较多。

杨莲梅等(2011)提出了新疆夏季大范围强降水的大尺度环流背景,并建立了短期预报的天气学模型。新疆强降水发生时,南亚高压有两个中心(双体型)(图 4a),一个位于伊朗高原上空,另一个位于青藏高原上空,副热带长波槽位于 70°～90°E。500 hPa 上(图 4b)伊朗高压与中纬波动叠加,在里海、黑海附近形成一个明显的长波脊,长波脊前低槽随之加强东移,造成新疆的强降水天气过程。而西太平洋副热带高压的西移北伸,往往造成"西低东高"环流形势,新疆下游易形成阻塞高压,新疆及其上游西风槽的冷空气与西太平洋副热带高压西侧的暖气流交汇造成新疆降水。

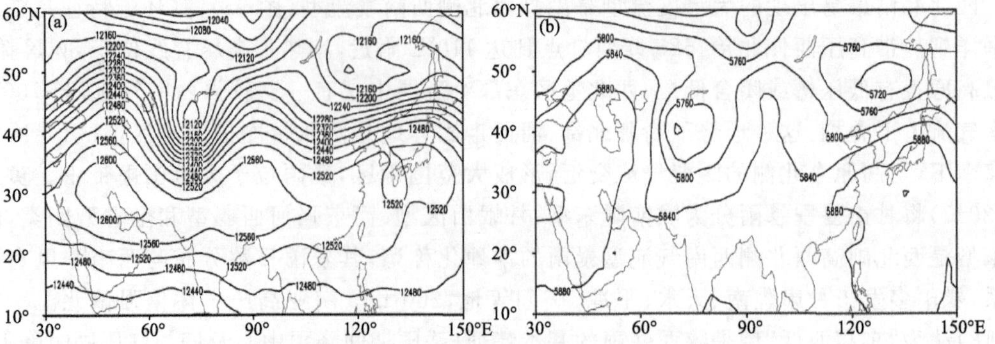


图 4　新疆夏季强降水的短期预报模型(杨莲梅 等,2011)

(a)200 hPa,(b)500 hPa

## 3.2　水汽源地与输送路径

水汽是降水的物质基础,空气中的水汽主要集中在地表附近,却是大气中最为活跃的成分,对气候和天气有着重要的影响(盛裴轩 等,2003)。西北地区远离海洋,大气柱中的水汽只及同纬度华北水汽的三分之一到二分之一,可西北地区东南部实际暴雨量非常大,说明西北地区上空得到了大量的外来水汽补充(钱正安 等,2018)。一个地区历次暴雨过程虽不尽相同,但水汽源地与该地区相对位置却构成这个地区暴雨期水汽入境方向的气候特征,水汽输送的强弱和路径是影响雨带和雨型分布的重要因素,但暴雨过程的水汽入流方向、水汽输送强度(由大气湿度和风速决定)却由大尺度环流形势所决定(杨柳 等,2018)。

黄荣辉等(2011)发现我国东西部水汽输送特征明显不同,东部水汽输入经向大于纬向,西部则相反。王宝鉴等(2003)认为东亚夏季风区是西北大气可降水量和水汽通量的最丰富区,西风带区次之,高原区最少,水汽沿西南、南方与西方三条路径输送到西北地区。钱正安(2018)认为夏秋暴雨前,副高南侧的东南急流、副高西侧的偏南风急流和河西偏东风,沿一逆“之”字路径,以三棒接力方式将水汽输送至西北核心干旱区。陶健红等(2016)、孔祥伟等(2015)利用 NOAA HYSPLIT 空气质点追踪模型,将甘肃河西极端干旱区暴雨的水汽源地追踪到孟加拉湾地区。暴雨过程不同等压面上的水汽轨迹并不完全一致,但降水量越大,不同等压面上的水汽输送轨迹越趋于一致(李江萍 等,2013)。崔玉琴等(1987)把包括新疆在内的西北地区水汽输送路径归纳为西南方、南方、东方、西方、北方或西北方 6 条。曾勇等(2017)利用拉格朗日方法的轨迹模式模拟计算发现,2016 年新疆西部一次罕见大暴雨期间伊犁河谷地区 1500 m、3000 m、5000 m 水汽分别来自哈萨克斯坦、哈萨克斯坦、黑海南部,水汽贡献分别占该高度水汽的 100%、50%、68%,水汽在输送过程中高度多变,欧洲大陆、西西伯利亚、中亚地区等陆地及黑海、里海等海洋是此次大暴雨的水汽主要源地。

此外,研究发现盛夏低纬热带系统活动也对西北地区暴雨有着重要影响。例如,侯建忠等(2006)研究发现 7 月、8 月两个月台风活动对陕西极端暴雨的影响最为显著,陕西出现极端暴雨时,台风多在我国台湾岛附近登陆或以北的海域活动或在海南、广东、广西一带登陆或移动,300 hPa高空急流提早出现,这个先兆性对陕西极端暴雨具有一定的预报指示意义。钤伟妙等(2011)发现强盛的西北太平洋副热带高压与台风“电母”之间的偏南气流在 23°～30°N 纬度带转向西输送水汽到青藏高原东缘,在高原地形作用下转为向北传输到达舟曲附近区域,为

“8.8”舟曲特大泥石流灾害强降雨过程对流发展提供水汽条件。

西北地区东部暴雨的短期预报模型主要依据西太平洋副热带高压确定，总体上可分为副高西北侧西南气流和副高西侧偏南气流两大类型，未来应该关注高（南亚高压）—中（西风带、高原槽）—低空（低空急流）系统相互作用与西北暴雨的关系。通过水汽的诊断分析及轨迹模式模拟，我们对西北地区东部和新疆地区水汽的输送路径及源地有了清楚的认识，也发现了低纬热带系统活动对西北东部暴雨可能的影响机制。但利用卫星的监测表明低纬阿拉伯海、孟加拉湾有大量水汽可以越过青藏高原向北输送到青海、新疆地区，甚至印度季风可以间接影响青海西部和新疆的降水，但其接力输送的动力机制如何，对强降水天气系统如何影响等须进一步研究。此外，台风等热带系统对西北暴雨水汽输送的贡献及对暴雨阻塞形势的形成与维持机制也应多加研究。

# 4 西北暴雨中尺度系统发生发展及成因研究

## 4.1 中尺度系统发生发展的环境条件

暴雨是一种中尺度现象，是在有利的大尺度环流背景下由中尺度系统直接产生的，具有多种尺度天气系统相互作用特征（孙淑清 等，2007；廖移山 等，2011）。陶诗言（1977，1980，2004，2011）、丁一汇（1993，2005，2014）多次跨越式地将暴雨研究和预报首先推进到环流研究阶段，后又推进到中尺度系统研究阶段，指出中尺度系统是暴雨的直接制造者，特别强调应深入研究$\beta$中尺度系统的发生发展问题。中小尺度对流系统的形成、发展和消亡与其环境条件关系密切，大气静力不稳定、低层水汽输送和抬升触发机制，是深对流系统形成和发展的三要素（俞小鼎，2011）。基于这一思想发展建立的强对流天气中尺度环境条件分析技术，被广泛应用到短历时暴雨的预报业务和科研工作中（张涛 等，2013；蓝渝 等，2013；郑媛媛 等，2011）。

中尺度对流系统发生前和发生初期大气通常处于不稳定的环境中，表征水汽、不稳定和抬升条件的物理参数具有明显的演变特征。赵庆云等（2018）发现六盘山两侧强对流暴雨中尺度对流系统发生在 700 hPa 存在较大范围 $T \geqslant 12℃$ 的暖区，比湿达 12～15 g/kg，暴雨区中甘肃平凉的 *CAPE* 指数达 1135 J/kg，六盘山东西两侧两条地面辐合线对触发中尺度对流系统、造成强降水起到关键作用。2015 年西安“8.3”暴雨发生前 6 h 内 2 km 以下比湿快速增至 20 g/kg 以上，高层北路冷空气入侵触发不稳定能量剧烈释放，形成β中尺度对流系统，产生大暴雨（张雅斌 等，2016）。甘肃陇东南暴雨的暖区降水阶段（王宝鉴 等，2016），整层大气可降水量 $PW \geqslant$ 44 mm，接近 *PW* 指标阈值的上限（25～48 mm），暴雨区 *CAPE* 达 477 J/kg，700 hPa 低空急流轴是垂直风切变最强之处（9 m/s），暴雨主要发生在低空急流轴和低空急流出口区左侧附近。李文莉等（2013）发现干旱区（河西走廊）暴雨过程 500 hPa 处在显著湿区、700 hPa 存在假相当位温高能舌、*K* 指数＞30℃，*CAPE* 高值区可以作为诊断暴雨是否出现的指标。黄玉霞等（2017）总结建立了西北东部两类暴雨所对应的中尺度概念模型（图 5），其特征可概括为“深湿高能＋强辐合抬升”和“累积高能＋弱冷空气扰动”，暴雨多出现在700 hPa切变线的右侧和地面辐合线或冷空气侵入的位置。该研究可为暴雨的短期预报提供一个清晰的物理模型，有利于预报员根据环境条件的“配料”情况快速判断中尺度对流系统发生的可能性、影响范围以及强降水落区。

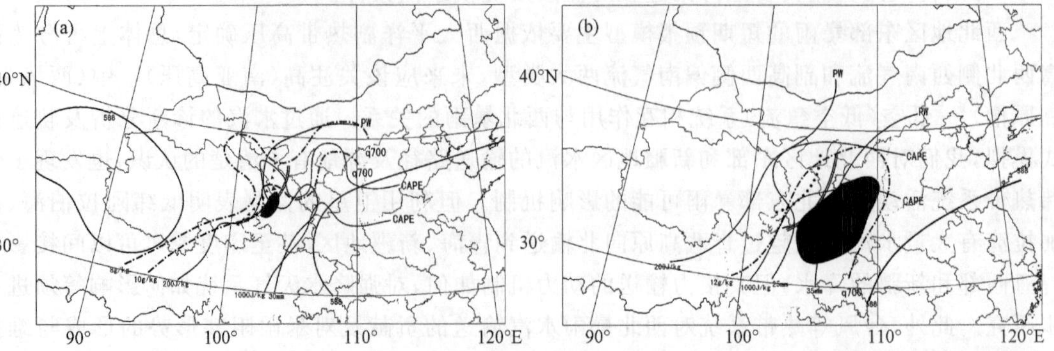


图 5　西北东部暴雨的中尺度环境条件概念模型：(a)副高西北侧西南气流型；(b)副高西侧偏南气流型（双线为 700 hPa 切变线，点线为 700 hPa 温度脊，锯齿线为 500 hPa 温度槽，阴影区为暴雨区）

## 4.2　地形对暴雨的作用

山地对暖湿气流强迫抬升和辐合引发的暴雨是最早被人们所了解的地形作用(陈明 等，1995；范广洲 等，1999)，当地形走向与风向交角较大时，暖湿气流沿坡爬升，必然使对流旺盛，雨量加大，形成迎风坡降雨中心，尤其是特大暴雨往往是在特定地形下产生的(何光碧 等，2013；佚名，2013)。实际山地地形的迎风坡，往往还与喇叭口地形结合在一起，相对于单纯的迎风坡地形，喇叭口地形的抬升作用更强，其增幅程度随着喇叭口开放度增大而增大(段海霞 等，2009；赵海英 等，2017)，且地形坡度大时比坡度小时增大得多。付炜等(2018)、王坚红等(2017)研究表明喇叭口地形在降雨发生前和发生时作用更加明显，主要因增加了抬升处的垂直速度和低层辐合，破坏喇叭口地形后，因狭管效应对系统辐合风速影响的消失使得降水强度大为减弱。

毕宝贵(2006)通过数值模拟发现，秦岭使大巴山和汉江河谷、陕北降水增加，其对降水的影响主要是通过地形产生的垂直次级环流实现的，降水增加的幅度随地形高度呈正相关。贺兰山地形对大暴雨的形成有明显的正贡献(陶林科 等，2014)，能够使其所在高度(850～700 hPa)东侧迎风坡的风速增大，从而促使了中低层(700～450 hPa)垂直运动的发展，忽略贺兰山地形的影响将导致暴雨预报量级的明显偏小(陈豫英 等，2018)。祁连山北坡陡峭地形的抬升作用是祁连山云系降水的主要动力机制(刘卫国 等，2007；邵元亭 等，2013)，祁连山地形作用下云和降水的微物理结构随云的不同发展阶段呈现出不同的特征，由于地形的作用，云降水的主要机制得到了较大增强，甚至会使云降水的主要机制发生本质的变化。从西北地区东部日暴雨极值与地形的叠加图上可以看出(图 6)：除因秦岭南麓大地形抬升形成的佛坪—宁陕暴雨中心(暴雨日极值≥550 mm，下同)外，西北地区东部还存在若干因小山体、喇叭口或河谷增幅作用形成局地的、相互孤立、零散分布的暴雨中心，如因积石山—太子山地形抬升形成的康乐暴雨中心(≥100 mm)，因榆林大理河谷地形抬升形成的子洲暴雨中心(≥150 mm)，因关山喇叭口地形抬升形成的陇县—礼泉暴雨中心(≥200 mm)。

综上分析，利用强对流天气中尺度环境条件分析技术，可建立与对流性暴雨中尺度系统发生发展有关的水汽、抬升、不稳定条件物理量的阈值指标，这对开展对流性暴雨的潜势预报非常关键。另外，西北暴雨的地形增幅作用非常显著，应关注中尺度地形增幅的数值模拟研究，

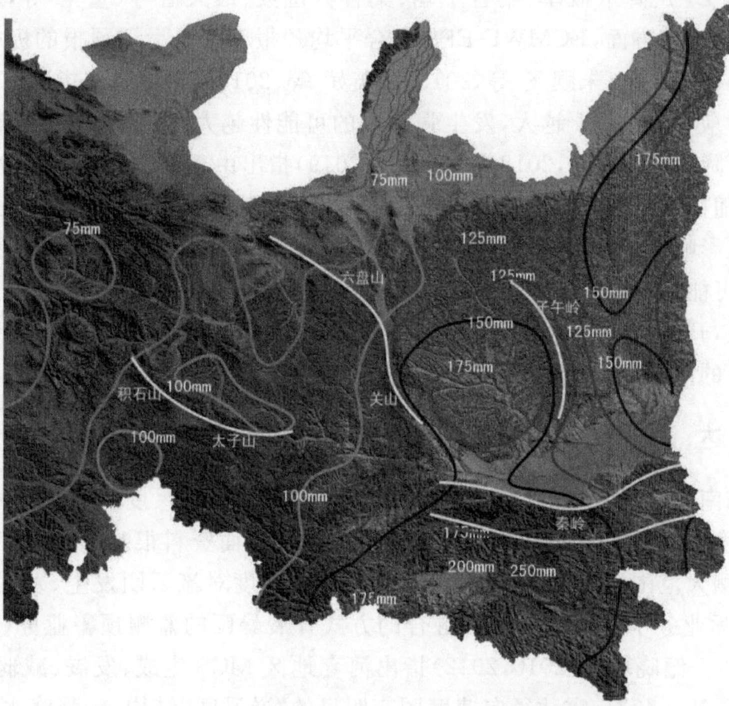


图 6　1981—2018 年西北地区日暴雨极值与地形的叠加图

通过改进中尺度模式的地形条件与物理过程来提高对暴雨的模拟能力。

# 5　暴雨预报方法进展

## 5.1　细网格数值预报和集合预报在暴雨预报中的应用

首先，近 10 年西北暴雨预报方法最重要的进展是高时空分辨率的数值预报在业务中得到广泛应用。预报员在总结和把握本地暴雨预报经验的基础上，评估运用细网格全球模式（EC、NCEP、GRAPES-GFS）和中尺度模式（华东、华北、GRAPES-MESO）数值预报产品，较大幅度提高了暴雨临近—短时—短期的预报准确率和精细化水平（苏军锋 等，2012；王令 等，2012）。与其他业务模式相比，ECMWF 数值预报的准确率和稳定性整体上明显优于其他模式（辛辰等，2018；肖红茹 等，2013；刘静 等，2014）。但值得注意的是，类似北京“7.21”（谌芸 等，2012，2018；孙军 等，2012）、广州“5.7”大暴雨漏报的情况（伍志方 等，2018），在干旱半干旱区也会发生，例如，2016 年 8 月 21 日贺兰山东麓 238.1 mm（贺兰山滑雪场）大暴雨就存在预报量级明显偏低的现象（陈豫英 等，2018）。

其次是集合预报在暴雨预报中的应用。由于大气运动的混沌特征，数值预报初值误差会随着积分时间的延长呈指数式增长（杜钧 等，2014；韩焱红 等，2013），为了定量地表征初值和模式误差给预报结果带来的不确定性，开发了集合预报系统（Ensemble prediction System，EPS），进而从概率的角度提高数值模式的预报性能（胡邦辉 等，2015；李泽椿 等，2014），给预报员带来了一套全新的预报思路（刘琳 等，2013；汪娇阳 等，2014）。常用的集合预报产品包

括极端天气指数 *EFI*、降水概率、集合平均、集合分位数、最大值等(董全 等,2016;曹越 等,2019)。在预报准确度方面,ECMWF-EPS 集合平均预报因其平滑了预报的极端值,带来对观测降水极端值预报的不足(朱鹏飞 等,2015;武英娇 等,2019);极端降水指数 *EFI* 大值区和强降水具有较好对应关系,*EFI* 越大,发生强降水的可能性越大,但随着预报时效增加,*EFI* 的指示作用逐渐下降(季晓东 等,2018)。傅朝等(2019)指出由于集合预报系统存在物理过程随机,集合成员的随机性体现在预报时效的所有时段,所以对"极端成员"的实时跟踪和即时分析要贯穿天气系统影响的整个时段,特别是不稳定的大气环境下,ECMWF 集合预报的"极端成员"预报准确的可能性增大。黄玉霞(2017a,b)等利用 ECMWF-EPS 集合预报 51 位成员的对流环境条件预报,开发了基于"配料法"思路的强降水概率预报产品,能更好地帮助预报员判断对流性暴雨发生的潜势与及落区。

## 5.2 卫星、雷达、闪电资料在暴雨监测预警中的应用

西北地区东南部暴雨天气的中尺度对流系统(MCS)多由 γ 尺度或 β 尺度对流云团发展而来,由于中小尺度系统空间尺度小、时间尺度短,用常规地面资料很难捕捉,但利用卫星、雷达资料,不仅可观测大范围云系分布,而且可监测到中小尺度对流云团发生、发展和消散演变的全过程,因此实际业务中通常以多资料融合的方式开展暴雨的监测预警业务(傅朝 等,2015;张夕迪 等,2018)。纪晓玲等(2010,2012)指出河套地区 MCS 生成、发展、减弱过程的持续时间约 6 h,*TBB* 可达−47℃,雷达径向速度图有明显的"逆风区"结构,较强降水发生提前 20~30 min,雷电发生频率突然增大时间较强降水超前 1 h 左右。甘肃陇东南暴雨的雷达强回波以层积混合云回波为主,有垂直塔状、质心低的特征,因受地形阻挡或系统移速较慢等原因,沿着低空急流轴不断衍生出一系列 γ 尺度或 β 尺度的对流单体,具有后向传播和"列车效应"特征(王宝鉴 等,2016;赵庆云 等,2017)。西安南部长安出现 86.3 mm/h 的强降水时 *TBB* 小于−60℃,且雷达回波上孤立的、反射率超过 60 dBZ 的小尺度对流单体可提前预警暴雨(张雅斌 等,2016;郭大梅 等,2015)。慕建利等(2012)研究指出,陕西关中暴雨过程中负地闪占总地闪的 97.7%,地闪的发生和急剧增加对暴雨发生和发展加强有很好指示意义。张俊兰等(2016)指出 4 月北疆和南疆东部暴雨过程中,卫星云图 $TBB<-42$℃区域可能出现中等强度降水、$TBB<-52$℃时最大小时雨强可能大于 7 mm/h,乌鲁木齐风廓线雷达的反射率因子在大于 20 dBZ 的强回波出现后 30 min 左右雨强增大。新疆巴州"6.4"罕见短时暴雨的 MCS 特征分析表明(王清平 等,2016),此次暴雨主要是由多个 $\beta$ 中尺度及 $\gamma$ 中尺度对流云团在移动过程中逐渐合并加强造成,暴雨主要发生在 *TBB* 等值线密集区和 $TBB\leqslant-52$℃区域,过程中 MCS 云团回波强度大于 50 dBZ。

相对静止卫星,TRMM 卫星的升空为研究陆面降水的降水结构、雨强、降水分布与变化提供了便利条件。王宝鉴等(2017)利用热带测雨卫星(TRMM)的 PR 和 TMI 探测资料,研究了 2013 年青藏高原东坡一次大暴雨强降水三维结构:从水平结构来看,降水系统存在若干 20~50 km、回波强度在 45~50 dBZ 的 $\beta$ 中尺度对流雨团,零散地分布在由成片层云雨团为主雨带中,对应小于 210 K 的微波辐射亮温区和大于 32 mm/h 的地面强降水;对流样本数占总样本数的 6.9%,但平均雨强是层云的 4.7 倍,对总降水的贡献达到 25.6%;从垂直结构来看,平均雨顶高度随地面雨强的增强而不断升高(5~12 km),强降水中心区域的质心在 2~6 km,降水廓线反映出强降水系统中降水主要集中在 6 km 以下高度范围。

暴雨的预报是个世界性难题，虽然高分辨率确定性模式、中尺度模式、集合预报在业务中得到广泛应用，也显著提高了暴雨的预报准确率，但近年来极端暴雨事件说明中尺度对流暴雨仍具不可预报性，今后需要加强融合监测、多模式联合应用以及预报员对模式产品的订正等来提高暴雨的精细化预报水平。

## 6 小结与展望

对当前我国西北干旱半干旱地区暴雨研究的回顾，主要涵盖气候特征、大尺度环流形势与分型和水汽输送、中尺度系统发生发展及成因、预报方法等方面，由于水平有限，难免疏漏。总体上看，随着监测手段的完善、高分辨率数值预报模式的发展，西北暴雨的监测预警与预报能力已取得长足进步，但也存在一些亟待解决的问题，主要包括：

(1)合理的暴雨定义问题，以 24 h 雨量≥50 mm 为标准定义的暴雨，反映出降水的量级但没有反映出暴雨的特点和强度，由于西北地区地形地貌和下垫面特征十分复杂，短历时暴雨造成的危害不容小觑，因此基于强度来定义暴雨就显得迫在眉睫。

(2)短历时暴雨中尺度系统生消机理研究，特别是针对高原大地形下背风坡中尺度低涡暴雨、中尺度地形和下垫面暴雨增幅机理开展研究。

(3)应重视高—中—低纬环流系统相互作用对与暴雨有密切联系的低空急流的发生发展机制问题，包括西风槽、低涡切变线、台风与副热带高压相互作用生成准南北向的低空急流、与青藏高原热低压相关联的偏东低空急流等。

(4)从气候和气候变化的角度，针对华西秋雨背景下长历时暴雨的发展演变、东亚夏季风对暴雨的影响、变暖背景下极端暴雨事件预测及其影响预估研究也值得关注。

## 参考文献

白虎志，2011. 中国西北地区近 500 年极端干旱事件[M]. 北京：气象出版社：1740-2008.

白虎志，谢金南，李栋梁，2000. 青藏高原季风对西北降水影响的相关分析[J]. 甘肃气象，31(5)：10-12.

白肇烨，徐国昌，等，1988. 中国西北天气[M]. 北京：气象出版社.

毕宝贵，2006. 中尺度地形对陕南暴雨的影响研究[J]. 高原气象，25(3)：659-667.

蔡英，宋敏红，钱正安，等，2015. 西北干旱区夏季强干、湿事件降水环流及水汽输送的再分析[J]. 高原气象，34(3)：597-610.

曹越，赵琳娜，巩远发，等，2019. ECMWF 高分辨率模式降水预报能力评估与误差分析[J]. 暴雨灾害，38(3)：249-258.

陈明，傅抱璞，于强，1995. 山区对暴雨的影响[J]. 地理学报，50(3)：256-263.

陈豫英，陈楠，任小芳，等，2018. 贺兰山东麓罕见特大暴雨的预报偏差和可预报性分析[J]. 气象，44(1)：159-169.

陈少勇，林纾，王劲松，等，2011. 中国西北雨季特征及高原季风对其影响的研究[J]. 中国沙漠，31(3)：765-773.

谌芸，孙军，徐珺，等，2012. 北京 7.21 特大暴雨极端性分析及思考(一)观测分析及思考[J]. 气象，38(10)：1255-1 266.

谌芸，吕伟绮，于超，等，2018. 北方一次暖区大暴雨降水预报失败案例剖析[J]. 气象，44(1)：15-25.

崔玉琴，许书平，1987. 我国西北地区暴雨水汽条件初步研究[J]. 水文(6)：27-32.

狄潇泓，王小勇，肖玮，等，2018. 高原边坡复杂地形下短时强降水的云型特征分类[J]. 气象，44(11)：1445-1453.

丁一汇，1993. 1991年江淮流域持续性特大暴雨研究[M]. 北京：气象出版社.

丁一汇，2005. 高等天气学[M]. 北京：气象出版社.

丁一汇，2014. 陶诗言先生在中国暴雨发生条件和机制研究中的贡献[J]. 大气科学，38(4)：616-626.

董全，金荣花，代刊，等，2016. ECMWF集合预报和确定性预报对淮河流域暴雨预报的对比分析[J]. 气象，42(9)：1146-1153.

杜钧，GrummR H，邓国，2014. 预报异常极端高影响天气的"集合异常预报法"：以北京2012年7月21日特大暴雨为例[J]. 大气科学，38(4)：685-699.

段海霞，刘新伟，2009. 喇叭口地形对一次暴雨影响的数值试验[J]. 干旱气象，27(4)：327-333.

范广洲，吕世华，1999. 地形对华北地区夏季降水影响的数值模拟研究[J]. 高原气象，18(4)：659-667.

付炜，叶成志，王东海，等，2018. 一次南岭山脉前汛期强对流天气过程诊断分析[J]. 暴雨灾害，37(6)：511-521.

傅朝，杨晓军，周晓军，等，2015. 2013年6月19—20日甘肃陇东南暖区暴雨多普勒雷达特征分析[J]. 气象，41(9)：1095-1103.

傅朝，刘维成，杨晓军，等，2019. 强对流临近预警中集合预报成员的即时分析——以陇东一次暴雨过程ECMWF集合预报应用为例[J]. 高原气象，38(1)：143-155.

郭大梅，刘勇，马晓华，等，2015. 一次异常路径持续强降水中尺度对流系统分析[J]. 高原气象，34(6)：1648-1657

郭富赟，宋晓玲，谢煜，等，2015. 甘肃地质灾害气象预警技术方法探讨[J]. 中国地质灾害与防治学报，26(1)：127-133.

韩焱红，矫梅燕，陈静，等，2013. 基于贝叶斯理论的集合降水概率预报方法研究[J]. 气象，39(1)：1-10.

何光碧，屠妮妮，张利红，等，2013. 青藏高原东侧一次低涡暴雨过程地形影响的数值试验[J]. 高原气象，32(6)：1546-1556.

侯建忠，权卫民，潘留杰，等，2014. 青藏高原东北侧地区暴雨特征分析[J]. 陕西气象 (2)：1-5.

侯建忠，王川，鲁渊平，等，2006. 台风活动与陕西极端暴雨的相关特征分析[J]. 热带气象学报，22(2)：203-208.

胡邦辉，刘善亮，席岩，等，2015. 一种Bayes降水概率预报的最优子集算法[J]. 应用气象学报，26(2)：185-192.

胡凯衡，葛永刚，崔鹏，等，2010. 对甘肃舟曲特大泥石流灾害的初步认识[J]. 山地学报，28(6)：628-634.

扈祥来，高前兆，牛最荣，等，2004. 甘肃省暴雨初探[J]. 干旱气象，22(1)：74-79.

黄荣辉，陈际龙，刘永，2011. 我国东部夏季降水异常主模态的年代际变化及其与东亚水汽输送的关系[J]. 大气科学，35 (4)：589-606.

黄玉霞，李栋梁，王宝鉴，等，2004. 西北地区近40年年降水异常的时空特征分析[J]. 高原气象，23(2)：246-252.

黄玉霞，王宝鉴，王研峰，等，2017a. 甘肃省夏季暴雨日数特征及其与大气环流关系[J]. 高原气象，36(1)：183-194.

黄玉霞，王宝鉴，王研峰，等，2017b. 东亚夏季风的变化特征及其对甘肃夏季暴雨日数的影响[J]. 中国沙漠，37(1)：140-147.

黄玉霞，等，2017. 甘肃省强对流天气中尺度分析业务技术规范[M]. 北京：气象出版社.

纪晓玲，陈晓娟，邵建，2012. 干旱区一次锋面过境短时暴雨中尺度系统分析[J]. 中国沙漠，32(6)：1731-1737.

纪晓玲，冯建民，穆建华，等，2010. 宁夏北部一次短时暴雨中尺度对流系统的特征分析[J]. 大气科学学报，33(6)：711-718.

季晓东，漆梁波，2018. ECMWF 模式降水预报与极端天气预报指数在暴雨预报中的评估与应用[J]. 暴雨灾害，37(6)：566-573.

孔祥伟，陶健红，刘治国，等，2015. 河西走廊中西部干旱区极端暴雨个例分析[J]. 高原气象，34(1)：70-81.

蓝渝，张涛，郑永光，等，2013. 国家级中尺度天气分析业务技术进展Ⅱ：对流天气中尺度过程分析规范和支撑技术[J]. 气象，39(7)：901-910.

李博，王楠，姜明，等，2018. 陕西一类“东高西低型”暴雨的基本特征[J]. 高原气象，37(4)：981-993.

李江萍，李俭峰，杜亮亮，等，2013. 近 50 年夏季西北暴雨特征和水汽轨迹分析[J]. 兰州大学学报，49(4)：474-481.

李明，高维英，杜继稳，等，2011. 远距离台风影响下的陕西大暴雨分析[J]. 干旱区研究，28(3)：515-523.

李文莉，王宝鉴，吉惠敏，等，2013. 河西干旱区短时强降水过程的中尺度分析[J]. 干旱气象，31(2)：318-326.

李泽椿，毕宝贵，金荣花，等，2014. 近 10 年中国现代化天气预报的发展与应用[J]. 气象学报，72(6)：1069-1078.

廖移山，冯新，石燕，等，2011. 2008 年“7.22”襄樊特大暴雨的天气学机理分析及地形的影响[J]. 气象学报，69(6)：946-955.

林纾，陆登荣，王毅荣等，2008. 1960 年以来西北地区暴雨气候变化特征[J]. 自然灾害学报，17(3)：16-21.

刘静，叶金印，张晓红，等，2014. 淮河流域汛期面雨量多模式预报检验评估[J]. 暴雨灾害，33(1)：58-64.

刘琳，陈静，程龙，等，2013. 基于集合预报的中国极端强降水预报方法研究[J]. 气象学报，71(5)：853-866.

刘卫国，刘奇俊，2007. 祁连山夏季地形云结构和云微物理过程的模拟研究(II)：云微物理过程和地形影响[J]. 高原气象，26(1)：16-29.

刘新伟，段海霞，赵庆云，2011. 2010 年 7 月甘肃一次区域性暴雨分析[J]. 干旱气象，29(4)：472-477.

刘新伟，段海霞，杨晓军，等，2017. 甘肃东部两次短时强降水天气过程对比分析[J]. 干旱气象，35(5)：868-873.

陆本燕，刘伯权，吴涛，等，2011. “7.23”商洛特大暴雨山阳县校舍灾害调查研究[J]. 灾害学，26(2)：1102-1106.

马力，1993. 新疆典型大暴雨路径与影响系统的关系[J]. 新疆气象，16(2)：12-15.

马倩，吴志勤，2003. 江苏省淮北东部地区“2008.8”特大暴雨分析[J]. 水文，23(2)：61-63.

马淑红，1993. 新疆暴雨路径的研究[J]，新疆气象，16(4)：19-26.

马淑红，席元伟，1997. 新疆暴雨的若干规律性[J]. 气象学报，55(2)：239-248.

慕建利，李泽椿，谌芸，2012. 一次强暴雨过程地闪活动特征与中尺度对流系统和强降水的关系[J]. 气象，38(1)：56-65.

钤伟妙，罗亚丽，张人禾，等，2011. 引发舟曲特大泥石流灾害强降雨过程成因[J]. 应用气象学报，22(4)：385-397.

齐玉磊，冯松，黄建平，等，2015. 高原夏季风对中亚干旱半干旱地区夏季降水的影响[J]. 高原气象，34(6)：1566-1 573.

钱正安，蔡英，宋敏红，等，2018. 中国西北旱区暴雨水汽输送研究进展[J]. 高原气象，37(3)：577-590.

邵建，2013. 宁夏暴雨特征及客观预报方法研究[D]. 兰州大学.

邵元亭，刘奇俊，荆志娟，等，2013. 祁连山夏季地形云和降水宏微观结构的数值模拟[J]. 干旱气象，31(1)：18-23.

盛裴轩，毛节泰，李建国，等，2003. 大气物理学[M]. 北京：北京大学出版社.

苏军锋，张锋，魏邦宪，等，2012. SWAN 在陇南短历时强降水监测预警预报中的应用[J]. 干旱气象，30(2)：287-292.

孙继松，何娜，王国荣，等，2012. “7.21”北京大暴雨系统的结构演变特征及成因初探[J]. 暴雨灾害，31(3)：218-225.

孙军，谌芸，杨舒楠，等，2012. 北京721特大暴雨极端性分析及思考(二)极端性降水成因初探及思考[J]. 气象，38(10)：1267-1277.

孙淑清，周玉淑，2007. 近年来我国暴雨中尺度动力分析研究进展[J]. 大气科学，31 (6)：1171-1188.

陶健红，孔祥伟，刘新伟，2016. 河西走廊西部两次极端暴雨事件水汽特征分析[J]. 高原气象，35(1)：107-117.

陶林科，杨侃，胡文东，等，2014. “7.30”大暴雨的数值模拟及贺兰山地形影响分析[J]. 沙漠与绿洲气象，8(4)：32-39.

陶诗言，1977. 有关暴雨分析预报的一些问题[J]. 大气科学，1(1)：64-72.

陶诗言，等，1980. 中国之暴雨[M]. 北京：科学出版社.

陶诗言，张小玲，张顺利，2004. 长江流域梅雨锋暴雨灾害研究[M]. 北京：气象出版社.

陶诗言，倪允琪，赵思雄，等，2011. 夏季中国暴雨的形成机理与预报研究[M]. 北京：气象出版社.

汪娇阳，陈静，刘琳，等，2014. 极端降水天气预报指数对气候累积概率分布敏感性研究[J]. 暴雨灾害，33(4)：313-319.

王宝鉴，黄玉霞，何金海，等，2004. 东亚夏季风期间水汽输送与西北干旱的关系[J]. 高原气象，23(6)：912-918.

王宝鉴，黄玉霞，陶健红，等，2003. 西北地区空中水汽时空分布及变化趋势分析[J]. 冰川冻土，25(2)：149-156.

王宝鉴，黄玉霞，魏栋，等，2017. TRMM卫星对青藏高原东坡一次大暴雨强降水结构的研究[J]. 气象学报，75(6)：966-980.

王宝鉴，孔祥伟，傅朝，等，2016. 甘肃陇东南一次大暴雨的中尺度特征分析[J]. 高原气象，35(6)：1551-1564.

王坚红，杨艺亚，苗春生，等，2017. 华南沿海暖区辐合线暴雨地形动力机制数值模拟研究[J]. 大气科学，41(4)：784-796.

王令，王国荣，孙秀忠，等，2012. 应用多种探测资料对比分析两次突发性局地强降水[J]. 气象，38(3)：281-290.

王清平，彭军，茹仙古丽·克里木，2016. 新疆巴州“6·4”罕见短时暴雨的MCS特征分析[J]. 干旱气象，34(4)：685-692.

王亦平，王慧，吴芳芳，2003. 淮河流域东北部一次异常大暴雨成因初探[J]，气象，29(2)：41-43.

王文，程攀，2013. “7.27”陕北暴雨数值模拟与诊断分析[J]，大气科学学报，36(2)：174-183.

李江林，余晔，王宝鉴，等，2014. 河西西部一次大到暴雨过程诊断分析及数值模拟[J]，高原气象，33 (4)：1034-1 044.

伍志方，蔡景就，林良勋，等，2018. 2017年广州“5·7”暖区特大暴雨的中尺度系统和可预报性[J]. 气象，44(4)：485-499.

武英娇，杨浩，钱仙桃，等，2019. ECMWF集合预报在安徽大别山区降水预报中的检验[J]. 暴雨灾害，38(1)：66-71.

肖红茹，王灿伟，周秋雪，等，2013. T639、ECMWF细网格模式对2012年5—8月四川盆地降水预报的天气学检验[J]. 高原山地气象研究，33(1)：80-85.

辛辰，漆梁波，2018. ECMWF模式对南方春雨期降水预报的检验和分析[J]. 暴雨灾害，37(4)：383-391.

薛春芳，董文杰，李青，等，2012. 近50年渭河流域秋雨的特征与成因分析[J]. 高原气象，31(2)：409-416.

杨柳，赵俊虎，封国林，2018. 中国东部季风区夏季四类雨型的水汽输送特征及差异[J]. 大气科学，42(1)：81-95.

杨莲梅，李霞，张广兴，2011. 新疆夏季强降水研究若干进展及问题[J]. 气候与环境研究，16(2)：188-198.

佚名，2013. 峡谷地形对两次大暴雨过程的增幅作用对比分析[J]. 暴雨灾害，32(1)：38-45.

于淑秋，林学椿，徐祥德，2003. 我国西北地区近50年降水和温度的变化[J]. 气候与环境研究，8(1)：9-18.

杨涛，杨莲梅，2003. 新疆强对流暴雨的气候特征和概率分布模式研究[J]. 灾害学，18(1)：47-52.

俞小鼎，2011. 基于构成要素的预报方法——配料法[J]. 气象，37(8)：913-918.

曾勇，杨莲梅，张迎新，2017. 新疆西部一次大暴雨过程水汽输送轨迹模拟[J]. 沙漠与绿洲气象，11(3)：47-54.

曾勇，周玉淑，杨莲梅，2019. 新疆西部一次大暴雨形成机理的数值模拟初步分析[J]. 大气科学，43(2)：372-388.

张弘，侯建忠，乔娟，2011. 陕西暴雨若干特征的综合分析[J]. 灾害学，26(1)：70-74.

张家宝，邓子风，1987. 新疆降水概论[M]. 北京：气象出版社.

张俊兰，李娜，秦贺，等，2016，新疆一次暴雨过程的观测分析及水汽特征[J]. 暴雨灾害，35(6)：537-545.

张涛，蓝渝，毛冬艳，等，2013. 国家级中尺度天气分析业务技术进展Ⅰ：对流天气环境场分析业务技术规范的改进与产品集成系统支撑技术[J]. 气象，39(7)：894-900.

张夕迪，孙军，2018. 葵花8号卫星在暴雨对流云团监测中的应用分析[J]. 气象，44(10)：1245-1254.

张雅斌，乔娟，屈丽玮，等，2016. 西安“8.3”大暴雨的环境条件与中尺度特征分析[J]. 暴雨灾害，35(5)：427-436.

赵海英，薄燕青，邱贵强，等，2017. 地形对山西暴雨影响的数值模拟研究[J]. 气象与环境科学，40(2)：84-91.

赵庆云，宋松涛，杨贵名，等，2014. 西北地区暴雨时空变化及异常年夏季环流特征[J]. 兰州大学学报(自然科学版)，50(4)：517-522.

赵庆云，傅朝，刘新伟，等，2017. 西北东部暖区大暴雨中尺度系统演变特征[J]. 高原气象，36(3)：697-704.

赵庆云，张武，陈晓燕，等，2018. 一次六盘山两侧强对流暴雨中尺度对流系统的传播特征[J]. 高原气象，37(3)：767-776.

赵玉春，崔春光，2010. 2010年8月8日舟曲特大泥石流暴雨天气过程成因分析[J]. 暴雨灾害，29(3)：289-295.

郑媛媛，姚晨，郝莹，等，2011. 不同类型大尺度环流背景下强对流天气的短时临近预报预警研究[J]. 气象，37(7)：795-801.

西北暴雨编写组，1992. 西北暴雨[M]. 北京：气象出版社.

朱鹏飞，邱学兴，王东勇，等，2015. ECMWF 降水极端天气指数在安徽省的应用评估[J]. 暴雨灾害，34(4)：316-323.

# 甘肃岷县两次强降水致山洪泥石流灾害特征对比分析*

程瑛，黄武斌，沙宏娥

（甘肃省气象局 兰州中心气象台，兰州 730020）

**摘要**：本文从致灾因子、灾害风险的角度对甘肃岷县2012年5月10日和2016年6月23日发生的两次强降水过程进行了特征对比分析。结果表明，在有利的大尺度环流背景下，明显的中尺度特征导致强对流天气发生是造成岷县特大山洪泥石流等地质灾害发生的主要气象触发因素；前期降水、短时强降水强度及落区在岷县特大山洪泥石流的形成中起到了决定作用，而强降水伴随特强冰雹、阵性大风对岷县特大山洪泥石流的形成则起到了进一步的推动作用。

**关键词**：岷县；山洪泥石流；致灾因子

## 1 引言

甘肃是我国地质灾害多发区之一，南部山区更是全国四大泥石流危害区之一。随着极端天气气候事件的日趋增多，局地洪涝、滑坡、泥石流等灾害近年来呈现多发重发态势，特别是2010年8月8日舟曲特大山洪泥石流地质灾害、2012年5月10日岷县特大冰雹山洪泥石流损失惨重。许多专家（段旭 等，2007；刘引鸽 等，2008；曲晓波 等，2010；齐丹 等，2010；张国平等，2010）研究表明降水是诱发山洪泥石流的主要因素；袁美英等（2011）、赵庆云等（2017）和邹波等（2000）分析了中尺度对流系统和暴雨的关系。研究降水与山洪泥石流的关系是开展山洪泥石流预报、区划、灾害防治的重要步骤。近年来，许多专家就暴雨洪涝灾害的风险、评估等也进行了尝试和研究，俞布等（2011）构建一个集致灾因子、孕灾环境、承灾体及防灾能力为一体的区域台风暴雨洪涝灾害风险评价模型，通过GIS实现各评价指标的栅格化，并利用模糊综合评价方法，编制以100 m×100 m栅格为基本评价单元的杭州市台风暴雨洪涝灾害风险图；郭广芬等（2009）利用重现期和百分位法给出了湖北省统一指标和分区指标统计的各站渍涝、轻涝、一般洪涝、较重洪涝、严重洪涝的历史发生次数空间分布图；苏布达等（2005）运用Floodarea模型进行了荆江分洪区洪水演进动态模拟；美国的洪水风险图中指出了10、50、100和500年一遇的洪水淹没范围（章国材，2010）；刘希林等（2000，2006）、舒和平等（2016）对泥石流等地质灾害进行了风险评价研究。在我国西部地区，像舟曲、岷县发生的此类有重要影响的因雹暴引发的山洪泥石流还有很多，因此很有必要研究岷县特大山洪泥石流的形成机制和发展趋势。本文通过对甘肃岷县2012年5月10日和2016年6月23日发生的两次强降水过程进行了致灾因子、承灾体易损性特征对比，分析了2012年5月10日特大山洪泥石流成因，为今

* 本文已在《干旱区地理》2018年第3期正式发表。

后政府决策、灾害风险评估、灾害防御规划及其防御工程建设提供了借鉴的依据。

## 2 背景分析

甘肃南部地处青藏高原东坡地段，受海拔、地形、山脉的影响，每年都会因雹暴洪灾害给当地带来很大的经济损失。甘肃岷县位于甘肃省南部、定西市西南部，海拔在 2200～3872 m，地处山区，地形比较复杂，冰雹、暴雨、洪涝是本县主要气象灾害，每年都会因暴洪造成重大损失(图 1)。

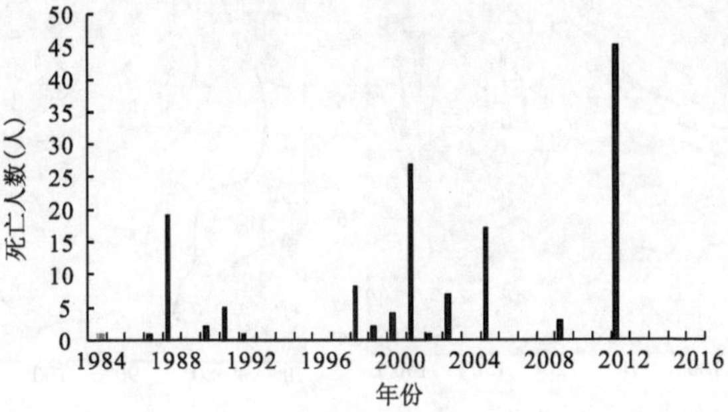


图 1　1984—2016 年岷县因暴洪灾害造成的死亡人数

## 3 岷县两次强降水过程致灾特征对比分析

### 3.1 天气概况

2012 年 5 月 10—11 日(称为“5.10”过程)，甘肃定西、陇南、甘南三市(州)局地出现暴雨，最大雨量出现在甘南州临潭县八角(71.1 mm)，其次是定西市岷县麻子川(69.2 mm)，最大小时雨强达 42 mm 出现在岷县麻子川 (10 日 17:00)，另外在乌鞘岭、岷县、临夏、碌曲、卓尼等县出现冰雹，岷县冰雹最大直径 40 mm，部分地区积雹厚度达 10 cm。大范围冰雹及强降雨引发山洪泥石流，造成定西市 53.9 万人受灾，因灾死亡 53 人、失踪 18 人、受伤 114 人，直接经济损失 82.8 亿元，其中岷县受灾最重，因灾死亡 45 人、失踪 14 人、受伤 114 人，直接经济损失 76.3 亿元。

2016 年 6 月 22—23 日(称为“6.22”过程)，甘肃定西、陇南、天水、平凉等市出现暴雨，定西岷县和陇南宕昌有 3 个乡镇出现大暴雨，最大雨量出现在岷县麻子川(120.4 mm)，最大小时雨强出现在岷县麻子川(38.8 mm，22 日 22:00)。强降雨致定西、陇南、天水、平凉等地发生洪涝灾害，造成直接经济损失 1.8 亿元。而岷县只是造成 4 个村道路阻断、个别河堤损毁，无人员伤亡。

可以看出，“6.22”过程无论在降水量级还是降水范围都要比“5.10”过程大，但造成的损失却比“5.10”过程小。

### 3.2 大尺度对比分析

“5.10”过程，10 日 08:00 500 hPa 高空图上，甘肃河东处于新疆大槽前暖脊的控制中，并配合有强冷温度槽。10 日 20:00,新疆大槽底部有短波槽分裂东移至河东的岷县和天水之间,甘肃河西和青海北部有明显的冷平流东移南下(图 2a)。在 10 日 08:00 700 hPa 图上,兰州、岷县为暖舌控制,低空有偏南风急流带和暖湿输送带存在,有利于不稳定层结的建立。300 hPa 图上,兰州、岷县一带处在新疆长波槽前风速为 30～35 m/s 的西南风急流控制中。高低空两条急流带相互叠加形成的强动力抬升作用是这次暴雨形成的原因之一,也是西北地区出现暴雨的典型形势。

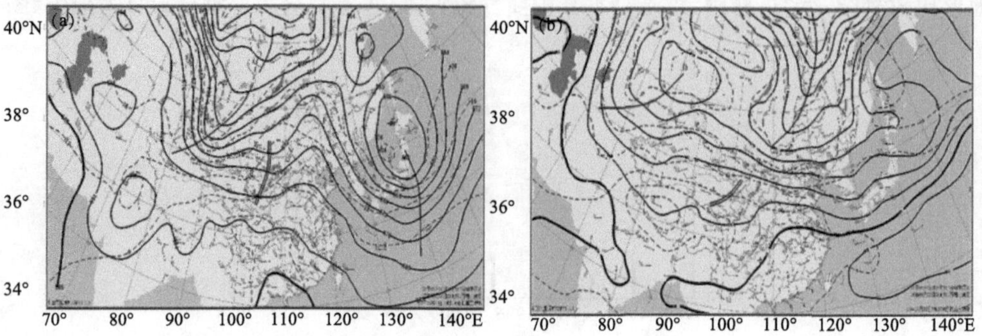


图 2　500 hPa 环流形式(a)2012 年 5 月 10 日 20:00,(b) 2016 年 6 月 22 日 20:00

“6.22”过程,22 日 20:00 500 hPa 亚洲中高纬为蒙古低压控制,甘肃处在蒙古低压底部,蒙古低压前部有冷空气分裂南下(图 2b),青藏高原东部有一低槽切变,在东移过程中加强,由于湿度大,大气层结处于不稳定状态,加之午后的热力作用,高原对流发展旺盛,在高原槽和强对流云系的共同影响下形成暴雨。

可以看出,“5.10”过程有明显的冷空气从新疆东移南下影响,造成河东地区垂直方向较大的温差和明显的大气层结的不稳定,这也是这次暴雨过程中短时强降水强度强、范围大的原因,也是重灾害形成的原因。

## 3.3　中尺度对比分析

“5.10”过程:5 月 10 日 08:00 500 hPa 高原东部上空有西南暖湿气流输送,整层湿度大,特别是 700 hPa 有较大范围的偏南暖湿气流输送,甘南、平凉、陇南等地比湿在 9～10 g/kg,为这次暴雨的形成提供丰富的水汽。从雷达回波图上看,17:00—20:00 强降水回波在合作产生,在东移过程中逐渐加强,到达岷县境内回波强度达 50～60 dBZ,说明对流云团发展非常强盛。从卫星云图资料看,此过程由对流单体发展成多单体对流云团,继续爆发式发展为中尺度对流复合体(MCC),它就是冰雹、暴雨、雷电、大风等强对流天气的载体。

“6.22”过程:22 日 20:00 甘肃中部及河东水汽 700 hPa 比湿大于 8 g/kg,甘南、陇南局地比湿大于 12 g/kg;甘肃河东大部地方 CAPE≥100 J/kg,甘南、天水及陇南的局部地方 CAPE≥500 J/kg,加上高原东部切变东移的影响,河东大部出现了雷电,陇东南地区出现了短时强降水。

从以上分析比较看出,“5.10”过程中雷达回波强度强,对流云团发展强盛;而“6.22”过程中整层水汽条件和不稳定能量均大,其累积降水大于“5.10” 过程。

## 3.4 短时强降水强度及落区

### 3.4.1 前期降水

“5.10”过程，前期1—4月岷县降水量是71.6 mm，较历年同期偏多8.2%；5月1—9日该县的降水量达到31.4 mm，较历年同期偏多了91%，可以看出，“5.10”特大冰雹山洪泥石流灾害发生前岷县降水量较历年同期已经偏多。

“6.22”过程，前期1—5月岷县降水量是139.4 mm，较历年同期偏少25.5%；6月1—21日该县的降水量达到37.8 mm，较历年同期偏少了37.5%，可以看出，“6.22”过程和“5.10”过程明显不同，“5.10”特大冰雹山洪泥石流灾害发生前岷县降水量较历年同期已经偏多。

### 3.4.2 短时强降水强度

选取岷县地区自动站降水资料中主要降雨站点进行降雨分析(表1、表2)。

**表1 2012年5月10日17时至11日00时岷县自动站降水实况(单位:mm)**

| 站名 | 17 | 18 | 19 | 20 | 10日17:00—10日20:00 | 10日21:00—11日00:00 | 过程累积降水 |
|---|---|---|---|---|---|---|---|
| 岷县(观测站) | 0 | 1.9 | 1.8 | 1.2 | 4.9 | 6.0 | 10.9 |
| 西寨 | 2.6 | 1.9 | 1.7 | 5.0 | 11.2 | 11.6 | 22.8 |
| 青水 | 20.2 | 1.7 | 2.0 | 1.6 | 25.5 | 8.7 | 34.2 |
| 中寨 | 13.6 | 0.2 | 0.2 | 0.2 | 14.2 | 9.0 | 23.2 |
| 秦许 | 8.4 | 3.8 | 1.7 | 1.4 | 15.3 | 4.6 | 19.9 |
| 西江 | 9.2 | 0 | 1.5 | 1.3 | 12.0 | 7.4 | 19.4 |
| 麻子川 | 5.4 | 42.0 | 10.6 | 4.2 | 62.2 | 7.0 | 69.2 |
| 茶埠 | 12.1 | 4.2 | 2.8 | 0.6 | 19.7 | 11.9 | 31.6 |
| 蒲麻 | 0 | 3.0 | 3.3 | 1.8 | 8.1 | 10.6 | 18.7 |
| 闾井 | 0 | 2.2 | 8.4 | 4.5 | 15.1 | 7.8 | 22.9 |
| 寺沟马烨 | 1.8 | 4.4 | 3.3 | 2.6 | 12.1 | 4.8 | 16.9 |

**表2 2016年6月22日20时至23日03时岷县自动站降水实况(单位:mm)**

| 站名 | 20 | 21 | 22 | 23 | 22日20:00—22日23:00 | 23日00:00—23日03:00 | 过程累积降水 |
|---|---|---|---|---|---|---|---|
| 岷县(观测站) | 4.0 | 8.1 | 5.3 | 1.9 | 19.3 | 25.2 | 44.5 |
| 西寨 | 4.4 | 4.4 | 3.3 | 0.9 | 13.0 | 9.8 | 22.8 |
| 青水 | 0.3 | 9.5 | 7.1 | 1.3 | 18.2 | 6.1 | 24.3 |
| 中寨 | 3.1 | 4.0 | 2.5 | 0.5 | 10.1 | 1.8 | 11.9 |
| 秦许 | 3.6 | 5.3 | 2.9 | 1.9 | 13.7 | 22.7 | 36.4 |
| 西江 | 8.8 | 4.1 | 2.6 | 1.6 | 17.1 | 8.8 | 25.9 |
| 麻子川 | 2.7 | 0 | 38.8 | 28.8 | 67.6 | 36.4 | 104.0 |

续表

| 站名 | 20 | 21 | 22 | 23 | 22日20:00—22日23:00 | 23日00:00—23日03:00 | 过程累积降水 |
|---|---|---|---|---|---|---|---|
| 茶埠 | 2.8 | 5.8 | 4.4 | 2.1 | 15.1 | 8.4 | 23.5 |
| 蒲麻 | 0.6 | 2.1 | 5.1 | 7.5 | 15.3 | 9.5 | 24.8 |
| 闾井 | 0.1 | 0 | 0 | 1.7 | 1.8 | 14.1 | 15.9 |
| 寺沟马烨 | 3.1 | 14.1 | 8.4 | 5.9 | 31.5 | 30.8 | 62.3 |

“5.10”过程，岷县地区降雨从17:00开始至24:00基本结束，集中降水有两次过程，分别是17:00—20:00和21:00—24:00。在第一个降雨时段中，青水小时降雨量达到20 mm，受灾严重的麻子川在18:00—19:00小时最大降水量达到42 mm，是甘肃定西市自2007年建立自动站、区域站以来春季观测到的小时雨强最大值(2010年8月7日岷县青水观测到43.8 mm/h降水)。岷县观测站1951年建站以来，5月份的日最大降水量为41.5 mm(1991年5月23日)。5月上旬出现这样强的短时强降水在甘肃省也极为少见。在第二个降雨时段中，降雨区仍旧是自西向东，但降水量明显减弱，降雨量均不足20 mm，西寨累积量最大为15.6 mm。麻子川的4小时累积降水量达到了62.2 mm，过程降水量达到了69.2 mm。

“6.22”过程，岷县地区降雨从22日的20:00开始至23日的03:00基本结束，集中降水也是两次，分别是22日20:00至23:00和23日00:00至03:00。在第一个降雨时段中，小时最大降水量仍然出现在麻子川，22日22:00、23:00分别达到38.8 mm/h，28.8 mm/h，其次是寺沟马烨，21:00的小时降水量达到14.1 mm。在第二个降雨时段中，虽然没有出现像“5.10”过程的小时强降水，但降水依然很强，>10 mm的降水有6站/次。麻子川的4小时累积降水量达到了67.6 mm，过程降水量达到了104.0 mm。

可以看出，虽然“6.22”过程比“5.10”过程降水量大很多，但小时降水强度要弱一些。短时强降雨是直接导致山洪泥石流灾害发生的主要原因。

### 3.4.3 短时强降水落区

岷县境内山岭起伏，河流纵横，选取的10个自动站和1个观测站中，除中寨、岷县观测站外，均为高山站，海拔均在2400 m以上，秦许、麻子川、蒲麻、闾井、寺沟马烨在2500 m以上。洮河是黄河上游第二大支流，从岷县西寨镇冷地口入境东流，经西寨、青水、十里、岷山、城郊、茶埠、折北过梅川、西江、小寨、中寨、堡子、维新12个乡镇，流域面积2177 $km^2$，平均流量120 $m^3/s$，比降0.24%；迭藏河为洮河一级支流，流域面积827.1 $km^2$，流径麻子川、寺沟、秦许、城郊入洮，平均流量7.16 $m^3/s$，比降25.4%；闾井河属渭河一级支流，流域面积713.7 $km^2$，平均流量4.05 $m^3/s$，比降14.6%；纳纳河洮河次一级支流，流域面积279.8 $km^2$，流经禾驮、茶埠，平均流量1.77 $m^3/s$；比降20.8%。

与“6.22”过程相比，除寺沟马烨外，“5.10”过程小时雨强大的地方均出现在洮河上游的青水、河流比降大的麻子川、秦许、茶埠、闾井；另外，“5.10”过程，洮河上游的临潭县八角也出现了暴雨(71.1 mm)。强降水落区是造成岷县山洪泥石流灾害发生另一个重要因素。

## 3.5 多灾并发

“5.10”过程，10日17时左右多灾并发，雷电、短时强降水、冰雹、阵性大风同时出现，岷县的茶埠镇、禾驮乡电闪雷鸣，紧接着雨中夹带冰雹，随后冰雹越来越猛，强降水夹杂着冰雹持续了近 50 min，尤其是冰雹，均出现在洮河上游的碌曲、临夏、卓尼及岷县本地，卓尼、岷县冰雹最大直径达 40 mm，部分地区积雹厚度达 10 cm。“5.10”过程，强降水伴随强度特强的降雹、阵性大风，加大了下泄力度，地表严重被冲刷，冰雹融化，岷县山脉陡峭，形成了山洪泥石流灾害。

而“6.22”过程，降水总体比较平稳，个别站出现了短时强降水，但降水量级大，使局部地方出现了洪涝灾害，造成了较严重的损失。

### 3.6 地理环境

岷县属西秦岭地槽皱系的北支秦岭海西褶皱带，多属石质及碎砾、风化岩石堆积山体，山势陡峭，植被稀少，土质结构松散，加之受汶川“5.12”大地震影响，加剧了岷县境内的山体破碎程度。5 月初的岷县较 6 月底，植被稀疏，根系弱小，固定土壤、吸收水分、防止水土流失的能力差。

## 4 结论

通过对甘肃岷县两次强降水过程的致灾因子、承灾体易损性特征对比分析，揭示出了 2012 年 5 月 10 日岷县特大山洪泥石流形成原因。得到以下结论：

(1)对比甘肃岷县两次强降水过程表明，在高空有冷空气东移南下的有利环流背景下，由低层切变线上产生的中尺度强对流造成短时强降水。明显的中尺度特征导致强对流天气发生是造成中小河流洪水及山洪泥石流等地质灾害发生的主要气象触发因素。

(2)从两次强降水过程分析中看出，前期降水、短时强降水强度及落区是导致山洪泥石流的关键因素。“5.10”过程前期降水偏多，土壤含水量较高，本就易发生地质灾害，加之短时强降水强度强且落区均在绕城而过的洮河上游及河流比降大的地方，是导致“5.10 岷县特大山洪泥石流”形成的关键因素。

(3)强降水伴随特强冰雹、阵性大风，加大了下泄力度，地表严重被冲刷，岷县山脉陡峭，强冰雹、阵性大风在“5.10 岷县特大山洪泥石流”的发生中起到了推波助澜的作用。

(4)5 月初的岷县土质结构松散，植被稀疏，根系弱小，固定土壤、吸收水分、防止水土流失的能力差，加之汶川“5.12”大地震加剧了岷县境内的山体破碎程度，“5.10”过程出现的时间对“5.10 岷县特大山洪泥石流”的形成也有一定的贡献。

## 参考文献

段旭，陶云，刘建宇，等，2007. 云南省不同地质地貌条件下滑坡泥石流与降水的关系[J]. 气象，33(9)：33-39.

付双喜，何金梅，2015. 甘肃短时强降水天气若干环境参数特征分析[J]. 干旱区地理(汉文版)，38(3)：469-477.

郭广芬，周月华，史瑞琴，等，2009. 湖北省暴雨洪涝致灾指标研究[J]. 暴雨灾害，28(4)：71-75.

刘引鸽，葛永刚，周旗，2008. 秦岭以南地区降水量变化及其灾害效应研究[J]. 干旱区地理，31(1)：54-59.

刘希林，2000. 区域泥石流风险评价研究[J]. 自然灾害学报，9(1)：54-61.

刘希林，赵源，李秀珍，等，2006. 四川德昌县典型泥石流灾害风险评价[J]. 自然灾害学报，15(1)：11-16.

曲晓波，张涛，刘鑫华，等，2010．舟曲“8．8”特大山洪泥石流灾害气象成因分析[J]．气象，36(10)：102-105．

齐丹，田华，徐晶，等，2010．基于WRF模式的云贵川渝地质灾害气象预报系统的应用[J]．气象，36(3)：101-106．

苏布达，姜彤，郭业友，等，2005．基于GIS栅格数据的洪水风险动态模拟模型及其应用[J]．河海大学学报(自然科学版)，33(4)：370-374．

舒和平，孙爽，马金珠，等，2016．甘肃省南部单沟泥石流灾害风险评价[J]．山地学报，34(3)：337-345．

许东蓓，刘抗，车玉川，等，2011．“8.12”甘肃大暴雨特征分析[C]// 2011年全国重大天气过程总结和预报技术经验交流会．

袁美英，李泽春，张小玲，等，2011．中尺度对流系统和东北暴雨的关系[J]．高原气象，30(5)：1224-1231．

俞布，缪启龙，潘文卓，等，2011．杭州市台风暴雨洪涝灾害风险区划与评价[J]．气象，37(11)：1415-1422．

章国材，2010．气象灾害风险评估与区划方法[M]．北京：气象出版社．

张国平，许凤雯，赵琳娜，2010．中国降水型泥石流研究现状[J]．气象，36(2)：81-86．

赵庆云，傅朝，刘新伟，等，2017．西北东部暖区大暴雨中尺度系统演变特征[J]．高原气象，36(3)：697-704．

邹波，陈忠明，2000．一次西南低涡发生发展的中尺度诊断分析[J]．高原气象，19(2)：141-149．

# Analysis and Estimation of Geographical and Topographic Influencing Factors for Precipitation Distribution over Complex Terrains: A Case of the Northeast Slope of the Qinghai-Tibet Plateau*

LIU Weicheng [1,2], ZHANG Qiang [1,3,4],
FU Zhao [2], CHEN Xiaoyan [2] and LI Hong [2]

(1. College of Atmospheric Sciences, Lanzhou University, Lanzhou 730000;
2. Lanzhou Central Meteorological Observatory, Lanzhou 730020;
3. Key Laboratory of Arid Climatic Change and Disaster Reduction of Gansu Province/China Meteorological Administrator, Lanzhou 730020;
4. Institute of Arid Meteorology, China Meteorological Administrator, Lanzhou 730020)

**Abstract**: Due to the complex terrain, sparse precipitation observation sites, and uneven distribution of precipitation in the northeastern slope of the Qinghai-Tibet Plateau, it is necessary to establish a precipitation estimation method with strong applicability. In this study, the precipitation observation data from meteorological stations in the northeast slope of the Qinghai-Tibet Plateau and 11 geographical and topographic factors related to precipitation distribution were used to analyze the main factors affecting precipitation distribution. Based on the above, a multivariate linear regression precipitation estimation model was established. The results revealed that precipitation is negatively related to latitude and elevation, but positively related to longitude and slope for stations with an elevation below 1700 m. Meanwhile, precipitation shows positive correlations with both latitude and longitude, and negative correlations with elevation for stations with elevations above 1700 m. The established multivariate regression precipitation estimating model performs better at estimating the mean annual precipitation in autumn, summer, and spring, and is less accurate in winter. In contrast, the multivariate regression mode combined with the residual error correction method can effectively improve the precipitation forecast ability. The model is applicable to the unique natural geographical features of the northeast slope of the Qinghai-Tibet Plateau. The research results are of great significance for analyzing the temporal and spatial distribution pattern of precipitation in complex terrain areas.

**Keywords**: complex terrains; geographical and topographical factors; precipitation estimation; Northeast Slope of Qinghai-Tibet Plateau; multivariate regression; residual error correction

---

* 本文已在《Atmosphere》2018 年第 9 期正式发表。

## 1 Introduction

Information about the spatial distribution of precipitation is vital for the research and applications of fields such as meteorology, hydrology, agriculture, ecology, and environmental science(Sangati et al., 2008; Rana et al., 2012; Gao et al., 2014). In normal cases, the precipitation distribution is mainly determined by the large-scale atmospheric circulation; however, for regions with complex terrain, the terrain can render precipitation distribution rules by affecting the large-scale weather system, atmospheric airflow, and microphysical processes of clouds(Wu et al., 2005; Beniston et al., 2006; Zhu et al., 2010). In the meantime, geographical factors can also influence the precipitation distribution through solar radiation (Qi et al., 2015), melting-layer height(Morin et al., 2007), and vapor source distance (Al-Ahmad et al., 2015), which differ a lot in different locations.

Nevertheless, in situ precipitation observations are sparse in space in recent years. In addition, newly supplemented stations have short data series, so they fail to provide favorable information for depicting the spatial change patterns of precipitation. Alternatively, spatial interpolation technology can predict the values beyond observation coverage based on observed values. Therefore, interpolation technology based on geographical and topographical impact factors has the potential of turning into an important means of precipitation distribution estimation. In recent years, many experts and scholars have set out to study the impact of geographical and topographical factors on the precipitation distribution in different regions or areas, and established a variety of precipitation distribution estimating methods. Briefly, the geographical and topographical factors that influence the precipitation distribution in different areas, including the longitude, latitude(Saeidabadi et al., 2016), station elevation (Al-Ahmadi et al., 2014), maximum height of mountains facing different directions (Portalés et al., 2010), average elevation of the station's vicinity(Marquinez et al., 2003), slope, exposure, average slope and exposure in the vicinity of the station, distance from vapor source, distance from ridge (Saeidabadi et al., 2016), and landform type (Shu et al., 2007). The precipitation estimating models that have been established based on the aforesaid factors cover artificial neural network (ANN) (Saeidabadi et al., 2016), partial least squares regression (PLS) (Shu et al., 2007), and MLR (multivariate linear regression) (Shu et al., 2005), in which MLR remains relatively simple and takes into consideration the overlapping effect of different factors in order to reduce its estimation error (Zhao et al., 2008).

The northeast slope of the Qinghai-Tibet Plateau is located at the junction between the east section of Qilian Mountain and the Qinling Mountains. It is in a marginal area of westerly climate, plateau climate, and southeast Asian moon climate, as well as the transitional belt between the southeastern moist monsoon climate and the northwestern inland arid climate. Affected by the complex plateau terrain, a sub-synoptic scale system is formed with the mean circulation within the boundary layer of the northeast slope of the Qinghai-Tibet Plateau. Such a sub-synoptic scale circulation system can lead to extremely uneven thermal or dynamic effect in the local area, so that the spatial distribution of precipitation in the area becomes much non-uniform, and environmental issues such as water and soil loss, grassland deterioration, and desertization are quite prominent (Du et al., 2012). According to the study of Zhang et al. (2007), in the east of the Qinghai-Tibet Plateau, the precipitation displayed a significant decrease when the elevation was 340～1400 m; it then gradually increase with rising elevation. When the elevation reached 3600 m, the precipitation fell again with the increase of elevation. Wei et al. (2005) used eight interpolation methods and a combined method of multivariate weighted regression and residual distribution to estimate the average annual precipitation distribution in Dingxi, the area of the northeast slope of the Tibetan plateau. The results showed that the accuracy of the combined method is the best. Peng et al. (2014) investigated the precipitation distribution in the Qilian mountains, and found that the topography and wind direction are the main factors that affect the precipitation distribution in this area. Also, the mountain microclimate simulation model (MTCLIM) was improved, and an algorithm suitable for estimating the daily precipitation in the mountain area was established. Yu et al. (2015) used different spatial interpolation methods (ordinary Kriging, inverse distance weighting, and the radial basis function method) to estimate the annual precipitation in the Loess Plateau. The results showed that the ordinary Kriging interpolation method that employed the semivariogram as the ring model performed better, and the minimum average absolute error was 32.34 mm.

The previous studies have analyzed the advantages and disadvantages of different interpolation and estimation methods for precipitation estimation in the northeastern slope region of the Qinghai-Tibet Plateau. However, few studies have focused on how geographic and topographic factors affect the precipitation distribution in this region. Also, the establishment of more accurate precipitation estimation algorithms based on the main influencing factors are still needed. Therefore, a better understanding of how the geographical and topographical factors affect the precipitation distribution in the complex terrains of the northeast Slope of the Qinghai-Tibet Plateau and their mechanisms and conduct subsequent precipitation distribution estimation are of great guiding significance for the analysis of local water resources distribution and climatic background for early warning of drought and flooding. In consideration of the complex terrains in the northeast slope of the Qinghai-Tibet Plateau, the paper makes use of the digital elevation model (DEM) to find out different geographical and topographical factors and figure out the correlation coefficients of those factors with the precipitation. Based on the above, this work endeavors to build a model that is suitable to estimate the annual and quarterly average precipitation distribution in such an area.

# 2 Study Area

The northeast slope of the Qinghai-Tibet Plateau is situated at 101°-109°E and 32°-38°N in the junction of the Qinghai-Tibet Plateau, Loess Plateau, and Inner Mongolian Plateau. Its west constitutes the main body of the Qinghai-Tibet Plateau, its east belongs to the Loess Plateau, and the middle is a transitional area between the two terrain units (Figure 1). In this area, the terrains are complicated, and the elevation varies from 236 to 5388 m. Besides the Qinghai-Tibet Plateau, there are mountains such as Qilian Mountain, Liupan Mountain, and the Qinling Mountains. The area is distributed with all sorts of landforms, including plateaus, hilly land, desert, Gobi, and plain. The northeast slope of the Qinghai-Tibet Plateau is far inland, and is far away from the sea. Moist airflow is obstructed here by such high terrains, which causes there to be little rainfall in the west regions, and further results in a dry climate and fragile ecology. Rather, the east is within the marginal area of the monsoon system, so the area has abundant aunual percipitation, and regional annual average precipitation reaches 171.1～1275.7 mm.

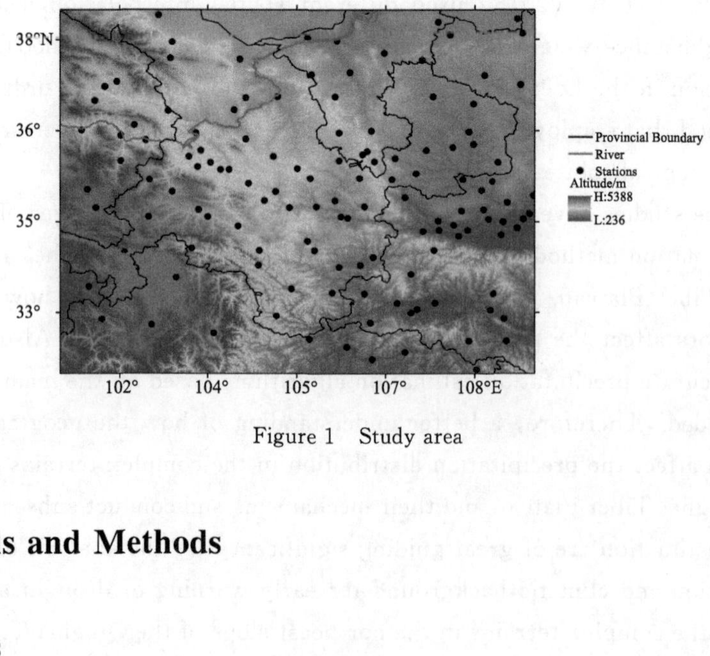


Figure 1 Study area

# 3 Materials and Methods

## 3.1 Datasets

Monthly precipitation observing data of the northeast slope of the Qinghai-Tibet Plateau was collected from the standard monthly datasets of Chinese surface climate (Available online: http://data.cma.cn). To test the reliability and continuity of the observed data, data from all of the stations underwent preliminary screening. Only stations with years of correct observation records exceeding 80% of all of the years, and no more than three consecutive years lacking relevant records were employed. Finally, 130 observation stations were chosen

(Figure 1). Since the datasets already received strict quality control procedures such as extreme value checks and temporal/spatial consistency checks (Ren et al., 2007), only some missing values were interpolated in the data analysis. This means that when a specific station had observation values missed, the distance weight algorithm was used to interpolate the observations of the nearest site, which was well-correlated ($r^2 > 0.95$) to the site with missing values (Liu et al., 2017). The seasonal data were accumulated with monthly ones. Four seasons were divided by a meteorological perspective: spring (March-May), summer (June-August), autumn (September-November), and winter (December-February of following year).

DEM data were from global elevation data with a resolution of 90 m from the Shuttle Radar Topography Mission (SRTM) led by the American National Aeronautics and Space Administration (NASA) (Available online: http://www2.jpl.nasa.gov/srtm/). Topographical and geographical factors for all of the stations were derived from the DEM data using ArcGIS (ESRI, C. A. USA) and off-the-shelf ArcGIS software packages (Table 1). According to the study of Al-Ahmadi et al. (2014), computation error increased as the factor resolution increased. Thus, in the present paper, different resolutions were adopted for a further study.

**Table 1 Geographical and topographical factors**

| Parameters | Unit | Resolution |
|---|---|---|
| Latitude (Lat) | Degree | 0.001° |
| Longitude (Lon) | Degree | 0.001° |
| Altitude (Alt) | Meter | 250 m |
| Mean altitude within a 5 km radius (Malt) | Meter | 250 m |
| Mean slope within a 5 km radius (Ms) | Degree | 1° |
| Mean aspect within a 10 km radius (Masp) | Degree | 1° |
| Tangent of the average aspect within a 10 km radius (Tm) | — | 0.01 |
| Maximum altitude of the eastern sector within a 50 km radius (MaE) | Meter | 250 m |
| Maximum altitude of the southern sector within a 50 km radius (MaS) | Meter | 250 m |
| Maximum altitude of the western sector within a 50 km radius (MaW) | Meter | 250 m |
| Maximum altitude of the northern sector within a 50 km radius (MaN) | Meter | 250 m |

## 3.2 Methods

The Pearson coefficient of correlation was utilized to figure out the correlation between precipitation distribution and geographical and topographical factors in the northeast slope of the Qinghai-Tibet Plateau (Donges et al., 2013; Diaconescu et al., 2014). Through an analysis of higher correlation coefficients, the factors affecting the precipitation distribution in the local area were determined. The detailed formulation was as follows:

$$R = \frac{n\sum\beta_i o_i - \sum\beta_i\sum o_i}{\sqrt{\left[n\sum\beta_i^2 - (\sum\beta_i)^2\right]\left[n\sum o_i^2 - (\sum o_i)^2\right]}} \quad (1)$$

where $R$ is the correlation coefficient, $o_i$ is the observed precipitation value, $\beta_i$ is the geographical or topographical factor, and $n$ is the number of samples involved in the calculation.

A precipitation distribution estimation model about the research area was built through multivariable stepwise linear regression (MSLR) on the basis of geographical and topographical factors (Draper et al., 1998). Stepwise regression is a method of fitting regression models. In each step, a variable is considered for addition to or subtraction from the set of explanatory variables based on some prespecified criterion. The adjusted $\overline{R}^2$ resulting from each calculation was tested to reserve only the independent variables with significant effect until no variable could be added or subtracted. At this time, the regression equation was considered as the optimal estimating model. The paper chose a forward selection strategy, which meant that the model started from no variable at all, and then a geographical/topographical factor with most significant fitting effect was added step by step until no factor should be added.

The linear regression estimating model is:

$$y_i = \beta_0 + \beta_1 x_{1i} + \beta_2 x_{2i} + \cdots + \beta_n x_{ni} \tag{2}$$

where $y$ means the estimated precipitation, $x_n (n = 1, 2, \cdots)$ means the geographical/topographical factor, $\beta_0$ means the intercept of the regression equation, $\beta_n (n = 1, 2, \cdots)$ means the regression coefficient, and $i$ means the regression computation sample. The computation formula about adjusted $\overline{R}^2$ is as follows:

$$\overline{R}^2 = 1 - (1 - R^2)\frac{n-1}{n-p} \tag{3}$$

where $p$ indicates the number of geographical/topographical factors in the regression model, $n$ is the number of regression computation samples, and $R^2$ is the coefficient of multivariate regression determination, which decides the goodness-of-fit of the regression equation, and can be expressed as:

$$R^2 = \frac{\sum (p_i - \overline{o})^2}{\sum (o_i - \overline{o})^2} \tag{4}$$

where $o_i$ and $p_i$ are the observed precipitation and regression-estimated precipitation, respectively, and $\overline{o}$ is the average observed precipitation.

The cross-validation method is a statistical analysis method that is used to verify the performance of the classifier (Kohavi et al., 1995). It can be used to test the accuracy of the algorithm and obtain the optimal mathematical model. In this paper, the K-fold cross-validation method (Hastie et al., 2001) is adopted; that is, the calculation site set is randomly divided into K subsets, and each subset data is separately verified as a model verification set, and the remaining K-1 subsets data is used as a model establishment set, so that K models will be obtained. Then, the verification subset is utilized to calculate the root mean square error (*RMSE*) of each model; the one with the smallest *RMSE* in the K models is selected as the optimal precipitation estimation model.

The estimation error of each station was computed after the precipitation distribution estimating model was established on the basis of the modeling subset, and "estimating error distribution" was derived from the errors of all of the stations. Afterwards, three algorithms—namely inverse distance weighted (IDW) (Bartier et al. , 1996; Daly et al. , 2006; Fatichi et al. , 2009), local polynomial interpolation (LPI) (Francisco et al. , 2001), and ordinary Kriging (OK) (Williams et al. , 1989; Morlier et al. , 2009)—were adopted to interpolate the estimating errors into the whole computational domain, whereas the model verification subset got to acquire different estimating errors of all of the stations according to the interpolated error distribution.

The verification of precipitation estimation was done by comparing the observed values from stations in the model verification subset with the model estimating values. In the estimating effect check, four statistical estimation indicators were used (Hyndman et al. , 2006): the Pearson coefficient of correlation ($R$), mean error ($ME$), mean absolute error ($MAE$), and root mean square error ($RMSE$), whose detailed definitions are listed below:

$$ME = \frac{1}{n}\sum \frac{(p_i - o_i)}{o_i} \tag{5}$$

$$MAE = \frac{1}{n}\sum \frac{| p_i - o_i |}{o_i} \tag{6}$$

$$RMSE = \sqrt{\frac{\sum (p_i - o_i)^2}{n}} \tag{7}$$

where $o_i$ and $p_i$ are the observed precipitation and regression-estimated precipitation, and $n$ is the number of verification samples. In order to effectively describe the seasonable change feature of precipitation distribution, all of the statistical indicators were presented with a percentage in relation to observed precipitation.

# 4 Results

## 4.1 Precipitation Affecting Factors

An analysis of the Pearson coefficient of correlation between annual and quarterly average precipitation and geographical/topographical factors on the northeast slope of the Qinghai-Tibet Plateau reveals a significant negative correlation between precipitation and latitude (Table 2). It indicates declining precipitation with more northward stations, with the highest correlation coefficient among all of the factors. However, a consistent positive correlation is found between precipitation and longitude, which means the precipitation rises gradually from west to east on the northeastern slope of the Plateau. Precipitation was negatively related to the average station elevation, and the average elevation of the station vicinity with a 5 km radius, but the positive correlation with the latter tended to be more significant. It was also significantly and positively related to the average slope of the station vicinity with a 10 km radius, which suggested that the steeper the terrain, the higher the precipitation; it was consistently and positive related to the average exposure of the station vicinity with a 10 km radius, in spite of a much lower correlation. As to the highest elevations with different exposures, their correlations with precipitation differed materially, and only the winter precipitation presented a high negative correlation with the highest elevation on four exposures.

**Table 2　Correlation coefficients between the total seasonal and annual precipitation and the geographical and topographical factors (all stations)**

| Parameters | Spring | Summer | Autumn | Winter | Annual |
|---|---|---|---|---|---|
| Lat | −0.88** | −0.79** | −0.86** | −0.72** | −0.84** |
| Lon | 0.17 | 0.24** | 0.37** | 0.45** | 0.28** |
| Alt | −0.19* | −0.24* | −0.38** | −0.38** | −0.28** |
| Malt | −0.06 | 0.12 | −0.22* | −0.31** | −0.15 |
| Ms | 0.37** | 0.31** | 0.32** | 0.28** | 0.33** |
| Tm | 0.19 | 0.18 | 0.17 | 0.16 | 0.18 |
| MaE | 0.11 | 0.01 | −0.09 | −0.25** | −0.01 |
| MaS | 0.06 | −0.04 | −0.14 | −0.26** | −0.06 |
| MaW | 0.16 | 0.10 | −0.02 | −0.16 | 0.07 |
| MaN | 0.12 | 0.05 | −0.06 | −0.21* | 0.02 |

* Denote statistically significant at the 10% significance level. ** Denote statistically significant at the 5% significance level. Lat: latitude, Lon: longitude, Alt: elevation, Malt: mean altitude around the station, Ms: mean slope, Tm: mean aspect of the station's vicinity, MaE: max elevation to the east of the station, MaS: max elevation to the south of the station, MaW: max elevation to the west of the station, MaN: max elevation to the north of the station.

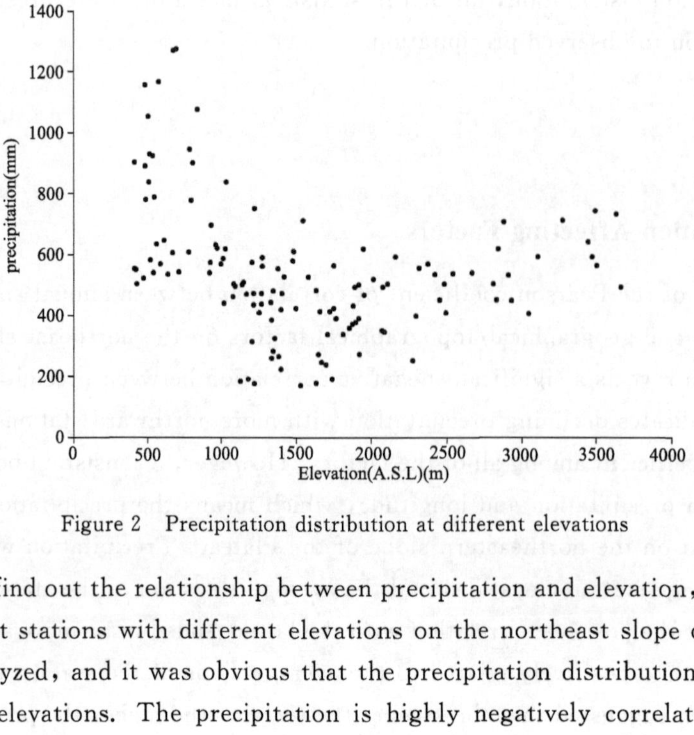


Figure 2　Precipitation distribution at different elevations

In order to find out the relationship between precipitation and elevation, the mean annual precipitation at stations with different elevations on the northeast slope of Qinghai-Tibet Plateau was analyzed, and it was obvious that the precipitation distribution differed greatly under different elevations. The precipitation is highly negatively correlated to elevation.

This was in agreement with the previous correlation, which analyzed the outcome. Further analysis suggested an evident sudden "inflection point" of precipitation with the change of elevation. On both sides of that inflection point, the precipitation changed with the elevation in two distinct ways. The inflection point was situated at an elevation of about 1400～1900 m. The precipitation at stations with an elevation higher than 1900 m is positively correlated to the elevation, while it was negatively correlated to the elevation for stations below 1400 m. To determine the position of the inflection point accurately, six thresholds were chosen between 1400 m and 1900 m, with 100 m intervals. All of the stations were divided into two intervals as per each threshold (namely, the stations no lower than the threshold, and those above it), in order to figure out the correlation between the precipitation of stations in two intervals and the elevation for each threshold. It was found that when the threshold was 1700 m, the correlation of both intervals became quite significant. Therefore, 1700 m was determined to be the inflection point.

For the stations with elevations below 1700 m (Table 3), which included 82 stations, the annual and quarterly mean precipitation appeared to be significantly and negatively related to the latitude, which could be attributed to the melting-layer changes with the latitude. Existing studies have proved that the melting layer is lowered down against the rising latitude(Harris et al., 2000; Zhao et al., 2013), and a higher melting layer is unfavorable for the generation of precipitation(Chen et al., 2012). The positive correlation between precipitation and latitude became even more eye-catching in autumn and winter, because the stations with elevations below 1700 m are mainly distributed in the east of Gansu, the middle-south of Shaanxi, and north of Sichuan, where precipitation distribution was affected by the East Asian monsoon(Liu et al., 2017). In such areas, the greater the stations' latitude, the closer the stations are to the vapor source, and the more easily the precipitation is generated. The annual and quarterly mean precipitation were negatively related to both station elevation and the average elevation of the station's vicinity, and the former's correlation was more significant. By contrast, the precipitation was proven to be significantly positively correlated to the average slope of the station's vicinity. This meant that a steeper terrain would facilitate the generation of precipitation. The reason why two factors exerted different effects on the precipitation was probably because the maximum water vapor content in the areas with an elevation below 1700 m on the northeast slope of the Qinghai-Tibet Plateau was in the lower layer of the atmosphere (850-700 hPa)(Chen et al., 2005). The correlation between precipitation and the average exposure of the station's vicinity remained insignificant. When it came to the effect of maximum elevation in different directions on the precipitation, it seemed that only the maximum elevation in the west had a significant correlation with the precipitation in spring, summer, and autumn, which may be related to the region's water vapor being mainly derived from the East Asian monsoon(Wang et al., 2007). When the East Asian monsoon carries a large amount of water vapor to the west, it is easy for the western mountains to converge and uplift to form precipitation.

**Table 3 Same as Table 2, but for stations with an elevation below 1700 m**

| Parameters | Spring | Summer | Autumn | Winter | Annual |
|---|---|---|---|---|---|
| Lat | −0.89** | −0.81** | −0.87** | −0.74** | −0.85** |
| Lon | 0.30* | 0.28* | 0.38** | 0.43** | 0.32** |
| Alt | −0.65** | −0.56** | −0.70** | −0.65** | −0.63** |
| Malt | −0.22 | −0.23 | −0.31* | −0.36** | −0.26* |
| Ms | 0.50** | 0.47** | 0.53** | 0.59** | 0.51** |
| Tm | 0.18 | 0.15 | 0.18 | 0.18 | 0.17 |
| MaE | 0.20 | 0.16 | 0.10 | −0.10 | 0.14 |
| MaS | 0.07 | 0.02 | −0.03 | −0.16 | 0.01 |
| MaW | 0.34** | 0.33** | 0.25* | 0.08 | 0.30* |
| MaN | 0.21 | 0.21 | 0.14 | −0.04 | 0.19 |

* Denote statistically significant at the 10% significance level. ** Denote statistically significant at the 5% significance level.

For the stations with elevations above 1700 m (Table 4), which included 48 stations, a consistent and highly significant negative correlation was found again between the annual and quarterly mean precipitation and the latitude. The correlation between precipitation and longitude displayed great discrepancy; the annual mean precipitation and precipitation in spring, summer, and autumn were negatively related to the longitude, whereas the precipitation in winter was positively related to it, regardless of the insignificant correlation. This was much unlike the stations below 1700 m, and it is mainly because most of the stations higher than 1700 m are distributed in the edge of the Qinghai-Tibet Plateau, the middle of Gansu, and south of Ningxia, where the westerlies' activities exerted a dominating effect on local precipitation(Liu et al., 2017), and water vapor was delivered here along northwest and west paths(Wang et al., 2007). The annual and quarterly mean precipitation were significantly and positively related to the station elevation and average elevation of the station's vicinity, and correlation with the former was more significant. This was also obviously different from the stations with an elevation higher than 1700 m, and it may be in part explained by the maximum water vapor content being in the middle and upper layer (700-500 hPa) of the atmosphere(Chen et al., 2005). The annual and quarterly mean precipitation were less correlated to the average slope of the station's vicinity, and a great difference was spotted in their correlation with the average exposure. The mean precipitation kept being in positive correlation with the exposure in all of the seasons except for autumn, which indicated that the more westward and northward the average exposure of the station's vicinity was, the more precipitation could be expected. As for the effect of the highest elevation in different directions on the precipitation, it was obvious that annual precipitation and precipitation in spring, summer, and autumn were positively related to the highest elevation in four directions. The effect of those factors on the precipitation may also be related to the sources of local water vapor.

**Table 4 Same as Table 2, but for stations with an elevation above 1700 m**

| Parameters | Spring | Summer | Autumn | Winter | Annual |
|---|---|---|---|---|---|
| Lat | −0.84** | −0.71** | −0.87** | −0.65** | −0.82** |
| Lon | −0.24 | −0.21 | −0.22 | 0.18 | −0.21 |
| Alt | 0.52** | 0.72** | 0.68** | 0.47** | 0.68** |
| Malt | 0.34* | 0.44** | −0.44** | 0.11 | 0.42** |
| Ms | 0.22 | 0.10 | −0.13 | −0.12 | 0.14 |
| Tm | 0.28 | 0.42* | −0.31 | 0.26 | 0.37* |
| MaE | 0.31 | 0.25 | 0.33* | −0.05 | 0.28 |
| MaS | 0.39* | 0.35* | 0.40* | 0.03 | 0.38* |
| MaW | 0.26 | 0.30 | 0.33* | −0.03 | 0.30 |
| MaN | 0.31 | 0.27 | 0.32 | −0.04 | 0.30 |

* Denote statistically significant at the 10% significance level. ** Denote statistically significant at the 5% significance level.

## 4.2 Precipitation Estimating Model

Multivariate stepwise linear regression method and 10-fold cross-validation (the calculating stations are randomly divided into 10 subsets) were employed to build a best annual and quarterly mean precipitation estimating models (EM). The geographical and topographical factors used in the EMs are shown in Table 5. It could be found that the influencing factors used in different EMs differ a lot. All of the models covered three common factors, i.e., latitude (Lat), longitude (Lon), and elevation (Alt). The mean altitude around the station (Malt), the max elevation to the east of the station (MaE), and max elevation to the north of the station (MaN) are the second most used factors, and are used in two seasonal and annual average precipitation estimation models, respectively. The mean slope (Ms) around the station, the mean aspect of the station's vicinity (Tm), and the maximum elevation to the south of the station (MaS) are only used in one seasonal precipitation estimation model. The winter precipitation estimation model uses the least parameters (only five of them), while the other models use seven parameters, but the different models use different parameters. By checking the adjusted $\overline{R}^2$ of different models, it was found that the mean precipitation estimating models for autumn and spring did best, followed by the annual mean precipitation estimating model. By contrast, the winter and summer precipitation estimating models failed to generate good performance. This may be due to the general low precipitation in winter and the greatly changing precipitation distribution in summer.

**Table 5 Correlation coefficients between precipitation from different time scales and influence factors of the multivariate regression models**

| Parameter | Spring | Summer | Autumn | Winter | Annual |
|---|---|---|---|---|---|
| (a) Coefficients $\beta n$ | | | | | |
| Lat | −23.697 | −54.290 | −32.320 | −3.822 | −115.069 |
| Lon | 7.230 | 23.157 | 15.087 | 1.762 | 50.916 |
| Alt | 0.013 | 0.038 | 0.012 | 0.002 | 0.065 |
| Malt | −0.031 | −0.094 | −0.042 | | −0.176 |
| Ms | | | 0.983 | | |
| Tm | 0.613 | | | | |
| MaE | 0.010 | | 0.010 | 0.003 | 0.026 |
| MaS | | −0.001 | | | |
| MaW | 0.018 | 0.065 | 0.029 | | 0.107 |
| MaN | | 0.018 | | −0.005 | 0.032 |
| (b) Intercept $\beta_0$ | | | | | |
| | 142.634 | −344.938 | −371.816 | −40.669 | −982.122 |
| (c) Adjusted coefficient of determination $\overline{R}^2$ | | | | | |
| | 0.81 | 0.70 | 0.84 | 0.71 | 0.79 |

Due to the factors influencing precipitation distribution being discrepant at different altitudes, the optimal precipitation estimation models are established for stations with altitudes of below 1700 m and above 1700 m, respectively. The 10-fold cross-validation and the eight-fold cross-validation were used by the precipitation estimation model. The geographical and topographical factors used in the station precipitation estimating models by elevation were more different (Table 6). The precipitation estimating models for stations with an elevation below 1700 m (EMB)-Lat, Lon, Alt and Malt—were adopted, without Ms. Seven parameters were used in the spring, autumn, and annual average precipitation estimation models, while only six parameters were used in the summer and winter average precipitation estimation models. For the adjusted $\overline{R}^2$, similar to MR, the precipitation estimating effect of the spring, autumn, and annual was better than that of summer and winter estimation. The adjusted $\overline{R}^2$ values of the spring and autumn precipitation estimation models were superior to that of the EM estimation model. As for the precipitation estimating models (EMA) of stations higher than 1700 m, Lat and Alt were adopted to all of the models but without Ms, Tm, MaS, and MaW. Unlike EM and EMB, MaE was the second most used parameter in two seasonal and annual precipitation estimation models. Lon, Malt, and MaN are only used in one season's estimation model. The winter precipitation estimation model used four parameters, while the remaining models contained three parameters. From the perspective of adjusted $\overline{R}^2$ values, the annual precipitation was best estimated, followed by autumn, summer, and winter in turn. Nevertheless, the overall estimating effect of EMA was obviously inferior to that of EM and EMB. This may be related to the non-uniform precipitation distribution of stations with an elevation higher than 1700 m.

**Table 6 Same as Table 5, but for areas with an elevation below 1700 m (EMB) and above 1700 m (EMA), respectively**

| Parameters | Spring | Summer | Autumn | Winter | Annual | Parameters | Spring | Summer | Autumn | Winter | Annual |
|---|---|---|---|---|---|---|---|---|---|---|---|
| | (EMB) | | | | | | (EMA) | | | | |
| | (a) Coefficients $\beta_n$ | | | | | | (a) Coefficients $\beta_n$ | | | | |
| Lat | −24.655 | −60.277 | −35.136 | −3.487 | −123.561 | Lat | −19.322 | −24.849 | −18.74 | −1.497 | −63.504 |
| Lon | 11.059 | 25.36 | 15.931 | 1.57 | 53.599 | Lon | | | | 1.464 | |
| Alt | 0.020 | 0.083 | 0.018 | 0.003 | 0.110 | Alt | 0.012 | 0.063 | 0.025 | 0.006 | 0.099 |
| Malt | −0.04 | −0.164 | −0.069 | −0.007 | −0.237 | Malt | −0.007 | | | | |
| Ms | | | | | | Ms | | | | | |
| Tm | | | | 0.343 | | Tm | | | | | |
| MaE | 0.022 | | 0.010 | | 0.108 | MaE | −0.024 | −0.010 | | −0.037 | −0.024 |
| MaS | −0.010 | | | | −0.082 | MaS | | | | | |
| MaW | 0.022 | 0.066 | 0.015 | 0.002 | 0.139 | MaW | | | | | |
| MaN | | 0.056 | 0.023 | | | MaN | | | −0.002 | | |
| | (b) Intercept $\beta_0$ | | | | | | (b) Intercept $\beta_0$ | | | | |
| | −241.158 | −394.242 | −337.254 | −30.707 | −939.533 | | 771.326 | 1066.042 | 747.08 | | −95.496 |
| | (c) Adjusted Coefficient of Determination $\overline{R}^2$ | | | | | | (c) Adjusted Coefficient of Determination $\overline{R}^2$ | | | | |
| | 0.90 | 0.76 | 0.89 | 0.72 | 0.85 | | 0.73 | 0.76 | 0.79 | 0.75 | 0.81 |

## 4.3 Precipitation Estimation Verification

For the precipitation estimating models established, the residual errors (namely differences between estimated values and the observed ones) of all of the stations in the model establishment subset were figured out, and they were interpolated into the whole research area in three different ways (IDW, LPI, and OK) to work out the annual and quarterly precipitation estimation residual distribution of the northeast slope of the Qinghai-Tibet Plateau. Then, five kinds of statistical indicators (Table 5) were derived from the observed values of all of the stations in a model verification subset for a quantitative analysis and inspection of the estimating effect of four methods (MSLR only, MSLR + IDW, MSLR + LPI and MSLR + OK).

In accordance with the estimating effect of models built on the basis of all of the stations (Table 7a), the correlation between their estimated values and observed values almost all reached above 0.9 (expect for the MSLR and MSLR + IDW estimation of winter precipitation, and the MSLR + IDW and MSLR + LPI estimation of annual precipitation). The autumn precipitation estimation model estimated best—the correlation coefficient was greater than 0. 97—followed by the summer and spring estimation models, with the winter estimating model performing the worst.

Judged from the *ME*, except for the slight underestimation of precipitation in spring (−0. 03%-0. 30%), other methods appeared to overestimate the precipitation slightly (*ME* > 0), with annual precipitation being severely overestimated (0. 36%-1. 13%). As revealed in the *MAE* and *RMSE* analysis, the models have lower errors in estimating precipitation in spring and autumn (*MAE*: 6. 81%-9. 44%; *RMSE*: 8. 28%-11. 15%); the highest errors occur in winter estimations (*MAE*: 11. 04%-23. 90%; *RMSE*: 13. 76%-25. 09%). In spite of the vast differences in estimating the annual and seasonal precipitation, the models perform similarly in estimating precipitation within a given period of time. On the other hand, it is noteworthy that the estimation method combining multivariate linear regression with residual error distribution appeared to do better, with a higher Pearson coefficient of correlation and a lower estimation error than the multivariate linear regression method when it was used alone. The combined method was especially good at the winter and annual precipitation estimations (with *MAE* falling from 23. 90% to 10. 64% for winter and from 12. 15% to 7. 73% for annual estimations, and *RMSE* falling from 25. 09% to 13. 76% for winter and from 14. 08% to 9. 61% for annual estimations). Generally speaking, the models that performed well in the annual and seasonal precipitation estimations were MSLR+OK (annual), MSLR+OK (spring), MSLR+IDW (summer), MSLR+OK (autumn), and MSLR+LPI (winter).

In the meantime, the performance of precipitation estimating models established (MSLRe) by station height (with 1700 m as the critical threshold) was also assessed in Table 7b. As revealed in the table 7b, except for the summer precipitation estimation, the correlation coefficients for the other seasons and annual precipitation estimations were improved. In particular, the correlation coefficient for the spring and annual precipitation estimates was significantly improved, while the remaining models were basically the same as EM. It was higher than 0. 9 for the autumn precipitation estimation, and rose from 0. 90 to 0. 98 for the annual precipitation estimation. As for the *ME*, the estimation models created based on height could effectively reduce the error so that the estimated values could be closer to the observed ones. Such a change in trend was even more evident in the annual precipitation estimation, whose minimum mean errors fell by 0. 34%. The minimum mean error appeared in the MSLRe model for winter precipitation, which was only −0. 01%. When it came to *MAE* and *RMSE*, the spring and annual precipitation estimating ability was also significantly improved, but the precipitation estimations of summer and autumn both slightly decreased. From an overall perspective, the annual and seasonal precipitation estimation models that were established based on height with good performance included MSLRe + LPI (annual), MSLRe + OK (spring), MSLRe (summer), MSLRe + IDW (autumn), and MSLRe + IDW (winter). Except for the spring estimation model, the other models were significantly different from the precipitation estimation models established by all of the stations.

**Table 7 Statistical comparison of the estimating effect of four methods (a) for estimating models (EM), (b) for estimating models with elevation below 1700 m EMB and estimating models with elevation above 1700 m (EMA)**

| (a) | | | | | (b) | | | | |
|---|---|---|---|---|---|---|---|---|---|
| Methods | R | *ME*(%) | *MAE*(%) | *RMSE*(%) | Methods | R | *ME*(%) | *MAE*(%) | *RMSE*(%) |
| Spring | | | | | Spring | | | | |
| MSLR | 0.93 | −0.30 | 8.79 | 10.36 | MSLR | 0.97 | −0.13 | 7.08 | 8.72 |
| MSLR + IDW | 0.92 | −0.30 | 9.44 | 10.92 | MSLR + IDW | 0.87 | 0.40 | 11.67 | 17.19 |
| MSLR + LPI | 0.91 | −0.30 | 8.59 | 11.15 | MSLR + LPI | 0.92 | 0.58 | 10.34 | 13.35 |
| MSLR + OK | 0.93 | −0.03 | 8.29 | 10.23 | MSLR + OK | 0.98 | 0.15 | 5.70 | 6.66 |
| Summer | | | | | Summer | | | | |
| MSLR | 0.91 | 0.86 | 12.69 | 15.29 | MSLR | 0.89 | −0.04 | 8.57 | 11.71 |
| MSLR + IDW | 0.96 | −0.08 | 8.10 | 9.24 | MSLR + IDW | 0.77 | 0.17 | 12.04 | 14.30 |
| MSLR + LPI | 0.93 | 0.02 | 9.60 | 10.88 | MSLR + LPI | 0.80 | 0.81 | 11.88 | 17.78 |
| MSLR + OK | 0.94 | 0.02 | 8.67 | 9.73 | MSLR + OK | 0.82 | 0.58 | 11.64 | 14.90 |
| Autumn | | | | | Autumn | | | | |
| MSLR | 0.97 | 0.05 | 9.32 | 10.86 | MSLR | 0.94 | −0.16 | 9.65 | 12.62 |
| MSLR + IDW | 0.99 | 0.08 | 8.62 | 10.01 | MSLR + IDW | 0.97 | 0.06 | 5.17 | 6.91 |
| MSLR + LPI | 0.99 | −0.28 | 7.21 | 8.77 | MSLR + LPI | 0.97 | 0.14 | 6.18 | 9.55 |
| MSLR +OK | 0.99 | −0.12 | 6.81 | 8.28 | MSLR + OK | 0.92 | 0.28 | 10.29 | 13.48 |
| Winter | | | | | Winter | | | | |
| MSLR | 0.84 | −1.94 | 23.90 | 25.09 | MSLR | 0.84 | −0.01 | 17.36 | 22.50 |
| MSLR + IDW | 0.84 | 0.32 | 14.75 | 18.97 | MSLR + IDW | 0.87 | 0.32 | 12.67 | 16.15 |
| MSLR + LPI | 0.89 | 0.06 | 10.64 | 13.76 | MSLR + LPI | 0.86 | 0.48 | 16.40 | 21.03 |
| MSLR + OK | 0.86 | 0.10 | 11.04 | 15.34 | MSLR + OK | 0.86 | 0.07 | 18.13 | 22.42 |
| Annual | | | | | Annual | | | | |
| MSLR | 0.90 | 0.36 | 12.15 | 14.08 | MSLR | 0.97 | −0.18 | 6.64 | 8.24 |
| MSLR + IDW | 0.88 | 0.91 | 14.32 | 19.77 | MSLR + IDW | 0.89 | 0.04 | 10.29 | 12.23 |
| MSLR + LPI | 0.89 | 1.13 | 12.79 | 18.90 | MSLR + LPI | 0.98 | 0.02 | 5.88 | 7.19 |
| MSLR + OK | 0.97 | 0.54 | 7.73 | 9.61 | MSLR + OK | 0.86 | 0.05 | 11.71 | 15.63 |

ME: mean error, MAE: mean absolute error, RMSE: root mean square error. The bold font indicates the best among the statistic.

In accordance with the scatter distribution of the estimated annual and quarterly mean precipitation values from different models and the observed values on the northeast slope of the Qinghai-Tibet Plateau (Figure 3), it can be seen that for the estimation models established based on either all stations or height, the multivariate regression model combined with residual error distribution displayed better estimation performance than the single multivariate regression model. Such a phenomenon was more prominent in the summer and winter precipitation estimations. From the perspective of the estimation of precipitation in different periods, the annual and autumn precipitation estimations were best; the estimated values were almost equal to the observed ones. The winter precipitation estimation performance was a bit inferior. An analysis of the effectiveness of estimation models by height revealed that the estimation models built with all of the stations behaved better in the annual and autumn precipitation estimation. However, such an advantage is not significant in estimating spring precipitation. By comparison, the estimation models created by height had markedly improved performance in summer and autumn precipitation estimation, which meant that it was more proper for the precipitation estimation in the rainy season. This may be related to the influencing factors for the precipitation at different elevations on the northeast slope of the Qinghai-Tibet Plateau.

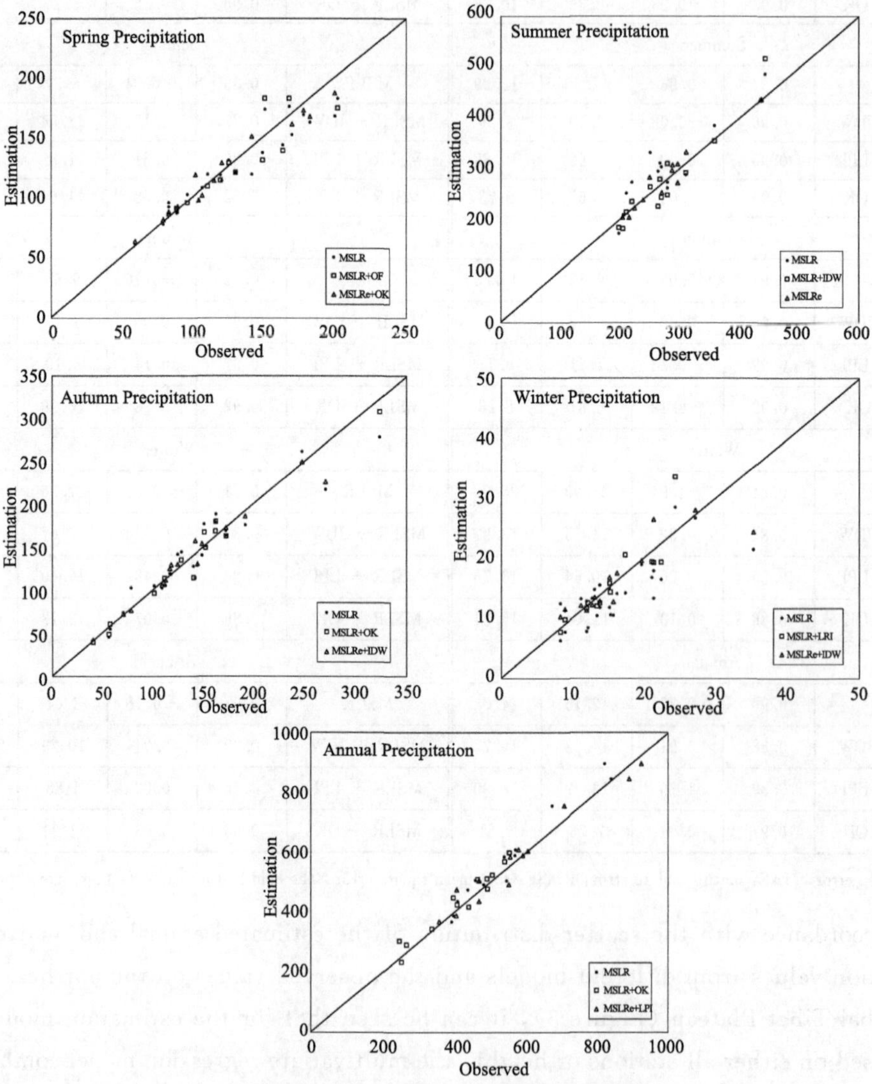


Figure 3 Scatter distribution of estimated and observed annual and quarterly precipitation values. The precipitation estimating models here include multivariable stepwise linear regression (MSLR), MSLR + inverse distance weighted (IDW)/local polynomial interpolation (LPI)/ordinary Kriging (OK) or the established multivariable stepwise linear regression (MSLRe) + IDW/LPI/OK

# 5 Discussion

The northeast slope of the Qinghai-Tibet Plateau, located at the transition belt between the moist monsoon climate and the inland arid climate, is under the effect of westerlies, plateau monsoons, and complicated topographical conditions(Zhang et al., 2013). So, the precipitation distribution is diversified in this area. Disastrous weather events such as drought and violent flood occur frequently. In addition, the observation sites are sparse, which poses certain difficulties for the effective observation of precipitation events (Xu et al., 2011). Practical observation data has been commonly used to estimate the precipitation in the unknown areas, and the observed precipitation of the known sites was always used to obtain the precipitation around the known sites by some algorithms. However, due to the complicated temporal and spatial variations in the microphysical processes of precipitation, the distribution of precipitation in different areas varies greatly. Especially in complex terrain areas (such as the typical Tibetan Plateau and slope areas), the estimation of precipitation is facing enormous challenges due to the unsatisfactory long-term remote measurement of precipitation, sparse observation sites, and poor altitude representation(Mizukami et al., 2012;Delbari et al., 2013;Gou et al., 2018;Henn et al., 2018).

Through analyzing the correlation between many related factors and precipitation distribution, the study found that the geography and topography are the main factors that affect the annual and seasonal precipitation distributions over the northeastern slope of the Tibetan Plateau. These factors are very important for improving the precipitation estimation, especially for improving the schemes related to cloud and precipitation in numerical models (Colle et al., 1998;Junquas et al., 2016). Meanwhile, compared to the existing research results in this area, the multiple stepwise linear regression precipitation estimation method was established based on different geographic and topographic factors, especially the multisource regression model and residual error correction method. This method has significantly improved the ability to estimate the annual and seasonal precipitation (with the minimum *ME* is −0.01%-−0.13%), which is commendable in such complex terrain. Note that cross-validation is indeed more effective than the fixed-site verification method in selecting the optimal precipitation estimation model. This study also compared the estimation abilities of the two methods, and found that the optimal estimation model selected by cross-validation method can reduce the *RMSE* from 9.6%-14.5% to 6.66%-13.76%. This indicates that cross-validation can obtain effective information from limited data as much as possible, and can also reduce the over-fitting of the estimation model.

However, it should be emphasized that although the rainfall observation stations have increased in recent years, the station network density is still small (the current observation density in the study area is about 0.5-4 stations per 100 $km^2$). The resolution of data that has been used to estimate precipitation is obviously low. Thus, high-frequency observation, high-resolution observation, satellite data, and radar observation have been used by many experts and scholars to estimate precipitation due to their wide observation range (Fortin et al., 2015; Rafieeinasab et al., 2015; Zhao et al., 2018). Future work will follow up on the idea of combining satellite and radar observations to develop a higher resolution and more accurate precipitation estimation for areas with complex terrain.

# 6 Conclusions

The study first studied the relationship between the seasonal and annual mean precipitation distribution and the 11 geographical or topographical factors on the northeast slope of the Qinghai-Tibet Plateau, and created multivariate linear regression precipitation estimating models based on the studied relationship. Then, a residual error correction method was employed to improve the overall performance of the estimation models. Finally, the suitability of the different estimation methods for the area were analyzed.

The research indicates that the precipitation on the northeast slope of the Qinghai-Tibet Plateau is differentiated at the elevation of 1700 m. That is, precipitation distributions obtained by the stations below 1700 m and above 1700 m presented distinct features. For the stations below 1700 m, significant and extremely negative correlation is spotted between the annual and quarterly mean precipitation and elevation and latitude, respectively. In contrast, the annual and quarterly mean precipitation is significantly and positively related to the longitude as well as the average slope of the station's vicinity. Steeper terrain is inclined to have higher precipitation. In spring, summer, and autumn, the precipitation is remarkably and positively related to the maximum elevation in the west, where the major regional water vapor comes from. For the stations above 1700 m, the annual and quarterly mean precipitation is significantly and negatively associated with the latitude, and so is the precipitation in spring, summer, and winter. On the other hand, the annual and quarterly mean precipitation is obviously and positively related to the elevation, which constitutes the major difference between the stations above 1700 m and below 1700 m. Both annual mean precipitation and the mean precipitation in spring, summer, and winter are positively related to the exposure, which means that the more westward and northward the station's vicinity, the higher the precipitation. In the meantime, the annual, spring, summer, and autumn mean precipitation are positively related to the highest elevation in four directions.

Annual and quarterly mean precipitation estimating models were established by all of the stations and height on the basis of geographical and topographical factors through a multivariate stepwise linear regression method. An analysis of the adjusted $\overline{R}^2$ values of the models proves that the autumn, summer, spring, and annual mean precipitation estimation is better, while the winter precipitation estimation is less satisfactory. Residual error interpolation correction can effectively improve the estimation performance of the multivariate regression model, since the models that did well in the annual and seasonal precipitation estimation all combined the multivariate regression with residual error correction. However, different residual error interpolations were adopted for different seasons. The multivariate regression model combined with residual error correction established by elevation seems to be better at estimating the precipitation in the rainy season.

The research in this paper demonstrates that the method of multivariate regression combined with residual calibration can effectively improve the estimation ability of rainy season precipitation, which provides a new idea for precipitation estimation in the complex terrain of the northeast slope of the Qinghai-Tibet Plateau. In addition, the altitude of 1700 m as the threshold of precipitation distribution in the region provides new clues that can enhance the understanding of precipitation distribution in the region. Research can also provide recommendations for future actions to improve understandings of management and the prediction of droughts and floods in the region.

## References

AL-AHMADI K, AL-AHMADI S, 2014, Spatiotemporal variations in rainfall-topographic relationships in southwestern Saudi Arabia[J]. Arab J Geosci, 7: 3309-3324.

BENISTON M, 2006. Mountain weather and climate: A general overview and a focus on climatic change in the Alps[J]. Hydrobiologia, 562: 3-16.

BARTIER P M, KELLER C P, 1996. Multivariate interpolation to incorporate thematic surface data using inverse distance weighting[J]. Comput Geosci, 22: 795-799.

CHEN Z, CHEN Y, LI W, 2012. Response of runoff to change of atmospheric 0℃ level height in summer in arid region of Northwest China[J]. Sci China (Earth Sci), 55: 1533-1544. (In Chinese)

CHEN T Y, LI Z R, CHEN Q, et al, 2005. The analysis of climate characteristics of water vapor distribution over Northwest China with water vapor field retrieved from GMS5 satellite data[J]. Chin J Atmos Sci, 29: 864-871.

COLLE B A, MASS C F, WESTRICK K J, 2006. Mesoscale modeling of precipitation in complex orography along the west coast of North America[C]. In Proceedings of the 8th Conference on Moutain Meteorology, Flagstaff, AZ, USA, 3-7 August 1998.

DALY C, 2006. Guidelines for assessing the suitability of spatial climate data sets[J]. Int J Clim, 26: 707-721.

DU L, LI J, CHEN X, et al, 2012. Analysis on cloud and vapor flux in the Northeast of the Qinghai-Tibet Plateau during the period from 2001 to 2011[J]. Arid Zone Res, 29: 862-869. (In Chinese)

DONGES J F, PETROVA I, LOEW A, et al, 2013. How complex climate networks complement eigen techniques for the statistical analysis of climatological data[J]. Clim Dyn, 45: 2407-2424.

DIACONESCU E P, GACHON P, SCINOCCA P, et al, 2014. Evaluation of daily precipitation statistics and monsoon onset/retreat over western Sahel in multiple data sets[J]. Clim Dyn, 45: 1325-1354.

DRAPER N R, SMITH H, 1998. Applied Regression Analysis, 3rd ed[M]. New York: Wiley.

DELBARI M, AFRASIAB P, JAHANI S, 2013. Spatial interpolation of monthly and annual rainfall in northeast of Iran[J]. Meteorol Atmos Phys, 122: 103-113.

FATICHI S, CAPORALI E, 2009. A comprehensive analysis of changes in precipitation regime in Tuscany [J]. Int J Clim 29: 1883-1893.

FRANCISCO M, VILAR J M, 2001. Local polynomial regression estimation with correlated errors[J]. Commun Stat, 30: 1271-1293.

FORTIN V, ROY G, DONALDSON N, et al, 2015. Assimilation of radar quantitative precipitation estimations in the Canadian Precipitation Analysis (CaPA)[J]. J Hydrol, 531: 296-307.

GAO T, XIE L, 2014. Study on progress of the trends and physical causes of extreme precipitation in China during the last 50 years[J]. Adv Earth Sci, 29: 577-589. (In Chinese)

GOU Y, MA Y, CHEN H, et al, 2018. Radar-derived quantitative precipitation estimation in complex terrain over the eastern Tibetan Plateau[J]. Atmos, Res, 203: 286-297.

HASTIE T, TIBSHIRANI R, FRIEDMAN J H, 2001. The Elements of Statistical Learning: Data Mining Inference and Prediction[M]. New York: Springer.

HYNDMAN R J, KOEHLER A B, 2006. Another look at measures of forecast accuracy[J]. Int J Forecast, 22: 679-688.

HARRIS G N, BOWMAN K P, SHIN D B, 2000. Comparison of freezing-level altitudes from the NCEP reanalysis with TRMM precipitation radar brightband data[J]. J Clim, 13: 4137-4148.

HENN B, NEWMAN A J, LIVNEH B, et al, 2018. An assessment of differences in gridded precipitation datasets in complex terrain[J]. J Hydrol, 556: 1205-1209.

JUNQUAS C, LI L, VERA C S, et al, 2016. Influence of South America orography on summertime precipitation in Southeastern South America[J]. Clim Dyn, 46: 3941-3963.

KOHAVI R, 1995. A study of cross-validation and bootstrap for accuracy estimation and model selection[C]. In Proceedings of the Fourteenth International Joint Conference on Artificial Intelligence, Montreal, QC, Canada, 20-25 August 1995; Morgan Kaufmann: San Mateo, CA, USA, 1137-1143.

LIU W, ZHANG Q, FU Z, 2017. Variation Characteristics of Precipitation and Its Affecting Factors in Northwest China over the Past 55 Years[J]. Plateau Meteorol, 36: 1533-1545. (In Chinese)

MORIN E, GABELLA M, 2007. Radar-based quantitative precipitation estimation over Mediterranean and dry climate regimes[J]. J Geophys Res, 112: 365-371.

MORLIER J, CHERMAIN B, Gourinat Y, 2009. Original statistical approach for the reliability in modal parameters estimation[J]. J Hazard Mater, 114: 240-248.

MARQUINEZ J, LASTRA J, GARCIA P, 2003. Estimation models for precipitation in mountainous regions: The use of GIS and multivariate analysis[J]. J Hydrol Amst, 270: 1-11.

MIZUKAMI N, SMITH M B, 2012. Analysis of inconsistencies in multi-year gridded quantitative precipitation estimate over complex terrain and its impact on hydrologic modeling[J]. J Hydrol, 428-429:129-141.

PORTALÉS C, BORONAT N, PARDO-PASCUAL J, et al, 2010. Seasonal precipitation interpolation at the Valencia region with multivariate methods using geographic and topographic information[J]. Int J Clim, 30: 1547-1563.

PENG S, ZHAO C, WANG X, et al, 2014. Mapping daily temperature and precipitation in the Qilian Mountains of Northwest China[J]. J Mt Sci, 11: 896-905.

QI Y, FANG S, ZHOU W, 2015. Correlative analysis between the changes of surface solar radiation and its relationship with air pollution, as well as meteorological factor in East and West China in recent 50 years [J]. Acta Phys Sin, 64: 089-201. (in Chinese)

RANA A, UVO C B, BENGTSSON L, et al, 2012. Trend analysis for rainfall in Delhi and Mumbai, India [J]. Clim Dyn, 38: 45-56.

REN Z, XIONG A, ZOU F, 2007. The quality control of surface monthly climate data in China[J]. J Appl Meteorol Sci, 18: 516-523. (In Chinese)

RAFIEEINASAB A, NOROUZI A, SEO D J, et al, 2015. Improving high-resolution quantitative precipitation estimation via fusion of multiple radar-based precipitation products[J]. J Hydrol, 531: 320-336.

SHU S, WANG Y, XIONG A, 2007. Estimation and analysis for geographic and orographic influences on precipitation distribution in China[J]. Chin J Geophys, 50: 1703-1712. (In Chinese)

SHU S, YU Z, WANG Y, et al, 2005. A statistic model for the spatial distribution of precipitation estimation over the Tibetan complex terrain[J]. Chin J Geophys, 48: 535-542. (In Chinese)

SANGATI M, BORGA M, 2009. Influence of rainfall spatial resolution on flash flood modelling[J]. Nat Hazards Earth Syst Sci, 9: 575-584.

SAEIDABADI R, NAJAFI M, Roshan G, et al, 2016. Modelling spatial, altitudinal and temporal variability of annual precipitation in mountainous regions: The case of the Middle Zagros, Iran[J]. Asia Pac J Atmos Sci, 52: 437-449.

WANG X, XU X, WANG W, et al, 2007. Charateristic of spatial transportation of water vapor for Northwest China's rainfall in spring and summer[J]. Plateau Meteorol, 26: 749-758. (In Chinese)

WEI H, LI J, LIANG T, 2005. Study on the esitmation of precipitation resources for rainwater harvesting agriculture in semi-arid land of China[J]. Agric Water Manag, 71: 33-45.

WILLIAMS C K I, 1989. Prediction with gaussian processes: from linear regression to linear prediction and beyond[M]. Dordrecht: Springer.

WU G, WANG J, LIU X, et al, 2005. Numerical modeling of the influence of eurasian orography on the atmospheric circulation in different seasons[J]. Acta Meteorol Sin, 63: 603-612. (In Chinese)

XU X, DU Y G, TANG J P, et al, 2011. Variations of temperature and precipitation extremes in recent two decades over China[J]. Atmos Res, 101: 143-154.

YU Y, WEI W, CHEN L, et al, 2015. Comparison on the methods for spatial interpolation of the annual average precipitation in the Loess Plateau region[J]. Chin J Appl Ecol, 26: 999-1006. (In Chinese)

ZHU S, XU D, XU M, 2010. Structure and distribution of rainfall over mesoscale mountains in the Asian summer monsoon region[J]. Chin J Atmos Sci, 34: 71-82. (In Chinese)

ZHAO C, FENG Z, NAN Z, 2008. Modelling the temporal and spatial variabil ities of precipitation in Zulihe River Basin of the Western Loess Plateau[J]. Plateau Meteorol, 27: 208-214. (In Chinese)

ZHANG J, LI D, HE J, et al, 2007. Influence of terrain on precipitation distribution in Qingzang tableland in wet and dry years[J]. Adv Water Sci, 18: 319-326.

ZHAO A, ZHANG M, SUN M, et al, 2013. Changes in 0℃ isotherm height of Southwest China during 1960-2010[J]. Acta Geogr Sin. 68: 994-1006. (In Chinese)

ZHANG Z, ZHANG Q, ZHAO Q, et al, 2013. Radar quantitative precipitation inversion and its application to areal rainfall estimation in the northeastern marginal areas of the Tibetan Plateau[J]. J Glaciol Geocryol, 35: 621-629.

ZHAO H, YANG B, YANG S, et al, 2018. Systematical estimation of GPM-based global satellite mapping of precipitation products over China[J]. Atmos Res, 201: 206-217.

# 第三篇

# 降水模拟分析

# CMIP3 与 CMIP5 模式对中国西北干旱区气温和降水的模拟能力比较*

吴晶[1,2]，王宝鉴[1]，杨艳芬[3]，常燕[4]，陈林[5]，杨建才[1]，刘新伟[1]

(1. 兰州中心气象台，兰州 730020；2. 甘肃省气象局，兰州 730020；
3. 西北农林科技大学，水土保持研究所，黄土高原土壤侵蚀与旱地农业国家重点实验室，杨凌 712100；
4. 中国科学院西北生态环境资源研究所，寒旱区陆面过程与气候变化重点实验室，兰州 730000；
5. IPRC and Department of Atmospheric Sciences，University of Hawaii，Honolulu，HI 96822，USA)

**摘要**：通过对 15 组 CMIP3 和 CMIP5 两代模式对中国西北干旱区气温和降水的模拟能力比较，发现 CMIP5 模式对气温和降水的模拟更接近观测值。CMIP5 模式对年、春季、夏季、秋季的平均气温的模拟相关系数比 CMIP3 模式分别提升了 0.15、0.13、0.24 和 0.02，冬季下降了 0.07。CMIP5 模式对西北干旱区的平均气温的变化趋势模拟效果比 CMIP3 有所提高，对年、春季、夏季、秋季、冬季趋势的模拟偏差比 CMIP3 减少了 0.03℃/10a、0.1℃/10a、0.01℃/10a、0.06℃/10a、0.14℃/10a。对西北干旱区平均气温年、季的模拟偏差分布上，CMIP5 模式的偏差均比 CMIP3 低 1～2℃。但是天山区年、各季节平均气温的模拟与整体模拟偏低情况相反，CMIP3 和 CMIP5 分别偏高 3～6℃和 1～4℃，对夏季的模拟偏高最严重，分别达到 6℃和 4℃左右。CMIP5 模式整体对西北干旱区降水量的模拟结果与观测值的平均相关系数与 CMIP3 相差不大，均不超过 0.1，而且偏差仍然较大。CMIP5 模式对西北干旱区的降水量的变化趋势模拟效果比 CMIP3 有所降低，对年、春季、夏季、秋季、冬季趋势的模拟偏差比 CMIP3 增加了 0.67 mm/10a、0.23 mm/10a、0.51 mm/10a、0.11 mm/10a、0.14 mm/10a。CMIP5 模式对年、春季、夏季、秋季和冬季的降水量模拟的均方根误差分别减少 77 mm、25 mm、25 mm、19 mm 和 14 mm。在空间上，CMIP5 模式对年、季节降水模拟仍然存在偏高的情况，但是比 CMIP3 有明显的缓解；CMIP3 和 CMIP5 模式对夏季天山区年降水量和夏季降水量的模拟也与大部分区域偏高的趋势明显相反，两代模式对夏季天山区的降水模拟均偏低 50 mm 左右。

**关键词**：西北干旱区；CMIP3；CMIP5；平均气温；降水量；模拟能力

## 1 引言

历次 IPCC 评估报告对未来气候变化的预估及其影响对策研究中，全球气候模式是评估气候变化的重要依据(IPCC，2001，2007；Jonathan et al.，2011；Fowler et al.，2007)。与之前

---

* 本文已在《气候变化研究进展》2017 年第 13 卷第 3 期正式发表。

的 CMIP 相比，第五次耦合模式比较计划（CMIP5）在模式分辨率、动力框架、物理过程、参数化方案等方面进行了很大的改进，模式输出的数据要素也比之前的 CMIP 计划更多（Meehl et al.，2005，2007；Taylor et al.，2012；秦大河 等，2014）。但是气候模式模拟结果与观测相比仍然存在较大偏差，而且在不同区域的模拟效果也不一致（Reichler et al.，2008；董文杰 等，2014）。定量评估气候模式在区域上的模拟能力，是应用气候模式进行气候变化的各种风险预估、改进发展气候模式的关键环节。

CMIP5 模式对中国区域多年平均气温分布有一定模拟能力，但是不同区域的模拟偏差不同，整体表现为东部偏差小于西部（张艳武 等，2016），模拟的北半球的历史气温年际和年代际变化趋势比较一致，但对降水量值的模拟相差较大（李振朝 等；2013）。大多数 CMIP5 模式都能模拟出全球典型干旱半干旱区观测气温时空分布特征，对近 60 年来显著增温的空间格局模拟较好，但增温幅度偏小 0.1～0.3℃/50a；大多数模式对全球陆地降水量的年季变化特征模拟较差，模拟的变率和趋势均明显偏弱，不同模式对全球干旱半干旱区降水的模拟存在较大的时空差异（赵天保 等，2014）。在中国平均气温变化趋势、气温气候态空间分布和气温变化趋势空间分布上 CMIP5 模式较 CMIP3 模式有所提高，但是在西部存在明显偏冷（郭彦等，2013）。多数 CMIP3 和 CMIP5 模式能够模拟出中国降水由西北向东南递增的分布特点，但华南地区降水模拟偏少，西部高原地区降水模拟偏多，CMIP5 模式集合平均对中国地区年平均降水的时空变化特征的模拟优于 CMIP3（陈晓晨 等，2014）。CMIP5 对东亚地区的降水在强度、空间上的模拟均好于 CMIP3，但是年降水和大部分季节降水有所高估，尤其是对青藏高原东部降水高估最严重，而低估中国南方夏季降水（Chen et al.，2014；Kusunoki et al.；2015）。针对气候模式对西北干旱区的模拟结果研究显示，CMIP5 多个模式对中国西北干旱区的模拟主要是平均气温模拟偏低，对降水模拟偏高（吴晶 等，2014）。于恩涛等（2015）采用 MIROC5 模式作为边界场和初始场驱动 WRF 模式，其对西北干旱区的盆地的高温中心模拟范围过大，且温度偏高，对天山山区的低温基本没有模拟能力，可以反映出降水的空间模态，但对降水的局地细节模拟能力较弱，对盆地降水模拟偏大，对天山山区降水中心模拟范围也偏大。

干旱地区是全球地气耦合最强烈的地区，也是受气候变化的响应最严重的地区之一（符淙斌 等，2003；Dai et al.，2001；Koster et al.，2004），当前针对 CMIP3 和 CMIP5 两代模式对中国西北干旱区的模拟能力评估的工作还较少。本文拟用 15 组 CMIP3 和 CMIP5 模式结果，结合中国地面气温降水 0.5×0.5°网格数据集（V2.0），采用相关系数、平均误差、均方根误差等指标对比两代模式对中国西北干旱区平均气温和降水的时空模拟情况，进一步了解 CMIP3 到 CMIP5 两代模式在中国西北干旱区的适用性，对进行模式改进、气候变化预估以及未来的 CMIP 计划提供科学参考依据。

## 2 数据和方法

### 2.1 研究区域

中国西北干旱区地域广阔，面积约 $2.6\times10^{6}$ $km^{2}$，约占国土面积的 1/4。中国西北干旱区位于亚欧大陆的中心地带，位于 34°～48°N，72°～108°E，包括新疆全部、甘肃西部、内蒙古西部和宁夏北部。中国西北干旱区北部是阿尔泰山，中部是天山山脉，南部是昆仑山山脉和祁连山，东部是贺兰山。西北干旱区属温带、暖温带干旱区，为典型的大陆性气候，日照充足，年季温差变化较大，降水量稀少，气候干燥。

## 2.2 研究数据和方法

### 2.2.1 数据

本文使用 CMIP3（https://esgcet.llnl.gov:8443/home/publicHomePage.do）和 CMIP5（http://cmip-pcmdi.llnl.gov/cmip5/availability.html）计划的 15 个耦合模式的历史模拟结果，如表 1 所示。这里所使用的模式变量包括逐月平均气温、降水量，所选用的历史时段 CMIP3 数据为 1960—1999 年，CMIP5 数据为 1960—2005 年。采用的观测数据为中国地面气温降水 0.5°×0.5°网格数据集（下文简称 V2.0），该数据集为中国气象局对 2474 个国家级地面站基础气象资料的质量检测、控制和更正，利用薄盘样条法和局部薄盘光滑样条（Partial thin platesmoothing splines），同时引入数字高程资料以尽可能地消除中国区域独特地形条件下高程对降水空间插值精度的影响。

**表 1 本文中使用的 15 组气候模式**

| 组号 | CMIP3 | 分辨率 | CMIP5 | 分辨率 | 国家 |
|---|---|---|---|---|---|
| 1 | BCCR_BCM | 1.9×1.9 | NorESM1-M | 1.9×2.5 | 挪威 |
| 2 | CGCM3_1_T63 | 1.9×1.9 | CanESM2 | 2.8×2.8 | 加拿大 |
| 3 | CNRM_CM3 | 1.9×1.9 | CNRM-CM5 | 1.4×1.4 | 法国 |
| 4 | CSIRO_MK3.5 | 1.9×1.9 | CSIRO-Mk3.6 | 1.96×1.875 | 澳大利亚 |
| 5 | GFDL_CM2.1 | 2.0×2.5 | GFDL-CM3 | 2.0×2.5 | 美国 |
| 6 | GISS_MODEL_E_H | 4×5 | GISS-E2-H | 2×2.5 | 美国 |
| 7 | GISS_MODEL_E_R | 4×5 | GISS-E2-R | 2×2.5 | 美国 |
| 8 | INGV_ECHAM4 | 1.9×1.9 | CMCC-CM | 0.75×0.75 | 意大利 |
| 9 | INMCM3 | 4×5 | INMCM4 | 1.5×2.0 | 俄罗斯 |
| 10 | IPSL_CM4 | 2.5×3.75 | IPSL-CM5A-MR | 1.27×2.5 | 法国 |
| 11 | MIROC3_2_H | 1.1×1.1 | MIROC4h | 0.56×0.5625 | 日本 |
| 12 | MPI_ECHAM5 | 1.9×1.9 | MPI-ESM-P | 1.86×1.875 | 德国 |
| 13 | MRI_CGCM2_3_2A | 2.8×2.8 | MRI-CGCM3 | 1.12×1.125 | 日本 |
| 14 | NCAR_CCSM3.0 | 1.4×1.4 | CCSM4 | 0.94×1.25 | 美国 |
| 15 | HadCM3 | 2.5×3.75 | HadCM3 | 2.5×3.75 | 英国 |

### 2.2.2 方法

由于各个模式分辨率不一，采用一阶保守映射插值（Jones et al.，1999）方法将所有的模式数据和观测数据 V2.0 插值到 2.5°×2.5°的网格上进行比较分析。评估两代模式采用计算模拟值和观测值之间的相关系数（$R^2$）、平均误差（ME）、均方根误差（RMSE）和一元线性回归等方法对模式输出结果进行分析评估。

# 3　结果分析

## 3.1　平均气温模拟结果分析

CMIP3 和 CMIP5 两代 15 组模式对西北干旱区的逐月平均气温的模拟值与观测数据都具有很好的相关性,相关系数均达到 0.9,CMIP5 的模拟结果要略好于 CMIP3(图 1),但是两代模拟值均比观测数据偏低。在多年平均变化趋势上(图 2),CMIP5 的模拟更接近观测值。CMIP3 和 CMIP5 对西北干旱区的平均气温模拟均偏低,但是 CMIP5 各模式之间的模拟结果偏差比 CMIP3 更小,更接近观测值。

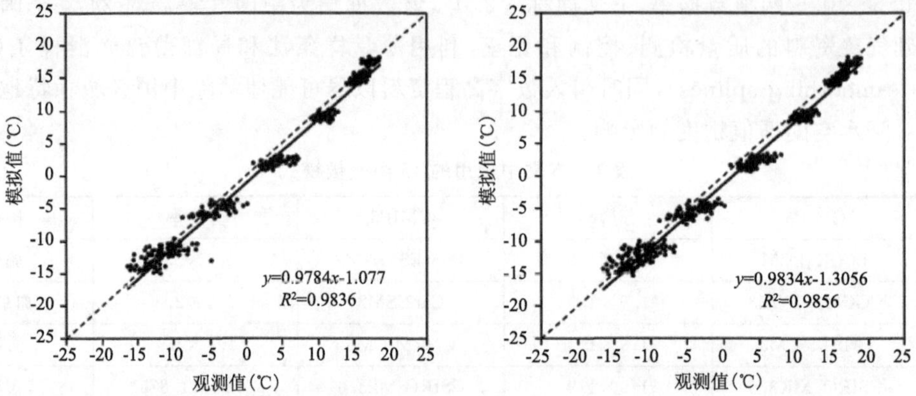


图 1　CMIP3(左)与 CMIP5(右)模式对西北干旱区平均气温模拟与观测的情况

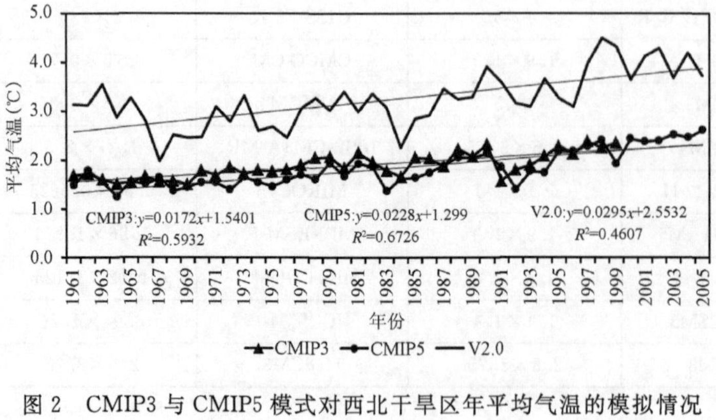


图 2　CMIP3 与 CMIP5 模式对西北干旱区年平均气温的模拟情况

对比分析 CMIP3 和 CMIP5 两代 15 组模式对西北干旱区的年、季节平均气温变化趋势的模拟可见,CMIP5 模式在年、季节的变化趋势模拟和观测数据趋势的偏差均小于 CMIP3(表 2)。CMIP3 和 CMIP5 对西北干旱区的年平均气温模拟平均趋势分别为 0.17℃/10a 和 0.23℃/10a,比观测数据的趋势分别偏低 0.09℃/10a 和 0.06℃/10a。在季节上,两代模式对春季和夏季的平均气温模拟观测数据偏高,对秋季和冬季的平均气温模拟比观测数据偏低。从趋势偏差程度上看(模拟－观测),CMIP3 模式对春、夏、秋、冬季平均气温的模拟与观测数据偏差分别为 0.13℃/10a、0.02℃/10a、−0.1℃/10a 和 −0.35℃/10a，CMIP5 模式分别为 0.03℃/10a、0.01℃/10a、−0.04℃/10a 和 −0.21℃/10a，CMIP5 模式对各个季节的趋势模拟与观测数据趋势的偏差均明显小于 CMIP3。而且两代模式对年、季节的趋势模拟大多数通过了 0.05 的置信度检验，部分通过了 0.01 的置信度检验，CMIP5 模式通过置信度检验的个数要多于 CMIP3 模式。

**表 2 CMIP3、CMIP5 与 V2.0 年、季平均气温的变化趋势(单位:℃/10a)**

| 模式组 | 年 | | 春季 | | 夏季 | | 秋季 | | 冬季 | |
|---|---|---|---|---|---|---|---|---|---|---|
| | CMIP3 | CMIP5 | CMIP3 | CMIP5 | CMIP3 | CMIP5 | CMIP3 | CMIP5 | CMIP3 | CMIP5 |
| 1 | 0.08 | 0.33** | 0.05 | 0.42** | 0.18** | 0.28** | 0.06 | 0.37** | 0.08 | 0.24 |
| 2 | 0.20 | 0.36** | 0.34** | 0.28** | 0.28** | 0.38** | 0.48** | 0.38** | 0.50** | 0.42** |
| 3 | 0.24** | 0.15** | 0.22* | 0.18* | 0.29** | 0.24** | 0.25** | 0.29** | 0.21 | −0.21 |
| 4 | 0.18** | 0.19** | 0.02 | 0.04 | 0.14** | 0.20** | 0.23* | 0.27** | 0.34* | 0.25* |
| 5 | 0.22** | 0.24** | 0.06 | 0.26** | 0.09 | 0.29** | 0.22* | 0.34** | 0.58** | 0.09 |
| 6 | 0.12 | 0.02 | 0.17 | 0.00 | 0.11 | 0.08 | 0.14 | 0.06 | 0.11 | 0.00 |
| 7 | 0.08 | 0.16** | −0.07 | 0.03 | 0.00 | 0.09* | 0.11 | 0.21** | 0.20 | 0.30** |
| 8 | 0.26** | 0.28** | 0.28* | 0.26* | 0.27** | 0.18** | 0.21** | 0.38** | 0.32* | 0.31* |
| 9 | 0.22* | 0.16** | 0.31 | −0.07 | 0.15 | 0.11* | 0.17 | 0.29** | 0.29 | 0.33 |
| 10 | 0.16* | 0.35** | 0.13 | 0.15 | 0.09 | 0.37** | 0.27* | 0.34** | 0.09 | 0.61** |
| 11 | 0.19** | 0.27** | 0.17 | 0.27 | 0.15** | 0.28** | 0.27** | 0.31** | 0.21* | 0.19* |
| 12 | 0.14* | 0.28** | 0.05 | 0.22* | 0.17* | 0.34** | 0.21 | 0.37** | 0.21 | 0.25 |
| 13 | 0.24** | 0.13* | 0.27* | 0.14 | 0.36** | 0.09 | 0.18* | 0.27** | 0.20 | −0.06 |
| 14 | 0.07 | 0.34** | 0.09 | 0.24* | 0.08 | 0.36** | 0.13 | 0.30** | 0.11 | 0.48** |
| 15 | 0.18** | 0.17** | −0.02 | 0.29** | 0.23** | 0.23** | 0.28** | 0.12 | 0.18 | 0.06 |
| 模式平均 | 0.17 | 0.23 | 0.14 | 0.18 | 0.17 | 0.24 | 0.22 | 0.29 | 0.24 | 0.22 |
| V2.0 | 0.26** | 0.29** | 0.01 | 0.15 | 0.15* | 0.23** | 0.32** | 0.33** | 0.59** | 0.43** |
| 模式平均−V2.0 | −0.09 | −0.06 | 0.13 | 0.03 | 0.02 | 0.01 | −0.10 | −0.04 | −0.35 | −0.21 |

* 表示通过 0.05 的显著性检验，** 表示通过 0.01 的显著性检验。

从 CMIP3、CMIP5 模拟的平均气温与观测值的年、季节相关系数上来看(表 3)，15 个 CMIP5 模式平均对西北干旱区年、春季、夏季、秋季和冬季平均气温的模拟结果与观测值的相关系数依次为 0.45、0.09、0.47、0.26 和 0.11，而 CMIP3 依次为 0.30、−0.04、0.23、0.24 和 0.18，两代模式对夏季和秋季的模拟相关系数要明显好于春季和冬季。相比 CMIP3，CMIP5 模式对年、春季、夏季和秋季平均气温的模拟相关系数均有所提高，年和夏季的相关系数提升最明显。对年平均气温的模拟与观测的平均相关系数从 CMIP3 的 0.3 提升到 CMIP5 的 0.45，15 组模式中有 2 个 CMIP3 模式和 8 个 CMIP5 对年平均气温模拟与观测的相关系数超过 0.5，其中 11 个 CMIP5 模式的相关系数通过了 0.01 的显著性 t 检验。两代模式对春季平均气温的模拟和观测值平均相关系数均很低，不到0.1，各个模式对春季平均气温模拟与观测的相关系数也很低，绝大多数在0.2以下，CMIP3的8个模式出现负的相关系数，CMIP5出现4个负相关系数。对夏季平均气温的模拟与观测值的相关系数由CMIP3的0.23提升到CMIP5的0.47，各个CMIP5模式位于0.25～0.65，有7个CMIP5模式超过0.5，12个CMIP5模式通过了0.05的显著性检验，9个CMIP5模式通过了0.01的显著性t检验。两代模式对秋季平均气温的模拟平均相关系数变化不大，CMIP3为0.24，CMIP5为0.26，其中有6个CMIP3模式相关系数大于0.3，7个CMIP5模式相关系数大于0.3。两代模式对冬季气温的模拟相关系数结果均很差，只有3个CMIP3模式和2个CMIP5模式对冬季平均气温的相关系数不低于0.3，CMIP5多个模式平均相关系数要略小于CMIP3。

**表3　CMIP3、CMIP5与V2.0年、季平均气温的相关系数**

| 模式组 | 年 | | 春季 | | 夏季 | | 秋季 | | 冬季 | |
|---|---|---|---|---|---|---|---|---|---|---|
| | CMIP3 | CMIP5 | CMIP3 | CMIP5 | CMIP3 | CMIP5 | CMIP3 | CMIP5 | CMIP3 | CMIP5 |
| 1 | 0.32* | 0.64** | −0.18 | 0.28 | 0.38* | 0.52** | 0.05 | 0.43** | 0.24 | 0.34* |
| 2 | 0.04 | 0.68** | 0.09 | 0.14 | 0.25 | 0.62** | 0.48** | 0.50** | 0.28 | 0.23 |
| 3 | 0.24 | 0.53** | 0.15 | 0.26 | 0.25 | 0.48** | 0.03 | 0.39** | −0.04 | −0.05 |
| 4 | 0.36* | 0.64** | −0.16 | 0.02 | 0.22 | 0.46** | 0.21 | 0.33* | 0.24 | 0.26 |
| 5 | 0.35* | 0.52** | 0.07 | 0.08 | 0.26 | 0.65** | 0.27 | 0.20 | 0.30 | 0.11 |
| 6 | 0.51** | 0.14 | 0.03 | −0.03 | 0.41** | 0.29 | 0.30 | −0.02 | 0.11 | −0.13 |
| 7 | 0.39* | 0.49** | 0.14 | 0.15 | 0.34* | 0.37* | 0.41** | 0.29 | 0.13 | 0.16 |
| 8 | 0.50** | 0.46** | −0.04 | 0.37* | −0.04 | 0.27 | 0.16 | 0.37* | 0.47** | 0.08 |
| 9 | 0.31 | 0.19 | −0.14 | −0.08 | −0.06 | 0.38* | 0.44** | 0.21 | 0.24 | −0.01 |
| 10 | 0.18 | 0.45** | −0.17 | 0.03 | 0.17 | 0.65** | 0.13 | 0.18 | −0.06 | 0.16 |
| 11 | 0.34* | 0.59** | −0.12 | 0.05 | 0.14 | 0.56** | 0.38* | 0.38** | 0.26 | 0.37* |
| 12 | 0.22 | 0.51** | −0.26 | −0.01 | 0.48** | 0.35* | 0.13 | 0.26 | 0.00 | 0.16 |
| 13 | 0.24 | 0.12 | −0.11 | −0.28 | 0.13 | 0.25 | 0.16 | −0.07 | 0.08 | 0.04 |
| 14 | 0.31 | 0.51** | 0.00 | 0.30* | 0.35* | 0.63** | 0.35* | 0.34* | 0.13 | 0.09 |
| 15 | 0.17 | 0.34* | 0.10 | 0.10 | 0.10 | 0.50** | 0.16 | 0.15 | 0.30 | −0.17 |
| 平均 | 0.30 | 0.45 | −0.04 | 0.09 | 0.23 | 0.47 | 0.24 | 0.26 | 0.18 | 0.11 |

*表示通过0.05的显著性t检验，**表示通过0.01的显著性t检验。

从均方根误差的值上看，两代模式对暖季(夏季和秋季)平均气温的模拟与观测均方根误差要小于冷季(春季和冬季)。CMIP5模式对年、春季、夏季、秋季的平均气温模拟与观测值的平均均方根误差小于CMIP3模式，减少均在0.5℃以上，其中夏季的均方根误差减少最明显，达1℃(表4)。但是CMIP5模式对冬季的平均气温的模拟与观测的均方根误差要比CMIP3偏高0.25。

年平均气温的模拟与V2.0的相关系数的空间分布上(图3)，CMIP5的相关系数在对应的相同区域均高于CMIP3，CMIP3对西北干旱区的年平均气温的模拟相关系数在0.15～0.3，而CMIP5在0.2～0.45，而且CMIP5模式大部分通过了0.05的置信度水平。除了在西北干旱区西南小部分地区，相关系数沿着纬线由北向南逐渐递增。各个季节平均气温的模拟

**表 4 CMIP3、CMIP5 与 V2.0 年、季平均气温的均方根误差**

| 模式组 | 年 | | 春季 | | 夏季 | | 秋季 | | 冬季 | |
|---|---|---|---|---|---|---|---|---|---|---|
| | CMIP3 | CMIP5 | CMIP3 | CMIP5 | CMIP3 | CMIP5 | CMIP3 | CMIP5 | CMIP3 | CMIP5 |
| 1 | 3.84 | 3.02 | 5.09 | 3.61 | 3.79 | 3.05 | 3.91 | 3.30 | 4.50 | 4.24 |
| 2 | 4.84 | 2.62 | 4.88 | 4.10 | 3.83 | 2.74 | 8.71 | 3.23 | 4.63 | 3.50 |
| 3 | 3.42 | 3.85 | 4.40 | 4.35 | 4.15 | 2.73 | 3.78 | 4.70 | 3.88 | 5.23 |
| 4 | 2.22 | 2.63 | 2.81 | 3.23 | 3.29 | 2.70 | 2.23 | 3.16 | 3.21 | 3.61 |
| 5 | 3.11 | 3.13 | 4.22 | 4.23 | 3.63 | 3.51 | 3.32 | 2.98 | 3.57 | 3.66 |
| 6 | 4.24 | 2.64 | 4.30 | 3.14 | 5.42 | 3.86 | 4.04 | 2.66 | 4.96 | 5.90 |
| 7 | 3.92 | 2.30 | 4.16 | 2.72 | 5.01 | 3.47 | 3.66 | 2.39 | 4.74 | 6.18 |
| 8 | 2.04 | 1.89 | 2.87 | 2.28 | 3.44 | 2.15 | 2.13 | 2.14 | 2.56 | 2.94 |
| 9 | 4.60 | 4.95 | 5.78 | 5.78 | 4.98 | 4.55 | 4.44 | 5.47 | 6.27 | 5.29 |
| 10 | 5.62 | 2.92 | 8.09 | 4.51 | 6.64 | 3.09 | 4.94 | 3.11 | 4.37 | 3.57 |
| 11 | 2.88 | 2.65 | 4.00 | 3.23 | 3.65 | 3.15 | 2.6 | 2.48 | 3.54 | 3.48 |
| 12 | 2.07 | 2.18 | 2.85 | 2.75 | 2.34 | 2.46 | 2.26 | 2.24 | 3.13 | 3.42 |
| 13 | 3.32 | 2.82 | 4.03 | 3.79 | 4.00 | 2.35 | 3.48 | 3.34 | 3.20 | 4.22 |
| 14 | 3.15 | 2.21 | 4.83 | 3.12 | 3.37 | 2.3 | 3.23 | 2.29 | 3.30 | 3.94 |
| 15 | 2.07 | 2.42 | 2.50 | 2.73 | 2.34 | 2.32 | 2.51 | 3.12 | 3.32 | 3.90 |
| 平均 | 3.42 | 2.82 | 4.32 | 3.57 | 3.99 | 2.96 | 3.68 | 3.12 | 3.95 | 4.21 |

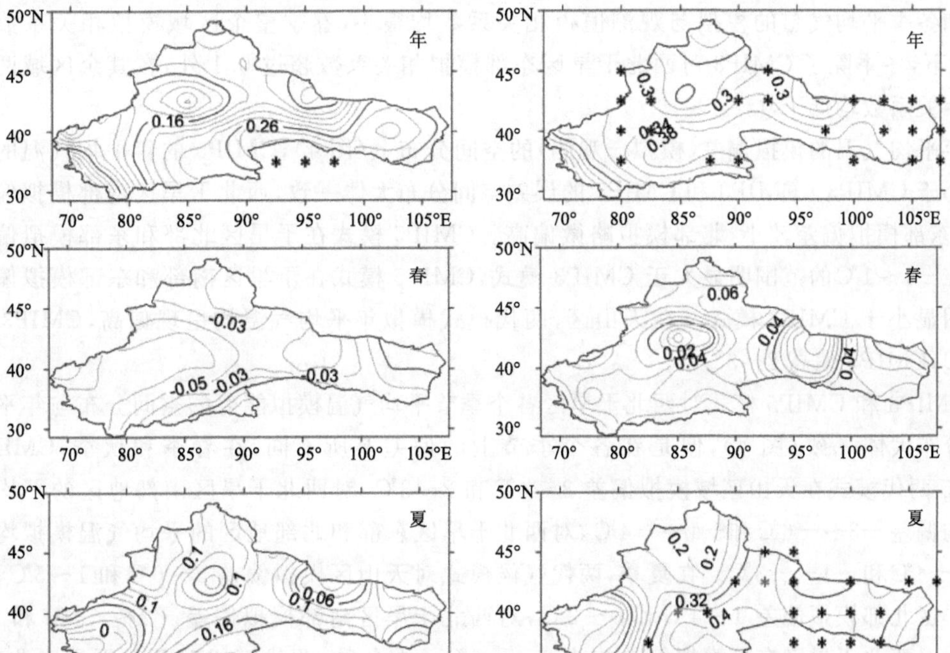

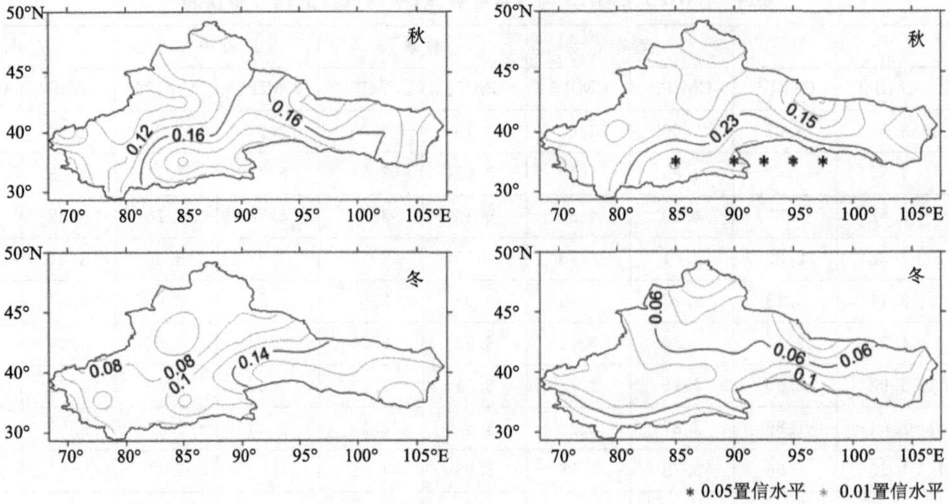


图 3 CMIP3(左)、CMIP5(右)年、季平均气温与 V2.0 相关系数的空间分布

与 V2.0 的相关系数的空间分布上(图 3),除了冬季,CMIP5 的相关系数在对应的相同区域均高于 CMIP3,而且相关系数低纬度地区的模拟要高于高纬度地区,其中,夏季和秋季区域各个对应空间的相关系数明显好于春季和冬季。CMIP3 对夏季的模拟相关系数在 0～0.2,而 CMIP5 对夏季的模拟相关系数在 0.2～0.4,而且中东部地区通过了 0.05 的置信度水平,局地通过 0.01 的置信度水平;CMIP3 对秋季的模拟相关系数在 0.1～0.2,而 CMIP5 对秋季的模拟相关系数在 0.1～0.3,而且低纬度部分地区通过 0.05 置信度水平;两代模式对西北干旱区春季和冬季平均气温的模拟与观测值得相关系数均很小,春季整个区域模拟相关系数均在 0.1 以下,冬季除了 CMIP3 对西北干旱区东部模拟相关系数超过 0.1 外,在其余区域两代模式的相关系数均低于 0.1。

年平均气温的模拟偏差(模拟－观测)的空间分布上(图 4),CMIP5 的年平均气温的误差明显小于 CMIP3。CMIP3 和 CMIP5 的误差空间分布大体一致,西北干旱区南部模拟偏低最严重,东部模拟偏差较小,北部模拟略微偏高。CMIP5 模式在干旱区北部和东部模拟偏差的程度在－1～1℃的范围明显大于 CMIP3 模式,CMIP5 模式在干旱区南部和东部模拟偏低的程度明显小于 CMIP3 模式。在天山区,两代模式模拟年平均气温均呈现偏高,CMIP3 偏高 4～5℃,CMIP5 偏高 2～3℃。

CMIP3 和 CMIP5 模式对西北干旱区各个季节平均气温模拟能力的空间分布与年平均气温的分布大体一致(图 4),但是在各个季节上的偏差有所不同,在春季和秋季,CMIP3 和 CMIP5 两代模式在天山区域模拟偏差 3～4℃和 2～3℃,对西北干旱区南部地区的平均气温模拟均偏差－3～－6℃和－1～－4℃,对西北干旱区东部和北部地区的平均气温模拟均偏差－2～－4℃和－1～－3℃。在夏季,两代气候模式对天山区模拟偏差 3～6℃和 1～5℃,对西北干旱区北部模拟偏差 1～4℃和 0～2℃,对西北干旱区南部模拟偏差－2～－6℃和－1～－6℃,对西北干旱区东部模拟偏差均为 0～－3℃。在冬季,两代模式对西北干旱区北部、中南部、东部部分地区模拟偏高,对其他地区模拟偏低,但是 CMIP5 模式偏差处于－1～1℃的范围,明显大于 CMIP3。综上所述,对天山区域 4 个季节的模拟均存在模拟偏暖。在对整个区

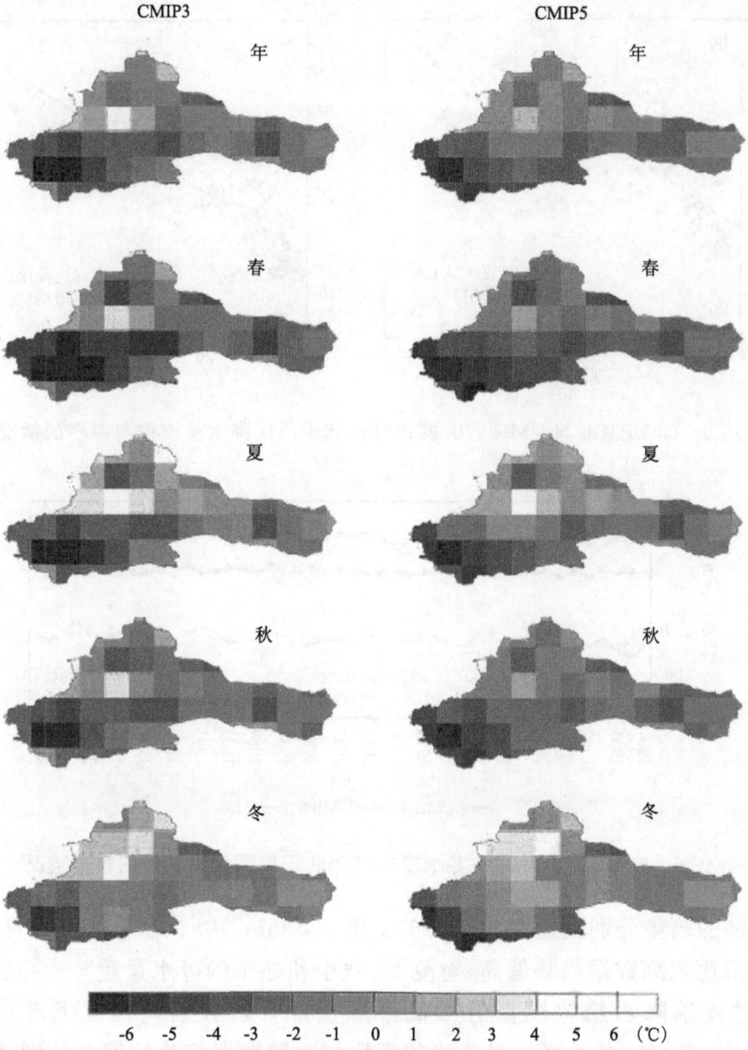


图 4 CMIP3(左)和 CMIP5(右)年、季节平均气温的平均误差的空间分布(模拟－观测)

域各个季节的模拟偏差空间分布上,CMIP5 模式的偏差均比 CMIP3 模式的偏差小 1～2℃左右。

## 3.2 降水量模拟结果分析

CMIP3 和 CMIP5 两代模式对西北干旱区的逐月降水量整体模拟都具有较好的相关性,CMIP3 为 0.68,CMIP5 为 0.73,但是模拟值均偏高,CMIP5 的模拟结果偏差要小于 CMIP3(图 5)。在多年平均变化上(图 6),CMIP5 和 CMIP3 对西北干旱区的降水量模拟均偏高,但是从整个西北干旱区的降水量的模拟偏差上看,CMIP5 各个模式比 CMIP3 模式的模拟结果更接近观测值,CMIP3 各个模式的模拟结果偏差较大,更加“分散”。

对比分析 CMIP3 和 CMIP5 两代 15 组模式对西北干旱区的年、季节降水量变化趋势的模拟可见,CMIP5 模式在年、季节的变化趋势模拟和观测数据趋势的偏差均大于 CMIP3(表 5)。CMIP3 和 CMIP5 对西北干旱区的年降水量模拟平均趋势分别为 3.4 mm /10a 和 2.8 mm/

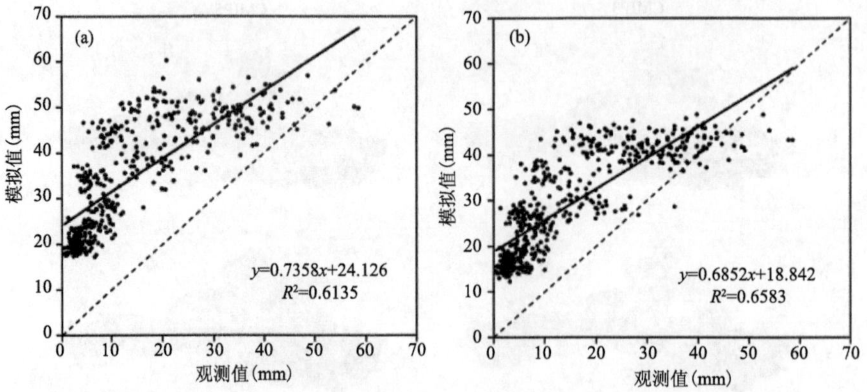


图 5　CMIP3(a)与 CMIP5(b)模式对西北干旱区降水量模拟与观测的情况

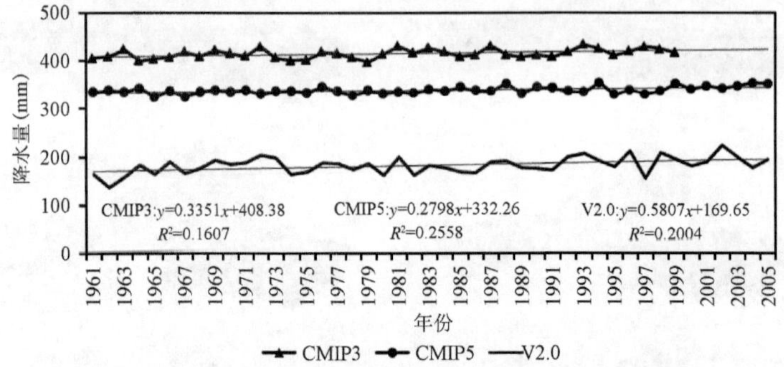


图 6　CMIP3 与 CMIP5 各个模式对西北干旱区年降水量的模拟情况

10a，比观测数据的趋势分别偏低 2.3 mm/10a 和 3.0 mm/10a。在季节上，两代模式对春季的降水量趋势模拟比观测数据趋势偏高，对夏季、秋季和冬季的降水量趋势模拟比观测数据的趋势偏低，其中对夏季降水趋势模拟的偏低最严重。从趋势偏差程度上看(模拟－观测)，CMIP3 模式对春、夏、秋、冬季降水量趋势的模拟与观测数据趋势的偏差分别为 0.4 mm/10a、－2.6 mm/10a、－0.2 mm/10a 和－0.1 mm/10a，CMIP5 模式分别为 0.6 mm/10a、－3.2 mm/10a、－0.3 mm/10a 和－0.2 mm/10a，CMIP3 模式对各个季节的降水量趋势模拟与观测数据趋势的偏差均明显小于 CMIP5。而且两代模式对年、季节的降水量趋势模拟部分通过了 0.05 的置信度检验，个别通过了 0.01 的置信度检验。

**表 5　CMIP3、CMIP5 与 V2.0 年、季降水量的变化趋势(单位:mm/10a)**

| 模式组 | 年 | | 春季 | | 夏季 | | 秋季 | | 冬季 | |
|---|---|---|---|---|---|---|---|---|---|---|
| | CMIP3 | CMIP5 | CMIP3 | CMIP5 | CMIP3 | CMIP5 | CMIP3 | CMIP5 | CMIP3 | CMIP5 |
| 1 | 3.02 | －2.91 | 1.55 | 1.62 | 0.87 | －1.55 | －0.49 | －2.96 | 1.2 | －0.21 |
| 2 | 6.98 | 5.92* | 0.89 | 0.47 | 7.02* | 2.13 | －1.29 | 3.13** | 0.21 | 0.29 |
| 3 | －2.31 | 6.05* | 2.68 | 2.39* | －5.03 | 3.67* | －0.35 | 1.06 | －0.22 | －1.31** |
| 4 | 0.95 | 6.7 | －0.23 | 2.12 | －0.83 | 0.54 | 1.57 | 3 | －0.09 | 0.77 |
| 5 | 6.56 | －2.98 | 3.29 | 0.84 | －0.06 | －1.05 | 1.96 | －2.86 | 2.13 | 0.04 |

续表

| 模式组 | 年 | | 春季 | | 夏季 | | 秋季 | | 冬季 | |
|---|---|---|---|---|---|---|---|---|---|---|
| | CMIP3 | CMIP5 | CMIP3 | CMIP5 | CMIP3 | CMIP5 | CMIP3 | CMIP5 | CMIP3 | CMIP5 |
| 6 | 1.04 | 3.97 | 2.72 | 2.16 | −0.29 | 0.19 | −1.7 | 0.58 | −0.04 | 1.16 |
| 7 | 4.81 | 7.2** | 3.41* | 2.2 | 4.76 | 0.2 | −4.36 | 1.55 | 0.96 | 3.6** |
| 8 | 2.02 | 2.53 | 1.69 | 3.44* | 0.01 | −0.57 | 0.02 | −0.91 | −0.11 | 0.3 |
| 9 | −3.71 | 7.6* | −4.34 | 2.74 | −1.07 | 2.94 | −0.8 | 1.12 | 1.75 | 0.65 |
| 10 | 5.3 | 2.68 | 1.62 | 0.52 | 3.55 | −0.53 | −2.04 | 1.3 | 1.21 | 1.23 |
| 11 | 10.99** | 6.65** | 1.49 | 2.65** | 3.87* | 1.9 | 3.67** | 0.93 | 1.77* | 0.84 |
| 12 | 13.61** | −11.96** | 6.85** | −3.65** | 1.54 | −6.31** | 5.87** | −2.48 | −1.05 | 0.85 |
| 13 | −5.11 | 3.22* | −1.19 | 1.54 | −3.68 | 1.17 | −0.82 | 0.23 | 0.67 | −0.02 |
| 14 | 0.6 | 3.4 | −1.87 | 1.35 | 2.87 | −1.2 | −1.19 | 2.44 | 0.78 | 0.68 |
| 15 | 5.52 | 3.9 | 0.7 | 2.42 | 2.16 | −0.22 | 2.31 | 1.03 | 0.41 | 0.26 |
| 模式平均 | 3.35 | 2.8 | 1.28 | 1.52 | 1.05 | 0.09 | 0.16 | 0.48 | 0.64 | 0.61 |
| V2.0 | 5.69* | 5.81** | 0.87 | 0.88 | 3.69* | 3.24** | 0.39 | 0.82 | 0.71 | 0.82 |
| 模式−V2.0 | −2.34 | −3.01 | 0.41 | 0.64 | −2.64 | −3.15 | −0.23 | −0.34 | −0.07 | −0.21* |

*表示通过 0.05 的显著性检验，**表示通过 0.01 的显著性检验。

CMIP5 模式整体对西北干旱区年降水量的模拟结果与观测值的平均相关系数与 CMIP3 相差不大，均为 0.1(表 6)。两代模式对各个季节降水量的相关性均不好，平均相关系数均在 0.1 以下。相比 CMIP3 模式，大部分 CMIP5 模式对年、季节年降水的模拟相关系数有所提高。个别模式对西北干旱区的降水量模拟相关系数较好，例如，CMIP3 的个别模式(CGCM3_1_T63、IPSL_CM4 和 HadCM3)和 CMIP5 的个别模式(CMCC−CM、IPSL−CM5A−MR 和 HadCM3)对年降水量的模拟超相关系数过 0.2；CMIP3 的 CGCM3_1_T63、IPSL_CM4 和 MPI_ECHAM5 等 3 个模式对夏季降水量的模拟超相关系数过 0.2，CMIP5 的和 GISS−E2−H、CMCC−CM、INMCM4、CCSM4 和 HadCM3 等 5 个模式对夏季降水量的模拟超相关系数过 0.2。在对降水量模拟的相关系数的空间分布上，两代模式的模拟结果均很差，相关系数均小于 0.1。CMIP5 模式对年、4 个季节的降水量模拟的均方根误差均小于 CMIP3 模式，有较大的提高(表 7)，但是 CMIP5 均方根误差依然较大。

**表 6 CMIP3、CMIP5 与 V2.0 年、季降水量的相关系数**

| 模式组 | 年 | | 春季 | | 夏季 | | 秋季 | | 冬季 | |
|---|---|---|---|---|---|---|---|---|---|---|
| | CMIP3 | CMIP5 | CMIP3 | CMIP5 | CMIP3 | CMIP5 | CMIP3 | CMIP5 | CMIP3 | CMIP5 |
| 1 | −0.09 | −0.20 | −0.09 | −0.03 | 0.01 | −0.07 | −0.01 | −0.34 | 0.44** | 0.03 |
| 2 | 0.29 | 0.07 | 0.03 | 0.06 | 0.41** | −0.08 | 0.03 | −0.06 | 0.05 | −0.11 |
| 3 | 0.09 | 0.11 | 0.04 | 0.13 | 0.03 | 0.02 | −0.04 | −0.04 | 0.07 | −0.20 |
| 4 | 0.13 | 0.17 | 0.12 | 0.07 | 0.01 | −0.03 | 0.00 | 0.04 | 0.13 | −0.01 |
| 5 | −0.14 | 0.08 | −0.17 | −0.03 | −0.23 | 0.02 | −0.05 | −0.08 | −0.32 | 0.04 |

续表

| 模式组 | 年 | | 春季 | | 夏季 | | 秋季 | | 冬季 | |
|---|---|---|---|---|---|---|---|---|---|---|
| | CMIP3 | CMIP5 | CMIP3 | CMIP5 | CMIP3 | CMIP5 | CMIP3 | CMIP5 | CMIP3 | CMIP5 |
| 6 | 0.15 | 0.15 | 0.21 | 0.06 | 0.06 | 0.25 | 0.28 | 0.11 | −0.18 | 0.15 |
| 7 | −0.02 | −0.03 | 0.06 | −0.12 | −0.12 | −0.25 | −0.08 | 0.12 | −0.01 | 0.08 |
| 8 | 0.12 | 0.32* | 0.03 | 0.20 | 0.07 | 0.25 | 0.03 | 0.07 | 0.16 | 0.04 |
| 9 | −0.01 | 0.08 | −0.19 | 0.13 | 0.03 | 0.21 | −0.10 | 0.10 | 0.29 | 0.18 |
| 10 | 0.24 | 0.29 | 0.03 | 0.21 | 0.35** | 0.03 | 0.10 | −0.13 | −0.07 | 0.14 |
| 11 | 0.19 | 0.06 | −0.10 | −0.04 | 0.07 | −0.01 | 0.21 | 0.35* | 0.25 | 0.06 |
| 12 | 0.13 | −0.25 | 0.14 | −0.17 | 0.25 | −0.20 | −0.18 | 0.20 | 0.02 | 0.01 |
| 13 | 0.07 | 0.19 | −0.04 | 0.23 | 0.05 | 0.03 | 0.20 | 0.11 | −0.06 | 0.13 |
| 14 | 0.15 | 0.14 | 0.15 | −0.19 | 0.16 | 0.32* | −0.20 | −0.11 | 0.08 | 0.09 |
| 15 | 0.35* | 0.26 | 0.12 | −0.10 | 0.13 | 0.29 | 0.10 | −0.07 | 0.10 | −0.02 |
| 平均 | 0.11 | 0.10 | 0.02 | 0.03 | 0.08 | 0.05 | 0.02 | 0.02 | 0.06 | 0.04 |

* 表示通过 0.05 的显著性 t 检验，** 表示通过 0.01 的显著性 t 检验。

**表 7　CMIP3、CMIP5 与 V2.0 年、季降水量的均方根误差**

| 模式组 | 年 | | 春季 | | 夏季 | | 秋季 | | 冬季 | |
|---|---|---|---|---|---|---|---|---|---|---|
| | CMIP3 | CMIP5 | CMIP3 | CMIP5 | CMIP3 | CMIP5 | CMIP3 | CMIP5 | CMIP3 | CMIP5 |
| 1 | 293.2 | 270.5 | 87.9 | 99.7 | 134.6 | 104.3 | 71.8 | 65.9 | 32.1 | 39.1 |
| 2 | 196.8 | 149.9 | 74.5 | 57.6 | 91.7 | 83.5 | 48.8 | 42.3 | 21.4 | 20.3 |
| 3 | 464.6 | 138.5 | 146.2 | 52.6 | 183.7 | 65.5 | 103.4 | 35.3 | 65.6 | 19.1 |
| 4 | 182.2 | 152.2 | 84.0 | 71.3 | 81.0 | 74.9 | 39.3 | 34.7 | 31.5 | 22.5 |
| 5 | 216.4 | 204.4 | 86.9 | 79.1 | 83.2 | 80.6 | 59.7 | 53.5 | 46.4 | 30.4 |
| 6 | 402.8 | 359.2 | 102.3 | 101.4 | 159.9 | 119.5 | 117.9 | 101.5 | 68.7 | 75.0 |
| 7 | 405.4 | 332.1 | 106.1 | 102.8 | 162.8 | 95.2 | 113.0 | 92.6 | 70.9 | 84.1 |
| 8 | 138.1 | 132.3 | 68.9 | 59.4 | 64.4 | 64.0 | 40.1 | 32.3 | 33.2 | 30.8 |
| 9 | 424.2 | 276.8 | 177.7 | 125.4 | 114.6 | 76.0 | 100.4 | 65.1 | 83.8 | 53.8 |
| 10 | 454.7 | 143.3 | 156.6 | 56.7 | 118.1 | 64.6 | 108.3 | 35.7 | 98.4 | 41.6 |
| 11 | 212.9 | 177.9 | 80.7 | 73.8 | 78.6 | 64.5 | 54.6 | 45.7 | 29.2 | 29.6 |
| 12 | 181.3 | 188.5 | 76.7 | 66.3 | 80.9 | 87.5 | 44.4 | 43.1 | 39.0 | 31.0 |
| 13 | 174.7 | 129.8 | 101.3 | 43.6 | 72.3 | 73.1 | 31.4 | 33.3 | 57.3 | 18.7 |
| 14 | 279.3 | 231.5 | 102.0 | 87.8 | 87.2 | 91.4 | 80.0 | 55.4 | 65.6 | 35.7 |
| 15 | 201.4 | 178.3 | 101.1 | 92.7 | 77.1 | 71.1 | 47.0 | 42.5 | 32.3 | 34.6 |
| 平均 | 281.9 | 204.3 | 103.5 | 78 | 106 | 81 | 70.7 | 51.9 | 51.7 | 37.8 |

年降水模拟偏差的空间分布上（图 7），CMIP3 和 CMIP5 的误差空间分布大体一致，沿着纬线由低纬度向高纬度依次递减。相比 CMIP3，CMIP5 对年降水量的模拟误差空间分布基本一致，但是对相同区域 CMIP5 的模拟误差要比 CMIP3 小。在西北干旱区低纬度地区，

CMIP3 模拟年降水量偏高严重，达 400 mm 以上，CMIP5 的模拟有了明显的改善，降低至 200～300 mm，CMIP5 在高纬度地区的误差也明显减小，年降水误差在－50～50 mm 的范围明显增大。从对季节的模拟降水偏差来看，对春季西北干旱区低纬度降水模拟偏高最严重，CMIP3 模式对低纬度地区的模拟偏高超过 150～200 mm，对高纬度模拟偏差在 0～100 mm，而 CMIP5 模式对低纬度地区的模拟偏高超过 75～150 mm，对高纬度模拟偏差在－25～75 mm；CMIP3 对低纬度地区夏季降水模拟普遍偏高，而且各个区域偏高量值差异较大，对高纬度大部分地区夏季降水的模拟偏低 50 mm 左右，对天山区夏季降水模拟偏低 50～100 mm，CMIP5 的偏差分布与 CMIP3 一致，但是偏差量级明显要小；对秋季和冬季的降水模拟偏差除了极少数地区之外，大部分降水偏差在±50 mm 以内，但是 CMIP5 模式偏差处于－25～25 mm 的范围，明显大于 CMIP3。整体来看，CMIP5 模式对西北干旱区的年、季节降水的空间分布模拟的能力均较 CMIP3 模式有所提高。

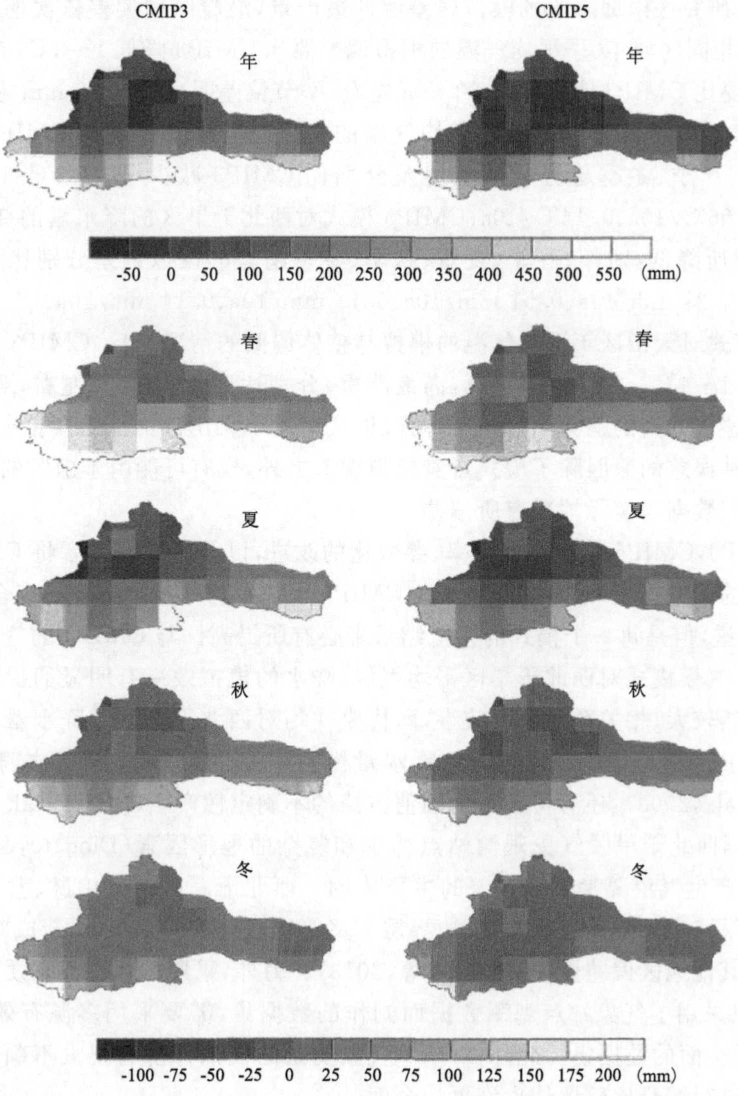


图 7 CMIP3(左)和 CMIP5(右)年、季节降水量的平均误差的空间分布(模拟－观测)

# 4 结论与讨论

通过对两代气候模式在中国西北干旱区的平均气温和降水的模拟能力的分析可以得到以下结论。

(1)CMIP3 和 CMIP5 两代模式对西北干旱区的平均气温模拟整体偏低，夏季和秋季的平均气温的模拟结果要好于春季和冬季，相比 CMIP3，CMIP5 对夏季平均气温的模拟能力提高最大。两代模式对西北干旱区的降水量模拟整体偏高，大多模式的年、季节的模拟相关系数均在 0.1 以下，相比 CMIP3 而言，CMIP5 模式对夏季的降水量模拟效果明显提高。

(2)两代模式对西北干旱区各个区域的模拟偏差也不同，整体来看对平均气温模拟偏低，对降水量模拟偏高。两代模式对研究区南部的平均气温的模拟误差偏低最严重，沿着纬度偏差依次递减，对研究区南部降水的模拟误差偏低最严重，沿着纬度偏差依次递减。相比而言，CMIP5 模式在相同区域年、季平均气温的模拟偏差要比 CMIP3 降低 1～2℃，在相同区域年降水的模拟偏差要比 CMIP3 明显降低 50 mm 左右，季节偏差明显降低 25 mm 左右。

(3)CMIP5 模式对西北干旱区的平均气温的变化趋势模拟效果比 CMIP3 有所提高，对年、春季、夏季、秋季、冬季趋势的模拟偏差分别比 CMIP3 减少了 0.03℃/10a、0.1℃/10a、0.01℃/10a、0.06℃/10a、0.14℃/10a；CMIP5 模式对西北干旱区的降水量的变化趋势模拟效果比 CMIP3 有所降低，对年、春季、夏季、秋季、冬季趋势的模拟偏差分别比 CMIP3 增加了 0.67 mm/10a、0.23 mm/10a、0.51 mm/10a、0.11 mm/10a、0.14 mm/10a。

(4)两代模式对天山区年平均气温的模拟与整体偏低的情况相反，CMIP3 和 CMIP5 分别偏高 3～6℃和 1～4℃，对夏季的模拟偏高最严重，分别达到 6℃和 4℃左右；对夏季天山区降水的模拟也与整体偏高的趋势明显相反，两代模式对夏季天山区的降水模拟分别偏低 50 mm 左右。造成这种误差的原因除了模式自身模拟误差之外，也有可能由于山区的观测站点较少，从而得到的观测数据与实际情况有所偏差。

相比 CMIP3，CMIP5 模式在分辨率、参数化的改进，以及模式研发者将 CMIP5 模式的参数化和分辨率的调整比 CMIP3 更加匹配。CMIP5 模式平均气温和降水的集合平均结果相对 CMIP3 有所改进，但是每一个模式的模拟结果未必有所提高。与 CMIP3 的气候模式相比，新一代的 CMIP5 气候模式对西北干旱区平均气温、降水的模拟效果有明显的提高，但是对降水的模拟偏差依然较大，相关系数依旧较小，两代模式均对西北干旱区的降水量缺乏模拟能力。造成模式对中国西北干旱区平均气温、降水量模拟误差过大，除了模式本身的系统误差外(Mikyoung et al.，2008)，还有可能是由插值方法的不确定性产生(Price et al.，2000；Francisco，2010)。中国西北干旱区气象观测站点稀少和复杂的地形因素(Diodato，2005；Cristina et al.，2010)也是产生气象要素模拟误差的主要原因。西北干旱区的大山脉、盆地、荒漠等不同下垫面增加了模式中的陆面过程方案、边界层方案等物理过程的复杂性，造成对西北干旱区的模拟效果相比其他地区偏差更大(黄荣辉 等，2013)。另外，采用的观测数据质量也有待提高，V2.0 数据为只采用了气象站点观测数据而制作的数据集，需要采用多源有效的数据进行数据融合，建立更全面的数据集。此外，对单一气象要素的模拟评价有很大不确定性，结合其他多种气象要素进行综合比较评估也许更加全面。

## 参考文献

陈晓晨，徐影，许崇海，等，2014. CMIP5 全球气候模式对中国地区降水模拟能力的评估[J]. 气候变化研究进展，10 (3)：217-225.

董文杰，周天军，郭彦，等，2014. 气候现象及其与未来区域气候变化的连续[J]. 气候变化研究进展，10 (1)：60-64.

符淙斌，董文杰，温刚，等，2003. 全球变化的区域响应和适应[J]. 气象学报，61(2)：245-250.

郭彦，董文杰，任福民，等，2013. CMIP5 模式对中国年平均气温模拟及其与 CMIP3 模式的比较[J]. 气候变化研究进展，9(3)：181-186.

黄荣辉，周德刚，陈文，等，2013. 关于中国西北干旱区陆—气相互作用及其对气候影响研究的最近进展[J]. 大气科学，37 (2)：189-210.

李振朝，韦志刚，吕世华，等，2013. CMIP5 部分模式气温和降水模拟结果在北半球及青藏高原的检验[J]. 高原气象，32 (4)：921-928.

秦大河，Thomas Stocker，259 名作者和 TSU(驻尼泊尔和北京)，2014. IPCC 第五次评估报告第一工作组报告的亮点结论[J]. 气候变化研究进展，10(1)：1-6.

吴晶，罗毅，李佳，等，2014. CMIP5 模式对中国西北干旱区模拟能力评价[J]. 干旱区地理，37(03)：499-508.

于恩涛，孙建奇，吕光辉，等，2015. 西部干旱区未来气候变化高分辨率预估[J]. 干旱区地理，38(03)：429-437.

张艳武，张莉，徐影，2016. CMIP5 模式对中国地区气温模拟能力评估与预估[J]. 气候变化研究进展，12 (1)：10-19.

赵天保，陈亮，马柱国，2014. CMIP5 多模式对全球典型干旱半干旱区气候变化的模拟与预估[J]. 科学通报，59：1148-1163.

CRISTINA P，NURIA B，JOSEP E，et al，2010. Seasonal precipitation interpolation at the Valencia region with multivariate methods using geographic and topographic information[J]. International Journal of Climatology，30：1547-1563.

CHEN H P，SUN J Q，2014. Robustness of precipitation projections in China：Comparison between CMIP5 and CMIP3 models[J]. Atmospheric and Oceanic Science Letters，7(1)：67-73.

DAI A，2011. Drought under global warming：A review[J]. Climate Change，2：45-65.

DIODATO N，2005. The influence of topographic co-variables on the spatial variability of precipitation over small regions of complex terrain[J]. International Journal of Climatology，25：351-363.

FOWLER H J，BLENKINSOP S，Tebaldi C，2007. Linking climate change modeling to impacts studies：recent advances in downscaling techniques for hydrological modeling[J]. International Journal of Climatology，27(12)：1547-1578.

FRANCISCO J M，2010. Comparison of different geostatistical approaches to map climate variables：application to precipitation[J]. International Journal of Climatology，30：620-631.

IPCC，2001. Climate Change 2001. The Science of Climate Change[M]. TAR (2001)，Cambridge：Cambridge University Press.

IPCC，2007. Climate Change 2007. The Physical Science Basis[M]. Cambridge：Cambridge University Press.

JONATHAN T O，GERALD A M，BONY S，et al，2011. Climate data challenges in the 21st century[J]. Science，331：700-702.

MEEHL G A，COVEY C，MCAVANEY B，et al，2005. Overview of the coupled model intercomparison project[J]. Bulletin of the American Meteorological Society，86：89-93.

JONES P W, 1999. First-and second-order conservative remapping schemes for grids in spherical coordinates [J]. Monthly weather review, 127(9): 2204-2210.

KUSUNOKI S, ARAKAWA O, 2015. Are CMIP5 Models better than CMIP3 Models in simulating precipitation over East Asia? [J]. Journal of Climate, 28: 5601-5621.

KOSTER R D, DIRMEYER P A, Guo Z C, et al, 2004. Regions of strong coupling between soil moisture and precipitation[J]. Science, 305(5687): 1138-1140.

MEEHL G A, COVEY C, DELWORTH T, et al, 2007. The WCRP CMIP3 multimodel dataset: A new era in climate change research[J]. Bulletin of the American Meteorological Society, 88: 1383-1394.

MIKYOUNG J, RETO K, DOUGLAS W N, 2008. Local eigenvalue analysis of CMIP3 climate model errors [J]. Tellus, 60A: 992-1000.

PRICE D T, MCKENNY D W, NALDER I A, et al. 2000. A comparison of two statistical methods for spatial interpolation of Canadian monthly mean climate data[J]. Agricultural and Forest Meteorology, 101: 81-94.

REICHLER T, KIM J, 2008. How well do coupled models simulate today's climate? [J]. Bulletin of the American Meteorological Society, 89: 303-311.

TAYLOR K E, STOUFFER R J, MEEHL G A, 2012. An Overview of CMIP5 and the experiment design [J]. Bulletin of the American Meteorological Society, 93: 485-498.

# 河西西部一次大到暴雨过程诊断分析及数值模拟*

李江林[1],王宝鉴[1],段海霞[2],荣裕良[3]

(1. 兰州中心气象台,兰州 730020;2. 中国气象局兰州干旱气象研究所,兰州 730020;
3. 上海市松江区气象局,上海 201620)

**摘要**:利用实况降水资料、NCEP/NCAR 1°×1°在分析资料和数值模拟结果对 2011 年夏初河西走廊西部一次大到暴雨过程进行了分析。结果表明,这次暴雨过程的成因是"北高南低"的环流形势与南、北方暖湿空气与干冷空气交汇而形成的。此次过程水汽来源较多,为暴雨的发生提供了充分的水汽条件;在暴雨发生前,大气能量有个积聚的过程,在暴雨发生时能量开始释放,最后到暴雨结束,能量释放完;暴雨发生时,降水落区上空整层均为上升气流,这种很强的上升运动不仅使得暖湿空气辐合抬升,而且在上升过程中释放潜热,加热大气,使得垂直运动增强,形成正反馈;700 hPa Q 矢量辐合区走向与雨区走向基本一致,出现降水区域的 Q 矢量辐合中心值要小于 $-3\times10^{-15}/(\text{hPa}\cdot\text{s}^3)$,但 Q 矢量辐合强度与暴雨强度并没有较好的对应关系,由此说明,Q 矢量的辐合区能够较好地预报暴雨及较大降水的落区,但没有较好地预报暴雨强度的能力;通过数值模拟看出,实际降水大值中心基本上与模拟的大降水中心吻合,高分辨率的模拟结果能分析出此次降水过程影响系统的移动和发展,模拟的 MCAPE 和雷达反射率因子等物理量均对此次降水过程有较好的指示意义。

**关键词**:河西西部;大到暴雨;诊断分析;Q 矢量;数值模拟

## 1 引言

暴雨是指短时间内出现的大量降水现象,它是我国夏季多见的一种灾害性天气。它能对当地经济活动和人类其他活动造成较大影响,例如,1954 年 7 月长江流域持续性梅雨锋暴雨,1975 年 8 月台风深入内陆造成河南大暴雨,1998 年夏季我国南方暴雨引发洪水,都给国家经济和人民生命财产造成巨大损失。中华人民共和国国家标准把日降水量大于等于 50 mm 的降水定义为暴雨,但是西北地区是我国年降水量较少的地区,向来以干旱著称,特别是河西地区,地表多以沙漠戈壁为主,降水量更少,建筑物、排洪设施防雨能力差,该地区只要稍微出现大的降水就会成灾。因此,兰州中心气象台把日降水量大于 30 mm 的降水定义为河西地区的暴雨标准。

近年来,许多专家、学者以及各地方气象台对于我国各地暴雨成因和预报方面进行了研究,取得了长足的进展。20 世纪 60 年代以来,我国对华南暴雨、长江中下游梅雨锋暴雨等已进行过多次暴雨外场观测试验,通过这些观测试验对为暴雨系统中尺度结构及其变化研究提

* 本文已在《高原气象》2014 年第 33 卷第 4 期正式发表。

供了新的观测资料，并在观测试验基础上取得了很多研究成果(倪允琪 等，2006)：如揭示了华南梅雨锋上中尺度对流系统三维结构的概念模型(周秀骥 等，2003)和梅雨锋中尺度暴雨的多尺度物理模型(陶诗言 等，2001；伍荣生 等，2004)，建立了梅雨锋暴雨的天气学模型(孙建华 等，2004)，对与中尺度暴雨有关的卫星遥感资料进行反演和技术研究(张文建 等，2004)，通过多普勒雷达对中尺度暴雨系统进行同步探测(程明虎 等，2004)。我国其他地方的暴雨研究多集中在应用常规资料的天气气候统计和诊断分析上。如许多气象学者(丁士晟 等，1983；卢娟 等，2004；景学义 等，2005；刘实，2000)利用东北地区降水资料，结合本地区情况分别统计了东北地区暴雨的强度、时空分布、大尺度环流系统等气候特征，获得了大量的事实。很多学者利用数值模拟的方法(何由 等，2012；姜学恭 等，2012；赵玉春 等，2012)对于不同地区的暴雨进行了模拟研究，西北地区多数气象学者(李安泰 等，2012；谌芸 等，2005；王劲松 等，2002；井喜 等，2008；任余龙 等，2007；杜继稳 等，2004)利用常规资料结合数值模拟的方法主要分析了该区东部暴雨的情况，得到了一些积极的研究结果。对于西北地区西部的暴雨也有许多研究，例如张家宝等(1987)、西北暴雨编写组(1992)、白肇烨等(1988)和董安祥等(1977)均指出，这里降水少，时空分布极不均匀，短历时相对强降水主要发生在夏季，且常为“单点暴雨”，极易成灾。栾晨等(2012)利用观测资料对近 60 年西北地区西部夏半年强降水的分布和变化特征进行了分析。

西北地区西部的短时强降水发生的概率较少，但一次强降水过程就可能出现灾害。因此，本文利用实况降水资料、NCEP/NCAR 1°×1°再分析资料及数值模拟结果对 2011 年夏初河西走廊西部一次大到暴雨过程进行分析，以期为该地区的降水预报提供依据。

## 2　实况

2011 年 6 月 15—17 日，甘肃省酒泉、定西、陇南、天水、甘南等市州出现小到中雨，局部地方出现大到暴雨，省内其余各地均为小雨天气(图 1a)。其中，15 日夜间到 16 日，酒泉阿克塞、肃北县和敦煌市部分地方出现暴雨，且上述地区均突破历史一日最大降水量。从 6 月 15 日 08:00 到 16 日 20:00，敦煌市区累积降水 13.6 mm，敦煌市阳关镇累积降水 57.1 mm，肃北县党城湾镇降水 82.1 mm(有气象资料以来日降水量最大的一次)，阿克塞县累积降水96.1 mm，这几个站的降水主要集中发生在 15 日 20:00—16 日 08:00(图 1b)。

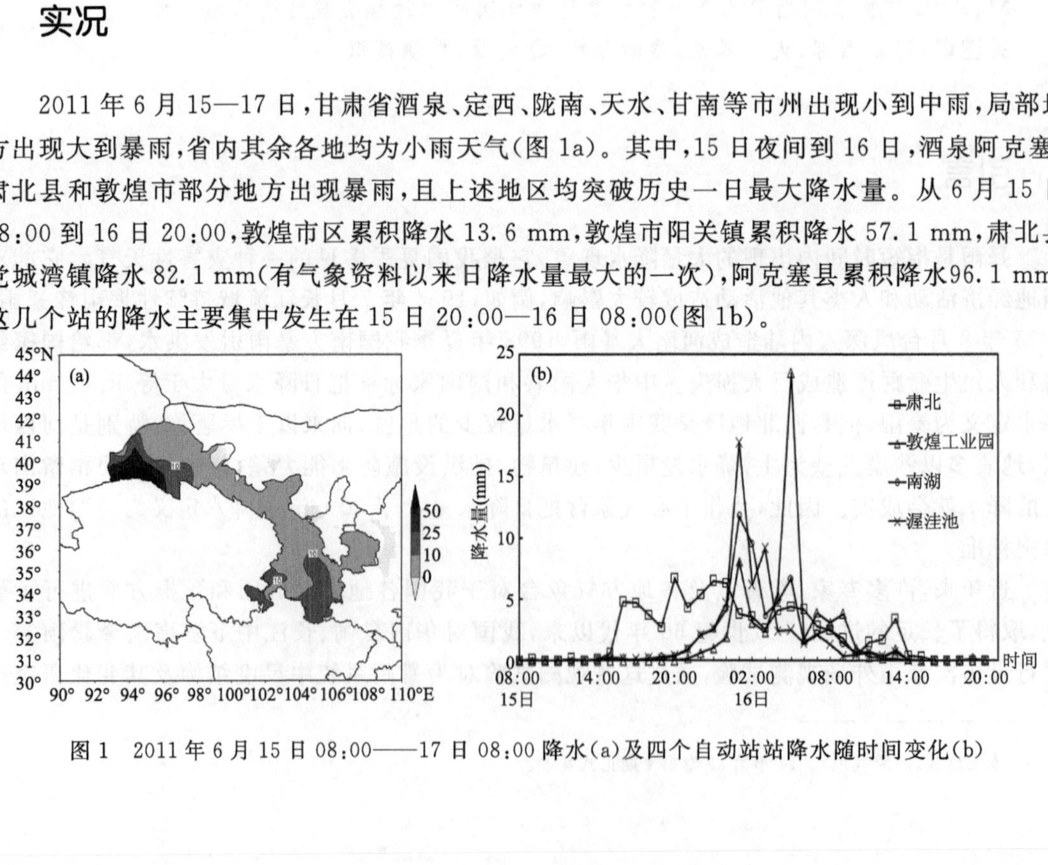


图 1　2011 年 6 月 15 日 08:00——17 日 08:00 降水(a)及四个自动站站降水随时间变化(b)

此次暴雨过程给当地的工业、农业、旅游业等支柱产业造成巨大损失，给当地人民的生活带来巨大灾难。据统计，此次过程给敦煌市、肃北县和阿克塞县共造成直接经济损失约 2.5 亿元，其中包括交通运输主干道被洪水冲毁，电力设施、设备，移动通信设施受损。部分旅游景区被洪水淹没，几千亩①的农业棉田、葡萄园等被淹没，居民点被洪水围困，农民的房屋被淹没或倒塌。

# 3 暴雨过程与环境条件分析

## 3.1 环流背景与影响系统

从 500 hPa 环流形势来看，6 月 13—14 日(图略)北半球中高纬度环流为“两槽一脊”型，高压脊的方向呈东北西南向，甘肃河西处于高压脊的底部，新疆西部沿西北气流有冷平流输送，在此过程中高压脊逐渐向东发展，甘肃河西这两天一直处于 35℃以上的高温天气。低纬度为“两高一低”型，西太平洋副热带高压一直处于 110°E 以东，而伊朗高压处于 110°E 以西，在两个高压之间，青藏高原南侧，印度中北部有个低压槽一直存在。15 日(图略)，河西的高压脊继续向东发展，方向呈西北东南向，新疆中部有一低槽东移，槽后继续有冷平流补充，而低纬的低压槽加深，槽前西南风引导暖湿空气一直到达青海的中北部。16 日 02:00 至 08:00(图 2)，新疆中部低槽加深发展，在青海的北部、甘肃河西西部形成一个低涡系统，低涡前部高压脊继续向东移动，逐渐移出甘肃河西地区。16 日 14:00(图略)，低压槽继续加深，发展到青海的东南部和甘肃的甘南地区，北部的高压脊继续发展，而高压底部已经移出河西并且减弱。可以看出，影响这次暴雨过程的主要环流形势是“北高南低”形势，其次南北方暖平流与冷平流交汇，也是产生此次暴雨的主要影响条件。

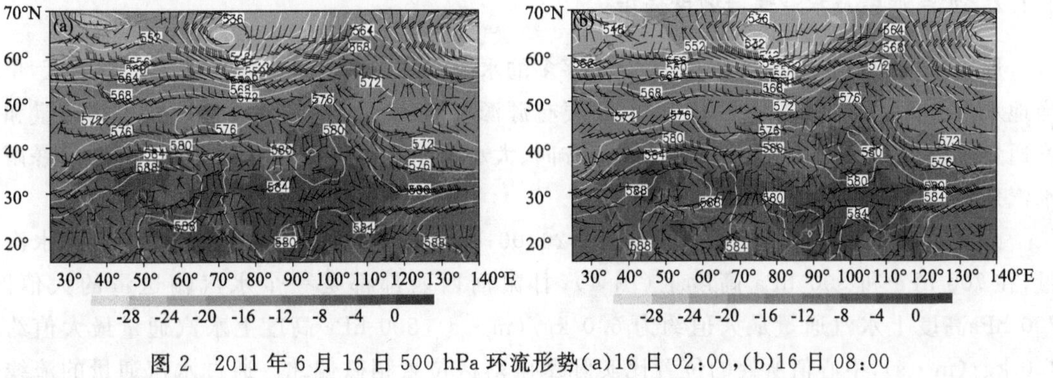


图 2 2011 年 6 月 16 日 500 hPa 环流形势(a)16 日 02:00，(b)16 日 08:00

## 3.2 水汽条件

### 3.2.1 相对湿度分析

甘肃河西地区 700 hPa 高度上相对湿度(图略)在 6 月 15 日 08:00 之前都在 40%以下，15 日 08:00，敦煌和肃北西部的相对湿度达到 70%，之后相对湿度值逐渐增加，并且大值区范围

① 1 亩≈666.7 $m^2$。

开始逐渐向东扩展，到16日14:00相对湿度大于80%的范围向东扩展到嘉峪关地区，中心值为100%。往后相对湿度大值区继续向东南方向扩展，但是中心值开始减小。在暴雨发生的时段，敦煌和肃北地区的相对湿度都达到90%以上。

沿39°～40°N平均的经度—高度剖面图可以看出，在暴雨发生前，93°E以东(即敦煌、肃北最西部以东)中低层相对湿度较小。500 hPa高度以上，相对湿度超过80%，且随时间范围向东逐渐增大。在暴雨发生时段6月15日20:00—6月16日08:00(图3)，93°～95°E，从地面到300 hPa整层空气的相对湿度都大于80%，700 hPa之上，空气相对湿度大于90%。从6月16日14:00起(图略)，该地区700 hPa之下相对湿度减小，中高层相对湿度大于80%的范围开始向东移动，该地区整层的空气相对湿度逐渐减小。

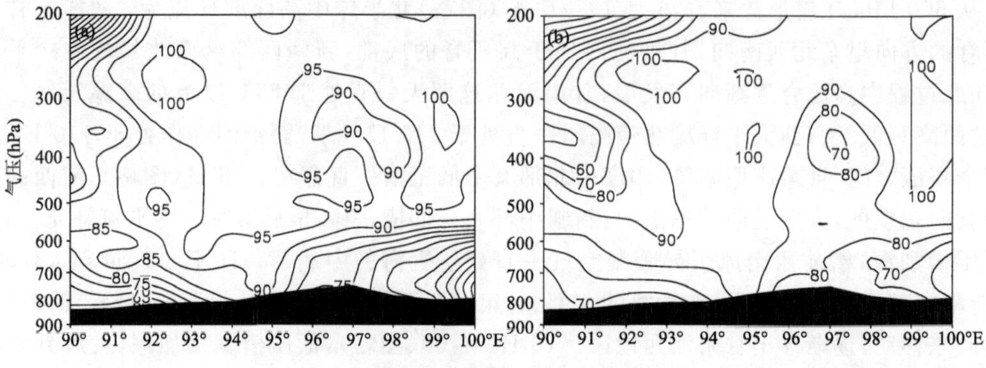


图3 2011年6月16日相对湿度经度—高度剖面图(沿39°～40°N平均)

(a)16日02:00时；(b)16日08:00

### 3.2.2 水汽通量及水汽通量散度分析

形成暴雨的必要条件之一，是要有足够多的水分。甘肃河西地区地处干旱半干旱区，单靠当地水汽是无法形成暴雨的。因此，必须要有源源不断的水汽输送到该地区。水汽通量和水汽通量散度，就是为了定量描述水汽输送方向、大小及水汽在何处集中，从而了解形成暴雨的水汽条件而引入的(文宝安，1980)。

此次暴雨发生的主要时段6月15日20:00—16日的08:00，分析该时段的平均水汽通量，在700 hPa和500 hPa高度上(图4)，甘肃河西西部都是一个水汽输送量的大值区，700 hPa高度上水汽通量最大值约为6.0 kg/(m·s)，500 hPa高度上水汽通量最大值约为4.0 kg/(m·s)，中心值所处的位置比实际暴雨落区位置稍微偏北。通过水汽通量的流线追踪(戴兴刚 等，2006)可以看出，在700 hPa高度上该区的水汽来源有三个方向，一是里海的水汽沿着西风输送到新疆，然后沿着低槽后的西北气流输送到该区；二是孟加拉湾水汽随着西南风经过四川盆地，到甘肃陇东南和宁夏西部地区，沿着偏东风经过内蒙古西部输送到该区；三是北冰洋水汽沿着偏西风输送到贝湖西侧，再沿偏北风输送到蒙古国，最后随着偏东风输送到该区。500 hPa高度上水汽来源与700 hPa高度上第一个水汽来源相一致，不同的是孟加拉湾上来的水汽是经过川西高原向北到达青海南部和甘南地区，之后再沿着青海中东部地区向北到达河西西北部，整个水汽是从青藏高原东部向北进入到河西西部。可见此次暴雨过程的水汽主要受孟加拉湾的水汽在高层随着偏南风沿着高原东部输送到河西西部地区，在低层沿着四川盆地向北、最后随着偏东气流从内蒙古西部进入该地区，里海的水汽随着西风带输送共同影响。杨莲梅等(2012)利用 NCEP/NCAR 1°×1°再分析资料对 2007 年 7 月新疆暴雨过程的水汽特征进行对比分析，与此次降水过程对比可以看出，河西西部和新疆等西北干旱区的降水来源基本上包括三个路径：从西方过来的来自于里海和北冰洋的水汽；来自于孟加拉湾的水汽沿着低空急流向该地区输送；孟加拉湾的水汽跃过高原，沿着高原东部向该区输送。

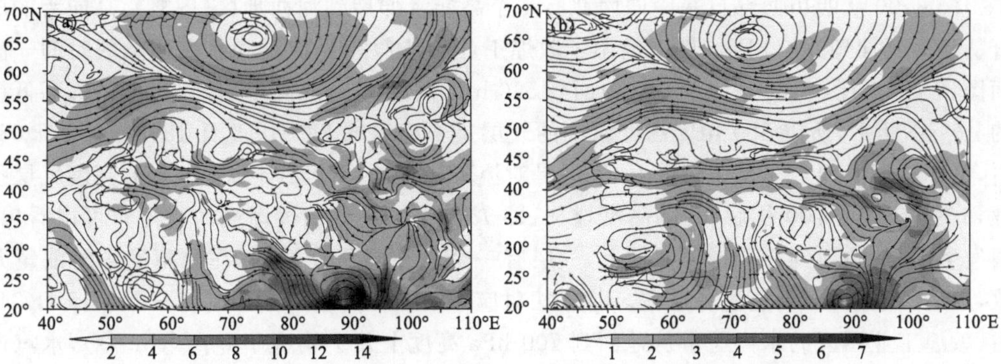


图 4　2011 年 6 月 15 日 20:00—16 日 08:00 平均水汽通量

(a)700 hPa;(b)500 hPa (单位:kg/(m·s))

沿 39°～40°N 做 6 月 15 日 20:00—16 日 08:00 平均水汽通量散度及垂直速度的经度一高度剖面图(图 5)，可以看出，在暴雨发生时暴雨区上空 600 hPa 高度以下的水汽通量散度为负值区，表现为水汽在此处汇集，600 hPa 高度之上为水汽通量散度的正值区，表现为水汽的辐散，这种高层辐散、低层辐合的抽吸机制有利于水汽的上升运动。结合空气的垂直运动分析，暴雨区上空从地面到 500 hPa 高度，$\omega$ 小于 0，表示为空气的垂直向上运动。700～650 hPa 高度的 $\omega$ 值最小，为－1.8 Pa/s，表示为这一层空气的垂直向上运动最强烈，这种强烈的上升运动有利于暴雨的发展，这与陶诗言(1977)的理论是一致的。

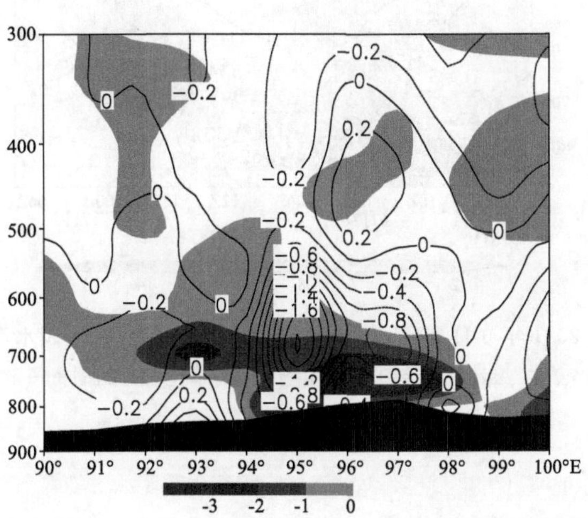


图 5　2011 年 6 月 15 日 20:00—16 日 08:00 平均水汽通量散度(阴影区，单位:kg/(m²·s))及平均垂直速度(单位:Pa/s)的经度—高度剖面(沿 39°～40°N)

## 3.3 层结条件分析

假相当位温可以用来判定气层的稳定性，当上层 $\theta_{se}$ 大于下层 $\theta_{se}$ 时，气层抬升前是稳定的，抬升至饱和后仍是稳定的。通常选取上、下层 $\theta_{se}$ 的差值作为对流性稳定度指数($Ic$)，当 $Ic>0$ 时，为对流性稳定，当 $Ic<0$ 时，为对流性不稳定。层结稳定性分析表明，从 6 月 15 日 08:00 到 16 日 08:00 从四川西部自东南向西北有一个高能舌伸展到河西地区(图略)，高能舌的厚度一直从地面延伸到 500 hPa。图 6 给出了敦煌工业园的假相当位温和水汽通量的时间—高度剖面图，6 月 15 日 08:00—18:00，从地面到 550 hPa 高度上 $\theta_{se}$ 随高度递减，即 $Ic<0$，高低层之间的 $\Delta\theta_{se}$ 达 10 K，所以 550 hPa 高度以下的气层是不稳定的。6 月 15 日 18:00—16 日 03:00 左右，从 850 hPa 到 700 hPa 高度上，气层是对流不稳定的，700 hPa 到 500 hPa 高度气层接近中性，6 月 16 日 03:00 往后，$\theta_{se}$ 随高度增加，即 $Ic>0$，气层开始逐渐变的稳定。可以看出，在暴雨发生前，从地面到 550 hPa 高度上，气层有一个能量的积聚过程，在暴雨发生时能量开始释放，最后到暴雨结束，能量释放完。与之相对应，气层在 6 月 15 日 09:00—6 月 16 日 04:00 左右，敦煌工业园区的水汽通量从地面到 700 hPa 高度上几乎均大于 8 g/(cm · s)，水汽通量极大值出现在暴雨发生前的 15 日 12:00—20:00，从地面到 800 hPa 高度上水汽通量值大于 14 g/(cm · s)，到暴雨发生时，水汽通量逐渐减小。有关暴雨理论分析表明，暴雨尤其是大暴雨都集中在很短时间内，因此降水过程中低层大气的垂直运动很强。如此强烈的垂直运动只有在不稳定能量释放时才得以形成。此次暴雨发生前的高温高湿天气积蓄的不稳定能量是导致强降水形成的有利条件。

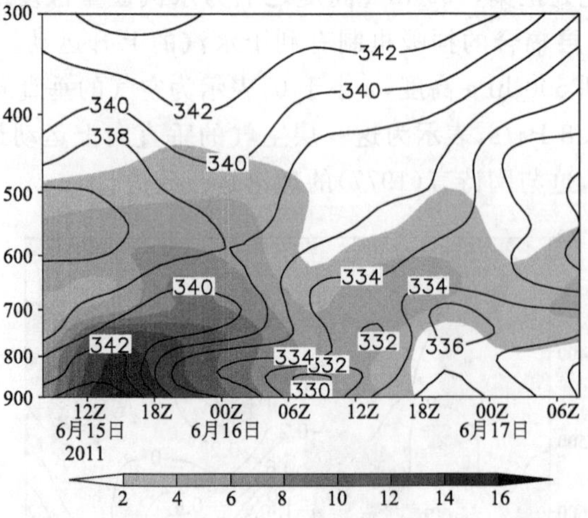


图 6 2011 年 6 月 15 日 08:00—17 日 08:00 敦煌工业园水汽通量(阴影区，单位:kg/(m · s))及假相当位温(单位:K)的时间—高度剖面

## 3.3 动力条件分析

### 3.3.1 垂直速度分析

图 7 是 2011 年 6 月 15—16 日垂直速度沿 39°～40°N 平均经度—高度剖面图。可以看出，在 15 日 14:00，降水落区上空(94°～96°E)，94°～95°E 是空气做下沉运动，而在 95°～

96°E，空气是上升运动，上升运动的中心在 500～550 hPa，但是中心值比较小，约为－0.6 Pa/s（图 7a）。到 15 日 20:00，降水落区上空从地面到 600 hPa 高度是上升气流，600～500 hPa一层较弱的下沉气流，这层下沉气流对近地层的上升气流起到了抑制作用，因此20:00降水相对较弱些。下沉气流上空又是一层较强的上升气流，该层上升气流的中心值约为－0.8 Pa/s（图 7b）。到了 16 日 02:00，降水落区上空整层均为上升气流，有两个上升运动中心，最强上升运动中心在 650～550 hPa，中心值为－1 Pa/s，这种整层大气都做很强的上升运动不仅使得暖湿空气辐合抬升，而且在上升过程中释放潜热，加热大气，从而使得垂直运动增强，又使辐合上升增强，形成正反馈（苗爱梅 等，2011）。这种正反馈作用有利于当天 02:00 左右集中出现的强降水（图 7c）。到了 16 日 14:00，降水基本停止，降水区上空的上升气流减弱到－0.2 Pa/s，高空其他地方的下沉气流也减弱（图 7d）。

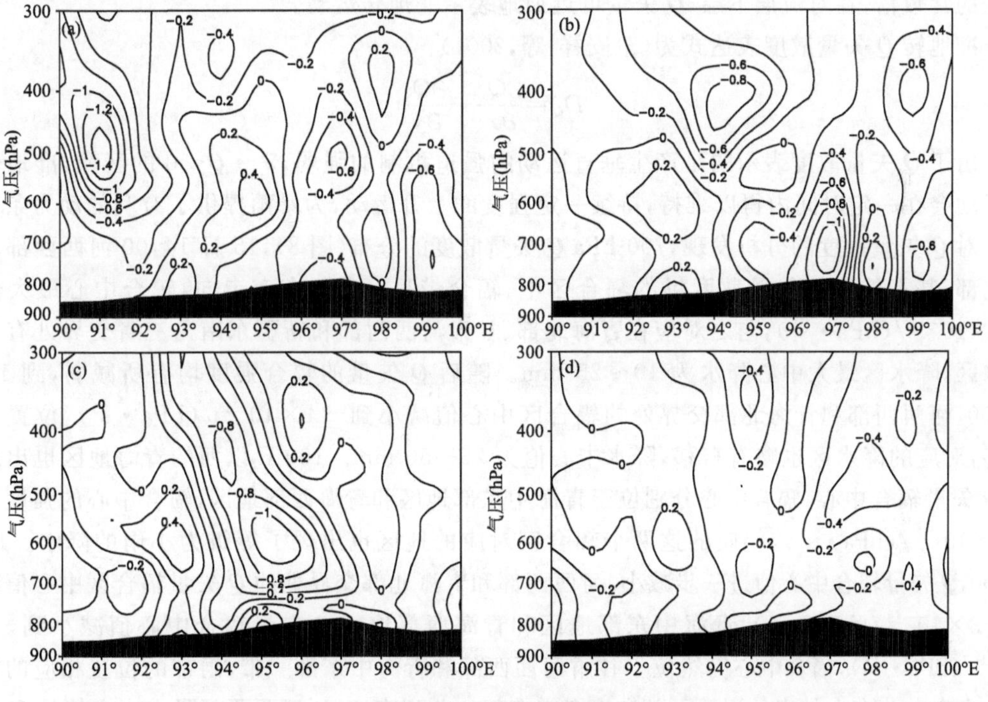


图 7 2011 年 6 月 15—16 日垂直速度的经度剖面(a) 15 日 14:00，(b)15 日 20:00，(c)16 日 02:00，(d)(16 日)14:00(沿 39°～40°N，单位：Pa/s)

### 3.3.2 $Q$ 矢量散度分析

准地转 $Q$ 矢量是 Hoskins 等(1980)于 1978 年提出的用来计算垂直运动的一种非常有力的工具，同时被广泛地用于天气诊断分析，在天气预报中起着重要作用。

$Q$ 矢量表示作用在位温梯度上的地转速度水平形变的大小（杨小艳 等，1995），是用来诊断大尺度垂直运动，它适用于整个对流层，尤其是斜压性较大的对流层中低层，它与非地转风有正比关系，且用 $Q$ 矢量表示的锋生函数在温带天气系统中可以给出有关系统发生发展的信息，有较好的预报意义。准地转 $Q$ 矢量表达式（寿绍文 等，2003）：

$$\boldsymbol{Q}=(Q_x,Q_y)=\left(-\frac{\partial \boldsymbol{V}_g}{\partial x}\cdot\nabla\left(-\frac{\partial\varphi}{\partial P}\right),-\frac{\partial \boldsymbol{V}_g}{\partial y}\cdot\nabla\left(-\frac{\partial\varphi}{\partial P}\right)\right) \tag{1}$$

上式可表示成如下分量形式：

$$Q_x = -\frac{R}{P}\frac{\partial \boldsymbol{V}_g}{\partial x} \cdot \nabla T = -\frac{R}{P}\left(\frac{\partial u_g}{\partial x} \cdot \frac{\partial T}{\partial x} + \frac{\partial v_g}{\partial x} \cdot \frac{\partial T}{\partial y}\right) \tag{2}$$

$$Q_y = -\frac{R}{P}\frac{\partial \boldsymbol{V}_g}{\partial y} \cdot \nabla T = -\frac{R}{P}\left(\frac{\partial u_g}{\partial y} \cdot \frac{\partial T}{\partial x} + \frac{\partial v_g}{\partial y} \cdot \frac{\partial T}{\partial y}\right) \tag{3}$$

(2)式和(3)式准地转 $\boldsymbol{Q}$ 矢量决定与地转风水平梯度与水平温度梯度的乘积。

为了简化计算，在给定点取 $x$ 轴沿等温线方向，则 $-\frac{\partial T}{\partial x}=0$，因此：

$$Q_x = -\frac{R}{P}\frac{\partial u_g}{\partial x} \cdot \frac{\partial T}{\partial y}, Q_y = -\frac{R}{P}\frac{\partial v_g}{\partial y} \cdot \frac{\partial T}{\partial y}, \boldsymbol{Q} = Q_x \boldsymbol{i} + Q_y \boldsymbol{j} \tag{4}$$

式中，$Q_x$ 和 $Q_y$ 分别是 $\boldsymbol{Q}$ 矢量在 $x$ 和 $y$ 方向的分量。$\boldsymbol{Q}$ 矢量表示了作用在位温梯度上的地转形变的常数倍，在对流层下层，$\boldsymbol{Q}$ 矢量可近似地表示非地转运动。

准地转 $\boldsymbol{Q}$ 矢量散度表达式为(董安祥 等，2001)：

$$D_Q = \frac{\partial Q_x}{\partial x} + \frac{\partial Q_y}{\partial y} \tag{5}$$

由于 $\boldsymbol{Q}$ 矢量散度表示的是产生垂直运动的强迫机制的强弱，$\nabla \cdot \boldsymbol{Q} < 0$ 的区域，准地转上升运动会在一定时间内得以维持，持续一定强度的上升运动，为暴雨提供了有利的动力条件。

对 $\boldsymbol{Q}$ 矢量散度的分析发现，700 hPa $\boldsymbol{Q}$ 矢量散度的分布(图 8)，15 日 14:00 河西西部和青海北部，基本处于 $\boldsymbol{Q}$ 矢量散度场的辐合区中，辐合带呈西北—东南走向，辐合中心最大值为 $-8\times10^{-15}/(\text{hPa}\cdot\text{s}^3)$，与之对应在青海北部、甘肃河西西部和新疆东南角三省交界处有一个降水区，降水区最大中心降水为 10～25 mm。随后 $\boldsymbol{Q}$ 矢量的辐合强度均有所减弱，到 15 日 20:00，河西西部和青海北部交界处的辐合区中心值减小到 $-4\times10^{-15}/(\text{hPa}\cdot\text{s}^3)$，位置有所东移，对应的降水区也略有东移，降水中心值为 25～50 mm。100°E 以西的青海地区也出现两个 $\boldsymbol{Q}$ 矢量辐合中心，辐合中心分别位于青海中东部地区和青海西部地区，辐合中心的强度均为 $-8\times10^{-15}/(\text{hPa}\cdot\text{s}^3)$，相应的这两个辐合区对应的地区也出现了等级为小雨的降水。16 日 02:00，$\boldsymbol{Q}$ 矢量辐合中心值进一步减小，河西西部和青海北部交界处的 $\boldsymbol{Q}$ 矢量辐合区中心值减小到 $-3\times10^{-15}/(\text{hPa}\cdot\text{s}^3)$，青海中东部地区和青海西部地区 $\boldsymbol{Q}$ 矢量辐合中心值减小到 $-6\times10^{-15}/(\text{hPa}\cdot\text{s}^3)$，辐合中心仍然位于甘肃河西西部和青海中东部一带，雨带的位置相应的沿西北—东南向分布在甘肃的河西西部和青海中东部从北到南地区，河西西部降水中心值是 25～50 mm，但是比 $\boldsymbol{Q}$ 矢量辐合区的位置略偏西，青海中东部地区最大降水中心是 10～25 mm，雨带的位置比辐合区略偏东。16 日 08:00，河西西部 $\boldsymbol{Q}$ 矢量辐合中心值有所增大，中心值为 $-5\times10^{-15}/(\text{hPa}\cdot\text{s}^3)$，而对应的降水区还是略偏西，降水中心值是 10～25 mm。青海中东部地区 $\boldsymbol{Q}$ 矢量辐合区中心值继续减小，青海中部的辐合区中心值为 $-3\times10^{-15}/(\text{hPa}\cdot\text{s}^3)$，青海东南部辐合区的中心值为 $-4\times10^{-15}/(\text{hPa}\cdot\text{s}^3)$，对这两个辐合区对应的降水区略偏东，降水中心值均为 10～25 mm。之后，降水强度均有所减弱，但是可以看出，在降水区附近，$\boldsymbol{Q}$ 矢量均为辐合区，辐合区的范围比较零散。

从各时刻 700 hPa $\boldsymbol{Q}$ 矢量散度与对应时刻的 6 h 降水量分布来看，此次降水主要出现的时段(15 日 20:00—16 日 08:00)中，$\boldsymbol{Q}$ 矢量辐合区走向与雨区走向基本一致，为西北—东南走向，在河西西部地区 $\boldsymbol{Q}$ 矢量辐合区较暴雨落区略偏东，在青海中东部地区 $\boldsymbol{Q}$ 矢量辐合区较降水落区略偏西，出现降水的地区，其附近一定会出现 $\boldsymbol{Q}$ 矢量辐合区。$\boldsymbol{Q}$ 矢量辐合强度与暴雨强

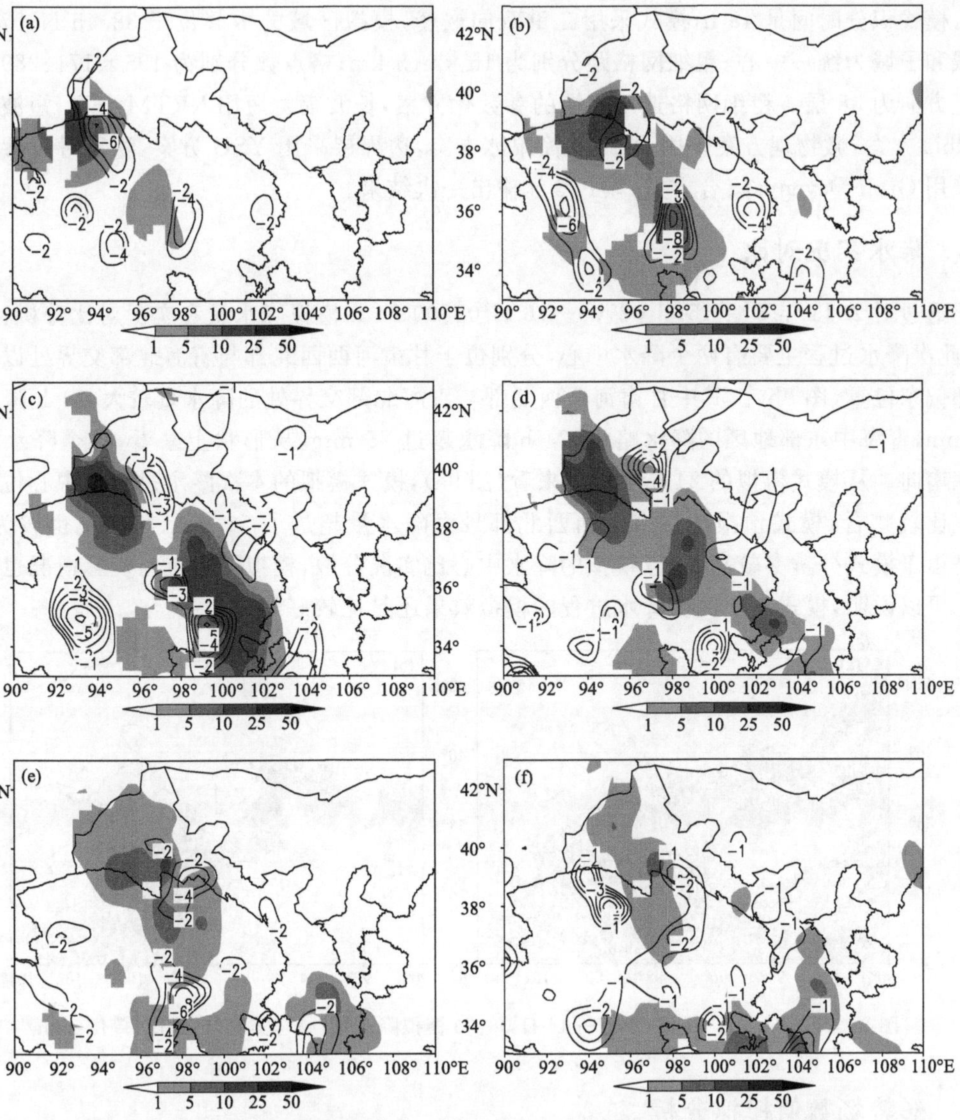

图 8　700 hPa $Q$ 矢量散度(单位：hPa/s³)与 6 h 降水量(单位：mm)的分布

(a)15 日 14:00,(b) 15 日 20:00,(c)16 日 02:00,(d)16 日 08:00,(e)16 日 14:00,(f)16 日 20:00

度并没有较好的对应关系,但是基本上出现降水区域的 $Q$ 矢量辐合中心值要小于 $-3\times10^{-15}$/(hPa · s³)。由此说明,$Q$ 矢量的辐合区能够较好地预报暴雨及较大降水的落区,但没有较好的预报暴雨强度的能力。

# 4　数值模拟分析

## 4.1　模拟试验设计

利用 WRF(V3.2)版本进行模拟。模式方案如下:利用 T639 提供的 6 h 一次的 0.3°×0.3°预报场作为模式的初始场和边界场。模拟的起始时间是 2011 年 6 月 15 日 08:00(北京时)，模式积分时间是 48 h，模式采用二重双向嵌套，模拟区域的中心位于 38.45°N，97.13°E，母域和子域为统一中心；粗细网格距分别为 15 km、5 km；格点数分别为 195×171、289×259，垂直方向为 38 层。粗细网格选用相同的参数化方案，长波辐射短用 RRTM 方案，短波辐射用 Dudhia 方案，微物理方案采用 WSM3-简单冰方案，边界层采用 YSU 方案，积云对流参数化方案采用 Grell-Devenyi 集合方案；模式 3 h 输出一次结果。

## 4.2 降水实况对比

通过对 2011 年 6 月 15 日 08:00—16 日 08:00 24 h 模拟降水量和实况对比分析，可以看出，此次降水过程主要有两个降水中心，分别位于甘肃河西西北部与青海北部交界处以及青海中部偏东位置(图 9b)。其中甘肃河西西北部与青海北部交界处的降水量较大，24 h 降水超过 50 mm，青海中东部地区的降水略小，24 h 降水超过 25 mm，从形状上来看，整个降水呈西北一东南向。从模式模拟的 24 h 降水量来看(图 9a)，模式模拟的本次降水过程的中心位置都与实况比较吻合，模式预报的甘肃河西西北部最大降水量超过了 50 mm，与实况也较为接近。但是由于模式分辨率较高，所以模拟的降水中心比实况分散，模拟的雨带与实际情况也较为接近。可以说明，模式对于此次降水过程的模拟效果还是比较好的。

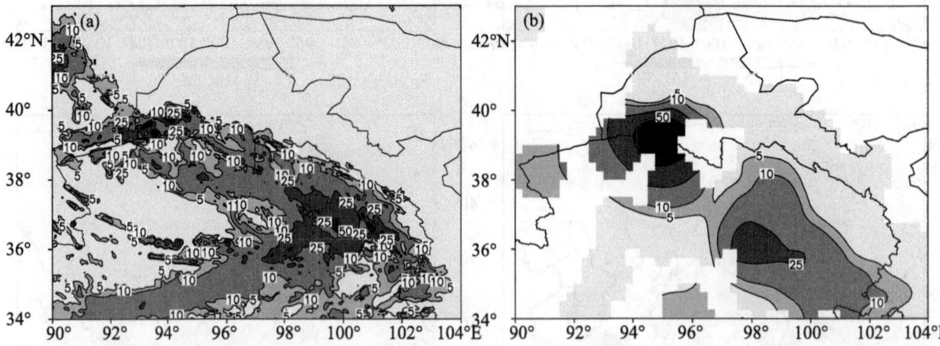


图 9　2011 年 6 月 15 日 08:00—16 日 08:00 模拟降水量(a)与实况(b)对比(单位:mm)

## 4.3 形势场数值模拟分析

对高空形势场模拟分析可以看出，15 日早上 08:00(图略)，青海西部和西藏北部地区有一个气旋性环流生成，环流中心向西南方向有一支切变线存在，切变线北侧的偏北风携带冷空气不断南下，切变线南侧是稳定的西南气流沿着高原中东部地区向北输送，气旋性环流北边新疆中部地区有一个低槽存在。之后，高原上气旋性环流随着时间缓慢东移发展，到 15 日 20:00(图略)，在青海中东部地区形成一个低涡，低涡中心值为 5780 gpm，北边的新疆低槽缓慢东移并加深，槽前偏气流逐渐与低涡前部的偏南气流打通。到 16 日 02:00(图 10a)，低涡在青海中东部继续维持，随着北方冷空气的南下，低涡中心值为 5760 gpm，同时，在河西西北部和青海北部交界地区也形成一个低涡。在这个过程中，低涡南侧不断有西南风携带暖湿气流沿着高原中东部地区向北输送，北侧不断有冷空气南下。700 hPa 上，15 日 14:00 开始，有弱的偏南风向北吹，之后偏南风慢慢加强，到 15 日 23:00，从四川盆地向北到甘肃中南部地区形成一支风速为 8 m/s 的低空急流，到 16 日 02:00(图 10b)，急流中心风速达到 12 m/s，到河西走廊转为偏东南风，在河西西北部和青海南部形成一个低涡中心，与 500 hPa 叠加形成一个深厚的低涡中心。通过模拟看出，这种高低空深厚的低涡东移加深与新疆低槽打通，低涡南侧的偏南气流携带水汽从高原东部向北输送，低层西南急流沿四川盆地一甘肃南部向北输送水汽，是这次河西西部暴雨发生的主要形势。

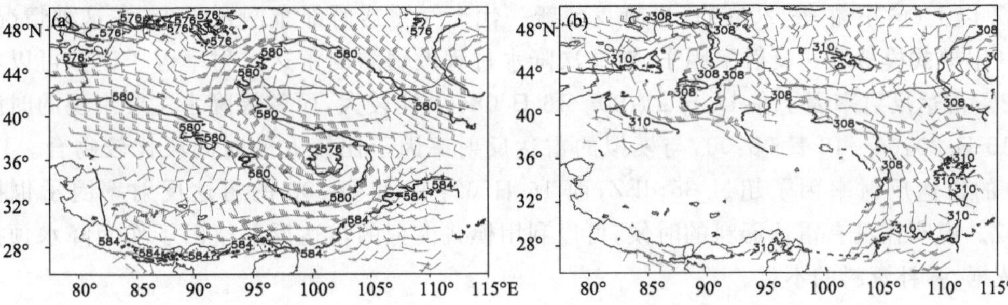


图 10　2011 年 6 月 16 日 02:00 高空形势场

(a)500 hPa;(b)700 hPa

## 4.4　最大对流有效位能(MCAPE)模拟分析

对流有效位能(CAPE)是一个能定量地反映大气环境中是否可能发生深厚对流的热力变量，能较好地反映大气中不稳定能量的积聚和释放过程。Doswell 和 Ramsmussen(1994)指出，在深对流可能发生的环境中，对流有效位能是一个与环境联系最为密切的热力学变量，CAPE 值越大，发生强对流的可能性越大。对本次降水过程最大对流有效位能模拟可以看出(图 11)，从 15 日早上开始最大对流有效位能逐渐自西向东移动，到 15 日 17:00 左右，最大对流有效位能达到最大值 700 J/kg 左右，之后又随时间缓慢向东移动，到 15 日 20:00 左右，在 95°E 左右，最大对流有效位能的最大值为 700 J/kg 左右。在此过程中，整个敦煌地区的 MCAPE 值是一个缓慢增加的过程，暴雨发生的主要时段是在 15 日 20:00 之后，说明在暴雨发生前该地区的不稳定能量是一个积聚的过程。之后，MCAPE 继续向东传且逐渐减弱，说明随着降水的增大，不稳定能量逐渐释放，敦煌地区的 MCAPE 值增大与减小过程，很好地与降水发生的时间相对应。

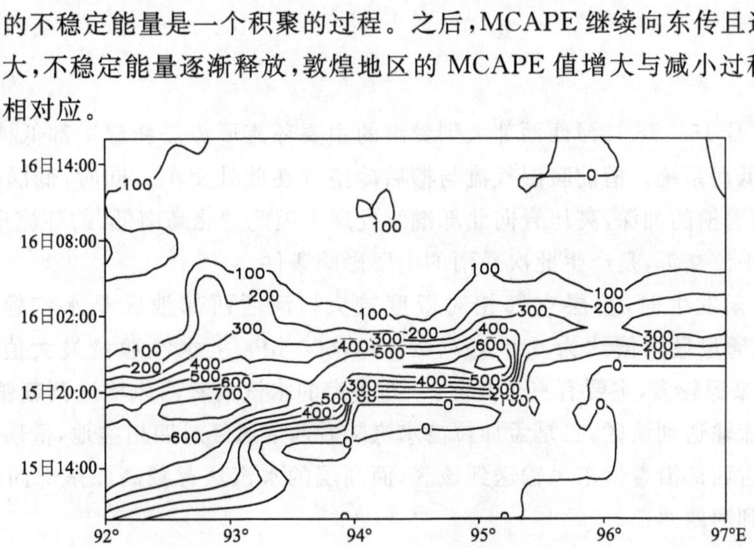


图 11　2011 年 6 月 15 日 08:00—16 日 14:00 最大对流有效位能沿 40°N 东西向剖面图(单位:J/kg)

## 4.5　雷达反射率因子模拟分析

雷达反射率因子的大小反映了气象目标内部降水粒子的尺度和密度分布，用来表示气象目标的强度，一般积状云降水通常具有比较密实的结构，其强度中心的反射率因子通常在35 dBZ以上(俞小鼎 等，2006)。目前我国新一代天气雷达西部布网还很少，在这种情况下，可以利用模式模拟雷达反射率因子，对这次降水过程敦煌站的雷达反射率因子模拟可以看出(图12)，雷达反射率因子在15日23:00—16日08:00比较大，而敦煌降水主要出现的时间段是在15日20:00—16日08:00，与模拟的雷达反射率因子比较大的时间段比较吻合。15日23:00的雷达反射率因子超过35 dBZ，而16日02:00和08:00的雷达反射率因子也接近30 dBZ。说明在没有雷达资料的时候，可以利用模式模拟的雷达反射率因子作为降水预报的参考依据，弥补资料的不足。

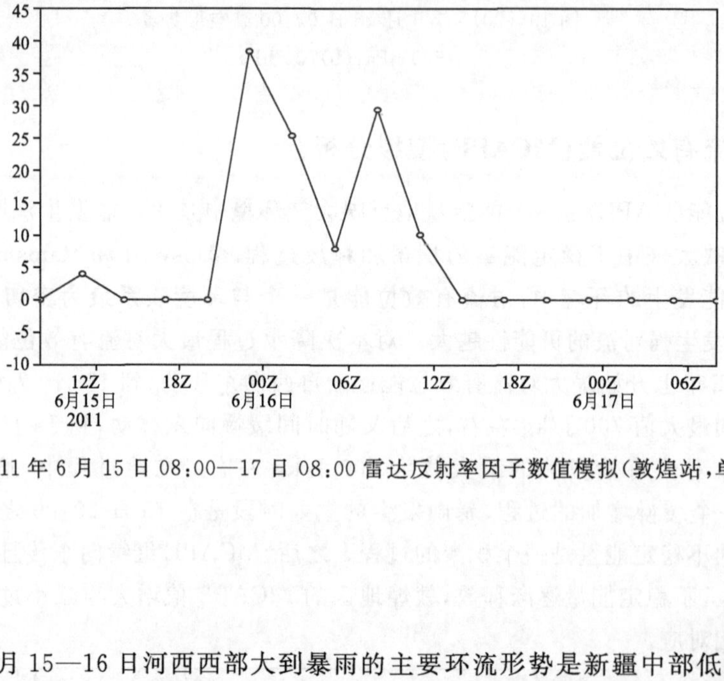


图12　2011年6月15日08:00—17日08:00雷达反射率因子数值模拟(敦煌站，单位：dBZ)

# 5　结论

(1)造成6月15—16日河西西部大到暴雨的主要环流形势是新疆中部低槽东移发展，在河西形成一个低涡系统。槽前暖湿气流与槽后冷空气在此处交汇。同时，低涡前部高压脊向东移动，并且随着槽的加深，高压脊向北部继续发展。因此，“北高南低”的环流形势，以及南北方暖平流与冷平流交汇，是产生此次暴雨的主要影响条件。

(2)此次暴雨发生时，整层空气相对湿度较大。河西西部地区是水汽输送的大值区，700 hPa上水汽通量最大值约为6.0 kg/(m·s)，500 hPa上水汽通量最大值约为4.0 kg/(m·s)。水汽来源较多，主要有三个方向：一是里海的水汽沿着西风输送到新疆，然后沿着低槽后的西北气流输送到该区；二是孟加拉湾水汽随着西南风经过四川盆地，低层的水汽输送到陇东南—内蒙古西部沿着偏东风输送到该区，而高层的水汽从青藏高原东部向北经过青海中东部地区输送到河西西部。

(3)在暴雨发生前，从地面到550 hPa，气层有一个能量的积聚过程，在暴雨发生时能量开始释放，最后到暴雨结束，能量释放完。此次暴雨发生前的高温高湿天气积蓄的不稳定能量是导致强降水形成的有利条件。

(4)在暴雨发生时，暴雨区上空600 hPa以下的水汽在此处汇集，600 hPa之上为水汽辐散，这种高层辐散，低层辐合的抽吸机制有利于水汽的上升运动。降水落区上空整层均为上升气流，最强上升运动中心在650～550 hPa，中心值为－1 Pa/s，这种整层大气都做很强的上升运动不仅使得暖湿空气辐合抬升，而且在上升过程中释放潜热，加热大气，从而使得垂直运动增强，又使辐合上升增强，形成正反馈机制。

(5)此次降水过程，700 hPa $Q$矢量辐合区走向与雨区走向基本一致，为西北－东南走向，在河西西部地区$Q$矢量辐合区较暴雨落区略偏东，在青海中东部地区$Q$矢量辐合区较降水落区略偏西，出现降水的地区，其附近一定会出现$Q$矢量辐合区。$Q$矢量辐合强度与暴雨强度并没有较好的对应关系，但是基本上出现降水区域的$Q$矢量辐合中心值要小于$-3\times10^{-15}/(hPa \cdot s^3)$。由此说明，$Q$矢量的辐合区能够较好地预报暴雨及较大降水的落区，但没有较好的预报暴雨强度的能力。

(6)通过数值模拟可以看出，模式预报的降水最大值中心和实际观测降水的最大值中心基本上吻合；高时空分辨率的数值模式结果能够清楚地分析出此次降水过程影响系统的移动和发展，模拟的MCAPE和雷达反射率因子等物理量均对此次降水过程有较好的指示意义。

## 参考文献


白肇烨，徐国昌，等，1988. 中国西北天气[M]. 北京：气象出版社.

程明虎，刘黎平，张沛源，等，2004. 暴雨系统的多普勒雷达反演理论和方法[M]. 北京：气象出版社.

董安祥，郭蕙，贾建颖，等，2001. 青藏高原东部一次大雪过程的$Q$矢量分析[J]. 南京气象学院报，24(3)：406-409.

董安祥，谩启宝，向军，1977. 西北地区降水之最[J]. 甘肃气象，15(2)：12-13.

杜继稳，李明娟，张弘，等，2004. 青藏高原东北侧突发性暴雨地面能量场特征分析[J]. 高原气象，23(4)：453-457.

戴兴刚，李维京，马柱国，2006. 近几十年新疆水汽源地变化特征[J]. 自然科学进展，16(2)：1651-1656.

丁士晟，1983. 吉林省大暴雨的统计分析[J]. 大气科学，7(4)：432-437.

何由，阳坤，姚檀栋，等，2012. 基于WRF模式对青藏高原一次强降水的模拟[J]. 高原气象，31(5)：1183-1191.

景学义，方丽娟，郭家林，等，2005. 黑龙江省暴雨的特征及天气学分类[J]. 自然灾害学报，14 (1)：54-58.

姜学恭，李夏子，李彰俊，等，2012. 一次阻塞型华北对流性暴雨过程的诊断分析和数值模拟[J]. 高原气象，31(5)：1283-1393.

卢娟，孟莹，潘静，等，2004. 近42年辽宁极端降水事件分析[J]. 辽宁气象(4)：8-9.

刘实，2000. 东北地区夏季降水的气候变化区别[J]. 吉林气象(3)：12-14.

李安泰，何宏让，张云，2012. WRF模式陆面参数扰动对一次西北暴雨影响的数值模拟[J]. 高原气象，31(1)：65-75.

栾晨，宋敏红，蔡英，等，2012. 西北区西部夏半年强降水分布与变化特征[J]. 高原气象，31(3)：629-637.

井喜，李栋梁，李明娟，等，2008. 青藏高原东北侧一次突发性大暴雨环境场综合分析[J]. 高原气象，27(1)：46-57.

苗爱梅，贾利冬，李智才，等，2011. “091111”山西特大暴雪过程的流型配置及物理量诊断分析[J]. 高原气象，30(4)：969-981

倪允琪，周秀骥，张人禾，等，2006. 我国南方暴雨的试验与研究[J]. 应用气象学报，17(6)：690-704.

任余龙，寿绍文，李耀辉，2007. 西北区东部一次大暴雨过程的湿位涡诊断与数值模拟[J]. 高原气象，26(2)：344-352.

寿绍文，2003. 中尺度气象学[M]. 北京：气象出版社.

张庆云，王会军，林朝晖，等，2004. 中国天气气候异常成因研究-2003 年[M]. 北京：气象出版社：21-88.

谌芸，李泽椿，2005. 青藏高原东北部区域性大到暴雨的诊断分析及数值模拟[J]. 气象学报，63(3)：289-300.

陶诗言，1977. 有关暴雨分析预报的一些问题[J]. 大气科学，1：64-72.

陶诗言，倪允琪，赵思雄，等，2001. 1998 夏季中国暴雨形成机理与预报研究[M]. 北京：气象出版社.

王劲松，李耀辉，康凤琴，等，2002. 西北区东部一次暴雨的数值模拟试验[J]. 高原气象，21(3)：258-266.

伍荣生，高守亭，谈哲敏，等，2004. 锋面过程与中尺度扰动[M]. 北京：气象出版社.

文宝安，1980. 物理量计算及其在暴雨分析预报中的应用——水汽通量与水汽通量散度[J]. 气象，7：34-36.

西北暴雨编写组，1992. 西北暴雨[M]. 北京：气象出版社.

杨莲梅，张云惠，汤浩，2012. 2007 年月新疆三次暴雨过程的水汽特征分析[J]. 高原气象，31(4)：963-973.

杨小艳，曹希孝，1995. 准地转 Q 矢量诊断场与暴雨关系的分析[J]. 气象，21(11)：17-21.

俞小鼎，姚秀萍，熊廷南，等，2007. 多普勒天气雷达原理与业务应用[M]. 北京：气象出版社.

周秀骥，薛纪善，陶祖钰，2003. 98 年华南暴雨科学试验研究[M]. 北京：气象出版社.

赵玉春，许小峰，崔春光，2012. 中尺度地形对梅雨锋暴雨影响的个例研究[J]. 高原气象，31(5)：1268-1282.

张文建，许健民，方宗义，等，2004. 暴雨系统的卫星遥感理论和方法[M]. 北京：气象出版社.

张家宝，邓子风，1987. 新疆降水概论[M]. 北京：气象出版社.

DOSWELL C A，RASMUSSEN E N，1994. The effect of neglecting the virtual temperature correction on CAPE calculations[J]. Weather & Forecasting，9(4)：625-629.

HOSKINS B J，PEDDER M，1980. The diagnosis of middle latitude synoptic development Quart [J]. J Roy Meteor Soc，106(450)：707-719.

# 不同云方案对祁连山降水模拟的影响*

段海霞[1],刘新伟[2],蒲朝霞[3]

(1. 中国气象局 兰州干旱气象研究所,兰州 730020;2. 兰州中心气象台,兰州 730020;
3. Department of Atmospheric Sciences,University of Utah,Utah Salt Lake City 84112)

**摘要**:应用 MM5 中尺度模式,选用 4 种不同云微物理方案(Dudhia 简单冰相方案、Reisner 混合相方案、Reisner2 霰方案和 Schultz 微物理方案),对 2002 年 7 月 12—13 日祁连山区降水过程进行了数值模拟试验。模拟结果的对比分析表明,不同云微物理方案在祁连山区降水的模拟中对降水落区的模拟均偏南;除 Reisner2 霰方案外,其他 3 种方案对降水中心落点的模拟影响不大,降水中心强度对云微物理方案不敏感;显式降水和参数化降水对云微物理方案有不同程度的依赖性;云微物理过程通过影响动力条件发生发展的时间和强度,来影响强降水发生的时间和强度。通过各云微物理参数的分析发现,各物理过程中微物理参数参与降水的过程不同:对 Dudhia 简单冰相方案来说,雨水和云水是形成降水的主要过程;Reisner 混合相方案中降水的形成主要是由于雨水、云水、雪和霰的碰并过程,冰晶的碰并相对较弱;在 Reisner2 霰方案中,雨水、云水、冰晶、雪和霰均参与碰并碰冻过程;Schultz 微物理方案中冰晶、雪和霰的碰并过程更为重要。

**关键词**:祁连山区;降水;云物理过程;数值模拟

## 1　引言

云微物理过程与降水的形成是密不可分的,降水在合适的环境场条件下通过云微物理过程机制产生,云微物理过程又通过反馈作用影响环境场。MM5 中尺度数值模式考虑了较为完善的多种物理过程,能够预报从单一的积云尺度到天气尺度的天气过程,为研究降水云微物理过程结构和降水机制提供了很好的途径。孙建华等(2003)通过对华北地区“12.7”降雪过程做暖云过程和 Reisner 混合冰相过程的模拟,认为冰相云物理过程对成功模拟降雪是不可忽视的。王鹏云等(2002)使用 MM5 湿物理显式方案,模拟研究了华南暴雨中的云物理过程,结果表明由于对流形成的具有冰相参加的冷云过程是华南暴雨形成发展的主要云物理过程,当对流较弱因而只有水相而无冰相的暖云过程只造成范围大但强度弱的降水。迟竹萍等(2006)利用 MM5 模式结果,采用 Reisner 混合冰相过程计算云水、雨水、冰晶、雪景等比含水量数值,对降雪过程的水汽输送、不同发展阶段微物理参数的演变特征进行了分析。文莉娟等(2006)对“98.5” 华南暴雨过程进行了模拟,结果表明混合冰相显式物理方案比其他方案模拟的降水更接近实况,云微物理场的模拟显示没有雪出现,这可能是华南降水云微物理的特点。孙晶等

* 本文已在《大气科学学报》2013 年第 36 卷第 3 期正式发表。

(2007)利用 MM5 分别模拟了北方地区两次不同类型降雪过程,指出雪的产生主要来自于水汽凝华增长和雪收集冰晶增长,过冷水对形成霰很关键,冰相粒子融化加强雨的形成,降雪过程对热力、动力过程具有一定的反馈影响,相变潜热对上升运动和降水有正反馈作用,降水粒子下落拖曳力对上升运动和降水有负反馈作用。赵震等(2005,2008)、胡朝霞等(2007)采用三层模型分别模拟并分析了西北地区和东北地区层状云降水形成机制和过程。杨正卿等(2012)通过对 2008 年 1 月 25—29 日南方冰雪天气进行数值试验,发现云滴数浓度对降水量的影响是复杂和非线性的。云滴数浓度越大,云水混合比就越大,云滴的尺度越小,而雨滴数浓度则减小,雨水也减少,暖云降水过程受到抑制。除了 MM5 模式,国内外许多学者还使用其他模式如冰雹云模式(樊明月 等,2013)、分档云模式(Reisin et al.,1996;Yin et al.,2000)等分别对冰雹形成机制、云凝结核对降水的影响以及暖对流云的结构等进行了分析。以上研究均是通过数值试验进行分析,国内外许多学者还做过各种云系观测试验和人工影响试验(Hobbs et al.,1975;Grabowski et al.,1999)。张佃国等(2010)和王慧娟等(2010)还使用飞机观测资料分别分析了积层混合云和层状云降水过程。

目前我国在云物理过程的研究大部分针对华南、华北暴雨,针对西北降水特别是祁连山区降水的研究却较少(刘卫国 等,2007a,2007b)。本文利用中尺度数值模式 MM5V3.7,对 2003 年 7 月祁连山地区一次降水过程进行模拟,同时采用了尺度可分辨的云降水物理方案和次尺度对流参数化方案,模拟结果将总降水分为显式降水和参数化降水,着重讨论了云微物理过程对祁连山地区降水模拟的影响。

## 2 模式和试验方案

2002 年 7 月 12 日 08:00—13 日 08:00(北京时间,下同),张掖地区发生强降水过程,其中民乐、山丹两站 24 h 降水量分别达到 40.1 mm、44.0 mm(图 1)。

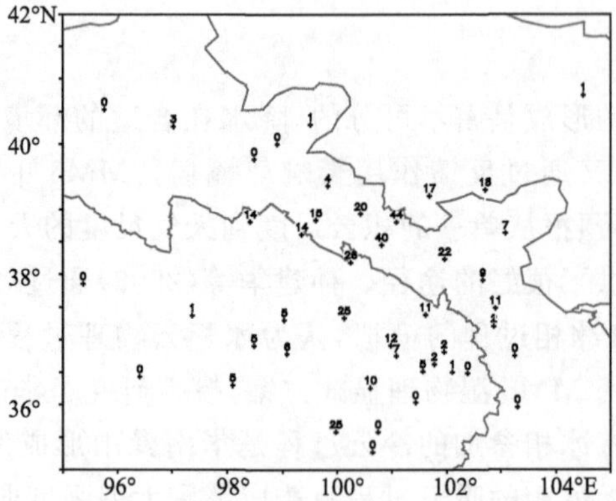


图 1 2002 年 7 月 12 日 08:00—13 日 08:00 实况 24 h 累积降水量的分布
(单位:mm;+表示气象站,数字表示站点降水量)

本文模拟区域为祁连山地区,模拟范围为(95.8°~104°E,35.4°~41.2°N)。模拟采用 NCEP/NCAR 再分析资料作为初始场,每 6 h 更换边界条件,运用 MM5 v3.7 非静力版本,模拟水平分辨率设为 15 km,格点为 46×52,垂直分层 23 层,积云对流选用 Anthes-Kuo 方案,边界层过程选用 MRF 行星边界层，辐射过程采用 CCM2 辐射方案，显式云物理过程分为 Dudhia 简单冰相、Reisner 混合相、Reisner2 霰以及 Schultz 微物理 4 个过程，分别对 2002 年 7 月 12—13 日祁连山区降水过程进行对比试验，探讨了各种云物理过程的性能和特点以及它们对祁连山区降水的模拟能力。

## 3 试验与分析比较

4 种云微物理过程(楼小凤 等，2003)如下所示。

Dudhia 简单冰相方案：增加了冰相过程，但不需增加内存，没有过冷水存在，冻结层以下冰晶和雪全部融化成雨水。

Reisner 混合相方案：可有过冷水存在，正温区内允许雪慢慢融化，冰晶在一时步和一层内融化完毕，计算内存中增加了冰晶和雪的变量。

Reisner2 霰方案：在 Reisner 混合相的基础上增加了冰晶数浓度和霰的预报。

Schulz 微物理方案：没有冰晶数浓度的预报。

### 3.1 总降水对云微物理过程方案的敏感性

从各方案模拟的 24 h 累积降水量分布(图 2)来看，4 个方案模拟的降水范围都相差不大，但降水中心位置却不尽相同：Dudhia 简单冰相、Reisner 混合相和 Schulz 微物理方案的降水中心位置相差不大，基本位于民乐地区，而 Reisner2 霰方案却出现了 3 个大于 40 mm 的降水中心，且最大降水中心位于青海省天峻县北部地区而不是张掖市民乐地区。说明从模拟的降水范围与降水中心来看，Reisner2 霰方案对此次过程的模拟效果较差。从其他 3 个方案模拟情况来看，3 个方案模拟的降水范围和降水中心位置与实况比较都稍偏南，但模拟的范围主要呈西北—东南走向，而实况场降水范围则呈现南北向，这主要是由于祁连山区站点稀疏，降水实况场不能够完全反映实际降水状况，另外由于站点稀疏，降水量插值到格点时的误差也有一定因素。但 4 个方案都模拟出了张掖市民乐地区的降水中心，山丹 44 mm 的降水中心却没有模拟出来。由图 1 可以看到实况降水场有两个降水中心分别是山丹和民乐，其中山丹位置在民乐北面，且山丹降水量值(44 mm)比民乐降水量值(40.1 mm)略大，而 4 个方案模拟的降水范围东面也有两个降水中心，其中靠北面的降水中心量值较靠南面的降水中心量值略大，这种分布跟实况相符，只是模拟的整个降水范围较实况场略偏南，从而导致模拟的降水中心位于民乐，而山丹未出现降水中心。综上所述，从降水范围来看，4 个方案模拟的结果均与实况场分布较为接近。

从降水量级上来看，Dudhia 简单冰相、Reisner 混合相和 Schulz 微物理方案模拟的降水中心最大值均略大于实况值，其中 Reisner 混合相方案模拟的 24 h 总降水量与实况最为接近，降水中心最大值为 44.9 mm(图 2b)，3 个方案在青海省北部均存在一个大于 25 mm 的降水中心，但由于站点稀少，资料缺乏，无法判断模拟与实况的接近程度。所以从降水范围、降水中心位置以及降水中心最大值几个方面来看，Dudhia 简单冰相、Reisner 混合相以及 Schultz 微物理方案的 3 种云微物理过程能够较好地模拟出此次祁连山区降水过程，但模拟的降水范围较实况偏南，最大降水中心略偏大。

此外，实况场上在青海省兴海站还有一个 25.4 mm 的弱降水中心，比较模拟结果来看，4

个方案在兴海地区都有一个降水中心，但降水中心量值却相差很大，其中 Dudhia 简单冰相模拟的降水量值最大(大于 45 mm)，Reisner 混合相、Reisner2 霰方案、Schulz 微物理方案模拟的降水中心最大值分别为 12、16、16 mm。说明 Dudhia 简单冰相在此处有较大的虚假降水，Reisner 混合相、Reisner2 霰、Schulz 微物理方案能够较好地反映此处弱的降水中心。

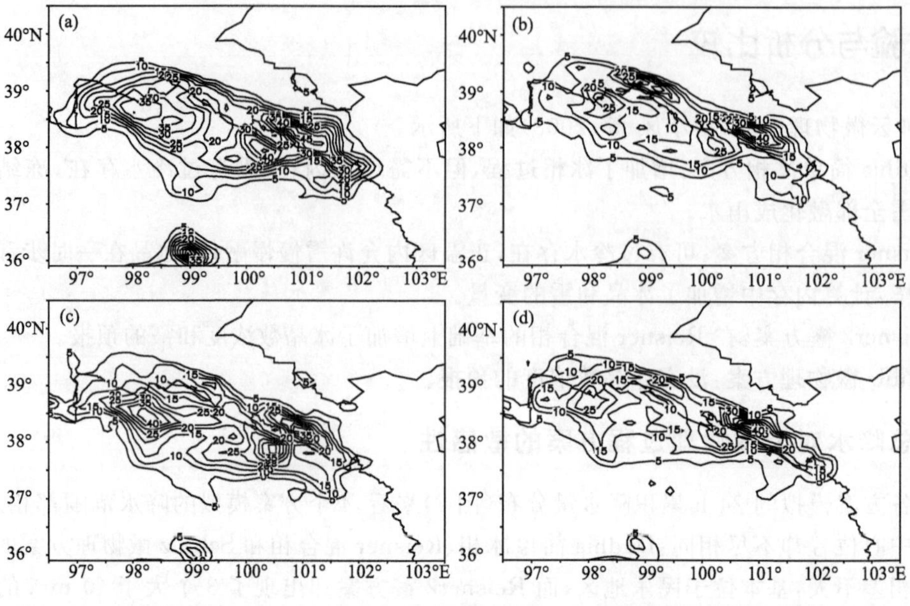

图 2　2002 年 7 月 12 日 08:00—13 日 08:00 模拟的 24 h 累积降水量的分布(单位:mm)
(a)Dudhia 简单冰相方案，(b)Reisner 混合相方案，(c)Reisner2 霰方案，(d)Schultz 微物理方案

## 3.2　云微物理过程方案对显式降水和对流降水的反映

在 MM5 模式中反映对流和非参数化降水的主要是积云参数化过程，是否云微物理过程对积云对流也有一定的反映呢？本文计算了 4 种方案模拟的显式降水和对流降水(图 3)，考察了积云对流对 4 种云微物理过程是否具有一定的敏感性。

整体来看 4 个方案模拟的显式降水和参数化降水，参数化降水的数值均大于显式降水，但细节上 4 个方案的两种降水分布却不尽相同。

首先讨论显式降水的分布状况：Dudhia 简单冰相模拟的显式降水范围最大，降水量值也最大，中心位于青海省天峻县北部地区以及兴海站地区，最大中心值大于 20 mm；Reisner 混合相的显式降水范围明显比 Dudhia 简单冰相小，且格点降水主要在青海省北部地区，张掖市民乐地区有一个大于 4 mm 的格点降水区，酒泉站地区有一个大于 8 mm 的格点降水中心；Reisner2 霰显式降水分布跟 Reisner 混合相相差不大，但量级上却较之稍大，有两个降水中心，民乐地区和天峻县北部地区，两个降水中心值均大于 8 mm；Schultz 微物理格点降水范围最小，比较零散，民乐地区的格点降水值在 4 个方案中最大，中心值大于 12 mm，另外在青海省最北部也有一个大于 8 mm 的降水中心。

4 个方案模拟的参数化降水分布也有较大的差别：Dudhia 简单冰相的对流降水范围较大，主要降水区位于甘肃省张掖市一带，最大降水中心位于民乐地区，中心值为 39 mm，另外在青海省的祁连站也存在一个 33 mm 的降水中心，而青海省天峻县西北地区对流降水量级则较小，主要为 10 mm 的降水区。Reisner 混合相的对流降水分布比较分散，主要有 4 个降水区，分别位于张掖市民乐地区、青海省祁连地区，甘肃省酒泉地区和青海省天峻县最北部与甘肃省交界地区，对流降水中心值分别为 40、25、29、26 mm。Reisner2 霰的对流降水主要有两个区域：一个位于青海省天峻县西北地区一带，降水中心值为 36 mm；一个位于青海省祁连地区和甘肃省张掖地区一带，降水中心位于祁连地区，中心值达到 40 mm，而张掖地区降水中心则为 35 mm。Schultz 微物理在张掖地区有一个很强的对流降水中心，中心值为 50 mm，此外在酒泉地区、天峻县西北部与甘肃省交界地区以及祁连站地区分别有弱对流降水中心。

上述分析可以发现，4 个方案模拟的降水区域偏南，且 4 个方案的降水中心位置均位于张掖市民乐地区，因此选取民乐站(100.8°E，38.45°N)为下文所分析的降水中心。

由图 2 和表 1 可见，Schultz 微物理反映的显式降水范围和量级最大，Dudhia 简单冰相、Reisner2 霰次之，Reisner 混合相反映最弱；Reisner2 霰、Schultz 微物理反映的参数化降水范围和量级最大，但两者的降水最强中心位置不同，Reisner 混合相反映的参数化降水范围最小，Dudhia 简单冰相反映的参数化降水范围最大，但最强降水中心值较弱。这也间接地说明了 4 种云微物理过程对显式降水和参数化降水的贡献情况：Schultz 微物理方案和 Reisner2 霰方案对参数化降水贡献最大，Reisner 混合相方案、Dudhia 简单冰相方案次之；Dudhia 简单冰相方案对显式降水贡献最大，Reisner2 霰方案次之，Schultz 微物理方案和 Reisner 混合相方案最弱。但此结论仅代表本次过程，不具有普遍性，还需更多个例的证明。

**表 1　4 个方案模拟的降水中心 24 h 最大总降水量、最大显式降水量和最大参数化降水量**

| 参数化方案 | 最大总降水量(mm) | 最大显式降水量(mm) | 最大参数化降水量(mm) |
| --- | --- | --- | --- |
| Dudhia 简单冰相方案 | 50.9 | 40.4 | 12.7 |
| Reisner 混合相方案 | 44.9 | 38.5 | 6.5 |
| Reisner2 霰方案 | 46.6 | 38.8 | 8.1 |
| Schultz 微物理方案 | 51.6 | 43.8 | 7.3 |

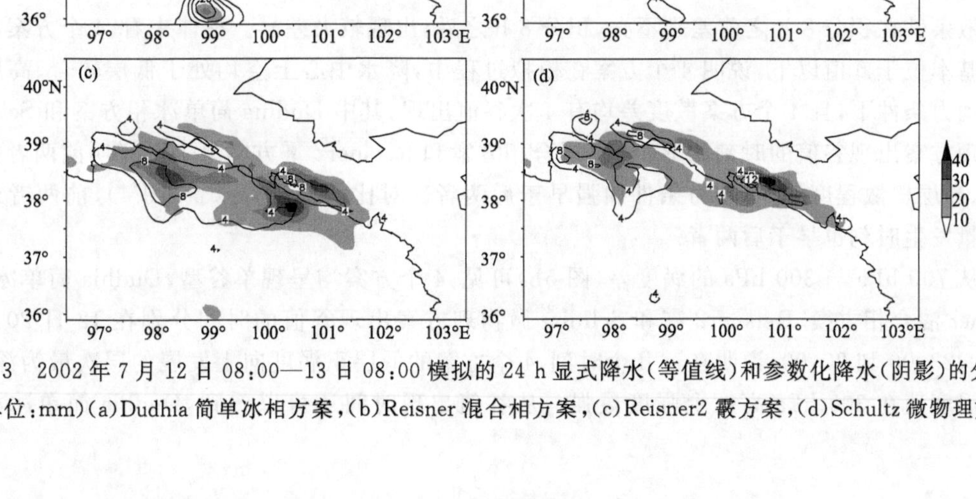


图 3　2002 年 7 月 12 日 08:00—13 日 08:00 模拟的 24 h 显式降水(等值线)和参数化降水(阴影)的分布(单位:mm)(a)Dudhia 简单冰相方案，(b)Reisner 混合相方案，(c)Reisner2 霰方案，(d)Schultz 微物理方案

### 3.3 云微物理过程方案对逐小时降水量的反映

为了考察4种云微物理过程在降水的启动时间和最强降水发生时间上的差别，分析了4个方案模拟的降水中心最大降水量的时间演变(图4)。由图4可以看到，4个方案都是在12日13:00开始出现微量降水，但降水突变时间却相差很大，Dudhia简单冰相方案和Schultz微物理方案最早突变(12日16:00)，Reisner2霰方案次之，时间落后1 h，Reisner混合相方案突变最晚(12日18:00)。

从逐小时降水演变来看，Dudhia简单冰相方案呈现双峰结构，降水极值出现在12日18:00，次峰值出现在13日00:00；Schultz微物理方案呈现双峰结构，极值出现时间也在12日18:00，次峰值则出现在13日04:00；Reisner2霰方案也呈现双峰结构，降水极值出现在12日19:00，次峰值出现在13日03:00；Reisner混合相方案与三者不同，呈现三峰结构，极值出现在13日00:00，次峰值分别出现在12日19:00和13日03:00。

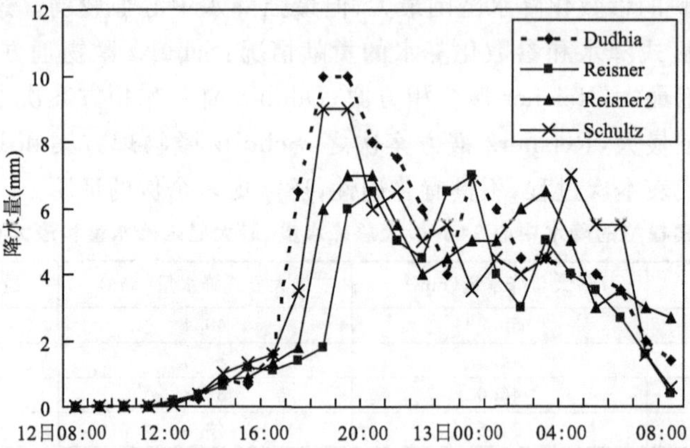


图4 2002年7月12日08:00—13日08:00 4个方案模拟的降水中心最大降水量的逐时变化(单位:mm)

## 4 云微物理过程对动力热力条件的影响

为了反映各种云物理过程对动力条件的影响，通过分析降水中心上空700 hPa和300 hPa的涡度、散度之差(图5)，讨论了4个方案动力条件的差异。从图5a可见，4个方案模拟的辐合辐散条件在积分8 h之前差别不大，积分8 h之后，出现较大差异。整体来看，4个方案散度差值基本位于0值以下，说明4个方案在模拟过程中，降水中心上空均处于低层辐合、高层辐散的动力条件下，且4个方案散度差均有4次谷值出现，其中Dudhia简单冰相方案和Schultz微物理方案出现谷值的时刻比Reisner混合相方案和Reisner2霰方案早1 h，说明前两者低层辐合、高层辐散程度加剧，动力条件加强早于后两者。对比每小时降水量(图4)，前两者最大降水量发生时刻也早于后两者。

从700 hPa与300 hPa的涡度差(图5b)可见，4个方案均呈现单谷型，Dudhia简单冰相、Reisner混合相方案、Reisner2霰和Schultz微物理方案出现谷值的时间分别在12日20:00、21:00、23:00和20:00，说明在这几个时刻，4个方案的低层正涡度向上发展的层次最为深厚，且正涡度值在300 hPa高度上强度最强。从谷值出现时间还可以看到，Dudhia简单冰相和

Schultz 微物理方案早于 Reisner 混合相方案和 Reisner2 霰方案。

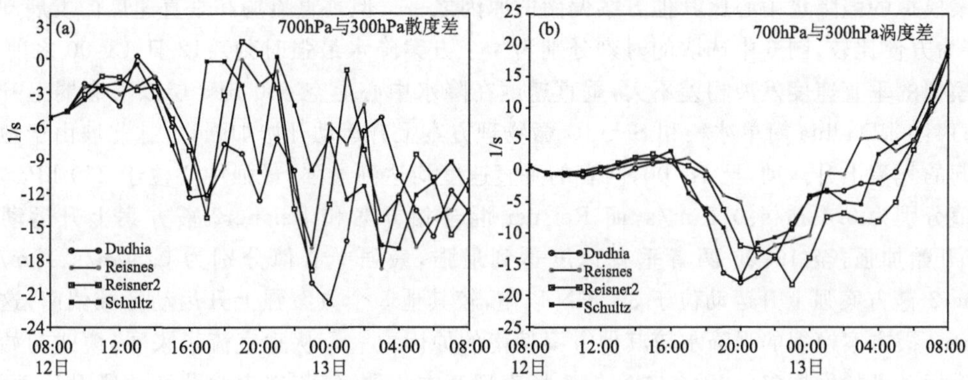


图 5　降水中心的平均散度差(a)和平均涡度差(b)的逐时变化(单位:$10^{-5}$/s;差值为 700 hPa 减去 300 hPa)

由以上分析可见,云微物理过程能够影响动力条件发展的时间和强度,从而影响强降水发生的时间和强度。

由水汽混合比和垂直速度南北向剖面(图 6)可以发现,4 个方案低层的水汽状况基本相

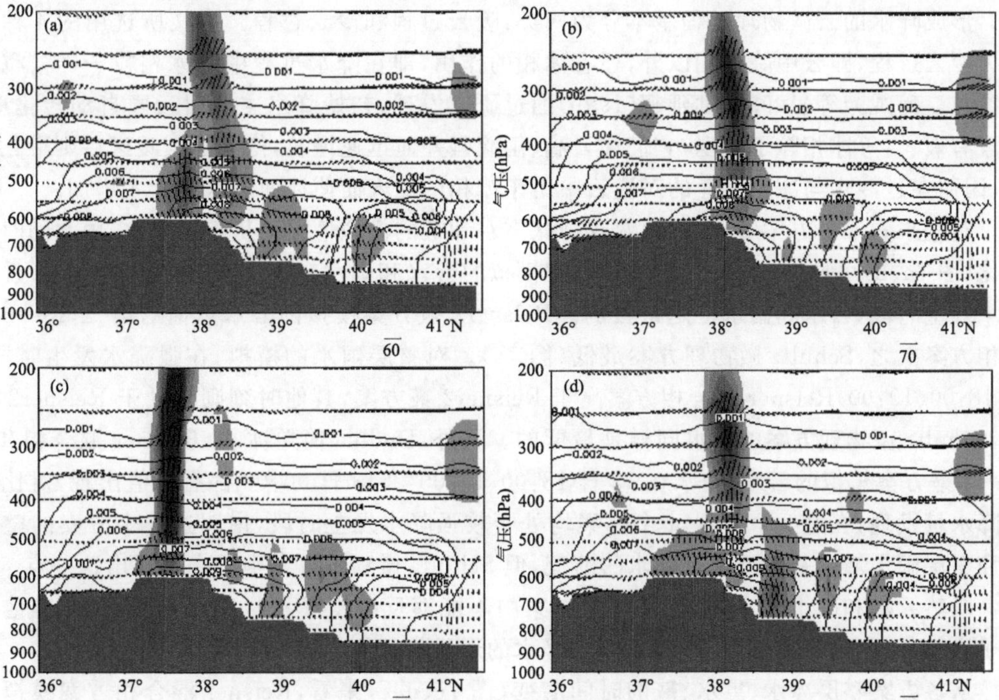


图 6　2002 年 7 月 12 日 18:00、19:00 降水中心的水汽混合比(等值线;kg/kg)、垂直流场(箭头;m/s)和垂直速度(阴影;m/s)的经向剖面(a)Dudhia 简单冰相方案(18:00),(b)Reisner 混合相方案(19:00),(c)Reisner2 霰方案(19:00),(d)Schultz 微物理方案(18:00)

同,只有 Reisner2 霰方案低层水汽向南伸展的范围略大于其他 3 种方案,这可能是 Reisner2 霰方案模拟的强降水中心比其他方案偏南的原因之一。但垂直流场和垂直速度的发展却相差较大(为方便比较,图 6 中选取的时刻分别为 4 个方案降水最强时刻):12 日 13:00 之前,4 个方案模拟的垂直速度发展相差不大,垂直速度在降水中心上空 500 hPa 层以下有弱上升运动发展;14:00,Dudhia 简单冰相和 Schultz 微物理方案上升运动开始加强,山脉北坡由于地形抬升引起的气流上升运动,至 18:00,两者的垂直速度均达到最强,最强中心位于 250 hPa 左右,中心值分别为 0.4 m/s、0.5 m/s,而 Reisner 混合相方案和 Reisner2 霰方案上升运动则在 16:00开始加强,至 19:00 两者垂直速度达到最强,最强中心值分别为 0.5 m/s、1 m/s,但 Reisner2 霰方案强上升运动位于 37.8°N 以南,较其他 3 个方案强上升运动区域偏南,这也是 Reisner2 霰方案模拟的强降水较其他方案偏南的原因之一。从垂直流场来看,模式初始时刻至上升运动开始发展(14:00)各方案的流场表现基本一致,气流在山脉北坡的爬升运动相似,方向和大小均相差不大,16:00 以后,Reisner2 霰方案表现出与其他方案不同:地形抬升作用较其他方案小,即山脉北坡偏北气流地形强迫运动没有其他方案明显,其他方案中偏北气流地形强迫抬升运动则均发生在地形迎风坡至山顶处。

## 5　各云微物理参数的模拟分析

形成降水的云微物理过程基本分为两类:暖云过程和冷云过程。本文所选用的 4 种方案均为冷云过程,即云中除水相以外,还有冰相的作用,即在降水过程中有冰相粒子(雪、雹、霰)的参与。何观芳等(1998)、洪延超(1999)通过研究发现,初始降水主要由云雨自动转化形成,一旦有霰、雪等冰相粒子出现,它们和云滴、雨滴碰并而迅速增长,待其落入暖区后则融化成雨水,因而在过冷水与冰相共存的对流云中由于冰相的加入而使地面降水量大大增加。

首先来看 4 个方案对云水、雨水、冰水、雪水和霰的模拟情况。从整层云水、雨水随时间的变化(图 7a、b)可见,Dudhia 简单冰相方案模拟的云水和雨水在 4 个方案中量值最大,且在强降水发生时段,云水和雨水也是最强的。Reisner2 霰方案模拟的云水量值居第二,Reisner 混合相方案次之,Schultz 微物理方案最低(图 7a)。对整层雨水的模拟,在强降水发生时段(12 日 18:00、19:00)Reisner 混合相方案高于 Reisner2 霰方案,其他时刻则均低于 Reisner2 霰方案,Schultz 微物理方案的雨水同样是最低的。另外,Dudhia 简单冰相、Reisner 混合相和 Reisner2 霰方案模拟的云水、雨水在 12 日 18:00、19:00 和 13 日 00:00 都有峰值出现,对比逐小时降水量发现,在这 3 个时刻,4 个方案均处于较强降水发生时段,说明这 3 个方案的整层云水和整层雨水演变基本反映了降水的演变,但 Schultz 微物理方案则没有表现出这一点。

既然云水和雨水在 Schultz 微物理方案中不能够反映出降水状况,那么接着对其他冰相粒子进行分析,找到 Schultz 微物理方案降水的形成与其他方案的不同。

从各方案整层冰水、雪水、霰的时间演变(图 7c、d、e)来看,Reisner 混合相方案模拟的冰水、雪水量值均大于 Reisner2 霰方案和 Schultz 微物理方案,尤其是冰水量值远大于后两者,从时间变化来看,Reisner 混合相方案模拟的冰水在 19:00 达到最大,而此时正是垂直速度发展至最强盛时间(图 6),也是逐小时降水最强时间(图 4),而该方案中雪水极值则在 18:00 出现,19:00 有所降低,20:00 再次加强,可能是由于雪粒子参与降水后有所减少,这说明冰晶粒子可能最能反映降水的逐小时演变过程,但雪水粒子有可能能够预示 Reisner 混合相方案中强降水发生的时间，当然这只是一个个例反映出来的结果，有待用更多的个例加以验证。Reisner2 霰方案模拟的冰水量值很小，基本在 0.03 kg/kg 以下，说明在 Reisner2 霰方案中冰粒子的作用较其他粒子小。另外 Reisner2 霰方案模拟的雪水演变与降水演变也有差别，21:00 冰水和雪水才达到最大，此时降水极值已经出现，但霰粒子在 18:00 达到最大，19:00 有所减小，可能也是因为霰粒子参与降水过程后有所减少，说明 Reisner2 霰方案中霰粒子的时间演变更能反映降水的演变，而雪和冰粒子的演变都不能够反映降水演变过程。Schultz 微物理方案对冰水模拟量级较小，且时间变化不大，但对雪水和霰模拟的演变与降水发生过程基本一致，说明 Schultz 微物理方案中雪水和霰粒子的变化更能反映降水过程的演变。

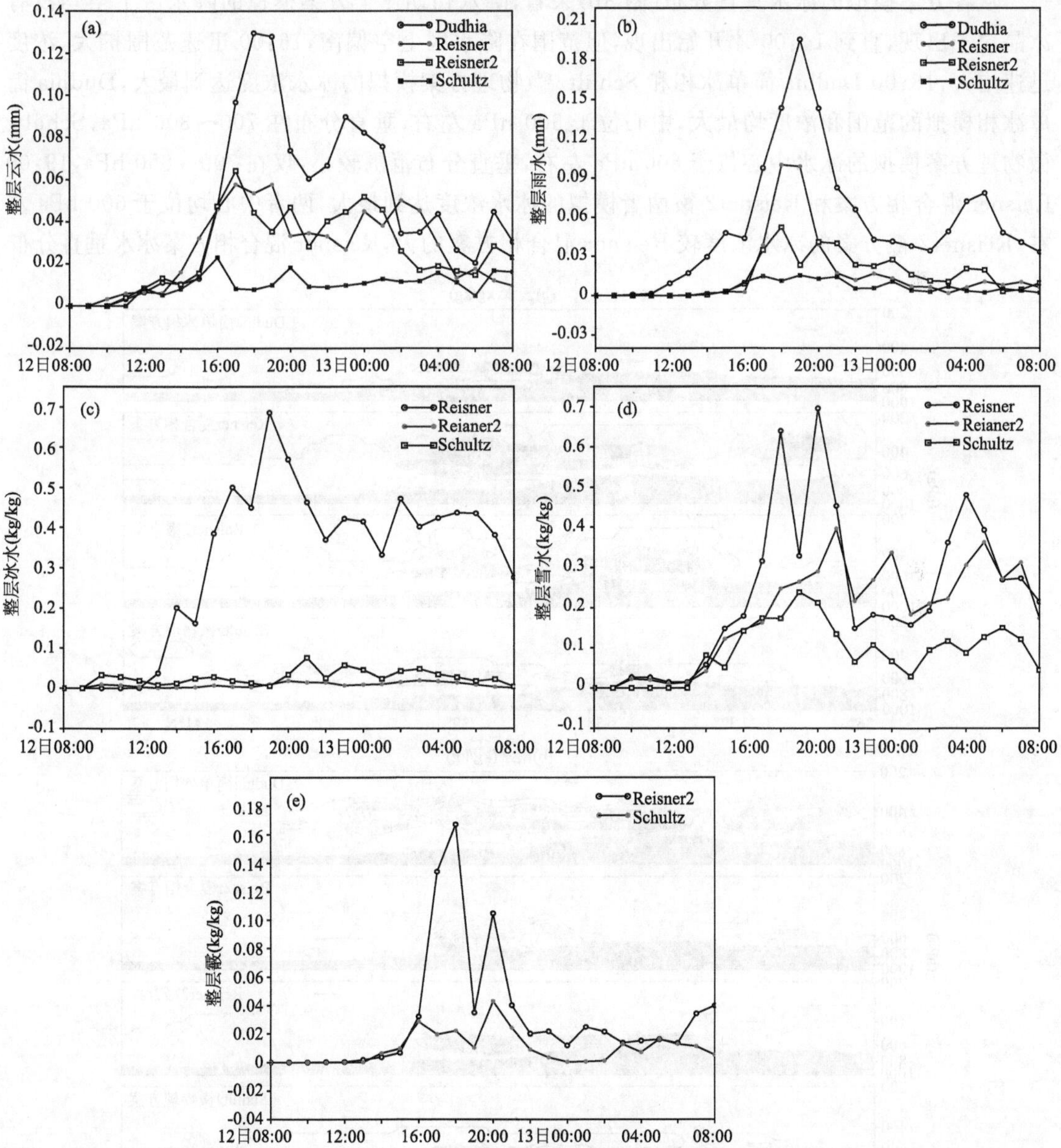


图 7 2002 年 7 月 12—13 日各方案模拟的降水中心上空整层云水(a;mm)、整层雨水(b;mm)、整层冰水(c;kg/kg)、整层雪水(d;kg/kg)和整层霰(e;kg/kg)的逐时变化

下面分析各种降水粒子的垂直分布(图 8)。首先是 4 个方案的云水粒子的垂直剖面(图 8a),降水初期在降水区上空各方案都已经开始出现云水,但 Reisner 混合相方案和 Reisner2 霰方案的云水范围较其他方案大,而且这两个方案模拟的云水粒子垂直分布范围较其他两个方案的高,随着时间的演变,4 个方案的云水范围均有所增大,至 12 日 18:00 Dudhia 简单冰相和 Schultz 微物理方案模拟的云水浓度达到最大,中心位置位于 600 hPa 左右,垂直分布在 750～550 hPa 的高度范围内,19:00 Reisner 混合相方案和 Reisner2 霰方案两者模拟的云水浓度达到最大,中心位于 650 hPa 左右,垂直分布在 750～300 hPa,说明这两者模拟的云水高度很厚。

从各方案模拟的冰水垂直分布(图 8b)来看,降水初期 4 个方案模拟的降水区上空均没有冰晶粒子出现,直到 14:00 才开始出现,但范围在降水区上空偏南,16:00 迅速范围扩大,浓度迅速增大,18:00 Dudhia 简单冰相和 Schultz 微物理方案模拟的冰水浓度达到最大,Dudhia 简单冰相模拟的范围和浓度均最大,中心位于 500 hPa 左右,垂直分布在 700～300 hPa,Schultz 微物理方案模拟的冰水中心位于 600 hPa 左右,垂直分布范围较小,仅在 700～650 hPa,19:00 Reisner 混合相方案和 Reisner2 霰两者模拟的冰水浓度达到最大,两者中心均位于 600 hPa 左右,Reisner2 霰方案的冰水浓度较 Reisner 混合相方案的大,Reisner 混合相方案冰水垂直分布

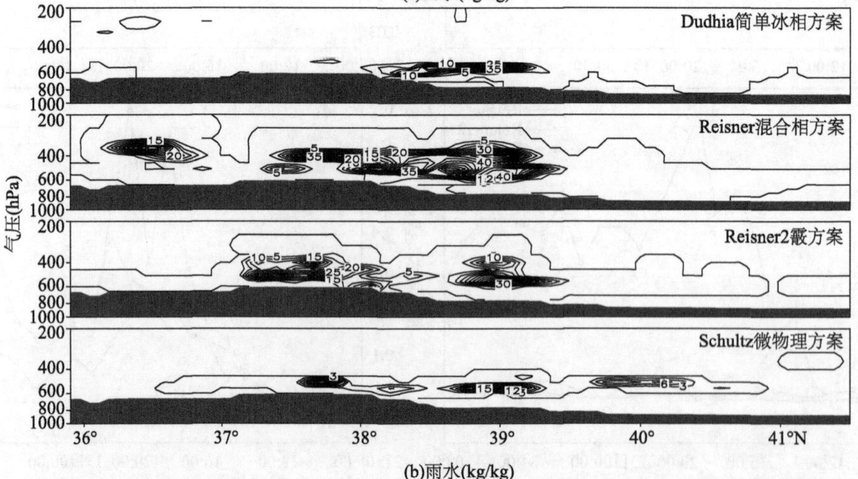


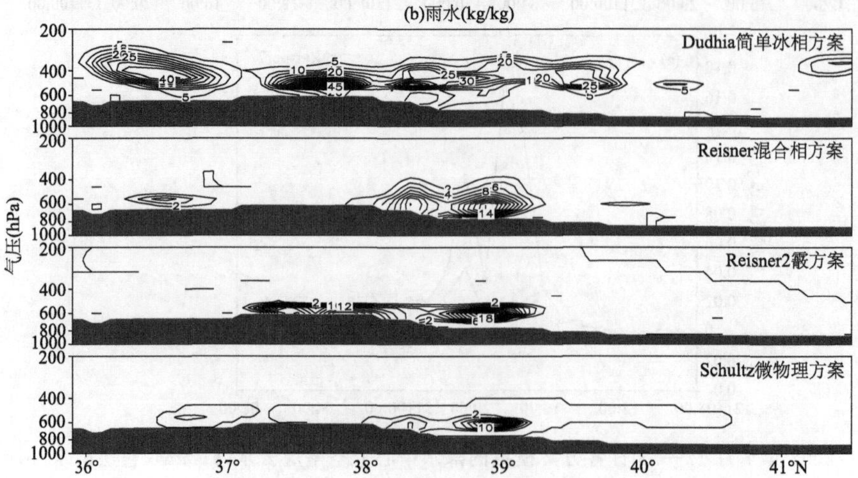

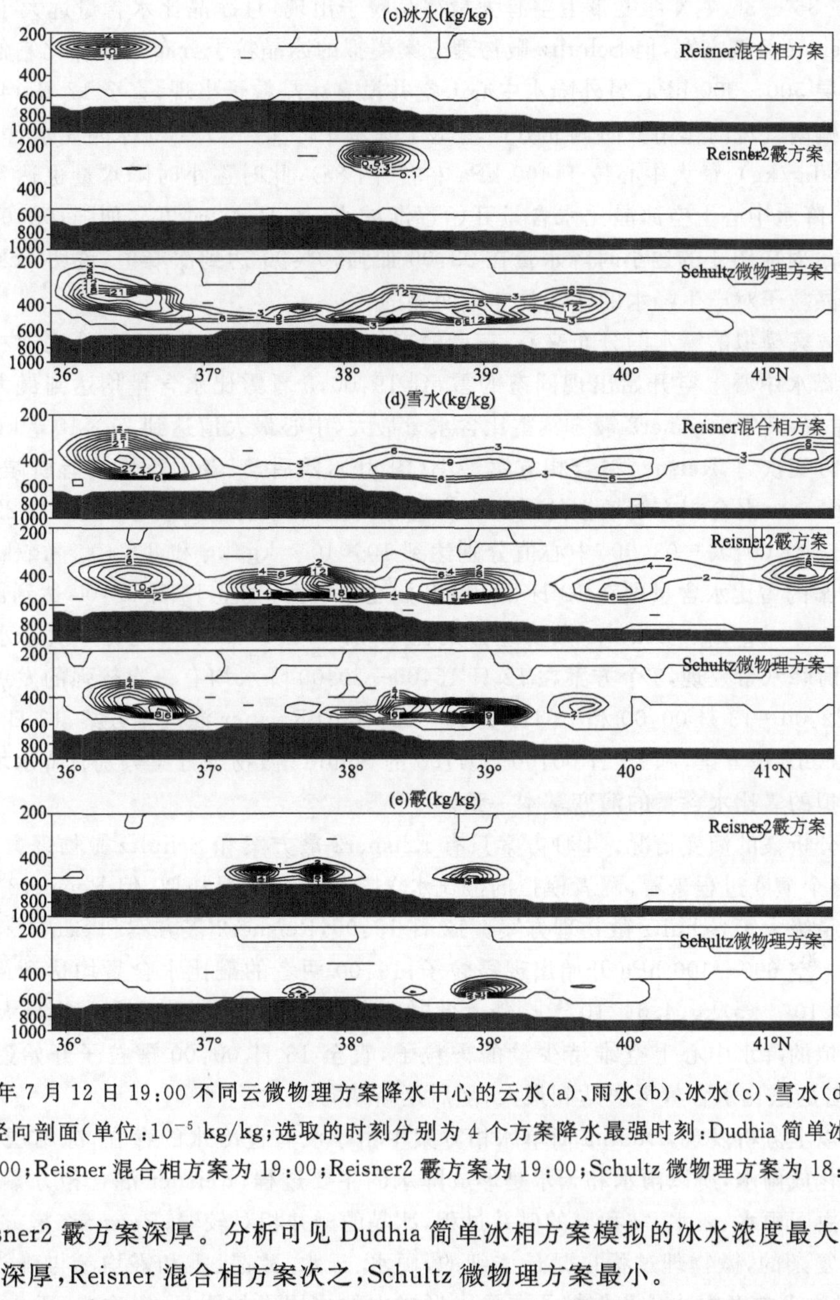


图 8 2002 年 7 月 12 日 19:00 不同云微物理方案降水中心的云水(a)、雨水(b)、冰水(c)、雪水(d)和霰(e)混合比的经向剖面(单位:$10^{-5}$ kg/kg;选取的时刻分别为 4 个方案降水最强时刻:Dudhia 简单冰相方案为 18:00;Reisner 混合相方案为 19:00;Reisner2 霰方案为 19:00;Schultz 微物理方案为 18:00)

高度较 Reisner2 霰方案深厚。分析可见 Dudhia 简单冰相方案模拟的冰水浓度最大且垂直分布高度最为深厚,Reisner 混合相方案次之,Schultz 微物理方案最小。

由于 Dudhia 简单冰相方案没有对冰水、雪水、霰这些冰相粒子的预报计算,因此分析除 Dudhia 简单冰相方案的其他 3 个方案的过降水中心的冰水、雪水、霰混合比的垂直剖面(图 8c,d,e)。在降水发生初期,Reisner 混合相方案和 Reisner2 霰方案两者在降水区上空高层 350～200 hPa 有少量冰晶粒子出现,Reisner 混合相模拟的冰晶粒子在 12 日 14:00 消失,直至 12 日 19:00 再次出现,且冰晶比水含量迅速增加,在 250 hPa 左右达到最大值($9\times10^{-5}$ kg/kg),降水过程发生后,在 13 日 05:00 冰晶消失。Reisner2 霰方案模拟的冰晶演变同 Reisner 混合相方案相似,但在量级上较之偏小。而 Schultz 微物理方案则同前两者相差较大,降水发生前期，在 36°～36.7°N 纬度带上空有大量冰晶粒子出现，且冰晶比水含量远大于 Reisner 混合相和 Reisner2 霰方案，但 Schultz 微物理方案模拟的冰晶粒子分布层次却比它们低，主要分布在中高层 500～300 hPa，另外降水中心上空并没有冰晶粒子出现，直至 12 日 14:00，冰晶粒子在中层偏南气流的作用下向偏北方向输送至降水中心上空，19:00 冰晶比水含量达到最强($21\times10^{-5}$ kg/kg)，最大中心位于 400 hPa 左右(图 8a)，此时逐小时降水量也达到了最强(图 4)。随后，降水中心上空冰晶比水含量开始逐渐减小，13 日 02 时再次加强，03:00 达到 $15\times10^{-5}$kg/kg，对应图 4 的逐小时降水量在 03:00 加强，04:00 达到次峰值，说明 Schultz 微物理方案中冰晶粒子对产生降水的作用是非常明显的。

从各方案模拟的雪水的分布来看，三者模拟的雪水演变在 12 日 22:00 之前相差不大，12 日 15:00 降水中心上空开始出现固态的雪，到 19:00，3 者雪比水含量均达到最大，中心位于 500 hPa左右，其中 Reisner2 霰方案雪比含水量最大，中心最大值达到 $27\times10^{-5}$ kg/kg，Schultz 微物理方案次之，Reisner 混合相方案最小(图 8b)，随后，三者固态雪均有所减弱。此后的过程中，Reisner 混合相方案模拟的雪比水含量有两次增强的过程，分别在 12 日 22:00—13 日 00:00 和 13 日 00:00—03:00，中心值分别达到 $10\times10^{-5}$ kg/kg 和 $8\times10^{-5}$ kg/kg。而 Reisner2 霰方案的雪比水含量则在 12 日 23:00 开始逐渐增大，直至 13 日 03:00 达到最大，中心值达到 $16\times10^{-5}$ kg/kg。Schultz 微物理方案在 13 日 01:00—04:00 也有一次降水增强过程。对比逐小时降水量发现，3 个方案在 12 日 15:00—20:00 降水均有一次较强的发展过程，此外在 12 日 22:00—13 日 00:00 和 13 日 00:00—03:00 的 Reisner 混合相方案，13 日 00:00—03:00 的 Reisner2 霰方案，和 13 日 00:00—04:00 的 Schultz 微物理方案分别有降水增强过程，这与它们模拟的雪比水含量的演变基本一致。

接着分析霰的演变情况。4 种方案只有 Reisner2 霰方案和 Schultz 微物理方案对霰做了预报，从整个演变过程来看，两者模拟的霰比水含量的演变情况相似，但 Reisner2 霰方案的霰比水含量量级大于 Schultz 微物理方案。12 日 15:00，Reisner2 霰方案和 Schultz 微物理方案降水中心上空 600～400 hPa 开始出现霰粒子，19:00 两者的霰比水含量均达到最大，最大值分别为 $7\times10^{-5}$ kg/kg、$4.5\times10^{-5}$ kg/kg，此时两者模拟的逐小时降水量也为最大(图 4)。此后两者模拟的降水中心上空维持少量的霰粒子，直至 13 日 00:00 霰粒子开始逐渐增加，至 04:00 两者的霰比水含量再次达到最大，随后逐渐减弱。

通过以上分析发现，Dudhia 简单冰相方案中由于没有过冷水的存在，冻结层以下冰晶和雪全部融化成雨水，所以雨水和云水是形成降水的主要过程；Reisner 混合相方案中降水的形成主要是由于雨水、云水、雪和霰的碰并过程，冰晶的碰并相对较弱；Reisner2 霰方案是 4 个方案中最为复杂的，微物理过程也是最详细的，雨水、云水、冰晶、雪和霰均参与碰并碰冻过程。Schultz 微物理方案中冰晶和雪粒子在降水形成中的作用更加明显，霰次之，雨水和云水的作用比较微弱，说明有冰相参加的冷云过程是 Schultz 微物理方案降水的主导过程，冰晶、雪和霰的碰并过程更为重要。

## 6 结论

(1)从总降水来看，MM5 不同云微物理方案在祁连山区降水的模拟中对降水落区的模拟均偏南，除 Reisner2 霰方案外，其他 3 种方案对降水中心落点的模拟影响不太大，另外对降水中心强度的模拟，对各云微物理方案的依赖也不是很大。

(2)显式降水和参数化降水对云微物理方案有不同程度的依赖。

(3)云微物理过程通过影响动力条件发生发展的时间和强度，从而影响强降水发生的时间和强度。

(4)在云微物理过程中云微物理参数是影响降水的主要因素，对 Dudhia 简单冰相方案来说雨水和云水是形成降水的主要过程；Reisner 混合相方案中降水的形成主要是由于雨水、云水、雪和霰的碰并过程，冰晶的碰并相对较弱；在 Reisner2 霰方案中雨水、云水、冰晶、雪和霰均参与碰并碰冻过程；Schultz 微物理方案中冰晶、雪和霰的碰并过程更为重要。

本文仅仅是针对一次祁连山区降水事件对 MM5 模式中几种云微物理方案的选择进行的分析研究，结论只是初步的，且祁连山区有其特殊的地理条件和天气气候条件，引起降水的云物理过程也具有其特殊性和复杂性，因此有必要进行更多个例和试验方案深入考察。

## 参考文献

迟竹萍，龚佃利，2006. 山东一次连续性降雪过程云微物理参数数值模拟研究[J]. 气象，32(7)：25-32.

樊明月，张佃国，龚佃利，等，2013. 山东冰雹形成机制及雹云催化技术模拟——个例研究[J]. 大气科学学报，36(1)：107-120.

何观芳，胡志晋，1998. 不同云底温度雹云成雹机制及其引晶催化的数值研究[J]. 气象学报，56(1)：31-45.

洪延超，1999. 冰雹形成机制和催化防雹机制研究[J]. 气象学报，57(1)：30-44.

胡朝霞，雷恒池，郭学良，等，2007. 降水性层状云系结构和降水过程的观测个例与模拟研究[J]. 大气科学，31(3)：425-439.

刘卫国，刘奇俊，2007a. 祁连山夏季地形云结构和云微物理过程的模拟研究(Ⅰ)：模式云物理方案和地形云结构[J]. 高原气象，26(1)：1-15.

刘卫国，刘奇俊，2007b. 祁连山夏季地形云结构和云微物理过程的模拟研究(Ⅱ)：云微物理过程和地形影响[J]. 高原气象，26(1)：16-29.

楼小凤，胡志晋，王鹏云，等，2003. 中尺度模式云降水物理方案介绍[J]. 应用气象学报，14(增刊)：49-59.

孙建华，赵思雄，2003. 华北地区“12.7”降雪过程的数值模拟研究[J]. 气候与环境研究，8(4)：387-401.

孙晶，王鹏云，李想，等，2007. 北方两次不同类型降雪过程的微物理模拟研究[J]. 气象学报，65(1)：29-44.

文莉娟，程凛生，左洪超，等，2006. “98.5”华南前汛期暴雨云微物理场数值模拟分析[J]. 高原气象，25(3)：423-429.

王慧娟，牛生杰，雷恒池，等，2010. 降水性层云含水量跃变对应的微结构观测研究[J]. 大气科学学报，33(2)：212-219.

王鹏云，阮征，康红文，2002. 华南暴雨中云物理过程的数值研究[J]. 应用气象学报，13(1)：78-87.

杨正卿，银燕，刘聪，等，2012. 云滴数浓度影响混合型层状云降水的数值模拟[J]. 大气科学学报，35(3)：350-363.

张佃国，樊明月，龚佃利，等，2010. 一次降水性积层混合云系的微物理特征分析[J]. 大气科学学报，33(4)：496-503.

赵震，雷恒池，2008. 西北地区一次层状云降水云物理结构和云微物理过程的数值模拟研究[J]. 大气科学，32(2)：323-334.

赵震，雷恒池，吴玉霞，2005. MM5 中新显式云物理方案的建立和数值模拟[J]. 大气科学，29(4)：609-619.

GRABOWSKI W X W，MONCRIEFF M，1999. Cloud resolving modeling of tropical clouds systems during phase Ⅲ：Effects of cloud microphysics[J]. J Atmos Sci，56：2384-2402.

HOBBS P V，RADKE L R，1975. The nature of winter clouds and precipitation in Cascade Mountains and their modification by artificial seeding. Part Ⅱ：Techniques for the physical evaluation of seeding [J]. J Appl Meteor，14：805-818.

REISIN T，TZIVION S，LEVIN Z，1996. Seeding convective clouds with ice nuclei or hygroscopic particles：A numerical study using a model with detailed microphysics [J]. J Appl Meteor，35：1416-1434.

YIN Y，LEVIN Z，REISIN T G，et al，2000. Seeding convective clouds with hygroscopic flares：Numerical simulations using a cloud model with detailed microphysics [J]. J Appl Meteor，39：1460-1472.

# 西北四省(区)地区 GRAPES 模式降水预报的定量评估*

吴晶[1],李照荣[1],颜鹏程[2],杨艳芬[3],白磊[4],杨建才[1],彭筱[1]

(1. 兰州中心气象台,兰州 730020;2. 中国气象局兰州干旱气象研究所,甘肃省干旱气候变化与减灾重点实验室,中国气象局干旱气候变化与减灾重点实验室,兰州 730020;3. 西北农林科技大学,水土保持研究所,黄土高原土壤侵蚀与旱地农业国家重点实验室,杨凌 712100;4. 武汉理工大学,智能交通系统研究中心,武汉 430070)

**摘要**:基于中国西北四省、区(陕西、甘肃、青海、宁夏,下同)2016—2017 年的站点观测降水数据和 GRAPES 区域数值模式 24 h、48 h 预报结果,采用平均误差、均方根误差、相关系数、分等级 TS 评分等指标,对 GRAPES 区域数值模式在西北复杂地形四省地区降水预报进行定量评估。结果表明:时间上,模式对西北四省的晴雨预报准确率能达到 0.7 以上,逐日空间相关系数在 0.2～0.4。夏季降水的偏差最大,24 h 和 48 h 预报平均误差分别为4 mm/d 和 6 mm/d,均方根误差分别为 6 mm/d 和 8 mm/d。不同等级降水的 24 h 和 48 h 预报 TS 评分显示,各个月份小雨 TS 评分在 0.2～0.5,中雨在 0.1～0.2,大雨以上不到 0.1。空间上,24 h 预报和 48 h 预报晴雨准确率在大部分地区达到 0.6 以上,相关系数在甘肃东部、陕西中部和南部超过 0.6。24 h 预报平均误差在青海、甘肃、陕西三省南部最大(达到 2～4 mm/d),48 h 预报,在陕西南部平均误差最大(达到 5～8 mm/d),在其他相同区域 48 h 预报比 24 h 预报的高出 1～2 mm/d。各个量级的 24 h 预报 TS 评分明显好于 48 h,另外大雨、暴雨的 24 h 预报对大雨、暴雨有所预报,48 h 预报对中雨以上量级的降水预报较差 TS 评分较好。与 FNL 再分析数据相比,GRAPES 模式对高度场、湿度场、风速场模拟偏差不大。各个高度场的逐日偏差变化具有层状分布和季节性分布特征。空间上 24 h 模拟偏差略小于 48 h 预报,500 hPa 模拟偏差较小于 700 hPa,高海拔高原地区偏差较大。

**关键词**:西北四省地区;GRAPES 模式;降水;定量检验

## 1 引言

由于降水在时空上的非线性特征,对降水的定量、准确预报是天气预报中面临的最困难的问题,也是数值模式检验评估的重要指标(曹勇 等,2016;毕宝贵 等,2016)。定性定量评估数值模式的预报性能、误差时空分布特点,对模式存在的问题和不足进行检验总结,有助于研发人员和预报员了解数值模式的模拟性能,并且进一步推进数值天气预报准确率的提高(张建海 等,2006;Ikeda et al.,2013;Diaconescu et al.,2015)。

---

* 本文已在《气象》在线优先出版。

GRAPES(Global Regional Assimilation and Prediction System)是中国自主研发的数值天气预报系统，其区域中尺度模式 GRAPES_Meso 于 2006 年正式投入业务化运行(薛纪善，2006;陈德辉 等,2006)。10 多年来，大量科研工作者对 GRAPES_Meso 的整体框架算法(伍湘君 等,2005,2010;徐国强 等,2010;蒋沁谷 等,2014),数据同化(庄照荣 等,2011a,2011b;徐枝芳 等,2013;郝民 等,2014;马昊 等,2016;谭晓伟 等,2016;王金成 等,2017;朱立娟 等,2017;万晓敏 等,2017,2019;王莉莉 等,2018;田伟红,2018;刘永柱 等,2019),初始场(朱红芳 等,2007;刘艳 等,2019),物理方案(张梦 等,2014;万子为 等,2015;郑晓辉 等,2016;聂皓浩 等,2016;黄伟 等,2018;李喆 等,2019)等多方面做了大量的研究工作，使 GRAPES_Meso 模式得到很大的改进和发展，业务版本几经升级，预报效果比之前的版本均有较大的增强(王雨 等,2010;黄丽萍 等,2017)。GRAPES 模式从 2013 年开始在西北地区准业务运行，2015 年升级至 4.0 版本，并稳定运行。

针对 GRAPES 模式降水的定量统计检验，目前已经开展了大量研究(王雨 等,2007,2010,2013;毛冬艳 等,2014;熊秋芬,2011),通过对 GRAPES 各代模式在不同的时间尺度和空间尺度上的预报效果进行详细的检验评估，结果表明，模式对降水具有一定的预报能力，但是对于极端强降水预报能力还较差，而且对于不同区域的模拟能力差异也较大。GRAPES 模式在我国东部的预报效果要好于西部、平原地区好于山区，模式对复杂地形影响的降水预报能力偏弱，对复杂地形下各个气象要素预报还存在一定的不足(陈超君 等,2012;熊秋芬,2011)。GRAPES 模式对沙漠地区的降水预报与实况相比存在明显的偏差，主要表现为降水空报率较高，降水中心也存在一定的偏差(徐双柱 等,2007;孙婵 等,2017)。提高模式空间分辨率可以在一定程度上改善对降水中心的预报，但对降水落区的预报改进较为有限(于翡 等,2018),模式对强对流过程的水汽、稳定度和垂直风切变等物理条件有较好的体现，高时空分辨率的产品能够在一定程度上较好地描述强降水以及雷暴大风和冰雹等强天气过程的发生发展过程，但对极端强降水或受地形影响的强降水等预报能力有限(毛冬艳 等,2014)。千米尺度下的 GRAPES 模式对降水落区具有一定的预报能力，但对降水强度的预报还存在显著误差(许晨璐 等,2017;王静 等,2017)。因此，为了进一步了解 GRAPES 模式的预报性能和不足，很有必要对 GRAPES 模式在区域上的降水预报进行详细的定量评估。

西北四省(区)位于青藏高原东部、北部，其中青海省处于青藏高原北部，甘肃、宁夏、陕西三省(区)位于高原北侧和东侧，该区域地形落差大、地貌和下垫面环境复杂多样，极大地增加了数值模式对降水天气预报和降水数值模拟的困难(Colle,2004;Roe,2005)。其中西北地区地形分布如图 1 所示，数据来源于 https://www.ngdc.noaa.gov/mgg/topo/gltiles.html,分辨率为 1 km。本文结合西北四省(区)2016—2017 年 253 个站点逐日降水观测数据和 GRAPES 区域数值模式 24 h 和 48 h 预报结果，采用平均误差、均方根误差、相关系数、分等级 TS 评分等指标，对 GRAPES 区域数值模式对西北四省地区降水预报进行定量评估。

## 2 数据和方法

### 2.1 数据

降水观测数据采用 2016 年 1 月 1 日—2017 年 12 月 31 日西北四省(区)253 个基本站观

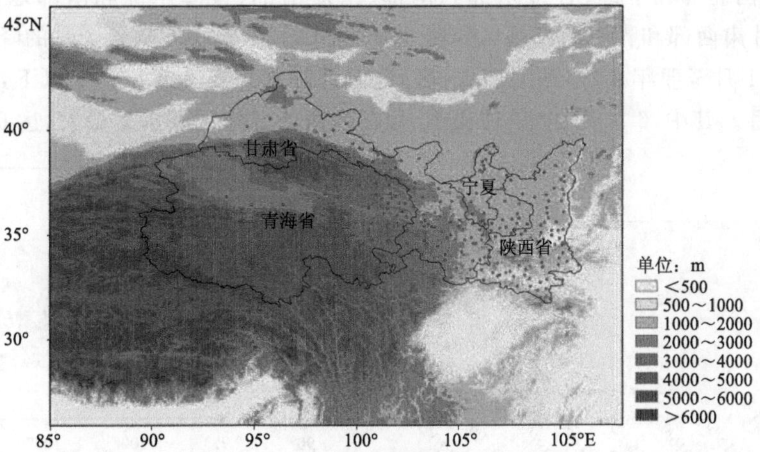


图 1 GRAPES 模式模拟范围地形图

测的逐日降水数据，数据进行严格的质量控制，剔除缺测、缺失、错误的数据样本。模式预报数据为 2 年 24 h 和 48 h 预报的降水结果，模式运行基本参数见表 1。

**表 1 GRAPES 模式基本参数**

| 参数名称 | 参数选择 | 参数名称 | 参数选择 |
|---|---|---|---|
| 模式分辨率 | 0.1°×0.1° | 长波辐射方案 | rrtm 方案 |
| 模拟范围 | 85°～113°E，26°～46°N | 短波辐射方案 | Dudhia 方案 |
| 预报时长 | 72 h | 边界层方案 | Monin-Obukhov 方案 |
| 模拟层数 | 50 层 | 积云参数方案 | Betts-Miller-Janjic 方案 |
| 微物理过程方案 | WSM6 类方案 | 陆面过程方案 | Noah 陆面过程方案 |

### 2.2 方法

对模式预报结果与站点观测进行比较分析时，采取 WMO 关于业务模式 QPF 检验技术规则中推荐的邻近点匹配的方法（WWRP/RGNE Joint Working Groupon Verification，2008），取距离观测站点最近的模式格点降水值作为该站点的模式预报值，然后与观测做比较计算。这种方法可避免插值过程对降水这类非连续变量带来的较大误差。将模式逐日预报结果匹配至站点后，计算平均误差、均方根误差、相关系数、分等级 TS 评分等指标，对 GRAPES 区域数值模式在西北四省（区）地区的降水预报效果进行定量分析。

## 3 实况降水分析

对 2016—2017 年西北四省（区）地区的逐日实况观测降水进行分析可见，在时间上（图 2a），西北四省（区）地区的降水分布呈现明显的雨季和旱季。降水主要集中在 4 月至 10 月，能达到 2 mm/d 以上，主要的大雨以上量级降水过程也集中在 4 月至 10 月。11 月至翌年 3 月降水较少，不到 1 mm/d。在空间上，2 年的平均降水空间分布（图 2b）可见，西北四省（区）地区的降水空间分布呈现由南向北、从东向西的递减趋势。在陕西南部地区年降水量能达到 2～

3.5 mm/d,陕西北部和中部、甘肃东部和南部、宁夏南部、青海东部和南部地区年降水量在1～2 mm/d,甘肃西部和青海西部地区年降水量不到0.5 mm/d。从各个月的降水空间分布来看(图3),在11月至翌年3月,西北四省(区)地区的降水均在0.5 mm/d以下,降水主要集中在4月至10月。其中,6月、7月、9月和10月在陕西南部地区降水量最大,达6 mm/d以上,

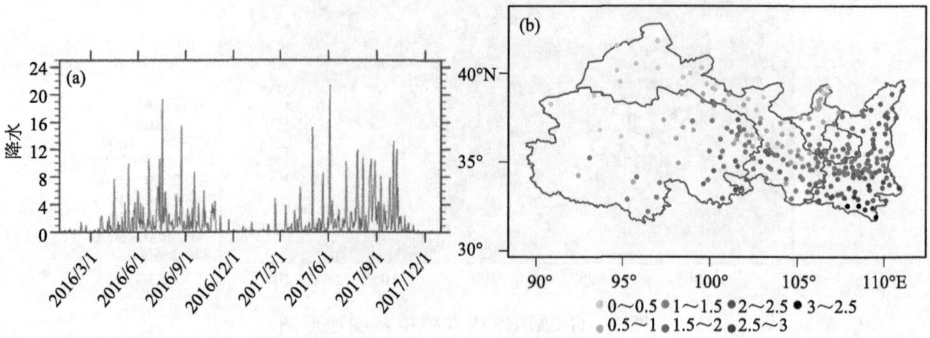


图2　2016—2017年西北四省(区)实况降水时间(a)和空间(b)分布情况(单位:mm/d)

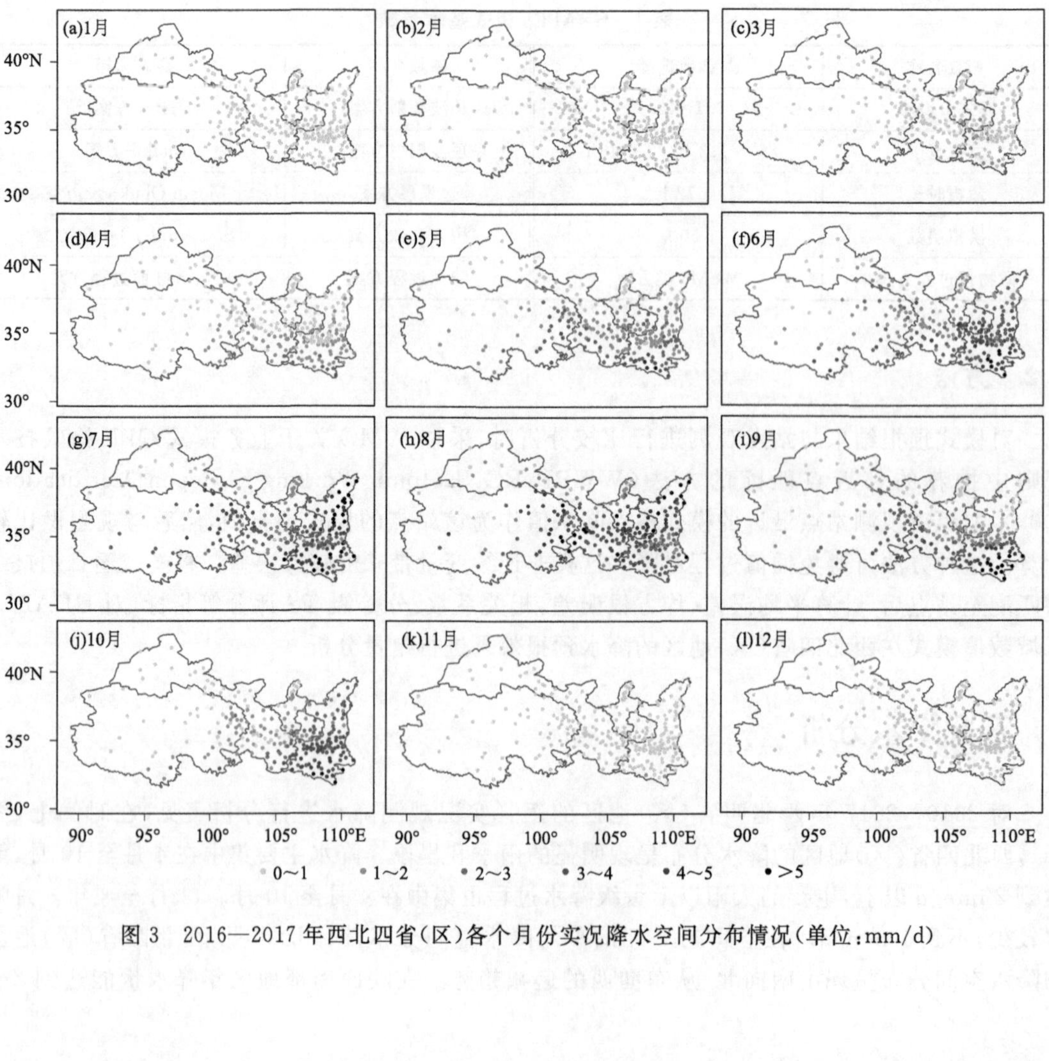


图3　2016—2017年西北四省(区)各个月份实况降水空间分布情况(单位:mm/d)

7 月和 8 月在陕西北部地区降水量最大,超过 6 mm/d;甘肃东部和南部的降水主要集中在 6 月至 9 月,其中 8 月的降水量明显超过其他月份,大量站点降水超过 4 mm/d;青海东部的较大降水量主要集中在 7 月和 8 月。

## 4 时间上预报结果分析

GRAPES 模式的逐日晴雨预报准确率结果(图 4a),24 h 预报晴雨准确率略好于 48 h 预报,逐日晴雨预报准确率均在 0.6 以上,有明显的月份差异,其中 12 月—次年 2 月的晴雨预报准确率最高,平均能达到 0.8 以上,6—8 月的晴雨预报准确率最低,平均在 0.7 左右。逐日空间上的相关系数采用每天的 253 个站点观测值和匹配的模式预报值组成两个数据序列,计算其相关系数。逐日空间相关系数很不稳定,变率很大,平均处于 0.2~0.4,24 h 的相关系数略高于48 h(图 4b)。逐日平均误差 24 h 预报和 48 h 预报相比站点观测均处于偏高情况(图 4c),12 月—次年 2 月平均误差最小,在 1 mm/d 以下;9—11 月偏高最严重,24 h 预报和 48 h 预报偏差分别达到 4 mm/d 和 6 mm/d;3—8 月 24 h 预报和 48 h 预报偏差分别达到 2 mm/d 和 4 mm/d。逐日均方根误差 6—10 月最大,24 h 预报和 48 h 预报均方根分别达到 6 mm/d 以上和 8 mm/d 以上,3—5 月 24 h 预报和 48 h 预报均方根分别达到 4 mm/d 以上和 6 mm/d 以上,12 月—次年 2 月 24 h 预报和 48 h 预报均方根分别达到 2 mm/d 以内(图 4d)。

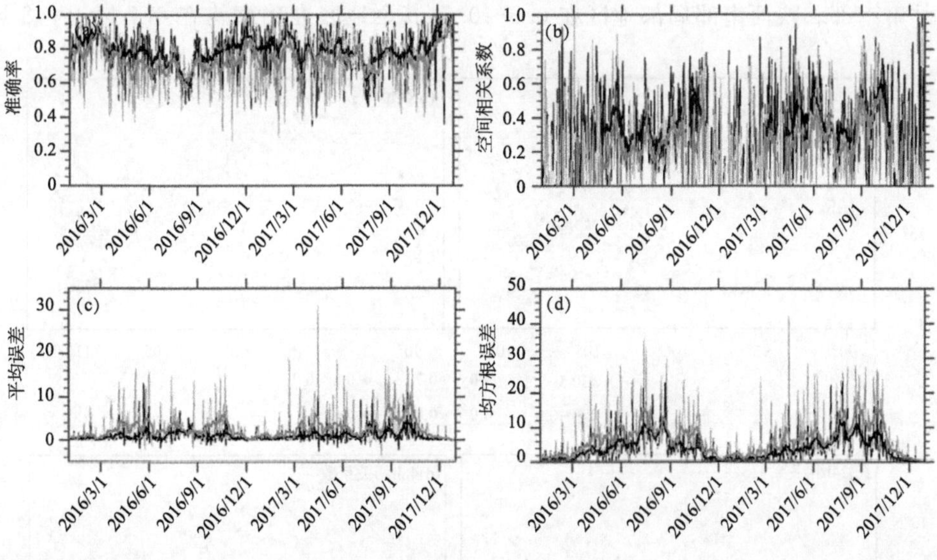


图 4 24 h 和 48 h 预报逐日晴雨预报准确率(a),空间相关系数(b),平均误差(单位:mm/d)(c),均方根误差(单位:mm/d)(d)(深色是 24 h 预报结果,浅色是 48 h 预报结果,粗线为 15 日滑动平均)

GRAPES 模式对西北四省(区)2016—2017 年各个月份的分等级 TS 评分结果显示(图 5),对小雨 TS 评分能达到 0.4 左右,但是对中雨以上量级降水 TS 评分不到 0.2。在相同月份,24 h 预报小雨 TS 评分略好于 48 h 预报,对中雨以上量级降水 24 h 预报的各个月、年平均 TS 评分均比 48 h 预报明显要高。

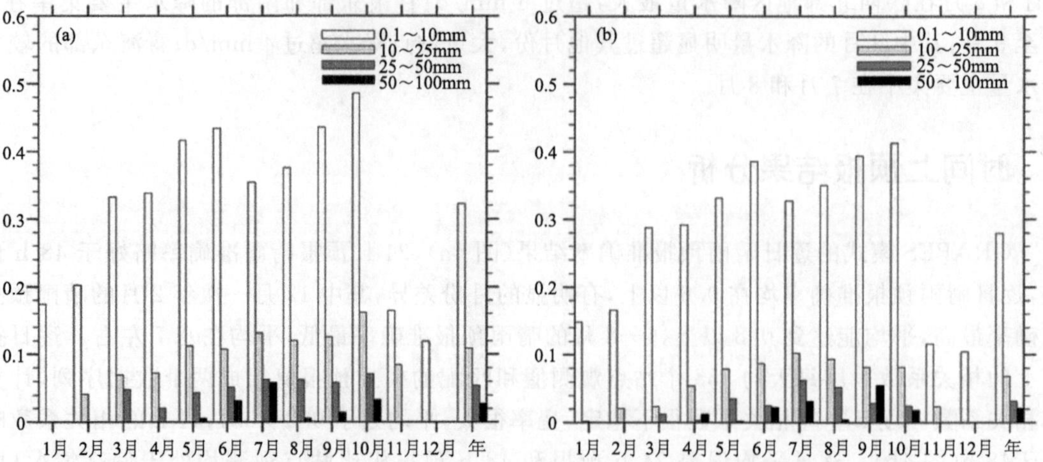


图 5　GRAPES 模式 2016—2017 年 24 h(a)和 48 h(b)预报的 TS 评分结果

## 5　空间上预报结果分析

从晴雨准确率的空间分布上看(图 6)，24 h 预报的晴雨准确率要略好于 48 h 预报，24 h 预报在甘肃南部和陕西南部局部地区在 0.5～0.7，其余地区准确率均在 0.7 以上；48 h 预报

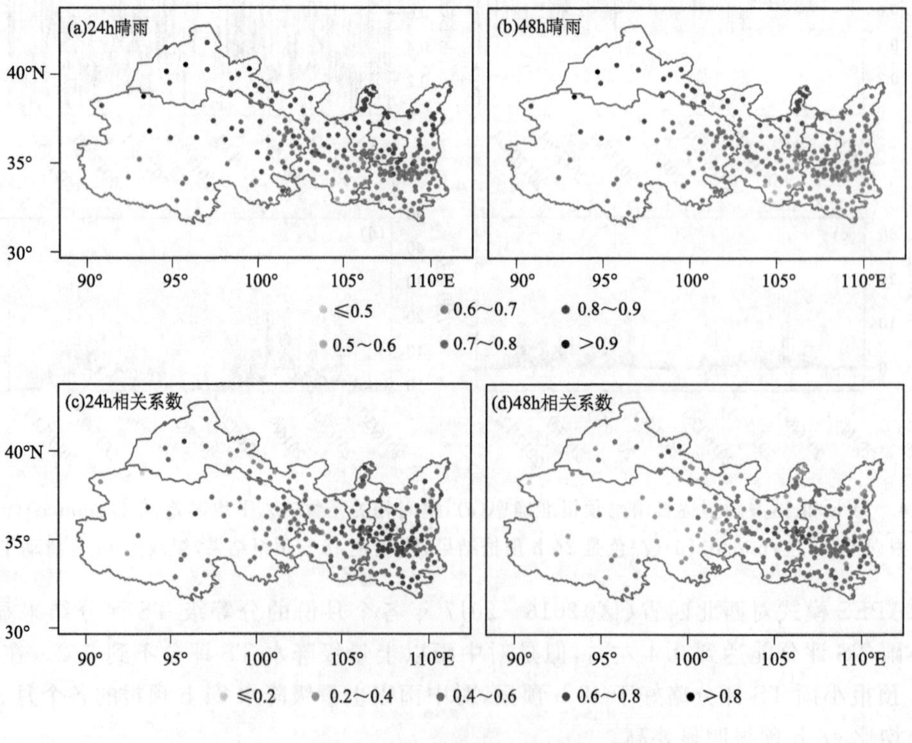


图 6　24 h 和 48 h 预报的晴雨、相关系数空间分布

在甘肃南部和陕西中部和南部大部分地区 0.5～0.7,其余地区准确率均在 0.7 以上。24 h 预报和站点观测的相关系数在陕西和甘肃东部、宁夏南部、陕西中部和南部的部分站点最好,能超过 0.6,其余地区在 0.3～0.6;48 h 预报和站点观测的相关系数在空间上明显低于 24 h 预报,在陕西和甘肃东部、宁夏南部、陕西中部和南部的少数站点最好,能超过 0.6,其余地区在 0.1～0.6。

整体上 GRAPES 对西北四省(区)的 24 h、48 h 降水预报偏高(图 7),24 h 预报在甘肃西部偏低 1 mm/d,在青海北部、甘肃中部、宁夏和陕西北部地区偏高 1 mm/d 左右,在青海南部、甘肃东部、陕西中部和南部偏高 1～2 mm/d,甘肃南部和陕西南部局部地区偏高 2～3 mm/d。48 h 预报对西北四省(区)地区偏差－1～1 mm/d 的区域远小于 24 h 预报,在青海南部、甘肃中部、宁夏大部、陕西北部偏高 1～2 mm/d,在甘肃南部和陕西北部大部分地区偏高 2～3 mm/d,对陕西中部和南部预报偏高 4 mm/d 以上。GRAPES 对西北四省(区)的 24 h 降水预报的均方根误差在青海北部、甘肃西部和宁夏北部较小(图 7),在 3 mm/d 以下,在青海中部、甘肃中部和东部、宁夏南部和陕西中部地区均方根误差 3～6 mm/d,青海南部、甘肃南部、陕西大部分地区均方根误差 6～10 mm/d,陕西北部和南部个别站点均方根误差在 11 mm/d 以上。48 h 预报对青海、甘肃、宁夏地区的预报均方根误差比 24 h 预报均偏高 2 mm/d 左右,对陕西 48 h 预报均方根误差整体较大,大部分地区均方根误差超过 11 mm/d。

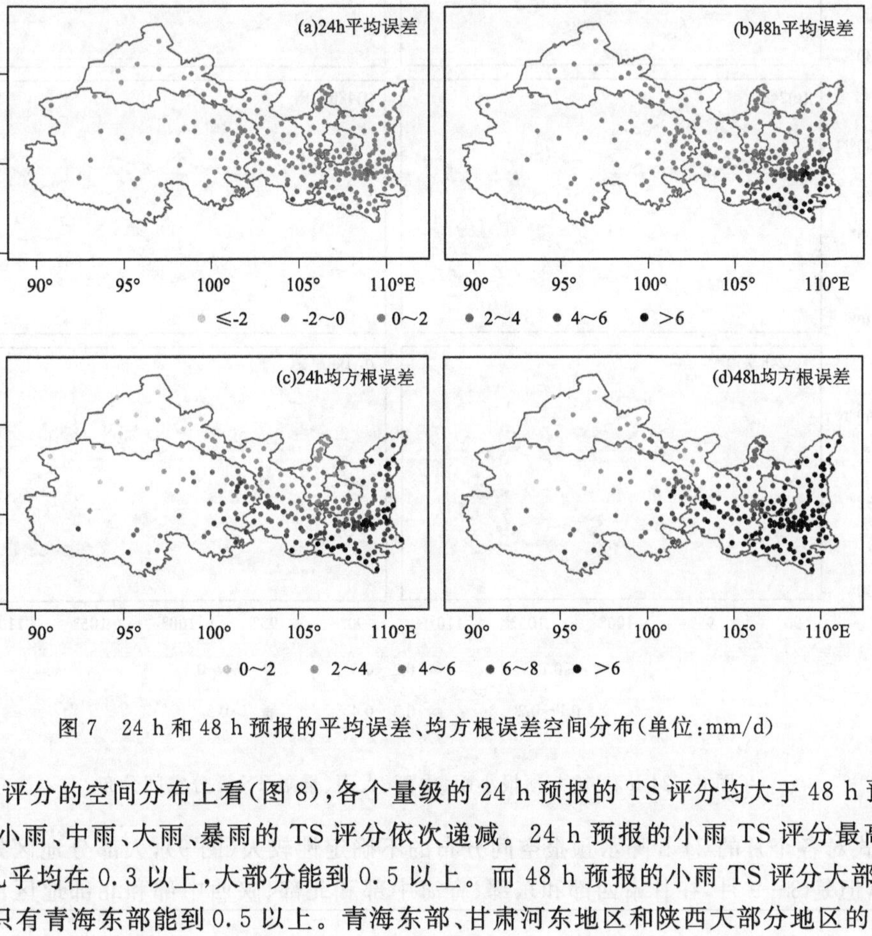


图 7　24 h 和 48 h 预报的平均误差、均方根误差空间分布(单位:mm/d)

从 TS 评分的空间分布上看(图 8),各个量级的 24 h 预报的 TS 评分均大于 48 h 预报,整体来看,对小雨、中雨、大雨、暴雨的 TS 评分依次递减。24 h 预报的小雨 TS 评分最高,西北四省(区)几乎均在 0.3 以上,大部分能到 0.5 以上。而 48 h 预报的小雨 TS 评分大部分能在 0.3 以上,只有青海东部能到 0.5 以上。青海东部、甘肃河东地区和陕西大部分地区的 24 h 预报中雨TS评分均能达到0.3左右，48 h中雨预报TS评分西北四省(区)均在0.3以下。青海东部、甘肃陇东地区、宁夏南部和陕西大部分地区24 h大雨预报TS评分能在0.2～0.3，局部地区能达到0.3～0.4，而48 h预报大雨TS评分西北四省(区)几乎均在0.2以下。24 h预报暴雨TS评分在甘肃东部地区、陕西中部地区能达到0.2以上，局部能达到0.3～0.4，而48 h预报暴雨TS评分在西北四省(区)地区均在0.2以下。

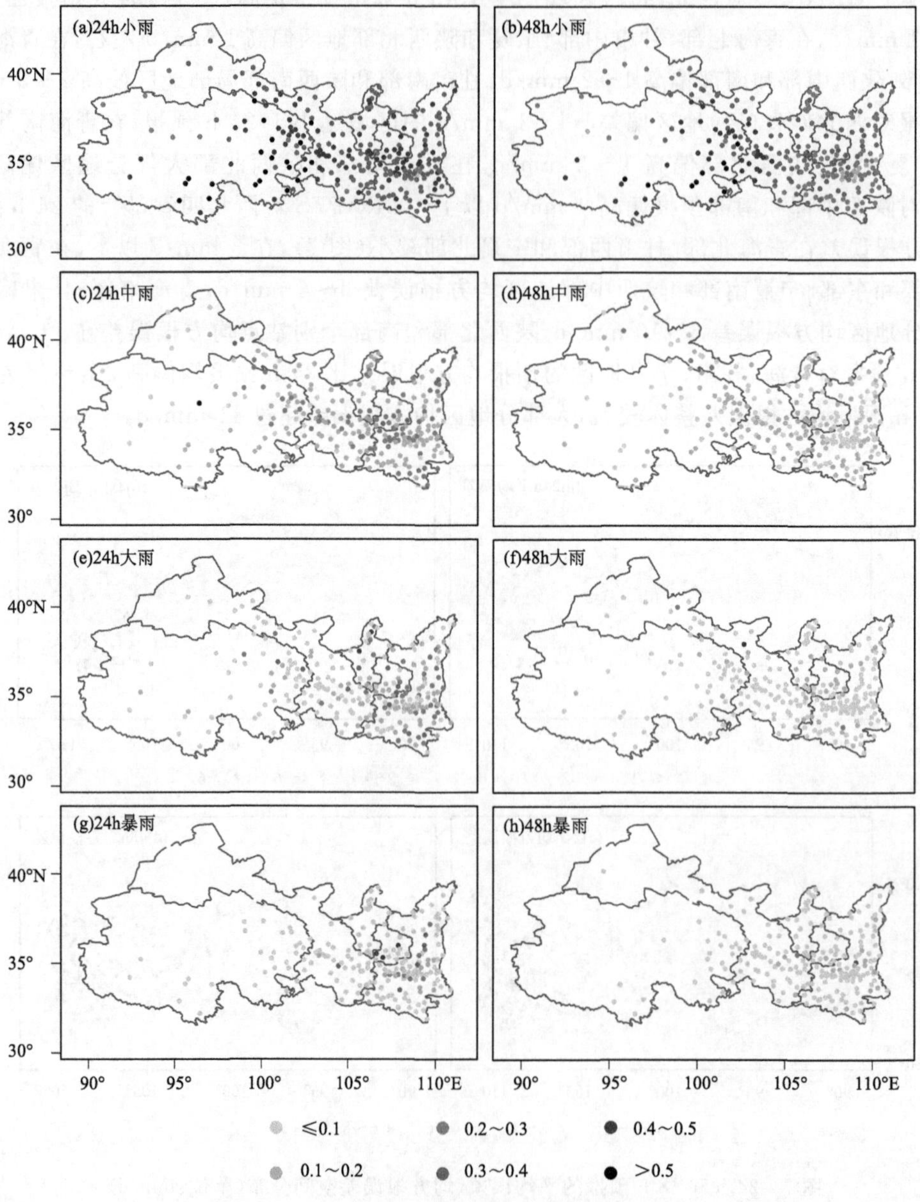


图8　24 h和48 h预报小雨、中雨、大雨、暴雨TS评分空间分布

模式对各个月的24 h降水预报空间分布的不确定性较大(图9)，大部分地区处于预报偏高状态，但是3—9月，在甘肃西部和东部、青海中部和北部、陕西中部和北部地区出现部分站

点预报偏低。11 月—次年 3 月,整个西北四省(区)地区的各个站点预报偏差在 3 mm/d 以内,4—10 月,在青海东部、甘肃东部和南部、陕西大部分地区预报偏高超过 3 mm/d,其中 7—9 月在青海东部、甘肃南部和陕西中部和南部部分地区预报偏高最严重,超过6 mm/d。

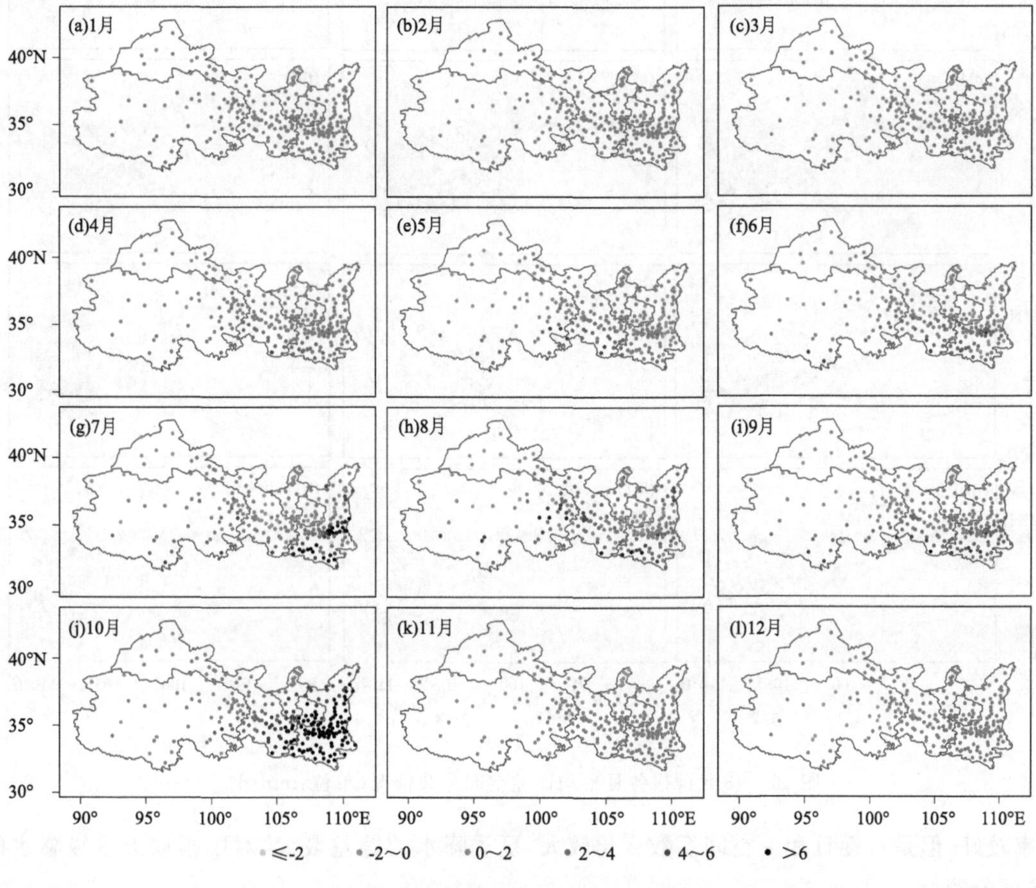


图 9　24 h 预报各月平均误差空间分布情况(单位:mm/d)

模式对各个月的 48 h 预报空间分布格局与 24 h 预报一致(图 10),但是量级比 24 h 预报大,相同区域的偏差要比 24 h 预报高出 2 mm/d 以上。除了甘肃西部地区和青海部分地区,西北四省(区)地区处于预报偏高状态,11 月—次年 3 月,整个西北四省(区)地区的各个站点偏差在 3 mm/d 以内,4—10 月,在青海东部、甘肃东南部、陕西大部分地区预报偏高超过 3 mm/d,其中 4—10 月在青海东部、甘肃南部和陕西中部和南部部分地区预报偏高超过 6 mm/d,5 月和 10 月陕西地区预报偏高最严重,大部分地区偏高 6 mm/d 以上。

# 6　结果与讨论

通过对 GRAPES 区域模式对西北四省(区)地区两年的降水在时空上的预报结果进行定量检验,可以得到以下结论。

(1)时间上,模式 24 h 预报结果整体好于 48 h 预报结果,对西北四省(区)的晴雨预报准

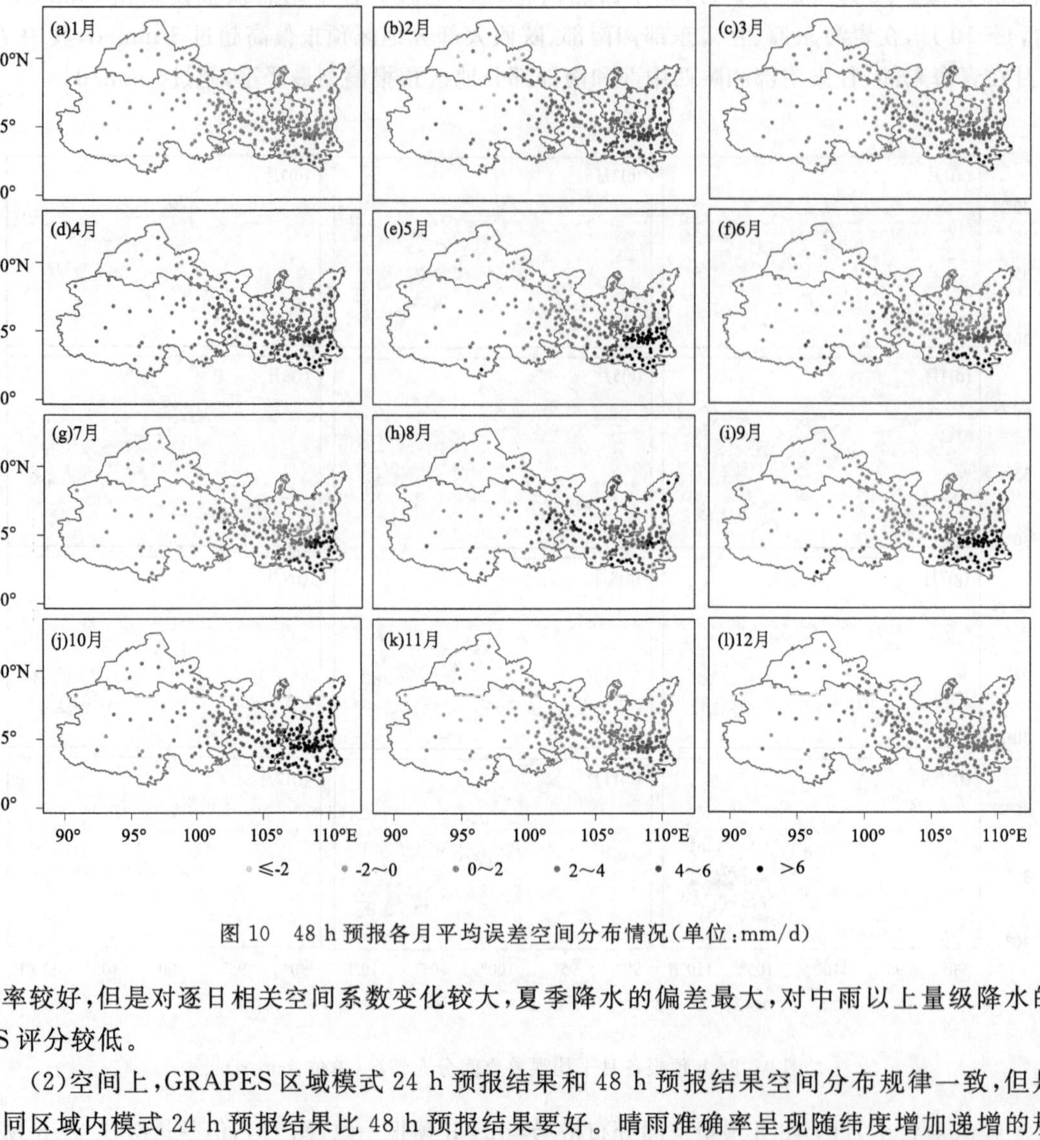


图 10　48 h 预报各月平均误差空间分布情况(单位:mm/d)

确率较好,但是对逐日相关空间系数变化较大,夏季降水的偏差最大,对中雨以上量级降水的TS 评分较低。

(2)空间上,GRAPES 区域模式 24 h 预报结果和 48 h 预报结果空间分布规律一致,但是相同区域内模式 24 h 预报结果比 48 h 预报结果要好。晴雨准确率呈现随纬度增加递增的规律,平均误差、均方根误差呈现随纬度增加递减规律,而相关系数在陕西地区和甘肃东南部较高。模式对各个月的 24 h 预报和 48 h 预报偏差空间分布格局一致,但是对相同区域的 48 h 预报偏差要比 24 h 预报高出 2 mm/d 以上。

(3)从 TS 评分的空间分布看,GRAPES 区域模式 24 h 预报结果对陕西地区和甘肃东部地区站点的中雨以上量级降水均有所预报,TS 评分可以达到 0.3~0.5,而 48 h 预报对中雨以上量级降水较差,TS 评分不到 0.2。

GRAPES 模式对西北四省(区)降水预报效果不是很好的原因可能为在复杂地形地区,数值模式的陆面过程、近地面参数化过程和云物理参数化等物理过程对局地的降水过程机理模拟能力还欠缺。同时,西北地区常规气象观测数据相对较少,当前模式同化的数据也较少,缺少对雷达、卫星等数据进行同化,也是影响数值模式对降水预报效果的重要因素。

## 参考文献


毕宝贵，代刊，王毅，等，2016. 定量降水预报技术进展[J]. 应用气象学报，27(5)：534-549.

曹勇，刘凑华，宗志平，等，2016. 国家级格点化定量降水预报系统[J]. 气象，42(12)：1476-1482.

陈超君，王东海，李国平，等，2012. 冬季高海拔复杂地形下 GRAPES_Meso 要素预报的检验评估[J]. 气象，38(6)：657-668.

陈德辉，沈学顺，2006. 新一代数值预报系统 GRAPES 研究进展[J]. 应用气象学报，17(6)：773-777.

郝民，田伟红，龚建东，2014. L 波段秒级探空资料在 GRAPES 同化系统中的应用研究[J]. 气象，40(2)：158-165.

黄丽萍，陈德辉，邓莲堂，等，2017. GRAPES_Meso V4. 0 主要技术改进和预报效果检验[J]. 应用气象学报，28(1)：25-37.

黄伟，张旭，Jian-Wen Bao，等，2018. GFS 物理过程包在 GRAPES 区域模式中的实施及改进：单柱试验[J]. 大气科学，42(6)：1219-1234.

蒋沁谷，金之雁，2014. GRAPES 全球模式 MPI 与 OpenMP 混合并行方案[J]. 应用气象学报，25(5)：581-591.

李喆，马占山，刘奇俊，等，2019. GRAPES 双参数云微物理方案的改进和云降水个例模拟研究：GRAPES_SCM 对热带对流云个例的模拟研究[J]. 气象，45(6)：756-765.

刘艳，薛纪善，2019. GRAPES 的新初始化方案[J]. 气象学报，77(2)：165-179.

刘永柱，龚建东，张林，等，2019. 线性化物理过程对 GRAPES 4D-Var 同化的影响[J]. 气象学报，77(2)：196-209，

马昊，梁旭东，罗义，等，2016. GRAPES_4D-Var 中雷达径向风同化改进观测算子的应用[J]. 气象，42(1)：34-43.

毛冬艳，朱文剑，樊利强，等，2014. GRAPES_Meso V3. 3 模式强天气预报性能的初步检验[J]. 气象，40(12)：1429-1438.

聂皓浩，刘奇俊，马占山，2016. 高分辨率 GRAPES 模式中云微物理方案对强降水的模拟和诊断研究[J]. 气象，42(12)：1431-1444.

孙婵，徐国强，2017. GRAPES_Meso 中尺度模式在新疆沙漠地区的检验与评估[J]. 气象科技，45(4)：658-668.

谭晓伟，徐枝芳，龚建东，2016. 风廓线雷达资料对 GRAPES_Meso 数值预报系统影响的初步研究[J]. 气象，42(1)：26-33.

田伟红，2018. 俄罗斯探空观测减少对 GRAPES 模式的影响分析[J]. 气象，44(2)：320-325.

万晓敏，田伟红，韩威，等，2017. FY-2E 云导风的算法改进及其在 GRAPES 中的同化应用研究[J]. 气象，43(1)：1-10.

万晓敏，龚建东，韩威，等，2019. FY-4A 云导风在 GRAPES_RAFS 中的同化应用评估[J]. 气象，45(4)：458-468.

万子为，王建捷，黄丽萍，等，2015. GRAPES-MESO 模式浅对流参数化的改进与试验[J]. 气象学报，73(6)：1066-1079.

王莉莉，龚建东，2018. 两种 OI 陆面同化方法在 GRAPES_Meso 模式中的初步应用试验[J]. 气象，44(7)：857-868.

王金成，陆慧娟，韩威，等，2017. GRAPES 全球三维变分同化业务系统性能[J]. 应用气象学报，(1)：11-24.

王静，陈静，钟有亮，等，2017. GRAPES_REPS 西南低涡预报检验评估[J]. 气象，43(4)：385-401.

王雨，公颖，陈法敬，等，2013. 区域业务模式 6h 降水预报检验方案比较[J]. 应用气象学报，24(2)：171-178.

王雨，李莉，2010. GRAPES_Meso3.0 模式预报效果检验[J]. 应用气象学报，21(5)：524-534.

王雨，闫之辉，2007. 降水检验方案变化对降水检验评估效果的影响分析[J]. 气象，33(12)：53-61.

伍湘君，金之雁，黄丽萍，等，2005. GRAPES 模式软件框架与实现[J]. 应用气象学报，16(4)：539-546.

伍湘君，陈德辉，宋君强，等，2010. GRAPES 全球格点模式的并行计算负载平衡策略[J]. 气象学报，68(5)：591-597.

熊秋芬，2011. GRAPES_Meso 模式的降水格点检验和站点检验分析[J]. 气象，37(2)：185-193.

许晨璐，王建捷，黄丽萍，2017. 千米尺度分辨率下 GRAPES_Meso4.0 模式定量降水预报性能评估[J]. 气象学报，75(6)：851-876.

于翡，黄丽萍，邓莲堂，2018. GRAPES_Meso 模式不同空间分辨率对中国夏季降水预报的影响分析[J]. 大气科学，42(5)：1146-1156.

徐国强，陈德辉，张红亮，等，2010. GRAPES 模式中物理过程时间计算精度对降水预报的影响[J]. 大气科学，34(5)：875-881.

徐双柱，张兵，谌伟，2007. GRAPES 模式对长江流域天气预报的检验分析[J]. 气象，33(11)：65-71.

徐枝芳，郝民，朱立娟，等，2013. GRAPES_RAFS 系统研发[J]. 气象，39(4)：466-477.

薛纪善，2006. 新世纪初我国数值天气预报的科技创新研究[J]. 应用气象学报，17(5)：601-610.

张建海，诸晓明，2006. 数值预报产品和客观预报方法预报能力检验[J]. 气象，32(2)：58-63.

张梦，王宏，黄兴友，2014. NASA/Goddard 长波辐射方案在 GRAPES_Meso 模式中的应用研究[J]. 大气科学，38(3)：603-614.

郑晓辉，徐国强，贾丽红，等，2016. GRAPES_Meso 区域模式积云计算方案引进及预报效果检验[J]. 大气科学，40(5)：907-919.

朱红芳，王东勇，管兆勇，等，2007. 不同初始场条件对 GRAPES 模式数值预报的影响[J]. 气象学报，65(4)：493-502.

朱立娟，龚建东，黄丽萍，等，2017. GRAPES 三维云初始场形成及在短临预报中的应用[J]. 应用气象学报，(1)：38-51.

庄照荣，薛纪善，李兴良，2011a. GRAPES 集合卡尔曼滤波资料同化系统Ⅰ：系统设计及初步试验[J]. 气象学报，69(4)：620-630.

庄照荣，薛纪善，李兴良，2011b. GRAPES 集合卡尔曼滤波资料同化系统Ⅱ：区域分析及集合预报[J]. 气象学报，69(5)：860-871.

COLLE B A，2004. Sensitivity of orographic precipitation to changing ambient conditions and terrain geometries：An idealized modeling perspective. [J]. Journal of the Atmospheric Sciences，61(5)：588-606.

DIACONESCU E P，GACHON P，LAPRISE R，2015. On the remapping procedure of daily precipitation statistics and indices used in regional climate model evaluation[J]. J Hydrometeorol，16：2301-2310.

IKEDA K，STEINER M，PINTO J，et al，2013. Evaluation of cold-season precipitation forecasts generated by the hourly updating High-Resolution Rapid Refresh model[J]. Wea Forecasting，28：921-939.

ROE G H，2005. Orographic precipitation[J]. Annu Rev Earth Planet Sci，33：645-671.

# 甘肃东部一次暴雪过程的诊断分析和数值模拟*

冀兰芝，全志伟，宋琳琳，孔祥伟，张静

（兰州中心气象台，兰州 730020）

**摘要**：应用 NCEP 1°×1°的 6 h 再分析资料和常规气象观测资料以及 RUC 模式高分辨资料，对 2013 年 2 月 17 日甘肃河东暴雪天气从天气实况、环流特征、水汽条件、动力条件及西北区域 RUC 模式输出的模拟结论进行了诊断分析。结果表明：高空冷槽、700 hPa 低涡、地面冷锋是这次暴雪的主要影响系统；降雪前期，低层正涡度增强，低层辐合、高层辐散是暴雪发生的动力机制；降雪前期，由于低涡辐合作用，700 hPa高度以下，湿度猛增，为降雪提供了充沛的水汽条件；降雪中心和政上空有 $\theta_{se}$ 密集强能量锋区；西北区域 RUC 模式模拟的 24 h 内降水量范围、落区、量级与实况一致，模拟的地面风速偏大。

**关键词**：暴雪；诊断分析；数值模拟

## 1　引言

暴雪是冬季的主要气象灾害之一，雪灾、结冰对西北农、牧业及交通运输人民生命财产安全带来不利影响。梁军等(2010)对大连的区域暴雪天气进行诊断分析，并应用中尺度非静力模式 MM5 对暴雪进行数值模拟，模式较好地模拟了降雪中心强度、位置及强降雪的变化时间。马秀玲等(2008)对华北暴雪天气的大尺度背景、水汽条件、动力条件分析指出，850 hPa 低空急流为暴雪提供了充沛的水汽条件，散度场、垂直速度场和 K-螺旋度的高低空配置，提供了动力条件；雷达回波上显示，“零”速度线形成一“S”型正负速度中心对称的牛眼结构，即有明显的急流存在，此时降雪达到最大。刘耀文等(2010)对山西特大暴雪进行云图分析，大暴雪主要受 3 个中尺度对流云团影响，云团形成和消亡时间大致相隔 8～10 h，对流云团不断发展是降雪长时间持续的主要原因；王清川等(2011)应用多种常规资料分析暴雪天气成因，在多普勒天气雷达上 0℃ 层亮度带高度迅速下降后 1～2 h 内，即可以推断降水相态由雨转雪；黄海波等(2007)对新疆秋季暴雪分析，下层干冷空气的侵入有利于干层的形成和堆积，干层的存在使水汽和不稳定能量得以累积，增加了降水过程的对流性不稳定。

张广周等(2008)和陶健红等(2012)对各地暴雪的物理成因及影响系统进行分析认为：高、低空急流稳定维持，使高低空产生 2 个独立的次级环流，在急流出口区，间接环流北部形成复合上升气流，有利于降水；暴雪落区在 700 hPa 湿位涡正压项正值密集区和湿位涡斜压项负值区中；中尺度短波槽、西南急流、700 hPa 中尺度辐合带、850 hPa “人”字形切变线、地面冷锋都

* 本文已在《干旱气象》2014 年第 32 卷第 5 期正式发表。

是暴雪天气的中尺度影响系统。甘肃地处内陆高原，远离海洋，地形复杂，空气中水汽含量少，暴雪预报难度大。本文通过对2013年2月17—18日甘肃中部暴雪过程，从环流特征、物理量等方面进行了诊断分析和数值模拟，研究暴雪形成的物理机制，为天气预报、预警及决策气象服务提供参考依据。

## 2 天气实况

2013年2月17—18日，甘肃河东出现大范围的中到大雪降雪天气，在陇中地区出现暴雪，降雪量在10.3～14.9 mm，最大中心在临夏州和政县，降雪量为14.9 mm，降雪主要时间段17日20:00至18日08:00。根据甘肃省30 a(1981—2010年)整编资料，和政2月最大日降水量10.1 mm，出现日期2006年2月15日，此次暴雪天气，打破30 a和政2月最大日降水量记录。18—19日，甘肃河东大部分地方积雪深度在5～13 cm，广河、合作、和政、康乐、渭源积雪深度在10～13 cm。由于降雪恰好出现在春节假期结束的返程高峰期，道路积雪结冰，严重影响人民群众出行，汽车停运，高速公路关闭。河东部分地区农作物受灾，兰州市、定西市设施农业受损，84座大棚损毁，临洮县18344人受灾，497.2 $km^2$ 农作物受灾，直接经济损失5832.5万元，其中农业损失2380万元。

## 3 环流形势特征

2013年2月14日暴雪发生前3 d，500 hPa环流形势图上(图略)，欧亚中高纬度地区环流形势呈径向型。欧洲、西伯利亚分别为低压槽区；乌拉尔山附近为高压脊控制；印度半岛到孟加拉湾为南支低槽区。

16日08:00(北京时，下同)500 hPa(图1a)，乌拉尔山高压脊加强，西西伯利亚低压槽加深，由于温度槽落后于高度槽，低压槽不断向南加深，中心气温达−40℃以下，在脊前偏北气流引导下，17日08:00，低压槽东移新疆北部，锋区在巴尔喀什湖到中国西部35°～50°N，新疆北部到河西走廊有一支大于20 m/s的西北风急流，即中层的干冷空气。为描述冷空气强度，选新疆的阿勒泰站和甘肃的兰州站计算气温差，阿勒泰位于新疆最北部，气温−41℃，兰州位于甘肃省中部，气温−16℃，两站之间相距2500 km，温度差达25℃，表明西西伯利亚冷空气南下，在新疆到甘肃上空维持一支强冷锋锋区。16日08:00亚洲区域700 hPa上(图1b)，印度到孟加拉湾为低压区，在此低压前部沿着云南、四川盆地有一支西南低空气流北上，在甘肃南部到青海东南形成一暖湿低涡。合作、兰州、武都站温度露点差0.3～12℃，表明甘肃河东地区湿度在逐渐增大。16日08:00地面天气图上(图1c)分析，中亚地区为冷高压控制，高压中心位于巴尔喀什湖北部，中心值达1047 hPa。冷锋位于蒙古高原东部到甘肃河西，随后冷空气缓慢东移，于17日20:00(图1d)到达华北至甘肃省中部一线。从高空到地面环流形势配置得出：700 hPa低涡区有辐合上升气流与对流层中层干冷空气在甘肃上空交汇，配合地面冷锋辐合上升，为暴雪的发生提供了比较有利的环流形势场。

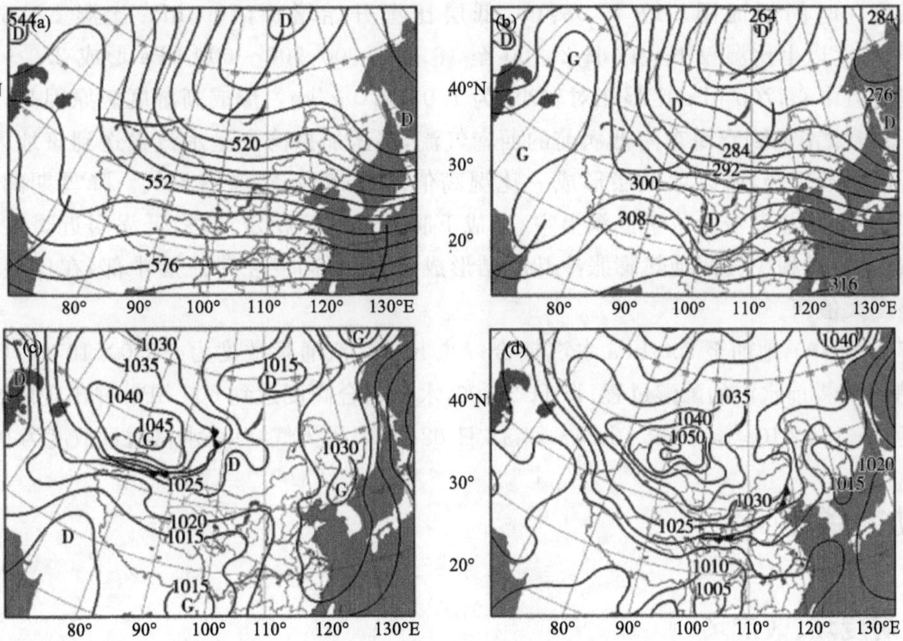


图 1　2013 年 2 月 16 日 08:00 500 hPa(a)、700 hPa(b)高空;2 月 16 日 08:00(c)、17 日 20:00(d)地面天气

## 4　水汽条件分析

水汽是冬季降雪的必要条件。冬季降雪量小的主要原因是空气中水汽含量少。此次冬季降雪的水汽通道主要是:沿青藏高原东侧的低层西南暖湿气流的远距离输送。西南暖湿气流温度较高、水汽充足,在冬季容易产生大降雪天气。

图 2 是 17 日 08:00 至 19 日 20:00 沿 35.3°N,103.2 °E(暴雪中心和政)比湿和水汽通量

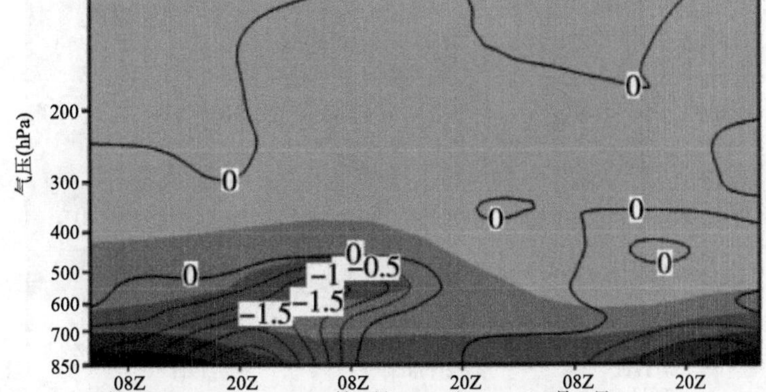


图 2　2013 年 2 月 17 日 08:00 至 19 日 20:00 和政站上空的比湿(阴影,单位:g/kg)和水汽通量散度(实线,单位:$10^{-8}$ g/(cm$^2$ · hPa · s))垂直剖面

散度高度—时间剖面图。17 日 08:00,低层比湿开始增加,700 hPa 比湿 3～3.5 g/kg,500 hPa高度以上比湿较小。17 日 20:00 至 18 日 08:00,500～600 hPa 形成 2.0～2.5 g/kg 的比湿大值中心,700 hPa 比湿相对较小,为 1.0～2.0 g/kg。形成高湿度区原因是,降雪前期 700 hPa 甘肃南部到青海东南低涡前的西南气流,将孟加拉湾大量水汽输送到该地区,暖湿空气在低涡附近辐合,所以近地层形成一比湿高值区,酝酿一次降雪天气。降雪期间,500 hPa 新疆槽东移,其前部锋区位于低涡上空,形成下暖上冷的不稳定形势,低涡附近暖湿气团辐合上升,在上升过程中气团绝热膨胀冷却凝结形成云,云层高度在对流层中部,在比湿上反映该层为湿度大值区。

17 日 08:00,地面至 500 hPa 水汽辐合,700 hPa 水汽通量散度为$-2.0\times10^{-8}$ g/(cm² · hPa · s),表明降雪前水汽的酝酿过程;17 日 20:00,水汽辐合高度达到 600 hPa,并出现闭合,水汽通量散度为$-1.5\times10^{-8}$ g/(cm² · hPa · s);18 日 08:00 降雪天气结束,水汽通量散度为 0。

# 5 动力条件

## 5.1 涡度场、散度场

图 3 是 16 日 20:00 至 19 日 20:00 沿 35.3°N,103.2 °E(暴雪中心和政)涡度、散度的高度—时间剖面图。从涡度场上看出,17 日白天,700～500 hPa 有正涡度发展,中心值为 $4\times10^{-5}$/s。17 日 20:00 至 18 日 08:00(降雪期间),地面至 400 hPa 为正涡度,最大闭合中心在 500 hPa 附近,达$-14\times10^{-5}$/s,而 400～200 hPa 为正涡度,闭合中心在 250 hPa 附近,中心值 $8\times10^{-5}$/s。18 日 08:00 至 19 日 20:00,700～150 hPa 转为负涡度,中心值为$-12\times10^{-5}$/s。说明降雪前 12 h,中低层正涡度,有利水汽、能量辐合上升;降雪期间,中低层正涡度大,高层正涡度小;降雪结束,各层转为负涡度。

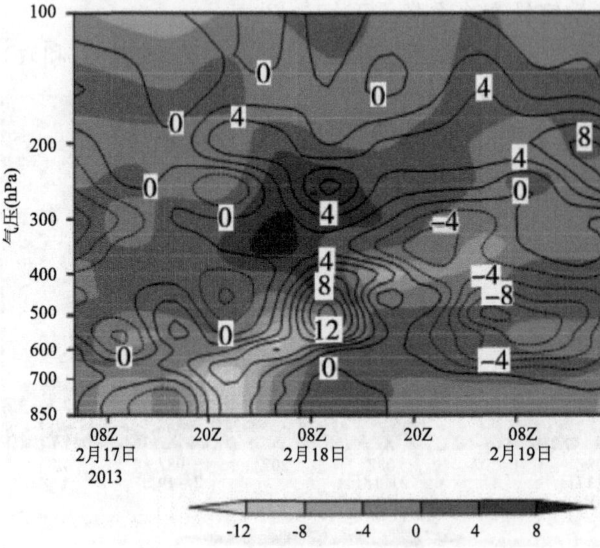


图 3 2013 年 2 月 17 日 08:00 至 19 日 20:00 和政站上空涡度(实线,单位:$10^{-5}$/s)和散度(阴影,单位:$10^{-5}$/s)的垂直剖面

从散度场上看出，17 日白天，地面至 500 hPa 为辐合，中心值为 $-8\times10^{-5}$/s，500～330 hPa为辐散，最大辐散中心值为 $4\times10^{-5}$/s。17 日 20:00 至 18 日 08:00，近地层至 500 hPa为辐合，中心值为 $-12\times10^{-5}$/s，500～200 hPa 为辐散，中心值为 $8\times10^{-5}$/s。18 日 08:00 后地面到 500 hPa 为辐散。表明在过程前中低层有辐合上升运动，在高层辐散下沉运动，开始降雪后，辐合、辐散值达到最大，强烈的抽吸作用有利上升运动发展，为暴雪天提供了动力条件。

## 5.2 垂直速度场

从垂直速度看出(图 4)，17 日白天，650～400 hPa 开始有弱上升运动，上升速度为 $-0.3\times10^{-5}$ hPa/s。17 日 20:00 至 18 日 08:00，550～300 hPa 为上升运动区间，最大上升速度在 450 hPa 附近，上升速度为 $-1.5\times10^{-5}$ hPa/s，地面到 500 hPa 为下沉气流。18 日 08:00 至 19 日 20:00，整层转为下沉运动，降雪天气结束。表明降雪前 12 h 开始有上升运动，开始降雪后，上升运动达到最大。

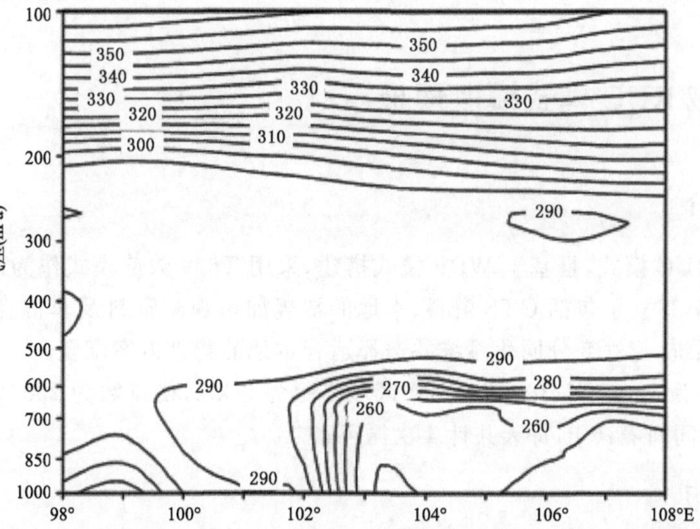


图 4 2013 年 2 月 17 日 08:00 至 19 日 20:00 和政站上空的垂直速度(单位：$10^{-5}$ hPa/s)垂直剖面图

## 5.3 $\theta_{se}$的分布

假相当位温是反映大气温压湿的综合特征量，等密集区域代表锋生(丁一汇 等，2005)。从剖面图(图 5)上，清晰看出和政站地面到 600 hPa，等值线密集，窄而陡，表明冷锋内水平梯度较大，斜压性增强，利于垂直环流的发展。与 17 日 20:00 地面天气图分析一致，内蒙古中部到甘肃省中部存在一冷锋，冷锋经过甘肃中部引发暴雪天气，所以地面冷锋是暴雪的触发机制。

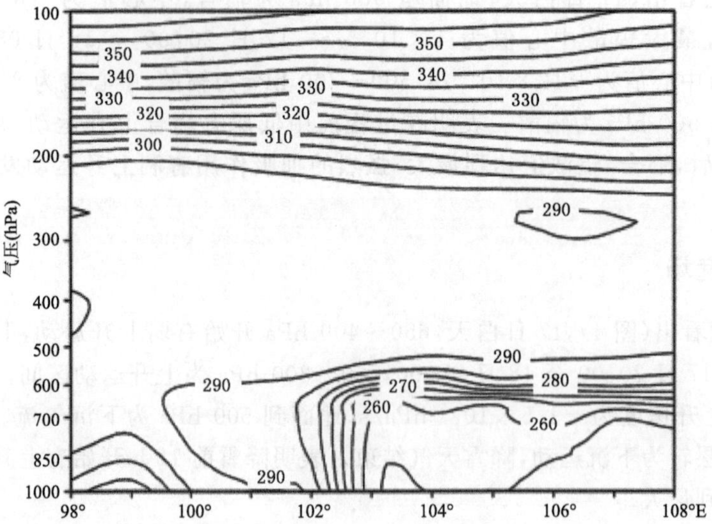


图 5　2013 年 2 月 17 日 20:00 $\theta_{se}$ 沿 35.3°N 的经向垂直剖面(单位:K)

# 6　西北区域 RUC 模式模拟预报

## 6.1　模式简介

西北区域 RUC 模式,是基于 WRF 模式搭建,采用 T639 数值模式作为区域 RUC 系统的初值场和边界场,建立了包括 GTS 资料、本地的常规加密观测资料及非常规观测资料的观测资料实时收集系统,建立变分同化系统并选择适合本地的物理方案配置。

模式中心点为 100.5°E、38.8°N,网格区域格距为 9 km,格点数为 259×196;垂直方向为 38 层。Cycle 时间间隔:6 h,每天共计 4 次循环;

## 6.2　模拟预报

RUC 模式能模拟 72 h 内累积降水量及 72 h 内逐三小时降水量。本文以 2 月 17 日 8:00 为初始场,模拟 24 h 时内累积降水量。选降雪开始(17 日 20:00)、降雪 3 h(17 日 23:00)、降雪 12 h(18 日 20:00)模拟结果进行分析。

在 2 月 17 日 20:00 模拟图(图略)看出,甘肃省基本无降水,定西、陇南有零星降雪;在同时间的 2 月 17 日 20:00 地面天气图上,陇南、祁连山等地有零星降雪,即可以模拟出零星降雪,但区域有差异;2 月 17 日 23:00 模拟降雪量图上(图略),甘肃中部、甘南、天水有小到中雪,2 月 17 日 23:00 地面天气图显示,甘肃中部普遍降小雪,模拟与实况大致吻合。2 月 18 日 08:00 模拟降雪量图上,模拟结果显示,降水量走势、范围、暴雪落区以及强降雪出现的时间段等都与实况一致,即甘肃河东及祁连山区小到中雪,陇东、陇南局部地方大雪,尤其是模拟出暴雪范围临夏、兰州、定西、甘南为暴雪中心,降雪量在 11～16 mm。

其次模拟地面风矢量场。从模拟风场看出,在青海湖附近、甘肃省甘南州分别有一低压环流;西藏高原东部宽广西南风速带;而蒙古高原到宁夏、甘肃东部为一致的西风、偏北风速带。

与 17 日 20:00 地面天气图及 18 日 00:00 天气图实况对比,模拟的环流中心与实况相符,但模拟的风速值普遍偏大,特别是四川西部、青海东南部西南风速普遍偏大 5～10 m/s。

## 7 结论

(1)500 hPa 乌拉尔山高压脊加强,西西伯利亚冷空气东移南下,在新疆到甘肃上空形成冷锋锋区,冷空气东移,叠加在 700 hPa 暖湿低涡上空,形成下暖上冷的不稳定结构,引发上升运动,为暴雪的发生提供了比较有利的环流形势场。

(2)暴雪发生前后,低层正涡度、辐合与高层负涡度、辐散的配置,加强了上升运动,形成较强的温度、湿度能量动力抬升。孟加拉湾低槽前西南暖湿气流沿云南、四川北上到达甘肃东部,是暴雪的重要水汽来源。

(3)在剖面图上,清晰看出冷锋立体结构及等值线密集区,表明冷锋内水平梯度较大,斜压性增强,利于垂直环流的发展,当地面冷锋移至甘肃中部引发暴雪天气,所以地面冷锋是暴雪的触发机制。

(4)西北区域 RUC 模式,能较好地模拟出降雪开始时间、24 h 内中到大雪、暴雪的降雪范围、落区及量级;能大致模拟出地面环流中心,但模拟的地面风速值偏大。表明该模式对暴雪天气预报具有参考价值。

## 参考文献


丁一汇，2005. 高等天气学(第二版)[M]. 北京：气象出版社.

黄海波，2007，徐海荣. 新疆一次秋季暴雪天气的诊断分析[J]. 高原气象，26(3)：624-629.

梁军，张月辉，王树雄，等，2010. 大连地区一次区域暴雪的特征分析和数值模拟[J]. 高原气象，29(3)：744-754.

刘耀文，张红英，史云飞，等，2010. 山西省秋季罕见大暴雪天气过程诊断[J]. 干旱气象，28(3)：332-337.

马秀玲，彭九慧，杨雷斌，等，2008. 华北地区一次局地暴雪天气过程的诊断分析[J]. 干旱气象，26(1)：64-68.

陶健红，王宝鉴，等，2012. 甘肃省短期天气预报员手册[M]. 北京：气象出版社.

王清川，寿绍文，霍东升，2011. 河北省廊坊市一次初冬雨转暴雪天气过程分析[J]. 干旱气象，29(1)：62-68.

张广周，沈桐立，2008. 一次暴雪天气的数值模拟及诊断分析[J]. 气象，34(9)：65-72.